洪水の水理と河道の設計法　口絵①

写真：利根川（120km　江戸川分派点付近）
提供：国土交通省　関東地方整備局　利根川上流河川事務所

洪水の水理と河道の設計法　口絵②

平水時（H.6.8）　夕張川　石狩川

洪水時（S.56.8 台風12号）　夕張川　石狩川

写真：石狩川（30km 夕張川合流点付近）
提供：国土交通省 北海道開発局 河川計画課

洪水の水理と河道の設計法　口絵③

平水時 (H.16.7)

洪水時 (S.49.9 台風16号)

写真：多摩川（22.4km　二ヶ領宿河原堰付近）
提供：国土交通省　関東地方整備局　京浜河川事務所

洪水の水理と河道の設計法　口絵④

平水時（H.16.7）

洪水時（S.47.7 梅雨前線豪雨）

写真：太田川（6km 祇園水門付近）
提供：国土交通省 中国地方整備局 河川計画課

洪水の水理と河道の設計法　口絵⑤

平水時（H.13.6）

洪水時（H.13.9 台風15号）

写真：利根川（128.5km JR新幹線橋梁）
提供：国土交通省 関東地方整備局 河川局 河川計画課

洪水の水理と河道の設計法　口絵⑥

平水時（H.14.10）

洪水時（H.10.10 台風10号）

写真：木曽川（19km 付近）
提供：国土交通省 中部地方整備局 木曽川下流河川事務所

写真：常願寺川・神通川と富山市（山-川-まち-海）
提供：国土交通省 北陸地方整備局 河川部河川計画課

洪水の水理と河道の設計法　口絵⑧

平水時（H.16.7）

洪水時（S.57.7 梅雨前線豪雨）

写真：筑後川支川　玖珠川（14km 付近　天瀬温泉）
提供：国土交通省　九州地方整備局　河川部　河川計画課

洪水の水理と河道の設計法

治水と環境の調和した川づくり

福岡 捷二 著

森北出版株式会社

● 本書のサポート情報を当社Webサイトに掲載する場合があります．下記のURLにアクセスし，サポートの案内をご覧ください．

https://www.morikita.co.jp/support/

● 本書の内容に関するご質問は，森北出版 出版部「(書名を明記)」係宛に書面にて，もしくは下記のe-mailアドレスまでお願いします．なお，電話でのご質問には応じかねますので，あらかじめご了承ください．

editor@morikita.co.jp

● 本書により得られた情報の使用から生じるいかなる損害についても，当社および本書の著者は責任を負わないものとします．

■ 本書に記載している製品名，商標および登録商標は，各権利者に帰属します．

■ 本書を無断で複写複製（電子化を含む）することは，著作権法上での例外を除き，禁じられています．複写される場合は，そのつど事前に(一社)出版者著作権管理機構（電話03-5244-5088, FAX03-5244-5089, e-mail:info@jcopy.or.jp）の許諾を得てください．また本書を代行業者等の第三者に依頼してスキャンやデジタル化することは，たとえ個人や家庭内での利用であっても一切認められておりません．

まえがき

　平成7年 建設省 (現 国土交通省) の河川技術者である故 関正和さんと私は，市民と河川技術者に向けた2種類の本を分担して書く準備をしていました．関さんが，河川の作り方の理念と実践を中心とした市民向けの啓蒙書を，私が，その理念を支える技術専門書を書こうというものでした．技術書については，二人で内容を議論し，詰めているうちに，平成7年1月，関さんの死によって中断していましたが，このたび，9年かかってようやく約束を実行できることになりました．

　故 関正和さんは，河川局の第一線で活躍されていた技術者で，今日，当然のこととして実施されている多自然型川づくりの理念づくりとそれに基づく川づくりの推進者でした．関さんは，がんに侵された病床で，川づくりへの熱い思いを，強い意志で"天空の川"，"大地の川"の2冊の本を書き上げました．関さんが，川づくりの理念と実践の書をまとめ終えたならば，次は，それを支える技術書を二人で相談して書こうと決めていましたが，残念ながら，病魔には勝てず亡くなられました．関さんは亡くなる前に，私に河川技術書を完成するように強く勧められました．私には，技術書を，すぐに書けるほどの力がなかったために，今日まで延ばしてきてしまいました．その間，関さんとの約束が頭から離れず，何とかしなければと思い続けていました．このため，河川の技術書を書くことを前提に少しづつ調査・研究を進め，また，結果をまとめてきましたが，ようやく二人で話し合ったレベルで技術書をつくれる段階になり，天国の関さんの後押しを受けて書き上げました．

　河川工学に関する教科書はかなりの数，出版されています．これらの本では，河川工学全般を広く取り扱い，河川に関し土木技術者が持つべき基本的な知識と考え方を示しています．本書は，「洪水の水理と河道の設計法」と題し，河川における洪水流の挙動，洪水外力の評価とそれに対する河道の応答という河川技術の中心課題に位置付けられ，かつ，河川管理上最も多くの問題を有する部分を水理学的視点から専門的に扱っています．このような技術書は，わが国はもとより，著者の知るかぎり海外でも例を見ないものであり，きわめて，重要で意欲的な技術書であると自負しています．

　このような専門書を書いてみようと思った動機は，これまでいろいろな機会を与えられ河川について学んできたこと，特に，多くの先輩，同輩研究者，技術者から川の見方や考え方を教わり川から学んだこと，各種委員会での議論や実河川の問題から得られた結果等貴重な成果を示すことによって，調査・研究へと結びついていった背景，意義および考え方の記述にも重きを置き，現役の河川技術者やこれから技術者にならんとする若い人たちに川にかけてきた私の河川技術への想いを伝えたいと願ったからです．欲を言えば，この本によって，河川の理解が深まり，川が好きになり，河川に関わる仕事をしたいという多くの若い研究者，技術者を作り出したいと願ったからです．

　本書は，河川の水理現象を的確に河道の設計に結び付けたいという著者の想いが伝わることを念頭に内容を構成しています．このために，河川工学の教科書や，土砂水理学等の専門

書に記述されている基礎的な項目は，本書には最小限しか含まれていません．執筆にあたっての方針は，水理学，流体力学の教科書と河川技術者が用いる「河川砂防技術基準」や，河川にかかわる各種の「技術マニュアル」を水理学の視点で結び付けることです．このため，洪水とそれに伴う水理現象を水理学的視点で解釈し，それを丁寧に記述すること，実際に河川で起こっている種々の災害の解決に役立つように，河道設計がかかわる課題について実務的，技術的視点を強調して説明すること，河川法改正によって河川環境の整備と保全が河川整備の法目的の一つになったことを受け，水理学視点にたって河川環境を河道計画に取り込める技術とはどのようなものであるかを念頭に置き，第1章 洪水流の水理，第5章河道水際設計のための水理，として記述したこと，そして，私が河川技術者として考え，実行してきた河道設計の全体像をできうるかぎり体系化することに努めたことです．このため，学術的には優れていても，本書が目指している体系の中から外れるもの，技術的に活用できる段階に達していないものは除外しました．河川で起こっている洪水流現象や，河道設計法について，私が自信を持って説明できることに内容を限定し記述しているために，必然的に私が中心になって進めた調査，研究が本書の骨格を構成することになりました．他の研究者，技術者の研究成果について記述が足りないとすれば，それは，一つには，このような執筆方針に起因していることをご理解いただければ幸いです．

本書には，「治水と環境の調和した川づくり」という副題がつけられています．この副題は，川づくりにおける重要で本質的な課題です．これを本格的に論ずるには，まずは，治水と環境の調和した川づくりを十分意識した多くの実施事例が必要です．またそれらについて活発な議論が行われなければなりません．

読者の方々に，この重要な課題に関心を持っていただくこと，また執筆の趣旨を理解していただくことを願って，本書の口絵に，同一場所から撮影した洪水時と平常時の異なる二つの川の顔を示しました．このことに関連して試みた挑戦は，流域規模での治水と環境の調和のあり方について，高水計画を含め水理学視点からの考え方を第6章 治水と環境の調和した川づくりで提示したことです．生態学的視点，環境工学的視点，景観工学的視点，社会工学的視点などに基づき，同様に治水と環境の調和のあり方の提言がなされるようになれば幸いと考えています．

本書は，多くの方々のご協力とご支援のもとに書き終えることができました．特に，恩師吉川秀夫先生のご指導がなければ，本書を書くことは不可能でした．大学院を修了し，東京工業大学の助手に採用していただいたとき以来，一貫してご指導いただき，研究者，技術者としての河川に関する見方，考え方を教わり，その後も機会あるごとに，勉強の機会を与えていただきました．吉川先生のお勧めがあり，私自身も河川をよく知り，現実の問題について河川技術者と熱い議論を戦わせ，願わくは，河川技術の本質的な問題は何なのかを学びたいと願い，建設省土木研究所河川研究室で仕事をさせていただくことになりました．その間，多くの河川技術者に河川に関する技術を教えていただき，それに基づき問題解決の方法を体得できたこと，その後も，多くの現地調査，大掛かりな現地実験・観測を行う機会を与えていただいたことが，本書を書くうえでの計り知れないほどの大きな財産になりました．

このような機会を与えてくださり，私のような型からはみ出し，わがままな者が，教育者，研究者，技術者を何とか続けることができたのは，吉川先生のご指導とご高配がなければありえないことでした．

1994年に広島大学に異動し，それまでに与えられた東京工業大学，土木研究所での勉学の機会と貴重な体験を生かし，恵まれた環境の中で学生の教育・研究指導に専念することができました．その間，水工学研究室の学生は，日本の各地で河川技術者と共に河川の調査・研究の機会を得て学び，また，私の厳しい指導にも付いて来てくれました．そして優れた研究論文を数多く書き上げてくれました．これは，同僚の渡邊明英助教授の常に変わらない献身的なサポートがあって初めてできたことです．これらの研究成果は，1994年以来，「広島大学水工学研究室研究報告」として毎年出版され，この成果が本書の骨格をなす役割を果たしました．「広島大学水工学研究室研究報告」は，水工学研究室学生と教官の汗の結晶であり，その成果を全面的に本書に反映することができたことは，教育者としての私の最高の喜びであります．研究者仲間と学生の努力と貢献に，ただ，感謝あるのみです．

　東京工業大学および広島大学で私の研究室に在籍し，研究に全力を尽くしてくれた卒業生，修了生の皆様には，本書の出版をもってお礼といたします．また，国土交通省の皆様には，調査・研究・研鑽の機会を数多く与えていただき，大変なご支援をいただきました．ありがとうございました．

2004年7月31日

盛夏の広島大学キャンパスにて
福岡　捷二

目　次

第1章　洪水流の水理　　1
1.1　本章の取り扱う範囲 …… 2
1.2　洪水流の水理的課題 …… 2
1.3　洪水流の解析法 …… 4
　　1.3.1　河川の平面形，横断形，縦断形 …… 4
　　1.3.2　河道の水位と流量 …… 4
　　1.3.3　洪水流の解析法の分類 …… 5
1.4　複断面直線河道の流れと抵抗特性 …… 10
　　1.4.1　平面渦の発生と流れの構造 …… 12
　　1.4.2　断面分割法 (井田法) による合成粗度係数 …… 15
　　1.4.3　分割面に作用するせん断力を考慮した合成粗度係数 …… 16
　　1.4.4　合成粗度数係数 N_c と境界混合係数 f …… 17
　　1.4.5　抵抗特性量と抵抗予測手法 …… 18
1.5　複断面蛇行河道の平面形状特性と流れの構造 …… 21
　　1.5.1　複断面蛇行流れの三次元解析 …… 21
　　1.5.2　複断面蛇行流れの三次元構造 …… 29
　　1.5.3　複断面蛇行河道の平面形状パラメータと平面形状特性 …… 31
　　1.5.4　複断面蛇行河道の蛇行度，相対水深，洪水継続時間 …… 35
　　1.5.5　複断面蛇行河道での洪水流に見られる単断面的蛇行流れと複断面的蛇行流れ …… 35
1.6　樹木群を有する河道における洪水流の準二次元解析 …… 39
　　1.6.1　樹木群のある河道の水位予測 …… 39
　　1.6.2　洪水流の準二次元解析による水位予測 …… 40
　　1.6.3　石狩川昭和56年洪水流への準二次元解析の適用 …… 43
1.7　樹木群を有する河道における洪水流の平面二次元解析 …… 44
　　1.7.1　樹木群による水平混合のある流れの平面二次元解析 …… 44
　　1.7.2　利根川新川通における昭和56年8月洪水流への適用 …… 50
　　1.7.3　利根川河道における境界混合係数 f の評価 …… 53
1.8　低水路沿い樹木群密度の急変による流れの混合と発達過程 …… 54
　　1.8.1　樹木群密度の急変による縦断水位の変化 …… 55
　　1.8.2　樹木群密度の急変による平均流と乱れ構造の変化 …… 55
　　1.8.3　密度の急変により流れ場の発達に要する流下距離と遷移距離 …… 56
1.9　洪水流の二次元非定常解析と流量ハイドログラフ・貯留量の推算 …… 60

	1.9.1　河道貯留とピーク流量の低減	60
	1.9.2　二次元非定常流解析法	60
	1.9.3　洪水流の流下と貯留機構の実験	61
	1.9.4　洪水流の流量ハイドログラフと河道貯留量の推算	70
1.10	洪水流量の観測法	83
	1.10.1　流量観測精度に与える水路平面形，横断形の影響	83
	1.10.2　洪水流の現地観測法−目的を持った観測計画・観測項目・観測体制	87
	1.10.3　流量ハイドログラフと貯留量の算定精度を高めるための洪水流観測法	91
	1.10.4　観測結果のまとめと洪水流観測法の課題	93
参考文献		94

第2章　河道計画の基礎　　97

2.1	河川法の改正と河川計画制度	98
2.2	河道計画の策定手順	98
	2.2.1　平面計画	99
	2.2.2　縦断計画	100
	2.2.3　横断計画	101
	2.2.4　河川・流域の特性，自然環境，社会環境等の把握	102
2.3	河道の設計技術	103
	2.3.1　河川の水理，水文，環境等基礎データの収集とモニタリング	103
	2.3.2　総合的土砂管理	103
	2.3.3　多自然型川づくり	104
	2.3.4　水理模型実験と数値シミュレーション	105
2.4	河道計画の実際と改修効果の検証	106
	2.4.1　信濃川長岡地区河道計画	107
	2.4.2　信濃川小千谷・越路地区河道計画	115
	2.4.3　利根川下流部の低水路河道計画	125
参考文献		133

第3章　河床変動と河岸侵食・堆積　　135

3.1	河床変動	136
	3.1.1　河床変動解析の意義	136
	3.1.2　河道の縦断形セグメント	137
	3.1.3　掃流力	138
	3.1.4　平衡流砂量と非平衡流砂量	138
	3.1.5　河床形態	142
	3.1.6　一次元河床変動解析	144
	3.1.7　任意の法線形を有する単断面河道の流れと河床変動	147
	3.1.8　複断面蛇行河道の流れと河床変動	152
	3.1.9　異なる平面形が連なる河道の流れと河床変動	167

3.2 固定側岸をもつ流路内の交互砂州 (強制蛇行) 171
3.2.1 交互砂州の形状特性 171
3.2.2 交互砂州上の流れと流砂量分布 173
3.2.3 交互砂州の卓越波長と平衡波高 178
3.3 河岸侵食・堆積とその解析 185
3.3.1 河岸侵食・堆積と流路変動の機構—現地実験の必要性 185
3.3.2 非粘着性河岸の侵食過程と斜面上のせん断力分布 188
3.3.3 堆積構造をもつ河岸土質の侵食拡大過程 195
3.3.4 シルト河岸の侵食拡大機構とその解析 197
3.3.5 ヒサシ状河岸の土塊崩落機構の現地実験 203
3.3.6 すべりによる河岸崩落—荒川を例として 209
3.3.7 崩落土塊の掃流 212
3.3.8 河岸の侵食・堆積速度 213
3.3.9 ウォシュロードの堆積による川幅の縮小 220
参考文献 225

第4章 河川構造物設計法   231
4.1 河川構造物設計の考え方 233
4.2 堤防 233
4.2.1 堤防の構造 233
4.2.2 堤防に作用する外力 234
4.2.3 堤防材料および基礎地盤 235
4.2.4 高規格堤防 236
4.2.5 アーマ・レビー 237
4.3 護岸工 239
4.3.1 護岸の水理設計の基本的考え方 239
4.3.2 のり覆工 (護岸ブロック) の安定性 239
4.3.3 のり覆工と根固め工 240
4.4 緩傾斜河岸 244
4.4.1 河岸緩傾斜化の意義 244
4.4.2 緩傾斜河岸を有する湾曲部の流れと河床形状—実験と解析— 245
4.4.3 緩傾斜河岸の配置法 247
4.5 固定堰 248
4.5.1 直角固定堰と斜め固定堰を越流する流れの構造 249
4.5.2 堰の構造・設置位置と堰周辺の河床変動 251
4.5.3 固定堰周辺における洪水流と河床変動の状況と準三次元解析 255
4.5.4 堰敷高切り下げによる堰上流堆積土砂の移動 258
4.6 床止め工と可動堰 265
4.6.1 床止め工下流の流れと河床変動の解析手法 267
4.6.2 床止め工直下の洗掘孔内の流況と局所洗掘の解析 267

4.7	護床工		271
	4.7.1	大型粗度群上の浅い流れ	271
	4.7.2	護床工最下流部の流況改善	279
4.8	水制工		281
	4.8.1	水制工設計の考え方	281
	4.8.2	越流型水制工周辺流れの三次元構造とその解析	282
	4.8.3	越流型水制工周辺の移動床流れと河床変動の準三次元解析	288
	4.8.4	移動床直線水路における異なる配置の越流型水制工	289
	4.8.5	越流型水制工設計の基本	293
4.9	ベーン工		296
	4.9.1	河岸侵食対策工としてのベーン工	296
	4.9.2	ベーン工の原理と適用の考え方	296
	4.9.3	ベーン工の構造と配置	297
	4.9.4	福岡・渡辺のベーン工設計法	298
	4.9.5	複断面河道のベーン工	301
	4.9.6	黒川におけるベーン工の施工と効果	304
	4.9.7	計画・設計の留意点	307
4.10	橋　脚		309
	4.10.1	橋脚周りの局所洗掘	309
	4.10.2	複断面蛇行流路における橋脚の設置位置	317
	4.10.3	河川における橋脚周りの最大洗掘深	319
参考文献			322

第5章　河道水際設計のための水理学　　327

5.1	水際の水理とその活用		328
	5.1.1	河道水際の水理	328
	5.1.2	水際設計の考え方	328
5.2	河川植生の機能を活かした水際管理		328
	5.2.1	自然堆積河岸の侵食抵抗	329
	5.2.2	流水による堤防芝の侵食抵抗	330
	5.2.3	ヨシ原・オギ原の洪水時の変形・倒伏と粗度係数	333
	5.2.4	ヨシ原河岸の侵食・崩落と水際保護効果	340
	5.2.5	ヨシ原のある河川における航走波のエネルギー分布とヨシ原によるエネルギー減衰	355
	5.2.6	オギによる低水路河岸の侵食軽減機構	363
	5.2.7	河岸に群生する樹木群の水制機能	367
5.3	伝統的河川工法による水際環境づくり		372
	5.3.1	水防林の治水・環境機能	372
	5.3.2	利根川における伝統的河川工法の今日的役割	379
	5.3.3	木曽川における水制とワンド	388

	5.3.4　粗朶工法	389
参考文献		391

第6章　治水と環境の調和した川づくり―水理学的視点　　395

 6.1 水理学的視点による治水と環境の調和した川づくり 396
 6.2 河川法の改正と河川環境の整備と保全 396
 6.3 水理学的視点による治水と環境の調和した川づくりの指標 397
 6.4 河川計画への反映に向けて 405
 6.5 まとめと課題 406
 参考文献 407

付録1　流れと河床変動に関する一般座標系の基礎方程式　　410

 1. 流れの基礎方程式 410
 2. 移動床の基礎方程式 416
 参考文献 417

付録2　流体力項を含む流れの運動方程式の導出　　418

 参考文献 420

付録3　河川の基準面と本書で用いられている実験水路諸元, 水理条件　　421

付録4　本書が関係する参考書　　426

付録5　関 正和氏の多自然型川づくりに関する著書および論文等　　428

あとがき　　429

記号と索引　　430

第1章　洪水流の水理

写真：利根川(120km 江戸川分派点付近)
提供：国土交通省　関東地方整備局　利根川上流河川事務所

1.1 本章の取り扱う範囲

　洪水流は，河川の計画や河道の設計のための最も重要な外力である．洪水流は，時間的に変化する流れではあるが，河口や，河川の分流点・合流点などのように境界条件が時間的に変化する場合を除いて，洪水時の水理量の時間変化が一般に緩やかであるために，準定常流として取り扱うことが多い．このときには，洪水流は，各地点でピーク流量を与えた不等流や準二次元流として扱っている．

　本章では，種々の平面形，横断形，縦断形を有する河道を洪水が流下するときの洪水流の水理現象を一般的に取り扱っており，不等流や準二次元流の取り扱いの範囲を超える場合も述べている．

　洪水が流下する河道は土砂で構成されているため，洪水流により河岸や河床は洗掘や堆積を受け河道の形状を変化させる．したがって，洪水流を考えるときには，河道の流れと土砂輸送を同時に考慮した議論をすることが必要である．

　本章では，洪水流の水理の基本，実河川での洪水流の流下特性とその解析法および課題を中心に述べる．洪水流による河床や河岸の洗掘・堆積および土砂輸送を伴う洪水流の水理現象は，**第3章**で述べることにする．

1.2 洪水流の水理的課題

　わが国では，1950-60年代に洪水災害が頻発し，この時期に洪水流に関する調査研究が盛んに行われた．改修途上にある河川の流下能力を評価し，河川改修を合理的に行うために洪水観測データを収集し，これらのデータを用いた新しい洪水流計算法である水文学的手法および水理学的手法の多くは，この時代に提案された．代表的な水文学的手法として木村の貯留関数法，水理学的手法として不等流計算法，不定流計算法等があげられる[1),2)]．

　貯留関数法は，洪水流の上昇時と下降時の流出量が同一水深で異なるという洪水流出現象の非線形性を「貯留現象」の過程を導入し，運動方程式を貯留量と流出量の単純な式形で表し，これに貯留量を含めた水量の連続式と組み合わせて，流出ハイドログラフを求めている．貯留関数法は，多くの流域および河川での流出計算に用いられている実用的な方法であるが，雨水流や，洪水流の伝播や，河道特性に関する項を含まないため，洪水流の規模や，波形によって，必ずしも同一の関数形で表しえず，流量算定精度はこの関数形の精度に依存することになる．このことは，流域面積が大きくなると精度が悪くなること，さらに，基本式の誘導過程からみて，山地流域のほうが適用性が高く，平地流域では，洪水の流下形態や，河道特性，境界条件の影響を受け精度が悪くなるという問題点を有する．

　不等流計算法では，まず，いくつかの大きな洪水について，各区間での観測最大流量に対して，実測された洪水痕跡の水位縦断形を説明する各区間の粗度係数を求める．このようにして求めた各区間の粗度係数を用い，計画流量規模に対応する水位縦断分布を求め，これをもとに計画高水位を決定することが行われる．不等流計算では，流量を一定としているため，洪水流に固有の貯留現象を考慮しえないが，洪水痕跡から逆算した粗度係数を用いるこ

とによって，実績洪水に対しては貯留現象が概略含まれた形で洪水流の再現計算を可能としている．しかし，その精度については，計画に用いる粗度係数の大きさに強く依存するという問題を有する．

一方，不等流に時間的な影響を考慮する一次元不定流計算では，洪水流の非定常性に伴う貯留の影響を不十分ではあるが取り込むことが可能である．しかし，河道の縦・横断形状の変化に起因する貯留の影響を取り込むには不十分である．しかし，これらの洪水解析法は，わが国の多くの河川の治水計画立案に用いられ，計画論としてかなりの実績を有している．

治水・利水・環境は河川の持つ重要な機能であるが，これまで洪水防御，水資源開発，河道改修等の治水・利水事業と，河川の環境保全事業とは，互いに相克するものと捉えられることが多かった．近年，河川の環境問題が大きな関心を集めるなかで，川づくりの考え方は，多自然型川づくりをベースにするという考え方が定着し，治水・利水と環境を調和させる河川計画，河川改修が当然のこととして行われるようになってきている．

しかし，一方において治水・利水対策として重要な役割を持つダムが，地質等の条件や社会的条件の変化等さまざまな理由からいくつかの水系で建設困難な状況になりつつある．ダムは，治水・利水計画に位置付けられている重要な構造物であるが，ダム建設が難しい状況が出てくるとなれば，洪水から人命・財産を守るための新たな方策が検討されければならない．このような新しい視点からの洪水流の調査・研究が一層重要になる．

洪水流の水理について調査・研究を行う重要課題は2つある．第一は，河道の流量を正しく把握する測定法，計算法を確立することである．第二は治水と環境の調和を考えた河川改修のあり方を作り出すことである．

第一の課題については，洪水流の水理に関する実験と集中的な現地洪水観測に基づき，従来の観測法，解析法を改善した精度の高い流量評価方法が検討されている．河道を流れる流量は，河川のあらゆる計画の基本をなすもので，流量を正確に見積もることは，最も重要なことである．一般に，浮子の流下流速と断面積から河川の流量を求めることが行われているが，河道条件によっては観測流量に含まれる誤差は無視し得ない場合があり，この誤差の大きさを見積もることも重要である．洪水が流下するにつれて，河道貯留によるピーク流量の低減もある．このため，各河道区間について，流量を正しく観測し貯留量を正確に算定することが必要となる．**第1章**では，浮子による流量観測結果を用い，流量を高い精度で見積もる新しい方法を検討し，これを用いて貯留量を評価している．

第二の課題である水理学的に見た治水と環境の調和については，**第6章**で論じられている．ダムは洪水流入流量のピーク部分を貯留し下流への放流量を減じ，下流河川の治水安全度を高める役割を持つ．河道にも洪水流の貯溜やピーク流量の低減という機能がある．この河川の機能を十分理解・認識し，これを活かした河川計画を作り上げていくことが，環境豊かな川づくり上重要であることが述べられている．例えば，洪水氾濫が起こると，下流河道へ流下するピーク流量が減じ，流量ハイドログラフの変形が生じる．河道の狭さく部では，その上流で水位が上昇し，下流への洪水ハイドログラフが変形し，ピーク流量が減ずることはよく知られている．これらはいずれも，自然の貯留現象の顕著な例である．このような河道が持つ貯留現象を適切に治水計画の中に取り込むことによって，治水安全度を確保することが行われている．河道沿いの土地利用特性を生かし，遊水地群を造り，洪水流の一部を貯留することにより下流へのピーク流量低減を計画的に行うことは，重要な治水方策の1つと

なっている.

　上述の遊水地や狭さく部での貯留による洪水波形の変形のみでなく，河道の平面形，縦断形など河道が持つ地形特性と洪水ハイドログラフ特性によっても洪水流の貯留，流量低減機能が発揮され，また，河道内に現存する樹木群や草本類等が環境的に優れた資源として保全・利用されることによって，流れの抵抗要素として河道の貯留機能を強化しながら，洪水防御計画と環境の整備と保全を調和させることは今後の河川管理の重要な柱となる.

　河道における洪水流の貯留が流量ハイドログラフ特性だけでなく，河道特性の影響を受けることは古くから経験的にわかっていたが，定量的議論ができるほどには至っていない．河道貯留量の具体的な大きさについて，本格的に観測，推算がなされたことがなく，またそれを評価する測定法，計算法も十分に確立されてこなかった.

　河道が持つ洪水流の貯留機能を正しく評価することは必要である．そのためには，高い精度で流量が見積もられなければならない．具体的には，河川の区間において，精度の高い流入量と流出量ハイドログラフを求める必要がある．しかし，一般に，流量ハイドログラフの実測値にはかなりの誤差が入るため，貯留量にも同程度の誤差が含まれ，観測流量から貯留量を直接求めることは精度上問題が多い．しかし，計測技術，数値解析技術の向上によって，洪水流量の見積もり精度が高まり，河川の貯留機能を発揮させる川づくりが行えるようになってきた．このように，流量観測精度の向上と河道貯留量の見積もりが，今後の重要な検討課題である.

1.3　洪水流の解析法

1.3.1　河川の平面形，横断形，縦断形

　河川は，それが存在する流域の成因，地質，地勢，気象，林相など河道を作る要因の程度の違いによって，さまざまな平面，横断，縦断形状を持つ．直線的な河道から，湾曲河道，蛇行河道などいろいろな平面形が組み合わさって河道は構成されている.

　またこれらの河道の横断形としては，単断面から，複断面など，また縦断形としては，急勾配，緩勾配河道などさまざまである．これらの河道特性には，規則性のあるものから，きわめて不規則性の高いものまで幅の広い分布をする．さらに，急拡部や急縮部，曲がり部のような局所的な断面変化部も存在する．これら河道特性の違いによって，洪水の流れ方が異なり，またさまざまな水理現象が発生する.

　このように異なる洪水の流れ方に対し，どのような水理量を，どの程度の精度で求めたいのかを明確にし，対象とする目的に応じた観測や解析を行うことになる.

1.3.2　河道の水位と流量

　河川の計画をたてる上で，基本的に重要な水理量は，流量と水位の縦断分布である．河川の平面形，横断形，縦断形や河道内に存在する河川構造物，樹木群等を考慮に入れ，信頼度の高い河道設計を行うには，まず，正しい流量，水位等の水理量を求めることが必要である．また，粗度係数についても，洪水流の規模との関係において発生した洪水流の痕跡等か

ら逆算し求めておく．洪水後に測定される洪水痕跡は，河道における洪水流のピーク水位時の流れ方を示している重要指標であり，精度の高い密な間隔での測定が望まれる．

我が国の河川では，河川管理の基準となる水位標高として，一般的には東京湾中等潮位 (T.P.) を用いるが，利根川水系では Y.P.，荒川水系，多摩川水系では A.P.，淀川水系では O.P. を用いる等，河川によって，異なる基準面を用いているので注意を要する．(T.P.) とは，Tokyo Peil の略称で，東京湾霊岸島における潮位の平均を T.P.±0.0 m として設定し，全国で行われている多くの測量の基準としている．T.P. に対する Y.P. など他の基準水位の関係を**付録 3**，表-A.1.1 に示す．

計画に用いる流量は，一般に計画の降雨群から計算により決めるが，降雨から流出への変換系については，他の技術書[3]を参照するものとして，本章では，河道に発生した洪水流の流量と水位，粗度係数等を適切に求める方法を中心に議論をする．

1.3.3 洪水流の解析法の分類

対象とする河道において，縦断方向に断面変化がそれほど大きくなく，水理量の横断面内の変化よりも縦断的な変化が大きい場合には，断面内で平均化された平均水深や平均流速の流下方向変化を求める一次元解析法が用いられる．不等流計算法，一次元不定流計算法がこれである．これに対し，川幅が水深に比して十分大きい場合には，水深方向の水理量には，水深平均値を用い，河道の横断面内の水理量変化と縦断方向の変化の両方を考慮して，水深平均流速，水位の平面分布を求める平面二次元解析が用いられる．さらに，水理量の横断方向，縦断方向の他に，鉛直方向の変化も同様に重要な場合には，三次元解析法が用いられる．水理現象の三次元性が高いほど，高次の解析が必要になり，計算も複雑化する．

表-1.1，**表-1.2** は，河川において具体的に現れる多様な水理現象に対して，計算できる水理量の項目と実用上要求される精度という観点から解析法を分類したものである[2]．この中に，準二次元解析，準三次元解析として分類された解析法が示されているが，これはそれぞれ一次元解析に二次元解析的方法を取り込んだもの，二次元解析に三次元解析的考え方を取り込んだ方法である．

解析法の選定にあたって，以下の点を留意することが必要である．最初に，対象としている河道区間は，どのような断面形特性を持っているかをよく調べ，特異な水理現象が現れる場所が存在しないかどうかを検討する．その上で，何をどの程度の精度で明らかにしなければならないかを明確にし，解析法を決める．いたずらに，複雑な解析法を採用すればよいわけではなく，計算精度と計算労力，計算コストについて十分検討する．しかし，問題解決上必要な高次元の解析は，当然行うことになる．

(a) 一次元解析法

水位や流量を予測する手法の中で実用的でかつ比較的精度が高いと考えられるのが，一次元開水路流れの基本方程式に基づく不等流計算法と不定流計算法である．これらの手法は，洪水流の現象を比較的忠実に取り込んでいるため，河道状態の変化に伴う洪水流の挙動の変化も予測できる利点を持っている．この方法は，流れの方向に一次元的な変化挙動を示すとの仮定のもとに導かれており，こうした基本式に基づく手法を一次元解析法とも呼ぶ．実際の洪水流は，河道の状況によっては二次元的な挙動を示すことがある．このような場合に

表-1.1 実用上要求される精度が確保できるという観点からの洪水流解析法の適用性[2]

洪水流解析法の分類		適用可能であるために基本条件		代表事例についての適用性代表事例についての適用性						
		流れの条件	必要な河道情報	直線縦断方向一様に近い単断面流路	直線縦断方向一様に近い複断面流路(樹木群の水理的影響が大きい場合も含む)	縦断方向一様に近い弯曲路	蛇行複断面流路*(樹木群の水理的影響の大きい河道を含む)	急拡,急縮,屈曲(おおむね静水圧分布)	跳水,段落ち,段上がり(非静水圧分布あり)	分流・合流
広義の一次元解析	一次元解析	静水圧分布/α,βが1.0に近く,一定流れの曲がりと縦断方向変化が緩やか	横断面形状とそこでの粗度係数,縦断間隔は通常川幅程度以下.	●	△	○	△			
	急変流の一次元解析的取り扱い	対象とする急変流別に異なる	対象とする急変流別に異なる					○	○	○
	準二次元解析	静水圧分布/流れの曲がりと縦断方向変化が緩やか/断面内に大きな流速変化があってもよい	横断面形状と粗度**の横断分布,縦断間隔は通常川幅程度以下.	●	●	●	○(激しい蛇行は△)			
	平面二次元解析	静水圧分布/水平成分流速ベクトルが鉛直方向にほぼ一様	河床高の平面分布.堤防や必要に応じて低水路の平面形.粗度**の平面分布.	●	●	△	○〜●	●	△	○
	準三次元解析	静水圧分布		●	●	●	○〜●	●	△	●
	三次元解析			●	●	●	●	●	●	●

(平成11年度版水理公式集)

* 堤防法線に対する低水路法線の蛇行の意.
** 「粗度」には,粗度係数で表現する粗度と,樹木群のように形状等で表現する粗度の両方を含む.
● : 計算法が適切な場合,良好な精度が期待できる.
○ : 計算法が適切な場合,必要となる精度や水理・河道条件によっては適用可能である.
△ : 実用上必要となる精度を満足させられない場合が多い.

これらの評価は,各解析法が計算できる項目についてのものである.
したがって,計算できる項目が多くなるほど,精度評価の対象項目が多くなり,結果として評価が厳しくなる.

表-1.2 計算できる項目という観点からの洪水流解析法の分類[2]

洪水流解析法の分類		計算できる項目								
		横断平均水位,断面平均流速の縦断変化*	水深平均流速の横断変化(マクロな領域ごと)*	水位の平面分布*	水深平均の水平成分流速ベクトルの平面分布*	平面渦による水理量の時間空間変動	水平成分流速の平面・鉛直分布*	静水圧分布からのずれ*	三次元流速ベクトルの空間分布	三次元組織乱流構造による水理量の時間空間変動
広義の一次元解析	一次元解析	○								
	準二次元解析	○	○							
	平面二次元解析	○	○	○	○**					
	準三次元解析	○	○	○	○**	○	○			
	三次元解析	○	○	○	○**	○	○	○	?	

(平成11年度版水理公式集)

○ : 計算できる項目を表す.ただし,精度が保障されているわけではない.
 * : 渦などによる細かな時間変動を平均化したもの.
** : 平面渦による水理量の時空間変動を考慮できる方法による場合.
   洪水波としての解析は別扱い

は，一次元解析手法では，予測精度が低下することが起こる．このような場合には，**1.4**に示す洪水流の二次元性を取り込んで精度を高める手法が用いられる[4]．

運動量保存の原理を用い，圧力分布は静水圧分布であるとの仮定のもとに，以下のような一次元解析法の基本式が得られる．

$$\frac{1}{gA}\frac{\partial Q}{\partial t} - \frac{(1+\beta)Q}{gA^2}\frac{\partial A}{\partial t} + \frac{Q^2}{2gA^2}\frac{\partial \beta}{\partial x} - \frac{\beta Q^2}{gA^3}\frac{\partial A}{\partial x} + \frac{\partial H}{\partial x} + \frac{1}{\rho gA}T_r = 0 \tag{1.1}$$

ここで，H: 水位，Q: 流量，A: 流水断面積，T_r: 単位長さの河床に働くx方向(流下方向)の力$=\int \tau_b$(河床に働くx方向のせん断力)$\times dS$(潤辺長)，である．またβは，横断面内の流速分布に関係する運動量補正係数であり，次式で表される．

$$\beta = \frac{1}{A}\int \frac{v^2}{V^2} dA \tag{1.2}$$

ここで，v: 横断面内の各点におけるx方向の流速，V: 断面平均流速$(=Q/A)$，である．

基本式(1.1)には，求めようとしているQ，H(AはHの関数)以外にβ，T_rという水理量が含まれている．一次元解析法では，βは，横断面内の流速分布がほぼ一様であるという前提から，$\beta = 1$または$\beta \fallingdotseq 1.1$とし，場所的，時間的に変化しないものとする．またT_rについては，単一粗度からなる単断面においては等流の場合に成立する抵抗則(マニング式，シェジーの式など)が，不等流でも成立するものとし，次式により求められる．

$$T_r = \rho g R I_b S = \rho g A n^2 V^2 / R^{4/3} \tag{1.3}$$

ここでI_b: 河床勾配，R: 径深，S: 潤辺，n: マニングの粗度係数，ρ: 流体の密度，g: 重力加速度，である．式(1.3)を式(1.1)に代入して得られる基礎式を用いて一次元不定流計算や不等流計算を行う．

(b) 粗度係数逆算法[5],[6]

式(1.1)，式(1.3)に見られるように，一次元解析法において粗度係数は，流れの抵抗を表現する重要な水理量である．河道ごとに，また洪水ごとに粗度係数は，異なる値を持つことから，発生した洪水について逆算して求めておく必要がある．

ある地点の粗度係数を逆算するための基本方程式は，式(1.1)を書き直した次式で与えられる．

$$N_c = \frac{A \cdot R_c^{2/3}}{Q} \cdot \sqrt{I_e} \tag{1.4}$$

ここで，エネルギー勾配I_eは，

$$I_e = -\frac{1}{gA}\frac{\partial Q}{\partial t} + \frac{2Q}{gA^2}\frac{\partial A}{\partial t} + \frac{Q^2}{gA^3}\frac{\partial A}{\partial x} - \frac{\partial H}{\partial x} \tag{1.5}$$

で表され，Nc，Rcはそれぞれ，合成粗度係数，合成径深である．

ここでは，洪水流の一次元解析が適用できる河道について，粗度係数の逆算法の検討を行うので，$\beta = 1.0$，せん断力式として式(1.3)を用いている．粗度係数の逆算とは，対象地点の同一時刻における，A，Q，R_c，I_eを，洪水観測結果から求め，その結果を式(1.4)に代入してN_cを求めることを意味する．

粗度係数逆算法は，2つの観点から分類できる．第1は，I_e の求め方により分類するものである．すなわち式 (1.5) において，第1～4項すべてを考慮した逆算法が不定流計算による逆算法，非定常項である第1～2項を除いた第3～4項を考慮した逆算法が不等流計算による逆算法，水面勾配すなわち第4項だけを考慮した逆算法が等流計算による逆算法である．第2は，A，R_c，I_e の推定に洪水痕跡水位縦断を用いるか，用いないかで分類する方法である．痕跡水位を用いる場合には，河道の長い区間にわたって粗度係数を得ることができる．ただし，得られる粗度係数は，各地点の最大水位発生時刻だけの値となる．一方，痕跡水位によらない場合には，I_e を対象地点付近にある近接した2つの地点のデータから求めることとなる．この場合，得られる粗度係数は対象地点だけのものとなるが，種々の時刻での水位データを用いることにより，異なる時刻の粗度係数を求めることができ，一洪水中の粗度係数変化特性の把握が可能となる．なお，いずれの方法においても，対象区間あるいは対象地点の流量データが必要となる．**表-1.3** には，2つの観点から分類した粗度係数逆算法をまとめて示す．なお表-1.3 では，逆算法を簡略化した名前で表現している．以後の説明においても，この簡略化した名称を用いることにする．

表-1.3 粗度係数逆算法の分類[5]

		洪水痕跡水位を用いるかどうか	
		痕跡水位を用いる	痕跡水位を用いず，近接した水位観測所の水位一時間データを用いる
エネルギー勾配 I_e の算定方法	式 (1.5) のすべての項（第1～4項）を考慮	痕跡不定流逆算法	局所不定流逆算法
	非定常項（第1～2項）を無視する	痕跡不等流逆算法	局所不等流逆算法
	非定常項の他に運動量の場所的変化項（第3項）も無視する		局所等流逆算法

以下に，逆算法の中でよく用いられる痕跡不定流と痕跡不等流逆算法の原理，特徴，適用条件について説明する．ここで述べられる逆算手法の詳細は文献 5) に述べられている．

(1) 痕跡不定流逆算法

この手法では，対象区間の上流端で実績流量ハイドログラフを与え，下流端で実績水位ハイドログラフを与えて，不定流計算を行う．計算結果から得られる各点の最大水位の縦断分布と痕跡水位の縦断分布が一致するまで粗度係数の縦断分布を変えて不定流計算を行い，最終的に得られた粗度係数の縦断分布を逆算粗度係数値 N_c とする．この方法は，開水路流れの基本式のすべての項を考慮した不定流計算に基づいて逆算を行っていることから，原理的には正しい N_c 値を与える．また，多くの水位流量観測所を必要とすることなしに，痕跡水位から粗度係数の縦断分布が求まるという特徴を有している．ただし，実測値として上流端の流量と下流端の水位しか用いないので，特に上流端の流量に誤差が含まれていると，それが全区間の逆算 N_c 値に大きな影響を与える．したがって，上流端で与える流量データの精度の吟味を特に慎重に行う必要がある．

(2) 痕跡不等流逆算法

痕跡不等流逆算法では，まず，河道を粗度係数が一定と考えられるいくつかの区間に分割する．次に，流量観測データから，分割された各区間の最大流量を推定する．得られた最大流量を用いて，各区間ごとに粗度係数を変えて不等流計算を行い，痕跡水位縦断形と不等流計算結果から得られた水位縦断形が一致するような粗度係数を区間ごとに求める．このとき，各区間の下流端には実績 (痕跡) 水位を与える．以上により，粗度係数の縦断分布を得ることができる．この手法は，原理的には次式に基づき N_c 値を求めることを意味する．

$$N_c = \frac{A \cdot R_c^{2/3}}{Q_{\max}} \cdot \left(\frac{Q_{\max}^2}{gA'^3} \cdot \frac{A'_{x+\Delta x} - A'_x}{\Delta x} - \frac{H'_{x+\Delta x} - H'_x}{\Delta x} \right)^{1/2}$$

ここで，$Q_{\max}$：各地点の最大流量，$'$：痕跡より求めた水理量および関係する量，Δx：痕跡水位測定間隔，である．痕跡水位は各地点の最大水位 (ピーク水位) に等しい．**図-1.1** からわかるように，痕跡水位の縦断分布は，各時刻の水位縦断分布の包絡線であり，水位縦断曲線に接しながら下流に移動する．したがって痕跡水位の勾配は，その地点で痕跡水位が発生する時刻の水面勾配に一致する．以上から，上式を微分形で表現した式 (1.6) を考えることができる．

$$N_c = \frac{A \cdot R_c^{2/3}}{Q_{\max}} \cdot \sqrt{\frac{Q_{\max}^2}{gA^3} \cdot \frac{\partial A}{\partial x} - \frac{\partial H}{\partial x}} \tag{1.6}$$

ここで，$Q_{\max}$ を除く水理量はすべて最大水位発生時のものである．

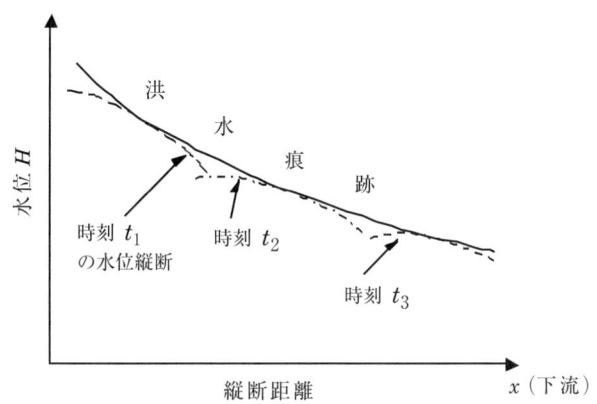

図-1.1 洪水痕跡縦断曲線と各時刻の水位縦断曲線[5]

ここで述べられた方法で精度の高い逆算値を得るための基本条件は次の 4 項目である．
①式 (1.1) の第 1, 2 項が他の項に比較して無視できるほど小さい．
②水面勾配が精度良く測られている．
③最大流量と最大水位発生時の流量に大きな差がない．
④最大流量の推定が精度良く行われる．

①は逆算の基本式に第 1, 2 項を省略した式を使っていることから，③は，最大水位発生時の流量を使うべきところに最大流量を使っていることから必要となる条件である．

通常の洪水では，条件①は一般に満足される．②については，2 地点間の痕跡水位差が十分つくような距離で測定が行われていれば，痕跡水面勾配の精度は高いと判断される．条件

③は，河道貯留が小さいと考えられる河道と洪水流であれば問題とならないと判断される．

(c) 二次元性，三次元性が問題になる場合

洪水流が二次元または三次元的に流れるようになると，一次元解析法の前提条件は満足されなくなる．**図-1.2** はそのような代表例として，典型的な複断面河道である利根川新川通り (写真 1.5) の洪水流の表面流速分布を示す．洪水流は，横断方向に大きな流速分布を持っている．この流速分布は，河道が複断面蛇行形状を有しており，低水路の水深が高水敷の水深に比べて大きいことに加えて，高水敷の地被状態が草地や背の低い樹木であり，高水敷粗度係数が低水路粗度係数に比べて大きいことから起こっている．このように横断面内で流速が大きく異なると，式 (1.2) で与えられる運動量補正係数 β が 1 よりかなり大きくなるとともに，β の縦断方向の変化も無視できなくなる．また，底面せん断力も高水敷と低水路で大きく異なる．こうした場合に，(b) で説明した単断面で単一粗度を有する河道で成立するマンニングの抵抗則を用いた T_r 値により一次元計算を行っても，十分な精度は期待できない．

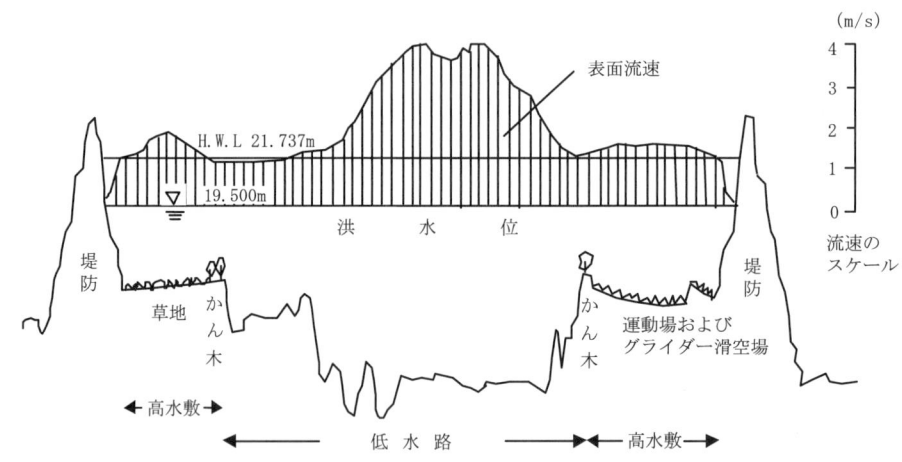

図-1.2 複断面河道の横断面形と表面流速分布 (利根川 133.0 km)

従来は，こうした解析手法自体に起因する誤差を粗度係数の中にしわ寄せすることが多かった[6]．計画洪水の規模，計画河道形状，地被状態が，逆算粗度係数を算出したときの洪水および河道条件と近い場合には，水位予測についてはそれほど大きな誤差は生じないが，計画規模が実際に起こっている洪水流の規模と大きく異なる場合には，粗度係数の算定に誤差を伴い水位予測に誤差を生じるようになる．また，流れの二次元性，三次元性に伴う河道内の流量低減などが起こる場合には，洪水流の二次元性を考慮し流量に関する予測を精度良く行う必要がある．逆算粗度係数の精度に及ぼす洪水流の非定常性等の影響については，**1.9** で説明している．

1.4 複断面直線河道の流れと抵抗特性

わが国河川の中・下流部の断面は，扇状地河道を除いて，一般に，低水路と高水敷からなる複断面形状をなしている．規模の大きい洪水が発生したとき，高水敷に水がのり，複断面河道流れとなる．複断面河道流れは，低水路と高水敷の流れの流速差が大きくなることによ

り単断面河道の流れと異なる抵抗特性を持つようになる．従来，複断面河道の抵抗予測手法として一般的に用いられてきたのは，断面分割法と呼ばれる井田の方法である[7]．この方法は，高水敷と低水路の流れの境界の流速差に伴う抵抗増加を無視しており，水深に比べて幅の大きい複断面形状を持つ河道の不等流計算に適用可能な方法 (井田の方法と呼ばれる) である．しかし，この方法は，複断面形状を有する水路において，水位が高水敷の高さをわずかに上回る際，低水路の平均流速が水位の増大とともに減少し，断面分割法の仮定を用いて計算された流速より小さくなることが，実験と洪水流観測によって確認されている[8]．実測値と断面分割法による計算値とのこのようなずれは，水位予測の精度を低下させることになる．その原因を解明し，従来の粗度係数予測手法を改良することは河道計画上重要な課題であった．複断面河道においては低水路と高水敷の境界付近に大規模渦や組織的な乱れの構造[9]～[11]が現れることにより，抵抗が増大し，疎通能力に影響を与える[12],[13]ことが明らかにされてきた．しかし，これらの研究の多くは，実河道の水深/幅に比較して，大きい流れを対象にした実験に基づいて行われており，基本的な現象の理解には役立つものの，それらの結果をそのまま実河川の抵抗予測に適用することは困難であった．**図-1.3** に示されるような複断面河道の横断面形の特性は，b_{mc}/B，b_{mc}/h，H/h という 3 つのパラメータで表される．これらは，低水路と高水敷の流れの重要なパラメータと考えられる．全国主要河川から抽出した 55 地点における b_{mc}/B と b_{mc}/h との関係を調べ，結果を**図-1.4** に示した[8]．図から，日本の主要河川の b_{mc}/h は 10～100 の間にあり，その中でも 20～50 に半数以上が集まっていることがわかる．

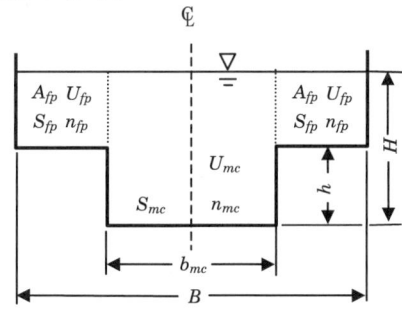

記号の説明(A:河積，U:断面平均流速，S:潤辺，n:粗度係数，B:全幅，b_{mc}:低水路幅，h:低水路深さ，H:低水路底からの水深，添字fpは高水敷を，mcは低水路を表す.)

図-1.3　複断面河道の横断面形と記号

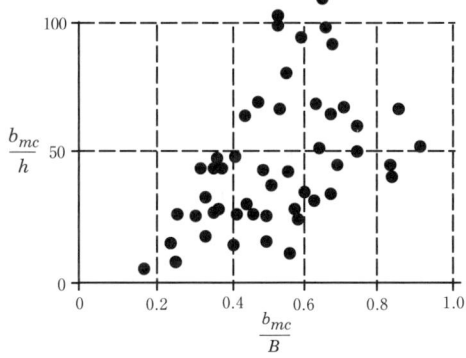

図-1.4　全国主要河川におけるb_{mc}/hとb_{mc}/Bとの関係[8]

本節では，実河道に近い断面形状を持つ実験水路において，低水路流れと高水敷流れの間の相互干渉の影響を考慮した複断面河道における粗度係数予測手法を示す．

1.4.1 平面渦の発生と流れの構造

わが国では，複断面直線河道の流れに関しては，多くの調査，研究が行われている．その理由は日本の多くの河川は，その横断面形が複断面形を持つことに起因しているが，同時に，そこで起こっている水理現象が流体力学的に関心を引く現象であるからである．

複断面河道の流れが単断面河道の流れと大きく異なる点は，高水敷と低水路の境界付近で水深の不連続性による流れの混合，すなわち，運動量輸送が生じ，大規模な平面渦の発生を見ることである．この平面渦は低水路・高水敷間の物質輸送や抵抗特性を複雑にする[14]．このため，最初に複断面河道の特徴的な水理現象である大規模平面渦とその構造を実験的に示す[15]．水路は全長 21.5 m，全水路幅 2.2 m，低水路幅 0.8 m，高水敷高さ 4.5 cm，水路床勾配 1/1,000 の固定床複断面直線水路である．高水敷の粗度には，低水路底面よりも大きな粗度を与えている (低水路粗度係数 $n_{mc} = 0.012$，高水敷粗度係数 $n_{fp} = 0.020$)．実験は付録 3 に示す表-A.1.2 に示す 3 条件で行い，平面渦をアルミニウム紛末により可視化する．平面流況をビデオカメラにより撮影し，その映像から渦の周期，波長などの渦の平面構造を観察し，相対水深との関係を考察している．

写真-1.1 に，各相対水深における実験ケースの平面流況と，このときの主流速の時間平均横断分布形を示す．相対水深 Dr は高水敷水深と低水路の水深の比である式 (1.7) で定義する．

$$\text{相対水深 Dr} = \frac{\text{高水敷水深}}{\text{低水路水深}} = \frac{H-h}{H} \tag{1.7}$$

Case1 (Dr = 0.28) では，高水敷上水深が小さく，粗度の影響を著しく大きく受けるため，境界部で大きな流速差を有するが，平面渦が発達できない．Case1 より相対水深が大きくなると，平面渦の規模は拡大する．やがて Case2 (Dr = 0.42) に示すように明確な周期性を有する渦列が規則的に存在できるようになる．両岸の大規模平面渦は互いに干渉し合いながら流下方向に移動し，低水路内の流れを蛇行させる．この場合，平面渦が流れに対して支配的であるため，渦が発生している境界部付近では，流速は明確な周期性をもって大きく変動する．さらに相対水深が大きくなると，混合が三次元的になり，高水敷上でも流速が大きくなる．このため境界部での流速差が小さく，Case3 (Dr = 0.61) に示すように規則的な大規模渦が存在できなくなる．

このように，低水路と高水敷流れの間では 2 種類の特徴ある組織的な渦の混合が見られる[8]．すなわち第 1 は低水路肩付近で間欠的に発生する強いボイルである．**写真-1.2** はその一例を示したものである．ボイルにより，底面付近の流体が湧き上がるため，低水路河岸付近にところどころアルミ粉のない領域が現れている．**図-1.5** は写真-1.2 に対応した断面内の流速分布を示したものである．図中の等流速分布は，直径 5 mm のプロペラ流速計により測定した横断面内各点の 20 秒間の平均流速値に基づいて描いたものである．この図から低水路河岸上の流速がその両側に比べかなり減少していることがわかる．これらは，今本ら[16] が指摘した高水敷先端からの斜昇流によるものと考えられる．もう 1 つの特徴ある流

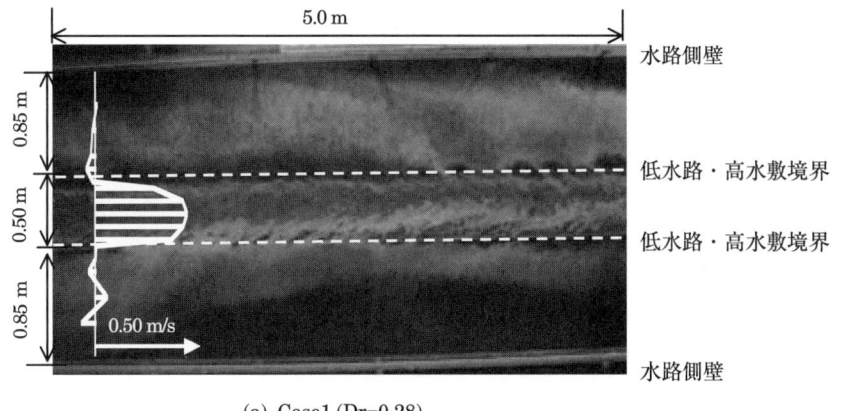

(a) Case1 (Dr=0.28)

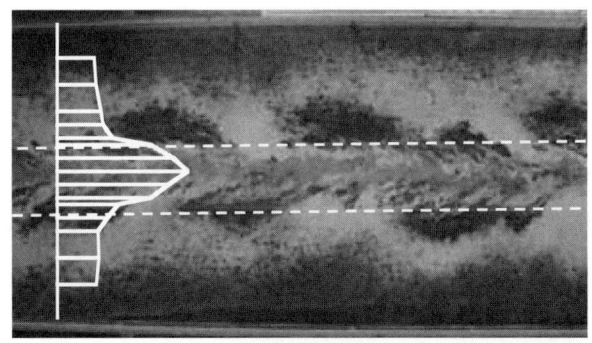

(b) Case2 (Dr=0.42)

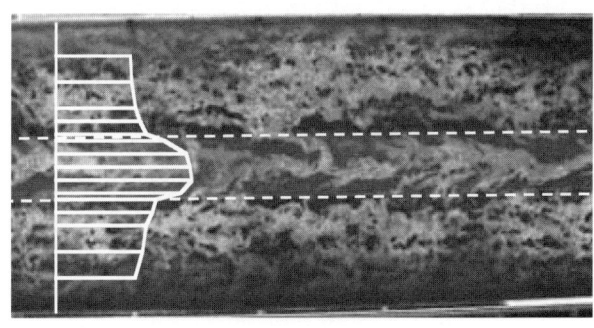

(c) Case3 (Dr=0.61)

写真-1.1 複断面直線水路の流速分布と平面流況[15]

れの構造は，鉛直の軸をもつ大規模な平面渦である．その一例を**写真-1.3**に示す．この渦は次のような性質をもっている．まず渦の影響範囲がほとんど高水敷内に位置する．渦は規則的であり，かつ長時間にわたってその形を維持し，写真-1.3に示した渦のパターンがそのまま下流へ移動する．表面に散布されたアルミ粉の集散状況より確認できるように，渦は水平方向の流速変動だけでなく，湧昇流と沈降流を伴っている．

大規模平面渦にともなう三次元的な流れの構造を**図-1.6**に示す．大規模渦に伴って，低水路の底面付近の流体が高水敷へ鉛直上向きの流速成分をもちながら輸送され，一方，高水敷上の流体がやや沈降しながら低水路へと輸送される．前者の輸送は渦中心の下流側で，後者は上流側で行われる．高水敷と低水路の流体の混合は，二次元的だけではなく，組織的な湧昇・沈降流を伴う三次元的な形で行われることがわかる．

写真-1.2 高水敷先端からの斜昇流（ケース B-2, H/h=2.25）[8]

写真-1.3 大規模平面渦（ケース B-2, H/h=1.12）[8]

図-1.5 横断面内の流速分布[8]
（ケースB-2, H/h=2.25）

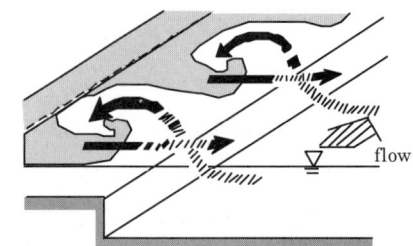

図-1.6 大規模平面渦に伴う流れの三次元構造[8]

図-1.7には写真-1.3に対応する横断面内の流速分布が示されている．図-1.5に見られた低水路河岸上の低流速域はみられない．ここで，2種類の組織的構造のうち，前者を高水敷先端からの斜昇流，後者を大規模平面渦と呼ぶと，これらの発生の有無は**図-1.8**により表される．図中には，シリーズAとBの実験結果が示されている[8]．シリーズBは高水敷と低水路が滑面の場合であり，H/hの増大に伴い大規模平面渦から斜昇流へ流れの形態が変化する．一方，高水敷粗度係数が低水路に比べて大きい，シリーズAでは，高水敷と低水路の流速差が大きくなり，すべての領域で大規模平面渦の発生がみられる．これらのことから，大規模平面渦発生の必要条件は低水路上の流れと高水敷上の流れの間に顕著な流速差が存在することであることを示している．これらの混合現象は，複断面流れに大きな抵抗と，運動量輸送をもたらすことから，複断面流れを考察する際の重要な検討要素となる．

図-1.7 横断面内の流速分布[8]
(ケースB-2, H/h=1.12)

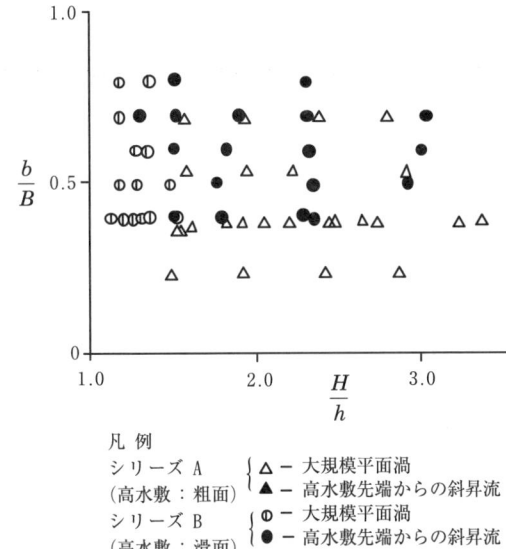

図-1.8 大規模平面渦と高水敷先端からの斜昇流の発生条件[8]

凡例
シリーズ A (高水敷：粗面) { △ — 大規模平面渦
▲ — 高水敷先端からの斜昇流 }
シリーズ B (高水敷：滑面) { ◐ — 大規模平面渦
● — 高水敷先端からの斜昇流 }

1.4.2 断面分割法（井田法）による合成粗度係数

断面分割法では，図-1.3 に示すように断面を高水敷と低水路に分け，それぞれの断面において等流条件が成立するという仮定から，次式に示すような流量 Q が得られる．

$$Q = 2\frac{A_{fp}}{n_{fp}}\left(\frac{A_{fp}}{S_{fp}}\right)^{2/3} \cdot I_b^{1/2} + \frac{A_{mc}}{n_{mc}}\left(\frac{A_{mc}}{S_{mc}}\right)^{2/3} \cdot I_b^{1/2} \tag{1.8}$$

I_b は河床勾配であり，添字の fp, mc はそれぞれ，高水敷，低水路の諸量に対応することを示す．なお，ここでは，説明を簡単にするため，左右対称な複断面を対象にしている．断面分割法では，高水敷と低水路の分割面でのせん断力を無視しており，潤辺 S には分割面を含めない．このとき，合成粗度係数 N_c は次式により計算される．

$$N_c = \frac{A_{mc} + 2A_{fp}}{Q} \cdot R_c^{2/3} \cdot I_b^{1/2} \tag{1.9}$$

R_c は，合成粗度係数 N_c を求めるための合成径深である．井田[7] は，高水敷と低水路の粗度係数が等しい複断面河道を対象に断面分割法による合成粗度係数が水深によって変化しないように，通常の径深 A/S を修正し，式 (1.10) を用いた抵抗予測を行った．

$$R_c = \left\{\frac{A_{mc}(A_{mc}/S_{mc})^{2/3} + 2A_{fp}(A_{fp}/S_{fp})^{2/3}}{A_{mc} + 2A_{fp}}\right\}^{3/2} \tag{1.10}$$

水深に対する流量が実測より求まれば，式 (1.9), (1.10) を用いることによって，N_c を得ることができる．合成粗度係数 N_c は，複断面河道における流れの抵抗特性を簡潔に表現しており，また式 (1.9) からわかるように，N_c の変化は疎通能力の変化と直接結びついている．次節では，式 (1.9), (1.10) で定義される合成粗度係数 N_c を用いて，複断面河道の抵抗特性を調べる．

1.4.3 分割面に作用するせん断力を考慮した合成粗度係数

複断面河道では，流速の異なる低水路と高水敷上の流れの間で運動量の交換が起こる．低水路と高水敷との間に分割面をとると，この運動量交換により見かけ上せん断力が作用する．このせん断力は見かけのせん断力 (*apparent shear stress*) と呼ばれ，これを用いることにより，低水路と高水敷上の流れにそれぞれについて次のようなつり合い式をたてることができる [11),13)]．

$$\tau_{mc} S_{mc} + \tau_{as} \cdot 2(H - h) = \rho g A_{mc} I_b \tag{1.11}$$

$$\tau_{fp} S_{fp} - \tau_{as} \cdot 2(H - h) = \rho g A_{fp} I_b \tag{1.12}$$

ここで，τ_{mc}, τ_{fp} は，それぞれ高水敷と低水路の潤辺に作用する平均のせん断力であり，τ_{as} は，分割面に作用する見かけのせん断力である．**1.4.2** の断面分割法においては，$\tau_{as} = 0$ としている．以下に，τ_{as} を考慮した合成粗度係数予測式を示す．まず，τ_{fp}, τ_{mc} を次式により表す．

$$\tau_{mc} = \frac{\rho g n_{mc}^2 u_{mc}^2}{R_{mc}^{1/3}} \tag{1.13}$$

$$\tau_{fp} = \frac{\rho g n_{fp}^2 u_{fp}^2}{R_{fp}^{1/3}} \tag{1.14}$$

ここで，$R_{mc} = A_{mc}/S_{mc}$, $R_{fp} = A_{fp}/S_{fp}$, u_{mc}: 低水路の平均流速，u_{fp}: 高水敷の平均流速，である．式 (1.13), (1.14) は，各割断面の潤辺に作用するせん断力が，単断面河道と同様，マニングの抵抗則により分割断面内の平均流速と関係付けられると仮定したことを意味する．一方，見かけのせん断力 τ_{as} について，石川ら [17)]，横断方向に流速差のある開水路平面せん断流において τ_{as} が流速差の2乗と流体の密度との積に比例するとおくと，横断流速分布の実験値を説明し得ることを示している．これは，開水路の横断方向の流速差に伴う運動量交換の機構が自由せん断乱流のそれと近似的に等しいとの考えに基づくものであり，同じ τ_{as} 表示法が，McKee [18)] ら，Knight ら [19)] によっても提案されている．ここでは，同様の考えに基づき，τ_{as} が次式により表現できると仮定する．

$$\tau_{as} = \rho \cdot f \cdot (u_{mc} - u_{fp})^2 \tag{1.15}$$

ここで ρ は水の密度である．f は低水路と高水敷との境界での混合の激しさを表す境界混合係数である．式 (1.11)〜(1.15) を連立させることにより，次式が得られる．

$$\frac{\rho g n_{mc}^2 u_{mc}^2}{R_{mc}^{1/3}} \left(\frac{b}{2} + h \right) + \rho f (u_{mc} - u_{fp})^2 (H - h) = \rho g H \frac{b}{2} I_b \tag{1.16}$$

$$\frac{\rho g n_{fp}^2 u_{fp}^2}{R_{fp}^{1/3}} \left(\frac{B-b}{2} + H-h \right) - \rho f (u_{mc} - u_{fp})^2 (H-h) = \rho g (H-h) \frac{(B-b)}{2} I_b \tag{1.17}$$

未知数は u_{mc}, u_{fp} であり，上2式を連立させて解けば u_{mc}, u_{fp} が得られ，これらの結果から H に対する流量を求めることができる．流量が求まれば，式 (1.9), (1.10) より N_c を計算することができる．

本方法を実用的なものとするには，低水路と高水敷との境界での混合の指標である境界混合係数 f の大きさを求め，f 値に代表される混合の強度が複断面河道のどのような因子の影響を受けるかを調べる必要がある．

1.4.4 合成粗度数係数 N_c と境界混合係数 f

図-1.9 に高水敷粗度係数が低水路粗度係数よりも大きいシリーズ A の実験について各複断面水路の合成粗度係数 N_c と水深 H の関係を示す[8]．なおこの図では，H が低水路深さ h によって，N_c が n_{mc} によって無次元化されている．図中の実線は井田の断面分割法[7]により求めた値である．図から，いずれの複断面形状においても，合成粗度係数の実測値が断面分割法による予測値よりも大きく，また，両者の差が高水敷水深の増大とともに大きくなっていることがわかる．図中の破線は，見かけのせん断力 τ_{as} を考慮した合成粗度係数の計算値である．破線を計算する際に用いる境界混合係数 f 値は実測値と計算値が最もよく一致するように定めており，その値が図中に示されている．適切な f 値を用いて計算された合成粗度係数値の水深による変化の関係は，実測値をよく再現することがわかる．

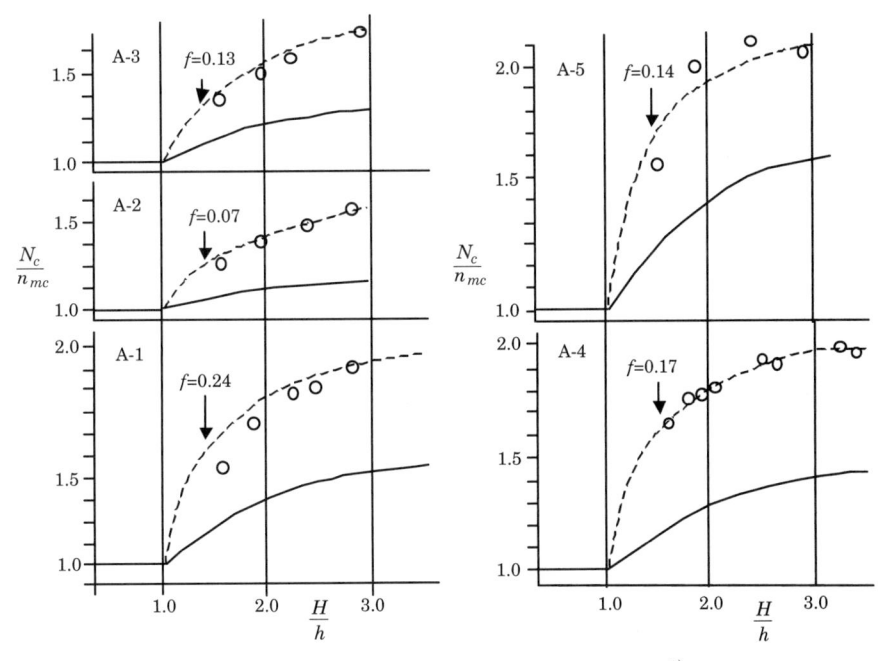

図-1.9 合成粗度係数 N_c と水深 H との関係[8]

得られた合成粗度係数から逆算した境界混合係数 f 値は，同一横断面形状でも水深によって多少変動する．**図-1.10** には平均 f 値とその変動幅を示す．図から，b_{mc}/B が 0.5 以上になると，b_{mc}/B の増大とともに f 値がやや減少する傾向がみられる．これは，b_{mc}/B が大きくなると高水敷幅が小さくなり，低水路と高水敷上の流れの干渉に寄与する大規模渦が側壁の影響を受け，渦による運動量交換量が小さくなるためと推定される．$b_{mc}/B = 0.2 \sim 0.6$ の範囲では，f 値が 0.17 程度の値をもつと判断できる．したがって，実用的には，f 値にこの程度の値を与えると，低水路流れと高水敷流れの干渉効果を考慮した抵抗予測が可能となる．

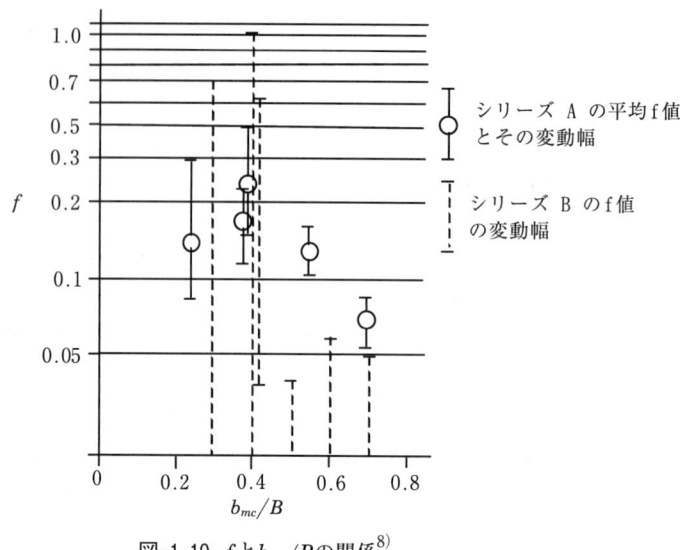

図-1.10 fとb_{mc}/Bの関係[8]

　石川ら[17]は，開水路の広長方形断面内の粗度を左右で変えることによって作り出した平面せん断流の実験によって，式(1.15)で定義したf値の大きさを調べ，f値が0.015〜0.03であること，この値が自由せん断乱流の理論から導いた値とほぼ一致することを述べている．一方，本実験からは，低水路幅の割合が全幅の6割程度以下の場合，f値がこれらの値よりも1オーダー大きく，0.17程度の値をとるという結果が得られている．このことは，複断面河道では，高水敷と低水路流れの干渉の強度が開水路平面せん断流における混合の強度よりも大きくなることを示している．この原因としては，平面せん断流が二次元的な混合現象であるのに対して複断面河道の低水路と高水敷の流れの混合が図-1.6に示したように三次元的であることが考えられる．

1.4.5 抵抗特性量と抵抗予測手法[8]

　洪水流の抵抗予測は，河道計画における最も重要な検討項目の1つである．前節までの結果から，複断面水路の抵抗予測手法が得られ，これを用いることにより，水位等を予測することが可能となる．しかし，実際の河道を対象とする場合，低水路，高水敷それぞれの粗度係数n_{mc}，n_{fc}を河道の状況に応じ精度良く求めることは容易でない．比較的精度良く求まる水理量は，ある規模の洪水痕跡データからの逆算により得られた合成粗度係数である．このような状況を考慮した場合，逆算合成粗度係数から，計画規模相当の洪水の合成粗度係数を予測するための精度向上を図ることが必要となる．

　河道計画に必要な計画規模洪水に対応する合成粗度係数を予測する最も簡単な方法は，断面内の粗度係数の分布も低水路と高水敷流れの間の干渉も考慮せず，洪水観測データから逆算された合成粗度係数をそのまま予測値とするものである．これを手法1とよび，予測値をN_1とする．手法2は，1.4.2の断面分割法により求める方法であり，予測値をN_2とする．手法3は，1.4.3で取り上げた方法で，断面分割法に高水敷と低水路の流れの干渉による見かけのせん断力τ_{as}考慮して合成粗度係数を予測する手法であり，予測値をN_3とする．粗度係数逆算対象洪水の水位は計画規模洪水の水位よりも通常小さいので，手法1では，合成

粗度係数の水深による変化が小さいと仮定していることになる．しかし合成粗度係数は前章で示されたように，高水敷上の流れと低水路流れとの干渉と一潤辺内の粗度の違いが原因となって，水位とともに変化するのが一般的である．干渉効果が卓越する複断面河道では，手法 3 による予測値が実験値に最もよく適合し，手法 2 の予測値は，上述の干渉効果を考慮していないため合成粗度係数を過小評価することになる．一方，合成粗度係数予測の繁雑さは，手法 1, 2, 3 の順に大きくなる．

$N_3 \sim H$, $N_2 \sim H$ (水深) 関係の中で，特に次の 2 つの水理量が河道計画上重要である．

① dN_3/dH: 水深の増大に伴う N_3 の増加率

② $N_3 - N_2$: N_3 と N_2 との差

計画規模洪水の水深と逆算に用いる実際に起こった洪水の水深との差を ΔH とすると，手法 1 には近似的に $\Delta H \cdot dN_3/dH$ だけ誤差が生じる．したがって dN_3/dH の大きさにより，手法 1 を採用することの妥当性を判断できる．$N_3 - N_2$ は，干渉に起因する抵抗による粗度係数増加量の大きさを表す．この量が大きいことは，干渉による抵抗が生じやすい河道であることを意味する．また，$N_3 - N_2$ が小さいときには，手法 3 より簡便な手法 2 を用いることが可能であると判断できる．以上の考察から，複断面河道の水理特性を把握するための指標として dN_3/dH, $N_3 - N_2$ を選ぶ．

図-1.3 に示すような左右の高水敷の高さと粗度係数が等しい単純な複断面形状を対象とする．一般に高水敷上の流量，流速が低水路内の流量，流速に比較して小さいことから，低水路流との干渉による高水敷流速の増加分は合成粗度係数の値にわずかな影響しか与えないと考えられる．そこで，第 1 近似として，高水敷上の流れの力のつり合いを表す式 (1.17) において，流れの干渉を表す左辺第 2 項を省略した式 (1.18) を用いる．

$$\frac{\rho g n_{fp}^2 u_{fp}^2}{R_{fp}^{1/3}}\left(\frac{B-b_{mc}}{2}+H-h\right) = \rho g\left(H-h\right)\frac{B-b_{mc}}{2}I_b \tag{1.18}$$

式 (1.16) と式 (1.18) を連立させ，さらに各分割断面の径深がそれぞれの水深に等しいとして，N_3 の第 1 近似値 N_3' を得る式を求め，この結果から dN_3'/dH, $(N_3'-N_2)/N_2$ を計算すると，それぞれ下式で表される C_1, C_2 を得ることができる．

$$C_1 = \frac{dN_3'}{dH} = \frac{n_m}{(xyz^{5/3}+A)^2}\cdot\left\{\frac{5}{3}xz^{2/3}z'(A-y)-B\left(1+xz^{5/3}\right)\right\} \quad [\text{m}\cdot\text{s 単位}] \tag{1.19}$$

$$C_2 = \frac{N_3'-N_2}{N_2} = \frac{1-A}{xyz^{5/3}+A} \tag{1.20}$$

ここで，$x = b_{fp}/b_{mc}$, $y = n_{mc}/n_{fp}$, $z = H_{fp}/H_{mc}$,

$$A = \frac{\theta}{(1+\theta)}\cdot yz^{2/3} + \frac{1}{(1+\theta)}\cdot\sqrt{1+\theta-\theta y^2 z^{4/3}},$$

$$B = \frac{\theta'}{(1+\theta)^2}\cdot yz^{2/3} + \frac{2}{3}\frac{\theta}{(1+\theta)}yz^{-1/3}z' - \frac{\theta'}{(1+\theta)^2}\cdot\sqrt{1+\theta-\theta y^2 z^{4/3}}$$

$$+ \frac{1}{(1+\theta)}\cdot\left(\frac{\theta'-\theta'y^2 z^{4/3}-\frac{4}{3}\theta y^2 z^{1/3}z'}{2\sqrt{1+\theta-\theta y^2 z^{4/3}}}\right),$$

$$\theta = \frac{S_\tau \cdot f \cdot H_{mc}^{1/3}}{gb_{mc}n_{mc}^2}, \qquad \theta' = \frac{2f}{gb_{mc}n_{mc}^2}\left\{\frac{4}{3}H_{mc}^{1/3} - \frac{1}{3}hH_m^{-2/3}\right\}, \qquad z' = \frac{h}{H_{mc}^2}$$

また，b_{mc}: 低水路幅，b_{fp}: 高水敷の全幅，n_{mc}: 低水路粗度数係数，n_{fp}: 高水敷の粗度係数の平均値，H_{mc}: 低水路水深，H_{fp}: 高水敷の平均水深，S_τ: 干渉によるせん断力が作用する部分の潤辺 (低水路の両側に高水敷があるとき $S_\tau = 2H_f$，低水路の片側にだけ高水敷があるとき $S_\tau = H_f$)，h: 低水路深さ，g: 重力加速度，である．このように，dN'_3/dH, $(N'_3 - N_2)/N_2$ は横断面形，低水路・高水敷の粗度係数および水深によって規定されることがわかる．

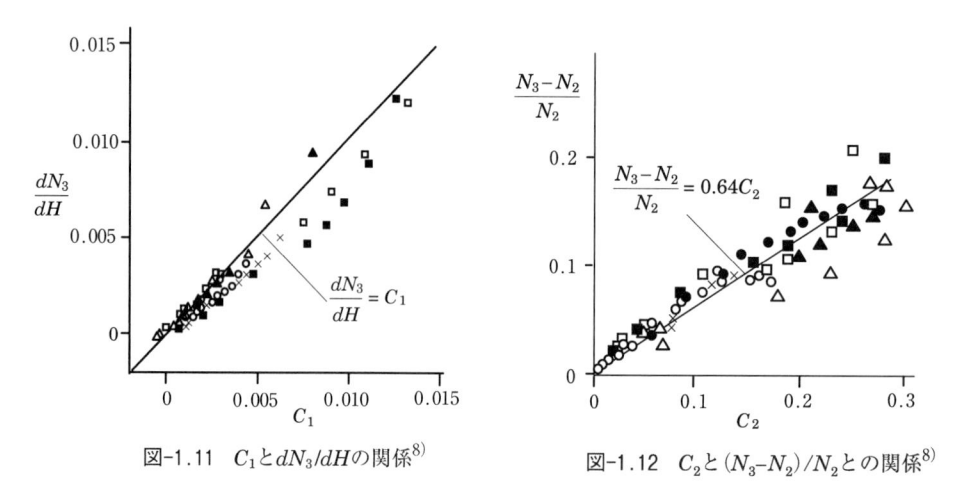

図-1.11　C_1 と dN_3/dH の関係[8]　　図-1.12　C_2 と $(N_3-N_2)/N_2$ との関係[8]

ところで**図-1.11**，**1.12** は全国の代表的な複断面河道について，上記の近似，単純化を行わず式 (1.15)〜(1.17) に基づく数値計算より求めた dN_3/dH，$(N_3 - N_2)/N_2$ と式 (1.19)，(1.20) より求めた C_1，C_2 との関係を示す．

$$dN_3/dH \fallingdotseq C_1 \tag{1.21}$$

$$(N_3 - N_2)/N_2 \fallingdotseq 0.64C_2 \tag{1.22}$$

以上のように，複断面直線的河道の抵抗特性を代表する 2 つの特性量 dN_3/dH と $N_3 - N_2$ は，横断面形，高水敷・低水路の粗度係数および水深から簡単に求められる河道特性量 C_1，C_2 によって表すことができる．

次に，dN_3/dH と $(N_3 - N_2)/N_2$ を用いて，河道の抵抗予測手法の選択方法を示す．**図-1.13** は，縦軸に $(N_3 - N_2)/N_2$ を表す $[0.64C_2]$ をとり，横軸に dN_3/dH を表す $[C_1]$ をとる．対象とする河川の河道特性量から C_1，C_2 を計算しそれぞれの河川が分類図上でどの位置に属するかによって各河川の用いるべき抵抗予測手法が決まる．すなわち，分類図上の左方に位置すれば，水深による粗度係数の変化が小さい (dN_3/dH が小) ので合成粗度係数予測手法 1 の適用となる．一方，分類上の右方では，手法 1 の適用は不適切となる．このとき，その位置が右下にある場合には，$(N_3 - N_2)/N_2$ が小さくなるので，手法 2 の適用が可能となるが，右上に位置する場合には，手法 3 を用いる必要が出てくる．**図-1.14** は，分類図上の位置に応じた代表的な河道断面図を概念的に示したものである．高水敷水深が大きい，あるいは低水路幅の広い河道では手法 1 の適用が可能となり，逆に，こうした形状を持たない河道では手法 1 の適用は不適切となる．この場合低水路が深い，あるいは高水敷粗度

係数が大きい場合には手法3の適用が必要となり，そうでない場合は，手法2の適用が可能となる．以上のように，図-1.14に示す複断面河道の抵抗特性分類図を用いることによって，複断面直線河道の合成粗度係数予測手法の選定を合理的に行うことができる．

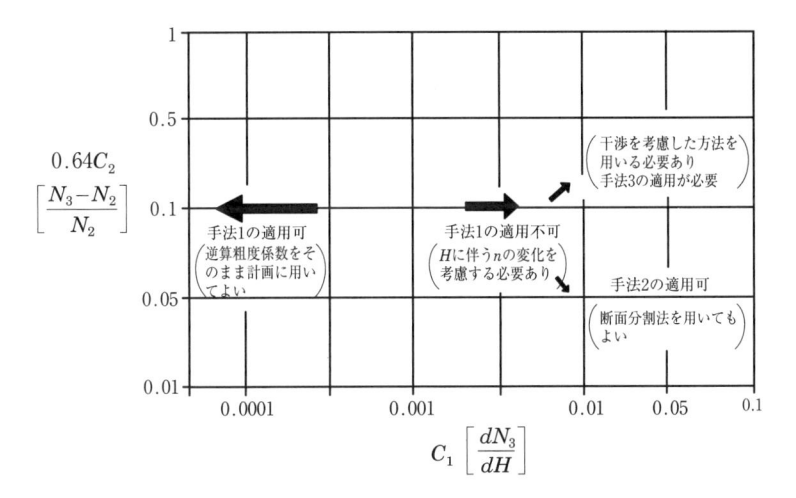

図-1.13 複断面河道の抵抗特性分類図と合成粗度係数予測手法選択の考え方[8)]

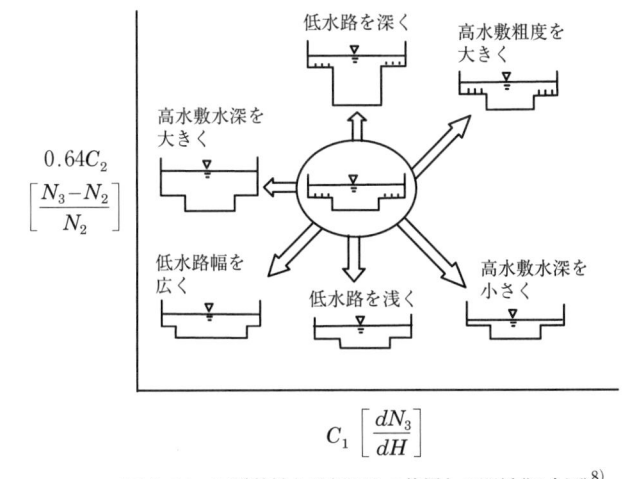

図-1.14 河道特性と分類図上の位置との関係(概念図)[8)]

1.5 複断面蛇行河道の平面形状特性と流れの構造

1.5.1 複断面蛇行流れの三次元解析

複断面蛇行河道では洪水時には，高水敷上の流れは堤防に沿って，高水敷高さから下の低水路内の流れは低水路に沿って流れる特性を有する．このため，低水路が堤防とは異なる線形で蛇行していると，高水敷上の流れが低水路内に，低水路内の流れが高水敷上に入り込み，大きな運動量交換が生じ，流れの抵抗特性が変化する．この場合の流れは，前節の複断面直線河道流れや単断面蛇行流路における流れ場とは異なる複雑な三次元流れ場になっている．低水路と堤防の蛇行の位相差や低水路の蛇行度，流量規模等によって複断面蛇行流れの

特性が複雑に変化するため，対象とする流れ場について，数値解析によって検討しなければならない場合がしばしば起こる．

複断面蛇行流れに関して武藤・塩野ら[20]は，高水敷と低水路が滑面からなる複断面蛇行水路において流れ場を詳細に計測し，水路の抵抗特性を検討するうえで低水路内の二次流，低水路内流れと高水敷流れの混合に伴う運動量交換が重要であると指摘している．

福岡ら[21]〜[23]は，大型水理模型実験と現地の洪水流の航空測量写真から求められた流速分布から，高水敷幅が流下方向に変化する蛇行河道で，大きな相対水深の洪水流では，最大流速位置が低水路の外岸側でなく内岸寄りに現れること，最大流速位置を連ねた線上の内岸付近の河床洗掘が大きいこと等を示し，複断面河道の河道設計に際し，流れと河床変動の視点から考察することの必要性を指摘している．

福岡・大串ら[24]は，実河川のスケールを念頭におき低水路幅/高水敷高の比が大きく，高水敷の粗度を大きくした複断面蛇行水路実験を行い，高水敷水深の変化の流れ場への影響，低水路と高水敷の混合機構，低水路内を流れる流量，二次流分布およびその発達・減衰について詳細に調べ，複断面蛇行流れの構造を明らかにしている．

本節では，固定床複断面蛇行水路を対象に複雑な平面形状を持つ場における三次元数値モデルを示し，次に，数値解析結果を福岡ら[24]による実験結果と比較検討し，複断面蛇行流れの三次元構造を明らかにする．

複断面蛇行流れの数値解析は，*Jin・Egashira*ら[25]によっても試みられている．*Jin・Egashira*らは，低水路の高水敷高さより上層と下層で流れの特性が大きく異なることに着目し，静水圧近似した2層の浅水流モデルを用いて解析している．解析結果は水深平均流速場や水深平均流速場で決まる水位分布等は比較的実験結果を表しているが，高水敷流れが低水路に進入してくる部分で高水敷高さより上の低水路流れの向きを表現し得ておらず，さらに低水路底面付近の流れの向きを正確に特定できていないという問題を残している．この研究によって，位相差のある複断面蛇行流れに固有の三次元的な流れの構造は，2層の浅水流モデルでは十分に表し得ないことが明らかとなった．

上述の問題点を解決するため，福岡・渡邊[26]は，静水圧分布を仮定しない三次元モデルを開発し，以下に示す精度の高い複断面蛇行流れ場の解析モデルを提示した．

単断面直線水路の場合とは異なり，複断面蛇行流れの場では，平面形に起因する運動量の大規模な混合により，流れが時間的，空間的に大きく変動し大規模流速変動による運動量輸送が高周波の小規模変動による輸送より卓越する．福岡・渡邊[26]は，このような場合，小規模変動による運動量輸送は適当な渦動粘性モデルで表し，大規模な流速変動による運動量輸送を河道の平面形を適切に取り込み直接計算すれば，必要な精度で解を求めることが可能と考え，移流項の精度を上げるために，大きな横断方向流速差によって生じる水平渦運動等，低周波の時間変動現象までも含めて解析可能なスペクトル選点法[27],[28]を導入し，解析モデルを構築している．

(a) 流れの三次元解析

複断面蛇行河道は，複雑な境界形状を有することから，その流れを解くために任意の境界形状に適用できる三次元一般座標系を用いる．

基礎方程式は，**付録1**に示す運動方程式(A.8)，(A.9)，(A.10)と連続式(A.11)である．

現象や境界形状が周期的である場合や，境界形状による影響が局所的に大きく作用するため現象が局所的な条件で決まり，その部分のみに着目するような場合には，周期境界条件を適用してその現象の特性を表す解析法が用いられる．本解析では，移流現象をスペクトル展開した精度の範囲内で計算できるスペクトル法を用いる．

水路形状と流れ場に対して流下方向に周期境界条件を適用できる場合について，三次元流速場 (u,v,w,p) と水位 ζ，並びに各計量テンソルを，水路の蛇行波長を1次モードとしたフーリエ級数で表す．すなわち，物理または格子空間上の各変数 f_r は，一般的に

$$f_r(\xi,\eta,z,t) = \sum_{k=0}^{N-1} F_k(\eta,z,t)\exp i\{2\pi k\xi_j/2N\} \tag{1.23}$$

の形で表される．ここに，k: モードの次数，i: 虚数単位，$2N$: 格子点上で表した数列 $\{f_r(\xi_j)\}$ の個数，F_k: 複素スペクトル $(a_k - ib_k)$ であり，ξ_j の値は $\xi_j = 1, 2, \cdots, 2N$ のように採られる．

各変数と計量テンソルを式 (1.23) で表した後に，それらを運動方程式と連続式に代入すると求めるべき基礎方程式が得られ，FFT を利用したスペクトル選点法[27),28)] を用いて解く．

各項を計算するときに必要な物理空間上における ξ 方向の微分値は，波数空間で微分した後に，逆フーリエ変換することによって，

$$\frac{\partial^n}{\partial \xi^n}\{f_r(\xi,\eta,z,t)\} = \sum_{k=0}^{N/2-1} F_k(\eta,z,t)\{i2\pi k/2N\}^n \exp i\{2\pi k\xi_j/2N\} \tag{1.24}$$

の形で表すことができる．

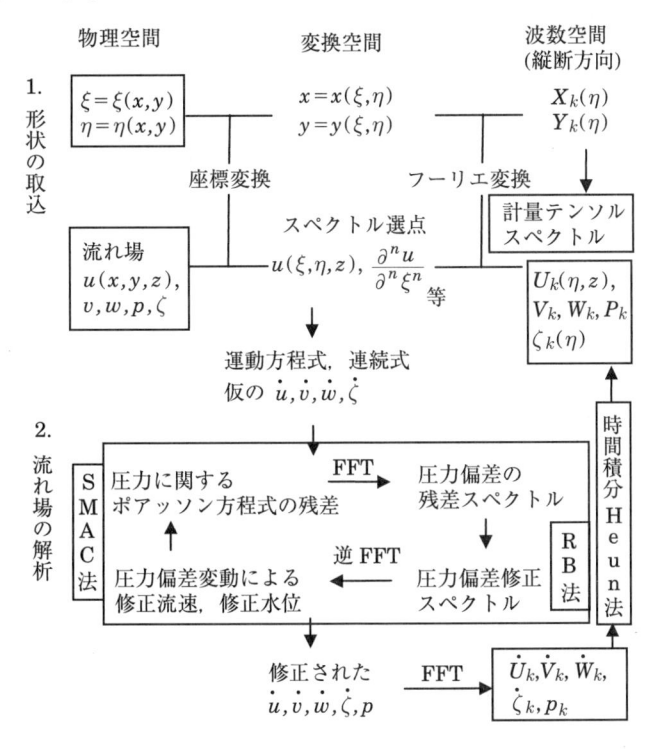

図-1.15 複断面蛇行流れの計算手順[26)]

計算手順の全体的な流れを**図-1.15**に示す.

流速に対する境界条件として,壁面において壁面近傍流速の2乗に比例する抵抗が与えられ,不透過スリップ条件が適用されている.壁面または底面上の摩擦速度は,壁面または底面近傍の流速を抵抗係数で除して求められる.

本解析では,圧力pは静水圧$\rho g(\varsigma + z_b - z')$とそれからの偏差$dp$に分離され,圧力偏差$dp$に対してSMACスキームが適用されている.ここに,z_bは河床高,z'は河床からの高さである.計算方法の詳細は文献26)に述べられている.

(b) 実験結果と解析結果の比較

(1) 複断面直線水路の流れと平面渦 [15),26)]

川幅が水深に比して十分に大きい河川にあっては,流れの三次元性が重要となる範囲は,低水路河岸近傍での水深の数倍程度の幅に限定される.このことから,一般に,川幅が水深よりも十分広い河川では,複断面直線河道であっても,河道全体を対象としたとき,後節で示す準二次元解析,平面二次元解析のように運動方程式を水深平均することによって工学的には十分な精度で流れ場の解析を行うことができる.

複断面直線水路の流れは,蛇行流に比して高水敷流れと低水路流れの混合による運動量輸送が小さいことから,実用上の観点から,本節(a)で述べた三次元解析モデルを上層と下層の特徴的な流れ特性を考慮した平面二次元二層モデルに簡略化する.これを用いて流れと渦構造の実験結果[15)]を再現し,モデルの適合性とその適用限界を示す.

1.4.1で示した平面渦の実験結果について,規則的な大規模水平混合が卓越するCase2の再現計算を行う.基礎式は,流下方向,横断方向についての二次元運動方程式(A.26),(A.27)および連続式(A.28)である.

解析には平均水位を与え,**図-1.16**に示すように平均流速横断分布(および流量)が実験結果と一致するように粗度係数の値を設定している.**図-1.17**に実験および解析における低水路と高水敷の境界部における主流速の時間変動を示す.大規模渦が通過するごとに,大きな流速変動が生じている.解析結果は変動周期,変動幅共にその特徴を比較的よく表している.これらを線スペクトルで比較すると,卓越周期は共に約6秒であり,スペクトル分布もおおむね再現されている.一方,実験Case3では高周波成分の流速変動が卓越するように

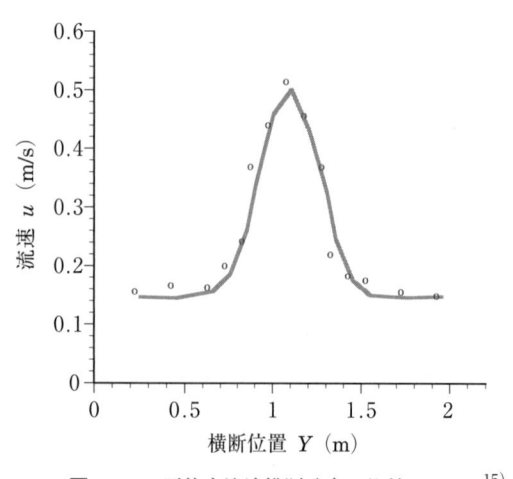

図-1.16 平均主流速横断分布の比較(Case2)[15)] 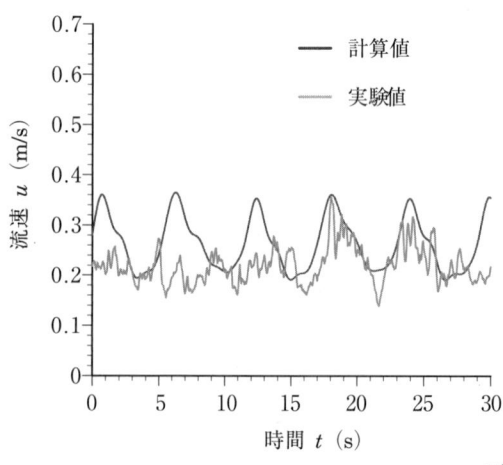　　図-1.17 境界部主流速変動の比較(Case2)[15)]

図-1.18 解析結果(水位コンター図(Case 2))[15]

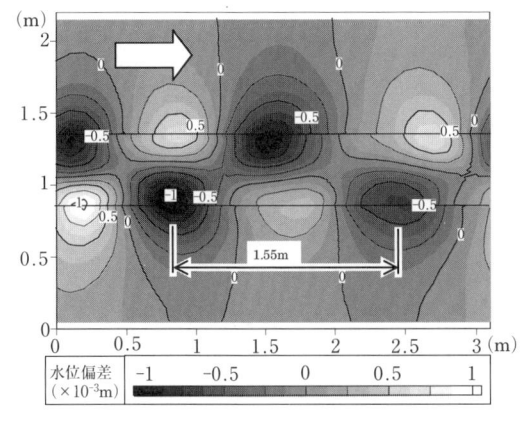

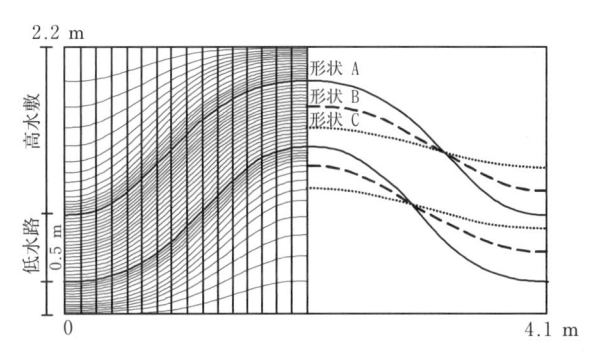

図-1.19 メッシュイメージと解析に用いた水路平面形状[26]

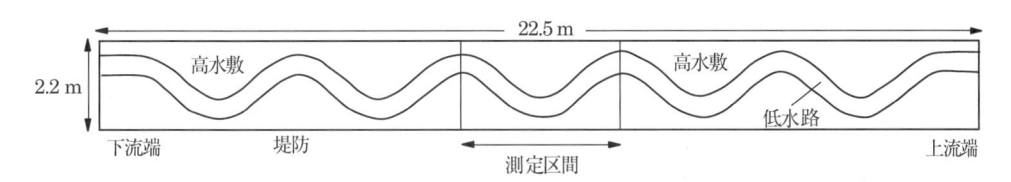

図-1.20 実験水路平面図

なり，周期性が不明瞭になる．解析でも変動幅，周期共に小さくなるが，高周波成分や流れの三次元性の影響を取り入れていないため再現性が低い．**図-1.18**にCase2における解析結果の水位コンター図を示す．渦中心を示す水位低下位置の間隔から，解析結果の渦波長は1.55 mであり，実験結果の渦波長1.4 mにほぼ対応している．以上の結果より，平面二次元モデルにより平面渦が卓越する流れの平均構造はよく再現されている．

平面渦構造は相対水深，低水路と高水敷の粗度の大きさに依存する．本実験条件では，Dr = 0.40程度で安定した水平渦が観察され，これよりも相対水深が大きくなると大規模平面渦構造は維持されない．

(2) 複断面蛇行水路を用いた流れの実験および解析の条件

図-1.19は，解析対象とした蛇行流路の形状とメッシュイメージを示したものである．水路平面形状はA，B，Cの3通りである．これらは蛇行度(低水路蛇行長/低水路蛇行波長)のみが変化し，他の条件は同一で全幅2.2 m，低水路幅0.5 m，低水路河岸高さ0.045 m，区間長4.1 mである．スペクトル法による解析に用いるスペクトル選点の位置を表すメッシュは，流れの変化が大きくなる低水路部分で細かくなるように分割されている．さらに，隣り合うメッシュの長さの比が急変せず，メッシュ形状が滑らかに変化するように，メッシュが作成されている．このように作成された格子点の座標を読み取ってフーリエ変換することにより，解析に用いる各計量テンソルが得られる．平面上の格子点数は(33×51)であり，スペクトルは0～7次までで解析されている．鉛直方向には高水敷高さから下で4分割，高水敷上は1 cmごとに分割されている．

実験[24]は，長さ22.5 m，幅2.2 mの鋼製可変勾配水路に作成された蛇行度$S = 1.17$水路形状Aの複断面蛇行流路(**図-1.20**)について相対水深を変化させて行われている．高水敷上には粗度として人工芝が張り付けられており，水路の勾配は1/600である．解析は，相

対水深 Dr が実験の相対水深と一致する Dr = 0.47，(低水路水深 8.5 cm，高水敷水深 4.0 cm)，流量 25.3(ℓ/s) (Case3) の場合について行う．

(3) 複断面蛇行水路の流れ場の特性

図-1.21，**1.22** は，Case3 における水位コンターと高水敷高さを境に上層・下層に分けてそれぞれ水深平均した流速ベクトルを実験結果と共に示したものである．水位については解析結果・実験結果共に低水路湾曲部の外側で水位が高くなっている．コンターの位置はわずかに異なっているが，高水敷上では蛇行部から流水が乗り上げていく範囲でコンター間隔が密になり，流れが低水路に入り込む手前で間隔が広くなっている．図-1.22 の流速ベクトルの解析結果は実験結果をよく表現している．高水敷上では，流れの向きは基本的に堤防に沿った向きである．低水路上では流れが集中する部分から外岸部分にかけて，低水路河岸に沿うような向きに流れる．一方，高水敷高さから下の部分では，低水路に沿った向きに流れている．これにより，低水路部分，特に高水敷上の流れが低水路に入り込む範囲では上層と下層の流れの特性が大きく異なることになる．すなわち，流れの向きと流速の大きさが異なっており，場所によっては下層の方が流速が大きくなる．

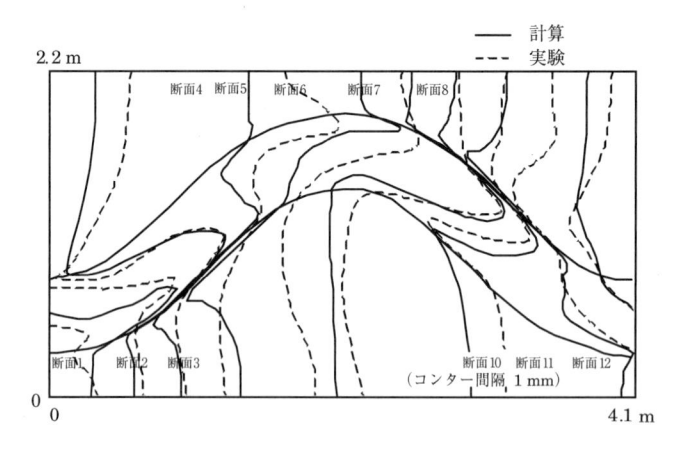

図-1.21　ケース3における水位コンターの解析結果と実験結果[26]の比較

図-1.23 は，高水敷高さ (4.5 cm) から下で水深平均した圧力偏差の分布を水頭で表したものである．低水路の流れが河岸に当たる側で圧力が最も上昇する．ただし，圧力が上昇する範囲，すなわち静水圧近似が成立しない場所は，この近傍に限定されている．高水敷高さより上では，低水路から流れが乗り上げる範囲で負圧を生じ，その値も小さく，この部分では局所的に水位も低くなっている．図 1-21 の水面高分布と図 1.23 の圧力偏差分布はよく対応している．

図-1.24 は，高水敷高さにおける低水路内の鉛直流速 w の値の分布をコンターで示したものである．低水路の流れが河岸に当たる部分で大きな上昇流が生じている．高水敷高さ面では，多くの場所で沈み込んでおり，特に流れが集中して最大流速が内岸から次の内岸に向かう線上で特に大きく沈み込んでいる．図-1.22(a) と対照すると，鉛直流速が下向き 1 (cm/s) よりも大きい範囲で流れが集中している．

図-1.25(a)〜(d) は，それぞれ Case3 の断面 1, 3, 4, 6 における低水路河岸に直交する断面内の横方向流速分布を示している．低水路の曲率最大である断面 1 では，単断面蛇行水路の場合とは逆向きの二次流が現れている．これは下層の方が流速が速いために下層の慣性力

(a) 高水敷高さから上の水深平均流速

(b) 高水敷高さから下の水深平均流速

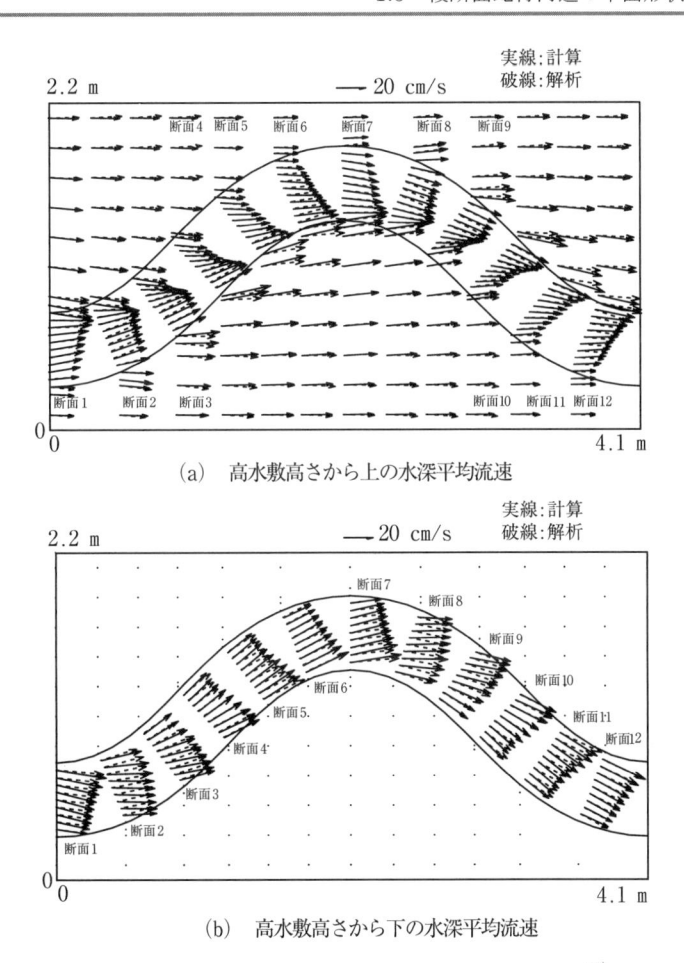

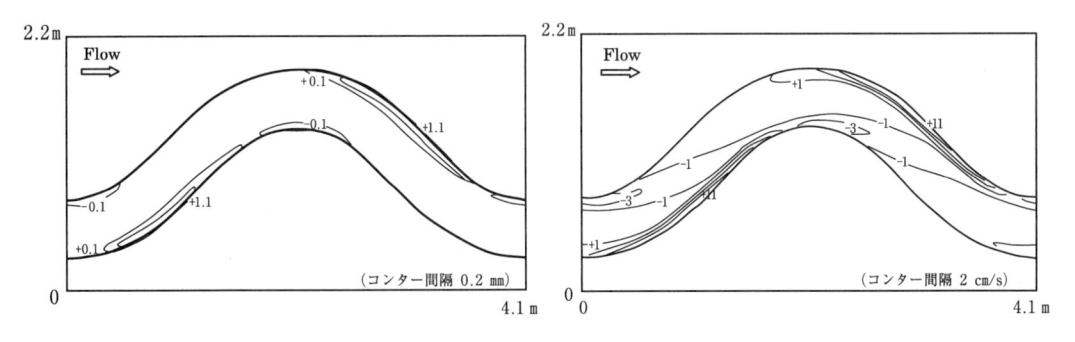

図-1.22 ケース3における流速分布の解析結果と実験結果[26]の比較

図-1.23 ケース3における高水敷高さから下層の平均圧力偏差の分布（単位：mm水頭）[26]

図-1.24 ケース3における高水敷高さ面での鉛直流速の分布[26]

が上層の慣性力よりも大きいためである．断面1～2にかけてこの二次流はほぼ減衰し，上層と下層が交差する断面3～4にかけて，高水敷から流れが入り込んでくる場所，入り込む河岸の高水敷高さから下の部分で新しく二次流セルが発達し始めることがわかる．二次流セルは河岸から沈み込む流速が大きくなっている場所の間にある．横断する多くの流れはそのまま次の河岸に向かっている．断面5～6にかけて新しく生じた二次流セルが左岸側から右岸へ向かってさらに発達していき，断面全体で回るようになっていき，断面7で完全に反転する．図に示されているように，これらの流れは，解析・実験共によく一致している．

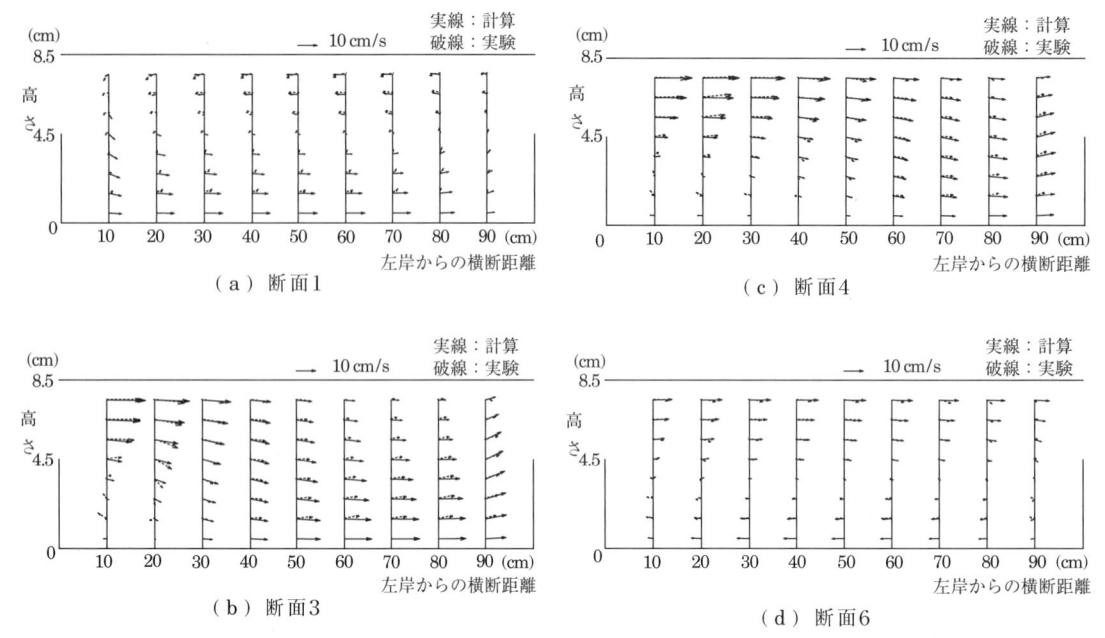

図-1.25 ケース3における低水路横断面内の流速分布の解析結果と実験結果[26]

図-1.26(a), (b) は，解析で得られた流速場から流跡線を求め，三次元的に表したものである．図-1.26(a) は水面高さから出発した粒子の流れを表しており，最大曲率部で低水路上層の内岸部を流れる流体は下流の対岸に向かって流れて行き，先に述べた流れが集中する箇所で下層に沈み込んでいる．一方，図-1.26(b) は高水敷高さから出発した粒子の流れを表しており，内岸の下流部で沈み込んだ流体は螺旋構造をとりながら徐々に外岸へ向かって流れて行き，外岸部で上昇して高水敷に乗り上げていく．最大曲率部で，外岸部を流れていた流体は一度沈むが，外岸部の上昇流により高水敷上に乗り上げ，そのまま流下していく．これは実験[24]から得られた流れ場の状況とほぼ同一の構造となっている．

図-1.27(a), (b) は，断面1, 4における低水路河岸の向きにとった主流速の分布を表している．断面1の場合，内岸側において流速が全体的に大きく，下層の流速の方が少し大きくなっている．他の部分はほぼ一様である．断面4では，このような分布の変化が大きくなっており，主流速は，流速ベクトルの向きが高水敷高さの上下であまり変わらなくなる右岸側を除けば，底面付近の流れの方が速くなっている．主流速は，入り込んだ直後では高水敷粗

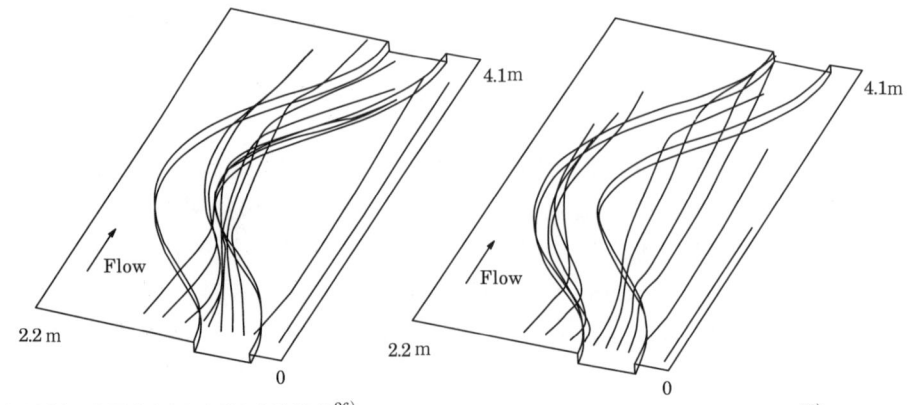

図-1.26(a) 水面高さから出発した流跡線[26]　　**図-1.26(b)** 高水敷高さから出発した流跡線[26]

度の抵抗によって，高水敷高さの流速が遅くなっているので，高水敷高さ付近で流速分布がくびれたような鉛直分布となっている．位置が対岸に近づくにつれて，高水敷からの流下距離が長くなるので，流速分布のくびれが回復している．その後，断面7に向かっていくにつれて，左岸側のくびれも徐々に回復し，逆に内岸側となる右岸側下層の流速が速くなっていく．

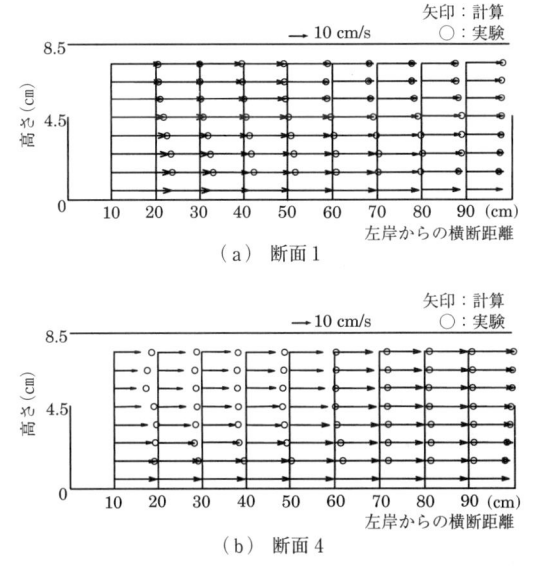

図-1.27 ケース3における主流速の横断面内分布[26]

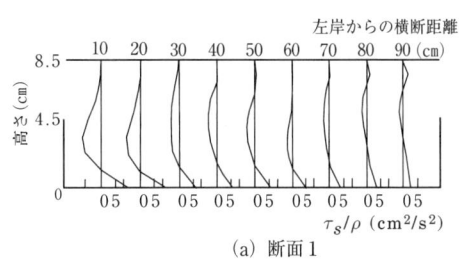

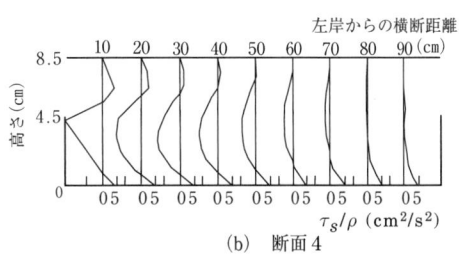

図-1.28 ケース3における z 面に働く主流方向のせん断応力の断面内分布[26]

図-1.28 は，断面1，4における z 面に働く低水路河岸に沿った方向のせん断応力の鉛直分布を示したものである．ここで示したせん断応力分布は，鉛直流速勾配に式(1.30)で表される渦動粘性係数を乗じたものである．これより，流速分布がくびれていた内岸側の高水敷から流れが入り込む場所では，高水敷高さでせん断応力の値が負になっている．これは上層と下層の交差角が大きい場所では鉛直方向の流速差が大きくなりやすく，大きなせん断応力が流体に作用することを示す．流れの向きが高水敷高さを境に異なる範囲では，高水敷高さから下の速い流体は減速され，上の遅い流体は加速されている．高水敷高さで生じる主流方向のせん断応力の作用する方向は通常の流れとは異なり，左岸側で局所的に大きな値となっている．断面1では底面せん断応力の方が大きな値となっているが，断面4では高水敷高さにおける左岸側のせん断応力は底面せん断応力よりも十分大きい．ただし，このせん断力の大きさや作用する向きの関係は上層と下層の流速差によって決まり，これらの関係は蛇行度，高水敷粗度・低水路粗度比，低水路河岸高・高水敷上水深比，高水敷幅・低水路幅比等によって変化する．

1.5.2 複断面蛇行流れの三次元構造

前節までの測定結果と計算結果を基に複断面蛇行流れの三次元構造を描くと，**図-1.29** のように描かれる．ここで，実線矢印は高水敷高さ付近の流れを，破線矢印は河床付近の流れを表している．また，比較のために**図-1.30** に $B.B.Willetts$ ら[29]，$Seillin$ ら[30] による複断面蛇行流れの構造図を示す．

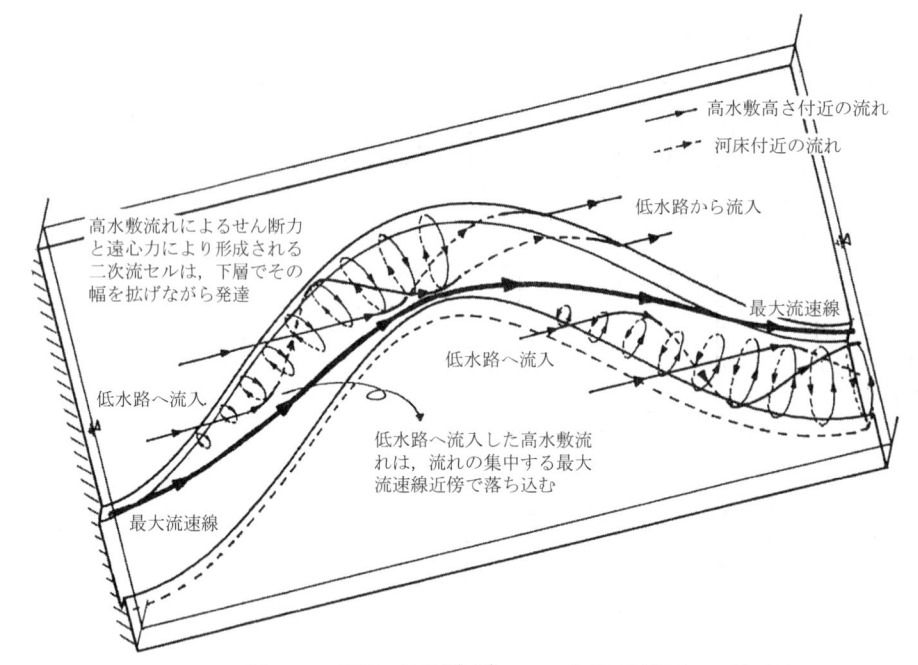

図-1.29 福岡・渡邊[24),26)]による複断面蛇行流れの構造図

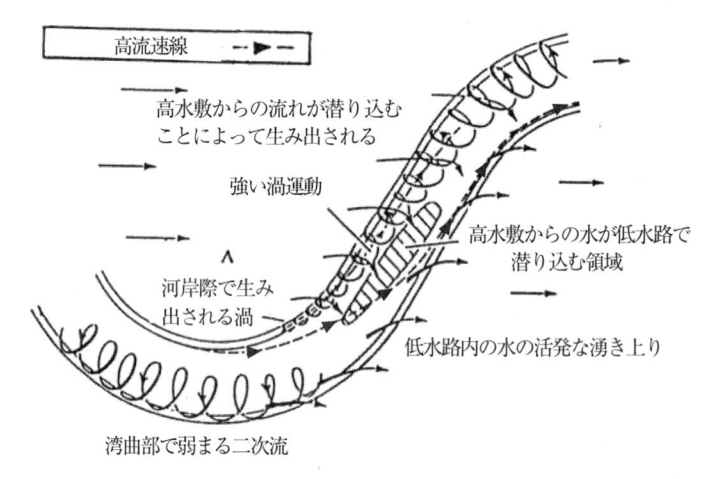

図-1.30 B.B.Willettsら[29),30)]による複断面蛇行流れの構造図

　図-1.29に示すように低水路へ流入する高水敷流れは，低水路流れと高水敷流れが集中する最大流速線近傍で落ち込む．二次流セルは，この高水敷流れにより生じるせん断力と遠心力により形成されるので，最大流速線までの間でそのセル幅を拡げながら発達している．また，低水路へ流入した高水敷流れは，この二次流の流れに乗って緩やかな螺旋を描きながら流下し，蛇行頂点を過ぎると外岸側の高水敷上に流出する．それゆえ，二次流セルは蛇行頂点を過ぎるとすぐに減衰し，減衰過程における二次流セルは流速分布には現れない．

　*B.B.Willetts*らによって提案された二次流セルの発達・減衰過程を示す図と比較すると，二次流の螺旋形態および二次流セル幅が異なる．著者らによると低水路へ流入する高水敷流れは，二次流に乗って緩やかな螺旋を描きながら流下する．そして，減衰過程では二次流セルは瞬時に減衰するため *B.B.Willetts* らが示すような最大曲率を過ぎて存在する二次流

セルは見られない．また，各断面の二次流セル幅も大きく，高水敷流れが落ち込む最大流速線近傍まで拡がっている．これらの相違は，B.B.Willetts らの水路の蛇行度が大きいこと，(高水敷高さ/低水路幅) および横断面形状が異なること，高水敷の粗度が滑らかであることに起因している．

1.5.3 複断面蛇行河道の平面形状パラメータと平面形状特性 [31),32)]

本節では，実河川データおよび洪水流観測データから複雑な平面形状を有する複断面蛇行河道において，堤防と低水路線形を種々変化させた実験結果に基づいて，洪水流の流れ場を規定する平面形状パラメータを特定する．さらに，全国 14 河川の河道の地形データを詳細に調べ，わが国の複断面蛇行河道の平面形状特性を示す．

(a) 堤防法線と低水路法線に位相差がある河道の低水路と高水敷間の流れの混合が及ぶ範囲

複断面流れになると，高水敷上の流れは堤防法線に沿うように流下するため，堤防法線の形状や低水路法線との位相の違いによって，低水路流れと高水敷流れの間の流出入形態が異なることが考えられる．そこで，本節では堤防法線形の形状および位相の違いが低水路の流れ場に及ぼす影響を明らかにする．ここで対象とする複断面河道は，堤防法線形が直線および蛇行する場合，堤防法線と低水路法線が同位相，位相差がある場合である．

複断面蛇行流路で堤防法線形が直線の水路では，高水敷上の流れもほぼ直線的に流れるために，低水路と高水敷の間の流れの混合は，低水路の左右岸において各蛇行の最大振幅を結んだラインの内側，すなわち蛇行帯幅内で生じている [32)]．一方，**図-1.31** は，堤防法線と低水路法線が共に蛇行し両者に位相差がある場合の平面流況を示す．各実験条件は，堤防法線形が低水路法線形に対して，(a) 先行する場合，(b) 後行する場合および (c) 同位相や逆位相を含んだ縦断的に変化する場合である．これらの平面流況を比較すると，堤防法線の蛇行パターンおよび低水路法線との位相差にかかわらず，低水路内，高水敷上の流速分布形および最大流速の発生位置に大きな違いは見られない．すなわち，堤防法線が直線，あるいは低水路と堤防法線が共に蛇行し，位相差を有する複断面流路においても，図-1.31 のように堤

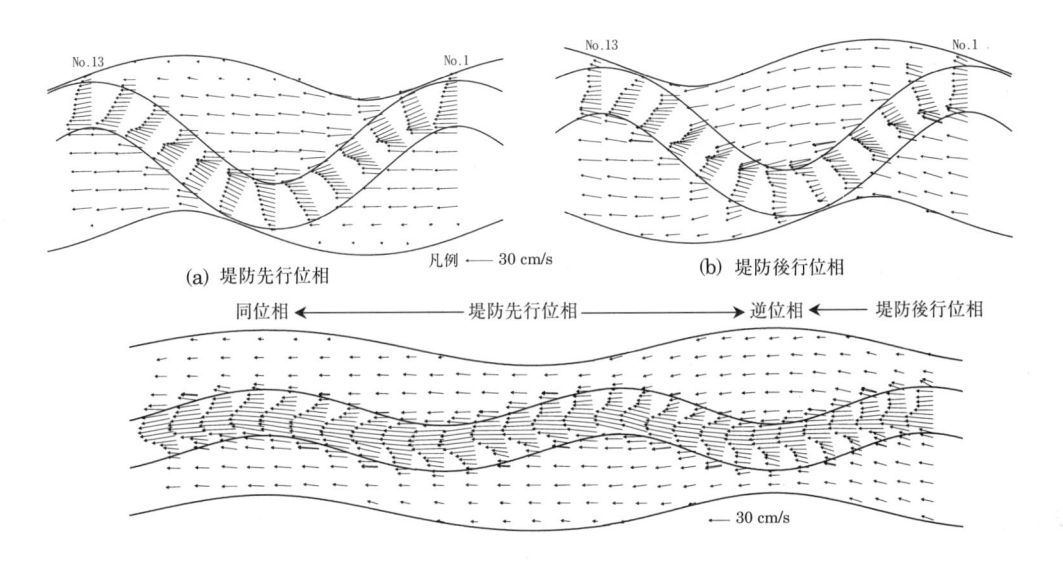

図-1.31 堤防法線と低水路が位相差をもって蛇行する場合の平面流況 [22)]

間幅と蛇行帯幅が同程度か，堤間幅が十分大きい場合には，複断面蛇行流れを特徴付ける低水路流れと高水敷流れの混合は，主に低水路の蛇行帯の中で生じている．このことから，堤防法線形よりも低水路法線形が流れ場に対して支配的であることが明らかである．

(b) 低水路の平面形状パラメータと河川の平面形状特性

河道の低水路中心線形は，一般に sine-generated curve で近似できる場合が多い[33]．いま，s を低水路中心線に沿う流下方向の座標に選ぶと，sine-generated curve は式 (1.25) で与えられる．

$$\theta = \theta_{max} \sin\left(\frac{2\pi s}{L_m}\right) \tag{1.25}$$

流路平面形を表す指標として，蛇行度 S を用いる場合が多いが，この値は低水路の中心線形を表しているに過ぎず，低水路幅は考慮されていない．そこで，蛇行低水路の中心線形を式 (1.25) で，低水路幅を b_{mc} によって表すと，蛇行低水路の平面形状は，**図-1.32** に示す蛇行長 L_m，最大偏角 θ_{max}，低水路幅 b_{mc} の 3 つのパラメータによって表される．しかし，実河川において最大偏角は取り扱い難いことから，蛇行線形を sine-generated curve で近似し，式 (1.26)，式 (1.27) を用い，蛇行長 L_m と最大偏角 θ_{max} は，蛇行波長 L と蛇行振幅 A_{mp} に書き換える．

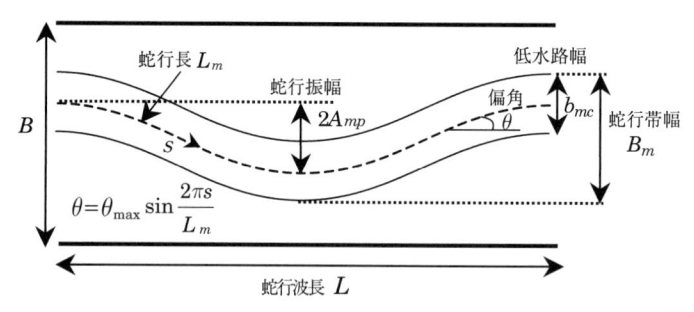

図-1.32 sine-generated curve の蛇行低水路をもつ複断面流路の平面形状[32]

$$L = \int_0^{L_m} \cos\theta \, ds = \int_0^{L_m} \cos\left\{\theta_{max} \sin\left(\frac{2\pi s}{L_m}\right)\right\} ds \tag{1.26}$$

$$2A_{mp} = \int_0^{L_m} \sin\theta \, ds = \int_0^{L_m} \sin\left\{\theta_{max} \sin\left(\frac{2\pi s}{L_m}\right)\right\} ds \tag{1.27}$$

これより，L，B_m および b_{mc} の 3 つの平面形状パラメータ (蛇行帯幅 B_m は，$2A_{mp}$ と b_{mc} の和で表される) が蛇行低水路の平面形状を規定することになる．この考え方に基づき，実河川の平面形状特性を調べる．用いた河川データは，表-1.5 に示す全国 14 河川の中・下流域の複断面蛇行河道で，低水路蛇行頂部の内岸部に固定砂州が形成される区間を対象とした．これらの河川データが一般性を有しているかを確認するために，**図-1.33** に示す福岡・藤田[8] が示した全国主要河川の横断面形状特性図にプロットした．その結果，本研究で対象とする河川が，わが国の主要河川と同様な横断形状特性をもっていることがわかる．また，**表-1.4** において蛇行帯幅 B_m と堤間幅 B の大きさを比較すると，図-1.31(c) の実験に用いた水路のように蛇行帯幅 $B_m <$ 堤間幅 B となっている河川は，阿賀野川，越辺川，矢

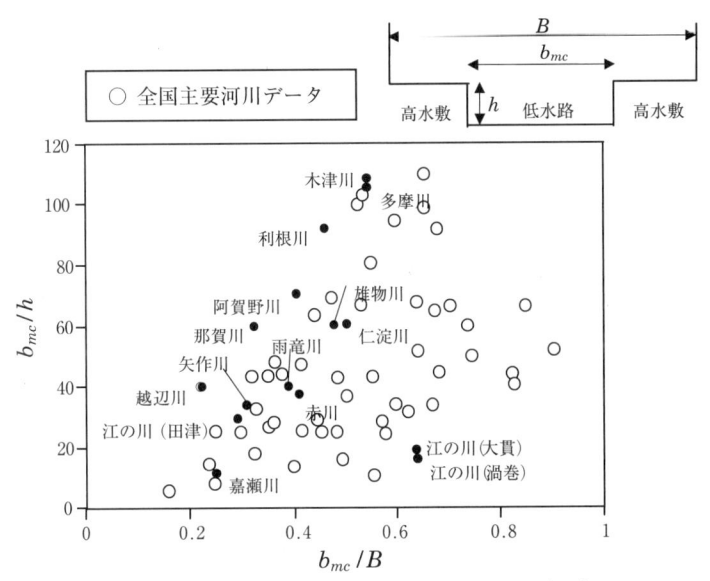

1.5 複断面蛇行河道の平面形状特性と流れの構造

図-1.33 横断面形状の特性と全国主要河川データ[8],[32]との比較

表-1.4 実河川の平面形状特性[32]

	蛇行波長 L(m)	蛇行帯幅 B_m(m)	低水路幅 b_{mc}(m)	b_{mc}/B_m	$2A_{mp}/L$	b_{mc}/L	b_{mc}/B	B/B_m
石狩川	4000	1175	200	0.17	0.24	0.05	0.28	0.61
	6400	1550	200	0.13	0.21	0.03	0.25	0.52
	3850	1150	250	0.22	0.23	0.06	0.29	0.76
	2450	850	200	0.24	0.27	0.08	0.28	0.86
雨竜川	900	165	50	0.30	0.13	0.06	0.39	0.77
雄物川	2750	830	230	0.28	0.22	0.08	0.47	0.60
赤川	1750	550	100	0.18	0.26	0.06	0.42	0.43
阿賀野川	4420	1270	270	0.21	0.23	0.06	0.20	1.05
	3770	1710	270	0.16	0.38	0.07	0.37	0.43
利根川	5370	1280	330	0.26	0.18	0.06	0.46	0.57
越辺川	790	75	35	0.47	0.05	0.04	0.22	2.14
多摩川	1450	250	70	0.28	0.12	0.05	0.54	0.52
矢作川	2160	340	150	0.44	0.09	0.07	0.31	1.42
木津川	2660	1180	200	0.17	0.37	0.08	0.54	0.33
江の川	3060	550	190	0.35	0.12	0.06	0.29	1.21
	3840	1260	140	0.11	0.29	0.04	0.64	0.17
	2900	940	140	0.15	0.28	0.05	0.64	0.23
仁淀川	3840	770	260	0.34	0.13	0.07	0.50	0.68
那賀川	2050	410	100	0.24	0.15	0.05	0.33	0.78
嘉瀬川	1540	410	50	0.12	0.23	0.03	0.25	0.48

作川，江の川 (田津) 等の数地点であり，多くの場合は蛇行帯幅よりも堤間幅が小さくなっている．これは，各河川の対象区間が中・下流域の比較的蛇行度の大きい地点を選定していることが原因と考えられる．

図-1.34 は，低水路の平面形状を表す3つの特性量を無次元化し，それぞれの関係を示したものである．縦軸は，蛇行波長 L に対する2倍の蛇行振幅 $2A_{mp}$ の比である．蛇行度 S は定義より L_m/L で表されることから，$2A_{mp}/L$ は蛇行度の大きさを表す特性量である．横軸は蛇行帯幅 B_m に対する低水路幅 b_{mc} の比を示し，この値が大きくなるほど直線水路

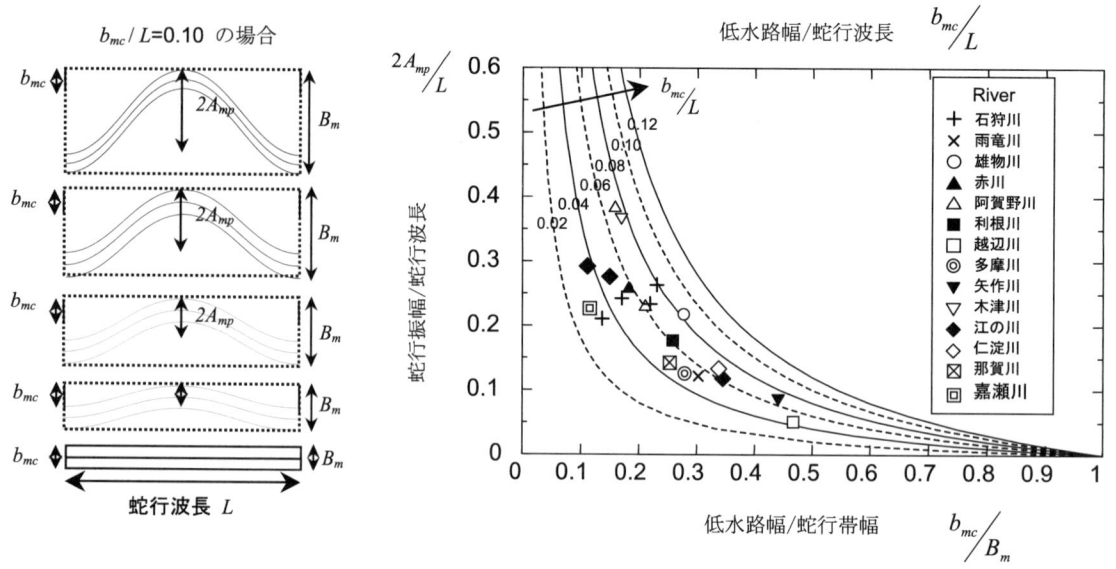

図-1.34 河川の無次元平面形状パラメータ(b_{mc}/B_m, $2A_{mp}/L$, b_{mc}/L)の関係 [32]

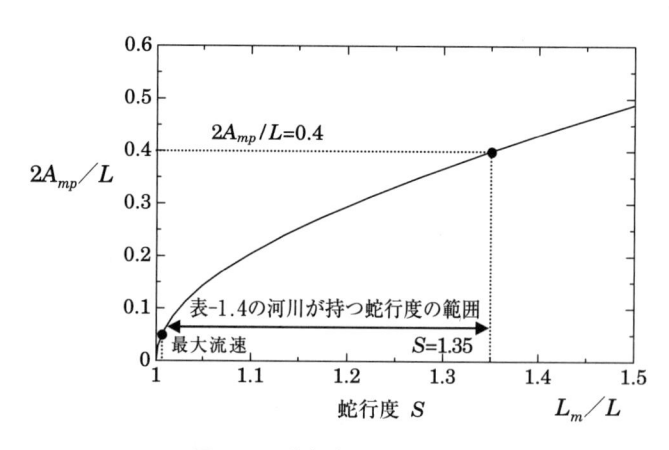

図-1.35 蛇行度 S と $2A_{mp}/L$ の関係 [32]

($b_{mc}/B_m = 1$) に近づく．図に示す各線は低水路中心線を $sine\text{-}generated\ curve$ で近似した場合に，低水路幅と蛇行波長の比 b_{mc}/L が 0.02〜0.12 の各値をとるときの b_{mc}/B_m と $2A_{mp}/L$ の関係を示したものである．したがって，図-1.34 は縦軸によって低水路中心線の蛇行度 S を示し，横軸およびパラメータ軸によって，低水路幅の影響を表している．この図から，対象とした河川の平面形状特性は，蛇行振幅/蛇行波長は 0.05〜0.4 の範囲にあること，低水路幅/蛇行帯幅は 0.5 より小さくなっていること，低水路幅/蛇行波長の比はおおむね 0.04〜0.08 の間に集中していることがわかる．**図-1.35** の蛇行度 S と $2A_{mp}/L$ の関係から明らかなように，縦軸の $0.05 \leqq 2A_{mp}/L \leqq 0.4$ は，調査を行った河道区間の蛇行度が $1.01 \leqq S \leqq 1.35$ の範囲にあることを示している．横軸の低水路幅/蛇行帯幅が 0.5 より小さい理由は次のように考えられる [32]．b_{mc}/B_m が 0.5 を超えると低水路内に直線的に流れる部分が生じる．この場所では流速が大きく，それが縦断方向に連続しているために，単断面蛇行流れであっても流路の蛇行線形に起因する二次流は発達しにくい．したがって，$b_{mc}/B_m > 0.5$ となるような流路平面形状は蛇行が発達している自然河川ではほとんど生じ

得ないといえる．中・下流域に位置する複断面蛇行河道区間では，低水路幅と蛇行帯幅の比が 0.5 より小さく，低水路幅と蛇行波長の比 b_{mc}/L が 0.04～0.08 に集中する平面形状特性をもつことは興味深い．

1.5.4 複断面蛇行河道の蛇行度，相対水深，洪水継続時間

本節では，複断面蛇行河川における洪水流の特性を明らかにする目的で，河川の形状と洪水流データに基づいた検討を行う[21]．用いたデータは，洪水時の航空写真より求められた表面流速分布，各観測所で観測された水位時間曲線，洪水前後の河床横断測量結果である．まず河道の平面形と洪水流の特性を示す指標を選び数値化する．**1.5.3(a)** で明らかにされたように，複断面蛇行流れを特徴付ける低水路流れと高水敷流れの混合は，主に蛇行帯幅内で生じることから，複断面蛇行流路の流れに及ぼす堤防線形の影響は小さい[32]．このことから蛇行度 S は，低水路の蛇行線形に着目した式 (1.28) を用いる．

$$蛇行度\ S = \frac{低水路蛇行長}{低水路蛇行波長} = \frac{L_m}{L} \tag{1.28}$$

河道の平面図を調べると，堤防と低水路の線形には，ほぼ同位相の場合が多く，位相差があっても小さい．また河川では，高水敷高さは両岸で異なる場合が多い．したがって，相対水深の算定には低水路内の断面平均水深と両側高水敷高さの平均値を用いる．洪水継続時間は河道の複断面形の影響が現れる高水敷に冠水している時間とし，水位時間曲線と河道の横断形状から算出する．

蛇行度は利根川，石狩川，多摩川，江の川，阿賀野川の 5 河川について算定した．**表-1.5** に示すように利根川，石狩川，多摩川，阿賀野川では蛇行度 $S = 1.000～1.050$ の範囲に集中しており，河川の中，下流部の蛇行度の値は，おおむねこの程度であると言える．峡谷を流れ，高水敷というよりも河岸段丘と低水路からなる河道形状を示す江の川では，河道が大きく蛇行している．この区間の蛇行度は 1.072～1.093 と大きな値を示している．**表-1.6** は利根川，石狩川，江戸川，小貝川，江の川，阿賀野川について高水敷 (江の川は河岸段丘) に冠水している継続時間と洪水ピーク時の相対水深の算定結果を示す．対象洪水は，各河川において戦後最大級の大洪水である．利根川の 181.5～40.1 km の区間では，洪水継続時間は 47～64 時間，つまり 2～3 日程度でほぼ一定している．洪水ピーク時の相対水深は，上流で大きく下流になるにつれて小さくなる．佐原 (40.1 km) より下流ではほとんど低水路満杯に近い状態で流下している．石狩川では下流にいくに従って洪水継続時間が長くなる傾向にある．江戸川，小貝川，江の川では，利根川や石狩川に比較して低水路の断面が小さいため，洪水継続時間が長い．特に江の川の下流 (谷住郷，14.8 km) では，5 日間以上河岸段丘が冠水した状態が続いている．

1.5.5 複断面蛇行河道での洪水流に見られる単断面的蛇行流れと複断面的蛇行流れ [21]

(a) 複断面蛇行流路における単断面的蛇行流れと複断面的蛇行流れ

複断面蛇行流れでも，相対水深が小さいときは，流れの遠心力の影響が効くため単断面流

表-1.5 河川の蛇行度[21]

河川	区間	蛇行度
利根川	132.0k～125.0k	1.034
	124.0k～116.0k	1.010
	108.5k～100.5k	1.018
	98.0k～91.5k	1.023
	95.0k～89.5k	1.022
	92.5k～86.5k	1.021
	85.0k～75.0k	1.011
	80.0k～69.0k	1.035
	69.0k～62.0k	1.060
	66.0k～58.5k	1.023
	62.0k～53.0k	1.002
	47.5k～38.5k	1.012
	43.0k～33.5k	1.010
石狩川	84.0k～76.0k	1.013
	75.5k～72.0k	1.043
	70.5k～64.5k	1.075
	64.5k～56.5k	1.036
	60.5k～53.5k	1.020
	57.0k～50.0k	1.023
	50.0k～38.0k	1.003
	34.0k～29.0k	1.077
	27.0k～20.0k	1.028
多摩川	52.6k～50.0k	1.012
	42.0k～38.0k	1.002
	38.0k～34.0k	1.005
	31.6k～29.0k	1.006
	29.4k～26.2k	1.018
	25.0k～22.0k	1.027
	22.0k～18.0k	1.018
江の川	29.8k～27.0k	1.072
	28.7k～26.0k	1.093
	27.2k～24.0k	1.073
	26.0k～23.0k	1.030
	23.8k～20.6k	1.029
阿賀野川	22.2k～18.4k	1.052
	20.4k～16.2k	1.087
	18.0k～14.2k	1.025
	16.2k～11.0k	1.016

表-1.6 洪水継続時間と水位ピーク時の相対水深[21]

河川	水位観測所	洪水継続時間*	相対水深
利根川 S56.8	八斗島(181.5k)	57 時間	0.33
	川俣(150.0k)	47 時間	0.53
	栗橋(130.5)	64 時間	0.56
	芽吹橋(104.0k)	59 時間	0.42
	取手(85.3k)	59 時間	0.41
	須賀(61.5k)	61 時間	0.42
	佐原(40.1k)	60 時間	0.16
石狩川 S56.8	橋本町(93.9k)	17 時間	0.13
	奈井江(76.8k)	67 時間	0.46
	月形(58.0k)	37 時間	0.20
	岩見沢(44.5k)	75 時間	0.39
	石狩(26.6k)	88 時間	0.58
江戸川 S56.8	西関宿(58.0k)	56 時間	0.70
	野田(39.0k)	80 時間	0.58
	松戸(19.5k)	100 時間	0.48
小貝川 S61.8	黒子(53.0k)	90 時間	0.60
江の川 S58.7	川本(36.3k)	100 時間	0.60
	谷住郷(14.8k)	120 時間	0.76
阿賀野川 S53.6	横越(13.5K)	52 時間	0.19
	満願寺(17.1K)	66 時間	0.26

* 高水敷に冠水している時間で算定

れと同様に外岸側の流速が早くなり外岸側の河床洗掘が生ずる．しかし，高水敷水深が大きくなると，低水路と高水敷流れの混合により，内岸寄りに最大流速が発生する．このような複断面蛇行流れの河床変動に及ぼす相対水深の影響を付録3の表-A.1.3に示す水路を用い，表-A.1.4に示す水理条件で検討する．図-1.36はCase1～Case5の河床変動コンターを示す．Case1は低水路満杯状態の単断面蛇行流れ，Case2～5は高水敷上にも流れている複断面蛇行流れである．Case1($Dr = 0$)は蛇行部外岸側に洗掘が発生する典型的な単断面蛇行流れの河床形状である．Case2($Dr = 0.26$)は，高水敷に冠水して流れる複断面蛇行流れである．洗掘深は小さくなるものの，今なおCase1に近い河床形状が現れている．これは相対水深が比較的小さい流れのために，高水敷からの流入による複断面効果よりも低水路内の流れの遠心力に起因する二次流が卓越し，外岸側に深掘れを生じる単断面的蛇行流れとなっている．一方，それよりも相対水深が大きくなるCase3，4，5では，内岸側河床が洗掘される複断面的蛇行流れの構造となる．したがって，単断面的蛇行流れと複断面的蛇行流れを洗掘位置に着目した河床形状特性から区分すれば，蛇行度が1.10の実験水路では両者を区分する相対水深Drは0.30程度である．また，複断面蛇行流れの最大洗掘深は，低水路満杯流量を超える程度のときに発生する．

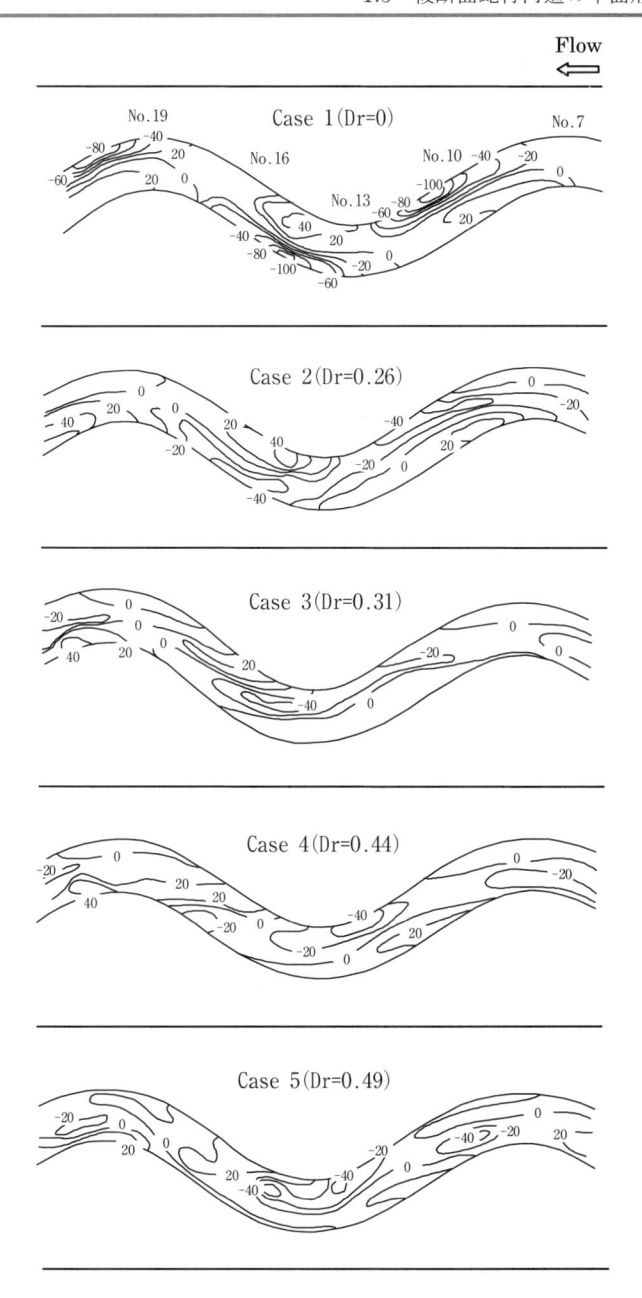

図-1.36 相対水深の異なる複断面蛇行流れの河床変動コンター[21),31)]

(b) 洪水期間中に見られる流れの構造変化と流動形態区分

　複断面蛇行流路において現れる2つの特有な流れ，単断面的蛇行流れと複断面的蛇行流れが，どのような条件で発生するかを知ることは河道を管理するうえで重要となる．大規模な洪水では時間的に水位・流量が変化するため—洪水中の増水期に，単断面的蛇行流れから複断面的蛇行流れ，減水期にその反対の流れの形態をとり，それに応じて最大流速の発生する位置は，前者が外岸寄りから内岸寄りに後者は内岸寄りから外岸寄りに現れることになる．洪水期間中の最大流速発生位置が変化することによって河床の洗掘箇所も変化する．
1.5.5(a) で得られた流れと河床変動の実験結果に基づいて最大曲率断面における最大流速

および最大洗掘の生じる位置に着目すれば，これらの2つの流れの判別が容易であることから，最大曲率断面における最大流速および最大洗掘が生じる位置を調べる．

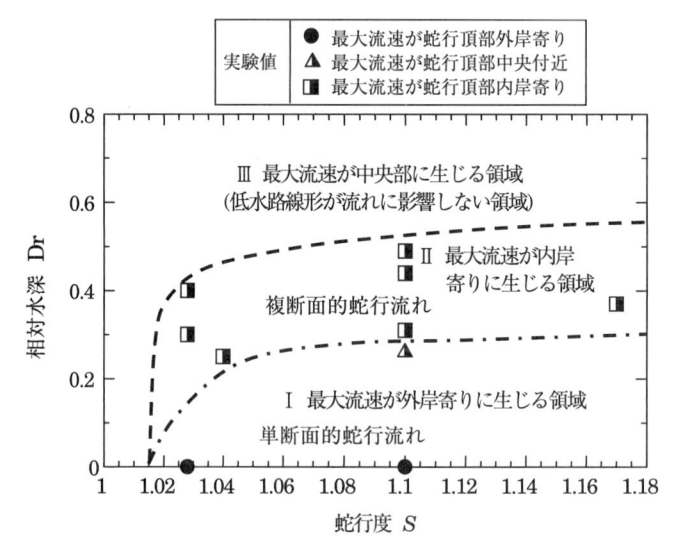

複断面蛇行流路の流れを規定する水理量としては相対水深 D_r，平面形状は低水路の蛇行度 S で代表させる．**図-1.37** は実験水路の蛇行頂部における最大流速の発生位置をトレーサーによる表面流速測定から調べ，蛇行度 S と相対水深 D_r に対してプロットしたものを示す．流れ特性は，3つの特徴的な領域に区分される．領域Ⅰは，相対水深が小さい領域で，低水路の蛇行による遠心力が卓越し，二次流の発達によって蛇行頂部外岸寄りに最大流速が現れ，単断面的蛇行流れの特性を示す．相対水深がある程度大きくなる領域Ⅱでは，低水路流れと高水敷流れの混合により，最大流速線は水路中央から内岸寄りに現れ，複断面的蛇行流れの特性を示す．領域Ⅰと領域Ⅱを区分する相対水深は，これまでの研究から 0.3 程度であることがわかっているが，実験1の水路 A ($S = 1.028$) の結果から，これよりもう少し相対水深が小さくなると考えられる．さらに相対水深が 0.50 を超えるような領域Ⅲでは，水路全断面での流れの直進性を増すことによって低水路線形は流れにほとんど影響を及ぼさなくなり，最大流速は低水路中央付近に生じる．

図-1.37 蛇行頂部における最大流速発生位置(実験値)にもとづく流れの流動形態区分[32)]

図-1.37 の最大流速の発生位置に基づく区分図と同様に，蛇行頂部における最大洗掘深の発生位置で区分した場合でも，ほぼ同様な結果が得られる[32)]．河川の洪水時に蛇行頂部における河床の最大洗掘位置を判定することはできないものの，最大流速の発生位置を推定することは可能である．従って，洪水流の最大流速の発生位置を調べることによって，河川の洪水流の流下形態やそのときの洪水中の河床変動状態を推定することが可能となる．

河川の洪水流についても，洪水中に撮影された航空写真から表面流況を把握し，蛇行度と相対水深に対して単断面的蛇行流れと複断面的蛇行流れの形態領域区分を行った．江の川を含む全国主要5河川の洪水流の領域区分を**図-1.38**に示す．

蛇行頂部における最大流速発生位置は，複雑な平面形状を有する実河川においては，上流側の河道線形の影響を受けることから，各流れの領域区分から外れているデータが若干あるものの，図-1.37と類似した領域区分図が得られる．この結果は，平面形状特性量として蛇

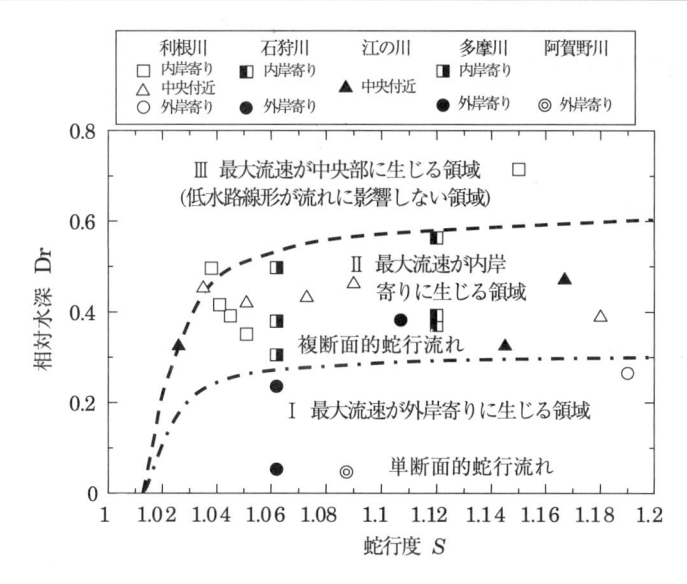

図-1.38 蛇行頂部における最大流速発生位置にもとづく実河川の洪水流の流動形態区分[32]（二本の線は実験から得られた境界線）

行度を選び，水理条件に相対水深を用いることによって，複断面蛇行河道における洪水流の流下特性を推定することが可能であることを示している．

1.6 樹木群を有する河道における洪水流の準二次元解析

1.6.1 樹木群のある河道の水位予測 [34]〜[37]

樹木群が繁茂した河道では，洪水流は樹木群内を流れにくく，あたかも樹木群の頂部を高水敷高さとみたてたような流れとなる．このことから，密生した樹木群のある河道もまたほぼ複断面形状をなすと考えてもよい．このような河道の水位予測では，先に示した複断面河道の形状による影響に加えて，以下に示す樹木群が流れに与える抵抗を考慮しれなければならない．

　①樹木群内の流れは，他の河道部分に比較して著しい低流速域となる．
　②樹木群内の遅い流れが周辺部の速い流れと激しく混合することにより速い流れを減速させている．

このことは，樹木群が大きな粗度の塊として働き，河道の抵抗要素として樹木群の繁茂状態を考慮する必要がある[34]．福岡，藤田ら[36]は，このような河道の水位計算を行うために，**図-1.39**に示すように，樹木群による死水域を河積から除き樹木群上を地盤高とする断面を想定した．次に樹木群境界，および低水路と高水敷の境界にみかけのせん断力 τ，および τ' が働いているとして，樹木群の存在による断面内の横断流速分布を求める計算式を導く．計算で求まった横断流速分布を用いて壁面および樹木群境界に働くせん断力を算出する．次に，これらの流速分布，せん断力分布を考慮した運動量方程式に基づき，樹木を有する河道の縦断水位分布を求める計算式を導く．

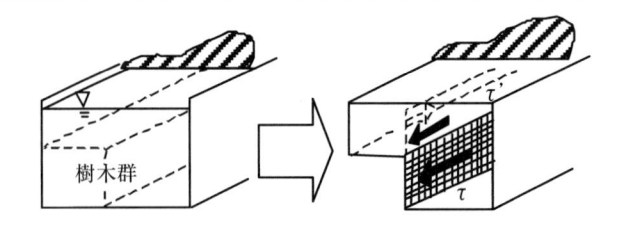

図-1.39 樹木群を考慮した河道のモデル化[36]

1.6.2 洪水流の準二次元解析による水位予測 [36],[37]

(a) 横断流速分布

樹木群を有する一般的な河道断面として**図-1.40**に示す断面を想定する．流れは等流と仮定する．樹木群による死水域を河積から除いた後，横断面を樹木群の繁茂状況と断面形状に従い分割する．これらの各分割断面の境界および樹木群境界に作用するせん断力を考慮すると，各分割断面の運動方程式と連続式は (1.29)，(1.30) で表現できる．

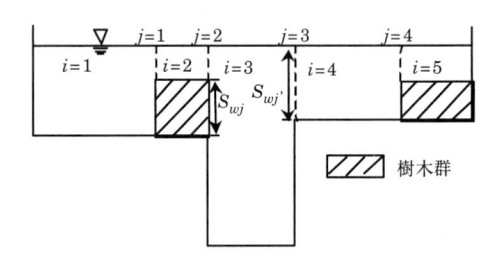

図-1.40 樹木群を有する河道の一般的な横断形

$$\frac{n_i^2 u_i^2}{R_i^{1/3}} S_{bi} + \frac{\sum(\tau'_j S'_{wj})}{\rho g} + \frac{\sum(\tau_j S_{wj})}{\rho g} = A_i I_b \tag{1.29}$$

$$Q = \sum (A_i u_i) \tag{1.30}$$

ここで，u_i は各分割断面の断面平均流速，n_i, R_i, A_i, はそれぞれ各分割断面の粗度係数，径深，死水域を除いた河積，S_{bi} は壁面せん断力が働く潤辺，τ_j, τ'_j はそれぞれ樹木群境界に作用するせん断力，各分割断面の境界に作用するせん断力，S_{wj}, S'_{wj} は τ_j, τ'_j が働く潤辺，I_b は河床勾配，を示す．また左辺第一項は壁面に働くせん断力，左辺第二項は各分割断面の境界に働くせん断力，左辺第三項は樹木群境界に働くせん断力，右辺は重力の流下方向成分を示す．せん断力 τ_j, τ'_j それぞれ式 (1.31)，(1.32) で表現する．

$$\tau = \rho f u_{i=p}^2 \tag{1.31}$$

$$\tau' = \rho f (\Delta u)^2 \tag{1.32}$$

ここで，Δu は τ' が作用する境界に接する 2 つの流れの流速差を示す．境界混合係数 f の値については，福岡，藤田により検討されており [36],[37]，この検討結果を用いることにする．樹木群が河岸に接している場合，樹木群幅が広いことが多く，f の値として 0.03 を用いる．

逆に樹木群が2つの流れにはさまれている場合樹木群幅が狭いことからfの値として0.10を用いる.

　水深が増加し樹木群が水没する場合は,樹木群上の水深が樹木群の高さに比較して極端に小さい場合を除いて,樹木群領域と主流部の混合現象を樹木群上の流れの抵抗と主流部と樹木群境界の間の混合に分けて考える.(ただし,水没した樹木群上には,適当な値の粗度係数を与えている.)樹木群が水没する場合,樹木群上の水深は,さまざまであり,これらを統一的に取り扱うため,樹木群上の流れと主流との混合は複断面河道の低水路と高水敷の境界での混合として,また樹木群と主流との境界での混合は,非水没樹木群と主流との間の混合としてそれぞれの抵抗を考慮に入れる(**図-1.41**).

　計算で用いる境界混合係数fの値を**表-1.7**に示す.式(1.29)〜(1.32),および表-1.7のfの値を用いて横断流速分布を計算する.

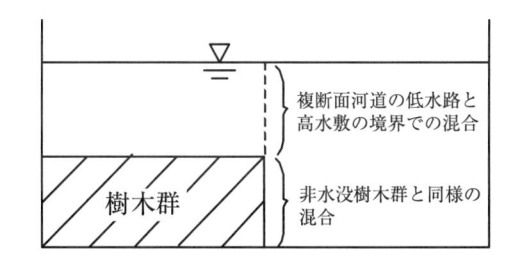

図-1.41 水没樹木群のある流れの境界混合

表-1.7 境界混合係数fの値[36]

混合現象の区別	境界混合係数の値
低水路流れと高水敷流れとの混合	0.17
河岸に接している樹木群と主流部との混合	0.03
二つの流れにはさまれた樹木群と主流部との混合	0.10

(b) 縦断水位分布

　樹木群のある河道の縦断水位分布は,樹木群の存在を考慮した式(1.29),(1.30)から求まる横断流速分布を用いて壁面および繁茂形態の異なる個々の樹木群が洪水流に与える抵抗を直接算出し,その総和を河道全体の抵抗として求め,計算することができる.この手法を用いる理由は,河道内における個々の樹木群がどれだけの抵抗を流れに及ぼしているか評価でき,かつ全体としての抵抗も精度良く見積もることができるからである.

　以下,基本式を算出する.まず樹木群による死水域を除いた断面内における微小流管中の流れ方向の運動方程式は,運動量原理により式(1.33)により表現できる.

$$\frac{d}{dx}\left(\frac{v^2}{2g}+z+\frac{p}{\rho g}\right)dAdx = \frac{\tau}{\rho g}dsdx \tag{1.33}$$

次に式(1.33)を断面全体で積分する.ここで流速の積分の平均値として各分割断面平均流速を用い(各分割断面内での運動量補正係数は1.0とする),圧力は静水圧分布を仮定する.せん断力τの積分は,複断面境界に作用するせん断力が内力として打ち消し合うことから,

壁面せん断力と樹木群境界に作用するせん断力の 2 つにまとめることができる．したがって，式 (1.33) を積分した結果として式 (1.34) を導くことができる．

$$\frac{d}{dx}\left\{\frac{1}{A}\left(\sum \frac{u_i^2 A_i}{2g}\right) + H\right\} = \frac{1}{A}\sum \frac{n_i^2 u_i^2}{R_i^{1/3}} S_{bi} + \frac{1}{\rho g A}\sum (\tau_j S_{wj}) \tag{1.34}$$

ここで，H は水位を示し，$H = z + h$，A は $\sum A_i$，右辺第一項は壁面せん断力の断面平均値，右辺第二項は樹木群境界に働くせん断力の断面平均値を示す．なお u_i は式 (1.29)，(1.30) から求まる横断流速分布を用いる．実際の計算式は式 (1.34) を差分化した式 (1.35) により行う．式中の記号は，前述の式に従う．

$$\left(H + \frac{1}{A}\sum \frac{u_i^2 A_i}{2g}\right)_2 - \left(H + \frac{1}{A}\sum \frac{u_i^2 A_i}{2g}\right)_1 = \frac{1}{2}\left\{\left(\frac{1}{A}\sum \frac{n_i^2 u_i^2}{R_i^{1/3}} S_{bi}\right)_1 \right.$$
$$\left. + \left(\frac{1}{A}\sum \frac{n_i^2 u_i^2}{R_i^{1/3}} S_{bi}\right)_2 + \left(\frac{\sum \tau_j S_{wj}}{\rho g A}\right)_1 + \left(\frac{\sum \tau_j S_{wj}}{\rho g A}\right)_2\right\}\Delta x \tag{1.35}$$

(c) 境界混合係数 f

樹木群のある流れ場の準二次元解析法において重要な境界混合係数 f について，福岡・藤田は，建設省土木研究所の大型水路を用いた実験とその水理的考察から，式 (1.36)，(1.37) の表現式を得た [37]．

$$\left.\begin{array}{l} f = 0.072 \dfrac{K\sqrt{h}}{\bar{u}\sqrt{b'}} \qquad \left(\dfrac{K\sqrt{h}}{\bar{u}\sqrt{b'}} \leq 0.4\right) \\[2mm] f = 0.029 \dfrac{K\sqrt{h}}{\bar{u}\sqrt{b'}} + 0.017 \quad \left(\dfrac{K\sqrt{h}}{\bar{u}\sqrt{b'}} > 0.4\right) \end{array}\right\} \tag{1.36}$$

$$f = \tau_s / \{\rho (\Delta u)^2\} \tag{1.37}$$

$$K = U_w / I_e^{1/2} \tag{1.38}$$

$\quad h$: 水深，$\bar{u}$: 樹木群外の平均流速，b': 樹木群幅，Δu: 樹木群内外の流速差，
$\quad K$: 樹木群透過係数，U_w: 樹木群内部の平均流速

渡邊・福岡 [39] は，幅や位置，透過係数が異なる樹木群のある流れ場において，樹木群透過係数 K と境界混合係数 f の関係について理論的に論じ，式 (1.39) を得た．

$$f = \frac{\dfrac{\beta}{\sqrt{\alpha}} \dfrac{K}{\sqrt{gh}} \sqrt{\dfrac{2h}{b'}}}{\left\{\dfrac{1}{2} + \alpha^2 \left(\dfrac{gb' I_e}{2(\Delta u)^2} + f\right)^2\right\}^{1/4}} \tag{1.39}$$

式 (1.36) の表示形に合わせて式 (1.39) を変形すると，

$$f = \frac{(\beta/\sqrt{\alpha})\sqrt{2} Fr}{\left\{\dfrac{1}{2} + \alpha^2 \left(\dfrac{I_e b'}{2h} \cdot \dfrac{u^2}{(\Delta u)^2} \cdot \dfrac{1}{Fr^2} + f\right)^2\right\}^{1/4}} \frac{K}{u}\sqrt{\dfrac{h}{b'}} \tag{1.40}$$

となる．フルード数 Fr，K/u をパラメータとして式 (1.40) から求まる f を b'/h に対して示したものが**図-1.42** である．図中に式 (1.36) および福岡・藤田の実験結果[35),36)] も併せて示す．図-1.42 において $(K/u)\sqrt{h/b'}$ の値が小さいときは最大流速と平均流速はほぼ同じである．しかし，$(K/u)\sqrt{h/b'}$ の値が大きいときは，平均流速は最大流速の 0.8〜0.9 倍の値になるため，横軸の値が 1〜2 割ずれる．図-1.42 より，式 (1.40) は $Fr \cong 0.40〜0.55$ の範囲で得られた f の実験値を説明し，式 (1.36) ともよく対応している．

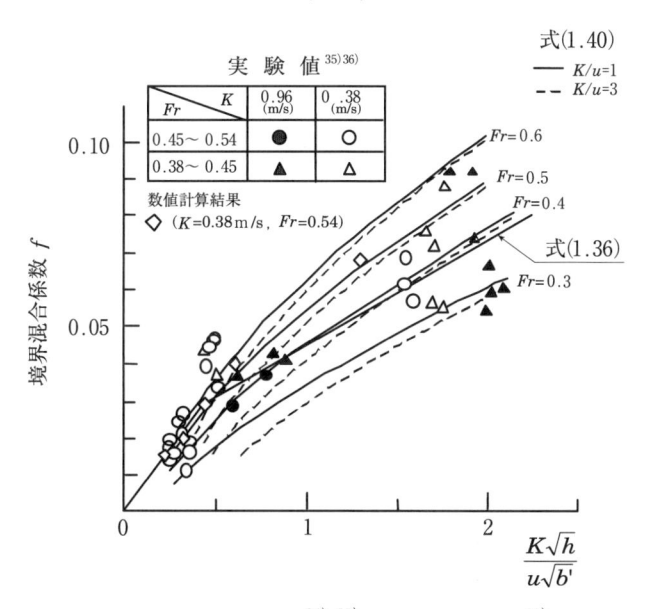

図-1.42 福岡・藤田の f [34),35)] と式(1.40)の比較[39)]

式 (1.40) は実験値のバラツキの範囲内にあり，f の算定に十分適用可能である．これは，式 (1.36) の物理的意味や適用限界を考えるうえで重要である．式 (1.40) は，f 値が K/u，Fr，h/b' の増大とともに大きくなり，K 値の大きい方が同じ $(K/u)\sqrt{h/b'}$ に対し f が小さくなる．式 (1.36) は K を u で無次元化しているため，f を決めるパラメータに流速が含まれて使い難く，式 (1.39) が使いやすい．

1.6.3 石狩川昭和 56 年洪水流への準二次元解析の適用[36)]

洪水流の横断流速分布，および縦断水位変化の計算法を石狩川における 2 つの洪水 (昭和 50 年 8 月洪水および 56 年 8 月洪水) に適用し，**1.6.2(a)(b)** で示した縦断水位計算法の適合性を検討する．昭和 56 年洪水のピーク時における横断流速分布 (各分割断面の断面平均流速の分布) の計算結果の一例 (55.0 km 断面) を航空写真解析による表面流速の観測結果とともに**図-1.43** に示す．計算には，横断面を**図-1.44** に示すように樹木群による死水域を考慮したのち矩形近似して用いた．さらに，断面の分割数を増やすことにより断面を実状に近い形で表現することも可能であり，この場合の計算結果を以下に示す．この計算に用いた断面 (分割数を増したもの) と計算結果を**図-1.45** に，計算結果を**図-1.46** に示す．計算結果は図-1.43 に示す結果とあまり変わらないが，より実際の流速に近いものとなっている．図-1.43 と図-1.45 の比較より，流体混合に起因するせん断力は隣り合う流れの流速差が大き

い場所，すなわち高水敷との低水路の境界および樹木群の境界において大きな値を持つことからこれらの点に着目して断面分割しさえすれば，分割数をそれほど多くとらなくても横断流速分布を実用上ほぼ表現できる．

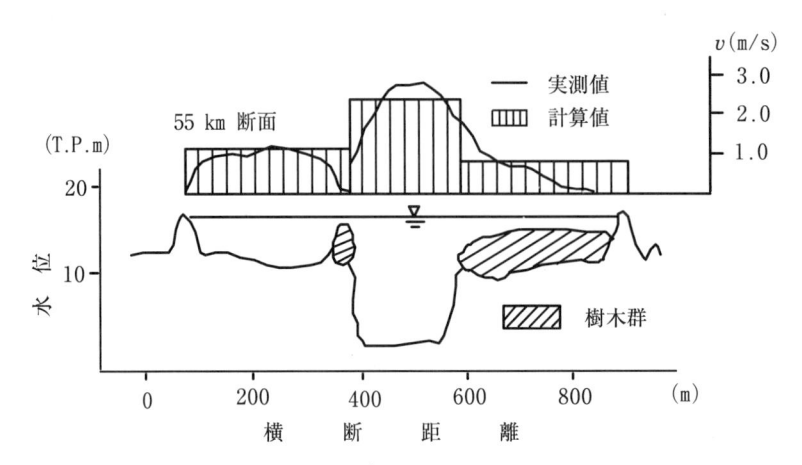

図-1.43 横断流速分布の計算結果[36]（石狩川昭和56年洪水，55km断面）

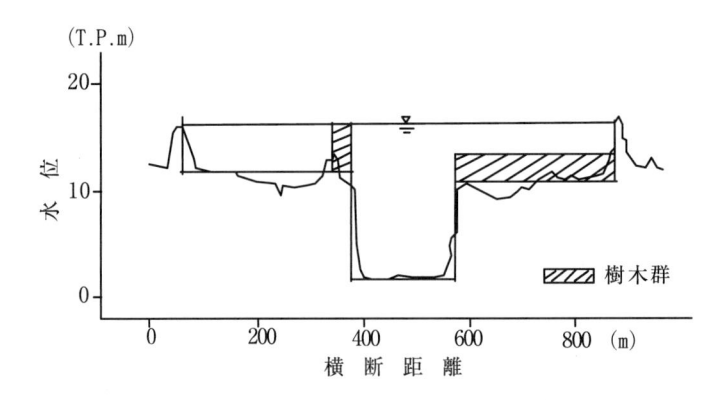

図-1.44 計算に用いた矩形近似した横断面

計算区間の下流端である 54.5 km 断面の痕跡水位を境界条件，流量を既知として式 (1.35) より洪水のピーク時における縦断水位変化を計算した．計算結果と実測値との比較を図-1.46 に示す．

本計算法は痕跡水位をよく説明していることがわかる．

1.7 樹木群を有する河道における洪水流の平面二次元解析

1.7.1 樹木群による水平混合のある流れの平面二次元解析 [41]

(a) 樹木群に起因する流れの水平混合

最初に，低水路河岸沿いに樹木群が繁茂した複断面河道における大規模な水平混合のある流れの実験結果を示す．

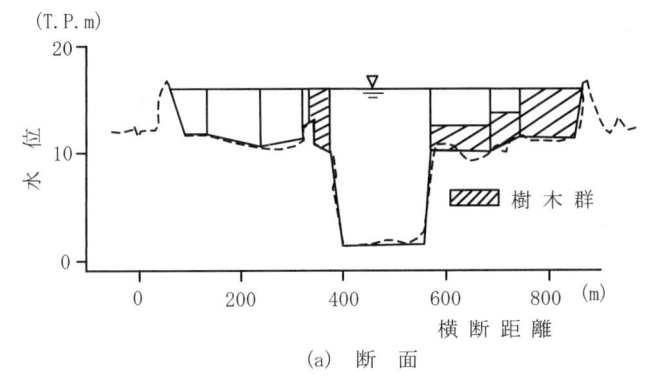

1.7 樹木群を有する河道における洪水流の平面二次元解析

図-1.45 計算に用いた断面と横断流速分布の計算結果

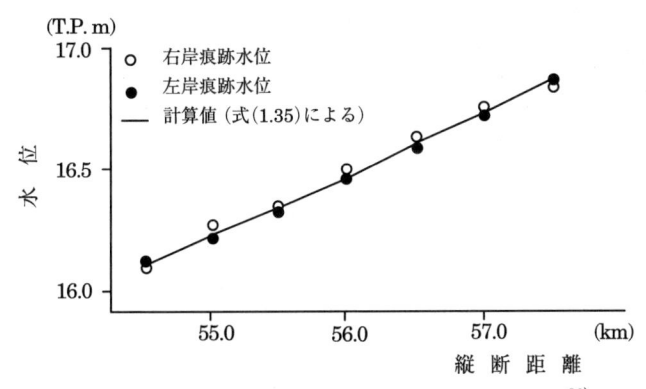

(a) 断面

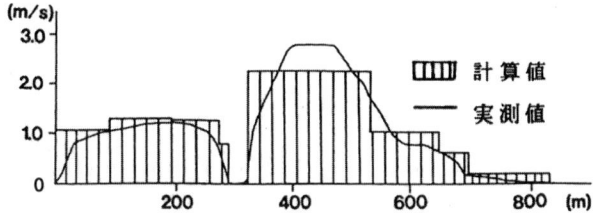

(b) 横断流速分布（分割数を増加した場合）

図-1.46 縦断水位の計算結果（昭和56年洪水）[36]

長さ15 m，幅1.2 mの水路中心に，幅40 cm，高さ2 cmの低水路河岸沿いに，空隙率91%，透過係数 $K = 0.38$ (m/s) のプラスチック製の多孔質体[2),3)]を樹木模型として設置した．樹木模型は，幅3.5 cm，高さ $h_w = 6.5$ cm である．**図-1.47**は流量 $Q = 9(\ell/s)$（水深 $h = 6.8$ cm）の条件で観測された水面高さのコンターを示す．低水路内に水面の山と谷が流下方向に交互に現れている．さらにこの山と谷の連なりが低水路内に2列になって現れ，左右交互に配列している．**写真-1.4**は，樹木高さと水深がほぼ等しい（$h/h_w = 0.90$）条件において連続配置と断続配置においてアルミ粉を用いて平面流況を可視化したものである．(a) は樹木群が連続，(b) は断続配置の結果である．低水路内ではアルミ粉が蛇行し，高水敷上にもアルミ粉が筋となっているのがみられる．図-1.47，写真-1.4の連続配置の場合をもとに，この状況を模式的に描いたものが**図-1.48**である．低水路内の水面の低い部分に平面渦があり，平面渦の外周部にアルミ粉が集まっている．この低水路内の左右交互に流下する平面渦の存在によりアルミ粉が蛇行しているものと考えられる．高水敷上にも低水路

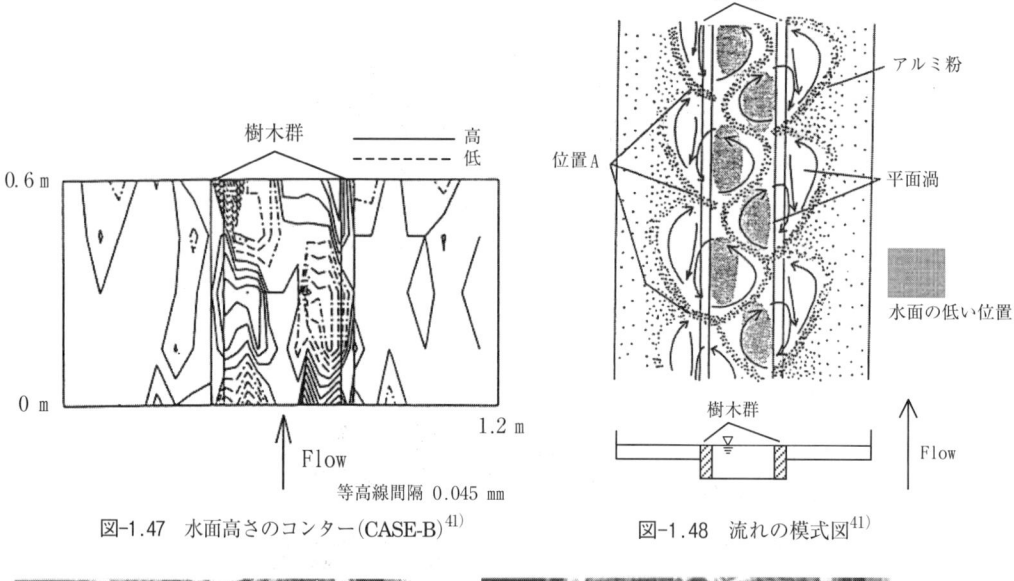

図-1.47 水面高さのコンター(CASE-B)[41]

図-1.48 流れの模式図[41]

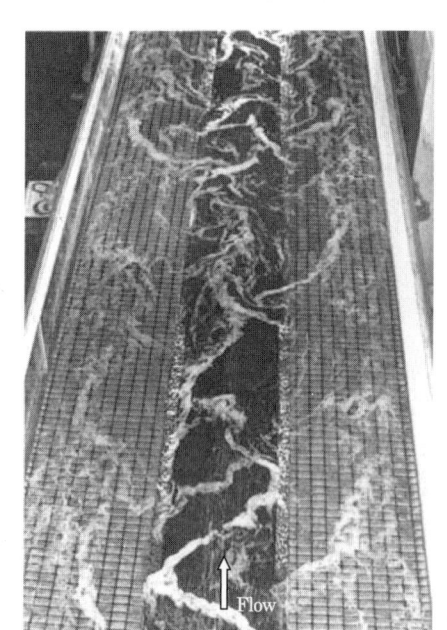

(a) 樹木群連続配置   (b) 樹木群断続配置

写真-1.4 流況可視化写真[41]

内の渦と回転方向が逆になっている平面渦が生じており，これらの互いに逆方向に回転する渦により流れが集中する高水敷上の位置Aに特徴的な「髭」状の筋がみられる．この髭状の筋はこの場合，左右で位相がπずれている．

以上から，連続的な樹木群列の存在する流れ場では大規模で安定な平面渦の配列によって低水路内には特徴的な水流の蛇行，高水敷には流れの集中を示す筋がみられる．

(b) 水平混合のある流れの平面二次元解析

河川の流れは平面二次元流れとみなすことができ，水深方向に平均化した浅水流の運動方程式を用いることができる．本解析では，樹木群が水没しても水没水深が小さく流れの平面

二次元性が維持されるような場合を扱う．このとき，基礎方程式は式 (1.41), (1.42), (1.43) で表現される．

$$\frac{\partial u}{\partial t} + u\frac{\partial u}{\partial x} + v\frac{\partial u}{\partial y} = gI - g\frac{\partial h}{\partial x} - \frac{C_f u\sqrt{u^2+v^2}}{h_0} - g\frac{u\sqrt{u^2+v^2}}{K^2}$$
$$+ \varepsilon\left\{\frac{\partial}{\partial x}\left(2\frac{\partial u}{\partial x}\right) + \frac{\partial}{\partial y}\left(\frac{\partial u}{\partial y} + \frac{\partial v}{\partial x}\right)\right\} \quad (1.41)$$

$$\frac{\partial v}{\partial t} + u\frac{\partial v}{\partial x} + v\frac{\partial v}{\partial y} = -g\frac{\partial h}{\partial y} - \frac{C_f v\sqrt{u^2+v^2}}{h_0} - g\frac{v\sqrt{u^2+v^2}}{K^2}$$
$$+ \varepsilon\left\{\frac{\partial}{\partial x}\left(\frac{\partial v}{\partial x} + \frac{\partial u}{\partial y}\right) + \frac{\partial}{\partial y}\left(2\frac{\partial v}{\partial y}\right)\right\} \quad (1.42)$$

$$\frac{\partial h}{\partial t} + \frac{\partial(hu)}{\partial x} + \frac{\partial(hv)}{\partial y} = 0 \quad (1.43)$$

式 (1.43) は連続式である．渦動粘性係数 ε には次式を用いた．

$$\varepsilon = \frac{1}{6}\kappa u_* h_0 \quad (1.44)$$

ここで，u: 流下方向の水深平均流速，v: 横断方向の水深平均流速，h: 水深，g: 重力加速度，C_f: 摩擦抵抗係数，κ: カルマン定数 $(=0.4)$，u_*: 摩擦速度，h_0: 平均水深，I: 水路床勾配である．また，透過係数 K は式 (1.38) で表される．

基礎式において，樹木の存在は，式 (1.41) では右辺第四項，式 (1.42) では右辺第三項で表されている．樹木群内では，加速・減速流れが生じるが，ここでは式 (1.38) の定常等流における抵抗則を準用している．樹木のない領域では透過係数は無限大であり，これらの項はゼロになる．

樹木群の洪水位に与える影響，すなわち流速分布，水位など，流れ場の時空間的な平均像を準二次元的に取り扱うことによって実用上十分な精度で評価できることを **1.6** で明らかにした．しかしながら，樹木群の流体抵抗に起因する平面渦によって水位，流速が周期的に変動し，これが流れ場の構造に影響を与えることから，現象の平均像だけでなく平面渦に起因する混合の機構を解明することも必要である．

水平混合現象に関する解析として，灘岡・八木[40)]の数値シミュレーションがある．浅い水域の乱流現象を平面二次元的な水平渦運動と水深スケール以下の三次元的な乱流運動にスケール分離し，平面二次元の基礎方程式系を有する乱流モデルを構築し，これを植生を有する河川流に適用し，数値解析によって新しい興味のある結果を導いている．

福岡ら[41)] は，樹木群のある河道内の流れにおける混合の物理機構を平面二次元モデルを用い流れについて解き，この解析結果と実験結果を比較し，水平混合の機構と平面流況について以下のように説明している．

いま，流速 u，v，水深 h を流下方向についての平均値とそれからの変動量に分離する．これらの変動は以下の特性を持つ．

① 流速，水位がほぼ周期的に変動する．
② 樹木群を有する流れ場では，樹木群近くで安定な平面渦が形成される．変動成分はこの平面渦スケールに応じた波長をもつ．

このため，変動量を波長 L の一次モードと波長 $L/2$ の二次モードの重ね合わせで表現する．

$$u(x,y,t) = u_0(y,t) + \sum_{m=1}^{2} u_m(y,t) \cos \frac{2m\pi}{L} \{x - ct + \alpha_m(y)\} \tag{1.45}$$

$$v(x,y,t) = v_0(y,t) + \sum_{m=1}^{2} v_m(y,t) \cos \frac{2m\pi}{L} \{x - ct + \beta_m(y)\} \tag{1.46}$$

$$h(x,y,t) = h_0(y,t) + \sum_{m=1}^{2} h_m(y,t) \cos \frac{2m\pi}{L} \{x - ct + \gamma_m(y)\} \tag{1.47}$$

変動を二次モードまで考慮した理由は，次の通りである．対象とする混合現象には，さまざまな波数の変動成分が存在する．しかし，実験から明らかなように現象を支配しているのは大規模平面渦スケールの水平混合であり，このスケールでの変動成分で流れ場の記述がほぼ可能であることによる．また，変動成分の一次モードの解が定まるためには二次モードと一次モードの干渉を表す非線形項が不可欠であり，式 (1.41)，(1.42)，(1.43) の各項の大きさのオーダー比較の結果，これらの非線形項が無視できない大きさを持っている．このため，解析には最低でも二次モードまで取り入れる必要がある．

式 (1.45)，(1.46)，(1.47) で表した u, v, h を基礎式 (1.41)，(1.42)，(1.43) に代入することにより，未知変数である平均値 u_0, v_0, h_0，変動振幅 $u_1, u_2, v_1, v_2, h_1, h_2$，位相差 $\gamma_1 - \alpha_1, \gamma_1 - \alpha_2, \gamma_1 - \beta_1, \gamma_1 - \beta_2, \gamma_1 - \gamma_2$，速度 c に関する 15 個の連立偏微分方程式が得られる．計算にあたっては γ_1 に任意の値を与えている．

初期水位に実測値 1/100 の程度の微小な擾乱を与え，これらの非定常項を陽的に時間積分することにより解が得られる．左右の水路壁にはスリップ条件を与える．波速 c は各位相を停留させるものとして定まる．本モデルでは，u, v, h について卓越する変動成分を抽出し，流下方向に対して波動展開した形を与えて横断方向のみの一次元問題としている．これにより現象を簡単化して捉えることができる．

図-1.49 は静止座標系での流速ベクトル，**図-1.50** は水面形のコンターを示す．低水路内に左右交互に大規模な平面渦が生じ，その部分の水面が低くなっている．これら低水路内の平面渦の外周部に沿うように流れが蛇行しており，図-1.47 や写真-1.4 の実験結果をよく裏付けている．この平面渦の外周は樹木幅を突き抜けて高水敷上にまで及んでいる．**図-1.51**

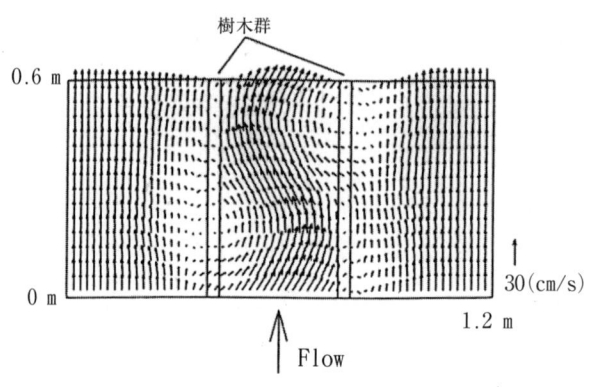

図-1.49 計算流速ベクトル(静止座標系 u,v)[41]

は平均流速分布，**図-1.52**はレイノルズ応力分布を示している．平均流速分布の計算値は実験値に比べて若干低めになっているもののおおむね一致している．低水路は高水敷に比べて粗度係数が小さく水深が深いにもかかわらず，低水路では全体にわたって樹木の存在に起因する水平混合により流速が抑制されている．レイノルズ応力の分布は，そのピーク値が低水路側で大きくなっている．このように複断面水路で低水路沿いに樹木群がある場合には，低水路内での水平混合が卓越して生じることがわかる．**図-1.53**は，得られた計算流速場にマーカーをのせて流下させ，その挙動を調べたものである．写真-1.4と同様に，低水路内でマーカーが蛇行するとともに高水敷肩付近に特徴的な髭状の筋がみられる．この筋は実験同様，低水路内の平面渦の配列が左右互い違いになっているために，左岸側と右岸側で位相がπずれている．

以上のことから，樹木群を有する河道では大規模平面渦によるせん断流れが形成され，明確な平面構造をもつ流れ場になることが明らかとなった．

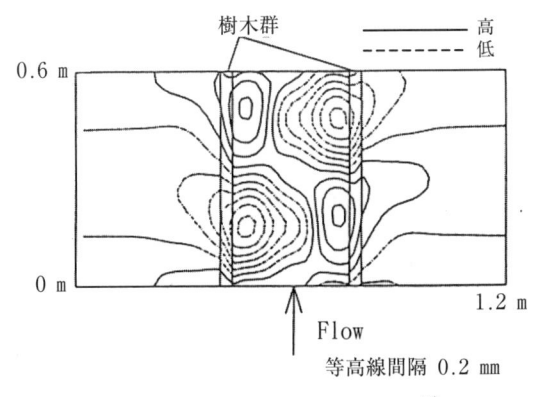

図-1.50 計算水位コンター[41]

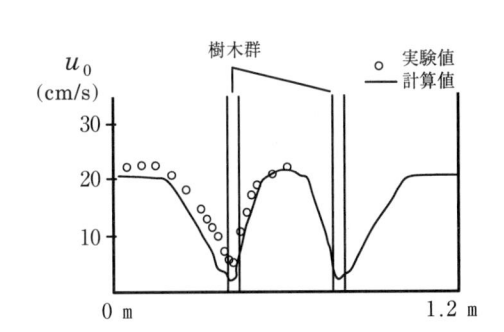

図-1.51 平均流速分布[41]

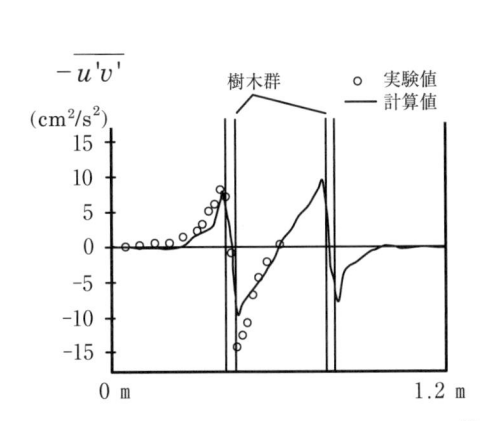

図-1.52 レイノルズ応力分布（CASE-B）[41]

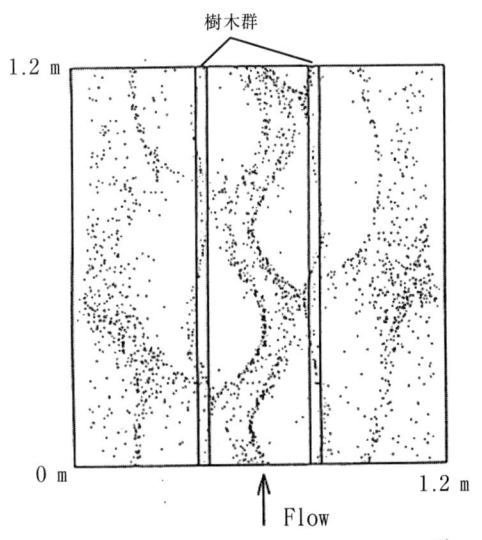

図-1.53 計算解によるマーカー分布[41]

1.7.2 利根川新川通における昭和56年8月洪水流への適用[44]

本節では，河川の洪水流に対する **1.7.1** の平面二次元解析法の適用性を検討する．利根川における樹木群のある河道区間で観測された洪水流の平面流況に平面二次元解析結果を適用し比較する．

解析対象は**写真-1.5**に示す利根川133〜139 kmの新川通区間である．この区間は開削さ

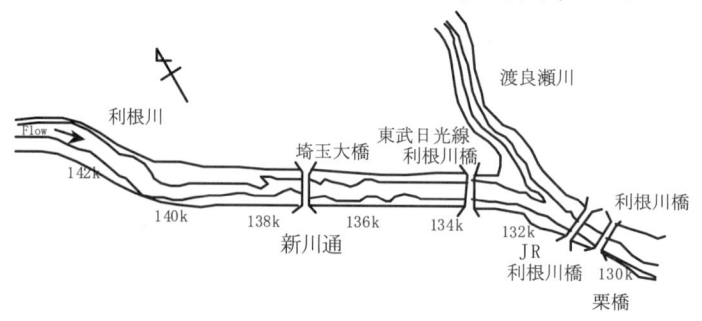

写真-1.5 利根川新川通の平水時の河道状況（国土交通省利根川上流河川事務所提供）

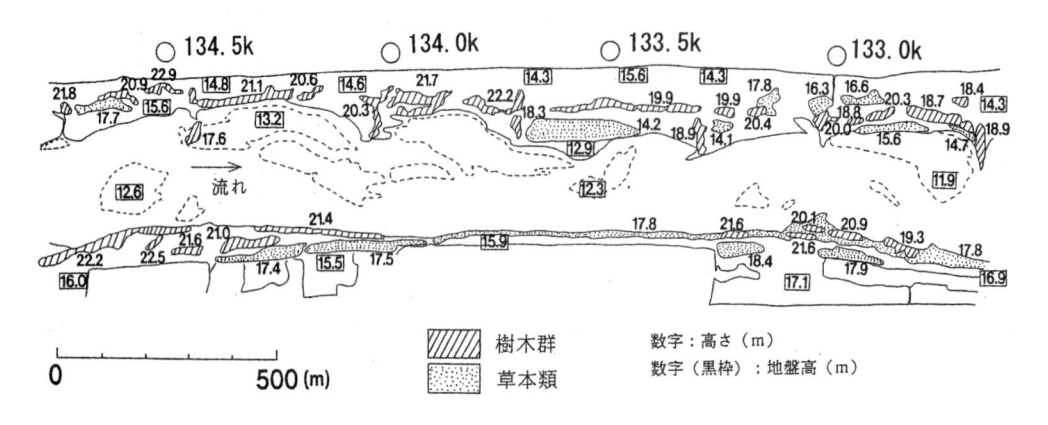

図-1.54 新川通樹木の位置および高さの分布[44]（昭和55年5月河道）

れた河道のため，約 6 km にわたってほぼ直線である．写真は，河道の平水時の状況を示す．新川通は，両側に高水敷を持つ複断面河道であり，低水路河岸沿いに樹木および草本類が繁茂している．**図-1.54** は昭和 55 年 5 月 23 日の平水時に撮影された航空写真を用いて，低水路河岸沿いの樹木の幅と分布を読み取ったものである．埼玉大橋 (137 km) 付近から上流では樹木の分布は粗であるが，下流では帯状に連続して分布している．樹木群の幅は一様ではなく，左岸側で 40〜60 m 程度と広く，右岸側で 10〜20 m 程度と狭く，縦断的に変化している．草本類も左岸側で 50〜100 m と広く右岸側で 20〜50 m と狭くなっている．これらの樹木群の高さは約 4〜5 m であり，草本類の高さは 2 m 程度である．堤間幅は約 600 m であり，低水路幅は約 300〜400 m 程度である．低水路の深さは 4〜5 m である．河床材料は，レキ混じりの砂であり，60% 粒径は 0.3〜0.6 mm である．

昭和 56 年 8 月 23 日の洪水のピーク流量は，上流の川俣で 7,800 m^3/s (150 km，14 時頃)，下流の栗橋で 8,100 m^3/s (130 km，17 時頃) が観測されている．水深は，低水路の中央で 7〜8 m，高水敷上で 3〜4 m であり，このとき水位はほぼ樹木の樹冠上に乗る状態であった．

低水路の粗度係数はおよそ n_{mc} =0.020〜0.0225 であり，高水敷の粗度係数は左岸で n_{fp} =0.035，右岸で n_{fp} =0.030 である．樹木群の透過係数 K は，航空写真測量で得られた表面流速布分布から樹木の存在する部分での横断平均流速値 U_w を読み取り，$K = U_w/I_e^{1/2}$ から逆算し K =18 m/s を得た．

昭和 58 年 8 月の洪水において，**1.7.1(b)** の平面二次元解析結果と新川通における航空写真より読み取った洪水流の表面流況と比較・検討を行う．

写真-1.6，**1.7** は，建設省利根川上流工事事務所によって新川通区間で撮影された洪水時 (昭和 56 年 8 月 23 日 14:30) の航空写真である[2),44)]．写真-1.6 は，埼玉大橋よりも上流で樹木が粗に生育していた (136.5〜138.5 km) 区間，写真-1.7 は，その埼玉大橋よりも下流で樹木が繁茂していた (133.0〜135.0 km) 区間の水面の状況を示している．樹木の少ない埼玉大橋より上流では流れの特徴的な構造が見られない．一方，埼玉大橋より下流では，写真-1.7 に見られるように，樹木群に起因する水平混合により，髭状の筋が樹木群から高水敷上にかけてほぼ規則正しく伸びているのが見える．この筋は低水路の左右両岸で生じており，その位相の差はほとんどないようにも見えるが，わずかについているようにも見える．このような髭状の筋は写真-1.4 に示した樹木模型を有する複断面実験水路で見出された流れの構造とよく対応している[41)]．以下では，流れに特徴的な構造が見られる写真-1.7 (133〜135 km) の区間について検討を行う．写真-1.7 の航空写真から見積もられた平面渦の波長はほぼ $L = 400$ m である．航空写真の表面状況との比較を行うため，$L = 400$ m を与え，**1.7.1** の計算で得られた平面流速場の流速ベクトルにマーカーを乗せて十分流下させ，得られる模様で流れを可視化した結果を**図-1.55** に示す．写真-1.7 の周期的な髭状の筋は，浮遊砂の巻き上げ・輸送・沈降という物理過程が，水表面付近の土砂の濃淡として現れたものである．計算結果は航空写真と同様に，樹木のある領域から髭状の筋が高水敷上に伸びていることを示している．写真-1.7 と図-1.55 は同一のスケールで描かれており，2 つを重ねて見ると髭の形状，配置は両者ほぼ同じであることがわかる．これより，平面二次元解析は樹木群のある実河川の平面構造および平均的流れ場をよく説明し得ている．

写真-1.7 を解析し，読み取られた表面流速ベクトルを**図-1.56** に示す．表面流速ベクトル

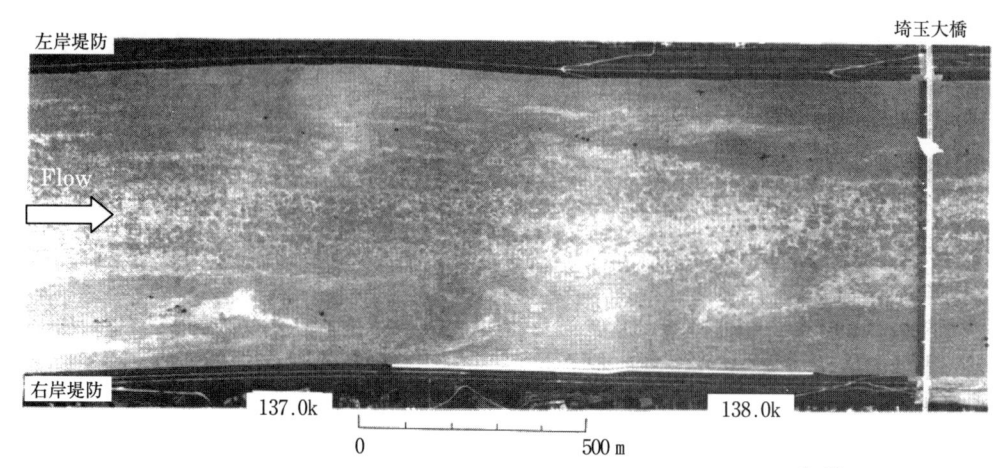

写真-1.6　樹木が粗な区間の洪水時の表面流況（埼玉大橋上流：136.5〜138.5km区間）[2),44)]（昭和56年8月洪水）

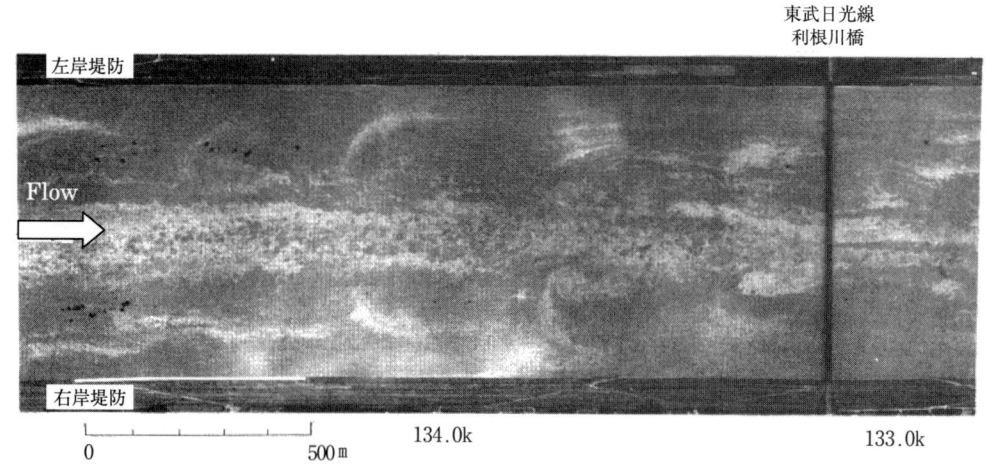

写真-1.7　樹木が密に繁茂している区間の洪水時の表面流況（利根川橋上流：133.0〜135.0km）[2),44)]
（昭和56年8月洪水）（国土交通省利根川上流河川事務所提供）

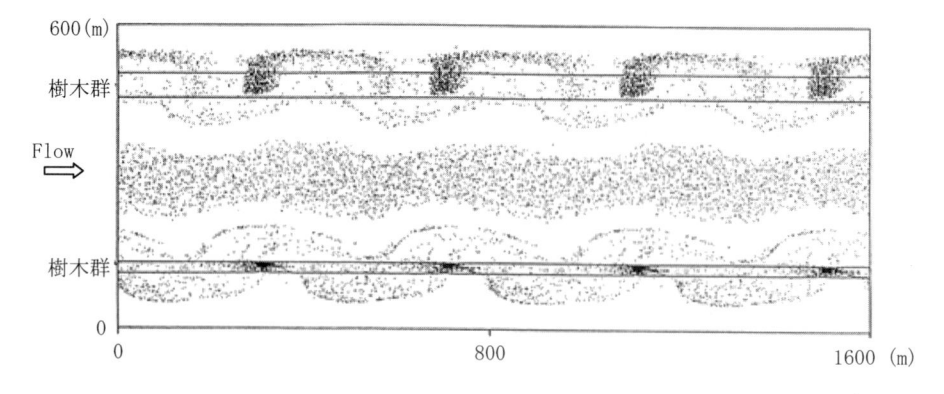

図-1.55　計算流速ベクトルにマーカーを流したときに計算された洪水流の表面流況[44)]
（昭和56年8月洪水の再現計算）

は，連続して撮影された2枚の写真に移ったゴミ，模様等が移動した距離を撮影時間間隔で除して求めたものである．これより，髭状の筋の形状とその位置に対応して，平面渦によって流速ベクトルが蛇行していることがわかる．

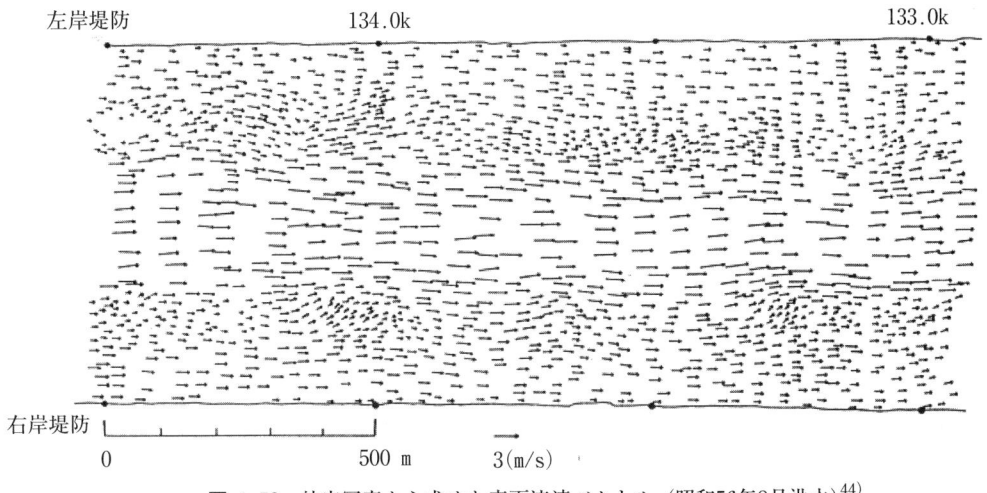

図-1.56 航空写真から求めた表面流速ベクトル（昭和56年8月洪水）[44]

1.7.3 利根川河道における境界混合係数 f の評価

洪水流の準二次元解析法[8),36)] に含まれている境界混合係数 f の値は，大型模型実験解析で定められたものを用いている．しかし，実際に現地河川の洪水流で観測された f 値ではないため，十分な信頼性をもって利用されているわけではない．前節で利根川洪水流の平面流れと平面渦の存在が調べられ，平面二次元解析が有効であることが示された．そこで実用的な準二次元解析と平面二次元解析を関係付けることにより，洪水流の二次元性を一次元解析に取り込むために導入された f 値およびその理論式 (1.36)，(1.39) が利根川の洪水についても成立するかを検討する．

図-1.57に，f の理論式 (1.39) および利根川河道の平面二次元計算による流速分布から求めた f 値を示す．これより，樹木群の幅が広い場合には樹木の左右で f の値のバラツキがあり，その平均値は理論式の値の 1/2 程度になっている．これは，理論式は，樹木群内を水が通り難いことを前提として物理的に取り得る最大値を選んで表したものであるためである．これより，透過係数 K がわかれば，理論式を用いて現地スケールの境界混合係数の概略値をおおむね予測可能であることがわかる．

図-1.58は平面二次元計算から得られた水深平均流速分布と，境界混合係数 f を用いて準二次元解析から求めた流速分布の計算値，および航空写真から求めた表面流速分布を併せて示す．ただし，透過係数の値が大きいことから，準二次元解析では樹木群の内部の流速も求めた．これより，航空写真による流速分布と底面粗度を用いて逆算した境界混合係数の値，および推定式による境界混合係数の値を用いて求めた流速は，実測表面分布および平面二次元計算による分布をおおむね説明でき，f の違いが流速分布，抵抗等に与える影響の程度は

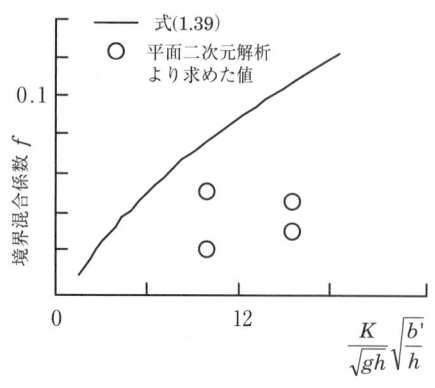

図-1.57 境界混合係数の理論と計算値の比較[44]

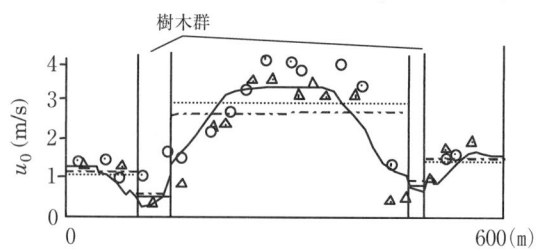

図-1.58 平面二次元解析と準二次元解析による水深平均流速分布の比較[44]

大きくないことが明らかとなった.

以上より,樹木群の繁茂した現地河道の抵抗特性および流速分布を f 値を用いた準二次元解析を用いて解析でき,河道計画や樹木管理計画等へ適用できることが明らかとなった.

1.8 低水路沿い樹木群密度の急変による流れの混合と発達過程[45]

樹木群のある複断面河道の解析法には,前節まで示した福岡・藤田ら[36]の準二次元解析法や,灘岡・八木[40],福岡・渡邊ら[41]の平面二次元解析やそれに準ずる解析的研究がある.これらの解析法は目的に応じて使い分けられている.

しかし,樹木群はその密度と繁茂形態が流下方向に変化するため,流れ構造が三次元的になり,そのような流れ場についての研究は,十分に行われていない.本節では,樹木群密度が流下方向に急変する場合について流れ場の三次元構造とその変化過程および,樹木群の下流で平均流が発達に要する距離について福岡らの検討結果を示す[45].これは,樹木群の流れに与える影響範囲や,樹木群を活用した河道づくりを考えるうえで,基本的に重要になる.

用いた実験水路の断面図・平面図を**図-1.59** に示す.全長 28 m,全幅 0.8 m,低水路幅 0.5 m,高水敷幅 0.3 m,高水敷高さ 5.7 cm の片側複断面直線水路である.樹木群模型は幅 3.5 cm で,低水路河岸に縦断的に連続配置している.

実験ケースを**付録 3** 表-A.1.5 に示す.ここで,記号 N は樹木がない場合,S は樹木群が粗な場合,D は密な場合を示す.図-1.59 に示す樹木群①と樹木群②を前後入れ替えること

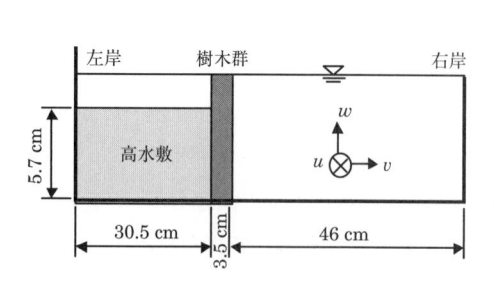

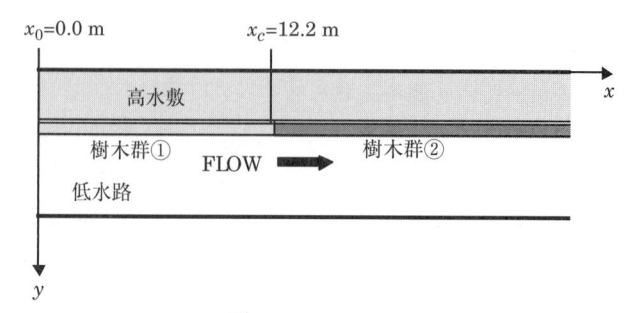

図-1.59 実験水路の横断形と平面形[45]

により，樹木群密度が流下方向に変化する 2 つの場合について実験を行った．樹木群密度が変化する場合，密度変化位置は $x_c = 12.2$ m の断面である．樹木群模型の透過速度は，$u_w = KI_e^{1/2}$ で定義される透過係数 K で表すことができる．粗な樹木群模型の K は 1.74 (m/s)，密な樹木群模型は 0.45 (m/s) である．実験は，下流部においてほぼ等流状態となるように下流端の堰高を調節し，水路の全区間において樹木群模型は水没しない状態に保たれている．

1.8.1 樹木群密度の急変による縦断水位の変化

(a) 樹木群密度が急増する場合

図-1.60(a) に実験 ND, SD, D の縦断水位を示す．比較のため流量は全ケース 23.0 ℓ/s に統一してある．樹木群密度の異なる上流部では水位勾配が実験 ND, SD, D の順に小さく，樹木群の抵抗は小さくなる．しかし，樹木群密度の変化に伴う水位の変化は緩やかである．これは下流部での水位上昇が上流に伝わっているためである．このように縦断的に樹木群密度が急増する場合，下流部の樹木群密度が上流部の水位に大きな影響を及ぼす．

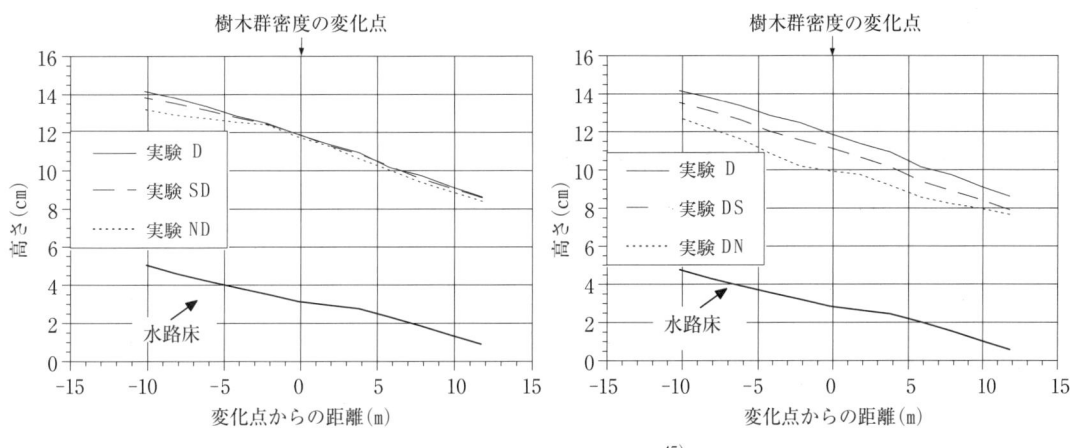

図-1.60 縦断水位の比較[45)]

(b) 樹木群密度が急減する場合

密な樹木群の下流側に粗な樹木群がある場合 (DS) と樹木群がない場合 (DN) について，樹木群密度と抵抗特性の変化の大きさ関係を明らかにするため，実験 DN, DS, D の比較を行う．図-1.60(b) に実験 DN, DS, D の縦断水位を示す．実験 DN では樹木群の変化点付近における水位が低下する．これは実験 DS に比べ変化点での樹木群の密度変化が大きく，樹木群がなくなることによる河積の変化が水面形に与えた影響が大きいためである．

1.8.2 樹木群密度の急変による平均流と乱れ構造の変化

(a) 樹木群密度の急増による流れ構造の縦断変化

図-1.61(a)，(b)，(c)，(d) はそれぞれ，樹木群のない流れから樹木群のある流れへ変化する過程における平均流速分布 ($\bar{u}$)，レイノルズ応力分布 ($-\overline{u'v'}$)，($-\overline{u'w'}$)，平均流速ベクトルを示す．流れ場の特性が高水敷高さを境に異なるため，ここでは上層と下層に分けて鉛

直平均した値を用いている．流れ場の変化によって流速分布は高水敷・低水路の境界付近で変曲点をもつ流速分布から，樹木群によって減速される分布に変化する．変化点から 1.4 m の断面では，低水路上層の流れが減速しているが，2.2 m より下流では上下層の差は小さくなり，また流速分布の縦断変化も小さく流れはほぼ安定している．

レイノルズ応力分布 $(-\overline{u'v'})$ は，樹木群より上流部の断面では上層でのみ値を持つ．これは上層では低水路流れと高水敷流れの混合が生じているためである．流下に伴い低水路側の樹木群近傍におけるレイノルズ応力 $(-\overline{u'v'})$ が上層・下層ともに増大し，高水敷側のレイノルズ応力 $(-\overline{u'v'})$ は負の値に変化している．ここでは上層・下層ともに樹木群による抵抗が強く作用することで樹木群周辺の流れが大きく減速されており，樹木群周辺の混合機構は鉛直方向に一様化されている．また，上層では樹木群内外の流れの混合に加え，樹木群を介した低水路と高水敷の流れの混合が発生するため，下層よりも大きな $(-\overline{u'v'})$ が生じている．$(-\overline{u'w'})$ は，変化点付近では樹木群付近の値が小さいが，流下に従って大きくなる．これは大規模平面渦の発達に伴う鉛直方向の流速差の発生に起因するものである．

樹木群がない流れからある流れへの発達過程では，樹木群上流端部分で抵抗が急激に作用し流れの混合機構は大きく変化する．高水敷流れが樹木群上流端部分に衝突し，流向が大きく曲げられることにより高水敷側に高速流が生じる．大規模平面渦は流下とともに発達し，上層の水平混合が卓越する流れとなる．それに伴い低水路内で上下層の流速差が生じることによって鉛直混合が生じている．

(b) 樹木群密度の急減による流れ構造の縦断変化

図-1.62(a),(b),(c),(d) に実験 DN の平均流速分布 $(\overline{u})$，レイノルズ応力分布 $(-\overline{u'v'})$，$(-\overline{u'w'})$，平面流速ベクトルの縦断変化を示す．流速分布は境界部で減速されている流れから，高水敷流れが低水路流れによって加速される流速分布に変化する．$(-\overline{u'v'})$，$(-\overline{u'w'})$ を比較すると $(-\overline{u'v'})$ が十分に大きいことから横断混合が卓越している．また $-\overline{u'v'}$ は上層で高い値を示すことから低水路流れと高水敷流れの混合は上層で活発に行われていることがわかる．

図-1.62(b),(c) に示すように，樹木群直下流部でレイノルズ応力は $(-\overline{u'v'})$，$(-\overline{u'w'})$ ともに樹木群が存在する範囲の値より大きい．これは図-1.62(d) に示されているように，樹木群によって減速されていた高水敷流れが低水路側に急激に流入し，また樹木群の直下流部に樹木群内から非常に遅い流れが流出し，激しい混合が生じるためである．この激しい混合の影響が高水敷からの移流および，大規模平面渦によって流下に従い横断方向に拡散していく．$(-\overline{u'v'})$ の縦断変化がこの混合機構を表している．流下に伴い境界部における水平混合は減衰し，混合機構は樹木群のない複断面流れの構造に漸変する．

1.8.3 密度の急変により流れ場の発達に要する流下距離と遷移距離

流れ場の変化点から混合が平衡状態に達するまでの距離 L を，遷移距離と考える．平均流速場の変化はレイノルズ応力分布 $(-\overline{u'v'})$ に顕著に現れ，特に高水敷と低水路の境界部あるいは樹木群境界の $(-\overline{u'v'})$ は遷移に伴い大きく変化する．そこで代表速度に境界部上層に作用する $(-\overline{u'v'})$ の平方根，代表長さに低水路上層の $(-\overline{u'v'})$ が生じている横断幅 B を用いたレイノルズ数 Re' を計算し，Re' の縦断変化から平均流速場の発達を評価する．この

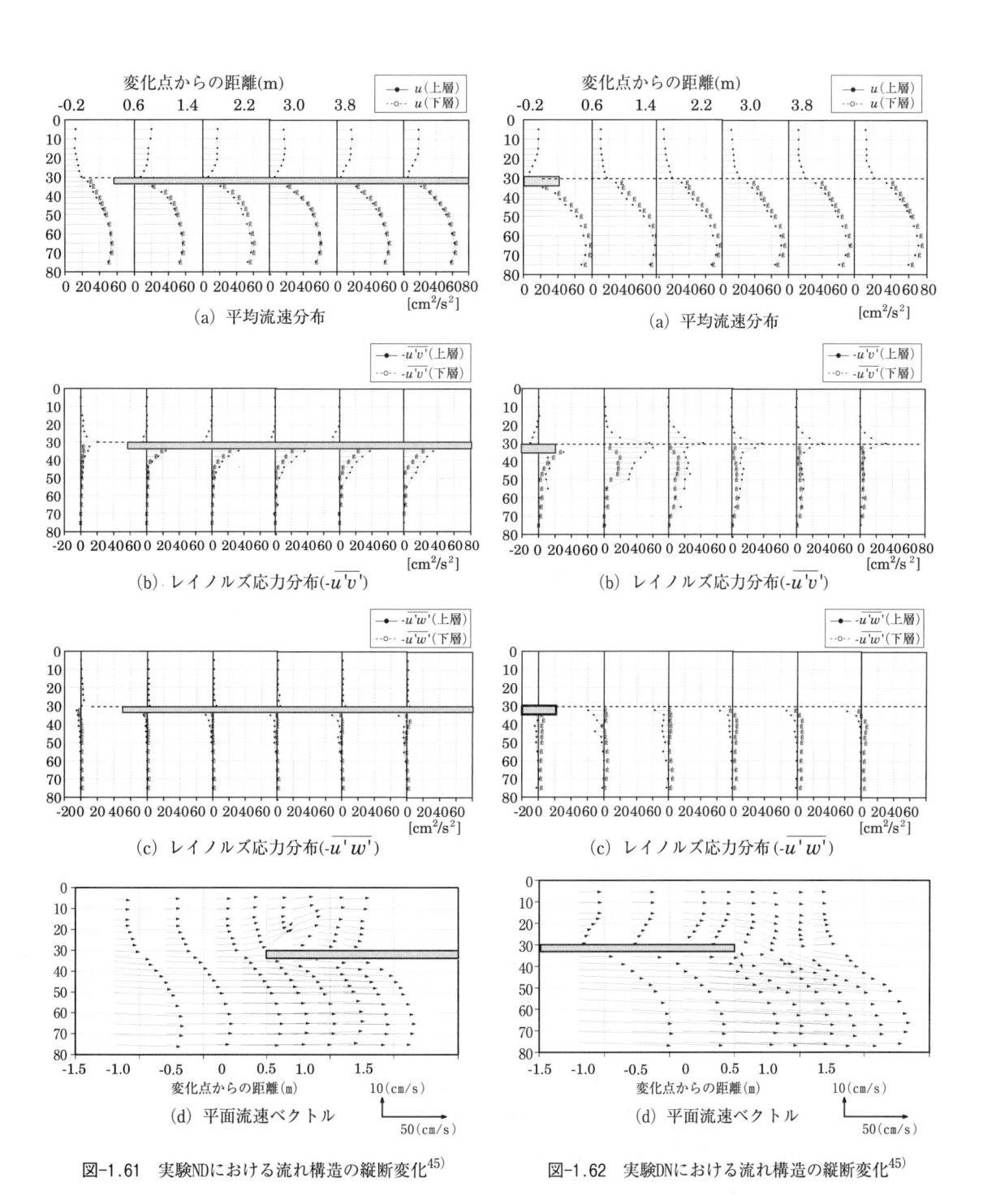

1.8 低水路沿い樹木群密度の急変による流れの混合と発達過程

(a) 平均流速分布

(b) レイノルズ応力分布($-\overline{u'v'}$)

(c) レイノルズ応力分布($-\overline{u'w'}$)

(d) 平面流速ベクトル

図-1.61 実験NDにおける流れ構造の縦断変化[45]

図-1.62 実験DNにおける流れ構造の縦断変化[45]

Re' を境界レイノルズ数と呼ぶことにする．

図-1.63(a) に実験 DS, $DN1$, $DN2$, $DN3$, 図-1.63(b) に実験 SD, ND についての境界レイノルズ数 Re' の縦断変化を示す．流れ場の発達に要する流下距離 L は $L_{SD} = 1.4$ m, $L_{ND} = 2.2$ m, $L_{DN1} = 4.4$ m, $L_{DN2} = 5.2$ m, $L_{DN3} = 5.8$ m となり，L_{DS} については明確な遷移区間を定めることはできなかった．DN, ND のような急激な流れ場の変化がある場合，平衡状態に達するまでの流下距離は長くなる．L_{ND}, L_{DN1} を比較すると，どちらも流れ場の変化は大きいにもかかわらず，後者は樹木群直下流部で生じる混合の影響が大きいため遷移距離は長くなる．L_{DN1}, L_{DN2}, L_{DN3} を比較すると，流量の増加に従い遷移距離は長くなる．これは本実験条件の範囲では流量の増加に伴い樹木群直下流部での混合が激しくなり，その影響が拡散するのにより長い流下距離を必要とするためである．

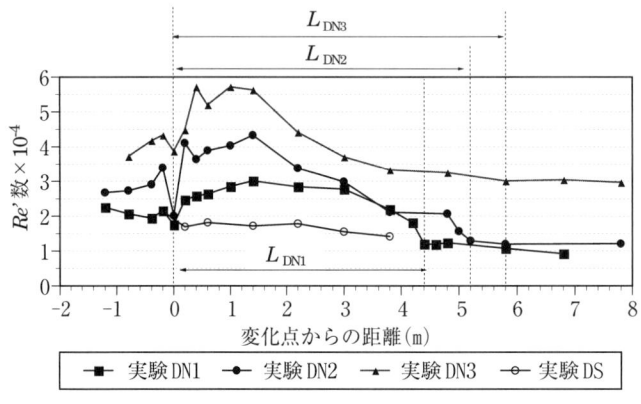

(a) 実験 DS,DN1,DN2,DN3

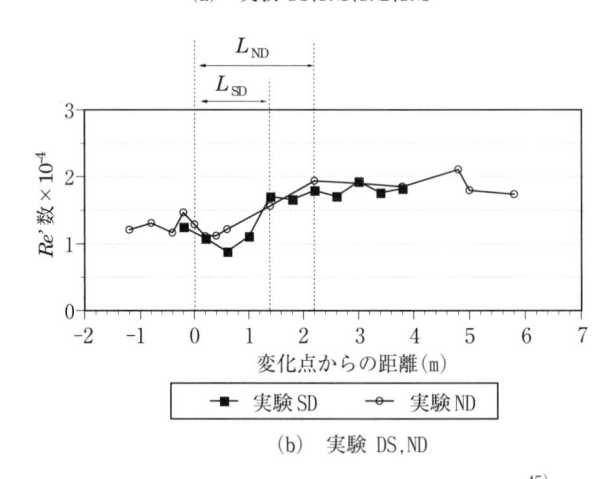

(b) 実験 DS,ND

図-1.63 境界レイノルズ数 Re' の縦断変化[45]

次に，実験結果を用いて，遷移距離の表現式を求める．

樹木群が途切れてから，混合が平衡状態に達するまでの距離 L を流れ場の遷移距離と考える．遷移区間の x 方向の運動方程式 (二次元) は次のようになる．

$$\frac{\partial u}{\partial t} + u\frac{\partial u}{\partial x} + v\frac{\partial u}{\partial y} = gI_b - \frac{1}{2h}Fu^2 + \varepsilon\frac{\partial^2 u}{\partial y^2} \tag{1.48}$$

ここに，F: 摩擦損失係数；$F = 2gn^2/h^{1/3}$ である．

1.8 低水路沿い樹木群密度の急変による流れの混合と発達過程

式 (1.48) について，各点の水理量を平衡状態の水理量 $(u_0, h_0, \varepsilon_0)$ と偏倚量 $(\tilde{u}, \tilde{h}, \tilde{\varepsilon})$ に分け，

$$u(x,y) = u_0(y) + \tilde{u}(x,y), \quad h(x) = h_0 + \tilde{h}, \quad \varepsilon(x) = \varepsilon_0 + \tilde{\varepsilon}, \quad v(x,y) \ll u(x,y)$$

式 (1.48) に代入すると以下の式を得る．

$$(u_0 + \tilde{u})\left(\frac{\partial u_0}{\partial x} + \frac{\partial \tilde{u}}{\partial x}\right)$$
$$= gi - \frac{F}{2(h_0 + \tilde{h})}\left(u_0^2 + 2u_0\tilde{u} + \tilde{u}^2\right) + (\varepsilon_0 + \tilde{\varepsilon})\left(\frac{\partial^2 u_0}{\partial y^2} + \frac{\partial^2 \tilde{u}}{\partial y^2}\right) \quad (1.49)$$

式 (1.49) を平衡状態の運動方程式と，平衡状態からの偏差の運動方程式に分けて考えると，遷移領域における偏差量に関する運動方程式は次のように表される．

$$u_0 \cdot \frac{\partial \tilde{u}}{\partial x} = -\frac{F}{h_0} u_0 \cdot \tilde{u} + \varepsilon_0 \frac{\partial^2 \tilde{u}}{\partial y^2} \quad (1.50)$$

式 (1.50) の x, y を遷移距離 L と平衡状態における混合の影響範囲の幅 ΔY で無次元化し

$$\tilde{u} = X\left(\frac{x}{L}\right) \cdot Y\left(\frac{y}{\Delta Y}\right)$$

で表すと，式 (1.50) は以下のように表現できる．

$$u_0 \cdot \frac{1}{L} \cdot X' \cdot Y = \varepsilon_0 \cdot \frac{1}{(\Delta Y)^2} \cdot X \cdot Y'' - \frac{F}{h_0} \cdot u_0 \cdot X \cdot Y$$

このとき，X, X', Y, Y', Y'' は x, y について 1 つに決まるため，次のような比例関係が成り立つ．

$$\frac{\varepsilon_0}{(\Delta Y)^2} \propto \frac{F \cdot u_0}{h_0}, \quad \frac{u_0}{L} \propto \frac{\varepsilon_0}{(\Delta Y)^2}, \quad \frac{u_0}{L} \propto \frac{F \cdot u_0}{h_0}$$

これより，次のような関係式が得られる．

$$L = \alpha \cdot \frac{h_0}{F} \quad (1.51)$$

遷移距離 L は (水深)/(摩擦損失係数) に比例し，比例定数 α は大規模平面渦や樹木群の透過係数による $\varepsilon(x)$，ΔY，平衡状態の流速 u_0 によって表される無次元量によって決まる係数である．流れ場の遷移の影響は低水路に顕著に現れるため，平衡状態における低水路の摩擦損失係数 F，および平均水深 h_0 を式 (1.51) に代入し，境界 Re 数 (Re') の縦断変化から求めた実測遷移距離 L に合致するよう比例定数 α を定めた結果を**表-1.8** に示す．

表-1.8 (式-1.51)の各項の値[45]

実　験	h	F	L	α
実験 ND	8.40	0.0050	220	0.130
実験 SD	8.43	0.0050	140	0.083
実験 DN1	6.97	0.0052	440	0.328
実験 DN2	8.01	0.0050	520	0.324
実験 DN3	8.61	0.0049	580	0.330

ケース DN では全ケースとも α は 0.33 となる．$\alpha = 0.33$，$F = 0.005$，を用いると $L_{DN1}/h_\infty =60\sim70$ となり，樹木群が密の状態から急に樹木がない状態に変化したとき，平均流が再発達するに要する距離 L_{DN1} は，洪水水深の (60〜70) 倍程度となる．

1.9 洪水流の二次元非定常解析と流量ハイドログラフ・貯留量の推算

1.9.1 河道貯留とピーク流量の低減

　河川は上流から下流へと河道特性が変化しており，その変化の影響を受けて洪水流の流量ハイドログラフが河道内を変形しながら流下していく．わが国の大河川の中・下流域では，河道の横断面形状は，主に低水路と高水敷とからなる複断面形が採用されている．**1.5** において，河道が複断面形で低水路が蛇行している場合，低水路と高水敷の間の流れの混合により，単断面蛇行流れの場合と抵抗特性が大きく異なることを明らかにした [24]．流量が時間的に変化する洪水流においては，その流下の過程において，洪水流の非定常性と河道の平面形状や横断面形状の影響を受けて河道内で貯留が生じ，ピーク流量の低減などハイドログラフの変形が生じることが古くから知られ [1),46),61)]，近年福岡ら [47)〜51)] により系統的に洪水流の貯留の機構が明らかにされてきた．洪水位の上昇時の水位変化率の大きいわが国の洪水流では，広い高水敷と複雑な平面形を持つ大河川の貯留効果は無視し得ない大きさを有する [52),53)]．さらに洪水流が潮汐のある海に流入する場合や 2 つの大小河川が合流しているなど，時間的に下流端境界条件が変化する場合，これらの下流端境界条件の影響を受けて感潮域や合流点水位の影響域では大きな貯留が生ずる．これらの影響域の貯留量についても検討する必要がある．

　本節では，実河川で起こり得る河道条件，水理条件，下流端条件について複断面流路の水理特性，特に洪水流の河道内貯留とピーク流量の低減機構に及ぼす洪水流の非定常性，平面形，横断面形，等の影響を詳細な実験によって明らかにする [48)〜51)]．

　現地河川においても「洪水流の非線形特性研究会」(座長 広島大学大学院福岡捷二教授) において観測された江戸川 39〜46 km 区間を検討対象に選び，ここで集中的に観測・検討された水面形，流量の時間変化を用い，二次元非定常流解析を行い，洪水ハイドログラフの伝播特性と水面形追跡から精度の高い流量ハイドログラフと河道貯留量の推定法を示す [52),53)]．また，江戸川の洪水流に比して，洪水の非定常性の大きい円山川における洪水観測結果 [54)] について流量ハイドログラフの変形と河道貯留に伴うピーク流量の減少効果について評価する．最後に，「洪水流の非線形特性研究会」の集中観測から明らかになった水位や流量の観測精度について述べると共に，精度の高い洪水流量や，貯留量を求めるための洪水流観測方法と解析方法について示す．

1.9.2 二次元非定常流解析法 [53)]

(a) 流れの基礎方程式

　本節では複断面蛇行河道に非定常流が通過した場合に生じるハイドログラフの変形，ピーク流量の低減，および貯留量を評価し得る数値モデルを示す．複断面河道を洪水が長い距離

流下する場合のハイドログラフの変形の検討には，三次元解析は実用上困難であり，また，洪水観測データの精度から判断して，三次元解析の必要性は低い．本解析では非定常二次元解析法が採用される．

流体解析において，複雑な境界形状の影響を解析に取り入れるために，一般的に座標変換が行われる．しかし，通常の一般座標系への変換では，独立変数である座標系のみが変換されるか，もしくは反変流量フラックスベクトルを従属変数として表記されることが多い．これらの場合，運動方程式の各項の持つ意味が分かり難く，応力などの境界条件を明瞭に与え難い．

一方，一般座標系を用いない場合には，曲率を考慮した (s, n) 座標系を用いることも多い．この場合には式の各項の意味が分かりやすいが，座標系が直交性を満足しない場合には斜交性の影響が入ることになる．その影響についても厳密に議論されてはいない．

ここでは，一般座標系で表記された平面二次元運動方程式と連続式を用いることでこれらの問題を回避する．基礎方程式には，非定常流平面二次元方程式を用いる．平面二次元流れの直交座標系から一般座標系への変換は巻末の付録 1 に示されており，非定常平面二次元運動方程式は (A.26), (A.27)，連続式は (A.28) で与えられる．

(b) 氾濫フロント部分および段差部分の処理

複断面蛇行河道における非定常流れの計算には，水位上昇時の高水敷への侵入に伴う氾濫フロント部の移動と水位下降時における高水敷から低水路への流入が含まれている．計算格子点に十分な水深がある場合は問題ないが，フロント部分や段差部分では計算時に水深が浅く不安定になる場合がある．

本解析においては，氾濫フロントで 0.1 cm(模型値) 以下ならば dry 状態として判定を行い，その境界部では，時間加速度項，重力項と底面摩擦項のみで流速の計算を行っている．dry 状態への侵入はあるが，dry 状態からの水と運動量の流出がゼロとなるようなフィルター処理を施している．

下降時の高水敷と低水路の段差部分では，低水路水位が高水敷高さよりも低い場合，および低水路水位が高水敷水位よりも低くかつ段差境界線上の水深が小さい場合には，高水敷側の値で水面勾配項，河床抵抗項，移流項を表して境界部の流速を計算し，移流によって高水敷から出た運動量のみが低水路に入るようにして，渦粘性による応力は伝わらないようにしている．段差が生じている場合には，さらに水面勾配が段差部分で接続しないようにしている．

1.9.3 洪水流の流下と貯留機構の実験

図-1.64, **1.65** および **付録 3** の表-A.1.6 に，河道貯留の検討に用いた水路およびその諸元を示す．単断面蛇行水路，複断面直線水路，低水路の蛇行度，低水路幅が異なる三種類の複断面蛇行水路 (A,B,C) および堤防蛇行と低水路の蛇行に位相差のある複断面蛇行水路 (D,E,F) を用いている．単断面蛇行水路 (図-1.64(a)) は，一定の蛇行度をもつ連続した 5 波長からなる水路長 21.5 m，水路幅 0.5 m，河床勾配 1/1,000 の水路である．複断面水路は，同様に一定の蛇行度をもつ連続した 5 波長からなる水路長 21.5 m，河床勾配 1/1,000 の水路である．高水敷に人工芝 (粗度係数 0.018) を張り付けることによって，高水敷の粗

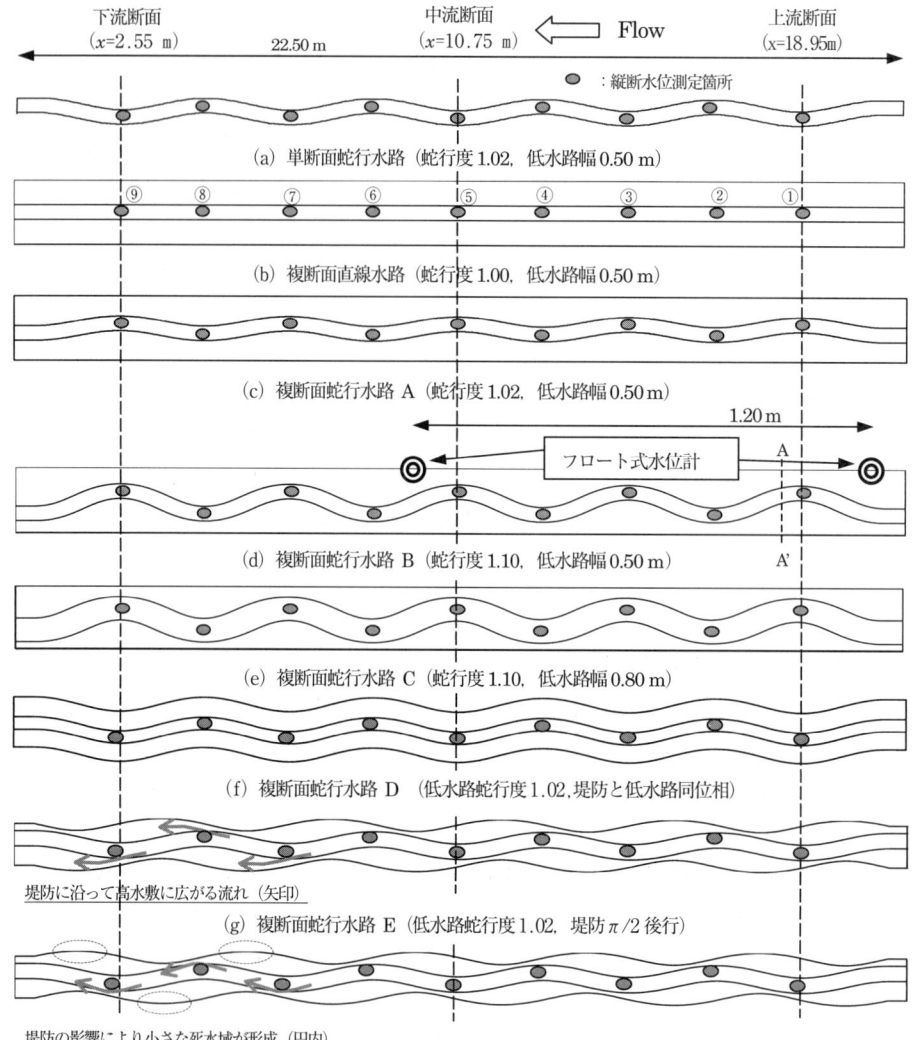

図-1.64 固定床複断面実験水路平面図

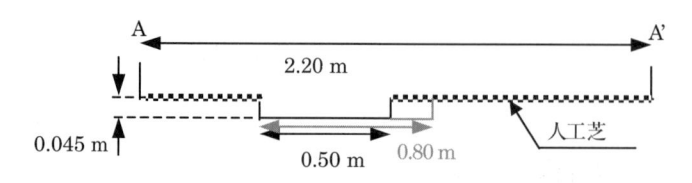

- (a) 単断面蛇行水路（蛇行度1.02, 低水路幅0.50 m）
- (b) 複断面直線水路（蛇行度1.00, 低水路幅0.50 m）
- (c) 複断面蛇行水路 A（蛇行度1.02, 低水路幅0.50 m）
- (d) 複断面蛇行水路 B（蛇行度1.10, 低水路幅0.50 m）
- (e) 複断面蛇行水路 C（蛇行度1.10, 低水路幅0.80 m）
- (f) 複断面蛇行水路 D（低水路蛇行度1.02, 堤防と低水路同位相）
- (g) 複断面蛇行水路 E（低水路蛇行度1.02, 堤防π/2後行）
- (h) 複断面蛇行水路 F（低水路蛇行度1.02, 堤防π/2先行）

図-1.65 固定床複断面実験水路横断図（水路A,B,C）

度係数を低水路粗度係数 0.012 よりも大きくし, 低水路蛇行度は 1.00 (直線)(図-1.64(b)), 1.02 (図-1.64(c), **写真-1.8**(a)), 1.10 (図-1.64 (d), (e), 写真-1.8(b)) の三種類を用いている. 複断面蛇行水路 A, B の低水路幅は 0.50 m, 水路 C は 0.80 m である. さらに, 複断面で堤防と低水路が共に蛇行し, 位相差がある蛇行水路 (図-1.64 の (f), (g), (h)) も用いられている.

電磁流量計および自動開閉バルブをコンピューター制御することにより, あらかじめ設

写真-1.8(a) 複断面蛇行水路A　　　写真-1.8(b) 複断面蛇行水路B

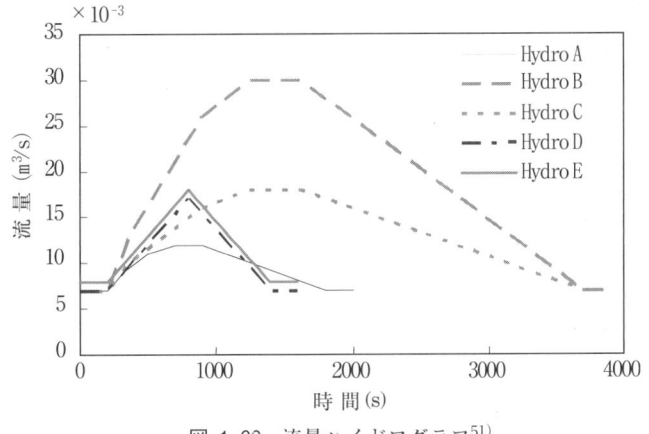

図-1.66 流量ハイドログラフ[51]

定したハイドログラフを持つ洪水流を流下させる．用いた5種類の流量ハイドログラフを**図-1.66**に示す．

表-A.1.7に示す12ケースの実験を行い，それぞれの結果を比較検討することにより，河道平面形等の変化に対する洪水流の流下機構，貯留量の変化等を評価する．

(a) 洪水流の非定常性が河道貯留に及ぼす影響

非定常流と定常流における水理現象の違いを明確にするために，それぞれの水深と流量，および水深と低水路平均流速の関係をそれぞれ**図-1.67**の(a), (b)と(c), (d)に示す．図中の矢印は，洪水の増水期から減水期への過程を示す．一様断面水路での定常流では水深に対する流量，流速の関係は一義的に決まるが，非定常流では，単断面，複断面蛇行流路

ともに，水深に対する流量，流速の関係はループを描く．すなわち単断面の場合，同じ水深に対する増水期の流量は減水期よりも若干大きいが，流量と水深の関係はほぼ線形をなす(図-1.67(a))．一方，複断面蛇行流路の場合，洪水流の非定常性と断面形の影響が現れ，ループの幅は単断面の場合よりも大きく，増水期と減水期の同じ水深では流量が大きく異なる．相対水深(高水敷水深/低水路全水深)がある大きさ以上($Dr \geqq 0.4$)になると，流れの直進性が高くなり，低水路線形の影響が小さくなる．このため，単断面蛇行流れに近い流況となり，ループの幅は著しく小さくなる(図-1.67(b))．

水深と低水路平均流速の関係を図-1.67(c)，(d)に示す．単断面蛇行流路では定常流と非定常流のピーク流速が一致し，増水期と減水期で両者の関係はほとんど変わらない(図-1.67(c))．しかし，複断面蛇行流路では定常流の場合，低水路満杯水深よりもやや大きい水深で低水路の流速が一度ピークを示し，その後減じて再び水深の増大とともに増大し，最大水深で再びピークを示している．一方，非定常流の場合には，複断面形の影響が顕著となり，定常流と同じ水深で低水路流速はさらに大きくなり，非定常複断面蛇行流特有の大きなループ形を描く(図-1.67(d))．

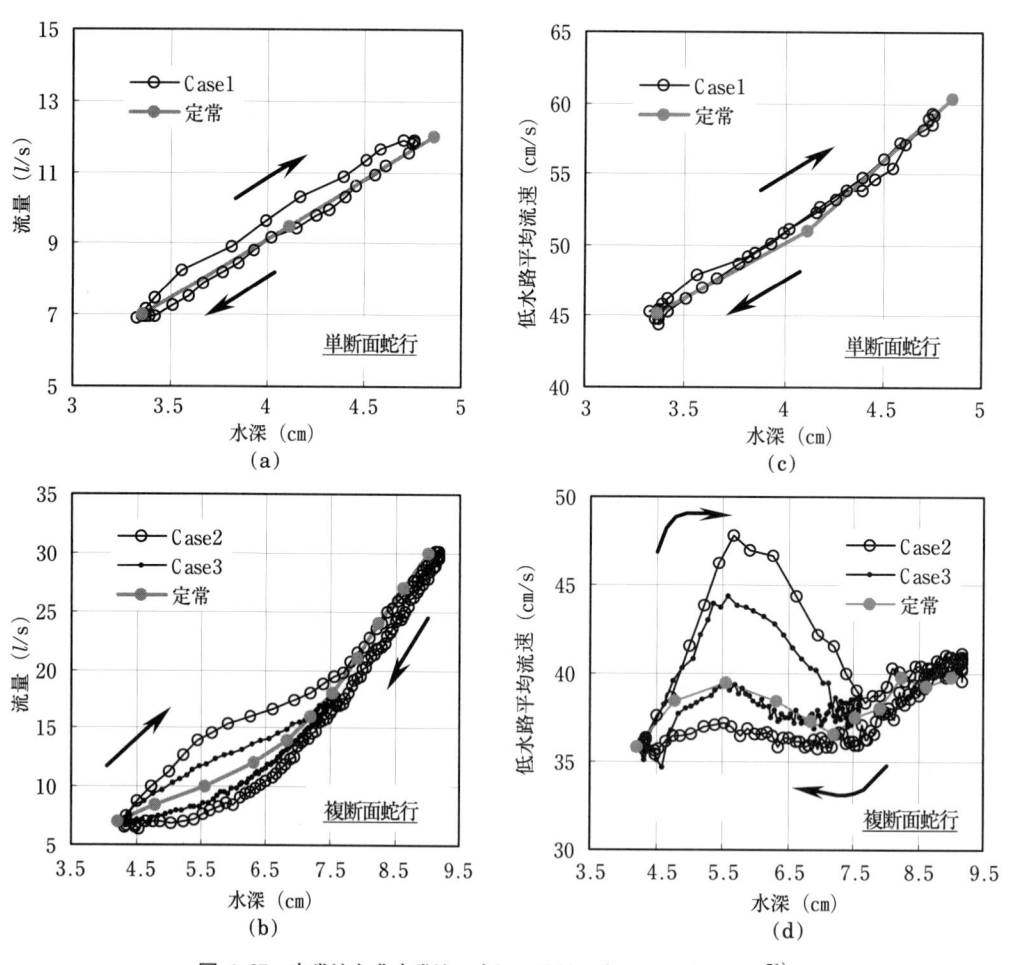

図-1.67 定常流と非定常流の水深 - 流量，水深 - 流速関係図[51]

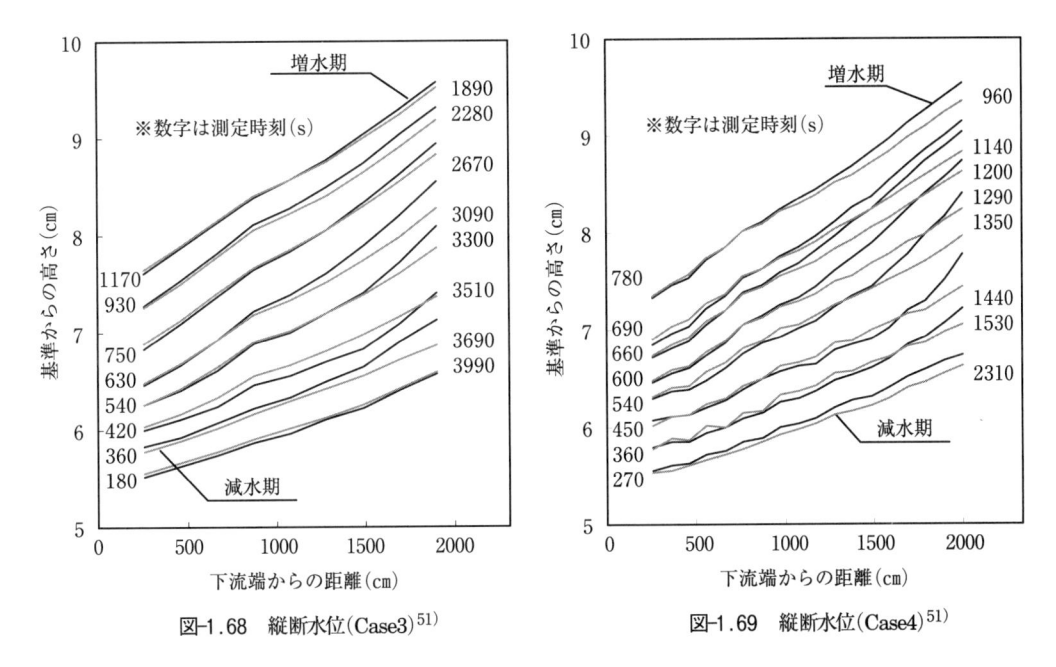

1.9 洪水流の二次元非定常解析と流量ハイドログラフ・貯留量の推算

図-1.68 縦断水位(Case3)[51]

図-1.69 縦断水位(Case4)[51]

図-1.68, **1.69** に Case3 ($Hydro\ C$ 流下), Case4 ($Hydro\ D$ 流下) の洪水流について縦断水位の時間変化を示す．増水期(実線)と減水期(点線)で最下流端の水位が同じになるときのそれぞれの時間における水面形を示している．これらの図から，増水期は水面勾配が大きく，減水期には水面勾配が小さいことがわかる．また洪水波形が上流から伝わってくる状況が，水面形の折れ曲がり点の下流への移動で判断できる．任意の2つの時間における縦断水面形から，その時間内での水路の貯留量 dS/dt を求め，この dS/dt と上流断面 ($x = 1,895$ cm) で与えたハイドログラフ $Q_{in}(t)$ から，下流断面 ($x = 255$ cm) での流量ハイドログラフ Q_{out} を次式より求めることができる．

$$Q_{out} = Q_{in} - \frac{dS}{dt} \tag{1.52}$$

このようにして求めた Q_{out} と Q_{in} の関係を**図-1.70**に示す．洪水流は流下に伴い，低水路の線形や高水敷粗度，高水敷上の流れと低水路の流れの混合による影響を受け，下流断面ではピーク流量の低減，ピーク流量発生時刻の遅れおよび洪水継続時間の延長といった波形の変形を生じている．このような波形の変形は，非定常性の高い $Hydro\ D$ で特に顕著である．流量ハイドログラフの時間的な遅れ，および最大流量の低減は，洪水流の水路内での貯留から起こっていることは明らかである．単位時間当たりの貯留量 dS/dt は，上流断面から流入する流量 Q_{in} から流出する流量 Q_{out} を差引くことによって得られる．しかし，下流での流量観測値 Q_{out} よりも水面形の観測値のほうが精度の高い測定ができるので，水面形の時間変化から貯留率 dS/dt を求め，Q_{out} を計算から求めている．**図-1.71** は，この貯留量の経時変化 dS/dt を上流断面からの流量 Q_{in} に対する量 $(dS/dt)/Q_{in}$ で示したものである．$(dS/dt)/Q_{in}$ がプラスの区間では流入流量 Q_{in} に対し流出流量 Q_{out} の値が下回り，洪水流が水路内に貯留される．また，これに続くマイナスの区間では Q_{in} が Q_{out} の値を下回るために，水路内に貯留されていた流量は流出することになる．$Hydro\ D$ 流下時では，ピーク流量流入時での dS/dt は Q_{in} に対して 5% であり，最大値は 15% もの値を示している．

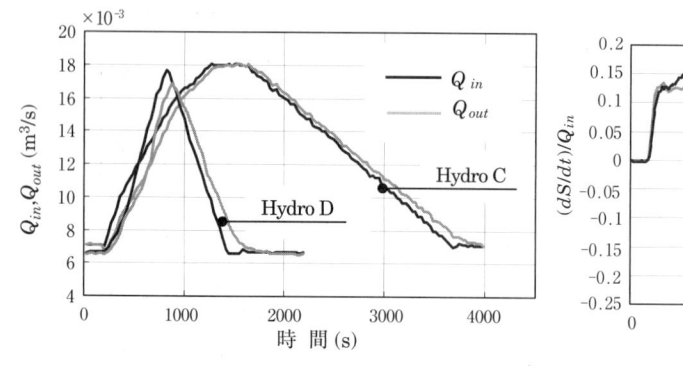

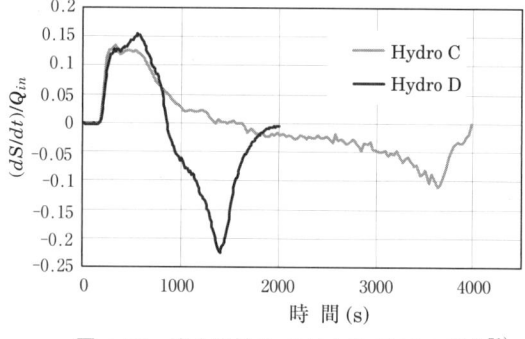

図-1.70 上流と下流断面での流量の比較[51]

図-1.71 流入流量 Q_{in} に対する dS/dt の割合[51]

(b) 横断面形および蛇行度の違いが河道貯留に及ぼす影響

単断面蛇行流路での実験 (Case1) と複断面蛇行流路での実験 (Case2,3) で得られた流量－時間，水深－時間，低水路流速－時間の関係をそれぞれ無次元化し，**図-1.72**(a), (b), (c) に示す．

与えられた無次元流量ハイドログラフは，各ケースともほぼ同じであるにもかかわらず，結果としての水深，流速の時間変化特性は，単断面蛇行流路と複断面蛇行流路で大きく異なる．複断面の場合，単断面に比べて増水期に水深の上昇が速く，減水期では水深の低下が遅

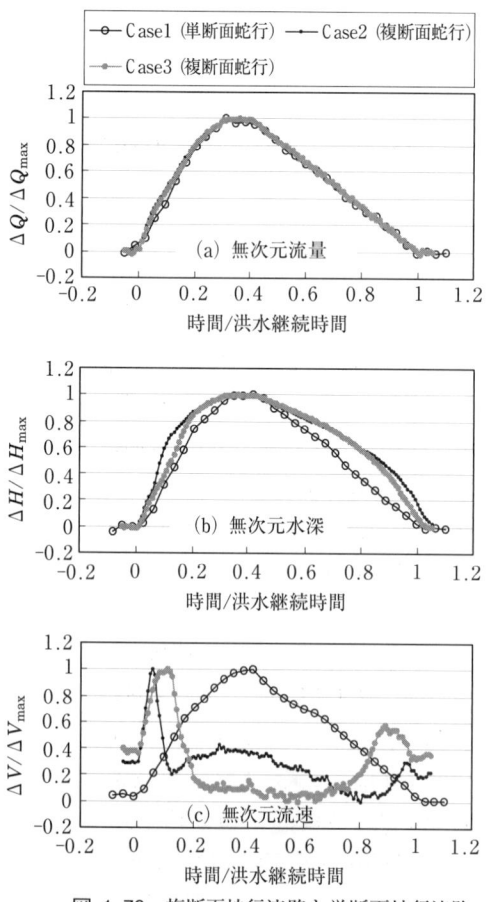

図-1.72 複断面蛇行流路と単断面蛇行流路での洪水流下形態の違い[51]

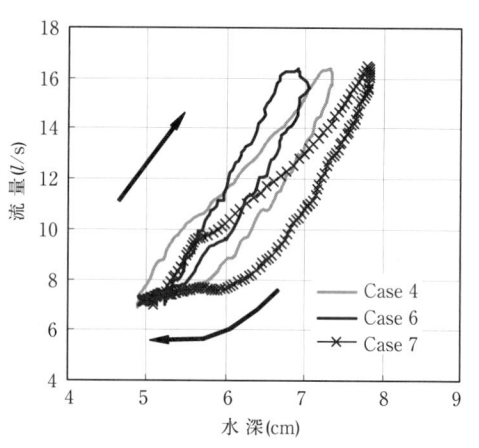

図-1.73 水深-流量関係

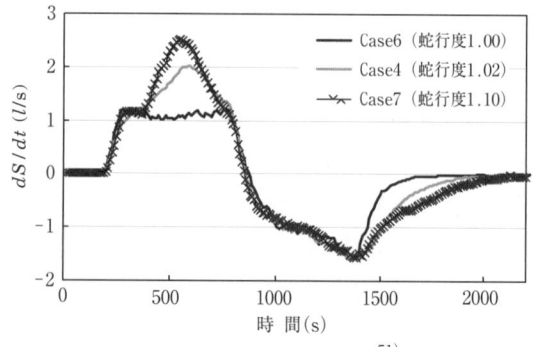

図-1.74 貯留率の比較[51]

い.すなわち,複断面蛇行流路では洪水期間中高い水深が維持されており,単断面蛇行流路に比べて流路内で貯留が生じていることがわかる.低水路流速についてみると,単断面蛇行流路では流量と水深のハイドログラフの変化の過程がほぼ一致するのに対して,複断面蛇行流路の場合には高水敷冠水の比較的早い時間帯で鋭いピークが現れる.これは,浅い高水敷水深では急激な抵抗増大のため,流れが低水路に集中するためである.その後に急激に減じ,高水敷冠水末期に再び浅い高水敷水深となるため,第二のピークを示す.

図-1.73 は複断面直線水路 (Case6),複断面蛇行水路 A(Case4),複断面蛇行水路 B(Case7) での同一流入ハイドログラフ ($Hydro\ D$) を持つ非定常流 (洪水流) の H-Q 関係を示す.複断面直線水路 Case6 の H-Q 関係は,増水期と減水期とで同一水深における流量差が小さく,かつ洪水開始時からピーク流量発生時までの水深変化幅は,他のケースに比して小さい.これに対して Case4,Case7 の H-Q 関係は徐々に右に傾き,ループの大きさも大きくなっている.蛇行度が大きくなるにつれて,H-Q 曲線は大きなループを描き,ピーク水位が増す.

図-1.74 には,水路の上流断面～下流断面区間について Case4,Case6,Case7 それぞれの貯留率 (dS/dt) を示す.前述したように,蛇行度が大きいほど,高水敷上の流れと低水路内の流れの混合幅 (蛇行帯幅) が大きくなるため,貯留率のピークは大きくなる.また,洪水継続時間もこれに対応し,蛇行度が大きいほど長くなる.

(c) 樹木群が河道貯留に及ぼす影響

図-1.75 は,図-1.76 に示す方式で樹木群を配置した Case5 と,樹木群の存在しない Case4 について,水深と水面勾配の経時変化を比較している.樹木の存在は水面勾配の増大を引き起こす.Case4 では複断面蛇行流れの特徴である高水敷上の流れと,低水路の流れの混合が大きい時間帯 (水深が 5.5～6.0 cm となる時間帯) で水面勾配のピークが現れるのに対し,Case5 では樹木群の流れに及ぼす抵抗が最も大きくなるピーク水深付近で現れている.図-1.77 は,Case4,Case5 の流入流量 (Q_{in}),流出流量 (Q_{out}) ハイドログラフを示

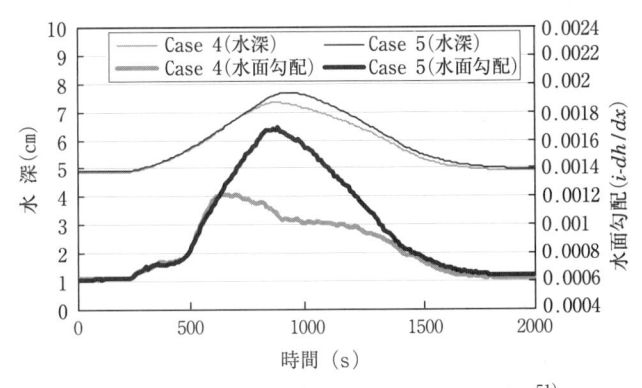

図-1.75 樹木群の有無による水深と水面勾配の経時変化[51]

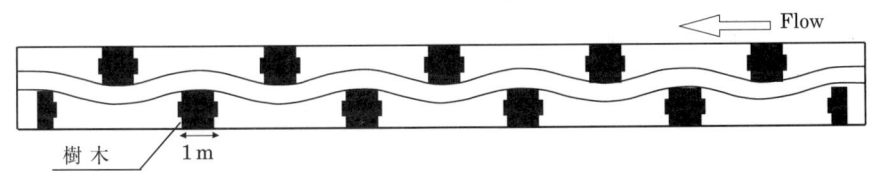

図-1.76 高水敷に樹木群を設置した実験水路(Case5)

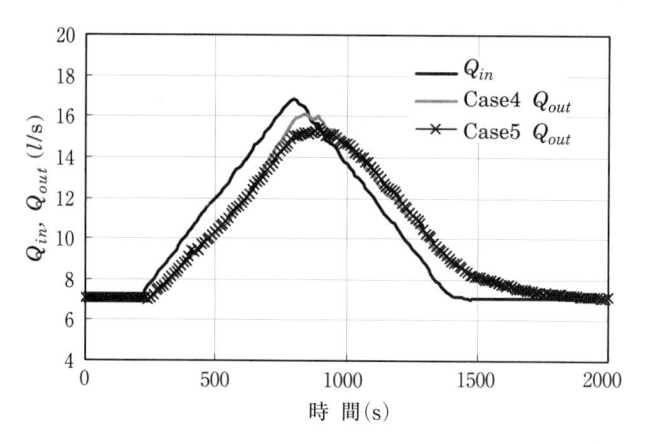

図-1.77　Q_{in} に対する Case4 と Case5 の Q_{out} の比較[51]

す．下流端におけるピーク流量の低減量は，Case5 は Case4 の約 2 倍の量となっている．

(d) 時間的に変動する下流端条件が河道貯留に及ぼす影響

　図-1.78 に示す下流端水位自由の条件で行われている Case7 と比較して**図-1.79** の下流端水位を変動させた Case8 は，増水期の 400～600 秒付近を除いてほぼ等流に近い水面形を保っている．増水期で水面勾配が大きくなっているのは，変動する下流端水位の影響が上流まで伝わるよりも上流から進んでくる水位上昇の方が速いためである．次に**図-1.80**，**図-1.81** に Case7 と Case8 の断面①，⑤，⑨での流量ハイドログラフを示す．Case8 では，下流端水位の時間的変動により，流れの貯留が大きく，ピーク流量の低減量も Case7 より大きくなっている．

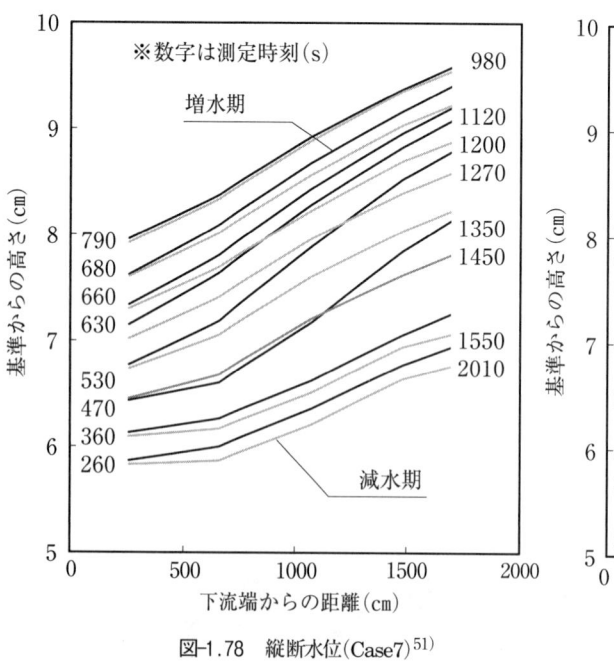

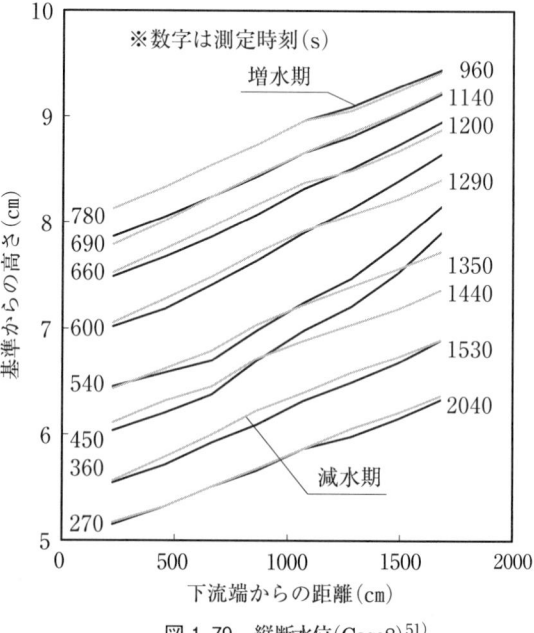

図-1.78　縦断水位(Case7)[51]　　　図-1.79　縦断水位(Case8)[51]

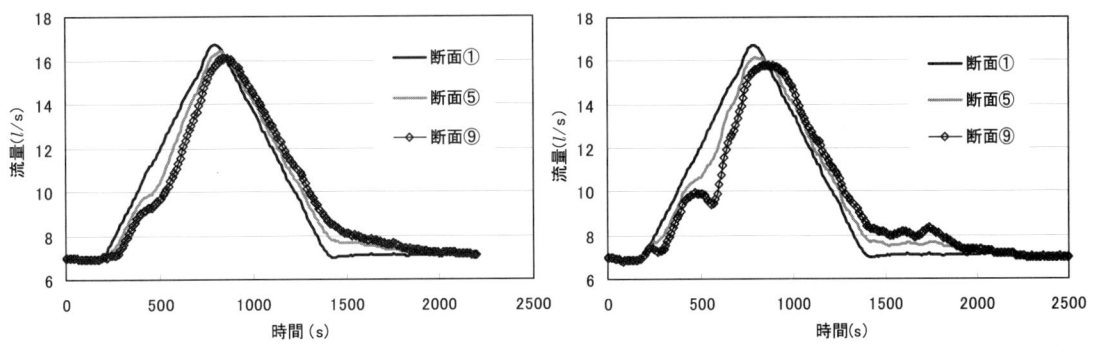

図-1.80 流量ハイドログラフの縦断変化(Case7)[51]　　図-1.81 流量ハイドログラフの縦断変化(Case8)[51]

図-1.82にはCase7，Case8の貯留率の比較を示す．前述したようにCase8では下流端水位変化の影響により下流からも貯留が起こり，これが上流からの流量の貯留分に加わるため，水路全体ではCase7より貯留量が増える．また洪水継続時間もCase7に比べてCase8の方がかなり長くなる．この機構が合流河川の影響域での貯留であり，潮位変動のある区間での貯留を示している．

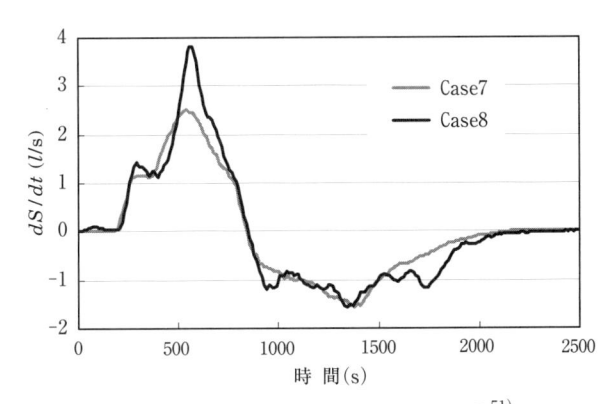

図-1.82 貯留率の時間変化の比較[51]

(e) 堤防と低水路の位相差が河道貯留に及ぼす影響

図-1.65に示す堤防が直線的なCase4と，これと同一の低水路諸元を有し，堤防が蛇行しているCase10，Case11，Case12についての無次元水深と無次元流量の関係を**図-1.83**に示す．高水敷高さ$h_{高水敷}$で無次元量を0とし，1をピーク水深h_{max}で無次元量を1としている．また，無次元流量および無次元低水路流速については0を最小値，1を最大値としている．

無次元水深–流量関係は，高水敷幅が相対的に大きく，粗度の与える影響が大きいCase4が他のケースと比較して大きなループを描いているが，Case10～Case12では堤防と低水路の間に異なる位相差があるにもかかわらず，それぞれのケースのループにほとんど違いは見られない．

図-1.84に各ケースの上流断面と下流断面の間での貯留量の経時変化dS/dtを示す．高水敷幅が相対的に大きいCase4の貯留率が最も大きく，蛇行堤防を用いたCase10～Case12

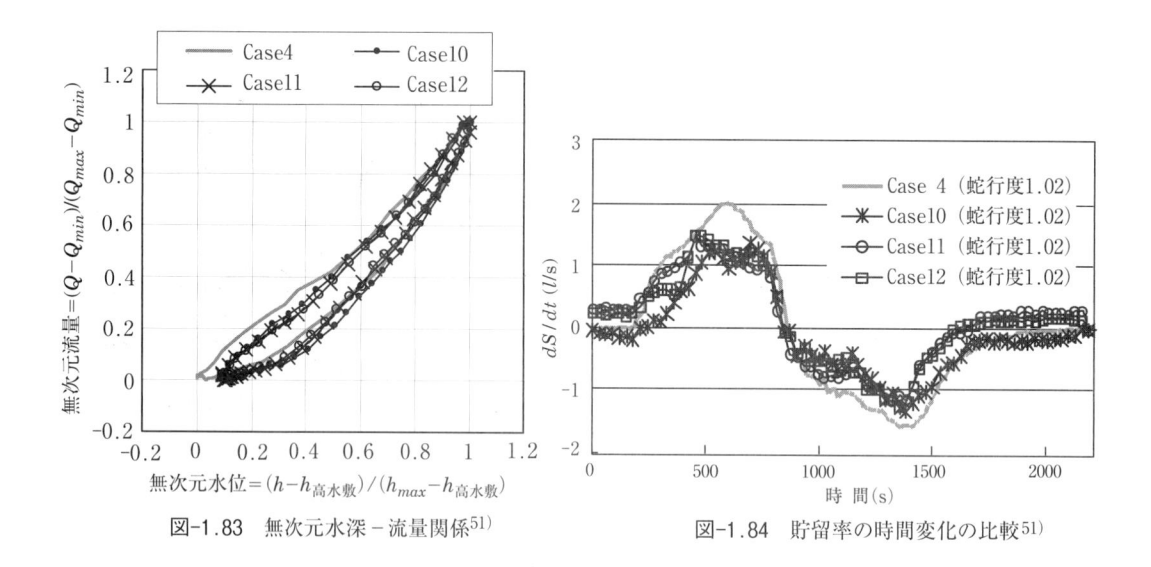

図-1.83 無次元水深－流量関係[51]

図-1.84 貯留率の時間変化の比較[51]

の貯留率は高水敷幅が相対的に小さく，粗度の抵抗の影響が効かないために小さい．またCase10～Case12の貯留率にはほとんど違いがない．このことから堤防と低水路の位相差は流下形態には影響を及ぼすものの，貯留量を支配する要因としては二次的である．この理由は，低水路と高水敷流れの混合の程度は低水路の蛇行振幅すなわち蛇行帯幅の大きさに関係し，堤防の線形には直接的に関係しないことによるためである．

1.9.4 洪水流の流量ハイドログラフと河道貯留量の推算

(a) 解析方法

解析手順をフローチャートにして図-1.85 に示す．まず，観測データから境界条件として，上流端水位と下流端水位の時系列データを補間して作成し，1.9.2 を示した二次元非定常流解析行う．流速は，運動方程式 (A.26), (A.28) および連続式 (A.29) から求められる．

樹木群による流体抵抗は，樹木群の透過係数 K，樹木群高 h_{tree} を用いて式 (1.53) で与えられ，水深 h による洪水時における抵抗の変化が表現される．

$$(F_\xi, F_\eta) = \frac{\rho g h_a}{K^2}\sqrt{u^2+v^2}(\tilde{U},\tilde{V}) \tag{1.53}$$

$$h_a = \min\,(h,\,h_{\text{tree}}), \quad u^2+v^2 = \tilde{J}^2(\tilde{U}^2 - 2\tilde{U}\tilde{V}\cos\theta^{\eta\xi} + \tilde{V}^2)$$

このとき，各時刻において指定した場所における計算水位が境界条件である観測区間の上流端と下流端の水位と一致するように，模型実験で行うように上流端池および下流端池の水位を自動調整しながら一洪水計算を行う[52),53)]．次に，計算から得られた流量ハイドログラフおよび水位縦断分布の時間変化を観測結果と比較し，解析結果が観測結果と一致するように，粗度係数や樹木群透過係数の絶対値と相対分布を変化させ，洪水流解析を再度行い，得られる解析結果が観測結果と一致するまでこれを繰り返す．

通常の非定常流解析では，観測流量が正しいものとして，上流端で観測流量を，下流端で水位を与え，水位，流量の時間変化を計算する．しかし，浮子による流量観測と多点で同時の水位観測から求まる各時刻での縦断水面形では，流量観測のほうが誤差は大きい．ここで

1.9 洪水流の二次元非定常解析と流量ハイドログラフ・貯留量の推算

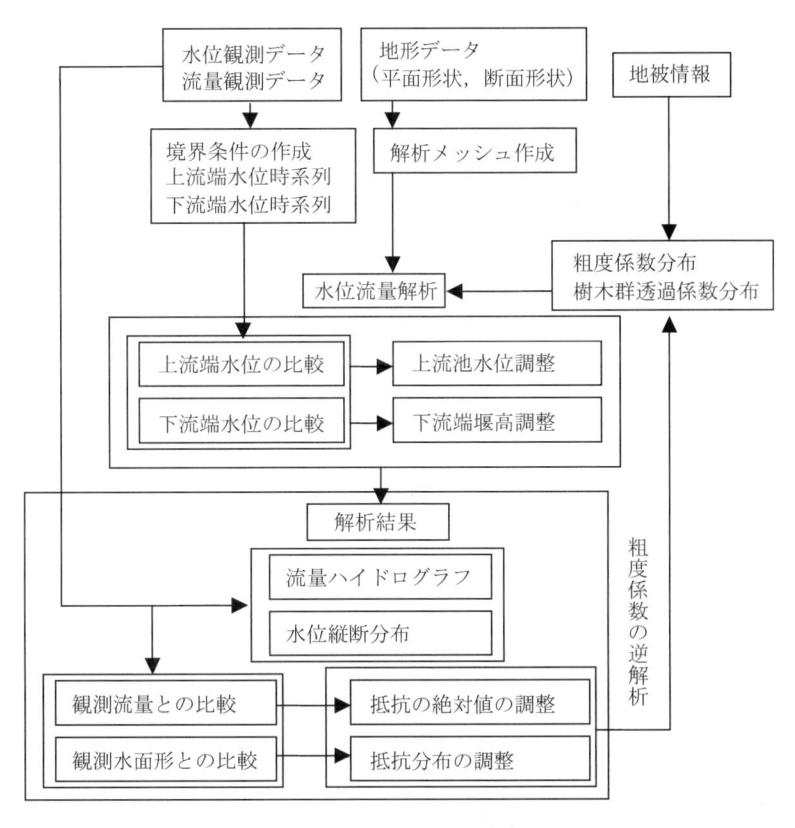

図-1.85 解析フローチャート[53]

は，水面形観測値が流量観測値よりも精度が高いものとし，上流端と下流端において観測水位を与えて解析から得られる流量ハイドログラフが観測流量ハイドログラフ，観測水面形の時間変化とできるだけ一致するように粗度の値を調整して，解析を行う．

江戸川の観測を例に説明する．2001年9月11日の洪水流観測では，水位は46〜41 km区間では0.25 kmごとに，41〜39 km区間では左右岸で0.5 kmごとに約1時間ごとに観測されており，また，ほぼ1時間ごとに上流端流量(45.75 km地点)と下流端流量(39.25 km地点)が観測されている．水位を0.2 km(一部0.5 km)という短い縦断間隔で測定した理由は精度の高い流量ハイドログラフおよび貯留量算定にはどのような間隔が望ましいのかを明らかにするためである．**1.9.4(f)** において0.2 km，1.0 km，2.0 km間隔での測定水位を用いてそれぞれ貯留量を計算した結果，緩勾配河道では，水位測定間隔が2〜3 kmで良いことが示されている．また，上流端と下流端の両断面で流量 Q_{in}, Q_{out} を測った理由は，観測 Q_{in}, Q_{out} がどの程度の誤差をふくむか，また式 (1.52) を用いて直接 dS/dt を求めたものが，どの程度の誤差を含むものか検討するためである．

水位観測は水面高を測っており，誤差が入ってもわずかである．一方，浮子を用いた流量観測は河道形状や植生等の存在のため浮子の移動速度の観測値に誤差が入りやすい．上流端と下流端での観測流量値には誤差が含まれ，上下流の流量差にすると大きな誤差となり，連続条件が満たされない．このため，上流端の観測流量と下流端の観測水位を境界条件として計算された各時間の水面形は，観測された各時間における水面形を再現することができない．式 (1.52) を用い上流端流量と下流端流量の差から求められる単位時間当たりの貯留量

の誤差は，9月11日～12日の2日間で平均すると32 m^3/s である．この値は観測流量の絶対値に対しては小さな値であるが，観測開始から2日にわたって積分された貯留量の誤差は観測区間 7.0 km の平均水面幅を 380 m とし貯留平均水深で，2.2 m にも達する．逆に言えば，連続式を時間積分する量である流量にわずかな誤差があれば貯留を表す水位変化に大きな誤差を生み出す．一方，連続式において時間積分値である水位に多少誤差があっても上下流における流量差の誤差はわずかである．

このため，本解析においては，観測流量を与条件とするのではなく，境界部における精度の高い水位を与条件として流量と水面形の時間変化が観測結果と全体的に一致する粗度係数分布を逆解析し，推定された粗度係数分布によって定まる流量ハイドログラフを求めている．

(b) 江戸川洪水流の解析条件

図-1.86 に江戸川解析区間の平面形状および地被状況を示す．江戸川の観測区間は上流と下流の流量ハイドグラフ観測地点の間である．この区間の高水敷は主に草原等であり，疎に樹木が生えている範囲が広い．42.5～44 km 付近において特に樹木が密生している．また，高水敷は所々グランドとして利用されており，41 km より下流の右岸はゴルフ場として利用されている．

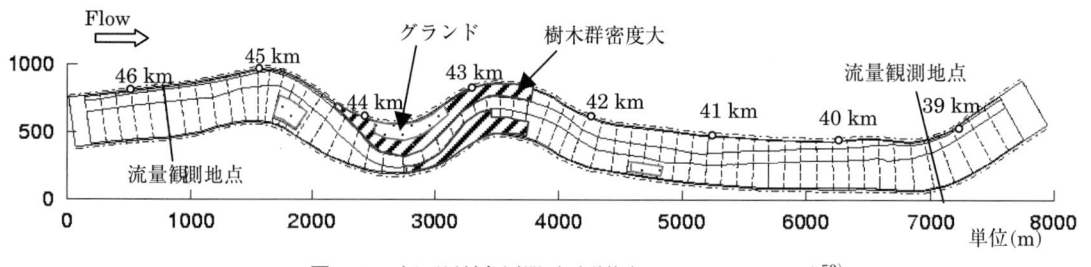

図-1.86 江戸川対象区間平面形状 (46.0km ～ 39.0 km)[53]

先に述べたように解析に用いる低水路および高水敷の粗度係数および樹木群透過係数は，解析で求められる流量と水面形がそれぞれの観測値と全体的に一致するように試行錯誤的に求められ，最終的にそれぞれ，**表-1.9**，**表-1.10** に与えられる．樹木群の透過係数は，解析メッシュに対して樹木の位置が正確に与えられないので，高水敷区間全体の平均値として表してあり，粗度係数と併用している．江戸川の解析に用いた 39～46 km の河道横断面形状を**図-1.87** に示す．低水路幅は 80～120 m 程度であり，堤間幅は 400 m 程度である．

解析の横断範囲は堤防小段間としている．出水は9月10日から数日間にわたっているが，9月11日0時～12日21時の45時間に集中的な観測が行われた．流量は検討対象区間上流端 (東金井) と下流端 (野田) の2箇所で9月11日～9月13日に観測されている．解析は9月10日0時 (-24 h)～9月14日24時 (96 h) までの計 120 時間を対象とした．ここでは観測開始時刻である9月11日0時を解析における基準時刻にとっている．

図-1.88 に江戸川観測区間上流部 (45～45.75 km) における観測水位の時間変化を示す．これより，出水期上流部左岸における観測水位は水位ピーク前後において変動が大きく，観測誤差が大きいと考えられる．そこで出水期に関しては上流部における水位の誤差が小さかったと考えられる 45 km 地点における右岸水位を解析メッシュ 45 km 右岸位置に，下流

表-1.9 江戸川粗度係数[53]

場　所	粗度係数
低水路全区間	0.029
高水敷グランド	0.034
46.0〜43.0右岸	0.048
左岸	0.042
43.0〜42.0右岸	0.054
左岸	0.054
42.0〜40.5右岸	0.048
左岸	0.048
40.5〜39.0右岸	0.042
左岸	0.042

表-1.10 江戸川樹木群透過係数[53]

場　所	樹木群透過係数 (m/s)
46.0〜43.5 右岸	53.5
43.5〜42.5 右岸	32.5
42.5〜42.0 右岸	37.5
42.0〜40.5 右岸	53.5
44.5〜43.0 左岸	40.0
43.0〜42.0 左岸	46.0
42.0〜41.0 左岸	53.5

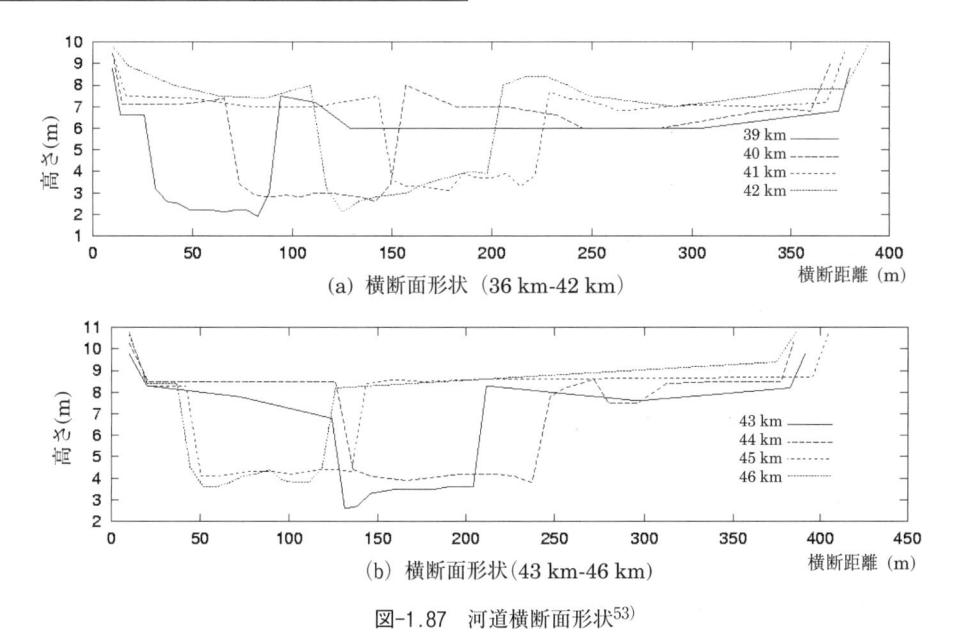

(a) 横断面形状（36 km-42 km）

(b) 横断面形状（43 km-46 km）

図-1.87 河道横断面形状[53]

部における水位は下流端 (野田) 流量観測地点 39.25 km の水位を解析メッシュ下流端平均水位として境界条件として与えた．45 km 位置における水位は 9 月 11 日〜12 日 (0〜44 h) までしか得られていない．この集中観測期間以外の時間 (−24〜0 h，44〜96 h) では上流端東金井における自記水位から境界条件を定めた．

図-1.89 に上流端流量観測地点および下流端流量観測地点における観測流量と解析流量を示す．集中観測開始時刻である 11 日 0 時では，45 km 地点おける水位は 9.5 m であり，すでに高水敷上に 1 m 程度冠水した状態にある．観測区間の高水敷も全体的には 4〜6 時間前程度に生じており，以降解析対象期間である 9 月 14 日まで高水敷は冠水状態を保っている．

解析において，上流端における水位上昇期の観測流量に一致させるように解析すると，下流端における解析流量が常に大きくなる傾向が見られた．特に，ピーク付近で水位が上昇を続けているにもかかわらず，上流部の観測流量はすでに大きく低下している等，流量観測値に誤差が含まれていると考えられる．種々の条件で解析流量と観測流量を比較した結果，上流側上昇期およびピーク付近で誤差が大きくなる．一方，水位下降期においては上流端と下流端の流量関係は観測精度の範囲内で大きな問題はないと判断される．

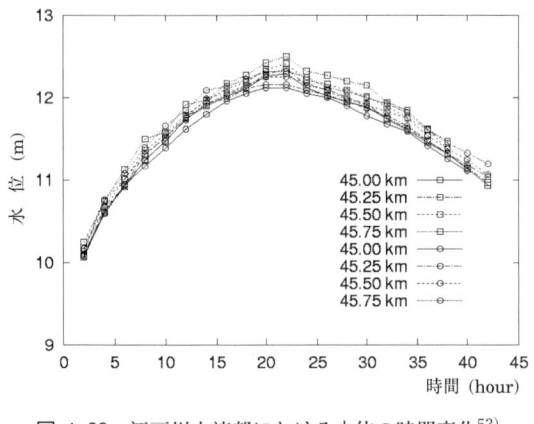

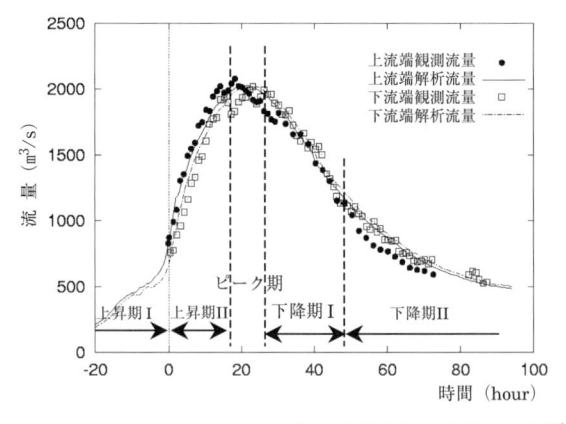

図-1.88 江戸川上流部における水位の時間変化[53]　　図-1.89 江戸川における観測流量と解析流量の比較[53]

　この理由は，次のように説明される．洪水流の上昇期には，高水敷上の樹木や草本類がもたらす粗度は，それらの存在状態によって異なるが，ピーク流量を過ぎ下降期になると，樹木等が倒伏したり水没したりすることによって，高水敷粗度は安定した値を持つようになり，浮子の移動も上昇期に比して安定した流下形態をとり流量観測精度が向上する．したがって，本解析ではピーク付近および下降期における下流側の観測流量の精度が高いと判断して，下流側観測位置におけるピーク～下降期における観測流量と解析流量が一致するように解析を行った．この結果，図-1.89に示されるように，流量ハイドログラフは全体的に一致している．解析における上流側観測位置におけるピーク流量は 2,023 m^3/s であり，観測ピーク流量 2,078 m^3/s よりも 3% 小さい．上流側の観測流量は，解析流量に対して上昇期後半～ピーク時 (8～18 h) にかけて観測流量が 50～100 m^3/s 程度大きく，下降期初期 (22～30 h) においては 100～150 m^3/s 程度小さく，5% 程度の流量観測誤差があると考えられる．

(c) 江戸川洪水流量ハイドログラフと貯留量の解析結果

　図-1.89 に示された江戸川における流量ハイドログラフを見ると，洪水流が 2 日間続き，洪水流量の時間変化は緩やかで，特に上昇期の洪水時間曲線の変化率が小さいことに気付く．さらに，観測区間内においてほぼ同一のピーク流量，ピーク水位が 3～4 時間程度継続している．この観測区間における洪水流下時間が 1～2 時間以内であることから，ピーク時付近においては流量および水位はほぼ定常状態となっていた．

　図-1.90は観測水位と解析水位の縦断分布を示す．図-1.90(a) は水位上昇期，(b) は水位ピーク付近，(c) は水位下降期である．図-1.90(a)，(b)，(c) より，43 km 付近を除けば解析結果は観測結果をほぼ説明できている．また，ピーク時である 22 時間後における 46～43 km の左岸観測水位は，右岸観測水位および解析水位に比べて 20 cm 程度高くなっている．しかし，流量がほぼ一定なピーク時だけ，左岸水位のみが高いことは考えられないので，これらは局所的な観測誤差である可能性が高い．水面形の時間変化はこのような解析手段を用いて容易に追跡でき，また，縦断的な水面形の状況から見て局所的な水位観測誤差を容易に見出すことが可能である．

　45.75～39.5 km 区間左右岸における観測水位，解析水位をそれぞれ区間平均して区間平均水位とみなし，これを**図-1.91**に示す．ただし，データは 2 時間ごとに整理してある．

図-1.90(a) 観測水位と解析水位の縦断分布の比較
(水位上昇期II)[53]

図-1.90(b) 観測水位と解析水位の縦断分布の比較
(水位ピーク期)[53]

図-1.90(c) 観測水位と解析水位の縦断分布の比較
(水位下降期I)[53]

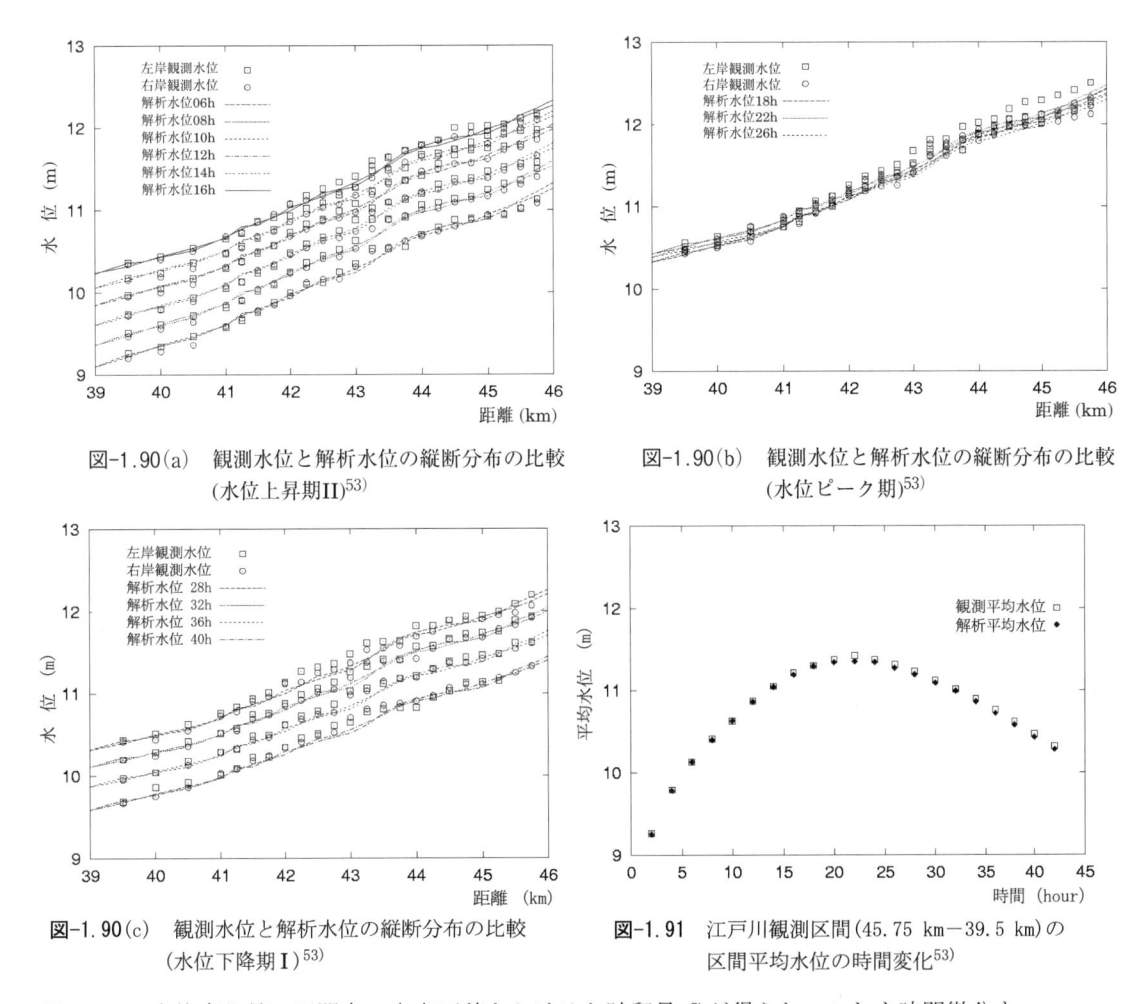

図-1.91 江戸川観測区間(45.75 km−39.5 km)の区間平均水位の時間変化[53]

図-1.91の水位変化量に区間内の水表面積をかけると貯留量Sが得られ，これを時間微分すると単位時間当たりの貯留量(dS/dt)が得られる．図-1.91から得られる区間内における2時間ごとの平均貯留率の時間変化を，観測値および解析値における上流部流量と下流部流量の差と共に**図-1.92**に示す．図-1.91の平均水位より，解析結果は観測区間内における貯留現象を再現できていることがわかる．図-1.92より，観測水面形および解析水面形から求められる貯留率(dS/dt)と解析で得られる流量差($Q_{in} - Q_{out}$)から求められる貯留率は等しくなっており，二次元非定常解析による実洪水の貯留現象の再現性は高い．

複断面蛇行流れでは，高水敷に水が乗り，滞留する水位の時間帯で貯留量のピーク値が発生することが実験によって示されている[48),49),51]．前述したように高水敷への乗り上げは観測開始4時間前には生じており，観測開始時には上流端で高水敷に1 m程度冠水した状態となっていた．貯留率がピークとなっていたと考えられる観測開始直後1～3時間の観測貯留率は，観測開始時の水位欠測のため図には示していない．観測水位の欠測部分を補間して推定された観測貯留率のピークは約180～185 m^3/sである．一方，図-1.92に示す貯留率の解析による流量差に基づく貯留率のピーク値約200 m^3/sを得ている．解析水位による貯留率と観測水位による貯留率がほぼ一致していることから，解析流量差による貯留率の評価はほぼ適切であると考えられる．

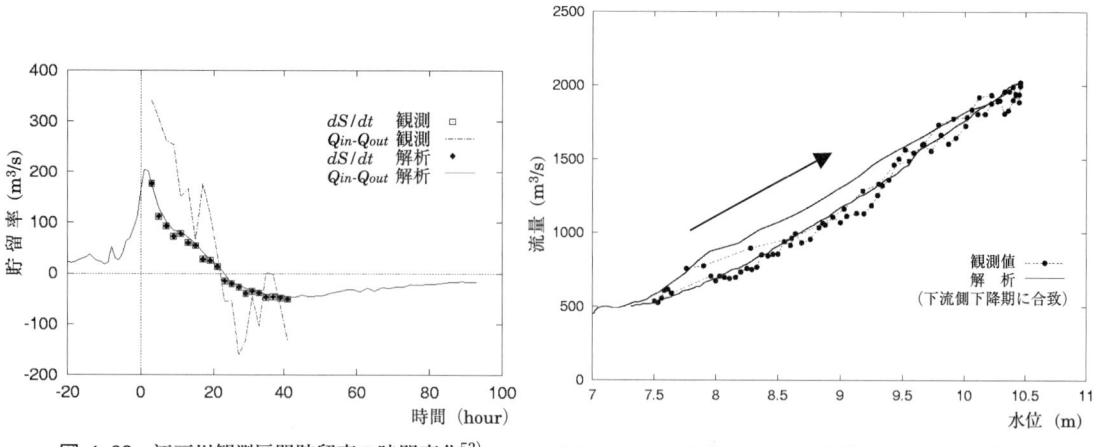

図-1.92　江戸川観測区間貯留率の時間変化[53]

図-1.93　江戸川における下流端流量観測地点(39.25 km)における水位と流量の関係[53]

　図-1.92 で点線で示されている上流および下流の観測流量から求めた貯留率は，実際の貯留率に比べて水位上昇期で大きく，下降期で小さくなっている．全期間を通じて誤差は上昇期と下降期で相殺されるために，平均的な誤差は大きいように見えないが，各時刻における貯留率には大きな誤差が含まれている．このように貯留率の最も大きい時間帯の流量と水位を十分に測定し得なかったため，観測によって貯留の開始と貯留量を十分には捕らえていない．したがって，観測区間全体の貯留量を正しく評価するためには，高水敷に冠水が始まる頃には少なくとも水位観測を開始していることが肝要である．本文で示したように，水面形の時間変化と境界条件水位の時間変化が得られていれば，非定常二次元解析を用いることにより，貯留量の変化とピークを捉えることが可能である．

　流量の低減量は数 km 区間長でピーク流量に対して数 % のオーダーであるため，流量が % のオーダーで正しく計測されていなければならない．しかし，本解析結果で示されたように，現状における観測精度を考慮すると，このようなピーク流量の低減量を正確に把握するためには，上・下流端の流量観測値から求めるのではなく水面形の時間変化を追跡する方法から求める方の精度が高い．すなわち，現地河川における河道貯留量を評価するためには，時空間的に綿密な水位観測を行う方法が優れていると判断される．

　図-1.93 に下流端流量観測地点における解析水位〜解析流量曲線を示す．実線は下降期の下流端観測流量に解析流量を合わせた解析結果のループである．これより，下降期の下流端観測流量に解析結果を合わせると解析流量は下流側の観測流量〜水位関係を説明できることがわかる．水位〜流量関係曲線は右回りのループを描いており，上昇期の水位 7.5〜8.5 m の範囲において高水敷への乗り上げによる貯留効果が認められる．ただし，ピーク付近では水位〜流量関係曲線がほぼ重なっている．

(d) 円山川洪水流の解析条件

　1987 年 10 月の台風 19 号は，円山川に大きな出水をもたらした．円山川では，十分な観測体制の下で洪水観測が行われ，貴重なデータが得られた[54]．**図-1.94** に示す約 10.6〜15.6 km 付近の河道で，詳細な水位，流量観測が行われ，この区間を解析対象区間とした．解析対象の上流端部 15.6 km，中流部 13.0 km，下流端 10.6 km における横断形状を**図-1.95** に

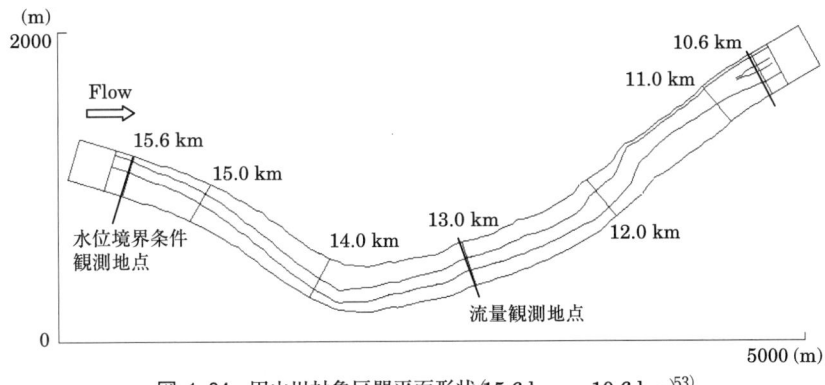

1.9 洪水流の二次元非定常解析と流量ハイドログラフ・貯留量の推算

図-1.94 円山川対象区間平面形状(15.6 km～10.6 km)[53]

図-1.95 円山川における横断面形状[53]

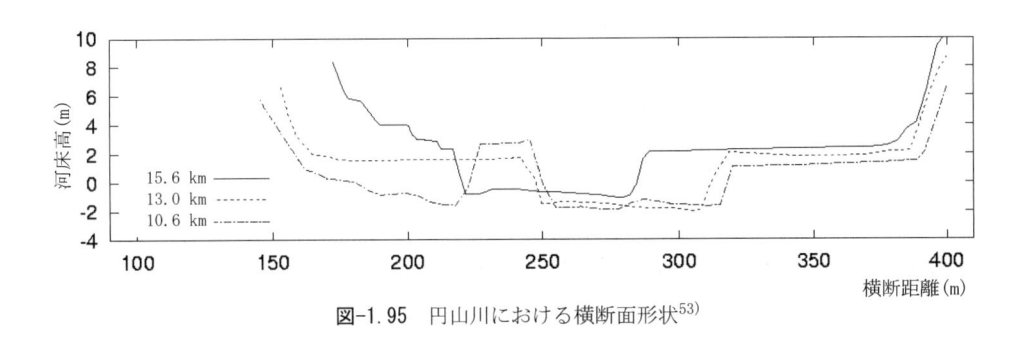

示す．

円山川では観測区間中央部 13 km の 1 断面のみにおいて流量観測が行われている．図からわかるように低水路部の水深は 3～4 m 程度であり，下流端付近に中州状の島がある．計算 (観測) 開始時点で上流端水位は 5.6 m，下流端水位は 2.6 m であるので，高水敷高が高くない部分のほとんどはすでに冠水状態にある．円山川において得られた粗度係数，および植生透過係数・植生高の分布を**表-1.11**，**表-1.12**に示す．

表-1.11 円山川粗度係数[53]

場 所	粗度係数 n
低水路全区間	0.028
高水敷15.6 km-13.2 km	0.035
高水敷13.2 km-11.6 km	0.054
高水敷11.6 km-10.6 km	0.051

表-1.12 円山川樹木群透過係数,植生高[53]

高水敷	透過係数 K(m/s)	植生高 h_{tree}(m)
13.2 km-12.6 km	34.5	1.5
12.6 km-12.2 km	24.0	1.5
12.2 km-11.6 km	25.0	1.5

後述する水位縦断分布に示されるように 13.2～12.0 km 区間は大きく堰き上がっている．特に水位が低い状態において水位の堰上げ量が大きく，これは，背の高い草本もしくは低木等による影響である．

円山川では上流端部と下流端部で水位の時間変化が**図-1.96**に示すように観測されている．中流部 13 km で流量が観測されているが，上流端部における流量は未知量となっている．そのため，円山川においても，江戸川の解析と同様に解析対象上流端における平均水位と解析対象下流端における平均水位が各観測値に追随するように水位を調整することで解

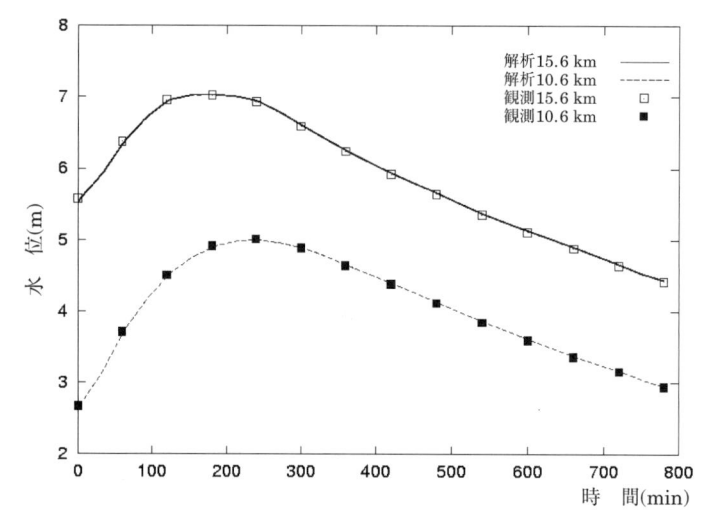

図-1.96 円山川観測上流端及び下流端における水位ハイドログラフ[53]

析を行い，中流部の観測断面における観測流量と解析流量が全体的に一致するように解析を行った．

(e) 円山川洪水流量ハイドログラフと貯留量の解析結果 [53),54)]

図-1.97に観測区間上流端，下流端および流量観測断面における解析流量と観測流量の時間変化を示す．流下に伴って流量ハイドログラフが変形し，わずか5 km流下する間に約80 (m^3/s)（ピーク流量の3％）のピーク流量の低減が見られる．

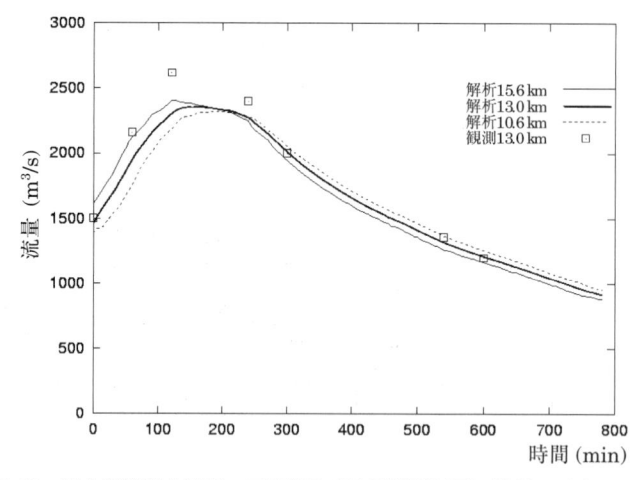

図-1.97 円山川観測上流端，下流端及び流量観測断面の流量ハイドログラフ[53]

(c) の江戸川洪水の解析条件で説明したように円山川でも，ピークを除く洪水下降期の観測位置における水位流量関係を満たすように解析が行われた．その結果，ピーク流量は2,400〜2,450 (m^3/s) であったと推定される．観測ピーク流量2,600 (m^3/s) に対する誤差は6〜8％程度であり，通常行われてきた流量観測精度の範囲であった．

図-1.98に観測水位と解析水位の縦断分布を示す．図-1.98(a)は水位上昇期，(b)は水位下降期である．図より，12〜13.2 km前後における極端な観測水位の上昇を除けば，解析結

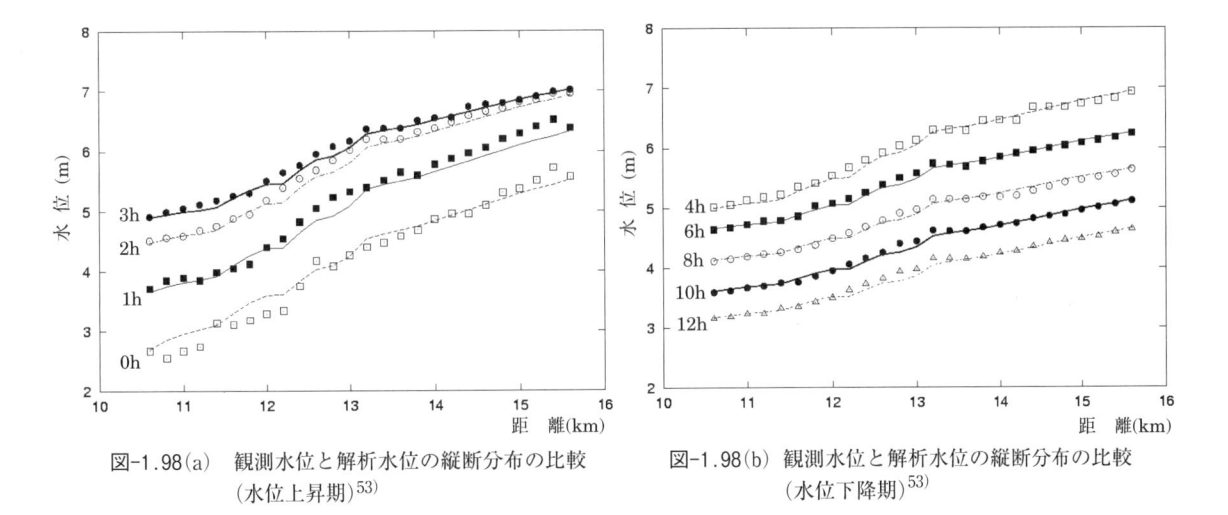

図-1.98(a) 観測水位と解析水位の縦断分布の比較（水位上昇期）[53]

図-1.98(b) 観測水位と解析水位の縦断分布の比較（水位下降期）[53]

果は観測結果をほぼ説明できている．

円山川観測区間における平均水位の時間変化を**図-1.99**に示す．ただし，解析における水位には河道中央値を用いている．区間平均水位は急速に立ち上がり，ピークは観測開始から3～4時間後であり，その後直線的に低下していく．この区間平均水位から得られる観測区間における河道内貯留率の時間変化を**図-1.100**に示す．

図-1.100に示されるように，貯留率のピークは，洪水流量ピークの前にあり，貯留率0の発生時刻が15.6 kmと10.6 kmにおける流量ハイドログラフの交差時刻と一致する（図-1.97）．観測水位から得られる貯留率と解析から得られる貯留率はほぼ一致している．図-1.100から水位上昇期(150分後位まで)において長さ約5 kmの河道区間において数100 m^3/s程度の速さで，貯留が生じていることがわかる．また，水位下降期には80～100 m^3/s程度の速さで放流が生じている．このように，洪水ハイドログラフが先鋭な場合には比較的短い距離でもハイドログラフが変形し，図-1.97に示されたようにピーク流量が減少する．

図-1.101に河道中流部13.0 kmにおける水位と流量の関係を示す．高水敷高さ約2 mに対して水位がすでに十分大きいために複雑なループは描いていない．観測および解析の水位～流量関係が全体的に合うように解析すると，観測ピーク流量のみが解析値よりも200

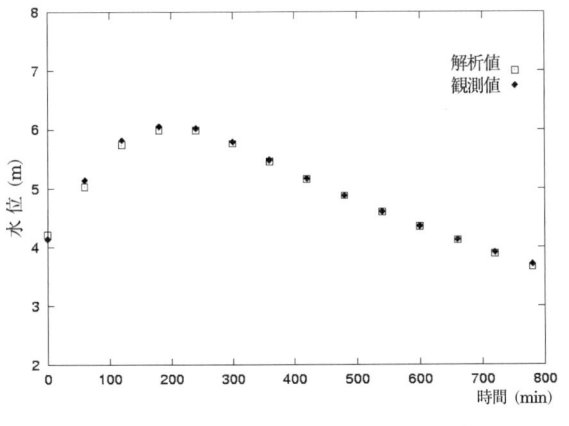

図-1.99 円山川観測区間(15.6 km-10.6 km)における区間平均水位の時間変化[53]

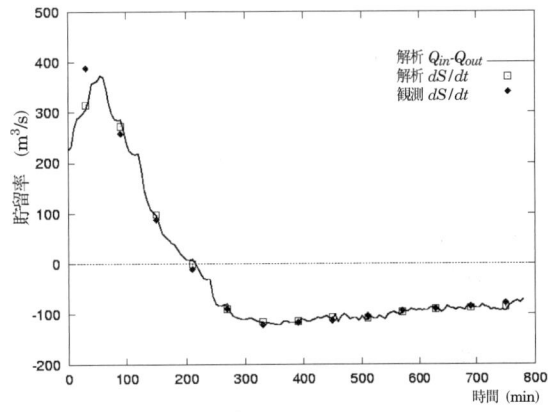

図-1.100 円山川観測区間(15.6 km-10.6 km)における河道内貯留率の時間変化[53]

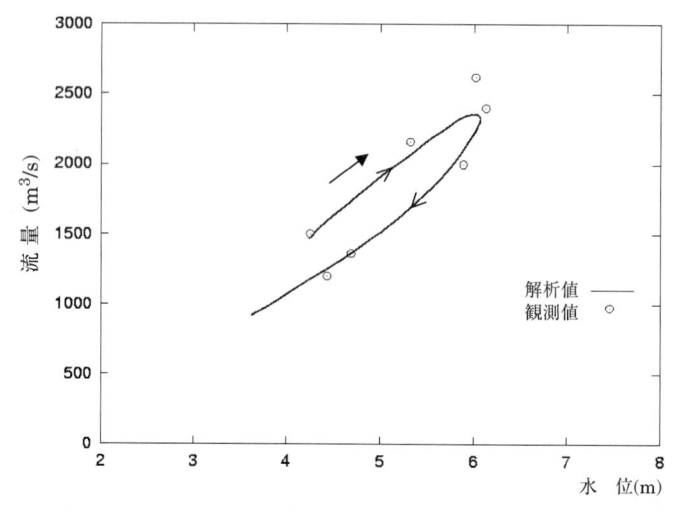

図-1.101 円山川中流部水位〜流量関係(流量観測断面13.0 km)[53]

m^3/s 程度大きな値になる．最高水位における若干の違いは，先に示した 13.0 km 付近における観測水位の堰上げを表しきれていないことに起因したものである．

(f) 水位観測縦断間隔が河道貯留量算定に与える影響[56]

ここでは，先に述べた密な縦断間隔による水位観測結果を真値として，水位観測間隔を 2 km，1 km とした場合における観測区間貯留量の誤差について評価する．江戸川では 41〜45 km の 4 km 区間を，円山川では 11〜15 km の 4 km 区間を対象とした．貯留量を表す区間平均水位について各観測間隔別に求めたものを**図-1.102**，**図-1.103** に示す．これより，観測間隔が 2 km，1 km の場合であっても誤差は小さい．誤差は数 cm のオーダーである．1 km 間隔の方が 2 km 間隔の場合よりも精度が高いが，その精度の差は大きくない．4 km 区間平均水位の時間変化から得られる貯留率を**図-1.104**，**図-1.105** に示す．区間平均水位と同様に 1 km 区間の方の精度が良いが，大きな違いは生じていない．2 km 間隔の場合には平均水位での数 cm 程度の誤差によって，貯留率にして最大 10% 程度の誤差が生じているが，これらの貯留率に与える影響は大きくない．この理由は，観測区間の水面形が 1〜2 km 間隔のデータでも表せる水面形であったこと，水面形が折れていても，折れ曲り区間の長さが全区間に対して短かったこと等にも起因すると考えられる．さらには，図-1.102，図-1.103 を見れば明らかなように，区間平均水位の誤差よりも，対象とする時間内における洪水位上昇量の方が十分に大きいために，誤差の影響が相対的に小さくなるためである．また，数 km 間隔で平均水位を評価する場合，水面形の細かな凹凸や折れ曲り等による水位の誤差も出にくい．平均的な水面勾配が 1/2,000 であっても，観測区間が 2 km 離れていれば，その縦断的な水位差は 1 m のオーダーになり，水位の平均化によって数 cm 程度の誤差が生じたとしても絶対的な値の変化量の方が大きいために，相対誤差は小さい．また，水面形の折れ曲りによって平均水位に誤差が生じても，その誤差が系統的なものであれば時間変化量である貯留率を求めるとその誤差は打ち消されやすい．

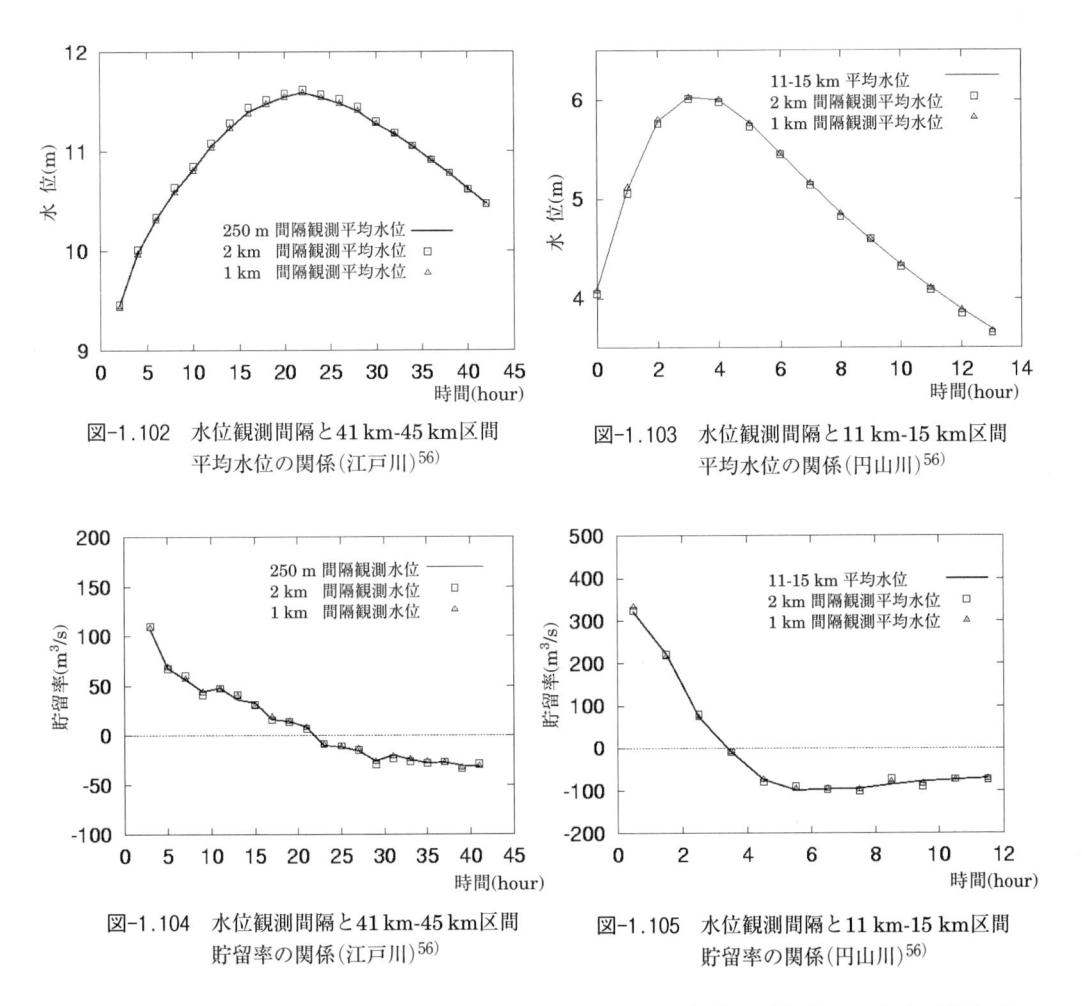

図-1.102 水位観測間隔と41 km-45 km区間平均水位の関係(江戸川)[56]

図-1.103 水位観測間隔と11 km-15 km区間平均水位の関係(円山川)[56]

図-1.104 水位観測間隔と41 km-45 km区間貯留率の関係(江戸川)[56]

図-1.105 水位観測間隔と11 km-15 km区間貯留率の関係(円山川)[56]

以上のことから，河道内における流量ハイドログラフや貯留量を評価することを目的とすれば，堤間幅が数 100 m クラスの河川であれば，2～3 km 間隔の水位観測を行えば十分な精度で算定可能である．ただし，粗度係数の逆算にあたっては，水面形の折れ曲り位置等が重要であるので，洪水痕跡水位については十分細かく計測する必要があろう．

(g) 洪水流の非定常性が逆算粗度係数の精度に与える影響

一次元流れの粗度係数の一般的な逆算法について **1.3.3(b)** で述べた．しかし，洪水流の非定常性が大きいと流量は流下と共に変化し，水面勾配も時間と共に変化する．このため，通常行われる定常流解析ではピーク流量と痕跡水位から逆算される粗度係数にはこれらに起因した不確かさ，すなわち，流量の流下低減による誤差と水面形の緩勾配化による誤差が含まれることになり[5),53)]，この2つの要因が粗度係数に与える影響を評価する必要がある．本節では，江戸川，円山川の洪水流観測データを用いて，定常流解析および非定常流解析から得られた粗度係数を比較することにより，洪水流の非定常性が逆算粗度係数の精度に与える影響について検討を行う．

通常の二次元洪水流解析ではピーク流量に対して痕跡水位を表現する粗度係数が求められる．これは，定常流解析における粗度係数に相当する．ここでは，江戸川観測開始20～24

時間後，円山川観測開始後 120〜240 分後における最高水位の包絡線として痕跡水位を定義し，非定常流解析から得られた上流端ピーク流量を用いて定常流解析による水面形や粗度係数の検討を行う．まず，非定常流解析で得られた表-1.9 (江戸川) および表-1.11 (円山川) の粗度係数分布[53] を基準として与え，上流端および下流端における水位を観測時の最高水位に固定して定常流解析を行い，定常流解析による流量と非定常流解析によるピーク流量の差異を調べた．次に非定常解析による上流端ピーク流量を境界条件として与え，定常流解析における水面形が痕跡水位と一致する粗度係数の値を求めた．ただし，樹木群の透過係数は，表-1.10 (江戸川)，表-1.12 (円山川) に示された基準値のまま一定であるとしている．

図-1.106 に江戸川洪水ピーク期における 20 時，22 時，24 時の左右岸観測水面形と上流端水位固定時の定常流解析水面形を示す．江戸川における解析ピーク流量は 2,020〜2,030 (m^3/s) であり，定常流解析における流量は 2,010〜2,020 (m^3/s) と同程度であった．左岸側上流部 44〜46 km において水位が一致していないが，これは非定常流解析においても同様であった．したがって，江戸川では定常流解析における粗度係数値は，観測誤差を考慮すると非定常解析時の値と大きな違いはない．

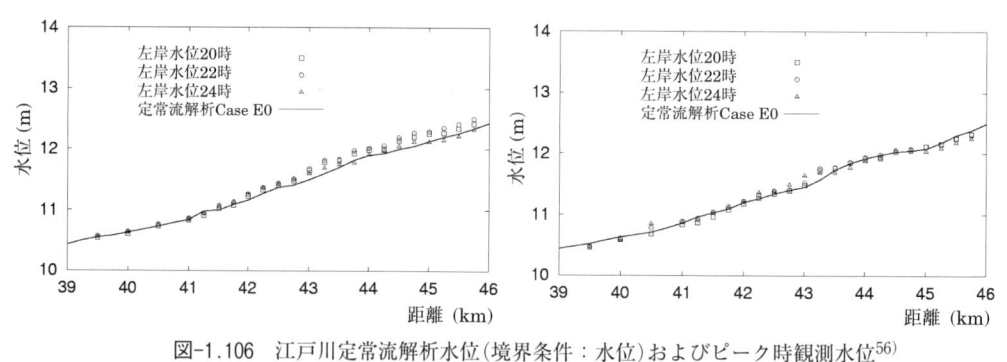

図-1.106　江戸川定常流解析水位(境界条件：水位)およびピーク時観測水位[56]

表-1.13　二次元定常流解析一覧[56]

	Case	粗度係数条件	上流端境界条件
江戸川	E0	表-1.9の粗度係数	ピーク水位
円山川	M0	表-1.11の粗度係数	ピーク水位
	M1	表-1.11の粗度係数	ピーク流量
	M2	M1 粗度係数 x 0.9	ピーク流量
	M3	M1 粗度係数 x 0.95	ピーク流量
	M4	M1 粗度係数 x 1.05	ピーク流量

一方，円山川の定常流解析では**図-1.107** に示すように，上流端水位固定時の解析で非定常解析の粗度係数に対して上流端流量が 2,420 (m^3/s) から 2,320 (m^3/s) に減少した．これは痕跡水位を用いたことによる水面形の緩勾配化に起因するものと考えられる．解析ピーク流量に対して水面形が一致するように**表-1.13** に示すケースについて全体的に粗度係数を変化させた結果を**図-1.108** に示す．粗度係数値を 5%〜10% 小さく (Case M2, M3) すると定常流解析水位が痕跡水位 (最高水面形) を表している．非定常性が大きい場合には定常流解析の粗度係数は，非定常解析の粗度係数より低く見積もられる可能性が示された．しか

図-1.107 円山川定常流解析水位（境界条件：水位）およびピーク時観測水位[56]

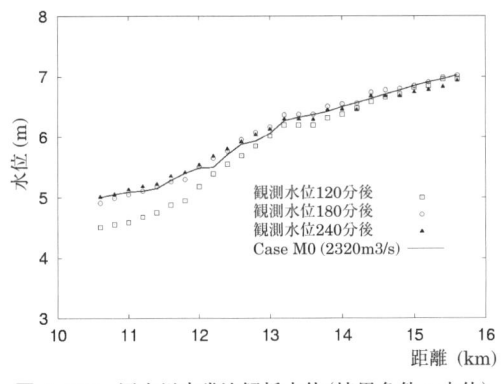

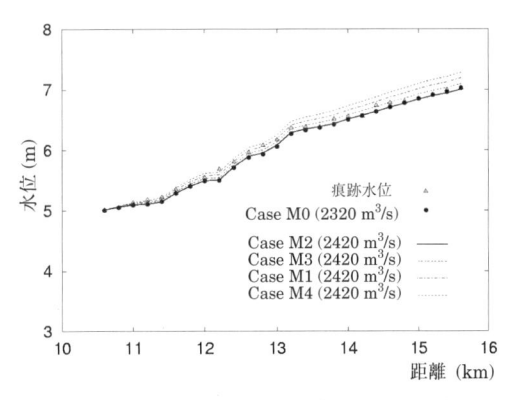

図-1.108 粗度係数を変化させた定常流解析水位および最高水位（円山川）[56]

し，実際には以下のように流量の影響も大きいと考えられる．

円山川の例では上流端流量で粗度係数を検討したが，流量低減のために検討するピーク流量にどの縦断距離の値を用いるかによって結果は異なり，中流部ピーク流量 2,360 (m^3/s) を用いると粗度係数の違いは小さくなり，粗度係数値を 0〜5% 小さくすれば十分であった．

このことから，流量が流下低減する河川では定常流解析における水面形の緩勾配化の他に，流量の低減や観測誤差が粗度係数に誤差を与えている可能性が高く，縦断的な流量変化を正しく捉えることが重要である．

痕跡水面形とピーク流量に対して定常二次元流解析から得られる粗度係数と非定常二次元流解析から得られる粗度係数について以下のことが結論される．

ピーク時にほぼ定常状態となる江戸川では非定常流解析と定常流解析の粗度係数値に違いはないと判断される．一方，洪水流が観測区間を流下する際に流量と水面勾配が変化する円山川では，短区間でも定常流解析の粗度係数値の方が1割程度小さく見積もられた．このように，流れの非定常性による粗度係数への影響には，水面形の変化の他，流量低減の影響も含まれている．通常の流量観測では 5〜10% 程度の誤差を含んでいると考えられるため，非定常性による粗度係数の誤差よりも流量観測誤差に起因する逆算粗度係数の誤差の方が大きい可能性がある．したがって，河道内における貯留と縦断的な流量の変化を捉えて，精度の高い流量を得ることが重要であると考えられる．

1.10 洪水流量の観測法

1.10.1 流量観測精度に与える水路平面形，横断形の影響

流量は，河川の計画をたてるうえで最も基本となる情報であるが，今日の流量観測技術は，必ずしも精度の高いものではない．このために流量，特に洪水流量を正確に測定する観測技術の確立は最優先の課題である．

現在，一般的に流量観測は浮子を用いて行われている．浮子による流量観測は，その簡便さと，浮子に替わる有力な技術がないために慣用されている．流量は浮子の移動速度と浮子が流れる要素断面の積から要素断面流量を求め，これを川幅全体に積分して求めている．

わが国の河川の横断面形状は，主に低水路と高水敷からなる複断面形である．複断面蛇行流路では，洪水流は，高水敷上では堤防に沿って流れ，高水敷高さから下の低水路内では低水路に沿って流れる．このため浮子を用いた洪水流量の観測精度は，堤防と低水路の線形関係，観測断面の選び方，測定点数，浮子の流れ方，等の影響を受けることになる．このため，流量の観測精度に与える河道の平面形，横断形の影響を評価しておくことが必要である．

そこで，最初に福岡らが行った堤防と低水路に位相差のある複断面蛇行流路の実験結果[57),58)]について，三次元数値解析を適用し，流速分布等の解析解が $Lagrange$ 的観測の検討を行うのに十分な精度を有することを示す．次に，解析結果を用いて，堤防と低水路の位相差が浮子の観測流量の精度に与える影響を評価する．

(a) 検討ケースと流量算出方法

福岡[57)]らは，直線堤防を有する複断面蛇行流路に三次元数値解析手法[26)]を適用し，$Euler$ 的観測と $Lagrange$ 的観測の2つの方法によって求まる流量の観測精度を検討した．その結果，$Euler$ 的観測では最大曲率断面における流量観測が最も誤差が小さくなること，変曲断面付近では，流速と要素断面積の組合せによっては，流量に大きな誤差が生じることを明らかにした．一方，浮子を用いる $Lagrange$ 的流量観測法は，原理的には精度の高いものであり，直線堤防を有する複断面河道では要素断面や観測区間長の選び方は，流量観測の精度にはほとんど影響しないことを明らかにした．

より一般的な平面形状である堤防が蛇行し，低水路に対し位相差をもつような場合[22),58)]では，流跡線が流れの速い領域に集まりやすく，速い流速を持つ流跡線の支配する面積が大きく評価される可能性がある．ここでは，浮子観測法による流量観測精度を一般的に議論するため，表-A.1.8 に検討ケースを示す．最初に，福岡，渡邊による三次元数値解析モデル[26)]が，浮子の流下過程を説明できるものであるかを調べる．流れ場の解析は，**1.5.1** で述べられた運動方程式 (A.8)，(A.9)，(A.10)，連続方程式 (A.11) を用いる．高水敷高さより上の水深平均流速分布を**図-1.109**に示す．ここで，実験結果は，表-A.1.8 に示す Case2, 3, 4 について，解析結果は，全てのケースについて示している．堤防と低水路の間に異なる位相差のある水路での流速分布の実験結果と解析結果はよく対応しており，位相差のある場合についても三次元解析モデルを用い流量観測精度の検討が可能である．

浮子が，水表面の流跡線に従って移動するものと考え，三次元数値解析による表面流速場から，流跡線を算出する．流量の算出方法を**図-1.110** の模式図に示す．まず，浮子が観測区間を通過するまでに要する時間を計算し，その時間で観測区間長を割ることによって，浮子の平均流速を図-1.110 中に示す式 (1.54) より求める．求めた流速と要素断面積の積を，川幅に関して積分し，流量 Q を式 (1.55) より算出する．**図-1.111** は，数値解析モデルから表面流速を用いて得られた各ケースの代表的な観測区間における浮子の軌道を示す．

(b) 低水路蛇行度が流量観測精度に及ぼす影響

低水路蛇行度が流量観測精度に及ぼす影響を表-A.1.8 に示す Case1 と Case2 を用い検討する．流量の定義 (式 1.55) に基づいて算出した流量を真の流量と呼ぶ．**図-1.112** に算出した流量と実測流量の比を示す．Case2 のほうが Case1 に比べて変動幅が大きい．Case1 は低水路蛇行度が小さいため，高水敷流れと低水路流れの混合が小さく，Case2 に比べて浮子の集中が顕著でない．しかし，Case2 では，同じ変曲点付近の観測区間でも，浮子の集中

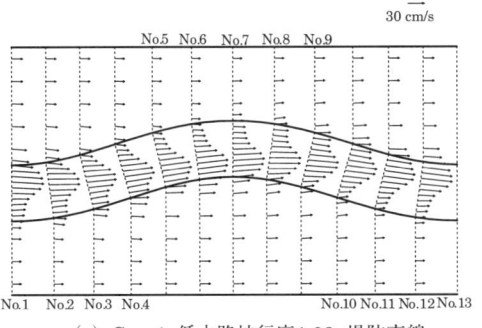

(a) Case1: 低水路蛇行度1.02, 堤防直線

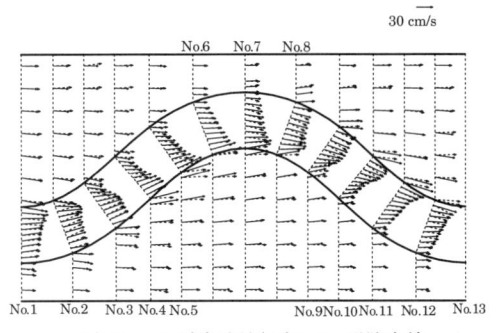

(b) Case2: 低水路蛇行度1.17, 堤防直線

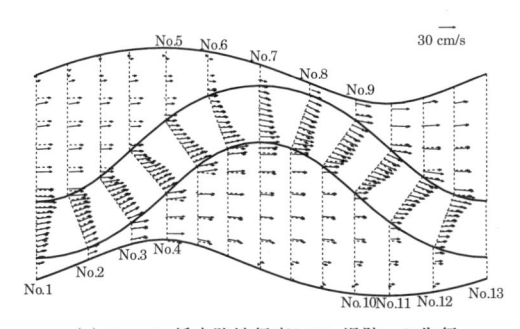

(c) Case3: 低水路蛇行度1.17, 堤防$\pi/2$先行

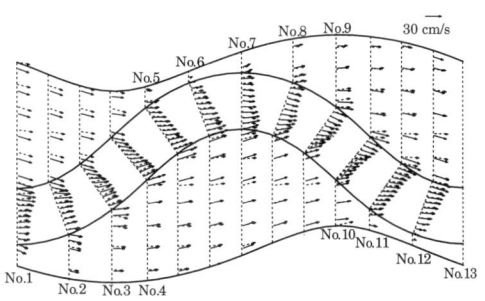

(d) Case4: 低水路蛇行度1.17, 堤防$\pi/2$後行

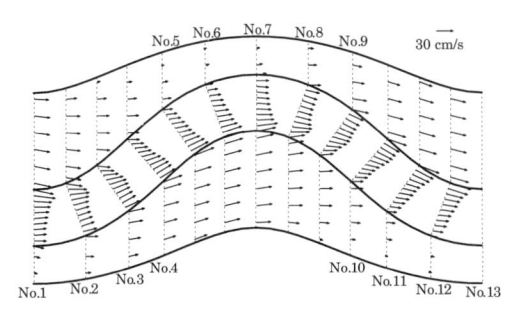

(e) Case5: 低水路蛇行度1.17, 位相差なし

図-1.109　流速場の解析結果と実験結果(実線：解析, 破線：実験)[57),58)]

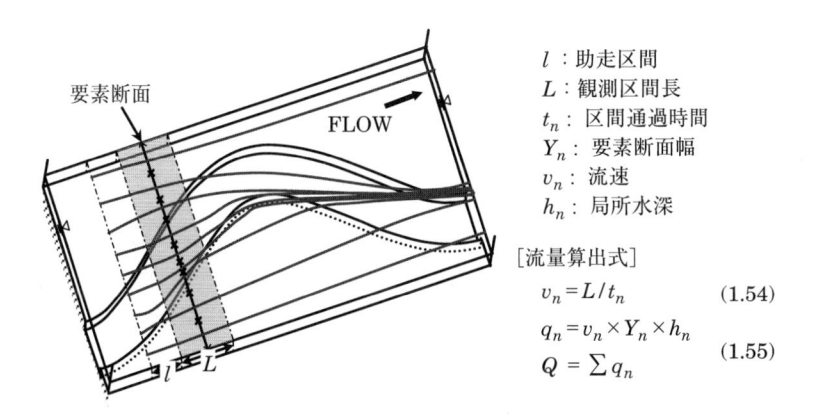

l：助走区間
L：観測区間長
t_n：区間通過時間
Y_n：要素断面幅
v_n：流速
h_n：局所水深

［流量算出式］

$$v_n = L/t_n \quad (1.54)$$

$$q_n = v_n \times Y_n \times h_n$$
$$Q = \sum q_n \quad (1.55)$$

図-1.110　浮子を用いた流量観測の模式図[57)]

(a) Case1の浮子の軌道

(b) Case2の浮子の軌道

(c) Case3の浮子の軌道

(d) Case4の浮子の軌道

(e) Case5の浮子の軌道

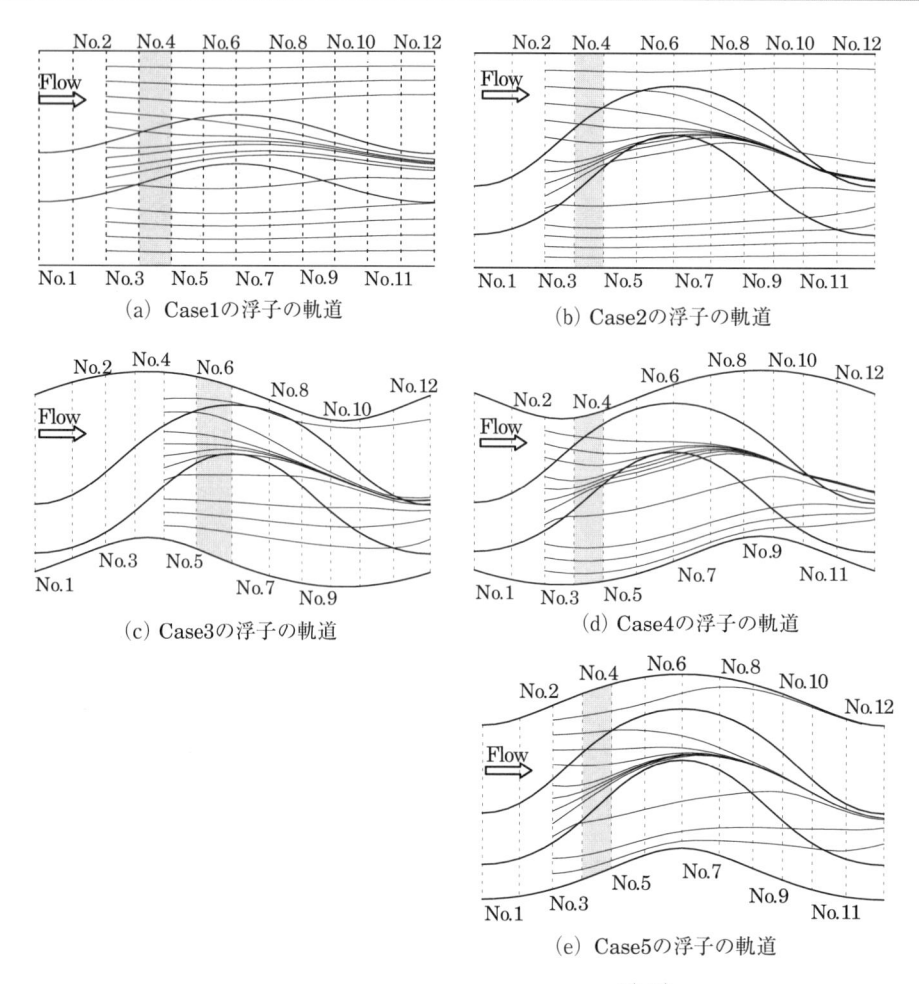

図-1.111 表面流速を用いて算出した流跡線[57),58)]

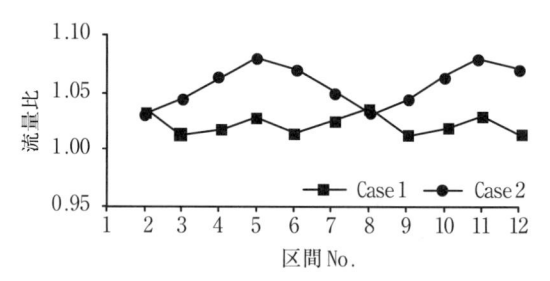

図-1.112 Case1とCase2の流跡線から求めた流量と真の流量との比[57)]

が確認でき,誤差も約8%とCase1の約4%に比べて大きい.この浮子の集中のため,流速を過大に評価することになり,流量が大きく算出されている.

以上より,浮子を用いた流量観測では,低水路蛇行度が大きい方が,観測流量に含まれる誤差が大きく,流量を過大評価する.

(c) 堤防と低水路の位相差が流量観測精度に及ぼす影響

Case3〜Case5を用い堤防と低水路の位相差が流量の観測精度に及ぼす影響を検討する.**図-1.113**は,流跡線から算出した流量と真の流量の比を示す.位相差をもつCase3と

Case4 の方が，位相差をもたない場合に比べて変動幅が大きく，約 15% の誤差をもつ．一方，位相差をもたない Case5 は観測流量の変動が小さく，誤差も約 10% である．これらの差の原因について，図-1.111 の流跡線図を用いて検討する．Case3 では，堤防頂部付近の死水域の流速を，流速の大きな浮子によって評価することになるため，流量を過大に評価されている．また，Case4 は，高水敷上の浮子が低水路に流入することで，流速を大きく評価し，その結果流量が過大に評価されている．しかし，Case5 では，高水敷上の死水域が小さく，高水敷流れと低水路流れが同位相で流れるため，誤差が小さくなる．

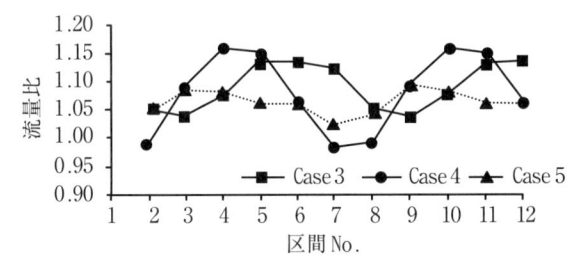

図-1.113 Case3～Case5の流跡線から求めた流量と真の流量との比[58]

以上より，複断面蛇行河道における浮子を用いた流量観測は，堤防が直線に近い区間で行い，堤防が蛇行しているならば位相差がある場所を避けて，位相差が小さい場所で行うことが望ましい．蛇行堤防を有する複断面蛇行流路においては，高水敷と低水路の境界部付近，および高水敷上の浮子の流れに注意して観測をする必要がある．また河道に樹木群が繁茂している場合には，観測区間およびその直上流・下流の樹木群を伐採するなど一層注意した流量観測が必要となる．

このように河道条件が複雑な場合には，浮子観測と三次元解析法による流量評価を併用することによって，観測流量の精度をより高めることが可能である．

1.10.2 洪水流の現地観測法—目的を持った観測計画・観測項目・観測体制[55]

本節では，最初に実河道における洪水流の流量ハイドログラフを精度よく観測するための洪水流の観測計画，観測体制について述べる．これはまた，河道での洪水貯留量とそれに伴う洪水ピーク流量の低減を精度よく評価するのに役立つ．

福岡らによるこれまでの一連の調査，研究から[51),53)]，貯留量が大きい河道区間は次のような特性を持つことが明らかになっている．

① 横断面形が複断面形状でかつ低水路が大きく蛇行している区間,
② 河道の平面形が縦断的に不規則に変化している区間,
③ 高水敷の粗度が大きい，特に，高水敷上，低水路際に樹木群が繁茂している区間,
④ 河口または，2つの河川の合流点で流れの境界条件を与える地点の水位変化が上流に影響する区間,
⑤ 横断構造物が設置されている場所の上流区間等，である．

河川の高水計画における流量観測精度の向上と河道貯留量の評価を目的にして「洪水流の非線形特性研究会」が組織された．この研究会は福岡 (広島大学教授) を座長に，河川管理者

である建設省関東地方建設局 (現在の国土交通省,関東地方整備局) 河川計画課と観測対象河川に選んだ 7 つの河川事務所の技術者から構成されている.これらの河川においては,河道貯留量が大きいと考えられる上述の①〜⑤の河道区間を選び,十分な観測計画と観測体制のもとに,洪水流の観測を行った.ここでは,江戸川,利根川上流部,荒川中流部の観測計画と観測結果を示す.

(a) 利根川から分派する江戸川の洪水流観測と流量ハイドログラフ,河道貯留量の評価

日本で最大の流域面積 16,840 km^2 を持つ利根川の河口から 122 km の位置で分派する江戸川は,東京を貫流する流域面積 158 km^2,流路延長 54.7 km の河川である.江戸川には,その置かれている地理的条件から治水上高い安全度が求められている.**1.9** で述べたように江戸川の洪水観測は,2001 年 9 月に発生した台風 15 号について河口から 39.0〜46.0 km の 7.0 km 区間において行われた.

図-1.86 に示すように,江戸川観測区間の地被状態と堤防法線,低水路法線の位相差関係から見て,この区間は,広い高水敷と大きく蛇行する低水路からなり,河道湾曲部の高水敷内岸に高い樹木が密生しており,洪水の流下に伴う河道貯留量が大きい区間と考えられる.精度の高い流量ハイドログラフを求め,河道貯留量を評価するために,十分に検討された洪水流の観測体制を整え洪水流を迎えた.観測結果は,**1.9.4** で詳細に述べられている.

(b) 利根川・渡良瀬川合流点付近における洪水流観測と流量ハイドログラフ,河道貯留量の評価

利根川の 132 km 付近で,支川渡良瀬川が合流する (**写真-1.9**).合流点である栗橋観測地点までの利根川の流域面積は,8,588 km^2 であり,一方,渡良瀬川の流域面積は,2,621 km^2 である.この合流点付近は,台風や前線の経路,流域の降雨状況などによって,多様な出水の発生が見られる地点である.洪水期間中,合流点では,利根川の高い水位が長時間続くため,利根川と渡良瀬川の洪水流出状況によっては,利根川の洪水流量は一部,渡良瀬川に流入し渡良瀬川の河道でも貯留される場合が考えられる.この現象の治水上の重要性は河道貯留の実験[51]でも示されている.複雑な流れ方をする合流点付近の本・支川の洪水流量ハイドログラフの計算法の確立と合流点付近の利根川,渡良瀬川の河道貯留量の把握を狙いとして洪水観測が行われた.

観測洪水は,2001 年 9 月の台風 15 号である.合流点付近の洪水流の状況を**写真-1.10** に示す.図-1.114 は洪水流観測位置関係を示す.流量観測は,利根川では,川俣観測所,埼玉大橋,栗橋観測所にて,支川渡良瀬川では,古河観測所にて,水位上昇時は,2 時間ごと,水位下降時は 3 時間ごとに浮子を用いて行った.水位観測は,利根川では右岸 130.0〜138.5 km 間において 1 km 間隔 11 箇所に簡易水位計を設置し普通水位観測を行った.渡良瀬川では,古河観測所 (3.5 km)〜合流点 (0.0 km) の間の計 5 箇所で普通水位観測を行った.図-1.115 は,利根川 130.0〜138.5 km の水位縦断分布を示す.利根川の水位上昇時には水面勾配が急になり,下降時には緩くなる洪水流の特徴が明確に観測されている.一方,支川渡良瀬川では,図-1.116 に示すように水位上昇時には縦断水面形はほぼ水平になって上昇している.これは,合流点の水位が高いために,利根川の高い水位の影響が渡良瀬川に及んでおり,合流点水位が下がり始めると渡良瀬川河道に貯留されていた水量が,排出されていく状況がよくわかる.渡良瀬川の水面勾配が小さい場合の古河観測所での浮子による流

1.10 洪水流量の観測法　89

写真-1.9　利根川と渡良瀬川の合流点（国土交通省利根川上流河川事務所 提供）

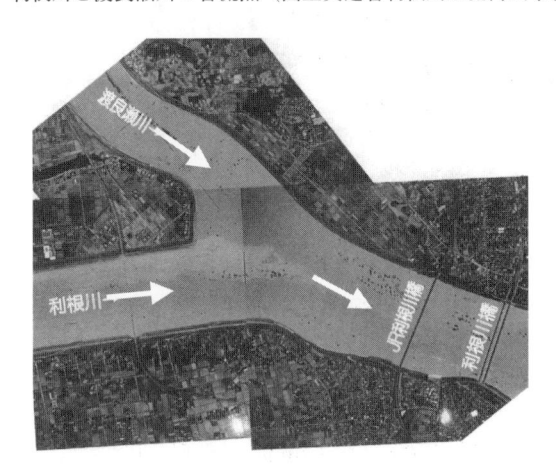

写真-1.10　台風15号(2001年9月)の合流点付近の流況
(国土交通省利根川上流河川事務所 提供)

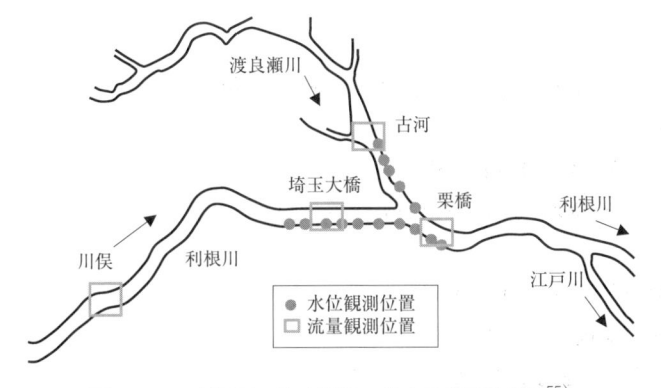

図-1.114　利根川・渡良瀬川の洪水流観測位置図[55]

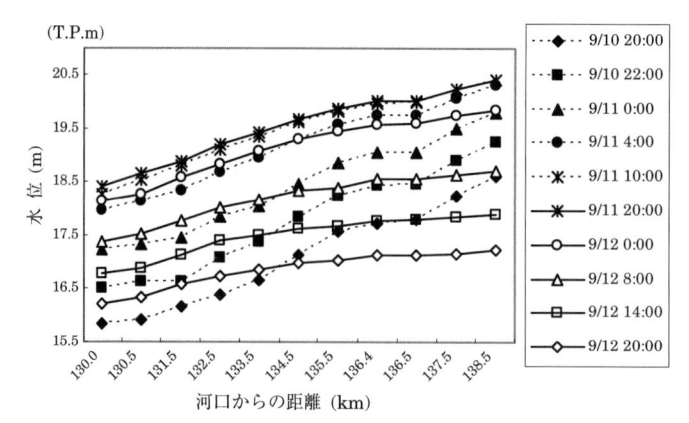

図-1.115 利根川130.0〜138.5 km区間の水面形の時間変化
（台風15号，2001年9月）[55]

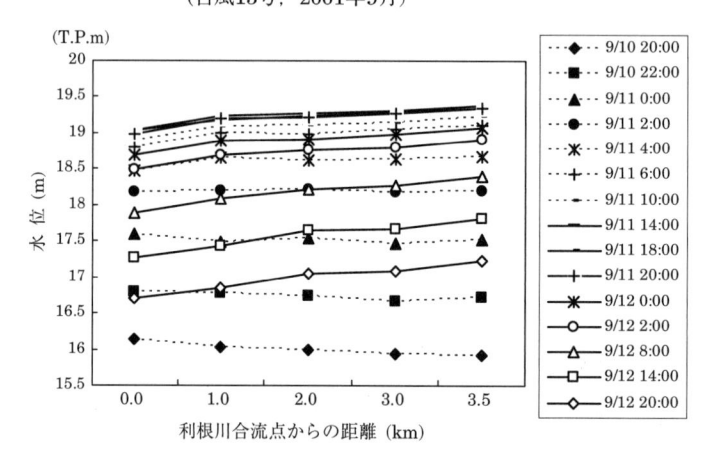

図-1.116 支川渡良瀬川縦断水面形の時間変化
（台風15号，2001年9月）[55]

量観測はその精度に問題が生じることから，貯留量を式 (1.52) から求めることは適切でない場合がある．この場合には，(a) に示した江戸川の解析と同様に非定常二次元浅水流解析法による運動方程式と連続方程式を用いて流量ハイドログラフと貯留量を求めることになる[52],[53]．求められた合流点付近の流量ハイドログラフと貯留量の時間変化は，文献[59] に示されている．

(c) 荒川における広大な高水敷と横堤群による洪水流の貯留効果の評価

荒川中流部は，広大な河川敷を有するとともに左右岸に横堤群があることから洪水流の貯留・遊水効果が期待される (**写真-1.11**)．横堤群が存在する治水橋 (42.0 km)〜羽根倉橋 (37.2 km) 間で，高水敷および横堤による貯留効果を明らかにすることを目的に洪水観測を行った．

治水橋〜羽根倉橋間の河川平面形，横堤配置，流量，水位の観測位置を**図-1.117** に示す．川幅は治水橋で約 1.5 km，羽根倉橋で 1.3 km である．

観測洪水は，2001 年 9 月の台風 15 号である．流量観測 Q_{in} は治水橋で Q_{out} は羽根倉橋で行われた．その河道区間の上流断面と下流断面で 2 時間ごとに流量を観測し，同時に，河道区間の左・右岸 250 m 間隔で 1 時間ごとに水面形を観測した．

写真-1.11 洪水航空写真にみられる荒川御成橋付近の横堤群
（昭和57年9月 洪水）（国土交通省荒川上流河川事務所 提供）

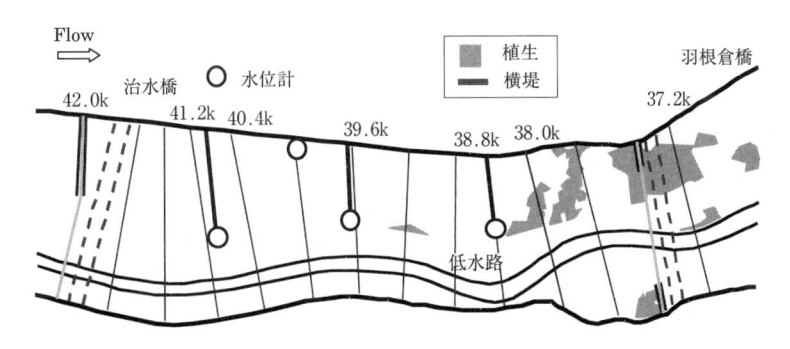

図-1.117 荒川中流の横堤群と洪水観測区間（42.0 km-37.2 km）[55]

しかし，今回の洪水流の水深は，最大でも平均高水敷高さ上1.0 m程度と小さかったために，信頼しうる流量−貯留量関係を求めるには至らなかった．

1.10.3 流量ハイドログラフと貯留量の算定精度を高めるための洪水流観測法[53),56)]

1.9, 1.10 において示した江戸川，円山川等における洪水流の観測，および解析結果から，各時刻における観測水面形を説明できる解析を行うことで，河道における洪水流の流量ハイドログラフ，貯留量を見積もることが可能となった．流量ハイドログラフを正確に推定するためには，高精度の流量ハイドログラフが観測されていることが望ましい．しかし，流量の絶対値に誤差を伴っているが，各時間の相対的な流量の増大，減少関係，すなわち，洪水ハイドログラフの形は，ほぼ信頼できると考えてよい．したがって本解析法で示したように，観測区間のどこか一箇所で1〜2時間ごとに観測された流量と，洪水初期〜下降期の上下流端における水位ハイドログラフが得られていれば，高い精度で測定された観測水面形の各時間変化に合致するように粗度係数の分布と流量の時間変化を推算し，実測ハイドログラフと比較することにより，精度の高いハイドログラフを求めることができる．これより観測流量の誤差を見積もることが可能となる．

江戸川の洪水流観測では，6.5 kmという比較的距離が短い観測区間で上流端と下流端で

流量を計測し，さらに水面形を綿密に計測することにより，解析流量から上流ピーク観測流量には 5% 程度の誤差があることがわかった．この流量誤差は，流量観測と水面形追跡を行うことで，始めて定量的に評価することが可能となった．従来の浮子を用いた流量観測手法だけでは，現在以上に精度を向上させることは難しいが，江戸川で行った観測手法に二次元非定常解析手法を併用することで観測流量の誤差がどの程度であるかを検証し，信頼し得る解析流量を求めることが可能である．本解析区間より長い数 10 km にわたる範囲を検討対象とするには，流量と水位に関する集中観測区間を途中に数カ所設けて解析流量ハイドログラフの検定を行い，これを用いて長区間にわたる水面形の時間変化を観測点水位等で追跡する．この方法により，河川の長い区間を流下することに伴う流量ハイドログラフの変形と河道各区間の貯留量を求めることが可能となる．このことは，今後の河川計画，治水計画に重要な意義を与えることになる．

一方，円山川の洪水流観測によれば，観測区間距離 (5 km)，川幅 (250 m)，ピーク流量，水位変化量が江戸川の洪水流と同程度であったが，流量ハイドログラフの継続時間が短い点が江戸川の洪水と大きく異なっている．この場合には，流量ハイドログラフの大きな変形とピーク流量低減が確認された．流量がピーク流量の 1/2 に変化するまでの時間を，円山川 (ピーク流量 2,600 m^3/s) と江戸川 (ピーク流量 2,100 m^3/s) で比較すると，江戸川は円山川よりも上昇期で 10 倍，下降期で 6〜7 倍の時間がかかっている．江戸川のハイドログラフは全体的に上に凸であるが，円山川は下降期では下に凸になるように急激に流量が低下している．このようなハイドログラフの形状や時間スケールは洪水流の非定常性であり，これが流下に伴うピーク流量の低減に大きく影響している．しかし，このように流量が急激に変化する場合においても，水面形の時間変化を追跡できていれば，流量観測をそれほど密に行う必要はなく，水面形の追跡からピーク流量やピーク流量の低減量，流量の誤差などを推定することが可能である．円山川の下降期における観測流量を信頼すると，観測ピーク流量は 2400〜2450 m^3/s 程度，ピーク流量の観測誤差は 6〜8% 程度であったと推定された．

流量観測の自動化は，現状の技術レベルと精度の観点から現在のところ実現は難しいが，水位および水面形の自動観測化は可能である．したがって，解析のキャリブレーションのために必要な流量観測，水面形の時間変化の追跡と二次元数値解析から流量の時間変化を推定する方法を採用することにより，流量観測の労力を減らし，精度の高い流量変化を追跡することが可能になる．このため，2〜3 km 間隔の水位観測の自動化が強く求められる．

江戸川，円山川の 2 例とも高水敷に水がある程度乗り上げた後から流量と水位の観測が行われている．これまでのように，洪水流量や水位の高い方を知りたければ，高水敷に水が乗ってからの観測でよい．しかし，貯留率を求めようとすれば，貯留率は，高水敷へ水が乗り上げ時および高水敷の粗度が効いているときに大きいので，水位縦断分布に関しては乗り上げ前から計測する必要がある．少なくとも水面形が計測されていれば，流量および粗度係数のキャリブレーションを行うことにより，この間における流量ハイドログラフを得ることが可能になる．このような観点からも，上流端観測断面，下流端観測断面の高水敷に水が乗る時点から縦断水面形が正しく描けるように水位の自動観測が行われることが望ましい．少なくとも解析時の境界条件を与える観測区間の上流端，下流端については，水位観測を自動化する必要がある．

具体的には，流量は，洪水位上昇時には 1 時間間隔で観測すること，ただし，解析で得ら

れる流量や逆算粗度係数の信頼性は観測流量の精度にも依存しているため，時間的に多数の点を観測するよりも1回ごとの観測精度を高めることや，少なくとも1地点において流速の連続観測により流量の時間変動特性の把握して信頼性向上を図ることが望ましい．水位は水面形の変化が緩やかであれば2～3 km間隔で観測，水位の観測時間間隔は，洪水上昇時には1時間間隔で，洪水下降時は，2～3時間程度で計ることが望ましい[56]．ただし，断面や粗度の変化が大きく，水面形が大きく変化する場所では，水位の観測間隔は狭くする必要がある．洪水痕跡は，水面形の大きな変化を示す場所を明確に表すので，水位の測定位置は，洪水痕跡を参考に決定するのがよい．可能であれば江戸川の事例のように左右両岸で観測することが精度と信頼性を確保する上で望ましい．

1.10.4　観測結果のまとめと洪水流観測法の課題

江戸川，円山川，利根川，荒川で行われた洪水流観測の目的が，高い精度の流量ハイドログラフと貯留量を見積もることであった．河川特性や洪水特性など貯留をもたらす要因の違いによって貯留量の重要度に違いがあるものの，本節で強調した明確な目的とそれを支える観測体制，特に時空間的に密に計られた水位縦断データの収集とこれを用いた非定常二次元浅水流解析が，精度の高い流量ハイドログラフの算定の有力な手段になることが明らかになった．この方法によれば，浮子を用いた流量観測は，ピーク流量で数パーセント程度の観測誤差に収まることが明らかになった．浮子法は，多大な時間と労働力を要することなどから，浮子法を補完するものとして新しい非接触型の流速計測装置[60]を用いた洪水流量観測法が望まれている．しかし，これらは，開発中の段階であり，実用にはまだ時間を要する．このような状況の中で，新しい洪水流の観測法・解析法を用いることによって浮子法の流量観測精度が明確になり，信頼性の高い流量ハイドログラフを高水計画に用いることが可能になる．

今ひとつ議論しなければならないことは，河道における洪水流の貯留，ピーク流量低減は観測区間に流入してくる洪水ハイドログラフの特性(非定常性，ピーク流量)と河道特性(平面形，横断形，高水敷の粗度等)によって異なることである．治水計画において，どのような洪水ハイドログラフを計画洪水に選定するかによって，河道貯留の持つ重要度が異なる．そのために，これまでに江戸川や円山川等で発生した異なるハイドログラフを持つ洪水流について，流域における雨の時空間分布と洪水ハイドログラフの関係をよく調べ，今回の洪水ハイドログラフがどのような特性を持つものなのかを明らかにしなければならない．また，本調査，研究によって実用レベルの洪水流の非定常解析法がほぼ確立できたので，河川の長い区間で観測されているすべての自動水位観測点の水位ハイドログラフと200 m間隔で取られている河道横断面形状，平面形状の測量データを用いた二次元非定常流解析によって，流量ハイドログラフの流下方向の変形と貯留量分布を求めてみる．次に，本文で述べた流量および粗度係数のキャリブレーションを行った上での流下方向の流量ハイドログラフの変形と貯留量求める方法による結果と比較を行い，前者の方法による算定精度の確認をすることが必要である．これらによって，河道内の各区間における貯留量とピーク流量低減の評価法を確立すること，河川の延長にわたって流量ハイドログラフの変形を治水計画に適切に反映することが今後の課題である．

洪水流は，河道地形の影響を強く受けながら，貯留，ピーク流量の低減というプロセスを経て流下していく．この流下の過程で洗掘，輸送，堆積などが起こり，洪水流と土砂輸送の作用を介して河川の環境にインパクトを与えていく．すなわち，洪水流は，河川の土砂輸送によって，河道の微地形を変え，動植物の生息・生育環境に密接に関係し，ときにはそれらの生存を支配することになる．このように洪水流は，治水と環境という河川の機能に密接に関係しており，洪水流・土砂輸送・生態系の視点から，川づくりの新しい考え方を構築していくことも必要となる．この新しい視点の詳細については，**第6章**で述べている．

参考文献

1) 吉川秀夫: 改訂河川工学, 朝倉書店, 1966.
2) 水理公式集: 第2編, 河川編, 平成11年版, 土木学会, 1999.
3) 建設省河川局監修: 改訂新版 建設省河川砂防技術基準 (案) 同解説, 調査編, (財) 日本河川協会編, 1997.
4) 福岡捷二, 藤田光一: 洪水追跡法 (その4)――一次元解析の有効性とその適用限界―, 土木技術資料 28-11, pp.46-51, 1986.
5) 福岡捷二, 藤田光一, 野口均: 洪水追跡法 (その3) －種々の粗度係数逆算法の比較と適用条件－, 土木技術資料 28-10, pp.51-58, 1986.
6) 福岡捷二: 河川の洪水と粗度, 土木学会水理委員会, 水工学シリーズ 87-A-5, pp.1-19, 1987.
7) 井田至春: 広巾員水路の定常流－断面形の影響について－, 土木学会論文集, 第69号, 別冊 (3-2), 1960.
8) 福岡捷二, 藤田光一: 複断面河道の抵抗予測と河道計画への応用, 土木学会論文集, No.411/II-12, pp.63-72, 1989.
9) Zheleznyakov, G.V.: Interaction of Channel and Flood Plain Streams, Proceedings of 14th Congress, IAHR, Paris, France, 1971.
10) Sellin, R.H.J.: A Laboratory Investigation into the Interaction between the Flow in the Channel of a River and That over Its Flood Plain, La Houille Blanche, No.7, pp.793-801, 1964.
11) Myers, W.R.C: Momentum Transfer in a Compound Channel, Journal of Hydraulic Research, Vol.16.No. 2, pp.139-150, 1978.
12) Bhowmik, N.G.and Demissie, M.: Carrying Capacity of Flood Plains, Journal of the Hydraulics Division, ASCE, Vol.108, No.HY3, pp.443-452, 1982.
13) Wormleaton, P.R., Allen, J.and Hadjipannos, P.: Discharge Assessment in Compound Channel Flow, Journal of Hydraulic Division, ASCE, Vol.108, No.HY9, pp.975-994, 1982.
14) 池田駿介, 空閑健: 直線複断面開水路流れに発生する大規模水平渦列の安定性と運動量輸送に関する実験的研究, 土木学会論文集, No.558/II-38, pp.91-102, 1997.
15) 錦織庄吾, 福岡捷二, 渡邊明英, 時岡利和: 複断面直線流路に発生する平面渦の構造と平面二次元二層モデルによる解析, 第58回年次学術講演会, 第2部, 2003.(CD-ROM)
16) 今本博健, 石垣泰輔, 稲田修一: 複断面開水路流れの水理特性について, 京都大学防災研究所年報, 第25号 B-2, pp.509-527, 1982.
17) 石川忠晴, 山崎真一, 金丸督司: 開水路平面せん断流に関する実験的研究, 第39回年次学術講演会概要集, 第2部, pp.473-474, 1984.

18) Mckee, P.M., Elsawy, E.M.and Mckeought, E.J.: A Study of the Hydraulic Characteristics of Open Channels with Flood-plains, Journal of Hydraulic Research, Vol.19, No.1, pp.43-60, 1981.
19) Knight, D.W.and Demetriou, J.D.: Flood Plain and Main Channel Flow Interaction, Journal of Hydraulic Engineering, ASCE, Vol.109, No.8, pp.1073-1092, 1983.
20) 武藤裕則, 塩野耕二, 今本博健, 石垣泰輔: 複断面開水路流れの3次元構造について, 水工学論文集, 第40巻, pp.711-716, 1996.
21) 福岡捷二, 高橋宏尚, 加村大輔: 複断面蛇行河道に現れる複断面的蛇行流れと単断面的蛇行流れ－洪水航空写真を用いた分析－, 水工学論文集, 第41巻, pp.971-976, 1997.
22) 福岡捷二, 大串弘哉, 岡部博一: 複断面蛇行流れに及ぼす堤防と低水路の位相差の影響, 水工学論文集, 第42巻, pp.961-966, 1998.
23) 福岡捷二, 大串弘哉: 堤防と低水路の法線の間に位相差が存在する複断面蛇行流路の流れと河床変動, 水工学論文集, 第40巻, pp.941-946, 1996.
24) 福岡捷二, 大串弘哉, 加村大輔, 平生昭二: 複断面蛇行流路における洪水流の水理, 土木学会論文集, No.579/II-41, pp.83-92, 1997.
25) Haisheng Jin, Shinji Egashira and Bingyi Liu: Characteristics of Meandering Compound Channel Flow Evaluated with Two-Layered, 2-D Method, 水工学論文集, Vol.40, pp.717-724, 1996.
26) 福岡捷二, 渡邊明英: 複断面蛇行水路における流れ場の3次元解析, 土木学会論文集, No.586/II-42, pp.39-50, 1998.
27) 数値流体力学編集委員会編: 3. 乱流解析, 東京大学出版会, 1995.
28) 荒川忠一: 数値流体工学, 東京大学出版会, 1994.
29) Willetts, B.B. and Hardwick, R.I.: Stage Dependency for Overbank Flow in Meandering Channels, Proc. Instn Civ. Engrs Wat, Marit. and Energy, 101, pp.45-54, 1993.
30) Sellin, R.H.I., Ervine, D.A. and Wiletts, B.B.: Behaviour of Meandering Two-stage Channels, Instn Civ. Engrs. Wat., Marit. and Energy, 101, pp.99-111, 1993.
31) 岡田将治, 福岡捷二, 貞宗早織: 複断面蛇行河道の平面形状特性と蛇行度, 相対水深を用いた洪水流の領域区分, 水工学論文集, 第46巻, pp.761-766, 2002.
32) 岡田将治, 福岡捷二: 複断面河道における洪水流特性と流砂量・河床変動の研究, 土木学会論文集, No.754/II-66, pp.19-31, 2004.
33) Langbein, W.B. and Leopold, L.B.: River Meanders-Theory of Minimum Variance, USGS Professionsl Paper, 422H, 1966.
34) 藤田光一, 福岡捷二: 洪水流における水平乱流混合, 土木学会論文集, No.429/II-15, pp.27-36, 1991.
35) 福岡捷二, 藤田光一: 洪水流に及ぼす河道内樹木群の水理的影響, 土木研究所報告第180号, pp.129-192, 1990.
36) 福岡捷二, 藤田光一, 新井田浩: 樹木群を有する河道の洪水位予測, 土木学会論文集, No.447/II-19, pp.17-24, 1992.
37) 建設省河川局治水課監修, リバーフロント整備センター編集: 河道内樹木の伐採, 植樹のためのガイドライン(案), 山海堂, 1994.
38) (財)リバーフロント整備センター編集: 河川における樹木管理の手引き, 山海堂, 1999.
39) 渡邊明英, 福岡捷二: 樹木群を有する河道流れの境界せん断力の特性と境界混合係数 f の評価, 土木学会論文集, No.503/II-29, pp.79-88, 1994.

40) 灘岡和夫, 八木宏: SDS&2DH モデルを用いた開水路水平せん断流の数値シミュレーション, 土木学会論文集, No.473/II-24, pp.35-44,1993.
41) 福岡捷二, 渡邊明英, 津森貴行: 樹木群を有する開水路における平面せん断流の構造とその解析, 土木学会論文集, No.491/II-27, pp.41-50,1994.
42) 福岡捷二, 渡邊明英, 津森貴行: 樹木群のある河道の流れの水平混合とその卓越波数, 水工学論文集, 第 38 巻, pp.357-364,1994.
43) 福岡捷二, 渡邊明英, 津森貴行: 低水路際に樹木群を有する複断面河道における流れの平面構造, 東京工業大学土木工学科研究報告, No.48, pp.33-51,1993.
44) 福岡捷二, 渡邊明英, 上阪恒雄, 津森貴行: 低水路河岸に樹木群のある河道の洪水流の構造-利根川新川通昭和 56 年 8 月洪水-, 土木学会論文集, No.509/II-30, pp.79-88,1995.
45) 福岡捷二, 渡邊明英, 高次渉, 坂本博紀: 低水路沿い樹木群の密度変化による流れの混合と発達過程, 水工学論文集, 第 45 巻, pp.859-864, 2001.
46) Ven Te Chow: Open Channel Hydraulics, McGRAW-HILL, Chapter 20, pp.586-609, 1956.
47) 福岡捷二: 洪水流と土砂水理の新展開, 水工学シリーズ 99-A-2, pp.1-24,1999.
48) 福岡捷二, 渡邊明英, 岡部博一, 関浩太郎: 洪水流の水理特性に及ぼす非定常性, 流路平面形, 横断面形の影響, 水工学論文集, 第 44 巻, pp.867-872,2000.
49) 福岡捷二, 関浩太郎, 栗栖大輔: 河道における洪水流の河道内貯留とピーク流量低減機能の評価, 河川技術に関する論文集, Vol.6, pp.31-36, 2000.
50) 福岡捷二, 栗栖大輔, A. G. Mutasingwa, 中村剛, 高橋政則: 洪水流の河道内貯留に及ぼす堤防と低水路の位相差および高水敷幅の影響, 水工学論文集, 第 46 巻, pp.433-438, 2002.
51) 福岡捷二, 渡邊明英, 関浩太郎, 栗栖大輔, 時岡利和: 河道における洪水流の貯留機能とその評価, 土木学会論文集, No.740/II-64, pp.31-44, 2003.
52) 福岡捷二, 渡邊明英, A.G.Mutasingwa, 太田勝: 複断面蛇行河道におけるハイドログラフの変形と河道内貯留の非定常二次元解析, 水工学論文集, 第 46 巻, pp.427-432, 2002.
53) 福岡捷二, 渡邊明英, 原俊彦, 秋山正人: 水面形の時間変化と非定常二次元解析を用いた洪水流量ハイドログラフと貯留量の高精度推算, 土木学会論文集, No.761/II-67, pp.45-56, 2004.
54) 建設省河川局治水課, 土木研究所河川研究室: 河道特性に関する研究, 第 42 回建設省技術研究報告会, pp.1-31, 1988.
55) Fukuoka, S. and Watanabe, A.: Estimating Channel Storage and Discharge Hydrographs of Flood, 5th International Conference on Hydroscience & Engineering, 2002 (CD-ROM).
56) 福岡捷二, 渡邊明英, 永井慎也: 河道内貯留量推算のための水位観測法と粗度係数に与える流れの非定常性の影響, 河川技術論文集, Vol.10, pp.71-76, 2004.
57) 福岡捷二, 渡邊明英, 高次渉: 三次元解析による複断面蛇行流路の流量観測精度の研究, 水工学論文集, 第 45 巻, pp.577-582, 2001.
58) 福岡捷二, 渡邊明英, 高次渉, 坂本博紀: 浮子による流量観測精度に水路平面形, 横断形の与える影響評価, 水工学論文集, 第 46 巻, pp.803-808, 2002.
59) 福岡捷二, 永井慎也, 佐藤宏明: 河川合流部を含む本・支川の流量ハイドログラフ, 貯留量の評価-利根川, 渡良瀬川の平成 13 年 9 月洪水を例として-, 水工学論文集, 第 49 巻 (2), pp.625-630, 2005.
60) 青木政一, 藤田一郎, 澤田豊明: 洪水と土砂の観測モニタリング, 河川技術論文集, Vol.9, pp.7-12, 2003.
61) 野満隆治, 瀬野錦蔵: 新河川学, 地人書館, 1959.

第2章　河道計画の基礎

平水時（H.6.8）
夕張川
石狩川

洪水時（S.56.8 台風12号）
夕張川
石狩川

写真：石狩川(30km 夕張川合流点付近)
提供：国土交通省 北海道開発局 河川計画課

2.1 河川法の改正と河川計画制度

　洪水時の河川は厳しい自然そのものの姿を示すが，一方において河川は，貴重な自然空間として，人々に潤いや，やすらぎを与え，また，多くの生物を育んでいる．このように河川には重要な機能があり，治水，利水と環境の調和がとれ，自然のダイナミズムが生かされた川づくりが求められている．

　このような背景のもとに，平成9年に河川法が改正され，治水，利水に加えて河川環境の整備と保全が河川法の目的に加えられ，河川環境に対し正面から取り組む仕組が整えられた．平成9年以前は，工事実施基本計画だけが法定計画であったものが，改正によって，河川の整備の長期的目標となる河川整備基本方針と，当面20年から30年の河川の整備に関する計画を示す河川整備計画から河川計画が構成されている．新しい河川計画制度として加わった河川整備計画は，河川整備基本方針の達成に向けて，地域と連携しながら地域の意見が反映されるように川づくりの計画を策定し，期間内に効率的に河川整備を実施することになる．これらの河川整備基本方針と河川整備計画に基づいて，治水，利水および環境の調和のとれた総合的な河川整備を推進し，国民生活上安全で，豊かな水環境と多様な生態系をもつ川づくりが進められることになる．

2.2 河道計画の策定手順

　わが国の氾濫区域には，人口の約半分が居住し，また，資産の3/4が集積しており，活発な社会，経済活動が行われているが，これらの氾濫区域のほとんどは，洪水流の氾濫によって造られた沖積平野であり，常に洪水氾濫の危険を伴うという特徴をもつ．わが国のこのような国土利用の形態から，洪水流に対して安全な川づくりは，豊かな国民生活と安定した社会，経済の発展にとって最も重要な要素のひとつである．

　河川は，洪水時には大量の水流と土砂を運び，平水時には安定した水資源を供給し，水と緑が連続する景観と豊かで多様な生態系を育み，レクリエーション空間，防災空間を提供する等，多くの重要な機能を持っている．このような河川のもつ機能を発揮させ，これらを効果的に活用するために，わが国では，連続した河川堤防，中・下流部の河道の複断面化，および治水と環境に配慮した河道および河川構造物の設計，施工が行われている．

　河道とは，流域に降った降水が集まり，流下する水と土砂を運ぶ道のことをいう．河道は，計画外力となる計画高水流量を安全に流下させることができるものでなければならない．河道の計画をたてるにあたっては，最初に，計画高水位を過去の洪水の履歴などから決め，計画高水位を満足するように計画流量配分を決めることになる．

　河道計画の策定にあたって，計画検討の初期段階から治水・利水・環境の面から総合的に検討することが基本的に重要である．河川の特徴を上流から下流まで，河道特性，自然環境，社会環境の面から把握し，河道を縦断的にいくつかの区間に区分する．次に，それら特徴を踏まえ，治水面，利水面，環境面の各目標等を総合的に勘案し，以下に示す手順で，河道計画の検討を進める．

1. 計画高水位を設定する．
2. 河道改修を必要とする理由に応じて計画区間を設定する．
3. 堤防法線形，河道の縦断形・横断形について，複数の検討ケースを設定する．
4. 河川構造物などの案を設定する．
5. 治水・利水・環境への効果および影響について総合的に評価を行う．

具体的には，まず **2.2.2(b)** で述べる計画高水位を設定する．この計画高水位に対し，計画高水流量を流下させることができるかを検討する．この際，洪水の流下の支障となる横断工作物の存在，河道法線の不良，河道の維持管理の不良，過去の主要な災害の原因等を調査し，河道改修を必要とする理由および改修計画区間を定める．その検討結果を踏まえて，計画の平面形，縦断形，横断形について，複数の検討ケースを設定し，各々の検討ケースごとに治水・利水・環境への効果および影響について，総合的な視点で評価する．この際，将来の維持管理の水準も考慮し，改修直後だけでなく，改修後，十分に時間が経過した後の河川の姿も予測し，河道形状や，樹木の存在を含む粗度係数を設定する．各区間の最適案について，河川全体として治水・利水・環境の面から将来河道の状況や河川環境の状況などを予測し，総合的な評価を行い，必要な場合には，計画全体が均整の取れたものとなるように，各区間の計画内容の修正を行うことになる．

河川整備基本方針レベルの計画河道の完成には，長い時間と大きな資金を要することから，最終形の計画河道ができ上がるまで，20年から30年の期間での河川改修を目的とした河川整備計画を改定しながら段階的に改修事業を行うことになる．河川整備計画における計画河道の設計には，河川整備基本方針の計画河道に準じて，河道の河川整備計画の目標流量を設定し，河川整備計画に応ずる河道の平面形，縦断形，横断形を設定し，河道全体を見て効率的に河川整備基本方針レベルの計画河道に近付けていく．

河川環境の整備と保全方策の検討に当たっては，動植物の多様な生息・生育環境の保全・復元のために，連続した環境，水の循環を確保し，その川らしい動植物の生息・生育環境の保全・復元を図ること，また，良好な景観の維持・形成に向けて，その川の河川景観の特徴および周辺の景観との調和を図り，地域の自然環境および地域の歴史，伝統・文化との調和を図ること，人と河川の触れあいの場の維持・形成のため河川の利用状況，利用に対するニーズとの調和，地域の自然環境・社会環境との調和，地域住民，市民団体等との連携を図ることが必要である．

一定規模以上のダム，堰，放水路事業等に対して，環境影響評価法(平成9年制定)に基づく所定の手続きに従って，環境影響評価を行うことが義務づけけられている[3]．

2.2.1 平面計画

河川整備計画の対象区間において，現河道沿いの地形地質の状況，用排水系，上下流への影響，環境の保全，経済性，維持管理のしやすさ等を総合的に検討して堤防の法線と低水路法線の設定を行う．両法線とも洪水時における流水の方向，水衝部の位置を検討して河岸に対する洪水流の抵抗が小さくなるような滑らかな法線形とすることを原則とする．洪水時における流水の方向，水衝部の位置などは河道の線形との関係で，洪水時に撮影された航空写真の解析等から十分検討し，洪水による河岸の被災状況などを参考に決めることになるが模

型実験，数値解析などもあわせて検討することにより，より信頼性の高い情報を得ることができる．

計画の基本となる複断面河道の低水路法線形について考えてみる．大河川の堤防法線は一般に緩やかに蛇行しており，近代以降の大規模な改修によって堤防法線は，ほぼ決まっているとみなしてよい．したがって，複断面河道の低水路法線の設定および低水路河岸のつくり方が今後の主要な課題となる．従来は，複断面河道の水理特性が十分明らかにされていなかったために，低水路法線は，①堤防法線間の中央に両岸から等距離に設ける方法，②その河道の洪水の主流線と一致するように設ける方法の混合方式が採用されてきた．しかし，第 1 章で示したように，複断面河道の水理現象が明らかになり，これを用いた低水路河道の合理的な設計法が可能になってきた．すなわち，複断面蛇行河道の洪水時の流れ方は，低水路の蛇行度と洪水流の相対水深の関係によって，低水路の内岸寄りに主流線が現れる複断面的蛇行流れと外岸寄りに主流線が現れる単断面的蛇行流れの 2 つの形態をとることから，計画河道特に低水路の設定にあたっては，河道の特性と洪水流の特性から主流線の位置を検討することになる[4]．さらに，河道の蛇行は，生物の生息・生育環境にとって重要な流路の複雑性と多様性を高める効果があることから，低水路の平面形は直線よりも蛇行する方が望ましく低水路の平面計画が河道計画のポイントとなるものである．

また，洪水流に固有の河道貯留現象は，複断面河道の平面計画を決める際の今後の重要な事項とし検討されるべきものであり，各河川について精度の高い洪水データを収集し，新しい視点で検討しておくことが大切である[5]．

2.2.2 縦断計画

(a) 河床勾配

大河川の場合は，過去の河床変動データを十分検討して河床勾配を決める．これは，現在の河床が長い年月の間に形づくられ，今日では，一応安定した河床高となっている河川が多く，維持管理についても容易なため，河床勾配は，現在の河床勾配にならって決めることになる．

大規模な掘削などの改修を行うとき，将来の河床の安定性，維持管理のしやすさについて検討し必要に応じて模型実験を行う．分水路・放水路などの新水路を建設したり，蛇行の著しい河川をショートカットするなど河川の大規模な改修を行う場合などには，縦・横断形，水面形，河床材料等をよく検討し，河床の安定化を図ることが大切である．

河川構造物を設置する場合には，目的とする河川構造物の機能が十分発揮できる位置と構造を水理的に検討し決める．構造物は，局所的な河床変動を引き起こすので，このことが周辺に悪影響をもたらさないように，必要に応じて，模型実験，数値解析を行い，十分な対策をたてる．

河川感潮部，特に汽水域は，河口域特有の水理現象や生態系が存在しており，工事に伴い河川環境が変化しやすい場所である．河床の大規模掘削などが計画される場合には，河川環境に対する影響評価など配慮が必要となる[6]．

河床勾配は，通常下流から上流へ勾配を漸変させ，これを急変させることは避けるべきである．河床勾配が急変すると，上流では洗掘，下流では堆積が起り河床が安定しない．**2.4**

に示すように急流河川の扇頂部は，勾配の変化部に当たり，さらに土砂移動が活発なため，流路が安定しづらく河岸が被災を受けやすい．このため，治水上問題箇所になりやすいことから河川構造物の設置に際しては，これらの点を十分考慮する必要がある．

(b) 計画高水位

計画高水位は，この水位以下で計画高水流量を流下させることができるよう設定される水位であり，堤防高，橋梁の桁下高等，河道計画を検討するうえで基本となる事項である．また，堤防が破堤した場合，堤内地の被害の大きさを左右することからも，河道計画を策定する際の最も重要な検討事項である．しかし，ほとんどの河川では，すでに，計画高水位は定められており，これに基づいた河川改修や河川管理が行われてきている．したがって，計画高水位が定められている河川では，河道計画の見直しを行う場合に，計画高水位は，既往の計画高水位を超えないようにし，かつ，既往出水の最高水位以下になるよう設定する．この理由は，既往の計画高水位より高く設定すると，数多くの橋梁の改築等に多大な費用と時間を要することになり，また，堤防の安定性，内水対策，計画を超える洪水による被害の軽減などの面からできるだけ低くすることが望ましい．特に，軟弱地盤地域では，できるだけ低く設定する必要がある．

新川開削の場合など過去に計画高水位の定められていない河川や，全面的に河川改修を行う河川で新たに計画高水位を定める場合には，計画高水流量，河道の縦横断形，接続する河川の計画高水位，地形や土地利用の状況等の地域の特性等を考慮し，沿川の地盤高を極力上回らないように計画高水位を決める．

中小河川においても，支川処理，内水処理，異常洪水などの対応から，計画高水位はできるかぎり低く押え，堤内地盤高程度に設定する．特に，計画規模の小さい河川では，計画を越える洪水が発生する可能性が高いことから，河道は掘り込みとすることを積極的に検討すべきである．その場合においても，低水時における地下水位の確保，各種用水の取水位の確保，そのほかの流水の正常な機能の維持を図るための対策，河川環境の保全に対し，十分考慮する必要がある．ただし，過度の掘込河道にすると，異常出水の場合は，計画以上の流量が流下することとなり，下流区間に流下能力を超える流量をもたらすことがあるので，上下流を通して安全性のバランスを十分考慮し，過度の掘込河道は避けるようにする．

2.2.3 横断計画

わが国のような，洪水時の流量と渇水時の流量の比率の高い河川では，一般に，河道横断面形を複断面化することが行われている．複断面化は，大洪水時には堤防付近の流速を抑え，堤防の安全度を高めること，小洪水時および平水時には，低水路内を流れることによる流路の安定化と高水敷のリクリエーション空間，防災空間等として利用できることなどから，わが国の地勢，地形上から望ましい河川横断面形である．

低水路と高水敷の間の大きな比高差や堤内地と堤外地との間の堤防の存在は，環境の連続性を弱め，陸域と水域との間を移動する生物等の生息環境にとって好ましくない状況を造るとの指摘もある．複断面河道について見ると，この指摘が問題となる川も多いのは事実である．しかし，今日では，複断面河道の低水路沿いおよび高水敷上の植生を治水上の問題が小さいかぎり許容しており[7]，また，河岸の多自然化，堤防の緩傾斜化などにより，これらの

環境上の課題が改善されつつある．さらに，**第1章**，**第6章**に示されているように，河道の平面形と洪水流の非定常性が相まって複断面河道が生み出す洪水流の河道貯留が，治水と環境の両面から望ましい川づくりの指標となる[5]．

　河道の全幅に対する低水路の幅および高さは，高水敷への冠水頻度が年1回程度となるように決めている例が多い[2]．これは，河道の維持のほか，高水敷の利用も考慮してのことである．高水敷の高さがあまり低いと，高水敷水深が深く，流速が高くなるために高水敷の維持が困難になる．また，高水敷の高さが高すぎると，計画高水流量を流下させるのに必要な低水路水深を深くする必要があり，低水路の流速が高くなる．このため，低水路河岸が侵食を受けやすく，河岸の維持が困難な場合が生ずるので注意を要する．高水敷の平均流速は堤防芝の侵食限界から $2\,(m/s)$ 程度とすることが望ましい[8]．**1.4.5** で示した複断面河道の抵抗予測手法[9]は，合理的な複断面形の検討に有効な手段を提供する．

　扇状地に形成される河川は，急流で本来的に川幅が広く，浅い水深で流れる横断面形をもつ単断面流路となるように河道が形成されており，複断面形をとることは少ない．しかし，砂利採取等による河床低下により急流河川の河道中央部に低水路に相当する部分が見られるようになった．このような急流河川では，残された元河床である高水敷状部分が堤防の安全性を高めるという理由から，低水路部河岸を護岸・水制等で侵食から保護することが行われている[10]．扇状地の急流河川では，土砂移動が多く，流れのエネルギー集中が大きいことから，河道の複断面化による洪水流の低水路への集中が高水敷部分の侵食を引き起こし，堤防が被災することがないように，十分な対策を講じる必要がある．

2.2.4　河川・流域の特性，自然環境，社会環境等の把握

　平成9年の河川法の改正により河川環境の整備と保全が河川法の目的に加わり，河川環境の整備と保全が本格的に河川管理に位置付けられた．河川環境に関する計画策定手法は，いまだ確立されたものではなく，今後，実績を積み重ね技術的な知見を蓄積し，計画策定技術を向上させていくことが必要である．重要なことは，各河川の特徴を十分把握し，明確な目標設定を行い，それぞれの川らしい河川環境が保全・復元されるよう努ていくことである．

　河川および流域の特性，自然環境，社会環境およびそれらの歴史的な経緯は，治水計画，利水計画とともに河川環境の計画をたてるうえで基本的に必要な情報である．それらは，①気象，②地形・地質，③河道特性，④平面形，横断形，縦断形，瀬，淵などの河道形状，⑤水量・水質，水利用の状況と課題，⑥動植物の生息・生育環境，重要な種など注目すべき種，重要な群落，注目すべき生息・生育地等，⑦景観，地域の風景，⑧河川利用の状況，⑨人と河川の触れ合い活動の場およびその状況，⑩流域，沿川の土地利用，⑪地域住民のニーズ，⑫地域の歴史・文化，等である．これらの情報収集のためには，現地踏査が行われるが，調査は，有識者や地元の関係者と一緒に行うのが望ましい．また，聞き取り調査も十分に行うことが必要である．収集された情報は，河川環境情報図等にまとめ，その川の特徴，川らしさ，課題等がわかるように把握，整理を行う．河川環境情報図とは，河川工事などの河川管理を行う際に必要な河川環境に関する情報を適切に把握することを目的に，河床形態や，植生の状況，動植物の生息・生育環境，河川環境の特徴などをわかりやすく図面上に整理したもので，治水目的に用いられる河川カルテに相当するものである．

川の環境特性を把握するうえで忘れてはならないことは，現在の河川の状況だけでなく河川の変遷の歴史的経緯を含め長い時間軸で検討することである．このためには，航空写真，地形図や平面図・縦断図・横断図などを経年的に調べ，みお筋，瀬，淵，河川形状，河川植性，河川および周辺の土地利用の状況，流域の状況の変化を把握しなければならない．**2.4.3** では，利根川下流部低水路河道で今日起こっている治水上の課題に対し，利根川河道の歴史的変遷の検討から現況河道の分析だけでは導き出すことができなかった重要な答えが導かれたこと，この解答が，当該区間の河川環境の将来像を考えるうえで重要な情報につながる可能性があることが述べられている．

2.3　河道の設計技術

2.3.1　河川の水理，水文，環境等基礎データの収集とモニタリング

　2.2 で示した河道計画をたてるうえで，現在の河道の実力を示す基礎データ，および将来河道を算定するためのデータの収集が重要である．それらのデータは，河道の平面形，縦断形，横断形，河床材料，構造物の配置，河道の流下能力，洪水被害履歴，土地利用，河川環境等，河道の現状を示すデータの他に，河川の計画高水流量，河川整備計画の目標流量など河川整備基本方針，河川整備計画をたてるために必要な流域の降雨量の時空間分布，洪水流量・水位ハイドログラフ，将来の土地利用および河川環境にかかわる各種データ等，である．

　河道には，計画高水流量以下の洪水流を安全に流すこと，河川自身がもつ自然のダイナミズムが確保されていること等が求められる．このような川づくりのためには，これらを正しく評価する信頼できるデータが不可欠である．このためには，観測目的を十分検討し精度の高いデータ収集のための洪水流観測，十分な水理学的判断に基づく河道設計，その川らしい生物の生息・生育環境を含む多様な河川環境の保全・復元のための調査等，が不可欠である．また，これらのデータは，平常時，異常時の河川管理において必要なものであり，河川の調査と管理が一体的に行われなければならない．

　これまでも，水文・水理データを継続的に収集し用いられてきているが，どんな目的で，何をするためにデータを収集するのかということを明確にする必要がある．河川環境を含めた河川の総合的管理のためには，しっかりとした短期，中期，長期計画をたて，これらの計画のもとに，河川および流域全体として適切な河川管理を行えるよう，水文・水理・環境の基礎データの収集に努めなければならない．この際に，データ収集地点が対象河川区間を代表できない場合には，観測地点を変更するなど検討されなければならない．

　さらに，河川事業中，事業後の効果を評価するため，適切なモニタリング計画に基づく継続的なモニタリングが重要となる．さらに，河川ごとに河川カルテをつくり，異常時の被災状況等を記録し，河川管理者が，災害経緯を生かした適切な管理を行えるように，河川カルテを活用することも肝要である[11]．

2.3.2　総合的土砂管理

　河道は土砂で構成されており，洪水のエネルギーが著しく大きいために，洪水のたびごとに土砂が移動し，河道内での土砂の堆積や侵食，河岸侵食などによる被災が起きやすい．さ

らに，わが国では，土砂の生産域と人々の居住地域が近いために，ひとたび堤防が決壊すると，人的・物的被害は甚大である．このため，砂防域，河川，海岸域を含む流域全体として土砂を考え，流砂系として土砂の移動を総合的に管理することが課題となっている[12]．河道は，長年にわたる洪水流と流送土砂など自然の営力によって造られてきたが，同時に，氾濫原に展開する人間活動の活発化に対し，洪水や土砂移動に伴う災害を軽減し，水利用の確保を最優先し，堤防，ダム，堰などの各種構造物を造り，河川の改修を進めてきた．これによって，治水安全度の高い利用可能な土地が拡大し，また水資源の開発量が増大し，今日の社会の発展に貢献してきた．

　河川の洪水流量と土砂の輸送量は，共に連続的に輸送される物質と考えられているが，実は必ずしもそうではない．これらが河道を流下する間に，洪水流の非定常性と，河道の平面，横断形状の不規則性のために，前者は，河道貯留が生じ，後者は，河床への土砂の堆積・洗掘といった輸送量の時間的，場所的変化となって現れる．このため，洪水流とそれに伴う土砂の輸送量は，河道地形の形成と河川環境に大きな影響を与える．それらは，河川地形など河道特性や植生の種類，繁茂形態等に密接に関係する．洪水流と土砂の輸送が治水と環境面から見て河川にとって望ましくない方向に作用しているのであれば，これらの悪影響を取り除くことが必要となる．

　河川の横断構造物の影響区間では，特に土砂輸送量の不連続性が強まり，構造物上流での土砂堆積による河床の上昇，下流での洗掘による河床低下，海岸部での海浜の後退となって現れる場合がある．河床変動は，構造物が本来有していた機能を低下させ，著しい場合には，治水上，環境上悪影響を与える．土砂の連続性の観点から構造物から適切に排砂するための技術開発が急がれる．

　流送土砂量の縦断的変化が小さいことが河床変動の少ない川の条件であることから，複断面河道では，低水路幅を大きく変化させないことが条件となる．

　洪水防御計画については，水系一貫を考えた計画となっているが，土砂流送制御計画については，流域全体を考えた流砂系一貫計画とはなっていない．砂防区間では，土砂の移動量を考えているが，河川区間では，土砂の移動量が少ないこともあって，特に検討を要する区間，場合のみ検討しているのが実状である．どの程度の土砂量が下流河川，海岸域で必要としているかを総合的に判断し，砂防区間での生産土砂量と流送土砂量の関係を制御することによって，砂防区域と河川区域の間で土砂輸送量の整合性が求められ，これがまた海浜環境の保全につながることになる．これからは技術的，水理学的な検討によって土砂の輸送量の他に粒径分布など土砂の質まで考慮に入れた土砂管理のあり方が求められ，流砂系における健全な土砂管理を実現していくことが河川流域における治水と環境を総合的に扱うための鍵であり，課題である．

2.3.3 多自然型川づくり

　多自然型川づくりは，平成9年の河川法改正以前から実施されており，その実績は，河川環境の整備と保全が河川法改正の目的に導入されるうえで大きな役割を果たした．

　多自然型川づくりとは，治水上の安全性を確保しながら，生物の良好な生息・生育環境をできるだけ保全し，環境を改変しなければならない場合でも，最低限の改変にとどめるとと

もに，良好な河川環境の保全あるいは復元を目指すものである．さらには，人為的な影響を受けて大きく改変されてしまっている河川の箇所においては，本来あった良好な河川環境に近付けるよう努めることも重要である．

これまでの多自然型川づくりは，人工的になりすぎた河川の環境改善や，洪水によって被災を受けた箇所をできるだけ親水性や生物の生息・生育環境に資する形で改善するといった地先の環境改善が中心となっている．地先の環境改善の集積がトータルとして必ずしもその河川にふさわしい河川環境を実現することになるとは限らない．**第6章**で述べられているように，河川環境は，高水計画と一体的に流域スケールで議論され，検討されることも重要である．とはいえ，劣化し，失われた河川環境を回復するため地先の多自然型川づくりを実行していくことは必要なことである[5]．

これまで，多自然型川づくりの一環として河岸や護岸などに多くの水際工法が現地で実施され，実績が積み上げられてきた[8]．しかし，これらの工法や施工範囲の決定に当たっては，十分な現地調査と水理学的考察に立脚して行われたものばかりではないために，洪水によって被災したケースもある．工法や施工範囲等の採用に関して，水理学的考察から多自然型工法の技術を確立していくことがこれからの課題である．

多自然型川づくりは，もはや特別な河川技術でなく，治水と環境を調和させる普通の河川技術として位置付けられるものである．本書は多自然型川づくりにも資する基本的な考え方と技術を提示している．

2.3.4 水理模型実験と数値シミュレーション

河道計画の策定にあたっては，平面形，縦・横断面形の検討に加え，洪水流による河床変動，河岸侵食量等の検討を行う．また，変動を防止・抑制する各種構造物の構造や配置についても調べる．洪水流の水理現象が十分に解明されていない場合には，必要に応じて水理模型実験によって，河道法線形，縦横断形，構造物の配置等の河道計画および河床変動等を防止・抑制に有効な対策方法を求めてきた．

水理模型実験は多くの場合，信頼性の高い結果を与えてくれるが，結論を得るまでに多大な時間，労力，費用を要する．このため，どうしても限定された条件の下での模型実験とならざるを得ず，また，その結果を，河道条件の異なる他の河川にそのまま適用することができない弱点を有する．一方，近年，河道の流れや河床変動についての数値解析結果が積み重ねられ，かなりの精度で解析ができるようになってきている[13]．このことは水理模型実験の弱点を補完すると同時に，模型実験と数値解析を上手に組み合わせることによって効果的な河道計画をたてることが可能となってきている[14]．

数値解析モデルが洪水流，河床変動や河川構造物の配置等を決めるうえで有効な手段になれば，異なる条件の河道に対しても容易に応用することができる．

しかし，洪水時の実現象との対応の検証については，これまで十分なされてきたとは言えない．重要なことは**図-2.1**に示すように，水理模型実験結果および数値解析モデルの結果が，河道に現れる実現象をどの程度再現しているかである．水理模型実験と数値解析モデルによる結果が，実際の流れと河床変動状況を説明できれば，これらの手法は，河道計画を策定するうえで有効な手段となり得る．

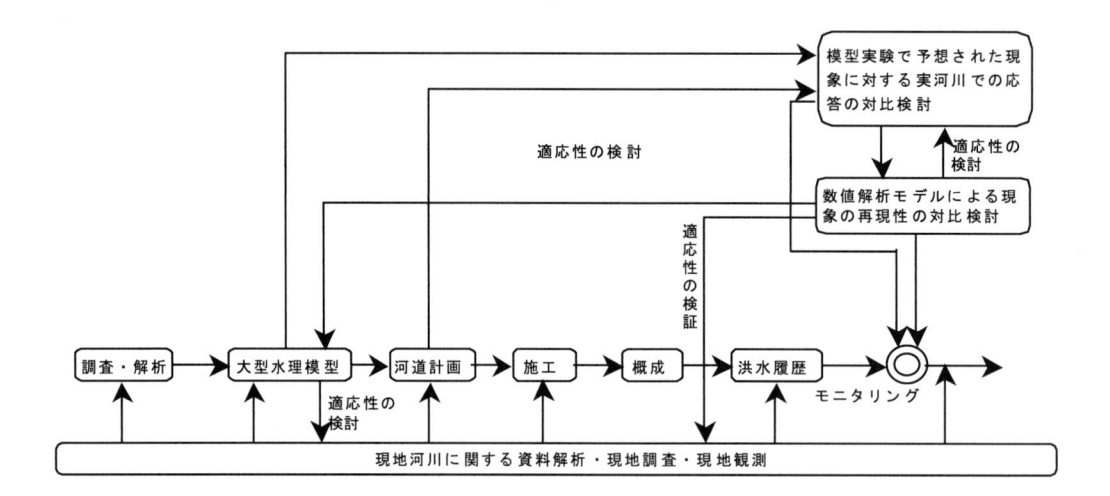

図-2.1 調査研究の流れ[15]

　しかし，数値解析法が複雑な形状をもつ河道を流れる洪水流に対し，どの程度の説明力があるかを判断するには，かなりの計算力，技術力が必要であることから，水理模型実験結果，現地河道における観測結果と対照し確認するのがよい．現地での観測データは，数値解析結果および，水理模型実験結果の検証のためにも必要である．このように，河道計画および対策の立案に対し数値解析，水理模型実験は，有力な解決方法であり，現地観測データの解析とともに，改修のもたらす効果を把握するうえで重要な手段となる．

2.4　河道計画の実際と改修効果の検証

　本章では，水理実験，数値解析，現地観測の3者を適切に組合せ検討した河道計画の実際とそれを用いた改修効果の評価法を示す．
　2.4.1 では，信濃川長岡地区の河道計画の大型水理模型実験から，導流堤などの河床変動対策工を用いて低水路内蛇行を整正し，河道の複断面化を促し，さらに段階施工順序，施工方法等を検討した例を示している．施工後約25年程経過したが，現地のデータから長岡地区河道計画のポイントである導流堤の設置が河道整正と複断面化に役立ち，さらに，流れと河床変動について現地観測結果と数値解析モデルによる解析結果が，よく整合することを示している．**2.4.2** では，信濃川小千谷・越路地区の河道計画に対し，湾曲部上流内岸側の水制工と湾曲部下流外岸側の帯工の組合せによる河床変動対策工が有効であることを水理模型実験と数値解析から示し，これに基づき施工された水制，帯工による現地対策結果が，模型実験結果とほぼ同様となり，河道計画に対する水理実験，数値解析の有効性を示している．**2.4.3** では，利根川下流部の治水上の課題である六大深掘れの原因解明とともに，長年にわたって行われてきた流下能力増強を目的とした河道改修が，六大深掘れに与えてきた影響を評価する．この評価を通じて大河川の低水路改修のあるべき方向性を示している．対象とする利根川下流部では，これまで数多くの水理的検討が行われてきたが，いずれも現況河道についての検討である．しかし，現況河道の水理的検討では，治水上の課題の解明には不十分な場合があり，河道の経年的変化に着目した検討が必要であることを明確にしている．これ

によって，河川改修の歴史的な視点に基づく治水事業に対する正しい理解と説明が，河川環境のあり方，考え方に重要な視軸を与えることになることを示している．

2.4.1 信濃川長岡地区河道計画 [16),17),19)]

(a) 河道特性と水理特性

信濃川は流域面積 11,900 km^2，流路延長 367 km のわが国有数の大河川である．信濃川長岡地区は大河津分水路の分派点から上流 15.5 km より上流 22.5 km までの区間であり，長岡市の市街地を貫流している治水上最も重要な区間の1つである．長岡地区は，新潟平野の扇頂部に位置している区間で，堤防法線は湾曲が著しく，特に，18.25 km の長生橋付近において大きく曲がっている．河床の縦断勾配は，**図-2.2** に示す通り，17.5 km 地点で急変しており上流 1/650，下流 1/1,200 とその差は大きい．

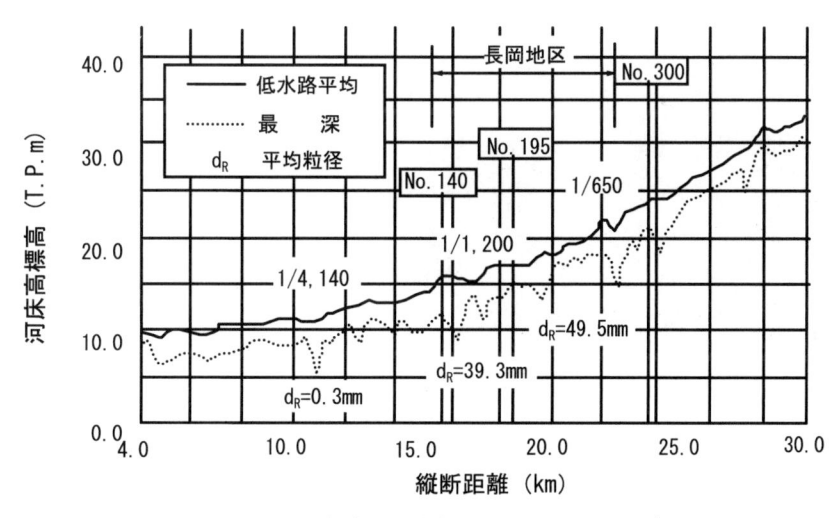

図-2.2 信濃川河床高縦断図（平成4年）[19)]

平均河床高の経年変化を見ると昭和 40～50 年代は低下の傾向を示していたが，近年はほぼ安定している．堤間幅は最大で 1,000 m，最小で 800 m，低水路幅は 250～450 m である．河床材料の平均粒径は 40～50 mm 程度の礫からなり，12.0 km より下流では 0.1～0.5 mm の砂となっている．セグメント区分 (**3.1.2** 参照) はセグメント 2-1 の砂利河道に分類され，交互砂州と複列砂州の中間的な領域となっている．本地区の水衝位置は**図-2.3** のみお筋図が示すように，ほぼ固定されており，右岸 21.5 km 付近の水梨地区，左岸 19.5 km 付近の渋海川合流点，右岸 18.0 km 付近の草生津地区および右岸 15.0 km 付近の蔵王地区が激しい水衝部となっている．

昭和 36 年 6 月洪水では，水梨地区の堤防が欠壊し長岡市中心部が危険な状態となった(**写真-2.1**)．洪水の発生は台風の影響による前線活動によって局所的な豪雨をもたらす場合や梅雨末期の豪雨による場合が多いが，特徴的な点は 4 月から 5 月の融雪出水があげられ，また，本川と支川魚野川のピーク流量が同時に合流することは稀であることから，洪水は長時間継続し，ときとしてはピークがいくつも表れた洪水波形となる．

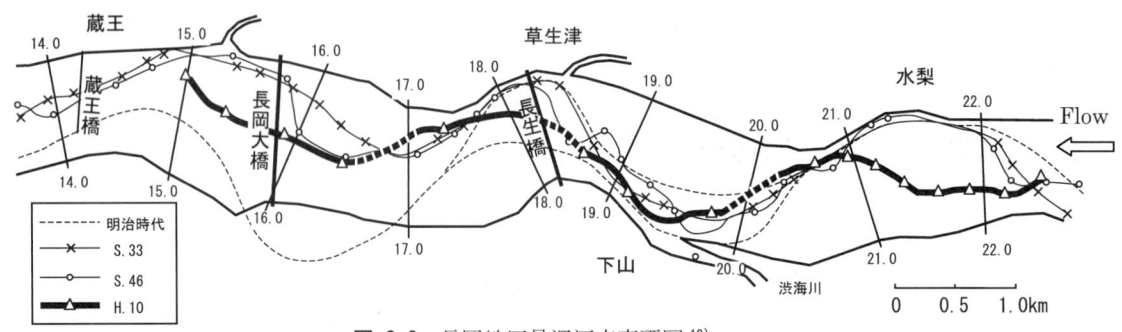

図-2.3 長岡地区最深河床変遷図 [19]

写真-2.1 水梨地区の堤防欠壊と水防活動（昭和36年）
（国土交通省信濃川河川事務所 提供）

　長岡観測所の平均年最大流量は，約 4,000 (m³/s) (S53〜H10) であり，これに対して融雪期の平均年最大流量は 2,400 (m³/s) に達するとともに継続時間が 1 ヶ月にも及ぶ場合がある．特に，融雪期の流出量は年間総流出量の 30〜50% を占めている．

　また，長岡地区の現況流下能力は下流側で 10,000 (m³/s) 程度であるが，上流では計画高水流量 11,000 (m³/s) を満足している．

(b) 河道計画の基本方針と水理模型実験

　長岡地区では河状は著しく荒廃し，多くの水衝部が存在し，護岸等の河川構造物の損傷も著しい．これら治水上の危険性に対処するため水理模型実験によって，低水路の固定化を基本とした河道計画を策定することとなった．策定するにあたっての基本方針は次の通りである．

　① 堤防法線は現状のままとする．
　② 蛇行の著しい低水路を整正するため河道を複断面化し，危険な水衝部の解消と高水敷の利用を可能にする．
　③ 低水路は 2〜3 年に一度の確率で生起する流量 4,000 (m³/s) を流下できるようにし，幅 320 m，水深 4.5〜5 m とする．
　④ 低水路法線は，みお筋の経年変化をもとに，極力河道中心に移動させた案を一次案と

し，これをもとに水理模型実験を行い最良案を決定する．

水理模型実験は建設省土木研究所 (当時) で行われ[16),17)]，用いた実験水路は，移動床で水平 1/100，鉛直 1/70 の歪み縮尺である．

第一次案による実験の結果，支川合流点付近での堆積など洪水の疎通に問題が発生したので，低水路法線を修正した．これを第二次案として，不定流で長時間通水実験を行った．その結果，21.0 km 付近の水衝部の移動，高水敷に乗り上げる水の流速等の問題が見られ，低水路河道の設定が必ずしも満足する状況になかった．そのため，21.0 km 地点の水衝部を固定する目的で低水路を 400 m に拡大し，法線形状を修正して第三次案とした．第三次案により低水路の流れがスムーズになり，高水敷への乗り上げは著しく軽減された．さらに，長時間通水 (4,000 m^3/s) においても水衝部における砂州の移動が小さいことが確認された．第三次案 (最終案) では，河道の水衝部を締め切って高水敷を造成することになるため，高水敷保護のための護岸，低水路の掘削，高水敷造成および水衝部締め切りのための導流堤を施工することとした．

長岡地区の河道は乱流，蛇行が著しいため，河道条件を変えると，低水路蛇行の波長等がずれることになり，水衝部が移動し災害を起こすことも考えられる．従って，工事全体の施工順序，水衝部の位置と範囲，水衝部締め切り施工後の影響，施工方法について，模型実験により検討した．本格的工事は昭和 50 年から着手し，平成 4 年までにその約 7 割を概成している．また，対策工および施工順序は当初計画と大きな違いのない形で進められた．

(c) 対策前後の流れ，河床変動と水理模型実験による結果との比較

昭和 54 年以降の主要洪水ピーク流量の発生状況を**図-2.4**に示す．これより計画高水流量 11,000 (m^3/s) に対し，昭和 56 年，57 年，58 年と 3 年連続して，7,000〜8,300 (m^3/s) 規模の大洪水が発生している．その後，毎年の融雪出水を除いて大きな洪水が発生していない時期が続いたが，平成 10 年に 6,700 (m^3/s) の洪水を記録した．

本格的工事着手前 (昭和 52 年) と平成 7 年の低水路の流況変化の状況を航空写真をもとに作成し，示したのが**図-2.5**である．着手前は流路が複雑に蛇行し，大きな砂州も多く，主流が直接堤防に当たっている水衝部箇所も見られたが，改修によって，低水路が明確に形成され，水梨，草生津などでの顕著な水衝部は解消されている．**図-2.6**に，昭和 50 年と平成 10 年のみお筋とそれぞれの河道横断面形を示す．これより，水衝部への水あたりが著しく改善されており，また水衝部の堤脚付近の河床高は上昇し，最深河床の位置が堤防沿いから河道

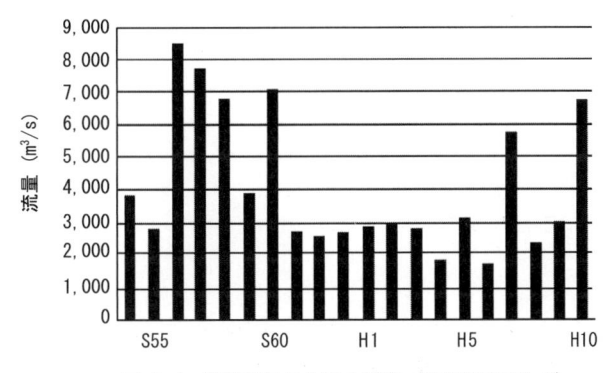

図-2.4 信濃川年最大洪水流量（長岡観測所）[19)]

昭和 52 年 7 月　対策前

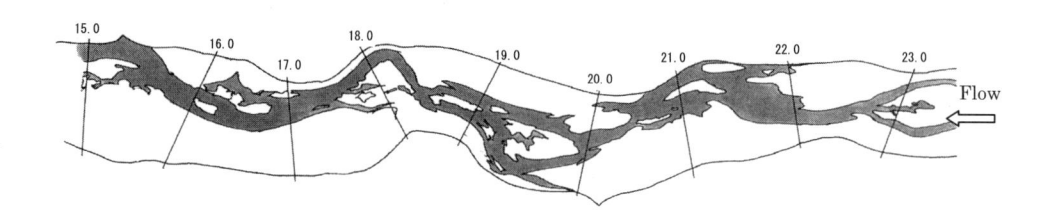

平成 7 年 7 月　対策後

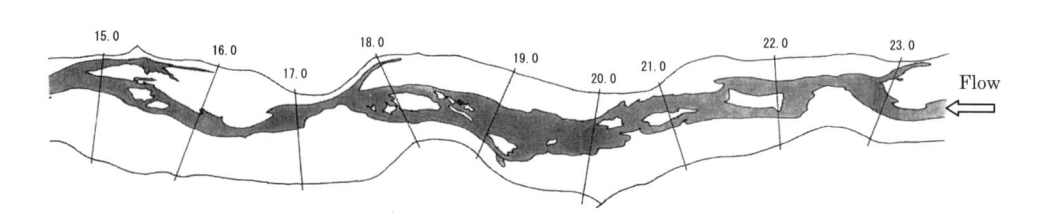

図-2.5　対策前と対策後の低水路形成状況の変化 [19)]

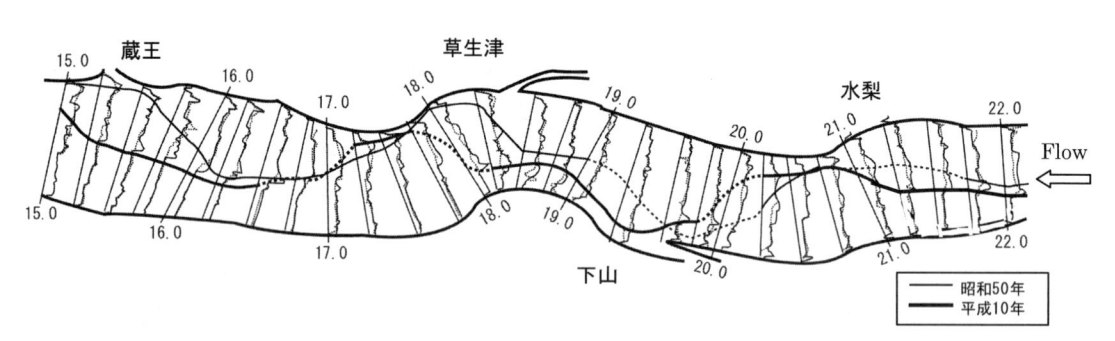

図-2.6　みお筋と河道横断面形の変化 [19)]

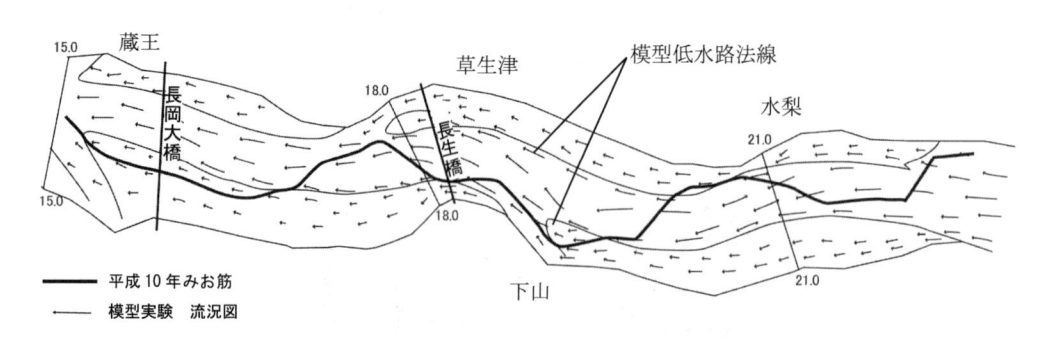

図-2.7　模型実験と現地みお筋の比較 [19)]

の中心方向に移動する傾向にある．

　模型実験の流況と平成 10 年のみお筋を比較したものが**図-2.7**である．模型実験の流況は，大筋では平成 10 年の河道の流れを表現できている．細部をみると異なる部分がある

が，これは，対策工進捗等によるものと考えられる．なお，水理模型実験との比較は，9,000 (m³/s)，205時間通水のケースとした．これは，昭和50年代後半の洪水実績より考えても，ほぼ妥当と考えられる．

(d) 導流堤の効果の検証

(1) 導流堤計画と導流堤の効果

信濃川の導流堤は，水衝部の前面に，縦断的に設置することにより，流路を矯正し，低水路河道を良好な状態に保持するとともに，導流堤背後の流速を低減させ，自然の力を利用して土砂を堆積させることを目的として設置されている．特に信濃川では，継続時間の長い融雪出水(約3,000 m³/s)の際に土砂堆積を促して高水敷の造成を図るもので，本河道計画の骨格となる対策工である．導流堤の構造は，幅20 mの粗朶沈床の上に2 t異形ブロックを幅12 mで3層積みしたものであり，その施工高は，計画高水敷高より若干低い高さで，年最大流量発生時の土砂の堆積を期待している．

導流堤が設置された区間の流況改善状況を以下に示す．

● **水梨地区** (右岸21.0～22.5 km)

左岸側の低水護岸と右岸水衝部の水制の施工後，水梨地区では昭和52年より導流堤に着手したが，**図-2.8**に示す通り，導流堤背後の土砂堆積により高水敷が造成され，現在はその上に樹木が茂っている．これに伴い，最深河床位置は右岸堤防付近から低水路中央に移動している．

● **草生津地区** (右岸18.0～18.5 km)

左岸低水護岸と長生橋の橋脚の根継ぎを実施し，低水路部を掘削して，流路，流向の変更

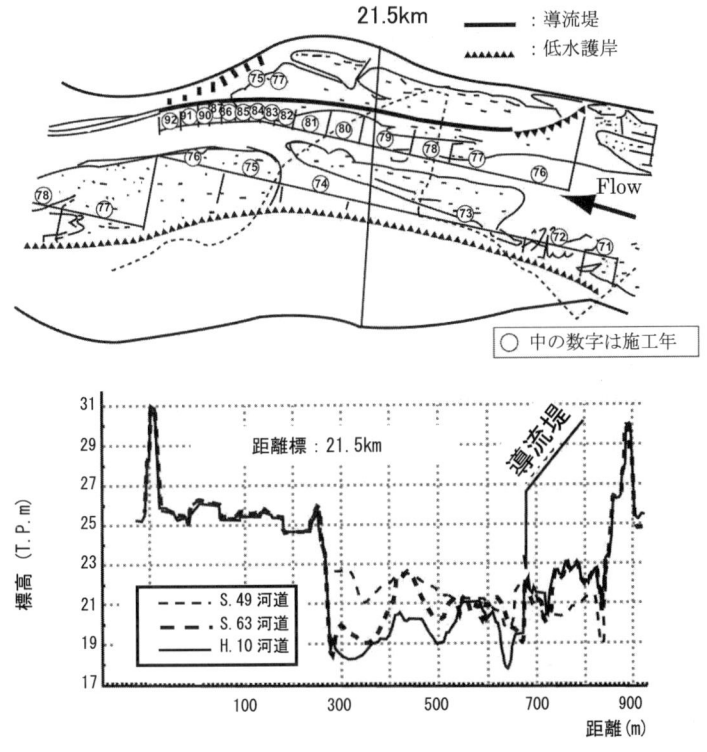

図-2.8 水梨地区導流堤設置の効果 [19]

を行った後，右岸の導流堤を昭和58年度より着手し，平成4年に巻き込みも含め完了している．

図-2.9 に示す通り，支川との合流点のため導流堤はV字状の閉鎖域となり，そこに土砂が堆積している．水衝部は下流に移動しつつあり，出水時にも主流路は河道中央を流下し，右岸側にあった最深河床の位置は河道の中央に移動している．しかし，元の状態に戻ろうと河道中央部には砂州が成長してきている．

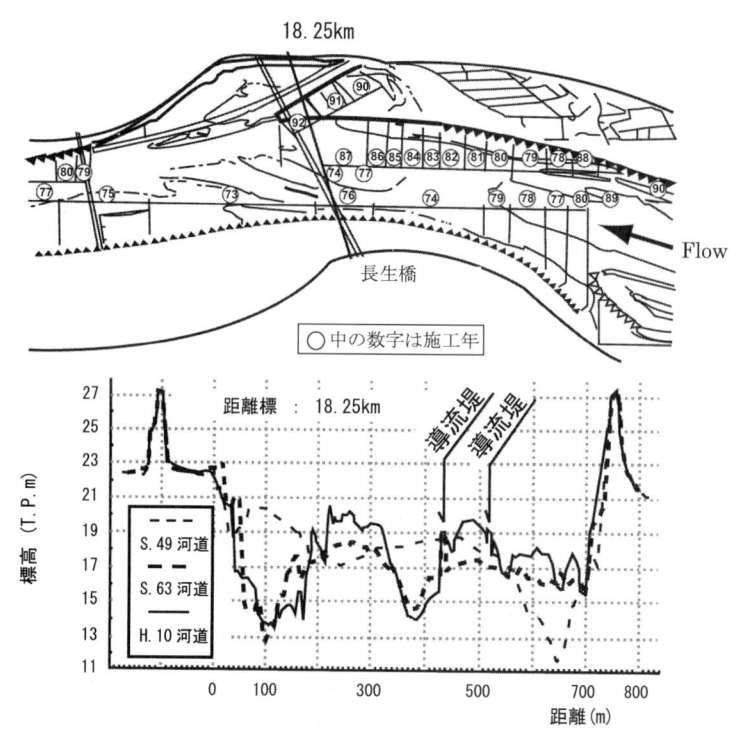

図-2.9 草生津地区導流堤設置の効果 [19]

● **蔵王地区** (右岸 15.0〜16.0 km)

昭和61年度から63年度にかけて導流堤を完了し，対岸に大きく発達していた固定砂州を掘削し，流路を切替えた．その結果，最深河床の位置は相変わらず堤脚付近にあるものの，河床高は2m以上上昇しており，深掘れが解消しつつある．大局的には，主流路は河道中央に移動しつつある (**図-2.10**)．

水梨，草生津，蔵王地区の着手後の導流堤背後の土砂堆積量の経年変化 (**図-2.11**) をみると，導流堤施工の進捗速度の差はあるものの，昭和50〜60年，平成7〜10年の土砂堆積の速度が大きい．これは，図-2.4に示した大きな規模の洪水流の発生と密接に関係していることがわかる．

(2) 数値計算による検討

平面二次元不定流計算による流れの解析から導流堤の効果を検証した．**図-2.12**〜**図-2.14** は対策工未着手の昭和49年河道と対策工既設の平成4年度河道の2ケースについて，戦後最大流量 8,300 (m^3/s) を流した場合の流量フラックス平面分布図を示す．流量フラックスとは流速と水深の積によって求められるもので，単位幅流量に相当する．

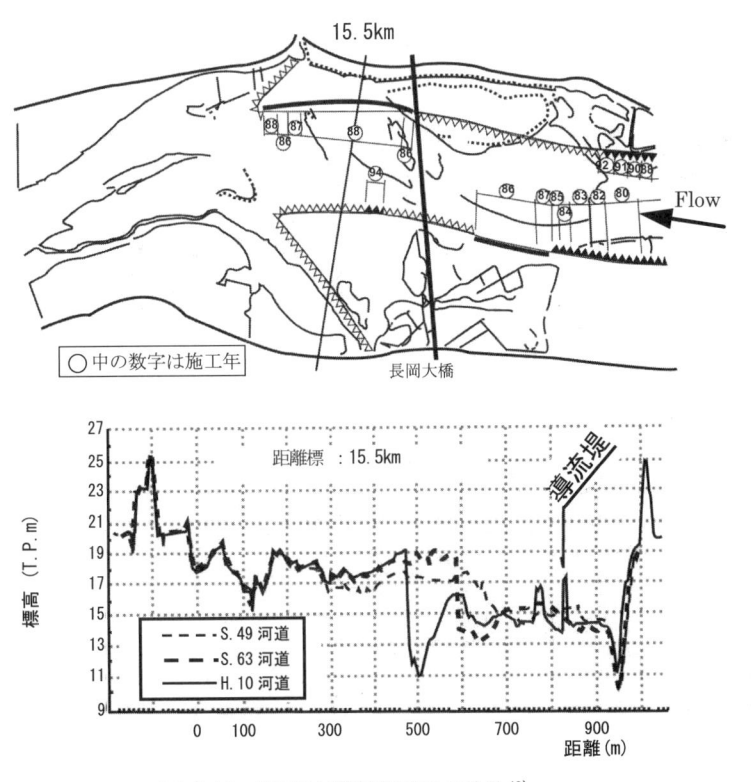

2.4 河道計画の実際と改修効果の検証　113

図-2.10 蔵王地区導流堤設置の効果[19]

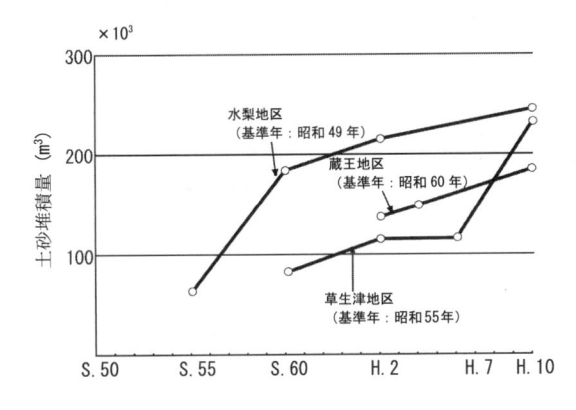

図-2.11 導流堤背後の土砂堆積量の経年変化[19]

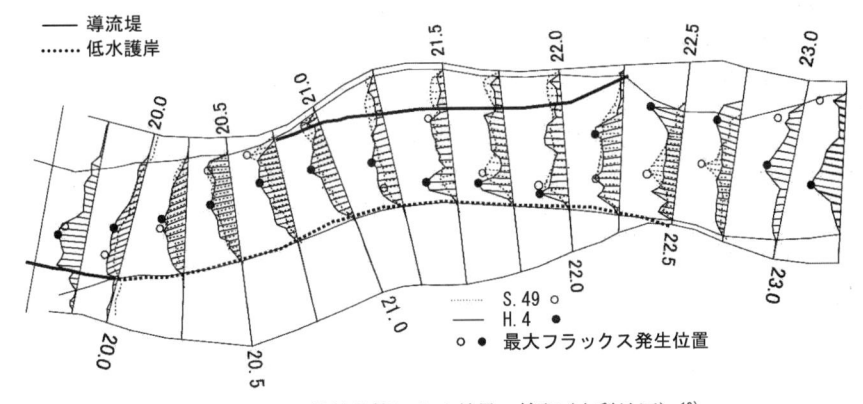

図-2.12 数値計算による効果の検証（水梨地区）[19]

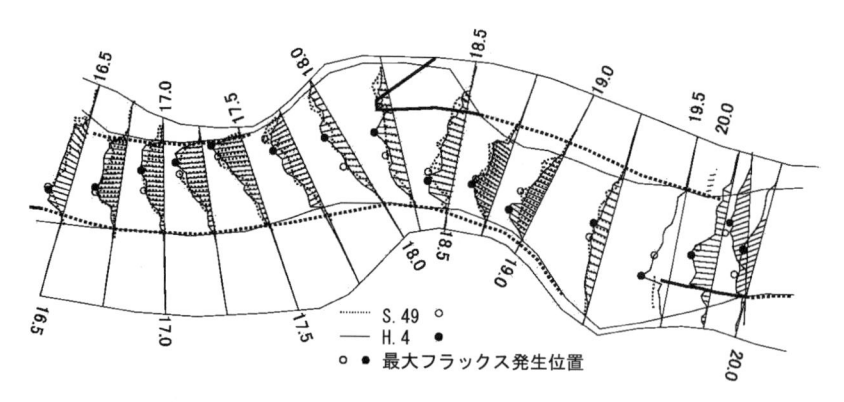

図-2.13 数値計算による効果の検証（草生津地区）[19]

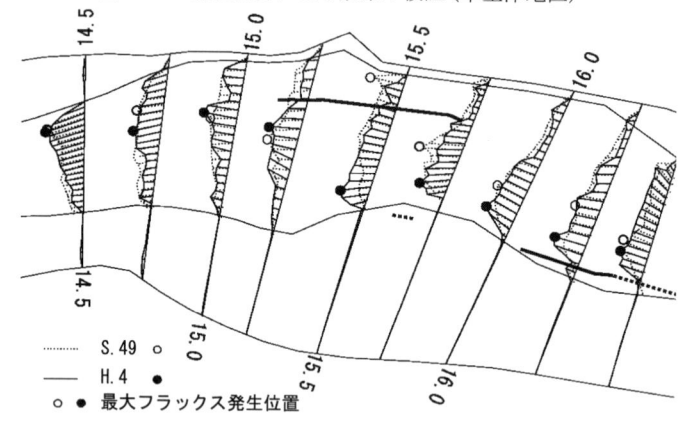

図-2.14 数値計算による効果の検証（蔵王地区）[19]

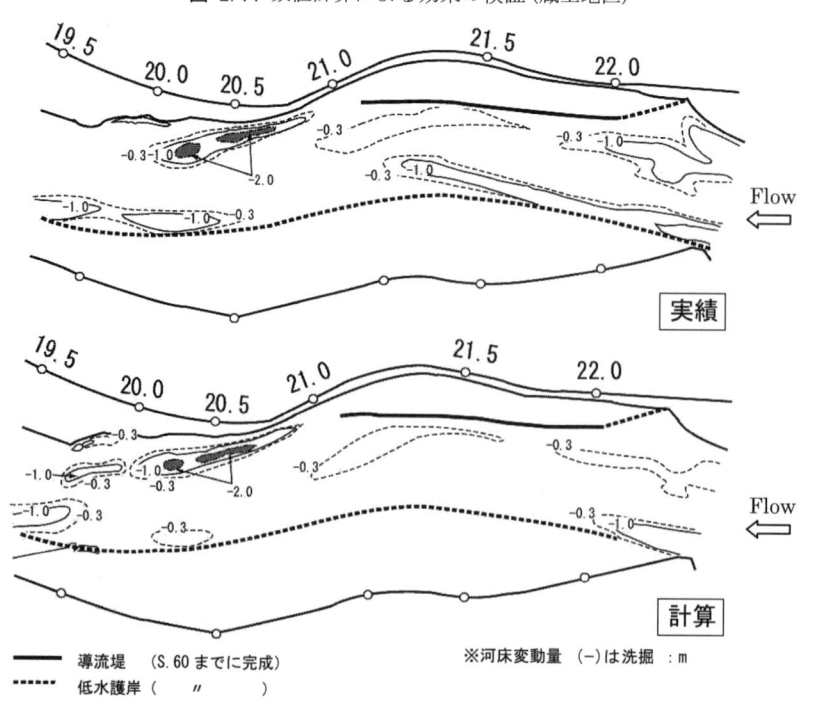

図-2.15 河床変動量の状況（水梨地区）[19]

水梨地区では堤防沿いの流量が約半分に減少し，堤防への水あたりが緩和されている．また，21.0 km 付近の流量フラックスの最大値の発生位置が堤防付近から河道の中央に移動している．草生津地区では堤防沿いの流量が 3〜5 割減少し，水衝部が緩和されている．蔵王地区では，堤防沿いの流量が約半分に減少し，低水路の流量が増加するとともに流れが直進している．

図-2.15 は，洪水が多発した昭和 55 年〜60 年の水梨地区の河床変動量の実績と河床変動計算による結果の比較を示す．両者の対応はよいことがわかる．実績の洗掘量が大きい箇所は図-2.12 の最大流量フラックス発生位置とおおむね対応している．

2.4.2 信濃川小千谷・越路地区河道計画 [14),18)]

(a) 河道特性と水理特性

信濃川小千谷・越路地区は，信濃川が山間部から平野部へ出る新潟平野の扇頂部にあたり，扇状地を形成している区間であり，大河津分派点から上流 25 km から 35 km にある．小千谷・越路地区の河床勾配は約 1/600，低水路幅は 300 m，同区間の河床材料は広い粒度分布をもつ混合粒径であり，平均粒径は 56 mm，$d_{84}/d_{16} = 7.8$ である．同区間の河道線形は **図-2.16** および **写真-2.2** に示すように左右に蛇行し，No.295〜305 区間は，左岸側へ蛇行した区間の下流側へ位置しているため，**図-2.17** に示すように No.300〜305 区間の右岸側の河床が深く洗掘されている．また，同区間の左岸側には大きな固定砂州が形成され，その下流の No.292.5 付近では，砂州の移動等によって右岸高水敷の一部と堤防の前面が洗掘され，護岸の基礎が洗い出されている状況にあった．平成 2 年にこの区間の No.300 地点 (大河津分派点から約 30 km 上流地点) に，妙見堰が建設された．妙見堰は，信濃川の河床の安定，信濃川右岸用水 (農業)，長岡市上水の取水位の確保，国道 17 号 (小千谷バイパス) の橋梁 (堰の下部工を兼用)，JR 東日本の信濃川水力発電所のピーク発電放流水の逆調整を目的として，河川，道路，JR 東日本の三者共同事業で建設された．妙見堰の敷高と堰下流の河床高の差は小さく，堰直下流の河床変動が小さい構造型式をとっている．

しかし，妙見堰建設にあたって，堰上流区間の河道線形が大きく蛇行しているために，洪水時に上流からの流れと土砂が No.317.5 付近の左岸側を流下し，さらに No.302.5〜305.0 付近の右岸側へ集中して流れるため，堰上流においては左右岸の河床変動が著しく，特に，

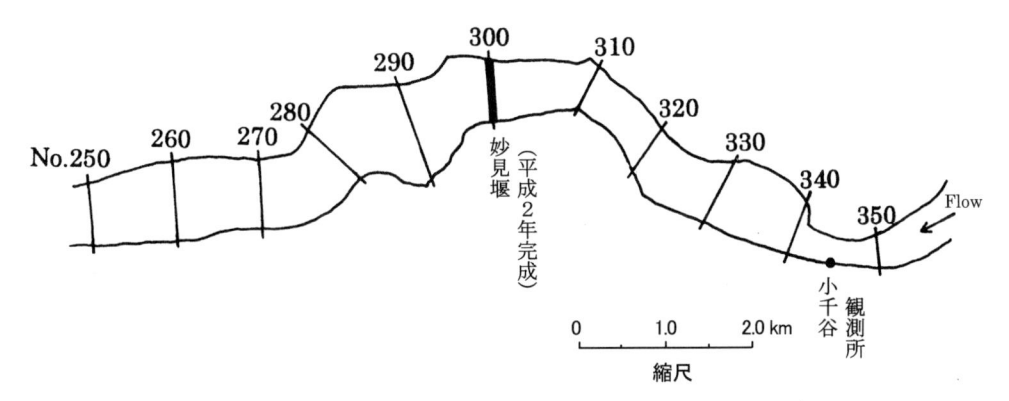

図-2.16 信濃川小千谷・越路地区の河道法線形（昭和 58 年当時）[14)]

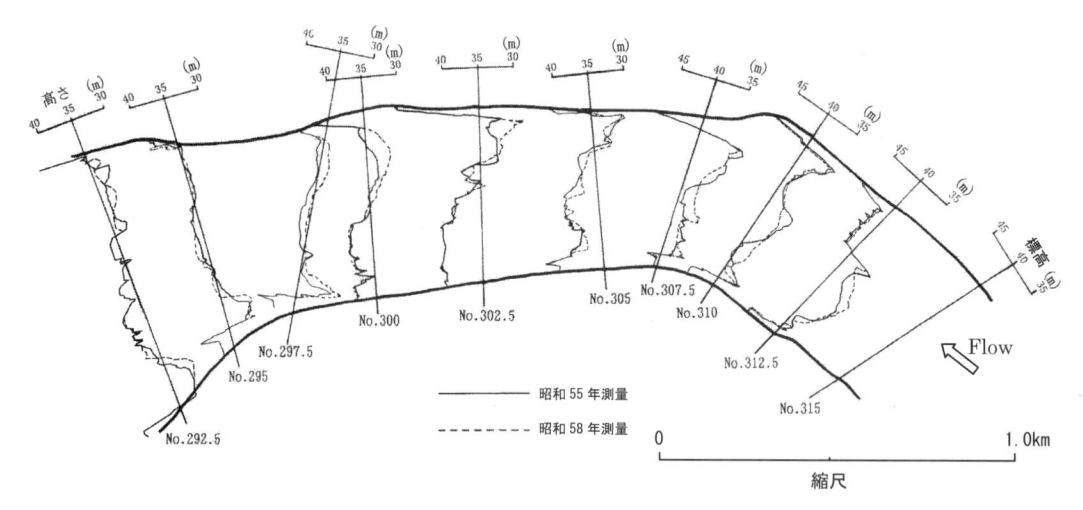

図-2.17 妙見堰施工前の低水路河床形状 [14]

写真-2.2 妙見堰上流河道の航空写真
(平成2年撮影)(国土交通省信濃川河川事務所 提供)

堰のゲート部への土砂堆積が生ずるなど堰操作に支障を与えることが懸念された．

(b) 河道計画の基本方針と水理模型実験

信濃川小千谷・越路地区の低水路河道の著しい蛇行による河床の局所洗掘深を軽減することと，妙見堰ゲート部での堆砂による堰操作に支障をもたらさないようにすることを目的とした河床変動対策工を検討することとなった．このために建設省土木研究所 (当時) では，昭和61年から63年まで水理模型実験によって対策工の検討を行った [18),20)]．

模型実験によれば，既往出水の最大流量規模に近い 8,000 (m^3/s) が実時間で 42 時間 (局所洗掘がほぼ安定状態となるまでに要する時間) 流下した場合には，**図-2.18** に示すように断面 No.305 付近の右岸側において，初期河床高 -4.0 m から $4.0 \sim 4.5$ m もの洗掘が生じ，これにより，左岸側の湾曲部内岸側には 3 m を超える堆積が生じる．このため，洪水時の河床変動を軽減し，特に堰が設置される区間の左岸側の土砂堆積を小さくし，堰の操作に支障が生じないようにするため，模型実験により妙見堰上流に対策工を検討することとなった．

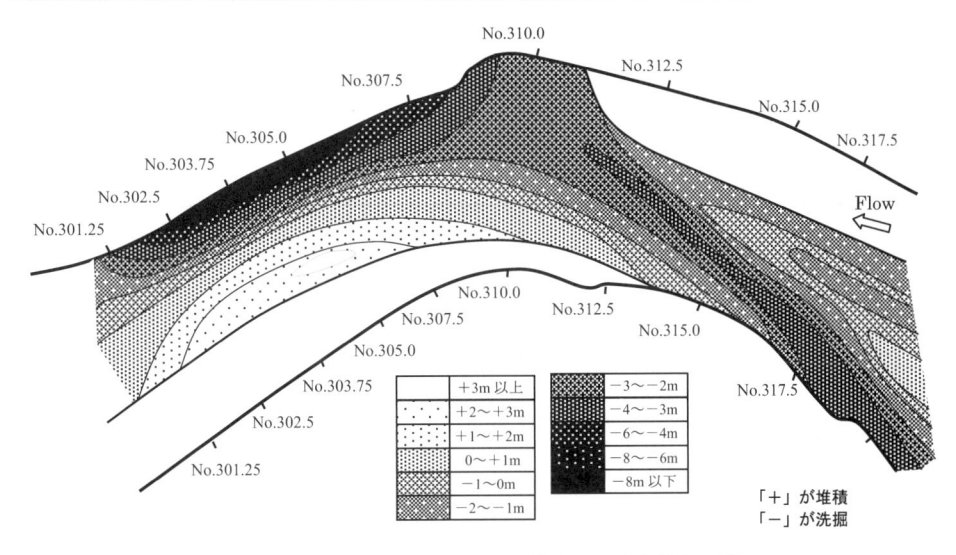

図-2.18 河床変動対策前の河床変動状況[14]
(模型実験結果,流量 8,000m³/s, 42 時間通水後)

(c) 水理模型実験による河床変動対策工の効果検討と準三次元モデルによる現象再現

(1) 対策工の効果検討と準三次元モデルによる模型実験結果の再現

妙見堰上流で発生する河床変動の軽減策として，湾曲部上流内岸側の水制工群と湾曲部下流外岸側の帯工群の組合せを提案し，それらの設置位置について検討を行った．水制群と帯工群を河床変動対策工として採用した理由は，以下の通りである．図-2.16 の平面形が示すように断面 No.310 付近を中心とする大きな湾曲により，No.307〜315 で流れは右岸側に集中し大きな洗掘を受けている．集中した流れは，その下流 No.302〜307 の右岸に再び集中し，洗掘を起こすとともに対岸に著しい堆積をもたらす．妙見堰の管理にとって No.302〜307 付近の左岸での堆積をできるだけ小さくすることが喫緊の課題であり，このため対岸 No.301〜307 の洗掘を小さくすることが求められる．このためには，No.315〜317 付近に水制群を配置し，左岸寄りに集中していた流れを中央寄りに拡げ，断面 No.301〜307 への流れの集中を弱めることが必要であった．幸いにも，No.304.5 付近に既設の帯工的な構造物があり，これを帯工として活用することが考慮された．河道の河床材料が大きな混合粒径比 ($d_{84}/d_{16} = 7.8$) をもつことから，水制群・帯工群による流速分布形 (掃流力分布) の制御が，土砂の平面的な移動を容易に制御し，侵食・堆積を小さくする効果がある．このような河道線形，河床材料特性および構造物の機能を適切に利用して No.307〜302 断面の洗掘・堆積を小さくすることを狙いとして実験を行った．河床変動対策工の検討ケースを**表-2.1** に実験条件を**表-2.2** に示す．模型の縮尺は，1/70 の移動床模型であり，初期河道は，計画河道形状に整形し通水している．実験は表-2.2 に示す 2 つの流量ケースについて行った．第一は，現地河道の低水路満杯流量に相当する $Q = 4,000$ (m³/s) である．本河道区間のような複断面蛇行河道では，低水路満杯水位程度の流量が最も大きな河床変動を引き起こすことから[4]，この流量が検討対象に用いられた．第二は既往最大流量 $Q = 8,000$ (m³/s) である．このような大流量のときに，河道にどのようなことが起るのかを十分理解して河道計画を策定する必要があるからである．

図-2.19 は，No.315〜317.5 区間の左岸側に 6 基の水制工と堰上流の右岸側に 3 基の帯工

を設置したケース4の実験結果を示す．湾曲部上流内岸側に水制工を設置すると，水制工前面では河床が洗掘されるが，水制工の下流側に土砂を堆積させる効果があり，堰上流の右岸側に設置した帯工は，右岸側の洗掘深を軽減させる効果があることがわかる．

表-2.1 河床変動対策工の検討ケース[14]

	湾曲部上流左岸側の対策	堰上流右岸側の対策
ケース1	水制工 5基設置 (No.317.50〜320.00)	帯工 3基
ケース2	水制工 5基設置 (No.311.25〜315.00)	帯工 3基
ケース3	水制工 6基設置 (No.315.00〜317.50)	―
ケース4	水制工 6基設置 (No.315.00〜317.50)	帯工 3基

表-2.2 信濃川模型実験の条件[14]

対象範囲	No.267.5〜No.330	
初期河床	計画河床高まで掘削した断面	
流量	4,000m³/s	8,000m³/s
通水時間*	167時間	42時間
低水路幅	300m	
水路延長	3,250m	
河床勾配	1/600	
河床材料	平均粒径 55.8mm $d_{84}/d_{16}=7.8$	

*：河床がほぼ平衡状態になるまでに要する時間

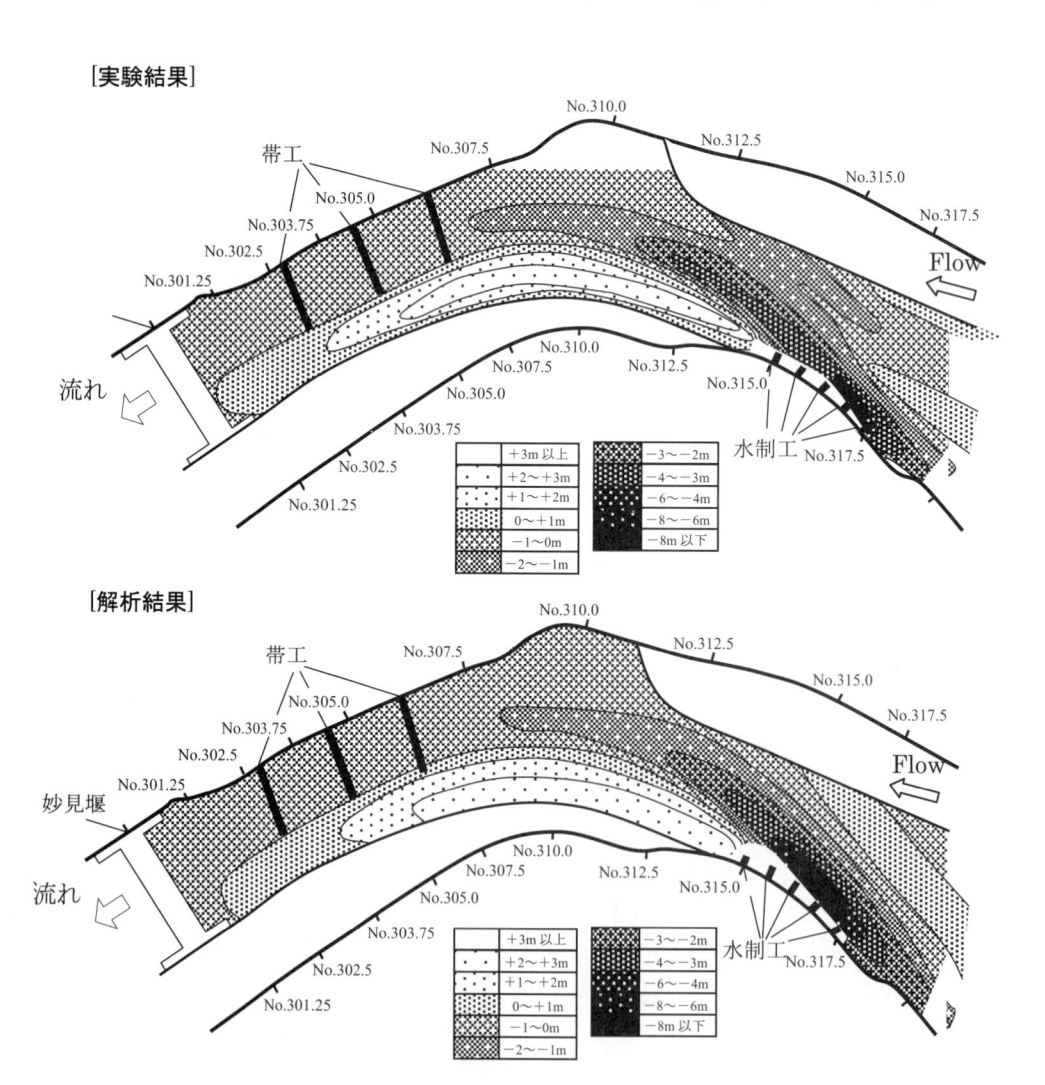

図-2.19 水制工と帯工による対策後の河床変動コンター[14]
（流量 8,000m³/s，42時間通水後）

福岡ら[21]は，**3.1.7** で述べている流れと河床変動の準三次元シミュレーションモデルを，この模型実験結果に適用し，水制工と帯工の組合せによる河床変動対策工の効果について検討を行った．図-2.19 には，河床変動対策後の計算結果も示している．流れの計算では，帯工は水制工と同様に，帯工の長さ，高さ，幅の諸元と抗力・揚力係数を与える．そのときの抗力および揚力係数は川口らの水理実験結果[22]を参考に，$C_D = 4.0, C_L = 0.1$ を用いている．洪水時には妙見堰のゲートが全開されることから，堰の敷高が堰上流の河床高とほぼ同じであれば堰の敷高を河床高と見なして計算を行い，堰前面の河床高が堰の敷高よりも低い部分がある場合には，水制工や帯工と同様に，堰前面の河床高差が流れに与える影響を外力として取り入れ計算を行う．外力の評価方法については，**付録 2** を参照されたい．

河床高は，水制工，帯工および堰等の構造物設置地点における上流からの流砂量と計算地点の流速計算結果に基づき算定した掃流力と流砂量の関係から，構造物の上面に土砂は堆積するが，洗掘しないものとして計算を行っている．計算結果は，水制工と帯工による対策工が河床変動の抑制効果をおおむね再現できることを示している．

図-2.20 は，湾曲部上流内岸側にある水制工の設置位置・設置範囲を変えた場合の堰上流河床 (No.301.25 地点) の洗掘・堆積状況を示す．流量条件は既往出水の最大流量規模に近い 8,000 (m^3/s) が 42 時間流下した場合に相当する流量である．図-2.20(b) を見ると，湾曲部上流内岸側に水制工を設置しても帯工なしの場合 (ケース3) では，堰上流右岸側の河床洗掘は大きく，この洗掘軽減のためには帯工の設置は必要不可欠であることを示している．また，湾曲部上流内岸側の水制工の設置範囲を変えると，堰上流左岸側の堆積量は変化する．この堆積量や洗掘量を最も少なくする水制工設置範囲は，ケース4のように上流からの流れが左岸側に最も接近する No.315〜317.5 の左岸側である．

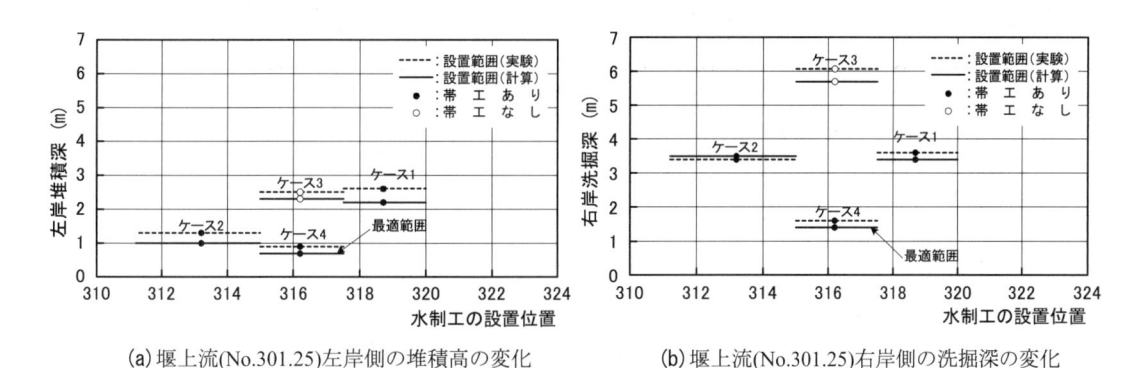

(a) 堰上流(No.301.25)左岸側の堆積高の変化　　(b) 堰上流(No.301.25)右岸側の洗掘深の変化

図-2.20 水制の設置位置範囲と堰上流（No.301.25）での河床変動の関係[14]

図-2.20 には，準三次元シミュレーションモデルによる計算結果と実験結果の比較も合わせて示す．水制工と帯工設置後の計算結果は模型実験による河床変動対策工の堰上流最大洗掘深や堆積量とは若干の差が見られるが，計算は水制工の設置範囲を変化させた場合の河床変動に与える影響を再現している．

(2) 水制・帯工および床止め工による堰下流の河床変動の制御

図-2.21 は，小千谷・越路地区の最適な河床変動対策工として，ケース4で求めた場合の堰上流・下流の水深平均流速の横断方向分布，**図-2.22** はそのときの堰下流の No.292.5 と 295 地点の横断河床形状を示す．図-2.22 には比較のため河床変動対策工を実施しなかっ

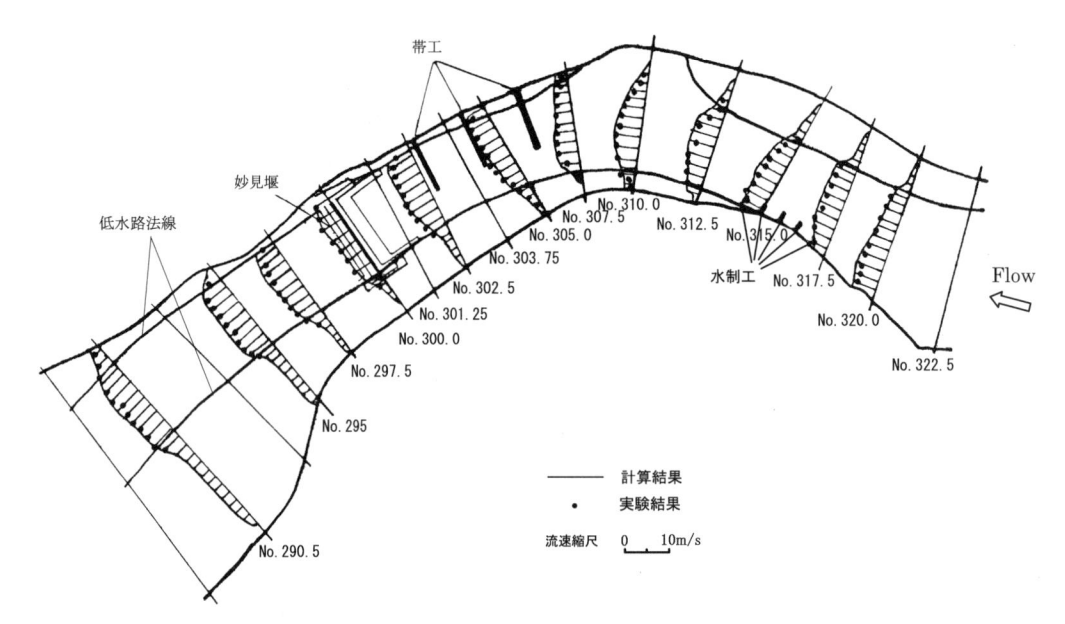

図-2.21 対策後の妙見堰上・下流の水深平均流速横断分布の実験と計算の比較[14]
（ケース 4，流量 8,000m³/s）

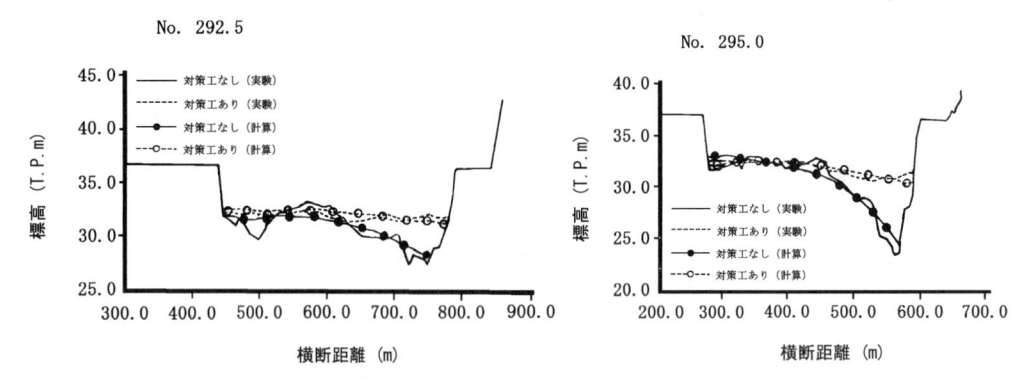

図-2.22 堰下流断面の横断河床形状の比較[14]
（流量 8,000m³/s，42 時間通水後）

た場合の結果も示している．図-2.21 の流速分布を見ると，堰上流の湾曲部の影響によって No.320 地点では左岸側の流速が速くなっている．しかし，設置された水制工によって，流速が減じられ，その下流から，徐々に右岸側の流速が増加し，No.305 地点では，左岸側よりも右岸側の流速が若干大きくなっている．しかし，堰上流の河床変動対策工による整流効果によって，堰下流の低水路においては，横断方向にほぼ一様な流速分布になっている．また，図-2.22 の堰下流地点の横断河床形状を見ると，No.300 地点に妙見堰を施工したものの，水制工や帯工による対策工なしでは，堰下流右岸側の洗掘深を減ずることは困難であるが，堰上流の水制工と帯工の組合せによる対策工によって堰上流の河床変動を抑制すれば，それが整流効果となり，堰下流の二次流の発達と河床変動を小さくする効果が大きくなり，河床洗掘が小さくなることがわかる．図-2.21，図-2.22 に示されている準三次元モデルによる計算結果は，このような堰付近の流速分布や堰下流の河床変動についてもおおむね再現できている．

(d) 対策後の堰上流・下流の現地河床変動 [14),18)]

(1) 対策工の施工と洪水の発生状況

妙見堰上流の河床変動対策工について，ケース4の模型実験結果を踏まえて，**図-2.23**および**写真-2.3**に示す6基の水制工と3基の帯工が堰の建設に併せて施工され，平成2年4月に完成した．現地では，実験を行った条件である計画河床高までの掘削は行わず，平成2年の河床形状で施工されている．現地施工の効果を見るためと，模型実験結果と比較するために，平成3年，平成10年に対策工施工区間で詳細な河床縦・横断測量が行われている．

平成2年4月に妙見堰の操作を開始して以来，平成10年までに約9年が経過している．**表-2.3**は9年間での洪水発生状況を示したもので，妙見堰から約4.5 km上流の小千谷地点では警戒水位を超えた出水の回数と時間はそれぞれ9回と88時間である．小千谷地点の警戒水位相当の流量は約3,000 (m^3/s)であるため，3,000 (m^3/s)以上の流量が流下した時間は88時間発生したことになる．特に平成10年は3,000 (m^3/s)以上の流量が流下した時間は39時間であり，9年間で最も多い年である．

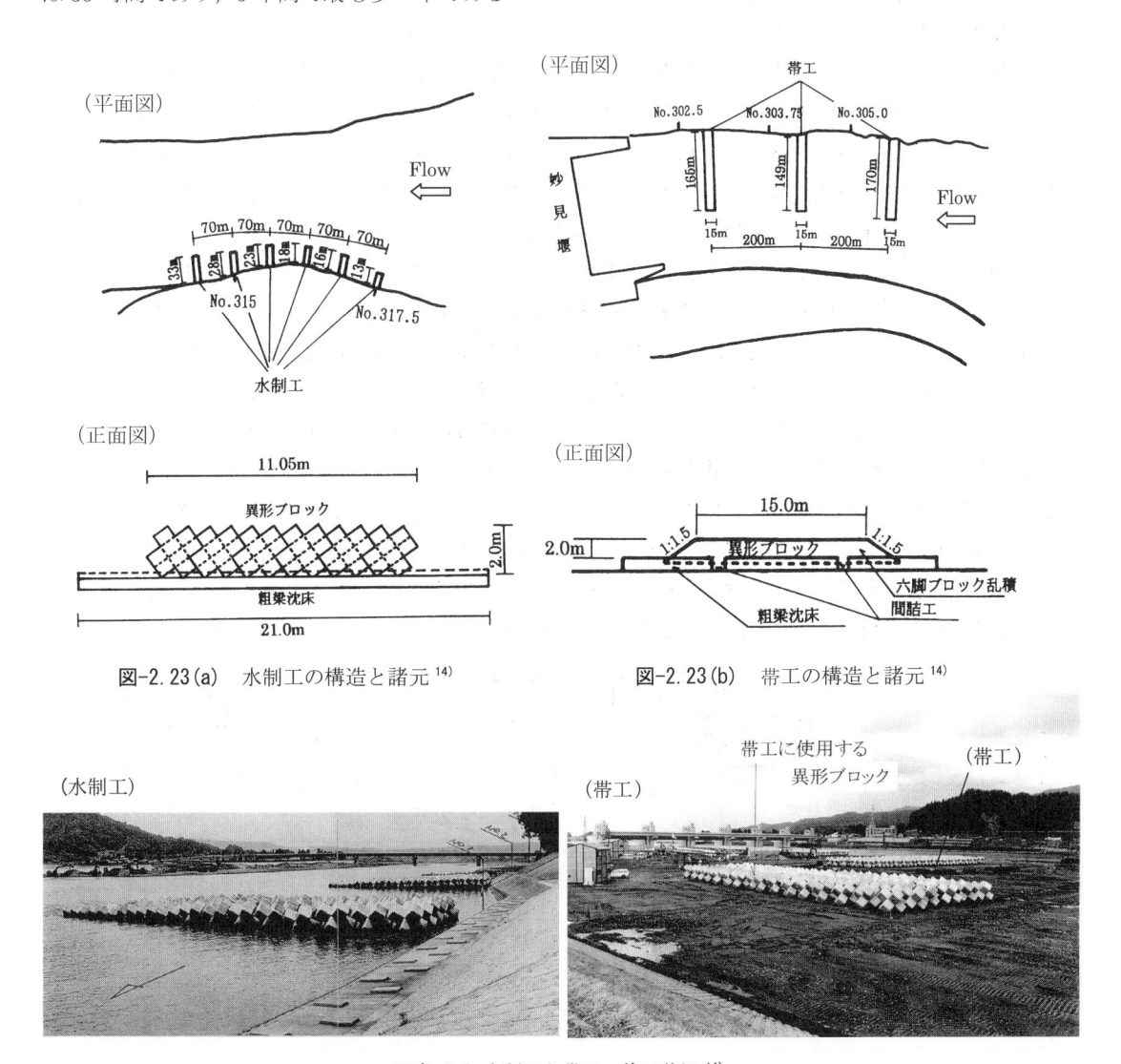

図-2.23(a) 水制工の構造と諸元 [14)]

図-2.23(b) 帯工の構造と諸元 [14)]

写真-2.3 水制工と帯工の施工状況 [14)]

表-2.3 小千谷地点の出水状況[14]

	警戒水位超過回数	警戒水位超過時間
平成2年	1	12時間
平成3年	3	8時間
平成4年	—	—
平成5年	1	6時間
平成6年	—	—
平成7年	2	23時間
平成8年	—	—
平成9年	—	—
平成10年	2	39時間
計	9	88時間

(2) 現地河床変動と水理模型実験結果の比較

図-2.24 は No.267.5〜325 間の平成3年と平成10年の低水路内平均河床高と最深河床高の実測結果を模型実験の結果と比較したものであり，図-2.25 は平成10年に妙見堰下流の No.292.5〜No.320 区間で観測された河床変動状況を示す．なお，平成2年から平成10年までの小千谷地点の最大流量は約 6,000 (m^3/s) であり，同期間では先に述べたように警戒水位相当流量 $(3,000 m^3/s)$ が 88 時間流下している．模型実験結果には，この現地流量条件に近い流量 4,000 (m^3/s) が 167 時間流下した場合について得られた結果を用いる．実験条件は表-2.2 に示す．図-2.24 の実測と模型実験の平均河床高の縦断変化を見ると，ほぼ同じ傾向を示しているが，帯工の上流側では模型実験結果の方が低く，下流側では模型実験結果の方が高くなっている．この理由は，現地では，上流側帯工の天端高さが模型実験で用いた天端高さより高く施工されたため，その上流側で土砂が堆積し，下流側へ流下しなかったことにより帯工下流で洗掘が生じたものである．また，水制設置位置付近での最深河床高を見ると，模型実験結果と実測結果は最深河床高の発生位置が異なる．これは，施工時の河床高と境界条件が模型と現地で異なったことによる．すなわち，模型実験は上流端を No.330 とし，計画河床高まで掘削した平坦河床を初期河床条件としている．一方，現地では平成2年の河床高を初期河床形状として対策工が施工されたため，写真-2.2 に示すように No.330 付近の左岸側と No.325 付近の河道中央部に大きな砂州が形成されている．これらの砂州の影

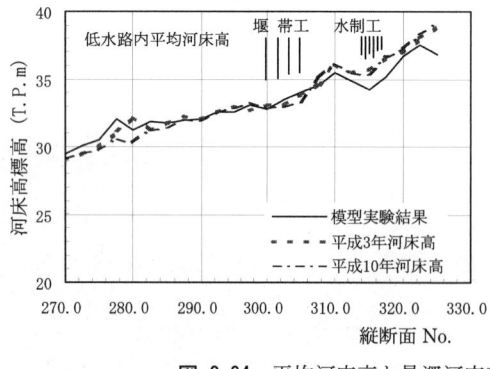

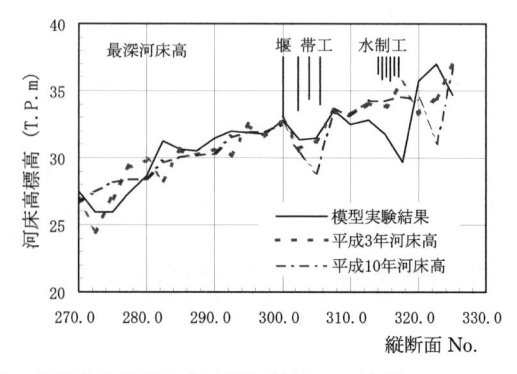

図-2.24 平均河床高と最深河床高の模型実験結果と現地観測結果の比較 [14]

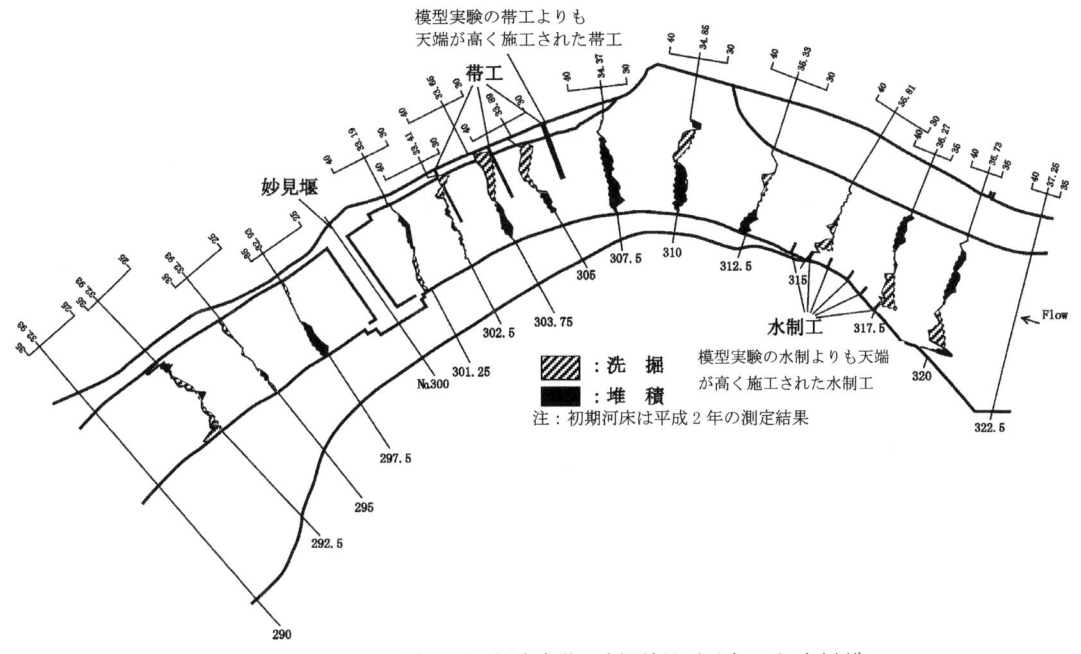

図-2.25 河床変動の実測結果（平成10年時点）[14]

響によって，上流からの流れが右岸側へ偏し，その下流部で反対側のNo.320〜325付近の左岸側が水衝部となっている．このため，最深河床高の発生位置が異なっている．

堰下流のNo.285〜No.300区間の低水路平均河床高と最深河床高を見ると，模型実験結果と平成10年の河床高はほぼ一致している．No.292.5地点は平成3年時点の最深河床高が平成10年には上昇するなど，妙見堰とその上流水制工・帯工の組合せによる河床変動対策工が効果をあげている．

図-2.26は，図-2.23に示す構造の水制工と帯工を設置した水路に低水路満杯流量相当の流量4,000 m^3/s を167時間流下させた場合の模型実験結果を示す．実験結果を見ると湾曲部上流内岸側に設置した水制工は，流れを河道中央に撥ねるとともに，水制工の直下流に土砂を堆積させている．その結果，内岸側の低水路法線形状が滑らかな線形になり，下流への流れがかなり一様化している．この一様化した流れが湾曲部外岸側に設置した3基の帯工に向かい，これらが外岸側の洗掘を減じ，結果的に内岸側の堆積を軽減させている．

図-2.25に示した平成10年の妙見堰上流河道の現地河床変動状況と図-2.26に示す模型実験結果を比較すると，平成10年の横断河床形状の測量結果と模型実験結果は，前述のように初期河床形状が異なっているにもかかわらず，洗掘堆積傾向はほぼ一致している．特にNo.315〜317.5区間の左岸側に設置した水制前面の洗掘状況や帯工設置区間であるNo.302.5〜305区間の河床変動状況はよく一致しており，施工した水制工と帯工が河川において期待通りの効果を発揮している．

堰下流の河床変動を見ると，模型実験では計画河床高まで掘削した平坦河床を初期河床条件としているのに対し，現地では平成2年河床を初期条件としているため，河床変動量に若干差が見られるが，堰下流の堆積・洗掘傾向も，模型実験と現地河川でほぼ一致している．

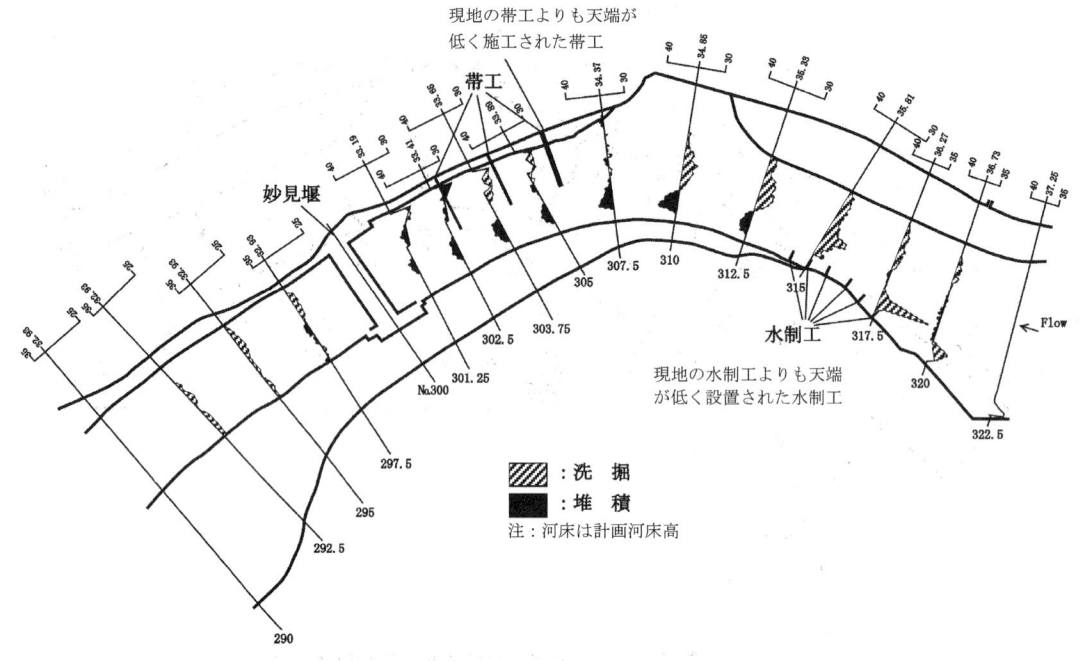

図-2.26 対策後の河床変動状況 [14]
(模型実験結果，流量 4,000m³/s 167 時間通水後)

(3) 準三次元シミュレーションモデルによる現地河床変動の再現

準三次元シミュレーションモデルを用いて，妙見堰完成後の平成2年から平成10年までに発生した警戒水位以上の洪水時のハイドログラフ流量が流下した場合の妙見堰上流・下流の河床変動の再現性をみることにする．

図-2.27 は，平成2年から平成10年までの河床変動量の計算結果を示す．計算条件は**表-2.4**に示す通りである．水制工や帯工による外力を表すための抗力および揚力係数は模型実験の計算と同様に $C_D = 4.0, C_L = 0.1$ を用いている．なお，計算に用いた初期河床高は平成2年の測量結果を使用している．

表-2.4 シミュレーション計算の条件 [14]

流 量	平成2年から平成10年までの警戒水位以上の洪水の時刻流量を連続して用いる．
低 水 路 幅	300m
河 道 延 長	No.267.5～No.335.0
河 床 勾 配	1/600
初期河床形状	平成2年 測量結果
河 床 材 料	平均粒径 55.8mm $d_{84}/d_{16}=7.8$
下 流 端 水 位	No.267.5地点の水位～流量関係式

図-2.27 に示した河床変動計算結果のうち，堰上流の河床変動量を見ると，湾曲部上流内岸側に設置した水制工は，図-2.21 の流速分布に示したように No315.0～317.5 区間の左岸側の流速を低減させるとともに，水制工の下流に土砂を堆積させている．この機能によっ

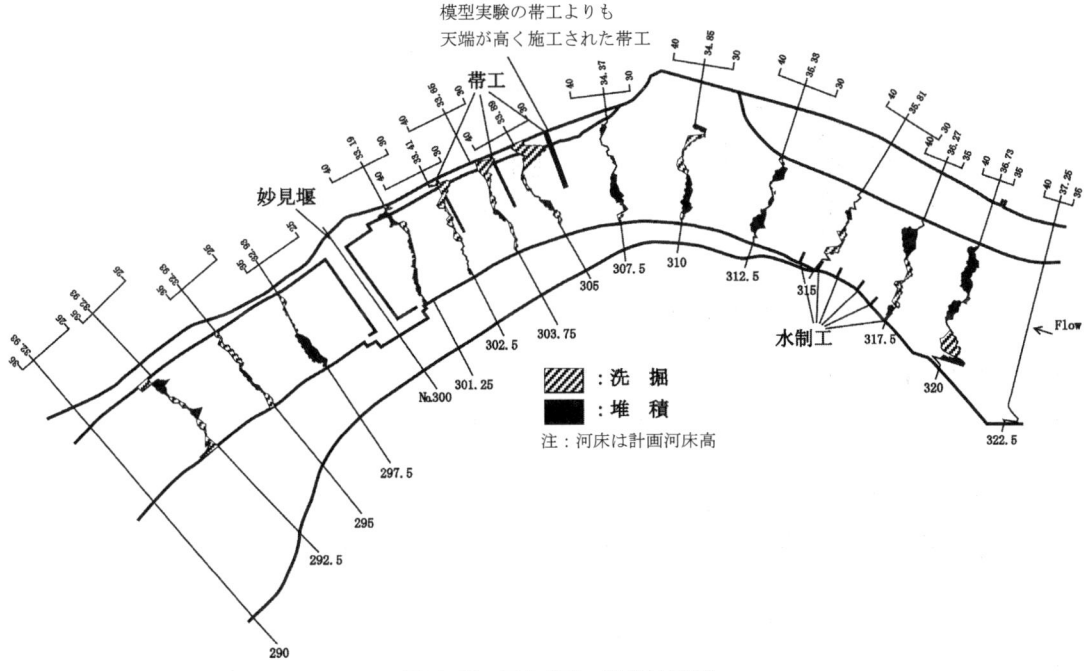

図-2.27 河床変動の計算結果 [14]
(平成 2 年～平成 10 年までの洪水流下後)

て，内岸側の低水路の法線形を滑らかにし，結果として，下流への流れをかなりの程度一様化させている．この一様化した流れが湾曲部外岸側に設置した帯工に向かい，堰上流部外岸側の洗掘防止，内岸側の堆積を軽減させている．図-2.25 に示した平成 10 年の現地観測結果と比較すると，断面 No.315～317.5 の左岸に設置した水制前面での洗掘状況および直下流での堆積状況，堰下流での河床変動状況をおおむね再現できており，用いた準三次元河床変動計算モデルは実河川における水制工と帯工設置後の河床変動にも適用可能であることを示している．

また，堰下流の河床変動状況との対応を見ると，左岸側の初期河床高 (平成 2 年の河床高) が低いため左岸側に堆積が生じているが，図-2.21 に示したように堰上流の河床変動対策工と堰によって上流からの流れが整流されたため，堰下流で局所的な洗掘はほとんど発生していないことがわかる．使用した流れと河床変動計算モデルは，このような床止め効果をもつ堰による堰下流の流れと河床変動についても再現できている．

2.4.3 利根川下流部の低水路河道計画 [23,24]

(a) 低水路改修事業の評価－利根川下流部六大深掘れ箇所の改善効果

利根川下流部では，洪水を安全に流下させることを目的に河道改修が進められてきた．昭和 22 年以降の洪水履歴と計画流量の変遷を**図-2.28**に示す．昭和 22 年のカスリーン台風による大洪水を契機として，昭和 24 年に計画流量が 5,500 (m^3/s) に改訂された．それ以降，洪水資料が収集され，度重なる大洪水の発生を受けて，計画流量を再検討する機運が高まってきたこと，および流域の莫大な人口・資産の蓄積により治水安全度が低下してきたこ

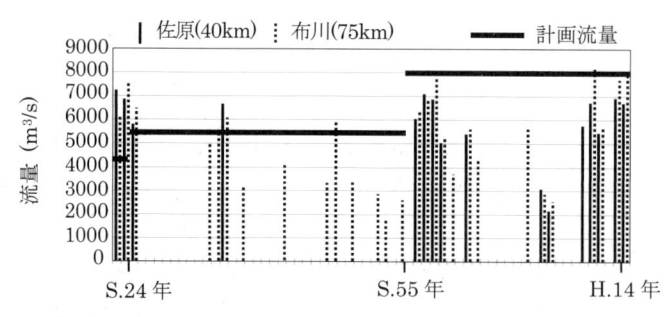

図-2.28 利根川下流の洪水履歴と計画流量の変遷 [23]

とのため,昭和 55 年に計画流量が 8,000 (m^3/s) に改訂されている [24].

利根川下流部の流下能力は,いまなお十分ではなく,今後も治水の安全度を向上していかなければならない状況にある.人々は,治水事業の重要性を認識しているものの,洪水被害が減じてきた今日では,治水よりもむしろ日常的な河川の環境の改善に関心が高くなっている.ときには,環境改善が優先し,治水事業が停滞するという問題も発生している.

一般に,河川の環境や生態系の保全については,現在の河川の姿を見て,その是非を論ずることが多い.しかし,現在の河川が,どのようにしてでき上がってきたのか,特に,治水上の課題をどのように克服しながら今日の河川があるのかについて十分理解し,河川のあるべき姿を考える視点が重要であると考える.

そのためには,水工学,河川工学の専門家・技術者は,個々の河川の改修を経年的に調べ,行われてきた治水事業を水理的側面から検討,評価し,これをわかりやすい形で説明することが求められる.しかし,治水についても,これまで行われてきた事業を評価して,次の河川事業を考えるというよりも,現在の河川の姿を見て起こっている問題を解決するため次の事業を実施することが多い.しかし,このような方法では,治水上からも,環境上からも狭い視点での問題解決策,事業展開になりがちであり,ときには,解釈を誤り,新たな治水問題を引き起こすこともあり得る.

本節では,このような問題背景・認識のもとに,河川改修事業のあり方と改修のあるべき姿を求めて,利根川下流部で行われてきた低水路の改修事業を評価している.このため,流下能力拡大のための低水路改修によって,利根川下流部の六大深掘れ部が,どのように改善されてきたかを経年的に調べ,これまで行われてきた河道改修を評価し,この評価に基づき,治水と環境の調和した河川事業のあるべき方向を判断する.

(b) 利根川下流部の六大深掘れ

(1) 佐原,津宮の深掘れ発生の原因

利根川下流部 32~48 km 区間で生じている大きな深掘れが 6 箇所存在し,堤防の安全性を低下させるため,洗掘原因の解明と抜本的な対策が求められている.**図-2.29**,**図-2.30** は,それぞれ現況の低水路法線とみお筋,最深河床高縦断図を示している.六大深掘れ箇所は平面図に示す位置,上流から高谷,石納,佐原,向洲,津宮,草林の各地先に位置する.高谷,石納,草林の深掘れは湾曲部の外岸に位置しており,向洲は湾曲部内岸寄りの水衝部に位置していることから,洗掘原因がそれぞれ遠心力による二次流と水衝部であるとおおむね推定できる.一方,佐原の深掘れは,40.0~42.0 km の直線的な区間に存在するにもかか

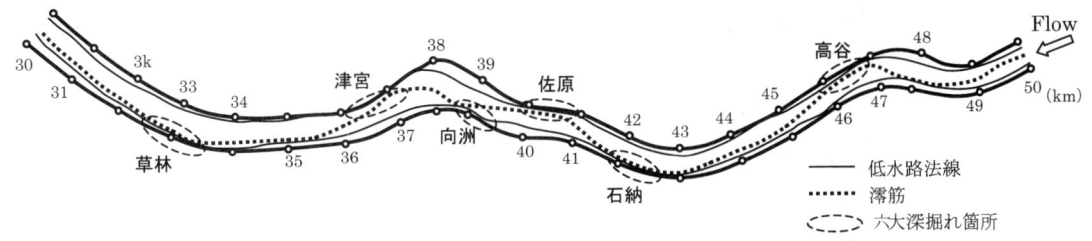

図-2.29 現況低水路法線形と澪筋(H.13年)[23]

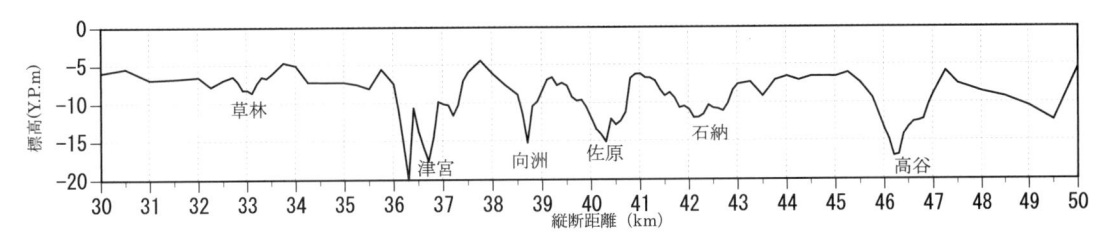

図-2.30 最深河床高の縦断図 (H.13年)[23]

表-2.5 改修工事一覧[23]

区間		内容	実施時期
A	37.0〜39.0km 左岸	引堤	S.35〜S.37年
a	47.0〜50.0km 左岸	低水路拡幅	S.55〜S.61年 H.01〜H.03年
b	45.0〜46.5km 右岸	低水路拡幅	S.36〜S.40年 H.01〜H.03年
c	43.5〜45.0km 左岸	低水路拡幅	S.36〜S.40年 H.01〜H.03年
d	41.5〜43.0km 右岸	低水路拡幅	H.01〜H.07年
e	40.0〜40.5km 左岸	低水路拡幅	S.51〜S.55年
f	34.5〜39.0km 左岸	低水路拡幅	S.40〜S.45年
g	32.0〜34.5km 右岸	低水路拡幅	S.36〜S.47年

わらず，40.5 km 付近右岸際に最深で 15 m もの深掘れが生じている．また，津宮の深掘れは，湾曲部外岸側に位置するにもかかわらず，低水路中央付近で約 20 m の最大深掘れが生じている．ここでは，最初に，佐原と津宮の深掘れの原因について検討する．

写真-2.5(b) は現在の佐原付近の河道平面形である．40.0〜42.0 km の区間はほぼ直線的な低水路線形を有しており，図-2.37(c) に示す 40.5 km の低水路右岸際にみられる大きな深掘れの原因は，平面形からでは明らかでない．写真-2.5(a) は昭和 22 年の河道の状況であるが，低水路は 41.0 km 付近において屈曲した線形であり，河岸際への流れの集中と，主流線 (みお筋) の曲がりのために遠心力に起因する二次流が生じ，大きな深掘れとなったと考えられる．

佐原では，流下能力を増強するため，低水路拡幅が行われてきた結果，当該箇所では低水路線形が直線状に是正されている．しかし，**図-2.31**(a),(b) より，主流線は S36 年から H13 年までほとんど変化しておらず，これが現在もなお同一箇所に大きな深掘れが存続している理由である．

図-2.32 は津宮の深掘れが存在する 36.3 km の横断河床形状の経年変化を示してしてい

(a) S.22年の河道

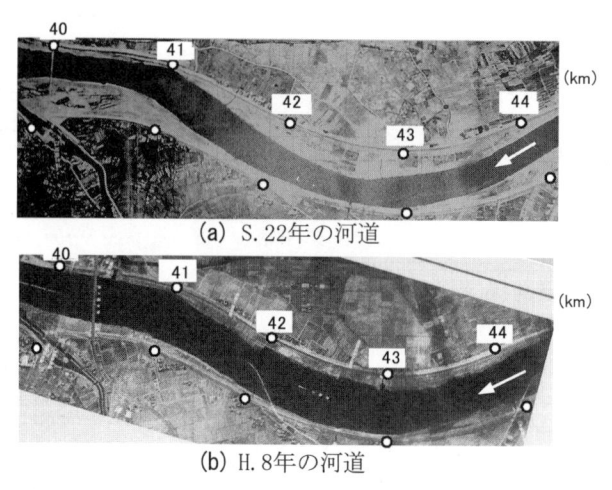

(b) H.8年の河道

写真-2.5 佐原付近の河道の変遷[23]

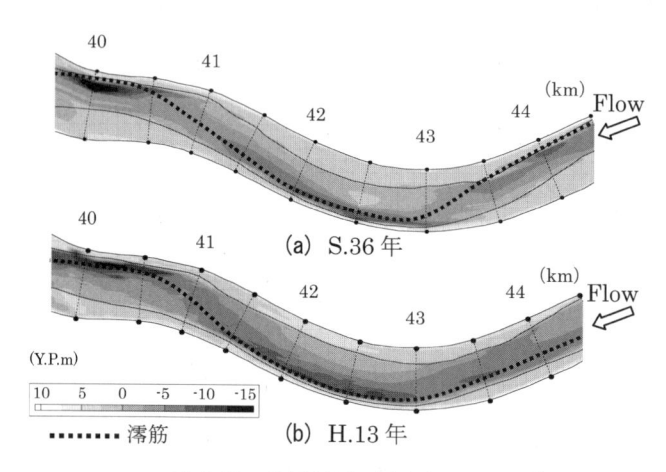

(a) S.36年

(b) H.13年

・・・・・・ 澪筋

図-2.31 佐原付近の河床高コンター[23]

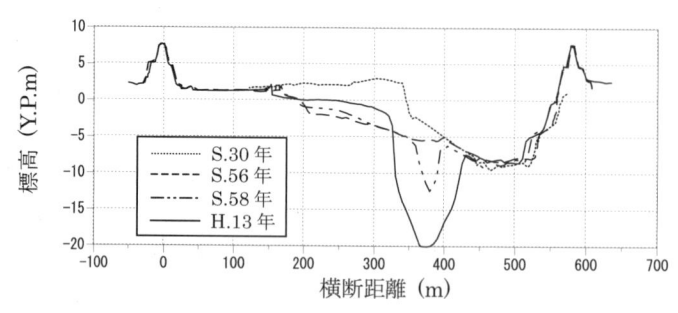

図-2.32 横断河床形状の経年変化（津宮 36.3km）

る．当該箇所は湾曲部外岸側に位置するにもかかわらず，低水路中央付近に異常な深掘れが生じ，最深河床高は Y.P.−20 m にも達している．

　図-2.33 は 36.0〜37.0 km において平成 4 年に実施された，3ヶ所のボーリング調査と 16ヶ所における河床表層から深さ 1 m 程度のコアサンプリング調査の結果から推定された地質の平面分布であり，**図-2.34** は平面図に示した A–A' 断面における分布を示している．

図-2.34 より，侵食されにくいと考えられる地質 Asc および Ac と耐侵食性の低い As の境界は Y.P.−5〜−10 m に存在する．図-2.32 に示すように，S30 年から S56 年の間に実施された掘削により，河床高は，Y.P.−5〜−8 m となっている．S56 年には河床表面は侵食されにくい地質が河床を覆っていたと推定される．S56〜S58 年に生起した度重なる大洪水により，低水路中央付近の侵食されにくい層が洗掘され，S58 年には耐侵食性の低い砂質土層に達し，その後，洪水の度に洗掘が進行し，大規模な局所洗掘になったものと考えられる．江戸川 16.5 km において同様のメカニズムによって局所洗掘が生じていることが山本[25]によって指摘されている．以上のことから，津宮の深掘れ原因は，河道改修により露出した砂質土層が原因と考えられる．

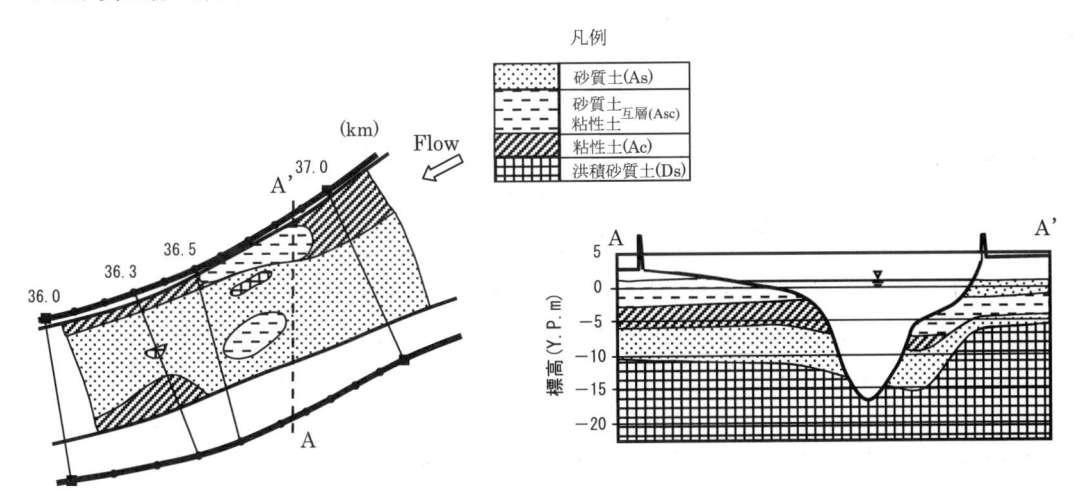

図-2.33 津宮付近の地質の平面分布（平成 4 年）

図-2.34 津宮付近の地質の横断分布 [23]

(2) 低水路河道改修の評価

河床横断測量データを経年的に分析するとともに，S36 年河道と H13 年河道における三次元洪水流況から河道改修の六大深掘れ箇所への影響について評価する．

洪水流況解析には，静水圧分布を仮定した平面一般座標系モデルを採用し，鉛直方向には σ 座標を用いている[26,27]（付録 1）．

解析対象区間は六大深掘れを含む 30〜50 km とし，S36 年河道と H13 年河道を対象に，近年の大きな洪水である H13 年 9 月洪水のピーク流量 6,700 (m^3/s) 流下時の流況を検討する．

図-2.35 は，S36 年と H13 年の河道法線形を示している．図中の灰色で示された箇所で改修が実施された．その内容，時期は**表-2.5** に示されている．**図-2.36** に示す最深河床高より，六大深掘れ箇所は全体として埋め戻されているが，佐原，石納，高谷の一部において洗掘深が大きくなっている．

① 湾曲部における河道改修の評価

高谷 (46.5 km) では，H1 年〜H3 年に低水路拡幅が実施されている．**図-2.37**(a) より，H03 年から H14 年にかけて，低水路右岸際において洗掘が進行し，低水路内左岸側で掘削箇所の埋め戻しが生じている．

石納では，H1 年〜H7 年に低水路拡幅が実施されている．高谷と同様に，42.5 km では，

図-2.35 S.36年とH.13年の低水路法線[23)]

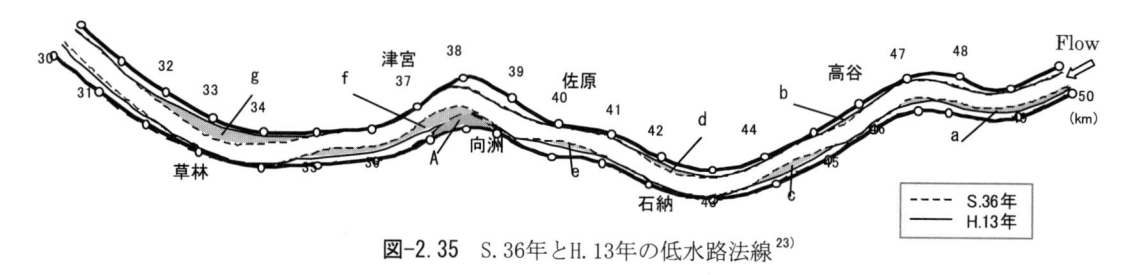

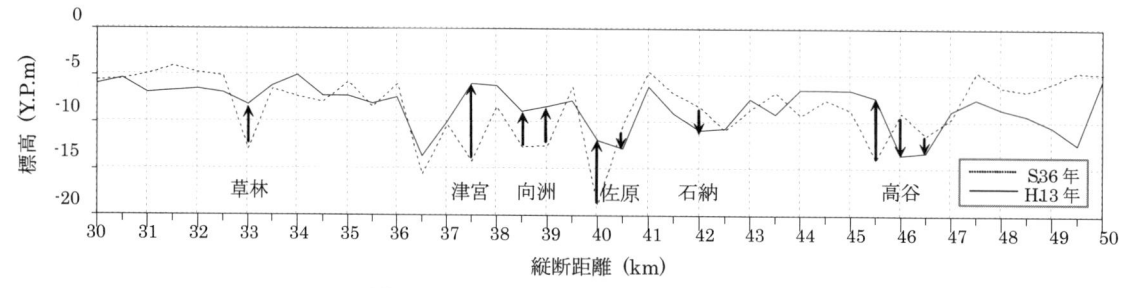

図-2.36 S.36年とH.13年の最深河床高縦断図[23)]

H7年からH14年にかけて，低水路左岸際では洗掘が進行し，低水路内右岸側において掘削部分の埋め戻しが生じている．H14年の深掘れ形状は改修前のH3年よりも横断方向に大きくなっている．これは図-2.35に示すS36年とH13年の低水路線形の違いによるものと考えられる．S36年には43.5〜46.0 kmの低水路は緩やかに蛇行していたが，河道改修（表-2.5b,c）により直線化された．このことにより，石納の湾曲部深掘れ箇所を流下する洪水流の直進と集中度が増大したためである．

図-2.38，**図2.39**に示すS36年河道とH13年河道における洪水流況の数値解析結果より，(a) 高谷，(b) 石納においてはS36年，H13年のいずれも横断面内流速ベクトルから遠心力に起因する二次流が認められ，湾曲部の洗掘原因が改善されていない．

次に，河道改修に伴い，大幅な深掘れの軽減がみられた津宮と草林について検討する．

表-2.5に示すように津宮では，S35年〜S37年に引堤 (A) が実施され，その後，低水路拡幅 (f) が実施された．図-2.37(f) に示す37.5 kmでは，S36年に右岸際に存在していた深掘れがこれらの改修後に改善され，河床は横断方向に平坦化されている．

図-2.37(g) に示す草林 (33.0 km) では，S36年に存在した左岸際の深掘れは，低水路拡幅後のS47年には埋まり，その後，H13年まで深掘れは改善されてきている．図-2.38 (c) より，草林 (33.0 km) において湾曲部の洗掘原因である遠心力に起因する二次流が確認される．一方，H13年河道では二次流は認められず，河道改修により洗掘原因が改善されていることがわかる．

以上より，高谷や石納のように低水路線形を改変しても，洗掘原因となる湾曲部の流況が改善されなければ，深掘れは解消されず，むしろ，流量増大に伴って浚渫された低水路内岸側には埋め戻しが起こることになる．特に，石納の上流側の低水路改修は湾曲部へ流下する流れの直進性を増大させ，深掘れを増大させている．一方，津宮や草林の河道改修は，流下能力を増大させ，かつ洗掘原因となる洪水時の流れの構造を改善したために深掘れの軽減に効果を発揮している．

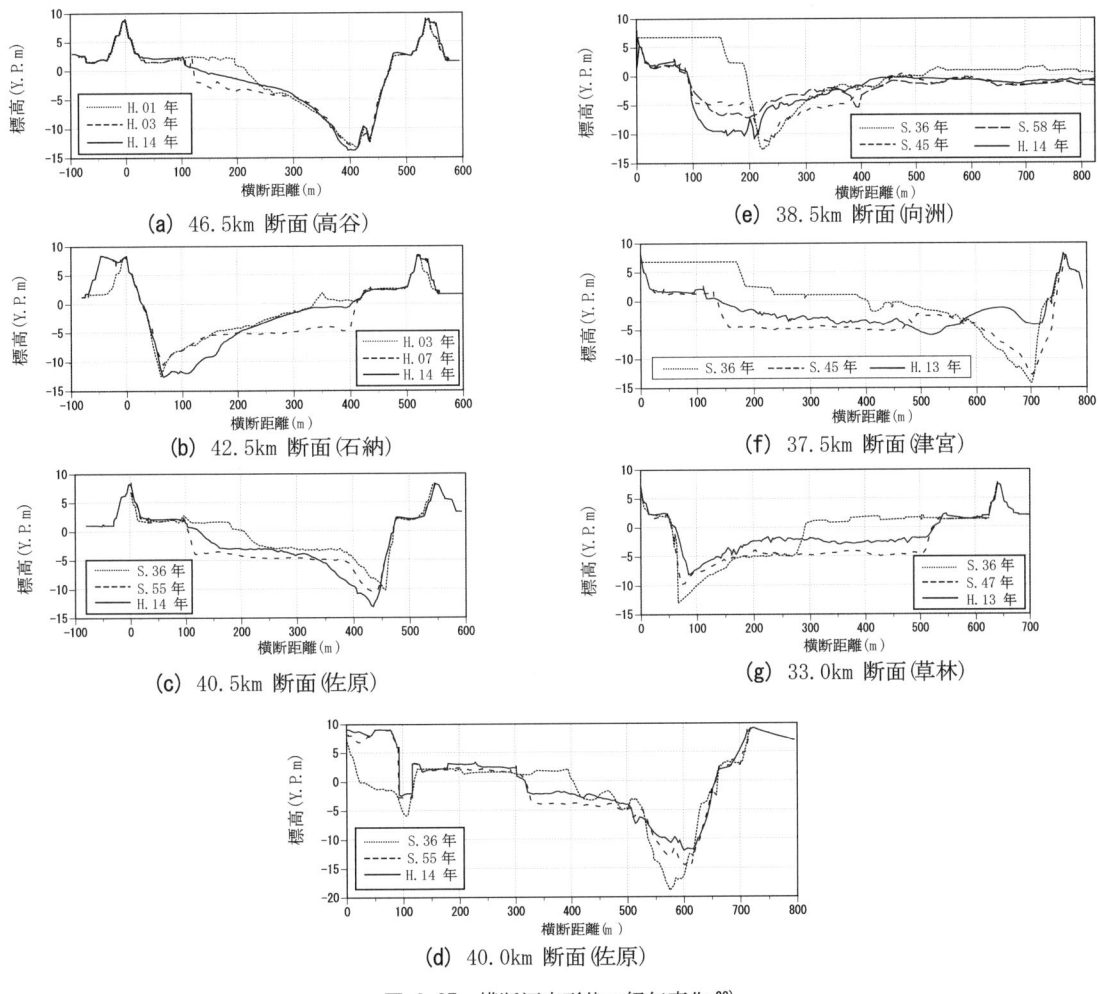

2.4 河道計画の実際と改修効果の検証

(a) 46.5km 断面(高谷)
(b) 42.5km 断面(石納)
(c) 40.5km 断面(佐原)
(d) 40.0km 断面(佐原)
(e) 38.5km 断面(向洲)
(f) 37.5km 断面(津宮)
(g) 33.0km 断面(草林)

図-2.37 横断河床形状の経年変化 [23]

② 水衝部における河道改修の評価

佐原と向洲の深掘れ箇所について検討する．図-2.37(c) に示す佐原 (40.5 km) では，低水路左岸側拡幅後，S55 年～H14 年にかけて右岸側の深掘れが進行し，拡幅された低水路の左岸寄り部分に堆積が生じている．一方，図-2.37(d) に示す 40.0 km では，S36 年に Y.P.-20 m 程度に達していた深掘れが，河道改修の後，H14 年には Y.P.-12 m 程度まで洗掘が軽減されている．

向洲では，左岸引堤 (A)，その後，低水路の拡幅 (f) が実施された．図-2.37(e) に示すように，S36 年に存在していた深掘れは，S58 年には改善されているが，拡幅後の新たな低水路左岸は水衝部となり，近年，河岸から横断方向に約 100 m にわたり，河床が低下している．

図-2.38(d) に示す佐原 (40.5 km) の洪水流況から，S36 年河床の場合，H13 年河床の場合ともに右岸に向かい，潜り込む流れがみられる．図-2.39 に示す佐原 (40.0 km) の表面流速は，S36 年河道では右岸際に大きい流速が見られるが，H13 年河道では横断方向に一様化されている．

向洲においては，S36 年河道の場合に 39.5 km に生じる低水路左岸に向かう流れは，H13 年河道では解消され，左岸際の流速が小さくなっている．しかし，H13 年河道では 39.0 km

第 2 章 河道計画の基礎

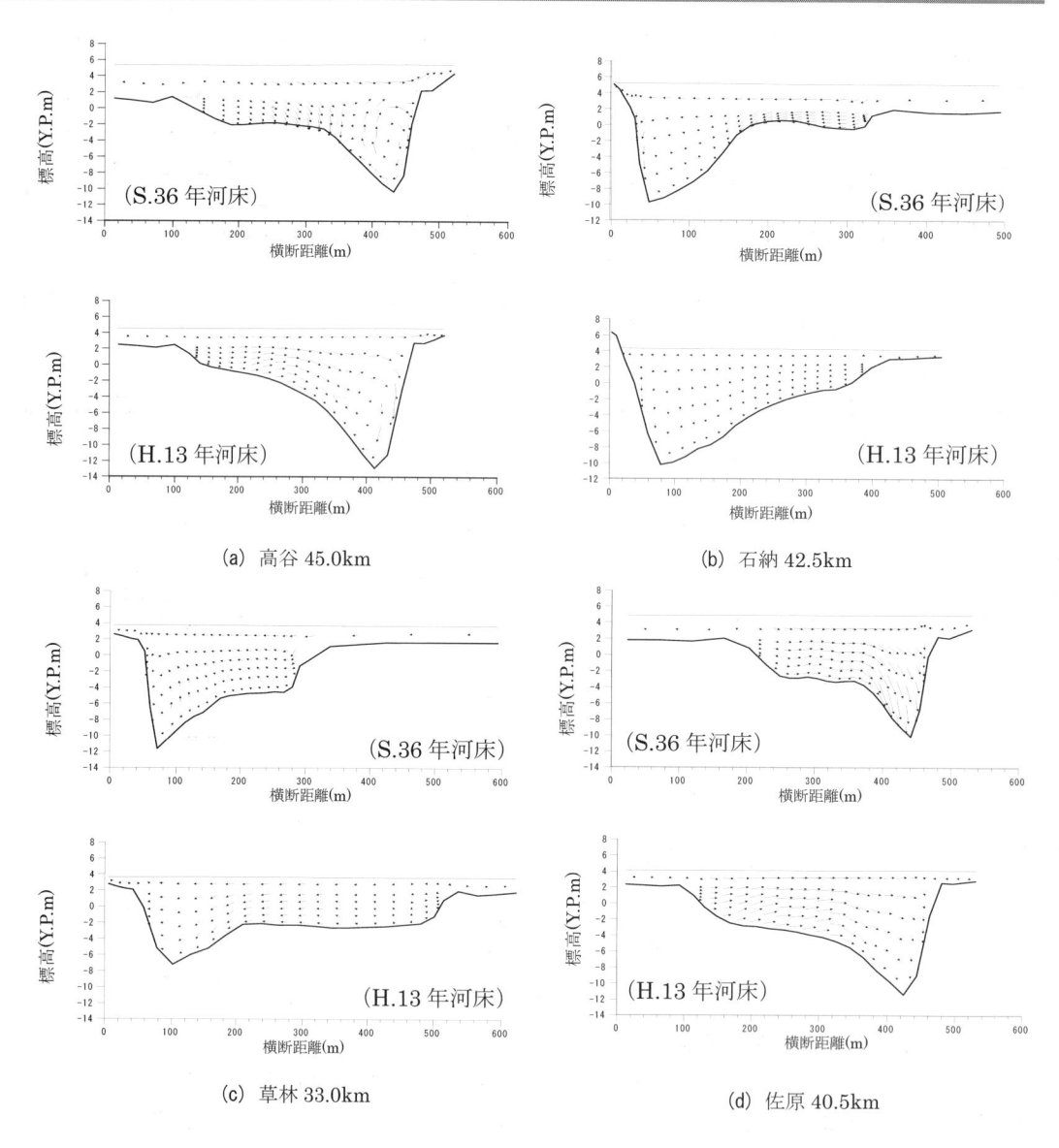

(a) 高谷 45.0km

(b) 石納 42.5km

(c) 草林 33.0km

(d) 佐原 40.5km

図-2.38 横断面内流速ベクトル(解析結果)[23]

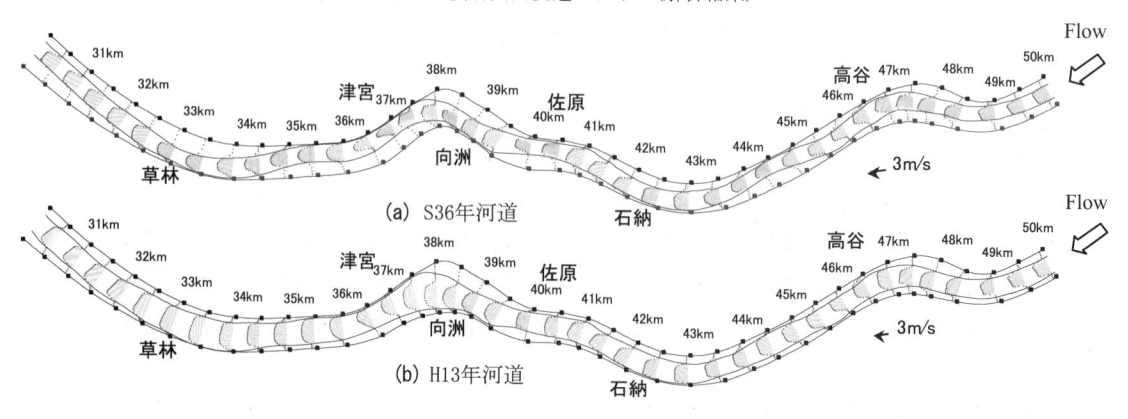

(a) S36年河道

(b) H13年河道

図-2.39 表面流速ベクトル(解析結果)[23]

付近における表面流速は低水路左岸際で大きく，水衝部となっている．

以上より，佐原 40.5 km では，低水路線形が直線的に是正された後もみお筋に変化はほとんどなく，河床付近では水衝部となる流況を示しており，深掘れが解消されていない．一方で，40.0 km では河道改修により洗掘を生じさせる河岸際へ集中する流れが緩和され，深掘れが軽減されてきたと考えられる．向洲の 38.5 km では，低水路の拡幅により河積は増大しているが，H13 年河道の場合においても左岸側は水衝部のままであり，近年，河床が低下している．

このように，三次元流況解析から，河道改修の効果をかなりの程度まで評価することが可能である．したがって，改修に先立って，適切な解析技術を用いて，あらかじめ改修の効果を評価することが大切である．

(c) 治水事業の評価と歴史的視点からの治水・環境のあるべき姿の検討の必要性

平成 9 年の河川法の改正によって，河川の計画検討にあたり，計画の初期段階から治水・利水・環境の面から総合的に検討することとなった．すなわち，治水・利水・環境への効果および影響を河道特性，自然環境，社会環境の面から，総合的に評価し計画案を策定することになる．しかし，現在の河道の多くは，治水上の要請から長年にわたり河川改修が行われ，作られてきたものである．このため，河川をめぐる環境問題の発生は，河川が本来もつ川らしい環境が経年的に損なわれてきたことに起因している．

利根川下流部の検討例で見てきたように，現況河道の水理的検討だけでは，現在の治水上の課題の解明が不十分であり，改修による河道の経年的変化に着目した検討が重要であることが明確になった．治水事業の各進捗段階での現地データ解析，数値解析などの水理学的な評価は，それぞれの段階で行われた治水事業が効果的であったのか，そうでなかったのかについて判断材料を与え，効果的でない場合には，異なった事業の選択が行われる．例えば，流下能力の確保に向けて川幅を広げた場合，結果的に，広げた部分に土砂の堆積が起こる場合には，川幅を広げることの治水上の効果は低い．しかし，そのことが，環境に対し大きなインパクトを与える可能性がある．このような場合，出来得れば，代わりの改修方式をとることにより，その分だけ，河川環境への影響を小さくすることが望ましい．

河川事業を検討するときには，治水上の要請を満たしながら，環境へのインパクトを小さくする方策を取らなければならない[6]．当該河川区間が，歴史的にどのような災害特性，環境特性をもつかを十分調べておき，環境の変質を小さくすることを常に念頭において治水と環境の調和した河川改修を行うことが大切である．河川改修の歴史的視点から改修事業を評価し，治水事業について適切な情報提供を行うことが，当該河川の環境のあるべき姿を描く上で，説明力と判断を与えることになる．

参考文献

1) 河川六法 (平成 13 年版): 河川法, 国土交通省河川局監修, 大成出版社, 2001.
2) 建設省河川局監修: 改訂新版 建設省河川砂防技術基準 (案) 同解説, 計画編, 日本河川協会編, 1997.
3) 河川六法 (平成 13 年版): 環境影響評価法, 国土交通省河川局監修, 大成出版社, 2001.
4) 岡田将治, 福岡捷二: 複断面河道における洪水流特性と流砂量・河床変動の研究, 土木学会論文

集, No.754/Ⅱ-66, pp.19 - 32, 2004.
5) 福岡捷二: 水理学的視点にたった治水と環境の調和した川づくり, 21世紀の技術者像と地域の安全に向けて, 土木学会継続教育制度創設記念講習会, pp.1-23, 2002.
6) 汽水域の河川環境の把え方に関する手引書－汽水域における人為的改変による物理・化学的変化の調査・分析手法－: 汽水域の河川環境の把え方に関する検討会, 2005.
7) (財) リバーフロント整備センター: 河川における樹木管理の手引き, 山海堂, 1999.
8) 福岡捷二, 渡辺和足, 柿沼孝治: 堤防芝の流水に対する侵食抵抗, 土木学会論文集, No.491/Ⅱ-27, pp.31-40, 1994.
9) 福岡捷二, 藤田光一: 複断面河道の抵抗予測と河道計画への応用, 土木学会論文集, No.411/Ⅱ-12, pp.63-72, 1989.
10) 鎌田照章, 土屋進, 中平善信, 高島和夫: 黒部川縦工計画と中小洪水に対する縦工の河岸侵食防止効果, 水工学論文集, 第45巻, pp.787-792, 2001.
11) 吉川秀夫: 河川技術に関する諸問題～講演要旨～, 河川, No.473, pp.5-16, 1985.
12) 河川審議会総合土砂管理小委員会報告: 流砂系の総合的な土砂管理に向けて, 1998.
13) 渡邊明英, 西村達也: 河川流に関する数値解析の現状と課題, 河川技術に関する論文集, Vol.6, pp.25-30, 2000.
14) 福岡捷二, 土屋進, 安部友則, 西村達也: 河床変動対策工の設計法に関する研究－信濃川・小千谷越路地区における現地対策工とその効果検証－, 土木学会論文集, No.698/Ⅱ-58, 2002.
15) 土屋進: 急流河川の河道計画と河床変動対策, 広島大学博士論文, pp.1-295, 2001.
16) 須賀堯三, 浜谷武治: 信濃川長岡地区河道計画模型実験報告書 (その1) －計画低水路法線の検討－, －河床変動図面集－, 土木研究所資料, 第786号, 1967.
17) 須賀堯三, 浜谷武治: 信濃川長岡地区河道計画模型実験報告書 (その2) －施工順の検討－, 土木研究所資料, 第904号, 1969.
18) 福岡捷二, 高橋晃, 森田克史: 信濃川小千谷越路地区河道計画模型実験報告書, 土木研究所資料, 第2610号, 1988.
19) 土屋進, 本間勝一, 安部友則, 高島和夫, 福岡捷二: 信濃川長岡地区河道計画の効果検証, 水工学論文集, 第45巻, pp.13-18, 2001.
20) 福岡捷二, 高橋晃, 渡辺明英: 水制工の配置と洗掘防止効果に関する研究, 土木研究所資料, 第2640号, 1988.
21) 福岡捷二, 西村達也, 高橋晃, 川口昭人, 岡信昌利: 越流型水制工の設計法の研究, 土木学会論文集, No.593/Ⅱ-43, pp.51-68, 1998.
22) 川口広司, 岡信昌利, 福岡捷二: 越流型水制群に作用する流体力, 水工学論文集, 第44巻, pp.1065-1070, 2000.
23) 福岡捷二, 池田隆, 田村浩敏, 豊田浩, 重松良: 利根川下流部における六大深ぼれ原因と低水路改修の評価, 河川技術論文集, Vol.10, pp.119-124, 2004.
24) 建設省関東地方建設局: 利根川百年史, 1987.
25) 山本晃一: 沖積河川学－堆積環境の視点から－, 山海堂, pp.210-211, 1994.
26) 福岡捷二, 渡邊明英, 山内芳郎, 大橋正嗣, 関浩太郎: 樹木群水制の配置と治水機能に関する水理学的評価, 河川技術論文集, Vol.6, pp.321-326, 2000.
27) 渡邊明英, 福岡捷二, 安竹悠, 川口広司: 河道湾曲部における河床変動を抑制する樹木群水制の配置方法, 河川技術論文集, Vol.7, pp.285-290, 2001.

第3章　河床変動と河岸侵食・堆積

平水時（H.16.7）

洪水時（S.49.9 台風16号）

写真：多摩川(22.4km 二ヶ領宿河原堰付近)
提供：国土交通省 関東地方整備局 京浜河川事務所

3.1 河床変動

3.1.1 河床変動解析の意義

　河道は土で構成されているため，河床を構成する土砂は流水による洗掘や堆積を受け，河床高の変化が生じる．また堅い建設材料からなる河川構造物が，堤防など土の境界およびその周辺の河岸および河床と接するところは，洗掘を受けやすく，その影響は構造物の上下流にまで及び，河道災害の危険にさらすことがある．

　第2章で述べたように，わが国の河川 (特に一級河川) では，堤防とその法線形は，おおむねでき上がっていると考えてよい．したがって，洪水による破堤など大きな災害が発生し，大がかりな河道改修が必要な場合を除いては，現在の堤防法線形に基づく改修が進められることになる．それぞれの河川は，河川整備基本方針で示された計画の達成に向けて，河川整備計画を作成し，河川改修を段階的に進めていく．河床変動の少ない安定した河道に改修することが基本的に重要である．

　河床変動は，対象区間の上流端から流れによって運ばれてくる流砂量と下流端から運び出される流砂量に差が生じたとき，すなわち流砂量の縦横断的不均衡が生じたときその区間の河床高が上昇したり，低下したりする．また，このような河床高の縦・横断変化を追跡する解析を河床変動解析という[1),2)]．河床低下が継続的に広い範囲に起こるのではなく，局所的に起こるとき，これを局所洗掘と呼ぶ．

　一般的に，河道の横断面積が縦断的に大きく変化する区間や，河川横断構造物の設置区間の上下流で河床変動を起こしやすい．異常な大きさの河床変動は，河川の安全性を脅かすことになる．このため改修計画の段階で，河床変動や局所洗掘などにより河道および構造物の維持・管理に問題が生じないかを十分に検討する．必要な場合には，水理模型実験によって，改修の効果が発揮できるように構造や配置などの検討が行われる．水理模型実験は多くの場合，最も直接的で信頼性の高い解答を与える．しかし，結論を得るまでに要する時間，費用，労力などが大きいこと，限られた条件でしか模型実験が行えない場合が多く，その結果を異なる条件や他の河川の改修目的にそのまま適用できないことなど水理模型実験は，固有の弱点をもつ．水理模型実験は，河床変動を含む河道計画の検討手段として今後とも重要な役割をもち続けるものであるが，模型実験を補完するものとして河床変動解析を用いた河道の設計手法が用いられる．コンピュータを用いた水理解析法の進歩が，これを可能にした．河床変動解析および河川構造物の計画・設計等に対し，数値計算手法が有効となれば，異なる地形や水理条件の河道に対しても容易に応用可能な数値計算モデルの利点が発揮されることになる．数値計算モデルの適否の検討には，大型水理模型実験を用いた実験の結果が有効であり，これをチェックデータとして河床変動解析モデルの精度と適用性が確かめられることになる．

　近年，河川の土砂の移動に関連して多くの環境問題が発生している．すなわち，河床変動，河岸侵食，堆積は河川の安全性のみならず河川の動植物の生息・生育環境などに密接に関係する．土砂輸送問題が，広い意味での環境問題と言われる理由はここにある．

　治水と環境の調和した河道計画をつくることは，河川計画の基本である．しかし，現在，

洪水流，土砂輸送，河道形態等と河川環境，河川生態の関連については，調査・研究が進められ情報が集積されつつあることから，本書では，河川の洪水，土砂輸送と生態系の関連については記述されていない．これについては，専門書[2],[3]を参照されたい．

河床変動は流れによって起こり，流れは河床変動に影響されることから河床変動解析は流れの解析と同時に行われなければならない．流れの解析は，**第1章**で述べた解析法によるが，河床変動解析も，その目的に応じ，用いる解析法のレベルが異なることに注意しなければならない．また，本章では土砂水理学の基本的事項は必ずしも十分には述べられていず，主に，河道を設計する際に必要となる内容を中心に構成されている．したがって，読者は，必要に応じて水理学および移動床の水理学に関する専門書[1]~[11]を参考にしていただきたい．

3.1.2 河道の縦断形セグメント

河川の縦断形は，ほぼ同一勾配をもついくつかの区間に分かれる．河床の勾配がほぼ同じ区間では，河床材料，河岸構成材料，蛇行の程度，低水路の深さなど河道の特性が類似しており，これをセグメントと呼ぶ．

日本の河川は，山間地をセグメントMと呼び，山間地を出た扇状地から河口までをほぼ3区分にセグメント分けができる．この3区分は，上流から順に，セグメント1(扇状地河道)，セグメント2(中間地河道，自然堤防帯河道等)，セグメント3(デルタ河道)と呼んでいる．セグメント2の区間は，河床材料や河床波の特性から，さらに2つに分け，上流からセグメント2-1，セグメント2-2に分けられる．**表-3.1**は，各セグメントとその特徴を示す．

表-3.1　各セグメントとその特徴[6]

	セグメントM	セグメント1	セグメント2 2-1	セグメント2 2-2	セグメント3
地形区分	山間地	扇状地	谷底平野	自然堤防帯	デルタ
河床材料の代表粒径	さまざま	2cm以上	3cm～1cm	1cm～0.3mm	0.3mm以下
河岸構成物質	河床・河岸に岩が出ていることが多い。	表層に砂・シルトが乗ることがあるが薄く，河床材料同一物質が占める。	下層は河床材料と同一，細砂，シルト，粘土の混合物		シルト・粘土
勾配の目安	さまざま	1/60～1/400	1/400～1/5000		1/5000～水平
蛇行の程度	さまざま	曲りが少ない	蛇行が激しいが，川幅水深比が大きいところでは8字蛇行または島の発生	蛇行が大きいものもあるが小さいものもある。	
河岸侵食の程度	さまざま	非常に激しい	非常に激しい	中，河床材料が大きいほうが水路はよく動く。	弱，ほとんど水路の位置は動かない。
低水路の平均深さ	さまざま	0.5～3m	2～8m		3～8m

山本[6]は，河床勾配と河床材料から同一の河道特性をもつセグメントに分け，水理現象を考えることの重要性を指摘している．セグメントによる河道分類は，河道の概略的な把え方として重要である．

3.1.3 掃流力

河道を構成している土砂は，粒子間の粘着性の有無により粘着性材料と非粘着性材料に分類される．一般的に，河床材料は，非粘着性の土砂として扱かうことができ，粘着性材料の侵食は **3.3** で，議論する．

河道に水が流れるとき，河床面にせん断力 τ が作用する．このせん断力を土砂水理学では掃流力，土砂が動き始めるときの掃流力を限界掃流力と呼ぶ．流れが，一次元で等流であるときの掃流力 τ は，摩擦速度を u_*，水深を h，河床勾配を I_b とすると，式 (3.1) で与えられる．

$$\tau = \rho u_*^2 = \rho g h I_b \tag{3.1}$$

流れが不等流であるときには，河床勾配 I_b は，エネルギー勾配 I_e に置き換えられ，掃流力は，式 (3.2) で与えられる．

$$\tau = \rho g h I_e, \qquad I_e = \frac{d}{dx}\left(z + h + \frac{v^2}{2g}\right) \tag{3.2}$$

ここに，z は，河床高，h は水深，v は平均流速である．

河床の洗掘や堆積を引き起こす土砂の輸送量 (流砂量) は，流れの掃流力 τ と粒径 d，密度 ρ_s と河床材料の水中重量の比，すなわち無次元掃流力 τ_* に支配される．

$$\tau_* = \rho u_*^2 / (\rho_s - \rho) g d \tag{3.3}$$

河床高の変動は，流砂量の場所的変化によって起こることから，無次元掃流力の分布は，河床材料の特性とともに河道設計にとって特に重要な量である．

河床材料の特性，限界掃流力，など流砂の基本については，他の専門書[1]～[11]を参照されたい．

3.1.4 平衡流砂量と非平衡流砂量

河床面に作用する掃流力によって河床沿いおよびその付近を移動する土砂を掃流砂と呼び，一方，主流と乱れによって水流中を移流拡散する土砂を浮遊砂と呼ぶ．通常，河床の安定を支配する砂の移動形態は掃流砂である．

流れが等流の場合には，式 (3.1) で決まる掃流力の大きさはどこでも同じであり，その場所での掃流力に見合う土砂の移動が起こっている．このように，その場所の掃流力で決まる流砂量を，平衡流砂量と呼ぶ．等流の場合には，どこでも同じ土砂量すなわち，平衡流砂量が移動し，理論上は，河床の変動は生じない．

一方，河道の断面積が縦断的に変化しているところや，斜面上など横断河床勾配，縦断河床勾配が大きく変化しているところでは，河床の砂粒子の運動はその場所の掃流力のみで一義的に決まるのではなく，その場所の上・下流での流れの加速，減速や，流砂量を規定する境界条件の影響を受けることになる．結果として，流砂運動が，非平衡運動になる．このよ

うに，その場所の掃流力によって決まるのではなく，水理量の場所的変化の履歴を受けて生じる流砂量を非平衡流砂量と呼ぶ．このような，非平衡場における洗掘，堆積問題を扱うには，一般的にはその場を表現する運動方程式とともに非平衡流砂量式を用いた解析が必要になる．

しかし，河川工学的に見て，非平衡流砂量式を用いなければならないケースはそれほど多くない．非平衡性が強い水理現象であるとしても，流れを記述する運動方程式では，**第1章**で示したように，場所的な流れの非平衡状態が考慮されており，これより求まる流れのせん断力(掃流力)を用いて流砂量の場所的変化を求めることが行われる．このことは，非平衡流砂量式を用いなくても，実質的には非平衡流砂運動を考慮していることになる．一般に起こる河床上の流砂運動の非平衡性は，流れの非平衡性を考慮できれば，平衡流砂量式で表現できる程度の非平衡性であると考えてよい．

非平衡流砂量式を用いなければならない場合は，上流側の流砂量が境界条件の強い影響を受ける区間，構造物下流の激しい洗掘・堆積現象や不連続的な土砂移動が起こっている区間などに限定される．非平衡流砂量式を用いた流れと河床変動の適用例については**第4章**橋脚周りの局所洗掘解析で述べる．

(a) 平衡流砂量式

(1) 縦断方向流砂量

縦断方向平衡流砂量式は，数多く提案されている[1]．これらの流砂量式は，いずれも河床材料特性と河床に作用する流れの掃流力とから流砂量を算定しようとするもので縦・横断勾配が小さい場に適用される．代表的な式として，芦田・道上式，*Meyer–Peter・Muller*式をあげる．

● 芦田・道上式

$$q_{B_e^*} = q_B/u_* d = 17\tau_*^{3/2}\left(1 - \frac{\tau_{*c}}{\tau_*}\right)\left(1 - \sqrt{\frac{\tau_{*c}}{\tau_*}}\right) \tag{3.4}$$

● *Meyer–Peter・Muller* 式

$$q_{B_e^*} = 8\left(\tau_* - 0.047\right)^{3/2} \tag{3.5}$$

ここに$q_{B_e^*}$は，単位幅当たりの無次元平衡流砂量(体積表示)，τ_{*c}は無次元限界掃流力[5]である．

多くの掃流砂量式は，水路実験から得られたデータをベースに作られたもので，必ずしも現地河川で流砂量を測って決めたものではない．したがって，対象とする河川で流砂量を定量的に見積もりたいときには，現地で流砂量観測を行い，その河川に適合する形に流砂量式を修正して用いることも必要である．提案されている流砂量式について，無次元掃流力と無次元掃流砂量の関係を**図-3.1**に示す．

(2) 斜面上の縦・横断方向流砂量

流れの方向が偏ったり，河床に縦・横断勾配があるとき，流砂の運動方向は，主流s軸に対して傾きをもつようになる．このようなときには，河床変動は縦断方向sと横断方向nの流砂量q_{Bs}, q_{Bn}に支配される．斜面上の縦・横断方向の流砂量式として平野の式[12]，長谷川の式[13],[14]，福岡・山坂の式[15],[16]等がある．長谷川の式は平野の式に横断方向の流速

(1)　佐藤・吉川・芦田　$n=0.015$
(2)　佐藤・吉川・芦田　$n=0.025$
(3)　芦田・道上　$u_{*e}/u_*=1.0$
(4)　芦田・道上　$u_{*e}/u_*=0.5$
(5)　Einstein　$u_{*e}/u_*=1.0$
(6)　Einstein　$u_{*e}/u_*=0.5$
(7)　Kalinske
(8)　Brown

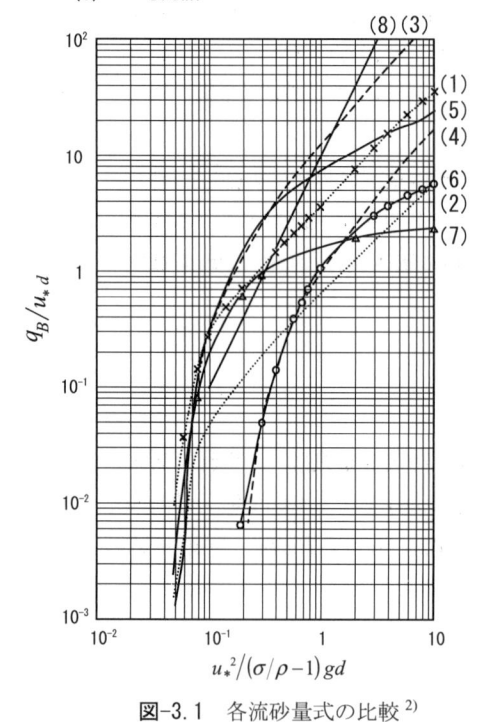

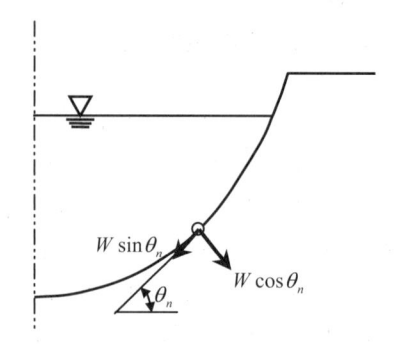

図-3.1　各流砂量式の比較[2)]

図-3.2　横断勾配を有する水路断面図

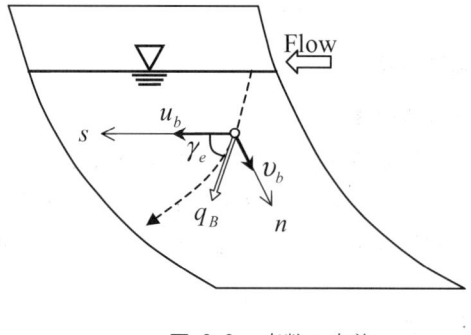

図-3.3　変数の定義

を考慮したものである．**図-3.2**, **図-3.3**に水路横断面図と変数定義を示す．

● 平野の式

$$q_{Bs} = q_B \cos\gamma_e, \quad q_{Bn} = q_B \sin\gamma_e \tag{3.6}$$

$$\tan\gamma_e = \sqrt{\frac{\tau_{*c0} \cdot \cos\theta_n}{\mu_S \mu_k \tau_*}} \tan\theta_n \tag{3.7}$$

● 長谷川の式

$$q_{Bn} = q_B \left(\frac{v_b}{\sqrt{u_b^2 + v_b^2}} - \sqrt{\frac{\tau_{*c0} \cdot \cos\theta_n}{\mu_S \mu_k \tau_*}} \tan\theta_n \right) \tag{3.8}$$

ここに，q_{Bs}, q_{Bn} はそれぞれ，s 方向，n 方向の掃流砂量，θ_n は (横断方向) 河床勾配角度，γ_e は流砂方向 (砂粒子の運動方向) と s 軸のなす角度，u_b, v_b は河床での s，n 方向の流速，μ_s, μ_k はそれぞれ砂の静止摩擦係数と動摩擦係数，τ_{*c0} は平坦河床の無次元限界掃流力である．

● 福岡・山坂の式

福岡・山坂[15)] は横断勾配に加えて縦断勾配も比較的大きな河床上の流砂量式として，平野，長谷川の横断方向流砂量式も含めた形で縦・横断方向の流砂量式を導いた．

縦・横断方向の流れによる無次元掃流力は底面流速 (u_b, v_b) を用いて，式 (3.9) で表される．

$$\tau_{*s} = \frac{\rho C_f}{(\rho_s - \rho)gd} u_b \sqrt{u_b^2 + v_b^2}, \qquad \tau_{*n} = \frac{\rho C_f}{(\rho_s - \rho)gd} v_b \sqrt{u_b^2 + v_b^2} \tag{3.9}$$

河床勾配を考慮した限界掃流力と掃流力はそれぞれ式 (3.10)，(3.11) で表される．

$$\tau_{*c} = \tau_{*c0} \cos\theta \tag{3.10}$$

$$\tau'_{*s} = \tau_{*s} - \frac{\tau_{*c0}}{\mu_s}\frac{\partial z_b}{\partial s}, \qquad \tau'_{*n} = \tau_{*n} - \frac{\tau_{*c0}}{\mu_s}\frac{\partial z_b}{\partial n} \tag{3.11}$$

ここに，θ は最大斜面角度，τ_{*c} は斜面上の無次元限界掃流力，z_b は河床高である．

式 (3.10) は，斜面上の砂粒子の限界掃流力を平坦河床の限界掃流力 τ_{*c0} を用いて表したものである．式 (3.11) は，式 (3.7) の流れによる無次元掃流力に斜面方向の重力成分を付加掃流力として加えたものである．**図-3.4** に斜面に位置する砂粒子に働く重力の斜面方向成分を示す．δ は，粒子の重力による運動方向と s 軸のなす角度であり，次のように定義される．

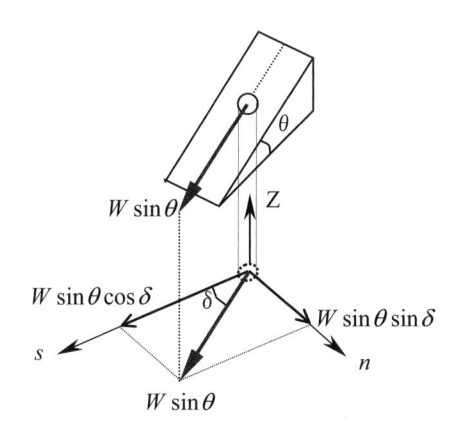

図-3.4 砂粒子に作用する重力の斜面方向成分

$$\tan\delta = \frac{\partial z_b}{\partial n} \bigg/ \frac{\partial z_b}{\partial s}$$

平衡流砂量 q_{Be} は，式 (3.10) と式 (3.11) を用いた無次元掃流力，

$$\tau'_* = \sqrt{\tau'^2_{*s} + \tau'^2_{*n}}$$

を芦田・道上式，や Meyer–Peter・Muller 流砂量式に代入して求める．縦横断勾配をもつ斜面上の砂粒子に働く力の考え方を基に，平野，長谷川の式を拡張すると，式 (3.12) の縦・横断平衡流砂量式と平衡流砂量ベクトルを得る[15),16)]．

$$q_{Bs} = q_B \cos\gamma_e, \qquad q_{Bn} = q_B \sin\gamma_e$$

$$\cos\gamma_e = \frac{\tau_{*s}}{\tau_*} - \frac{1}{\sqrt{\mu_s \mu_k}} \sqrt{\frac{\tau_{*c}}{\tau_*}} \frac{\partial z_b}{\partial s},$$

$$\sin\gamma_e = \frac{\tau_{*n}}{\tau_*} - \frac{1}{\sqrt{\mu_s \mu_k}} \sqrt{\frac{\tau_{*c}}{\tau_*}} \frac{\partial z_b}{\partial n}$$
(3.12)

式 (3.12) は河床の縦断勾配が無視できるとき，長谷川の式，また横断方向流速が無視できるとき，平野の式にほぼ一致する．式 (3.12) は河床面から砂粒子が摩擦抵抗を受けながら等速運動する場合の砂粒子の移動方向を表すものであり，砂粒子の運動形態によって式形が異なるため，適用範囲などに注意が必要である．

(b) 非平衡流砂量式

非平衡流砂量は，実際に流れている流砂量であり，本来その位置の掃流力で輸送しうる能力に相当する流砂量 (平衡流砂量) との間の関係式で表される．

● 福岡・山坂の非平衡流砂量式

福岡・山坂は [15),16)]，砂粒子が単位距離流下する間の流砂量の変化が平衡流砂量と実際に流れている流砂量の差に比例すると考え，式 (3.13) の非平衡流砂量式を導いている．

$$\cos\gamma \frac{\partial q_{Bx}}{\partial x} + \sin\gamma \frac{\partial q_{Bx}}{\partial y} = \kappa_B (q_{Bex} - q_{Bx}) + \frac{\tau_c}{\rho u_d} (\cos\gamma_e - \cos\gamma)$$

$$\cos\gamma \frac{\partial q_{By}}{\partial x} + \sin\gamma \frac{\partial q_{By}}{\partial y} = \kappa_B (q_{Bey} - q_{By}) + \frac{\tau_c}{\rho u_d} (\sin\gamma_e - \sin\gamma)$$
(3.13)

ここに，$\cos\gamma, \sin\gamma$: 単位流砂量ベクトル，u_d: 砂の移動速度，$\tau_c = \tau_{*c}(\rho_s - \rho)gd$ であり，式 (3.13) において下付の e は平衡状態のものを表す．κ_B は砂粒子の平均移動距離の逆数に相当し，τ_* もしくは τ_*/τ_{*c} の関数となる [15)~18)]．式 (3.13) の右辺第二項は平衡流砂量ベクトルと流砂量ベクトルの方向の違いを表すが，差は小さいとして，この項を省略して用いられることが多い．

一次元の斜面上での非平衡流砂量式は式 (3.13) より式 (3.14) で与えられる．斜面上の非平衡流砂運動に式 (3.14) を適用し実験と比較した結果，良好な対応を示した [18)]．

$$\frac{\partial q_{Bx}}{\partial x} = \kappa_B (q_{Bex} - q_{Bx})$$
(3.14)

3.1.5 河床形態

流砂運動が起こると，河床に不規則な凹凸が現れる．この凹凸は，総称して河床波と呼ばれ，流れに抵抗を及ぼす大きな粗度となる．

河床波は，砂の移動が起こって生ずるものであるが，流れの水深，川幅など河道のスケールと河床材料特性，特に，粒径に関係して，種々のスケールの河床波が発生する．

河床波の分類を**図-3.5** 示す [2)]．河床波は，そのスケールによって，小規模河床形態，中規模河床形態に分類される．これらの小規模・中規模河床形態の発生領域については，後述する黒木・岸の領域区分図で判定可能である [2),19)]．ここでは小規模河床形態について述べることにし，中規模河床形態については，**3.2** で説明する．

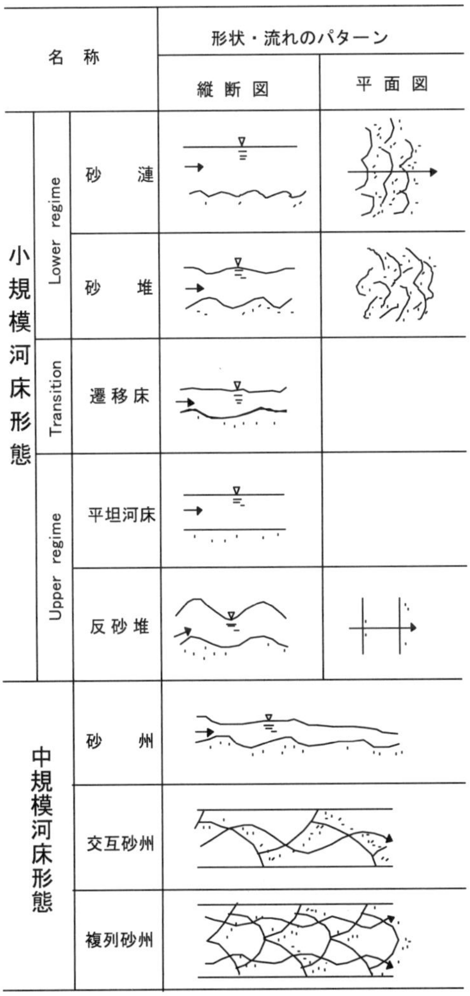
名称
形状・流れのパターン
縦断図
平面図
小規模河床形態
Lower regime
砂漣
砂堆
Transition
遷移床
Upper regime
平坦河床
反砂堆
中規模河床形態
砂州
交互砂州
複列砂州

図-3.5 河床形態の分類[2)]

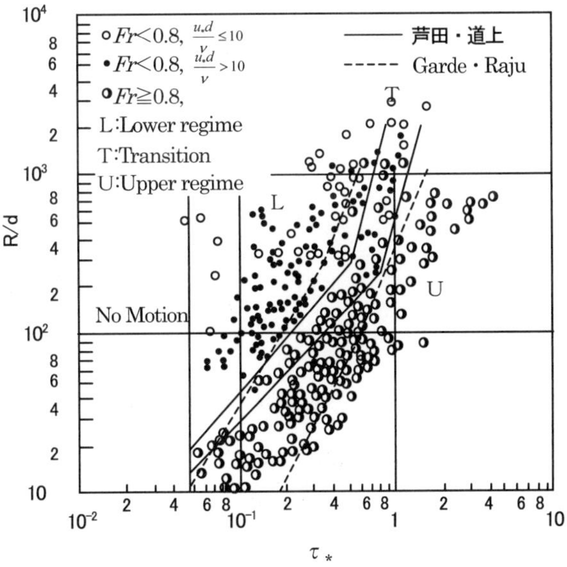
○Fr<0.8, $\frac{u_* d}{\nu} \leq 10$
•Fr<0.8, $\frac{u_* d}{\nu} > 10$
◐Fr≧0.8,
L:Lower regime
T:Transition
U:Upper regime
芦田・道上
Garde・Raju
T
L
U
No Motion
R/d
τ_*
10^4
10^3
10^2
10
10^{-2}
10^{-1}
1
10

図-3.6 小規模河床形態の領域区分[2)]

小規模河床形態の発生領域区分を**図-3.6** に示す[2)]．河床は，最初，平坦に設定された状態から通水されるものとする．限界掃流力以下の状態では，河床波は，発生せず平坦のままである．徐々に流量（流速）を増大し掃流力を大きくしていくと砂漣（*ripple*）が発生する．砂漣の発生には，粒子レイノルズ数が重要な支配要素となる．さらに流量を増していくと，砂堆（*dune*）が発生する．砂堆の発生には，水深のスケールが重要な支配要素である．この2つの河床形態は，フルード数が1より小さいところで発生し，河床波の粗度としての流れに与える抵抗は大きい．

フルード数が1.0の付近になると，土砂輸送が活発化し，河床の高さが低く，その形状は平坦に近づき，水面と河床が同位相の状態に近づく．このとき河床形態は，遷移領域（*transition*）にあるといわれる．

フルード数が1.0を超えると，反砂堆（*anti-dune*）が発生する．反砂堆が発生するときは，水面形と河床形は同位相になり，河床の砂は，下流へ輸送されるが，反砂堆の形は上流へ移動する．このときの土砂輸送量は著しく大きい．フルード数が大きいときの河床形態では，河床波の高さがそれほど大きくないために，流れに与える抵抗は小さい．このため，砂

堆から，遷移領域の河床形態へ移ると，抵抗の急減が起こり，水深が低下する．

砂漣と砂堆の波長 λ と波高 H を式 (3.15)，(3.16) に示す．

$$\text{砂漣} \begin{cases} \lambda = (300 \sim 1,500)d, & \text{平均 } \lambda = 800d \\ H = (0.05 \sim 0.12)\lambda, & \text{平均 } H = 0.09\lambda \end{cases} \tag{3.15}$$

$$\text{砂堆} \begin{cases} \lambda = 5h, \quad \text{あるいは} \quad \lambda = 7h, \\ H = (0.03 \sim 0.06)\lambda, \quad \text{平均 } H = 0.04\lambda \end{cases} \tag{3.16}$$

砂漣と砂堆の平衡波長，波高と砂堆の波形勾配と水理量の関係をそれぞれ**図-3.7**，**図-3.8** に示す．

小規模河床形態の発生理論，粗度等については，他の書[1]~[11] を参照されたい．

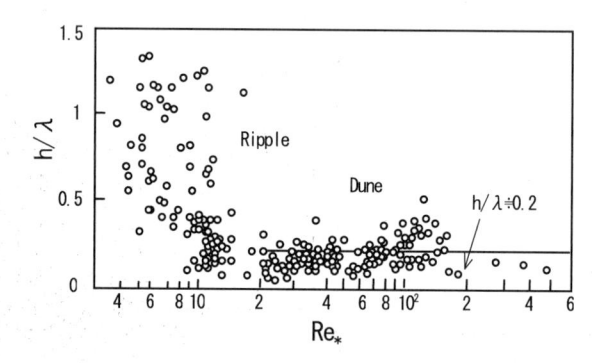

図-3.7 砂漣と砂堆の波長・水深比と R_{e*} の関係[2]

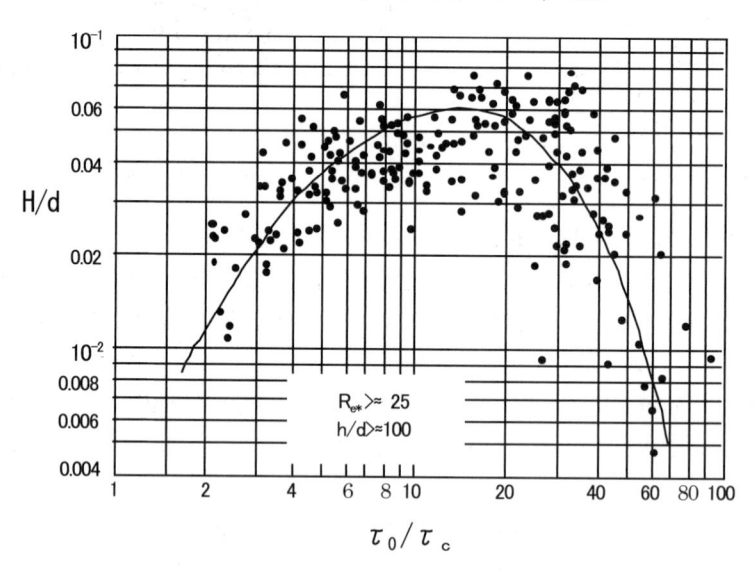

図-3.8 砂堆の波形勾配と τ_0/τ_c の関係[2,8]

3.1.6 一次元河床変動解析

河床変動は水流による土砂の輸送量の不均衡によって生ずる．水流の運動は流砂の運動に比してその変化への応答は十分に早いため，河床高の変化に対して水流は素早く応答することができる．したがって河床高の変化を扱うときには，流れは，単位時間の中では時間的に

変化しない定常流と見なすことができる．この単位時間の流れの状態に対し**図-3.9**に示す流れ図に従って，流砂量を計算し，これと流砂の連続方程式から河床高の変化量を求める．そして，この計算を繰り返すことによって，場所的・時間的な河床高の変化量を知ることができる．

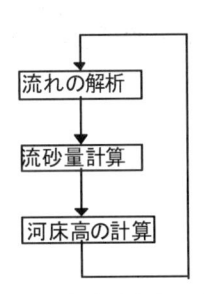

図-3.9 河床変動解析の流れ図

流れによって河床高がどのように変化するかを知るための最も単純な方法は，流れと土砂の移動に関係する量を断面内の平均量で表現し，その断面平均量の縦断方向変化について検討する一次元河床変動解析である．一次元河床変動計算は平均河床高の縦断方向変化を解析するものである．

河床変動の一次元解析は，流れの一次元運動方程式 (式 (3.17))，連続方程式 (式 (3.18)) と，河床を構成する土砂の一次元連続式 (式 (3.19)) を用いて行われる．

$$-I_b + \frac{dh}{dx} + \frac{d}{dx}\left(\frac{V^2}{2g}\right) + \frac{u_*^2}{gR} = 0 \tag{3.17}$$

$$\frac{\partial}{\partial x}(BhV) = 0 \tag{3.18}$$

$$\frac{\partial Z_b}{\partial t} + \frac{1}{B(1-\lambda)}\frac{\partial Q_T}{\partial x} = 0 \tag{3.19}$$

ここに x: 流下方向の座標，t: 時間，I_b: 河床勾配，h: 断面平均水深，V: 断面平均流速，u_*: 摩擦速度，R: 径深，A: 流水断面積，Q: 流量，B: 川幅，Q_T: 全流砂量，λ: 空隙率．

一次元河床変動計算の例として道上ら[20]による斐伊川の河口から 29 km 地点までの河床変動解析結果を示す．

斐伊川河口の宍道湖の水位を下流端条件として与え，式 (3.17)，(3.18) を用いて各地点の水深を求め，水深から求まる掃流力を用い式 (3.4) 等を用い流砂量を計算する．求めた流砂量を式 (3.19) に代入し河床変動計算を行っている．1975 年 12 月の実測河床を初期条件として 1978 年 8 月までの日流量時系列を用いて解析を行った．この解析結果と 1978 年の実測河床を比較したものが**図-3.10**である．実測結果は計算結果とよく対応し，一次元解析法が有効であることがわかる．

計算には，掃流砂，浮遊砂，混合粒径砂，および河床の粒度変化などの情報を容易に取り込むことができ，実用上有用な結果を得ることができる．一次元河床変動計算は，平均的な河床高さの縦断形状の見積もりに有効であるが，河道平面形が複雑な場合に適用すると，当然のことながら河床変動解析の精度が悪くなる．また，局所的な洗掘・堆積を求めることは困難である．しかし，計算は容易であり，長い区間の河床変動解析や長期間にわたる河床変

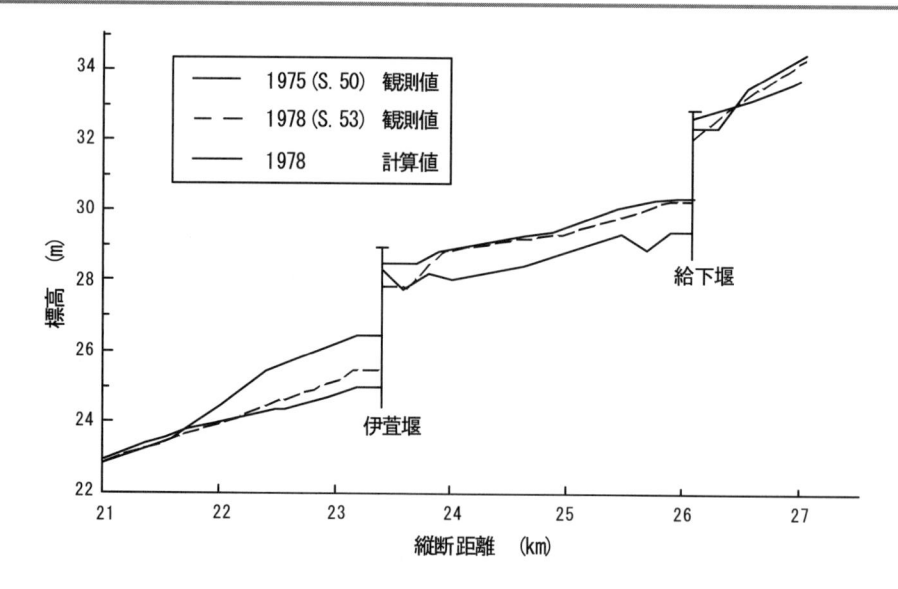

図-3.10 斐伊川河床変動解析結果と実測河床高の比較[20]

動の将来予測に一般的に用いられる．

一次元河床変動解析を行うか，次節で述べる二次元河床変動解析を行うかは，河床変動解析結果の利用目的および必要な精度によって決まる．河道の平面形・横断形が複雑な場合は，一般に二次元河床変動解析法が用いられる．

河床材料が混合粒径から構成されている場合は，河床材料の分級が起こる．このときには，式 (3.17)～(3.19) の他に，以下で示す河床材料の粒度分布の変化を予測する平野の基礎式[21] を用い，分級作用を考慮した河床変動を計算する．

● 砂礫の粒径別の連続式

河床材料が混合粒径からなるとき，**図-3.11** に示すように水流による粒径分布の変化を考慮する必要がある．砂礫の粒径別流砂量式 (3.20) を式 (3.17)～(3.19) と共に解くことによって混合粒径材料からなる河床の変動が得られる．

$$\frac{\partial i_B}{\partial t} - \frac{1}{a}\left(i_B - \hat{i}_b\right)\frac{\partial z_b}{\partial t} + \frac{q_{bx}}{a(1-\lambda)}\frac{\partial i_B}{\partial x} = 0 \qquad (3.20(a))$$

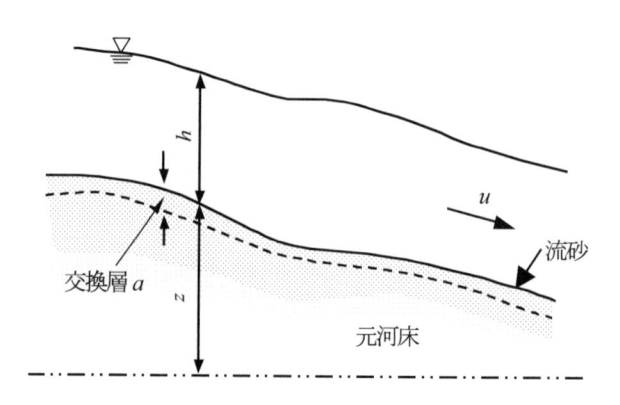

図-3.11 流砂・交換層・元河床の定義[2]

$$\begin{cases} \dfrac{\partial z_b}{\partial t} \geqq 0 \ (河床上昇): \ \hat{i}_b = i_b \\ \dfrac{\partial z_b}{\partial t} < 0 \ (河床低下): \ \hat{i}_b = i_{b0} \end{cases} \tag{3.20(b)}$$

ここに，i_B, i_b, i_{b0} は，それぞれ粒径 d_i の砂礫が流砂，交換層，交換層直下の元河床に占める割合，a は交換層の厚さである．

3.1.7 任意の法線形を有する単断面河道の流れと河床変動

河道内の流れは，流路の平面形状，河床の形状に大きく支配され，極端な場合には，河岸の特定箇所への著しい流れの集中，すなわち水衝部を形成する．流水の河岸への集中と密接に関係する流路の平面形状は蛇行であり，河床形態は交互砂州である．安全でかつ合理性の高い治水対策を行うためには，流れの集中の原因となる交互砂州，蛇行の形状およびそれらの流路内の流れを明らかにする必要がある．交互砂州や蛇行に関する研究，これらの河川における資料解析的研究はかなりの数にのぼる．1980年～1982年の2年間にわたって，土木学会水理委員会はこれらの研究成果を「洪水流の三次元流況と流路形態に関する研究」として取りまとめている[22]．この報告を契機にわが国において，交互砂州と蛇行に関する研究は一層活発化し，新しい成果が多く見られるようになってきた．本節では主に，この研究成果報告書出版の後に行われた蛇行流路および交互砂州による河床変動の研究成果を示す．

(a) 単断面湾曲流路や蛇行流路の流れと河床変動

一様な水路幅をもつ単断面湾曲流路や，蛇行流路のような比較的単純な形を有する曲線水路における流れと河床変動について，実験的，解析的研究は数多く行われてきた．これらの研究成果は，移動床水理学の専門書で取り扱われている[1]～[11]．今日では，一様な水路幅をもつ単断面湾曲流路や蛇行流路の流れと河床変動についても，基本式を数値的に解き，定量的な答えを得ることが多い．より複雑な平面形，横断形をもつ曲線流れの河床変動を解析するには，次節で示す二次元または三次元数値解析手法を用いることが一般的に行われる．

一般に，曲線流れを解析的に取り扱うには，起こっている水理現象をかなりの程度単純化して扱うため，適用範囲が制約されるが，一方において，曲線流の水理現象を支配する式の誘導の過程で力学的に理解し，また解析解からおおむね起こっている現象の近似解を知るのに役立つことから解析的取り扱いは，重要な意味をもつ．

(b) 任意の法線形状を有する単断面河道の流れと河床変動

実河川における流れや河床変動に適用可能な解析法に，一次元計算法としては道上ら[20]，黒木ら[23]の方法，清水・板倉の二次元[24]および三次元差分法[25]，西本・清水らの流線の曲率を考慮した平面二次元解析法[26]，福岡らの準三次元解析法[27]などの研究がある．河道の平面形，横断形は，さまざまな形状をとり，また解析の目的も多様であることから，それぞれに適合する解析法を用いることになる．

通常の平面二次元計算法では二次流成分が考慮されていないため，蛇行河川の深掘れ位置などが適切には再現できない．また，三次元差分法では，二次元差分法では表現できない流況および河床変動状況を表すことができるが，水深方向にもメッシュを切ること，河床が変動するごとに河床の位置を決定しなおすために計算量が多くなる．この問題点を取り除き，

かつ計算量を少なくするために，西本ら[26]は流線の曲率を考慮した平面二次元解析法を提案し，福岡らは鉛直方向に異なるモードからなる流速分布形のモード値を求め，流れ場の解析を行う準三次元解析法を提示している．ここでは，西本・清水らの方法，福岡らの方法，清水らの方法を説明する．河床変動については各方法に大差がないため，一般的な方法について述べる．さらに江の川の三川合流部に準三次元解析法[27]を適用し，このモデルが実河川の解析に有効であることを示す．

(1) 流線の曲率を考慮した平面二次元解析法[26]

清水ら[23]は，二次元浅水流モデルを用いた解析を行い，長谷川[14]による単断面蛇行水路実験や，石狩川等の蛇行河川の最深河床高，その位置および河床横断形状をほぼ再現可能であることを示した．しかし，平面二次元解析手法は，水深方向に積分したモデルのため，主流と二次流の三次元的な相互作用をモデルにどのように取り込むかによって計算精度が大きく影響される．特に河床底面近傍の流速は流砂量と密接に関係するため，一般的な手法として，本項の(2)(3)で述べる準三次元解析や，三次元流れのモデルを用いた河床変動シミュレーションが行われている．

西本・清水ら[26]は，河川の広い範囲で河床変動計算を行うには，平面二次元モデルが有効であることから，平面二次元計算法の精度向上を図った．すなわち，らせん流の発生が流れの水深方向の遠心力差に起因するものであることから，水深が小さく，しかも平均水深より洗掘深の方が大きい蛇行流れの場合には，流れに河床形状の影響が強く現れ，流路の曲率と流線の曲率とがかなり異なる．すなわち，曲率半径 r に流路形状の曲率半径を用いることは適切ではなく，らせん流による底面流速は n 軸方向ではなく，**図-3.12** に示すような流線に直交する方向の流れで定義する必要があることに着目した．西本・清水らは，流線の曲率を考慮した平面二次元モデルに，らせん流による底面流速として Engelund[28] の式 (3.21) を用い計算の改良を行っている．

$$\hat{v}' = -N_* \frac{h}{\hat{r}} \hat{V}_b \tag{3.21}$$

ここに，流線方向およびこれと直交する方向からなる座表系で定義される量には $\hat{}$ を付し，$\hat{r}$ は流線の曲率半径，$\hat{V}_b$ は流線方向の底面流速で，式 $\hat{V}_b = \gamma V$，$\gamma = 3(1-\beta)/(3-\beta)$，$\beta = 3/(\phi_0\kappa + 1)$，$\phi_o$ は流速係数 $(= u/u_*)$，N_* は Engelund と同じ 7 を用いる．

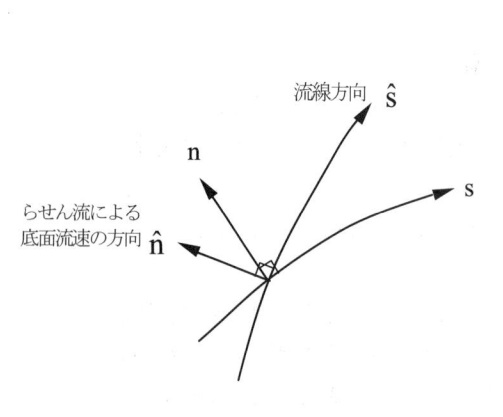

図-3.12 底面流速の方向[26]

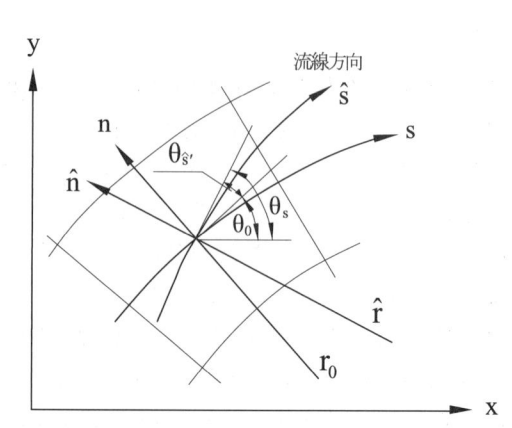

図-3.13 流線方向の表現[26]

流線の曲率は図-3.13において式(3.22)で与えられる．

$$\frac{1}{\hat{r}} = -\frac{\partial \theta'_{\hat{s}}}{\partial \hat{s}} + \frac{1}{r_0}\frac{u}{V} \tag{3.22}$$

ここに，$\theta_{\hat{s}}$はxy座表系からみた流線方向$\hat{s}$の角度，θ_0はxy座表系からみた流路s軸の角度，$\theta'_{\hat{s}}$は流速方向$\hat{s}$のs軸からのずれを表す角度である．これらは全て反時計方向に正の値をもつ．r_0は流路s軸の曲率半径である．また，$V = \sqrt{u^2 + v^2}$であり，u, vはそれぞれs, n方向の流速である．

式(3.22)右辺第1項は，式(3.23)で与えられる．

$$\frac{\partial \theta'_{\hat{s}}}{\partial \hat{s}} = \frac{1}{V^3}\left\{u\left(u\frac{\partial v}{\partial s} - v\frac{\partial u}{\partial s}\right) + v\left(u\frac{\partial v}{\partial n} - v\frac{\partial u}{\partial n}\right)\right\} \tag{3.23}$$

以上より，流線の曲率は，式(3.22), (3.23)により求まる．

西本らの流線曲率を用いた平面二次元計算は，$Colombini$ら[29]の単断面蛇行水路実験結果をよく説明できることを示している．西本らの検討結果より，蛇行水路における薄い流れの河床変動計算には，流路曲率を用いたらせん流強度式では最大洗掘深および洗掘位置を十分に表現し得ず，流路曲率に代えて流線曲率を用いる計算手法が有効であることが明らかになった．

(2) 福岡・渡邊・西村の準三次元解析法[27]

福岡らは，河川の洪水で求めなければならない水理量は大きな水位，流速，河床変動高などであり，これらの水理量の現地での測定精度を考えると，いたずらに計算法を複雑にし，精度を高めることは，それほど意味をもたないという観点から，河道の中心線に沿って流下方向にs軸を選ぶ河床変動計算法を提案し，この方法が工学的に十分な精度をもっていることを確かめている．このとき，座標系は図-3.14に示す直交曲線座標系を用い，流下方向にs軸，これと直交する横断方向にn軸，鉛直方向にz軸を定義する．いま，流れについて静水圧分布を仮定すると基礎方程式は式(3.24)〜(3.27)で表される．

$$u\frac{\partial u}{\partial s} + v\frac{\partial u}{\partial n} + w\frac{\partial u}{\partial z} + \frac{uv}{r} = -\frac{1}{\rho}\frac{\partial p}{\partial s} + \frac{\partial}{\partial s}\left(\varepsilon\frac{\partial u}{\partial s}\right) + \frac{\partial}{\partial n}\left(\varepsilon\frac{\partial u}{\partial n}\right) + \frac{\partial}{\partial z}\left(\varepsilon\frac{\partial u}{\partial z}\right) \tag{3.24}$$

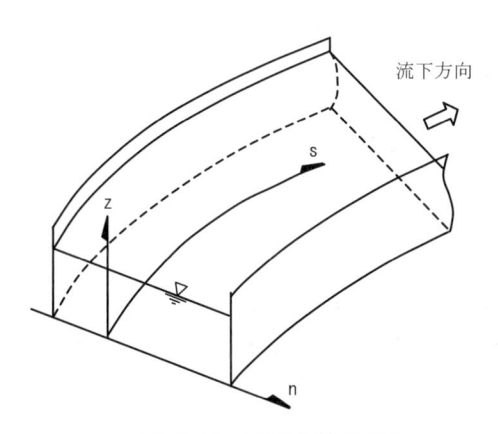

図-3.14 直交曲線座標系

$$u\frac{\partial v}{\partial s}+v\frac{\partial v}{\partial n}+w\frac{\partial v}{\partial z}-\frac{u^2}{r}=-\frac{1}{\rho}\frac{\partial p}{\partial n}+\frac{\partial}{\partial s}\left(\varepsilon\frac{\partial v}{\partial s}\right)+\frac{\partial}{\partial n}\left(\varepsilon\frac{\partial v}{\partial n}\right)+\frac{\partial}{\partial z}\left(\varepsilon\frac{\partial v}{\partial z}\right) \quad (3.25)$$

$$-g-\frac{1}{\rho}\frac{\partial p}{\partial z}=0 \quad (3.26)$$

$$\frac{\partial u}{\partial s}+\frac{1}{r}\frac{\partial rv}{\partial n}+\frac{\partial w}{\partial z}=0 \quad (3.27)$$

ここに u, v, w: s, n, z 軸方向の流速, r: 曲率半径, ε: 渦動粘性係数である. 連続式 (3.27) を水底 z_0 から高さ z まで積分し, w を s, n 軸方向の運動方程式に代入すると, 式 (3.28), (3.29) が得られる. また, 連続式を河床から水面まで積分し, 水面と河床における運動学的条件を用いると水深積分された連続式 (3.30) が得られる.

$$u\frac{\partial u}{\partial s}+v\frac{\partial u}{\partial n}-\left(\frac{\partial}{\partial s}\int_{z_0}^{z}udz+\frac{1}{r}\frac{\partial}{\partial n}\int_{z_0}^{z}rvdz\right)\frac{\partial u}{\partial z}+\frac{uv}{r}$$
$$=-g\frac{\partial H}{\partial s}+\frac{\partial}{\partial s}\left(\varepsilon\frac{\partial u}{\partial s}\right)+\frac{\partial}{\partial n}\left(\varepsilon\frac{\partial u}{\partial n}\right)+\frac{\partial}{\partial z}\left(\varepsilon\frac{\partial u}{\partial z}\right) \quad (3.28)$$

$$u\frac{\partial v}{\partial s}+v\frac{\partial v}{\partial n}-\left(\frac{\partial}{\partial s}\int_{z_0}^{z}udz+\frac{1}{r}\frac{\partial}{\partial n}\int_{z_0}^{z}rvdz\right)\frac{\partial v}{\partial z}-\frac{u^2}{r}$$
$$=-g\frac{\partial H}{\partial n}+\frac{\partial}{\partial s}\left(\varepsilon\frac{\partial v}{\partial s}\right)+\frac{\partial}{\partial n}\left(\varepsilon\frac{\partial v}{\partial n}\right)+\frac{\partial}{\partial z}\left(\varepsilon\frac{\partial v}{\partial z}\right) \quad (3.29)$$

$$\frac{\partial(u_0 h)}{\partial s}+\frac{1}{r}\frac{\partial(rv_0 h)}{\partial n}=0 \quad (3.30)$$

ここに, u_0, v_0: u, v の水深平均流速, h: 水深, H: 水位, u_*: 摩擦速度, κ: カルマン定数である. u, v の水深方向の分布形を余弦関数の合成で近似し [30], ガラーキン法により運動方程式の離散化を行う.

$$\left.\begin{array}{l} u(s,n,z)=u_0(s,n)+u_1(s,n)\cos\pi z'+u_2(s,n)\cos 2\pi z' \\ v(s,n,z)=v_0(s,n)+v_1(s,n)\cos\pi z'+v_2(s,n)\cos 2\pi z' \\ z'=(z-z_0)/h \end{array}\right\} \quad (3.31)$$

式 (3.31) を式 (3.28), (3.29) に代入し, 重み関数として $\cos\lambda\pi z'(\lambda=0,1,2)$ をかけ, 河床から水面までを積分することにより運動方程式の離散化を行う.

これらの式中に表れる s, n 方向の河床せん断力と ε は次式で表される.

$$\frac{\tau_{so}}{\rho}=C_f u_b\sqrt{u_b^2+v_b^2}, \qquad \frac{\tau_{no}}{\rho}=C_f v_b\sqrt{u_b^2+v_b^2} \quad (3.32)$$

$$\varepsilon=\frac{k}{6}u_* h \quad (3.33)$$

ここに, C_f は河床の摩擦係数, u_b, v_b は u, v の河床での値を示す. 離散化された運動方程式により, $\lambda=0$ のとき u_0, v_0, $\lambda=1$ のとき u_1, v_1, $\lambda=2$ のとき u_2, v_2 が求まる.

河床高の変化は, 式 (3.34) で表される.

$$\frac{\partial z_0}{\partial t}+\frac{1}{1-\lambda}\left(\frac{\partial q_{Bs}}{\partial s}+\frac{1}{r}\frac{\partial rq_{Bn}}{\partial n}\right)=0 \quad (3.34)$$

式 (3.34) と離散化された運動方程式と連続方程式を差分化した式について交互に繰り返し計算を行い，Δt 後の河床高 z_0 を順次求める．

(3) 清水・板倉の三次元解析法 [24]

清水・板倉の方法は，三次元解析法であることから基礎式 (3.24)～(3.27) を鉛直方向に差分化して u, v, w を求め，河床高は準三次元解析法と同様に求める．ここでも，静水圧分布は仮定されている．清水らの方法は文献 [25] に詳細に記されているので，ここでは省略する．

(4) 江の川三川合流部への準三次元解析法の適用 [31]

本節では，(2) に示した福岡らの準三次元解析法を江の川に適用し，その有効性を調べる．

江の川は，中国山地を源とし，広島・島根の両県を流下して日本海に注ぐ，流路延長 1,661 km，流域面積 3,870 km² の一級河川である．江の川三川合流部は広島県三次市に位置しており，江の川，馬洗川，西城川の三川が合流する地点である．

計算範囲は河道の平面形状をもとに，比較的偏流が生じていないと判断される**図-3.15** に示す江の川 138.2～141.8 km，馬洗川 0.0～3.0 km，西城川 0.0～1.4 km とし，再現対象洪水は昭和 47 年 7 月洪水を用いる．計算を行うためには，河道流量と下流端水位が必要である．本モデルは定常計算モデルであるため，洪水時の河道流量ハイドログラフおよび下流端の水位ハイドログラフを 1 時間間隔で与え，各時間における水位と流量を境界条件として定常計算を行う．なお，計算は洪水のピークから前後 5 時間を対象に行った．

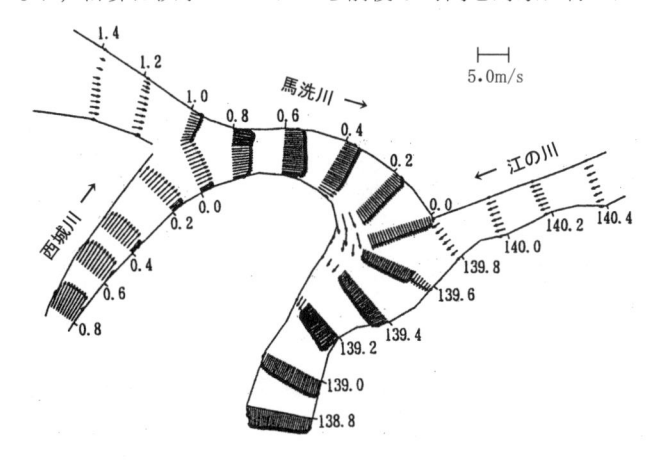

図-3.15 水深平均流速ベクトル（洪水ピーク時）[31]

図-3.15 は，洪水ピーク時の水深平均流速ベクトルを示したものであり，**図-3.16** はそのときの水位 H の縦断分布の計算結果と実測結果とを比較したものである．なお，差分計算については合流部の河道平面形状と横断測量地点を考慮し，縦断方向には 70～200 m 間隔で，横断方向には，高水敷と低水路を区別し分割する．

水位 H の縦断形を見ると，計算結果は，江の川の 138.8～139.8 km 区間および馬洗川 0.0～0.6 km 区間の湾曲部の左右岸の水位をよく表している．また，馬洗川の 0.8～1.0 km 区間や江の川 139.6～139.8 km 区間の水深平均流速ベクトルを見ると，合流部の流況は，複雑な流れを呈していることがわかる．

図-3.16 水位の縦断変化（洪水ピーク時）[31]

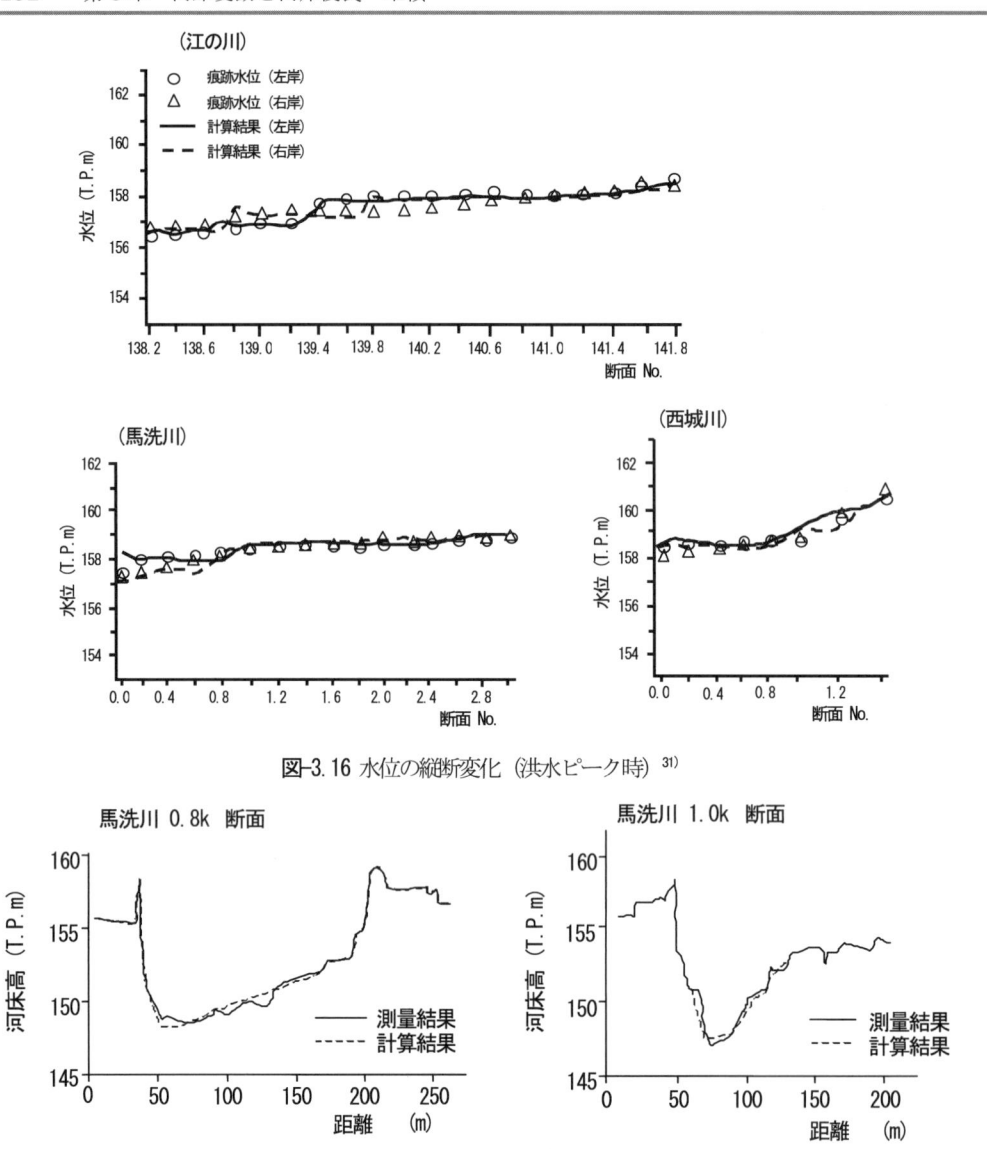

図-3.17 河床変動状況（洪水終了後）[31]

図-3.17は昭和47年7月洪水における馬洗川の0.8 km地点および1.0 km地点の洪水終了後の横断測量結果と計算結果とを比較したものである．この図を見ると，計算結果と測量結果には若干の差は見られるが，計算結果は，洪水終了後の河床変動状況をおおむね再現することができている．以上の結果，定常準三次元解析法は，三川合流部の複雑な流れ状況および河床変動状況をかなりの精度で表現することが可能であることがわかる．

3.1.8 複断面蛇行河道の流れと河床変動

わが国の河川の中・下流域では，複断面蛇行河道が多く見られる．近年，複断面流路の河床変動は，水路実験，数値解析を用いた検討や現地河川における観測・調査等さまざまな方法によって徐々に明らかにされてきた．

木下[32]は，堤防法線と低水路法線の位相差に着目し，これらが表面流速と河床変動に及

ぼす影響を調べた．木下のパイオニア的研究が対象とした複断面流路の平面形状は，低水路蛇行度が小さく，堤防法線の蛇行度が相対的に大きい場合である．岡田・福岡らは[33]，日本の複断面蛇行河道の一般的な平面形状は，堤防法線の蛇行度が低水路蛇行度に比して小さく，低水路法線が大きく蛇行する場合には堤防法線も同位相に近い蛇行線形をなすことが多いことを明らかにしている．

芦田・江頭ら[34] は，単断面蛇行流れと複断面蛇行流れの違いに着目し，*underbank flow*, *bankfull flow* ($Dr = 0$), *overbank flow* ($Dr = 0.32$) の 3 ケースの実験 (蛇行度 $S = 1.10$) を行い，水位，流速分布および河床形状等の詳細な測定によって，流れと河床変動特性を比較している．その結果，複断面蛇行流れの流れ構造は，単断面蛇行流れの場合と大きく異なり，深掘れの位相が下流にシフトすること，洗掘深が小さくなること等を示している．

福岡ら[35] は，蛇行度 $S = 1.10$ の複断面蛇行流路において，相対水深 Dr (高水敷水深/低水路全水深) を変化させた 5 ケース ($Dr = 0 \sim 0.49$) の実験を行って，平衡河床形状および流砂量を測定している．その結果，高水敷上も流れる複断面蛇行流れにおいては，相対水深がおよそ 0.3 を境として，それ以下では最大流速が外岸寄りに現れる単断面的蛇行流れとそれ以上で低水路中央寄りに現れる複断面的蛇行流れが生じ，その 2 つの流れでは，河床変動および流砂量特性に違いが生じることを明らかにした．これらの流れ特性の違いについては，福岡・渡邊[17] は，三次元数値解析を用いた検討により，福岡ら[35] の実験結果を再現している．また，福岡ら[36] は，実河川の洪水流の実測データを分析し，洪水中の最大流速線の発生位置と河岸被災箇所の関係から洪水期間中の水位ハイドログラフの変化によって上述の 2 種類の流れが存在することを示している．さらに，江の川の蛇行部内岸砂州上に着色した砂を入れたボーリング孔を設置することによって，洪水中の砂州上の河床変動高の測定を可能にし，複断面的蛇行流れが現れる場合には内岸砂州上においても河床変動が生じていることを示した[35]．

本節では，福岡らによる複断面形を有する直線および蛇行水路を用いた流れと河床変動および複雑な蛇行平面形状を有する河川の河床変動について述べる．

(a) 複断面直線流路の河床変動

1.4.1 で示されたように複断面直線河道では，相対水深 Dr の大きさによって高水敷上の流れと低水路内の流れの間に大きな流速差が生じ，境界に強いせん断力が発生する．その結果，横断面内の運動量交換により大きな平面渦が見られる．このとき，低水路と高水敷の境界の河床に**図-3.18** に見られる周期的な砂堆と低水路沿いの局所深掘れが現れる[37]．このような，低水路際の周期的な深掘れが大規模な平面渦に起因して生ずるかを確認するために福岡らは以下の実験検討を行った．最初に，複断面直線水路で発生する平面渦の波長を調べ，この波長程度の間隔で周期的に深掘れが発生していることを確認した．このことより，平面渦が深掘れ発生の原因の 1 つと考え，水制を適当な間隔で設置し，平面渦の規則性を壊すことによって深掘れが消滅するかを調べた．その結果，平面渦が破壊される水制間隔のときに，河床の周期的な深掘れも消えることが明らかになった[38]．この実験事実から，平面渦と周期的な深掘れの間に密接な関係があることが明らかとなった．

複断面直線河道では，高水敷上に洪水流が乗る水位付近を除いては，単断面河道と同様に，水深の増大とともに，河床に作用する掃流力が増大し，土砂の移動量，洗掘量が増大す

る．河床波の発生領域に関しても，複断面河道の低水路の水理量を用いると，単断面河道の発生領域図-3.6 とほとんど変わらず，この領域図をそのまま用いることができる．

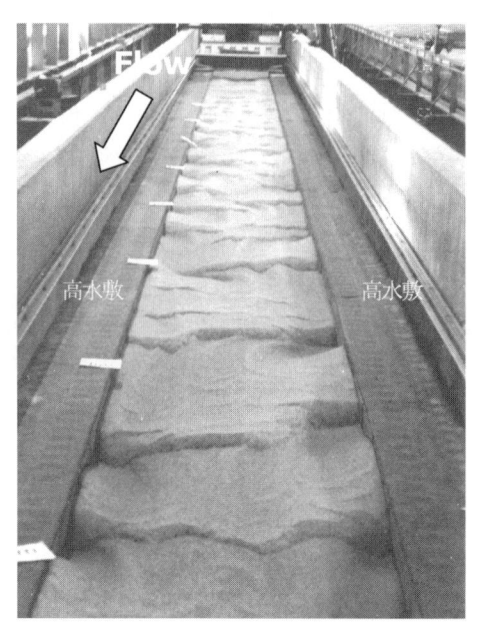

図-3.18 複断面直線流路における河床形状[37]

(b) 複断面蛇行流路の河床変動

(1) 流砂量・河床変動に及ぼす平面形状，相対水深の影響

蛇行低水路をもつ複断面流路の平面形状には **1.5.3** 図-1.32 に示されている記号を用いる．**付録 3** の表-A.3.1 に実験に用いた水路 A，水路 B の諸元を，表-A.3.2 に実験条件を示す．水路は堤防法線形が直線で，その中に式 (1.25) の *sine-generated curve* で一様に蛇行する低水路を有しており，蛇行長 L_m，最大偏角 θ_{max} を変化させることにより，蛇行度を変化させている．低水路の河床材料には，粒径 0.8 mm の一様砂を用い，高水敷には粗度付けのために人工芝 ($n_{fp} = 0.018$) を貼っている．

水理条件は，相対水深 Dr (高水敷水深/低水路全水深) を変化させ，単断面蛇行流れ (Dr = 0)，単断面的蛇行流れから複断面的蛇行流れに遷移する流れ (Dr = 0.30) および複断面的蛇行流れ (Dr = 0.40) を想定した 3 通りの移動床実験を行っている．どのケースについても高水敷高さ 5.5 cm の平坦河床を初期状態として，水位，河床変動高および下流端における流砂量の経時変化を測定している．

図-3.19 に各実験における平衡河床形状のコンター図を示す．色が濃いほど縦断平均河床高からの洗掘深が大きいことを示す．水路 B ($S = 1.10$) の実験[35]では，Dr = 0 の場合には低水路の法線形による遠心力に起因する二次流の発達により，洗掘深が最大になる．Dr = 0.30 付近で低水路流れと高水敷流れの混合が大きくなり，二次流構造の変化により最大流速線は低水路中央寄りにシフトし，そのラインに沿って洗掘が生じる典型的な複断面的蛇行流れに移行する．蛇行度を小さくした水路 A ($S = 1.028$) では，流路の曲率半径が大き

(a) 水路 A(S=1.028)における平衡河床形状 [33] (b) 水路 B(S=1.10)における平衡河床形状 [35]

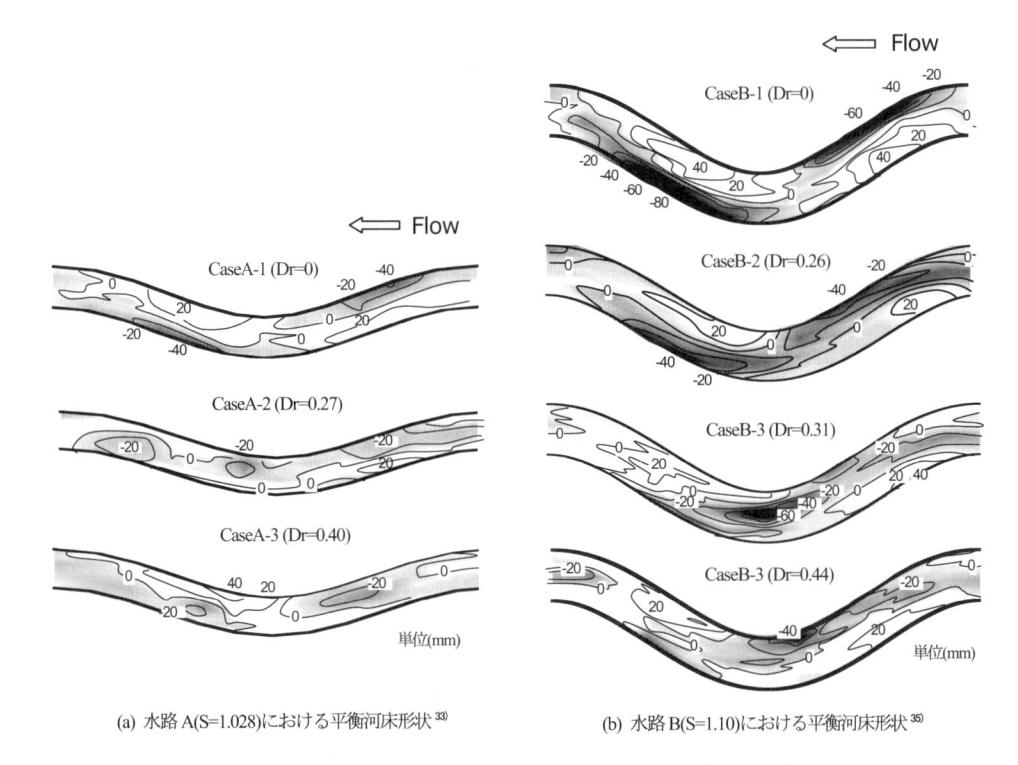

図-3.19 蛇行度 S, 相対水深 Dr の違いによる平衡河床形状

くなることから，単断面蛇行流れにおける遠心力に起因する二次流は小さくなり，蛇行部外岸に生じる洗掘深も小さくなる．このため，CaseA-2 の複断面蛇行流れでは，相対水深が 0.3 よりも小さい値で高水敷からの流れの影響が卓越するために，最大流速線が低水路中央付近に生じ，複断面的蛇行流れに移行する．

図-3.20 に実験水路 A[33]，実験水路 B[35] において測定された流砂量を無次元化し，これと低水路無次元掃流力との関係を示す．また，本実験結果と比較するために，低水路の横断形状がほぼ同じである複断面直線流路 (低水路幅 90 cm, 高水敷高さ 6 cm) を用いた実験の流砂量[37] を併せて示す．これらの実験水路は，低水路の横断形状がほぼ同じである．蛇行度 S と相対水深 Dr をパラメータとして，流砂量に及ぼすこれらの影響を示している．複断面蛇行流れの摩擦速度 u_* の分布は複雑であるが[39] ここでは，低水路の平均水深と低水路中心線に沿った水面勾配 I を用い，$u_* = \sqrt{ghI}$ から求めている．複断面直線流路では，相対水深が大きくなるほど掃流力は大きくなり，流砂量は増加する．一方，複断面蛇行流路の水路 A ($S = 1.028$) および水路 B ($S = 1.10$) では，流砂量は共に低水路満杯流の Dr = 0 の場合で最大となり，相対水深の増大とともに高水敷流れの流入による混合によって，低水路内の流速が小さくなり，流砂量が減少する．水路 A と水路 B の無次元流砂量を比較すると，同程度の相対水深に対して，水路 B の方が大きくなっている．両者の差は，相対水深が小さく，遠心力に起因する二次流が卓越する単断面的な蛇行流れ特性を示す条件で顕著に見られる．すなわち，蛇行度の大きい水路 B ($S = 1.10$) では，二次流強度が増加することによって外岸に生じる洗掘深も大きくなる．その結果，主流は外岸の深掘れ部に集中するようになり，掃流力の増大によって流砂量が多くなったと考えられる．このことは，相対水深

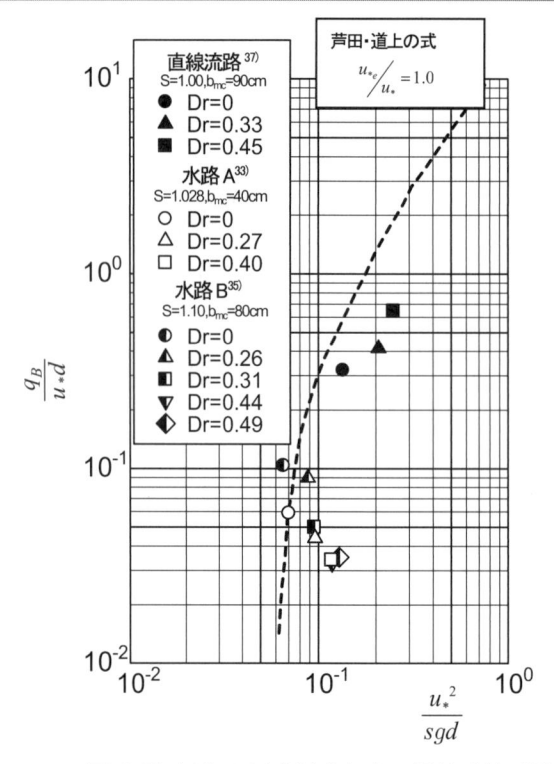

図−3.20 無次元せん断力と無次元掃流砂量の関係 [41]

が大きくなると，低水路線形の影響が小さくなるため，流砂量が蛇行度にかかわらず同程度となっていることからもわかる

これらの実験結果を芦田・道上の流砂量式(式3.4)と比較すると，単断面流れの流砂量は，おおむね説明することができるが，複断面流れでは同じ無次元掃流力に対して無次元掃流砂量は小さい．これは次のように理由づけられる．複断面直線流路では，低水路と高水敷の境界部に生じる大規模平面渦の影響により，低水路河岸際の河床波の波高が大きくなり，水路全体の抵抗を増加させている[37]．また，複断面蛇行流路の流れでは，高水敷流れの流入による付加的な抵抗増加が生じる．これらの抵抗増大による河床に働くせん断力が低下することを考慮した評価を行っていないことが大きな原因である．

複断面蛇行流れにおける低水路河床に働くせん断力は，同じ低水路水深をもつ複断面直線水路に比して小さく，縦横断的に変化し，かつ水理条件によっても異なる複雑な特性をもつことが河床付近の流れ場の測定結果から示されている[39]．流砂量の正しい評価のためには，低水路底面に働くせん断力の評価方法と流砂量式について検討することが今後の重要な課題である．

本節で得られた河床変動の知見は，護岸等水理構造物の根入れ深さの設計上重要な情報を与える．複断面直線水路にあっては，流砂量，洗掘深とも相対水深が大きいほど大きくなることから，護岸等構造物の根入れ深さは計画規模の洪水に対応する水理量を用いて決めるのがよい．一方，複断面蛇行流れでは，流砂量，洗掘深ともに，低水路満杯流量付近で最大となることから，護岸の根入れ深さは，低水路満杯水深での水理量を用いて設計することになる．

(2) 流砂量・河床変動に及ぼす非定常性の影響

複断面蛇行流路における洪水中の河床変動，流砂量を把握するために，水路 B ($S = 1.10$) にハイドログラフを与えた非定常流実験を行い，(a) で示した同じ水路を用いて行った定常流実験の結果と比較検討する[40), 41)]．図-3.21 に流量ハイドログラフと各時間帯の実効流量に相当する 4 種類の相対水深 Dr_1, Dr_2, Dr_3, Dr_4 を示す．ここで，実効流量とは，各時間帯の時間平均流量によって定義し，各流量に対応する相対水深を実効相対水深とする．ピーク時の相対水深は $Dr = 0.47$，洪水継続時間は 4 時間である．フルード相似則から，実験水路で与えたハイドログラフは，実河川のハイドログラフにほぼ相当するものである．初期河床は実河川の洪水前の河床形状を想定して，平坦河床から低水路満杯流れで 2 時間通水を行い，外岸側では河床洗掘，内岸側では河床堆積形状となっている．通水開始後 40 分ごとに水位と河床形状を測定し，実験終了後に全流砂量を測定している．

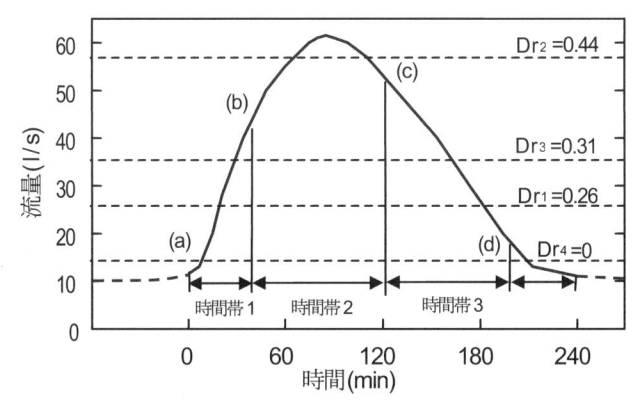

図-3.21 洪水ハイドログラフと各時間帯の実効流量およびその相対水深[41)]

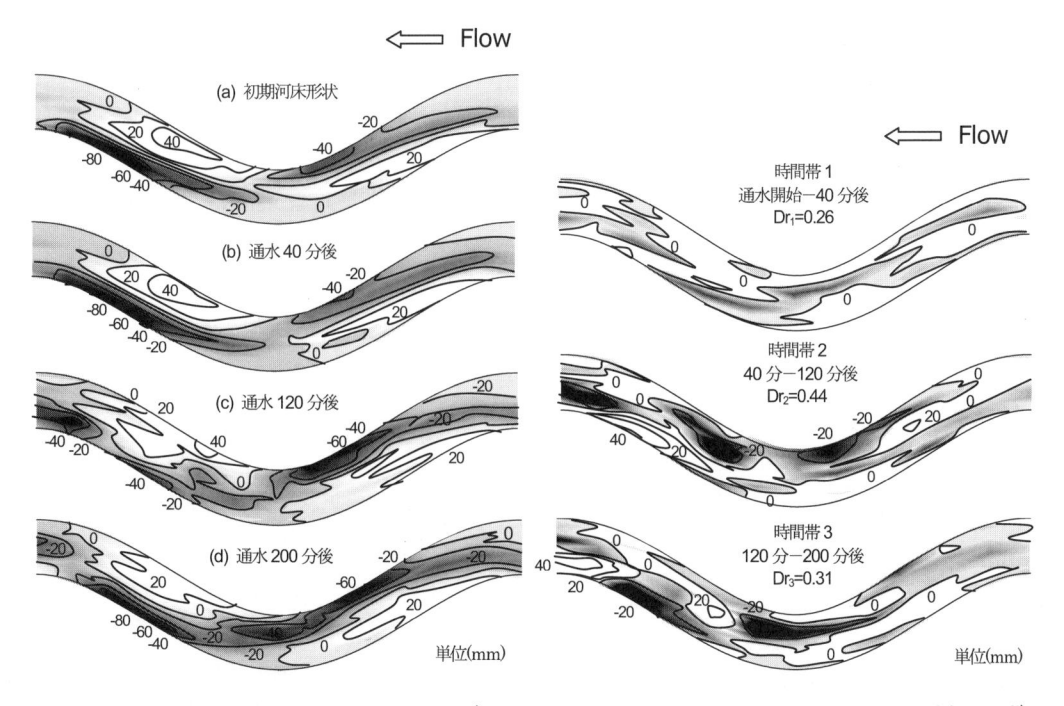

図-3.22 各通水時間における河床形状[41)]　　図-3.23 各時間帯における河床高の実質変動量[41)]

図-3.22 に各通水時間 (a)–(d) における河床形状を示す．図-3.23 は，ハイドログラフの各時間ごとにどの箇所で河床変動が生じているかを示す各時間帯の河床高の実質変動量である．この変動量は，各時間帯の始点と終点において測定された河床高の差から求めている．通水開始から 40 分後までの時間帯 1 では，通水 40 分後に $Dr = 0.37$ の複断面的蛇行流れとなるものの，その継続時間が短く，実効相対水深は $Dr_1 = 0.26$ であることから，初期河床からの変化はほとんど生じていない．時間帯 2 では，実効相対水深 ($Dr_2 = 0.44$) が大きく，複断面的な蛇行流れの特性が現れる時間帯となる．低水路の内岸部では洗掘が生じ，洗掘された砂は下流の変曲断面外岸の水衝部に堆積することにより，洗掘深は小さくなっている．したがって，外岸側洗掘，内岸側堆積の初期形状から相対水深が大きくなるにつれて最大流速線は内岸寄りに現れ，低水路内岸部付近で河床変動が生じる．ピーク水位を過ぎ，減水期にあたる時間帯 3 ($Dr_3 = 0.31$) では，単断面的蛇行流れが卓越するようになり，時間帯 2 に埋め戻されていた水衝部は再び洗掘され，洗掘深が大きくなっている．以上より，①低水路外岸に生じる洗掘深は，低水路満杯流量程度で最大となり，洪水中は砂の堆積によって減少する．②蛇行部内岸河床では，相対水深の大きい複断面的蛇行流れの時間帯に洗掘が生じるものの，減水期の単断面的蛇行流れになると再び埋め戻される．このため，洪水直後には図-3.22(d) が示すような，洪水前 (図-3.22(a)) の河床形状に低水路中央の洗掘部が若干残る河床形状となる．図-3.22(a) の河床形状を初期状態として，複断面的蛇行流れの相対水深 $Dr = 0.44$ を 20 時間以上通水し続けても，低水路内の掃流力が小さいために河床形状は洗掘部が徐々に埋め戻されて平坦化傾向になるだけで，内岸河床に大きな洗掘が生じることはない．

3.1.8(b) の定常流実験で得られた各相対水深における流砂量を参考に，非定常流実験における掃流砂量を考察する．図-3.19(b)(定常流実験) と図-3.23(非定常流実験) の各相対水深に対応する河床形状を比較すると，非定常流実験では定常流実験に比してそれぞれの相対水深での通水時間が短いために河床の変動高は小さいものの，全体的な河床形状はそれぞれの相対水深での河床形状によく対応している．洪水ハイドログラフを与えた実験 2 の掃流砂量を各時間帯の実効流量によって生じる流砂量の和とみなし，実験1(定常流実験) の各相対水深における平衡流砂量とその継続時間から各時間帯の流砂量を算定した．表-A.3.3 に各時間帯の実効相対水深，継続時間および平衡流砂量を示す．その結果，非定常流実験 (通水時間 2 時間) における掃流砂量 17.2 ℓ に対して，定常流実験における平衡流砂量の重ね合せから算定された掃流砂量は 18.3 ℓ であり，両者はほぼ等しい値をとる．実験がほぼフルード相似則を満たしていることから，複断面蛇行河道においても各時間帯の実効流量に相当する流砂量を見積もることができれば，洪水中の掃流砂量は，その重ね合せとしておおよそ見積もることは可能である．

(3) 洪水期間中の内岸寄り河床の最大洗掘深と変動高

これまでの河道設計においては，複断面蛇行流路の内岸側河床，特に低水路湾曲部の内岸に形成される固定砂州は，洪水外力に対してほとんど洗掘を受けないと考えられていた．この根拠は，低水路内のみを洪水が流れるときには，河床は単断面蛇行流路と同様に，主流は外岸側に寄り遠心力に伴う二次流によって外岸側河床は洗掘域，内岸側河床は堆積域となるという考えに準拠しており，複断面蛇行河道にあっても，低水路内の流れと河床変動は，低水路の蛇行線形に支配された流れ，すなわち遠心力場によって生じる主流と二次流に支配さ

れていると考えられてきた.

　これまで，実際の洪水中の河床変動状況を確かめることが困難なことであったことから，内岸側に形成される固定砂州は洗掘を受けない安定した河道空間であるとして，種々の河川活動の場として利用されてきた．さらには，固定砂州上を流れる大洪水が，かなりの期間発生しなかった河道蛇行部では，内岸砂州上に樹木群等が繁茂し，いわゆる川らしい河川景観を創出し，優れた生態空間を提供してきた．相対水深の大きくない中小規模の洪水では，このような樹木群により内岸砂州上の流れは緩やかで，ときには死水域を形成することになり，砂州上の樹木群の存在は河道計画上それほど大きな流水抵抗を与えないものと考えられてきた.

　しかし，前章までに述べたように，相対水深が増大し，複断面的蛇行流れになれば内岸寄りに最大流速が発生し，長い洪水継続時間によっては内岸砂州上の樹木群は，大きな抵抗要素となり，内岸側に洗掘が生じる可能性がある．そのため洪水時の内岸側河床の局所洗掘深についても把握しておくことは河川管理上必要である．一般的に，河川において洪水中の河床高を多点で同時に測定することは技術的に難しく，洪水前後の河床高の測量によって河床変動量を評価してきた．この方法では，洪水中の河床変動量や最大洗掘深を知ることができない.

　宇民・木下ら[42]は，斐伊川において連続写真観測を行って洪水流況を把握し，十字浮体に音響測深機を流下させて河床形状を連続的に測定している．また，木下[43]は河床高調査用のラジコンボートを開発し，洪水中の河床形状の変化過程の観測を行っている．洪水中の河床変動高を直接的に測定する方法として，福岡ら[44]は，江の川において蛇行部内岸の砂州上にボーリング孔を多数掘削し，着色砂礫を埋め戻すことによって，低水路内岸砂州上における洪水中の河床高の変動量の測定を可能にした．その結果，前述の移動床実験で得られた結果[35]と同様に，相対水深が大きく継続時間の長い大規模な洪水が発生する場合には蛇行部内岸においても河床洗掘が生じていることを明らかにした．そこで，洪水中に内岸側の河床がどのような変動高さを示すかを定量的に評価するために，平常時には露出している蛇行内岸側の砂州上に着色砂を埋めたボーリング孔を設けその洗掘深さを調べることにより，洪水時の内岸側砂州河床の最大洗掘深と洪水減水時の土砂堆積深，および洪水期間中の河床変動高さを調べる調査を行った.

　平成9年7月8日～13日の梅雨前線による洪水を対象とし行った．**図-3.24** に水位観測所のある川本地点における河床横断面形状と洪水ハイドログラフ，および大津地点 (86.5 km) での降雨量を示す．この時の総雨量は，大津地点で 301 mm，ピーク流量は川本地点で 3,600 m^3/s であった．水位変化は二山型で，河岸段丘上を5日間以上流れており，ピーク時の相対水深は 0.40 であった．洗掘深調査を行った区間 (20～30 km) は，両岸に河岸段丘が発達している河道である．調査地点は渦巻 (27.0 km 付近)，大貫 (23.7 km 付近)，田津 (21.2 km 付近) の3箇所であり，それぞれの調査区間を含む河道平面形とボーリング孔の平面的な位置関係を **図-3.25** に示す．これらの区間の蛇行度は，それぞれ 1.093, 1.030, 1.029 である．河床構成材料は，渦巻地点が砂，大貫，田津地点が礫である.

　図-3.26 に示す江の川の3地点の内岸固定砂州上に直径 0.5 m，深さ 1.5 m 程度の6本の円形ボーリング孔を掘削し，各深さの位置にあった掘削土を 0.2 m ごとに 1.2 m まで6段階に着色した後，埋め戻し初期河床高を測量する．洪水後着色した土層がどの深さまで洗

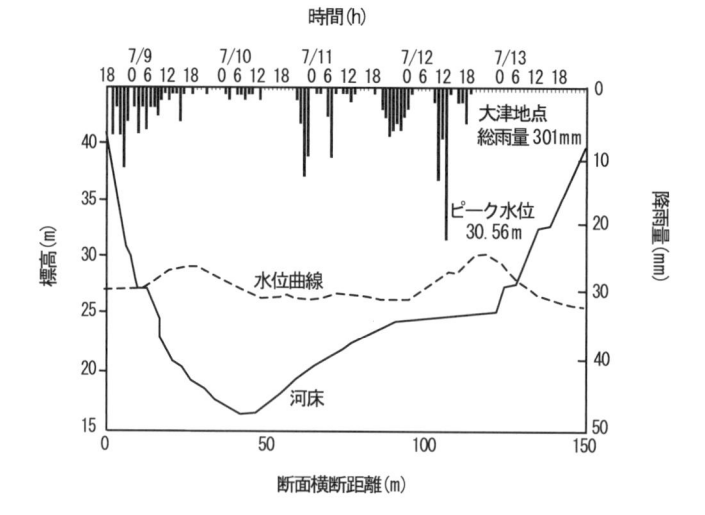

図-3.24 江の川川本地点の河床横断形状と水位曲線
および大津地点における降雨量[35]

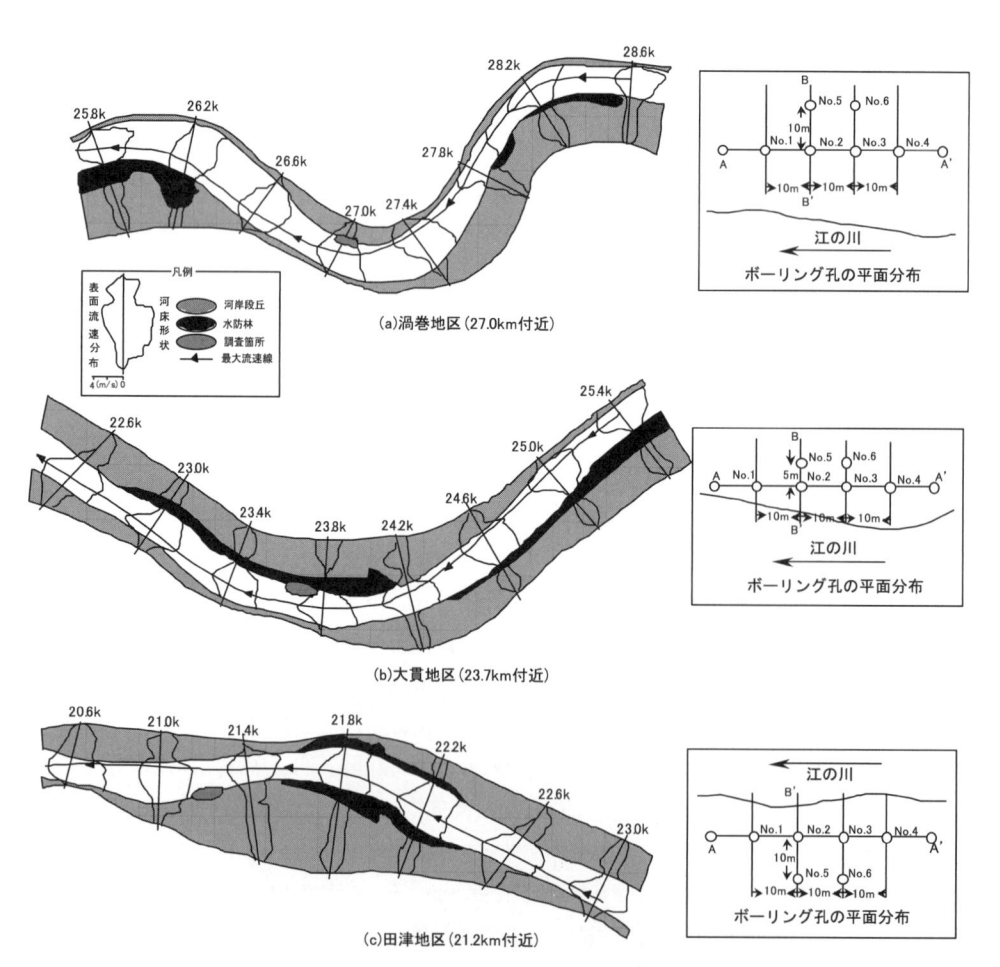

図-3.25 江の川の平面形と昭和58年7月洪水時の表面流速分布,河床形状
および調査地点におけるボーリング孔の平面分布[35]

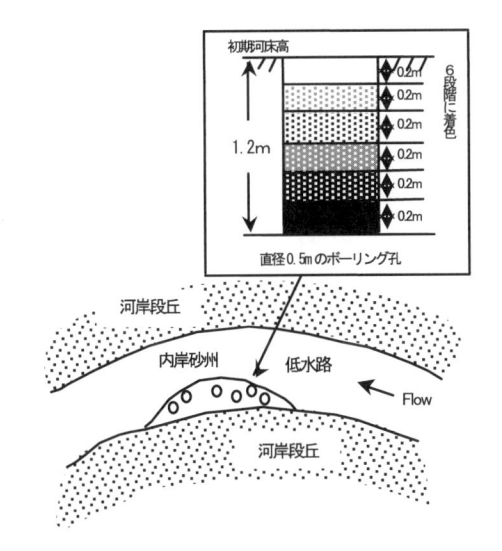

図-3.26 ボーリング孔と着色した層および調査地点[35]

図-3.27 洪水前後の河床変動高と最大洗掘深および堆積高[41]

掘され，移動したか，また堆積し，埋め戻されたかをボーリング孔ごとに調べる．これにより，**図-3.27** に示すように洪水中の最大洗掘深，堆積深，洪水前後の河床変動量といった重要な情報を知ることができる[35),44),45)]．

①渦巻地点(27.0 km 地点)(**図-3.28** (a))

　この地点は江の川の調査区間の中で蛇行度が最も大きい地点 ($S = 1.093$) である．調査位置も最大曲率断面付近下流の内岸に位置している．調査結果より洪水時の最大洗掘深は，No.4 を除くすべてのボーリング孔で 0.2 m 程度を記録した．このことは，少なくとも洪水ピーク時 (相対水深 $Dr = 0.40$) には蛇行部内岸寄りに最大流速が発生する複断面的蛇行流れが現れていたことを示している．

② **大貫地点**(23.7 km 地点) (図-3.28(b))

　洪水中の最大洗掘深は，No.1〜4 のボーリング孔で 0.4 m 以上となっているにもかかわらず，洪水の前後で内岸河床高はほとんど変動していない．これは，洪水のピーク時付近では，複断面的蛇行流れとなり内岸側の洗掘が生じたものの，減水期に現れる *bankfull* 流れの時間帯に外岸側河床の洗掘，内岸側河床の堆積が起こり，洪水前の河床高近くまで回復したものと考えられる．このように本調査では，従来行われてきた洪水前後の横断測量では明

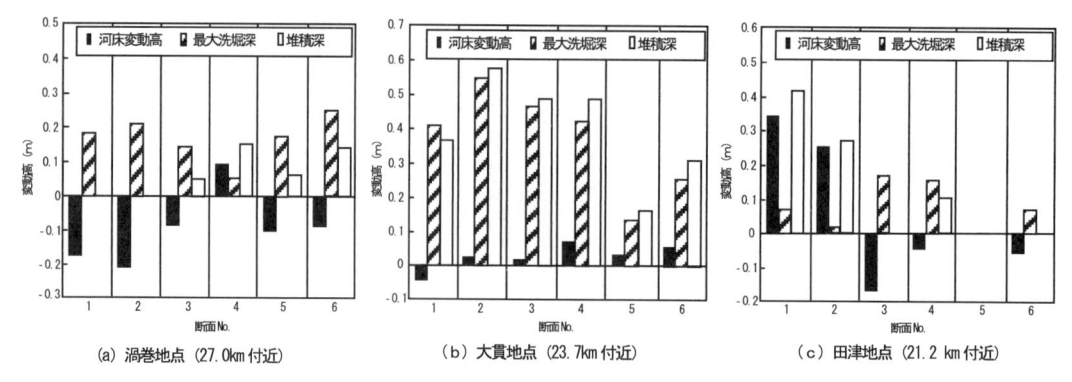

(a) 渦巻地点 (27.0km 付近)　　(b) 大貫地点 (23.7km 付近)　　(c) 田津地点 (21.2km 付近)

図-3.28　各調査地点の測定結果[35]

らかにされていなかった内岸の河床変動高を測定することができる．また，この地点は，渦巻地点と蛇行度に違いはあるものの，ほぼ同様な平面的位置関係にある．しかし，最大洗掘深，堆積深に差が生じている．この原因としては，内岸側に繁茂する水防林が影響を及ぼしたものと考えられる．

③田津地点(21.2 km 地点)（図-3.28(c)）

田津地点は，平面的な位置が他の 2 地点とは異なり，変曲断面付近の内岸に位置している．この地点は，他の 2 地点と比べ洪水中の洗掘深が小さい．実験結果からも変曲点付近の内岸側河床は，複断面的蛇行流れ，単断面的蛇行流れ，単断面流れを問わずほとんど変動せずに，むしろ堆積を生じる箇所にあたる[35]．

以上より，江の川においても実験水路の結果と同様に相対水深が大きく，洪水継続時間が長い場合には蛇行の最大曲率断面付近で内岸側河床に洗掘が生じ，変曲断面付近はほとんど変動しない結果が得られた．これらの調査地点は，平常時には露出している蛇行部内岸砂州上に位置しており，洪水後の河床状態は次の出水まで残っている．そのため洪水後に各調査地点付近の現地踏査を行うことにより，土砂の堆積状況，粒径分布等を調べることができる．

大貫地点における洪水後の河床の状況を**写真-3.1** に示す．大貫地点においては洪水後に河床波，砂礫堆等は明確には見られず，他の渦巻，田津地点においても同様であった．しかし，江の川において洪水中に河床波が形成されていたかについては，確認されていない．一方，砂堆が確認された仁淀川の状況[35]を**写真-3.2** に示す．この場合の砂堆の最大波高は，洪水中の河床高の変動幅約 70 cm に対して，30 cm 程度であり，河床波の影響は大きい．

写真-3.1　江の川大貫地点における洪水後の河床状況 　　**写真-3.2**　仁淀川における洪水後の河床状況（最大波高 30 cm の砂堆）

3.1 河床変動　163

　複断面的蛇行流れを呈する大洪水時には，低水路の主流は直線的に流れるようになる．このため，蛇行部では内岸側寄りに主流が発生し，内岸寄りの砂州河床は侵食を受ける．また，内岸固定砂州上に繁茂する樹木群は直進する洪水の大きな抵抗となり，水位の上昇と，ときには流木化を起こし，災害につながることも考えられることから，複断面蛇行河川の適正な管理のために，以下の調査を集中的に行った．

　平成9年に国土交通省 (当時建設省) 河川局治水課および各地方整備局・北海道開発局の調査担当者からなる調査担当者会議において，福岡ら[35)]による江の川の洪水時の河床高調査と同様に，全国12河川における洪水時の内岸固定砂州の河床変動高調査を行った．**表-3.2**に，各調査河川の対象洪水の無次元掃流力と最大洗掘深および堆積高など河床変動高の調査結果の一覧を示す．平成9年〜11年にわたる調査結果をまとめ，河道特性 (河道平面形，横断面形，河床材料) と洪水特性 (相対水深，洪水継続時間) の違いが洪水中の低水路内岸部砂州上の河床変動高に及ぼす影響を明らかにしている[45)]．

表-3.2 各調査河川の洪水流の無次元掃流力と河床変動高の調査結果[45)]

河川		河床勾配 I_b	河床粒径 d_{60}(mm)	冠水時間平均水深 H(m)	無次元掃流力 τ_*	洪水時の河床変動高 (m)		
						洪水前後の変動高	最大洗掘深	堆積高
北海道	雨竜川	1/100	20	3.3	0.09	0〜0.1	0〜0.2	0〜0.2
東北	雄物川	1/3000	0.7	3.5	1.01	0〜0.2	0.1〜0.4	0.1〜0.5
	赤川	1/2000	0.45	3.0	2.02	-0.1〜0.2	0.2〜0.4	0.1〜0.6
北陸	阿賀野川	1/1250	0.6	4.0	3.23	-0.6〜0	0.5〜1.7	0.4〜1.1
東京	利根川	1/900	0.35	3.0	5.77	-0.3〜0.1	0.5〜0.4	0.4〜0.8
	多摩川	1/500	25	3.2	0.14	-0.7〜-0.3	0.4〜1.0	0.1〜0.4
	越辺川	1/450	0.3	2.2	9.88	0〜0.6	0〜0.4	0〜0.9
中部	矢作川	1/1100	1.8	2.0	0.61	-0.3〜0.4	0.5〜1.4	0.3〜1.1
近畿	木津川	1/600	50	1.6	0.32	-0.3〜0.4	0.1〜0.7	0〜0.4
中国	江の川 田津	1/1000	20	4.2	0.13	-0.1〜0.3	0〜0.2	0.1〜0.4
			20	4.3	0.13	-0.05〜0.1	0.1〜0.5	0.1〜0.6
			0.4	5.6	8.48	-0.2〜0.1	0.1〜0.2	0.1〜0.2
	大貫 渦巻			5.0	015	-0.3〜0.05	0.2〜0.7	0.2〜0.7
				5.3	0.16	-0.2〜0.1	0.4〜0.8	0.3〜0.6
				6.0	9.09	-0.2〜0.7	0〜0.3	0.2〜1.0
四国	仁淀川	1/1000	30	4.5	0.09	0.05〜0.1	0.2〜0.9	0.3〜0.9
	那賀川	1/750	50	5.3	0.09	-0.2〜0.2	0.2〜0.5	0.2〜0.6

　無次元掃流力 $\tau_* = u_*^2/sgd_{60}$ を求める際の摩擦速度 u_* は，等流近似した $u_* = \sqrt{ghI}$ から算定している．このとき，I は，調査区間の水面勾配 (データがない場合は河床勾配を代用) であり，河床粒径は代表値として d_{60} (60% 粒径) を用いている．

　非定常流れである洪水を代表水深で表すのは正確さを欠くが，**3.1.8(b)(2)** と同様に**図-3.29**に洪水ハイドログラフの実効水深を定義する．調査地点の横断面形状，痕跡水位および最寄りの観測所の洪水ハイドログラフから，調査地点の冠水時間を推定する．次に，冠水時間中の時間平均水位と低水路の横断平均河床高を求め，この値の差を調査地点における洪水ハイドログラフの実効水深とする．

　表-3.2から，雄物川，赤川，阿賀野川，利根川，越辺川および江の川 (渦巻) の洪水時の無次元掃流力は1.0を越えていたことがわかる．一般に，無次元掃流力が0.8を超えると砂礫

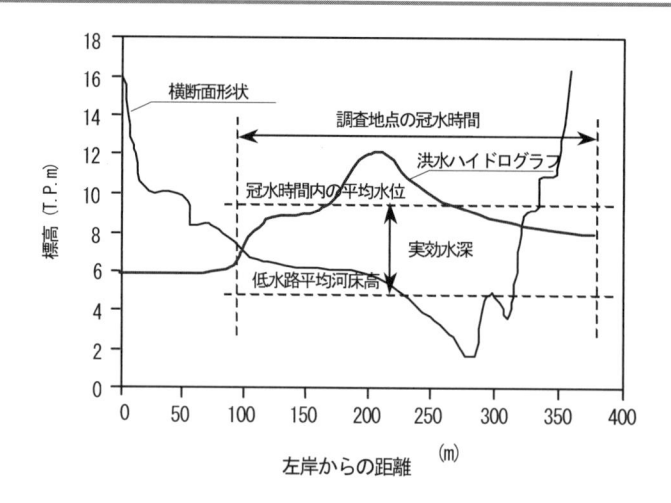

図-3.29 洪水ハイドログラフの実効水深の定義[45]

は浮遊状態で流送されることから，これらの河川では浮遊砂の堆積が河床変動の主因として考えられる．また，これらの河川に共通するのは，洪水中の水深が大きいだけでなく，河床粒径が 1.0 mm 以下と小さいことである．12 河川の中で最も大きい河床変動高が観測された阿賀野川 (最大洗掘深 1.5 m) においては，地表面から深さ 2 m まで 1 mm 以下の細粒の土で構成されていたことが，大きな洗掘深の原因である．水深粒径比 h/d が大きい河川では，洪水中の最大洗掘深が大きくなる傾向がみられた．

無次元掃流力が 0.8 よりも小さい河川 (雨竜川，多摩川，矢作川，木津川，江の川 (田津，大貫) 那賀川および仁淀川) については，洪水中の河床変動の要因を次のように推定する．本調査地点のような蛇行部の内岸砂州上では，同じ水理条件の直線流路の場合に比して掃流力が小さいこと，洪水継続時間が砂州の形成に要する時間よりも短いために新たな砂州が形成されにくい．前述したように仁淀川の洪水後の現地踏査では，写真-3.2 に示す砂州上に砂堆の形成が確認されている．このことから，砂州上に形成された砂堆が移動することも 1 つの河床変動の要因として考え，洪水時の水理条件から砂堆の波高を推定式[36]によって求め，河床変動高の調査結果と比較を行った．

砂堆の波形勾配 H/λ は，図-3.8 に示す Yalin の式から求め，砂堆の波長 λ と水深 h の関係には式 (3.15)，$\lambda = 5h$ を用いた．砂堆の推定式に用いている水深 h は，無次元掃流力の算定と同様に，調査地点における冠水期間中の時間平均水深を用いている．

表-3.3 に洪水中の河床高の変動幅と推定式から求めた砂堆の波高の値を示す．推定式から求めた砂堆の波高の値と調査結果の河床変動幅が近い値をとることがわかった．

このことから，複断面蛇行河道における低水路内岸部の河床高の変動幅は，洪水中の水深の実効値を用いて計算した砂堆の波高から，おおむね推定することができる．

また，実河川の内岸固定砂州河床の変動は，複断面蛇行水路実験で見出された相対水深の大きい時間帯における内岸河床の洗掘結果とほぼ同じである．なお，一洪水における河床変動の結果は，ハイドログラフの各時間帯で生ずる変動の累積であり，河床変動量は，洪水ごとに異なるものであることに留意しなければならない．

本調査で明らかにされてきたように，複断面蛇行河川と複断面蛇行水路での河床変動は相似性が高い．この理由は，流れと河床変動が主に低水路線形と相対水深によって規定される

表-3.3 洪水中の河床変動高と推定式から
求めた砂堆の波高[45]

河川		河床変動高(m)	砂堆の波高の推定値(m)
雨竜川		0～0.2	0.17
多摩川		0.4～1.0	0.14
矢作川		0.5～1.4	0.46
木津川		0.1～0.7	0.35
江の川 1997	田津	0.1～0.4	0.58
	大貫	0.1～0.6	0.50
江の川 1998	田津	0.2～0.7	0.37
	大貫	0.4～0.8	0.36
仁淀川		0.2～0.9	0.11
那賀川		0.2～0.6	0.17

ためである．次節 (**3.1.8(c)**) で述べるように，渡邊・福岡[35] による三次元解析モデルが，複断面蛇行水路の流れと河床変動をおおむね再現できることから，洪水期間中に河川で起こっている河床変動の実態が，解析によっても推定可能な段階に近づいてきていると判断される．

(c) 流れと河床変動の三次元解析

(1) 基礎方程式と解析法

複断面蛇行水路における流れと河床形状の特性は相対水深 Dr が大きくなると単断面蛇行流れのものと著しく異なることが示された．複断面蛇行流れでは，低水路の蛇行度，高水敷上の水深と低水路水深の比 (以下，相対水深 Dr)，高水敷と低水路の粗度の比などの水理特性によっても河床形状が大きく異なることが示されている[35]．近年，このような複断面蛇行水路における流れの数値解析が試みられるようになってきている．

渡邊・福岡は，流れの非静水圧三次元解析モデル[17] に河床変動モデル[46],[47] を組み込み，河床変動解析を行っている．複断面蛇行流れの特性を支配する水理量として相対水深 Dr を選び，相対水深 Dr の値を変化させた場合に，流れと河床変動の特性がどのように変化するかを以下に示す数値解析によって検討している．

対象とする場の境界形状が周期的であるので，境界形状，流れ場，河床形状を縦断方向にフーリエ級数展開し，スペクトル選点法によってモード成分を時間積分することで解を求める．複断面蛇行河道は複雑な境界形状をもち，その形を数値解析へ取り入れるために，平面座標変換と鉛直座標変換を行う．

解析対象とする複断面河道の平面形状と導入した平面座標系を**図-3.30**(a) に示す．鉛直座標 z は図-3.30(b) に示すような変則的な σ 座標系に変換される．

河床変動量は流砂の連続式と斜面の縦横断勾配の影響[15],[47] が考慮された反変流砂量ベクトルによって得られる．河床変動の時間積分はスペクトル選点上での差分計算で行われ，得られた河床形状からスペクトル成分が抽出される．

一般座標系を用いた流れの基礎方程式と河床変動の基礎式は**付録 1** にまとめられているので参照されたい．

図-3.30(a) 複断面水路平面形状と平面座標系[47]

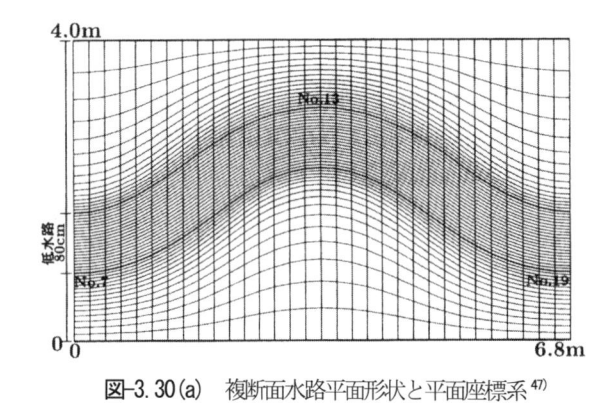

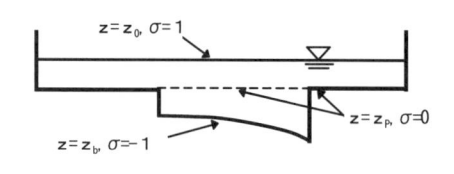

図-3.30(b) σ座標系の定義[47]

(2) 実験結果と解析結果の比較

対象とする複断面流路は **3.1.8** で示した水路と同じ幅 4.0 m，低水路幅 0.8 m，低水路河岸平均高さ 0.055 m，区間長 6.8 m，蛇行度 1.1 の水路である．本節では，福岡らによる大型模型実験のうち，相対水深が異なる Case3, 5[35] を解析対象とした．

図-3.31(a), (b) はそれぞれ Case3, 5 についての河床変動の解析結果を示している．Case3 は 9 時間後の河床形状を，Case5 については 7 時間後のものを示している．図-3.31(c), (d) は Case3, 5 における実験結果を示している．

(a) ケース3の河床変動コンター(解析結果)

(b) ケース5の河床変動コンター(解析結果)

(c) ケース3の河床変動コンター(実験結果)

(d) ケース5の河床変動コンター(実験結果)

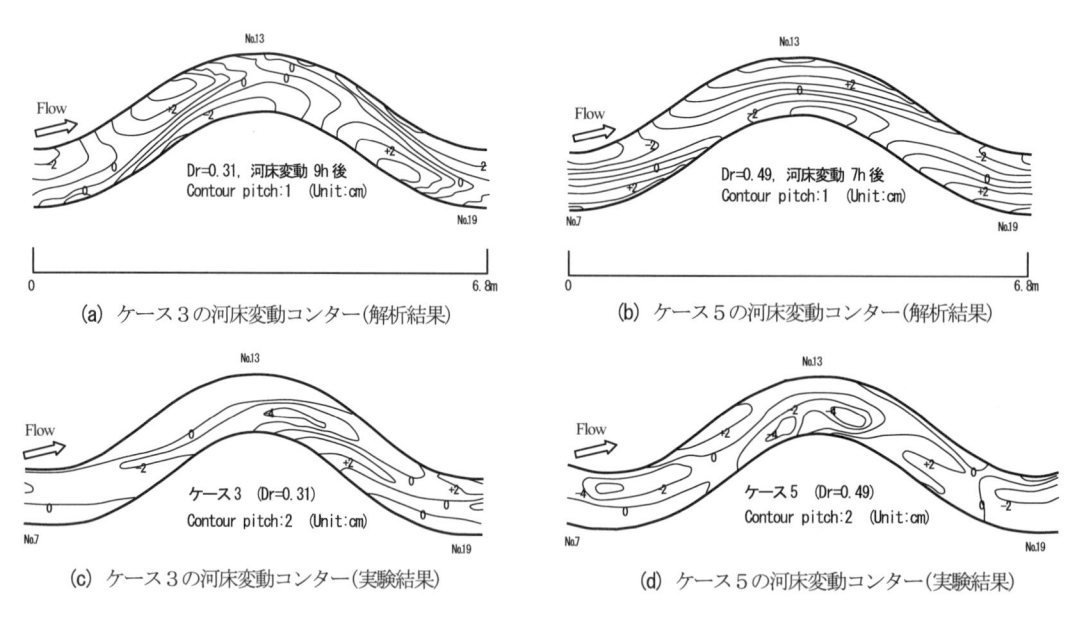

図-3.31　河床変動の実験と解析の比較[47]

これらの図を比較すると，相対水深 $Dr = 0.31$ のとき，実験では複断面的蛇行流れの特徴が，蛇行湾曲内岸の No.13 付近の洗掘に現れている．ただし，実験結果は縦断方向に周期的になっておらず，実験上の境界条件や縦断距離の影響を受けている．一方，同一の相対水深 $Dr = 0.31$ に対する解析結果は，蛇行の変曲点から内岸部にかけて大きな洗掘が生じている．すなわち，この状態では流れ場は完全には複断面的蛇行流れに移行しておらず，まだ遷移領域 (単断面的蛇行流れ) にあることを示している．

相対水深が大きい Dr = 0.49 の場合では，蛇行の内岸から内岸へ向かうようにほぼ連続するように洗掘が生じており，内岸部で大きな洗掘が生じている．蛇行の外岸領域では土砂堆積が生じている．河床変動の実験結果と解析結果は細部にわたっては一致していないが，解析は，相対水深に対する河床変動の応答を適切に表現している．

(d) 治水と河川環境を考慮した複断面蛇行河道設計法の展開

第 1 章，第 2 章で明らかにされてきた複断面蛇行河道の洪水流と河床変動の調査研究成果は，低水路の法線形や河道の平面形，横断面形を合理的に定めていくうえで役立つ．すなわち，複断面河道における洪水流の流下特性に対し，蛇行度 S，相対水深 Dr 等のパラメータの役割を十分に理解し，そのうえで洪水期間中の河床変動を予測し，対策工を検討することになる．

河道の低水路沿いや固定砂州上にある樹木群は，洪水流の流下に対する抵抗要素となるが，一方において，河道線形や樹木群の役割を広く考えることによって，治水と河川環境の両面に役立つ樹木群の保全と利用のあり方を考えることが可能である．

1.9 で示したように河道の平面形・横断形特性が，洪水流の流下形態を決定的に支配する．河道沿いに存在する樹木群もあわせ，これら四者の相互関係を河川工学的視点から計画的に考慮することによって，河川が本来的に有している洪水流の河道貯留機能を発揮させることが可能となる．自然再生化のために，川の蛇行や植生を回復することは，主に環境面の改善を目指したプロジェクトであるが，洪水流に対する河道貯留機能を増大させることにもなる．これは，川が本来もつ機能の回復事業であり，治水面の改善事業とみなすこともできる．

このように，複断面河道や植生のある河道の洪水時における水理特性を理解することは，河道設計のみならず，河道内の貯留機能を評価することにつながる．これを計画的に考慮していくことは，今後の河川計画の重要な方向となり得るもので，**第 6 章**で述べられているように河道全体で見た治水と環境の調和のとれた川づくりの展開に繋がることになる．

3.1.9 異なる平面形が連なる河道の流れと河床変動 [48]

河道は，一般に直線部，湾曲部，蛇行部など異なる平面形と単断面，複断面など異なる横断面形を有する区間が縦断的に連なって構成されている．特に，河道の平面形状が大きく変化する区間の接合部では，流れと土砂輸送が流下方向に大きく変化するため，複雑な河床変動を生じ，ときには災害を発生させる原因となる．

本節では，このような異なる平面形が連なる複断面河道の流れと河床変動について述べる．

平面形状の縦断的な変化が流れと河床形状にどのような影響を及ぼすかを見るために**写真-3.3**，**図-3.32** に示す全長 65 m，水路幅 3 m，低水路幅 0.8 m，高水敷高と低水路敷高の差 (比高差) 0.05 m，の大型水路を用い，①直線複断面から湾曲複断面さらに蛇行複断面に変化する河道区間 A と，②蛇行複断面から湾曲複断面さらに直線複断面へと変化する河道区間 B で検討を行った．なお，水路中央部の一様な複断面蛇行区間 C から得られる流れと河床変動の結果は，**3.1.8** の一様な蛇行区間で得られた結果と同様であるので，ここでは特に，A 区間，B 区間に着目する．表-A.3.4 に実験条件を示す．相対水深 Dr をパラメータと

し，一様な複断面蛇行水路において複断面的蛇行流れとなる相対水深 $Dr = 0.40$，単断面的蛇行流れとなる $Dr = 0.25$ と単断面蛇行流れの $Dr = 0$ の3ケースについて検討している．

写真-3.3 異なる平面形が連なる実験水路

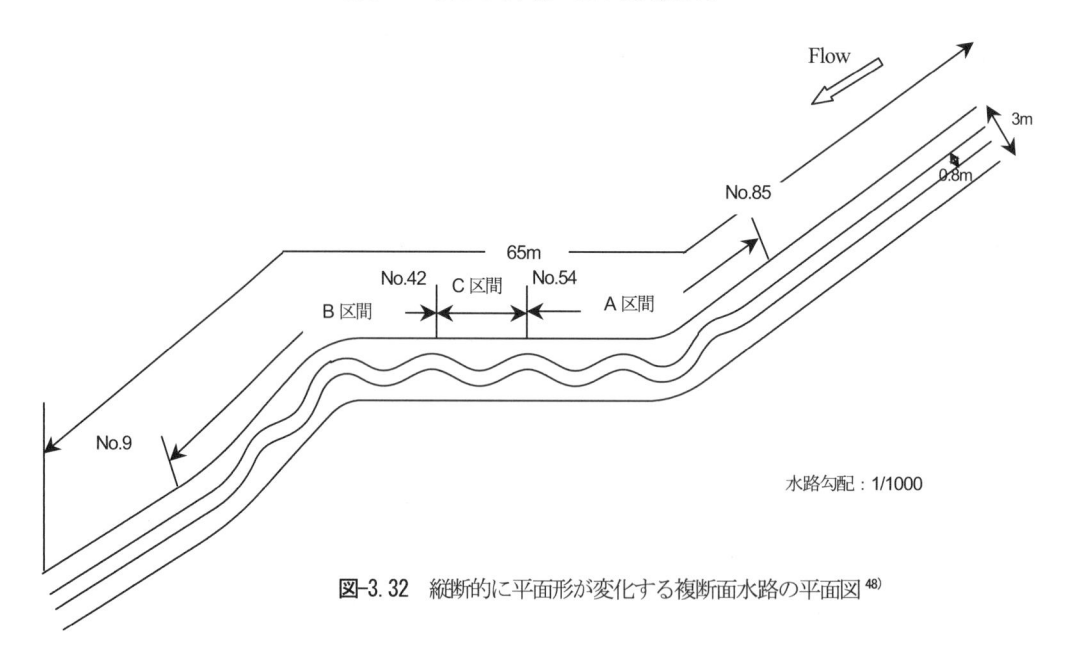

図-3.32 縦断的に平面形が変化する複断面水路の平面図[48]

(a) 平面形状・相対水深の違いが流れに及ぼす影響

平面形状の違いが流れに及ぼす影響を明らかにするために，**図-3.33**(a) の No.69 と No.25 の外岸での表面流速を比較する．表面流速ベクトルから，湾曲部 No.69 左岸高水敷上に，堤防に向かう水あたり流れが生じている．この理由は最大流速線(主流速線)の発生位置を見ると明らかなように，当該区間の上流側にある直線区間から入ってくる直進性の強い流れのためである．同様な形状をもつ湾曲部外岸 No.25 右岸では No.69 左岸で見られた流れに比べて水あたり流れは弱い．これは，上流側に一様な蛇行区間をもつため最大流速線も蛇行しており，このため，湾曲部低水路外岸に直接当たる流れとはならないことによる．複断面的

蛇行流れとなる相対水深 0.40 の Case1 では，B 区間湾曲部の上流側にある一様複断面蛇行水路において，高水敷上の遅い流れが低水路内に流入し流れの抵抗が大きくなることにより，低水路外岸への影響が A 区間に比して小さくなっている．これは，上流側にある水路平面形状の違いが当該区間の流れと河床変動にとって重要であることを示す．図-3.33(a) A 区間の直線部から湾曲部 (No.69) に移行する河道接合区間では，特に，堤防が低水路に接近しているところが，河川管理上のネック部となり得る．

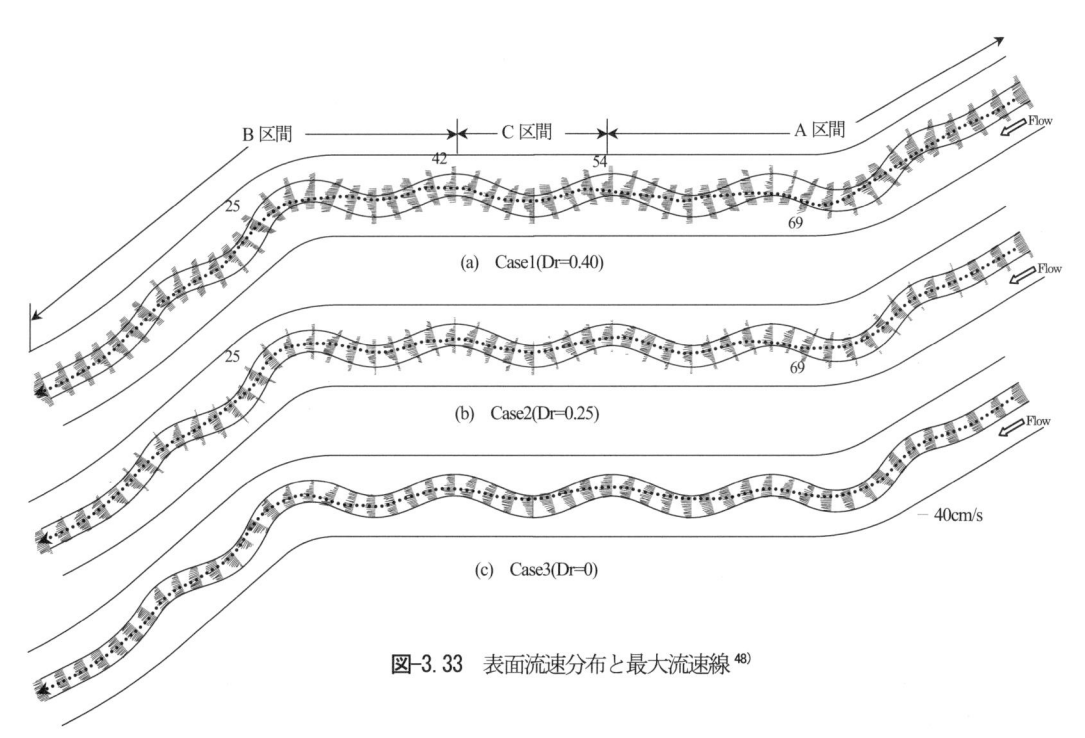

図-3.33 表面流速分布と最大流速線 [48]

次に，相対水深の違いの影響を述べる．図-3.33(b) では相対水深が Case1 に比べて小さいため，A 区間湾曲部上流側の流れの直進性が減じている．このため，図-3.33(a) の No.69 で見られた水あたり流れは弱い．また，図-3.33(a) と図-3.33(b) の B 区間湾曲部の最大流速線を比較すると，$Dr = 0.40$ の Case1 では高水敷からの流れの流入の影響が強くなり，$Dr = 0.25$ の Case2 に比べ最大流速線が低水路内岸へシフトしている．

(b) 平面形状・相対水深の違いが河床形状に及ぼす影響

最初に，平面形状が河床形状に及ぼす影響を述べる．**図-3.34** を見ると，湾曲部 (No.25, No.69) の外岸側での最大洗掘深が，相対水深の増大に伴い大きくなっている．また，A 区間と比べ B 区間の湾曲部では最大洗掘深・洗掘範囲がともに大きくなっている．これは，先に示したように同一流量の条件では，複断面直線水路に比べ複断面蛇行水路の方が低水路の掃流力が小さいため，土砂の移動量が少なくなり，A 区間に比べ B 区間では上流から当該区間へ流入する土砂量が流出量に比して少なくなり，洗掘深が相対的に大きくなっている．

次に，相対水深の違いの影響を述べる．一様な複断面蛇行水路では，$Dr ≒ 0.30$ 以下の単断面的蛇行流れの方が複断面的蛇行流れに比べて低水路内での最大洗掘深が大きくなることが明らかにされている [35]．すなわち，B 区間の十分下流にある一様な蛇行区間では単断面的蛇行流れとなる $Dr = 0.25$ の方が大きな最大洗掘深となっている．一方，A 区間の蛇

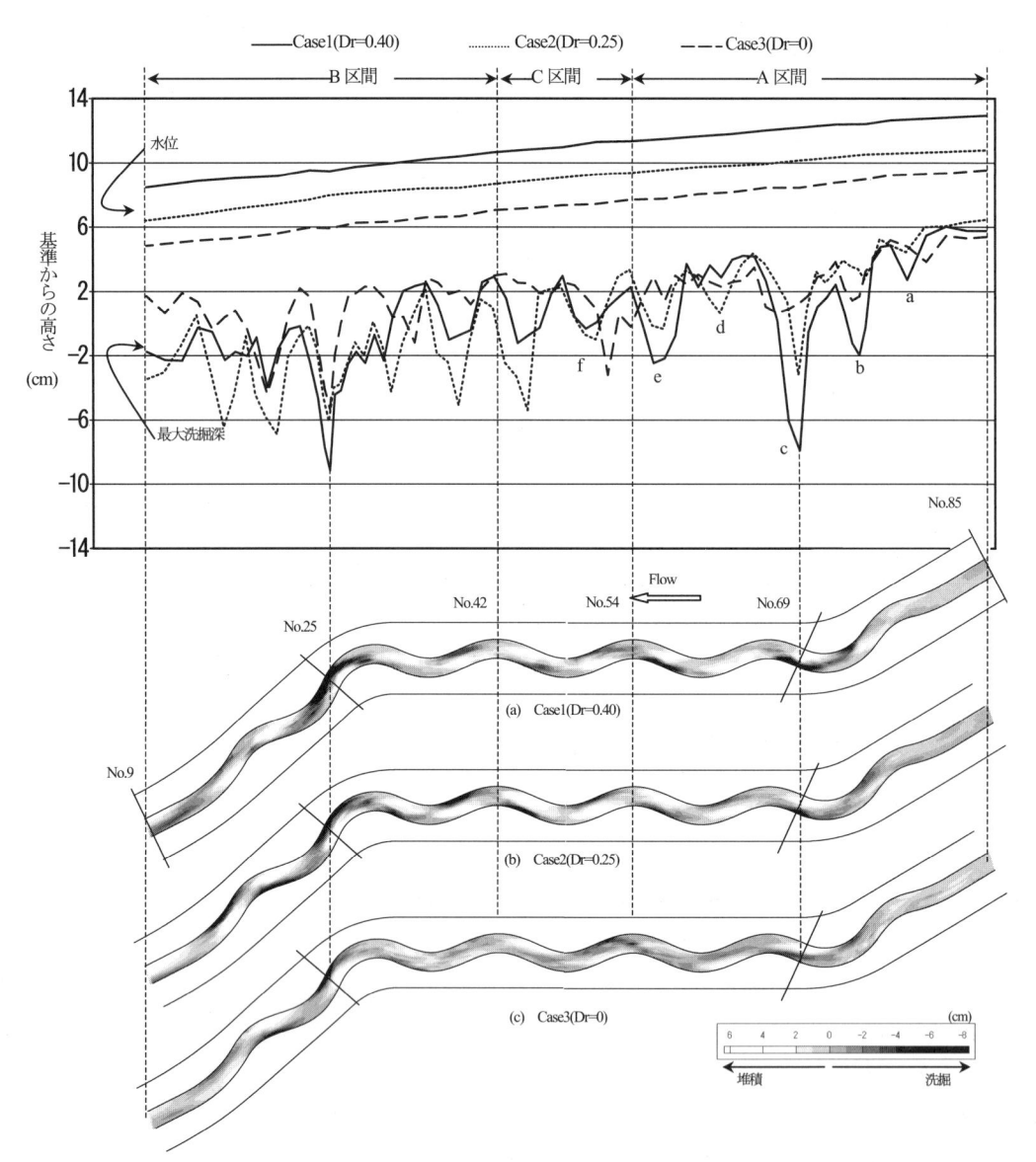

図-3.34 水位・最大洗掘深縦断図と河床変動高コンター[48]

行区間においては上流側の水路平面形状の影響を受けた河床形状となっている．すなわち，図-3.34の河床縦断図のa，b，cは水あたりが強くなるに従い洗掘深も大きくなっている．これは，掃流力の大きい$Dr=0.40$のCase1で顕著に現れている．A区間湾曲部の下流では，$Dr=0.40$の場合，上流から運ばれてきた大量の土砂が広範囲に渡ってdに堆積している．その堆積の後，上流側からの土砂の流入量が当該部からの流出量に比して少なくなり洗掘eが生じている．f以後は上流からの影響が弱まり，安定した河床形態となっている．相対水深0.25の場合は局所的な特徴は見られないが，上流側の影響を受けてB区間の蛇行区間と比べて河床が高くなっている．このように，河床形状には当該区間の上流，下流の平面形状の変化に起因する流砂量の変化が重要であり，これを十分に河道計画上考慮する必要がある．

3.2 固定側岸をもつ流路内の交互砂州 (強制蛇行)

河床形状と流路の平面形状は，図-3.35 に示すように，流路内の流れおよび流砂量を介して互いに影響を及ぼし合いながら変化する．しかし，自然流路を構成する材料は，河床と河岸で異なるのが一般的であり，形状の変化に要する時間スケールは両者で異なる．すなわち，一般に粘着材料で構成される河岸はその侵食抵抗が大きいため，平面形状が平衡に至るのに長時間要する．一方，河床材料は非粘着性とみなすことができ，このため河床形状は流れに即応しやすく，流路の平面形状がほとんど変化しないうちに，その平面形状，流量に対応した平衡河床形状に至ると考えられる．したがって，交互砂州の発達過程，平衡形状に関する実験および理論解析は，側岸を固定した平面形状について行うのが一般的である．わが国の河川のように，護岸が整備され，流路の変動をほとんど許さない河川の交互砂州を対象とする場合には，側岸を固定した平面形状について検討する方が現実的でもある．

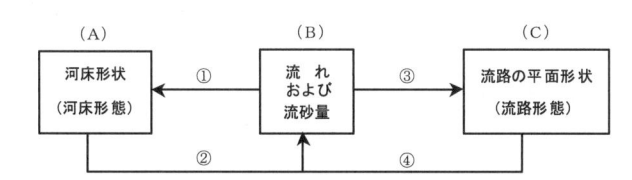

図-3.35 流路の形状と流れ間の相互作用

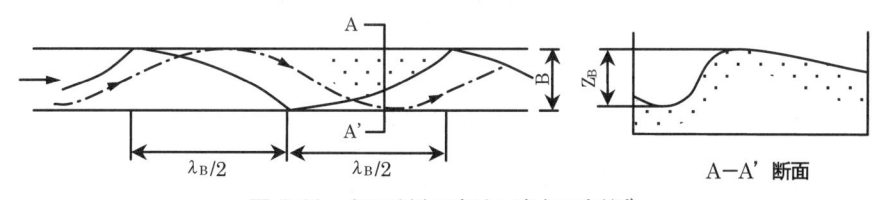

図-3.36 交互砂州の波長と波高の定義[2]

3.2.1 交互砂州の形状特性

交互砂州は，川幅によって規定される大きな平面構造をもち，中規模河床形態と呼ばれ，**3.1.5** で述べた粒径や水深等に規定される小規模河床形態と区別される[2]．交互砂州の平面形と横断形は，図-3.36 に示される左右交互に深掘れ部をもつ特徴的な構造をもち，直線的な河道であっても交互砂州上の流れは，深掘れ部から次の深掘れ部に向かう蛇行を呈する．交互砂州の波長 λ_B は，図-3.37 に示すように水路幅に比例する[50]．図-3.38 は，村本ら[51]による砂州の波高 Z_B と水深の関係であり，波高は水深とともに増大する．波高が平衡に至る機構は，福岡・山坂ら[52]によって，波高を発達させる機構と抑制する機構のバランスから決まることが示されている．

砂州の発生領域については，黒木・岸[19]が平面二次元解析と河床変動解析から，無次元掃流力 τ_* と川幅・水深比 B/h_0 の関係を用いて求めている．図-3.39 は，黒木らによる解析と実測データの比較を示す．これより，川幅・水深比が大きくなると，複列砂州が現れることがわかる．

直線流路での交互砂州は，その最前縁を構成する砂粒子が前方へ流れ落ちながら移動

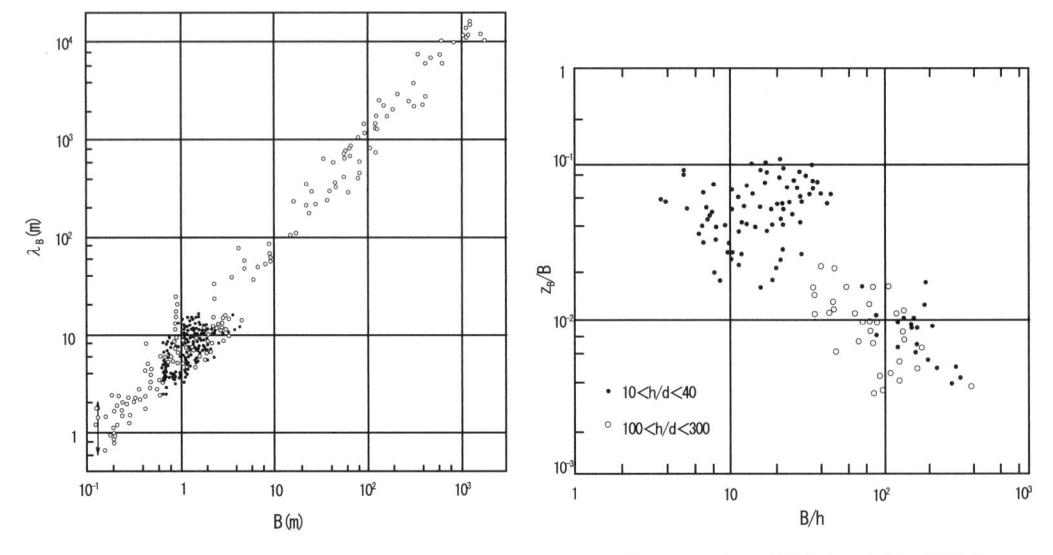

図-3.37 交互砂州の波長 λ_B と川幅 B の関係 [50]

図-3.38 交互砂州波高と水深の関係 [51]

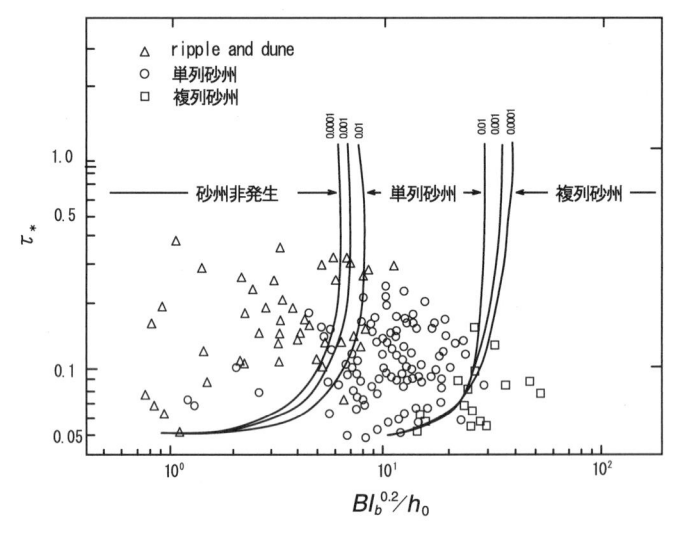

図-3.39 交互砂州の形成領域区分 [19]

する．このとき，交互砂州は，その形と速度をほぼ一定に保ち前進する．河道の湾曲がある角度以上に達すると，移動していた交互砂州は停止し固定砂州と呼ばれるものになる．**図-3.40** は，木下・三輪 [53] が実験水路で見出した砂州の移動停止の限界角度を示す．長谷川ら [54] は，木下らの砂州の停止限界角度を解析によって説明している．固定砂州は，湾曲部の流れの遠心力に起因する二次流により内岸方向へ土砂が運ばれ形成される．河道湾曲の程度が大きいほど，固定砂州の大きさは増大し，河床の横断勾配が大きくなる．このため，流れが外岸寄りに集中し，外岸河床の洗掘深を増大させ，河岸の安定性を低くする．

交互砂州の形成や形状特性は，河川の蛇行の発達に重要な意味をもつことが木下 [55] によって見出された．以来，交互砂州と蛇行の発達の関係について多くの調査・研究が行われてきた．これらの調査・研究の成果は，河道設計にとって重要であるが，他書に譲ることにする [56]．

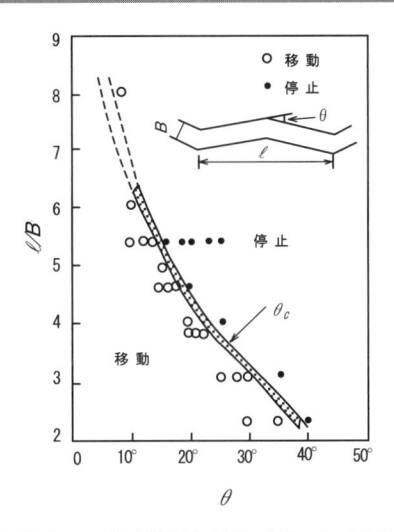

図-3.40 蛇曲水路における砂州の停止限界[53]

3.2.2 交互砂州上の流れと流砂量分布

側岸形状が直線的であっても，河床に交互砂州が形成されると流路内の流れは蛇行し，集中・発散を繰り返す．洪水時には，流れが集中する箇所で護岸の破損を起こしたり，ときには河岸侵食により流路の変動を引き起こし，水衝部は治水上の弱点部となることが多い．このため交互砂州上の流れの機構を明らかにし，河岸に作用する外力を評価することが，河道計画・護岸計画上重要となる．

ほぼ任意の周期的平面形状，交互砂州河床形状をもつ流路における流れは，川幅水深比が大きいため平面二次元流解析を適用することによって，かなりの精度で算定できることが長谷川ら[14),54)]によって示されている．流路中心曲率の流下方向変化を**図-3.41**の記号を用いて

$$\frac{1}{r_0(s)} = \sum_{j=0} \left(\frac{1}{R_{sj}} \sin jkS + \frac{1}{R_{cj}} \cos jkS \right) \quad (3.35)$$

で表現し，河床形状を

$$\frac{\eta}{h_0} = \sum_{i=0} \sum_{j=0} \sin\left(\frac{i\pi N}{2} + \frac{\pi}{2}\delta ie \right) \left(A_{sij} \sin jkS + A_{cij} \cos jkS \right) \quad (3.36)$$

のようにフーリエ級数で表す．これらの式と線形化された浅水流方程式より，流速 u, v, 水位変動量 ξ を，次のように得ている．

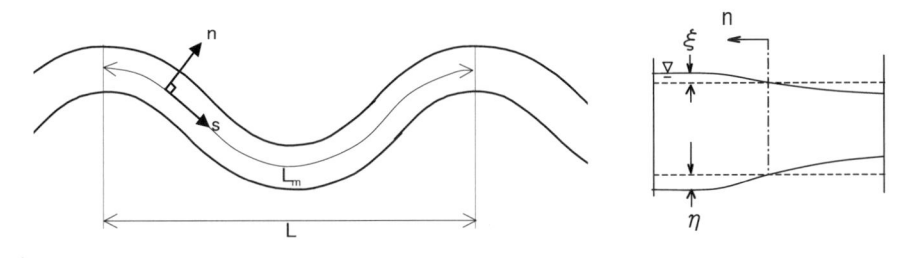

図-3.41 蛇行流路の記号の定義

$$\left.\begin{array}{l}u = u_0 \left[1 + \sum_{i=0}\sum_{j=0} \sin\left(\dfrac{i\pi N}{2} + \dfrac{\pi}{2}\delta_{ie}\right)(a_{ij}\sin jkS + b_{ij}\cos jkS)\right] \\[6pt] v = u_0 \sum_{i=0}\sum_{j=0} \sin\left(\dfrac{i\pi N}{2} - \dfrac{\pi}{2}\delta_{ie}\right)(c_{ij}\sin jkS + d_{ij}\cos jkS) \\[6pt] \xi = h_0 \sum_{i=0}\sum_{j=0} \sin\left(\dfrac{i\pi N}{2} + \dfrac{\pi}{2}\delta_{ie}\right)(e_{ij}\sin jkS + f_{ij}\cos jkS)\end{array}\right\} \quad (3.37)$$

$$\begin{bmatrix} jk & 2C_{f0} & 0 & 0 & jk/F_r^2 & -C_{f0}\gamma \\ -2C_{f0} & jk & 0 & 0 & C_{f0}\gamma & jk/F_r^2 \\ 0 & 0 & jk & C_{f0} & 0 & \dfrac{(-1)^{i+1}i\pi\varepsilon}{2F_r^2} \\ 0 & 0 & -C_{f0} & jk & \dfrac{(-1)^{i}i\pi\varepsilon}{2F_r^2} & 0 \\ jk & 0 & 0 & \dfrac{(-1)^{i}i\pi\varepsilon}{2} & jk & 0 \\ 0 & jk & \dfrac{(-1)^{i+1}i\pi\varepsilon}{2} & 0 & 0 & jk \end{bmatrix}\begin{bmatrix} a_{ij} \\ b_{ij} \\ c_{ij} \\ d_{ij} \\ e_{ij} \\ f_{ij} \end{bmatrix}$$

$$= \begin{bmatrix} C_{f0}\gamma A_{cij} + \delta_{i0}(-1)^{(i+1)/2} 2C_{f0}/(i^2\pi^2\varepsilon R_{cj}) \\ -C_{f0}\gamma A_{sij} - \delta_{i0}(-1)^{(i+1)/2} 2C_{f0}/(i^2\pi^2\varepsilon R_{sj}) \\ -\delta_{i0}(-1)^{(i+1)/2} 4/(i\pi R_{cj}) \\ \delta_{i0}(-1)^{(i+2)/2} 4/(i\pi R_{sj}) \\ -jkA_{sij} \\ -jkA_{sij} \end{bmatrix} \quad (3.38)$$

ここに, r_0, R_{sj}, R_{cj} は平均水深で無次元化された曲率半径であり, $k = 2\pi h_0/L_m$, $q = 2h_0/B, S = s/h_0, N = 2\eta/B, \delta_{ie} = \{1-(-1)^{i+1}\}/2, \delta_{io} = \{1-(-1)^i\}/2, \gamma = 4/3$ であり, L_m は, 蛇行長である.

図-3.42 は $L_m = 4.32$ m, $B = 0.22$ m, $R_{c1}h_0 = 0.47$ m, $R_{c3}h_0 = -1.15$ m の幾可形状をもつ迂曲流路内の平衡河床形状および流速ベクトルの実測値を示す[55]. 理論値は, 全体的には実測の流況をほぼ説明し得ているが, 流路の平面曲率が最大となる断面10付近においては, 両者の対応が十分でない. この付近では水流の上層と下層間での遠心力差に起因する断面内の二次流が強く, 浅水流解析ではこれを無視していることが原因である. また基礎方程式を線形化しているために流速が河床の細かい変動に敏感に反応し, 高波数の変動流速が大きめに算定される問題も生ずる. しかし, 流路の平面曲率が極端に大きくなく, 河床形状がなだらかに変化している場合には長谷川らの線形化された二次元平面流解析は, 比較的精度よく流路内の流れを算定できることを示している.

福岡・山坂[52]は, 流れの非線形性が交互砂州の波高の安定化に重要な役割を果たすことに注目して交互差州上の流れを算定している. 流れの非線形性まで考慮すると解析が複雑となり, 長谷川らのように任意形状に対する解を求めることは困難となる. そこで, 流路の平面形状は直線とし, 交互砂州の縦・横断形状は交互砂州形状の特徴をよく表現する次式を用いている.

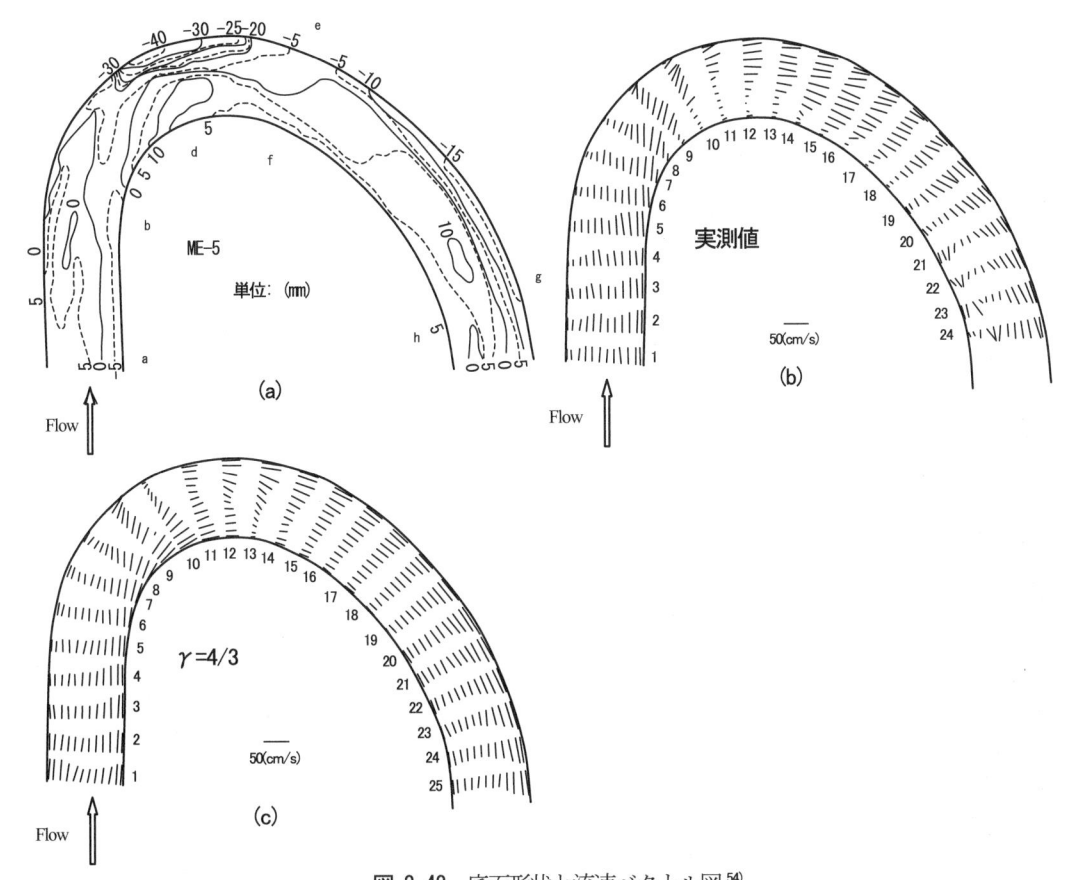

図-3.42 底面形状と流速ベクトル図[54]

$$\eta/h_0 = a_1 \sin \lambda Y \cos(kX - \phi) - a_2 \cos 2\lambda Y \tag{3.39}$$

平衡状態の河床形状が $0(a_2) \approx 0(a_1^2)$ をほぼ満足することから，a_1 を一次の微少量，a_2 を二次の微少量によって解き，以下の解を得ている．

$$u/u_0 = 1 + a_1 \sin \lambda Y \{A_{111} \cos(kX - \phi) + B_{111} \sin(kX - \phi)\} + a_2 \cos 2\lambda Y \cdot u_{2202}$$
$$+ a_1^2[\{u_{200} + A_{202} \cos 2(kX - \phi) + B_{202} \sin 2(kX - \phi)\}$$
$$+ \cos 2\lambda Y \{u_{2201} + A_{222} \cos 2(kX - \phi) + B_{222} \sin 2(kX - \phi)\}] \tag{3.40}$$

$$v/u_0 = a_1 \cos \lambda Y \{C_{111} \cos(kX - \phi) + D_{111} \sin(kX - \phi)\}$$
$$+ a_1^2 \sin 2\lambda Y \{v_{220} + C_{222} \cos 2(kX - \phi) + D_{222} \sin 2(kX - \phi)\} \tag{3.41}$$

$$\zeta/h_0 = a_1 \sin \lambda Y \{E_{111} \cos(kX - \phi) + F_{111} \sin(kX - \phi)\}$$
$$+ a_1^2[\{\xi_{200} + E_{202} \cos 2(kX - \phi) + F_{202} \sin 2(kX - \phi)\}$$
$$+ \cos 2\lambda Y \{\xi_{2201} + E_{222} \cos 2(kX - \phi) + F_{222} \sin 2(kX - \phi)\}] \tag{3.42}$$

ここに，$\lambda = \pi h_0/B, Y = y/h_0, X = x/h_0$ である．線形解析によるかぎり，流速変動，水位変動のモードは，河床形状の変動モードに一致するが，式 (3.40)〜(3.42) では流れの非線

形性により，与えた河床形状のモード以外の流速変動モードが現れる．

図-3.43 (a)(b)(c) は，実測された河床形状とこれを式 (3.39) で近似した場合の，砂州先端付近の流速分布の計算式 (3.40) と実測値の比較，および計算された流速ベクトル図を示す．河床形状を簡単な式 (3.39) で近似しているため，横断方向流速の分布形の一致の程度はやや低いが，大きさ，方向ともほぼ一致しており，全体的な水流の集中・発散状況を説明している．

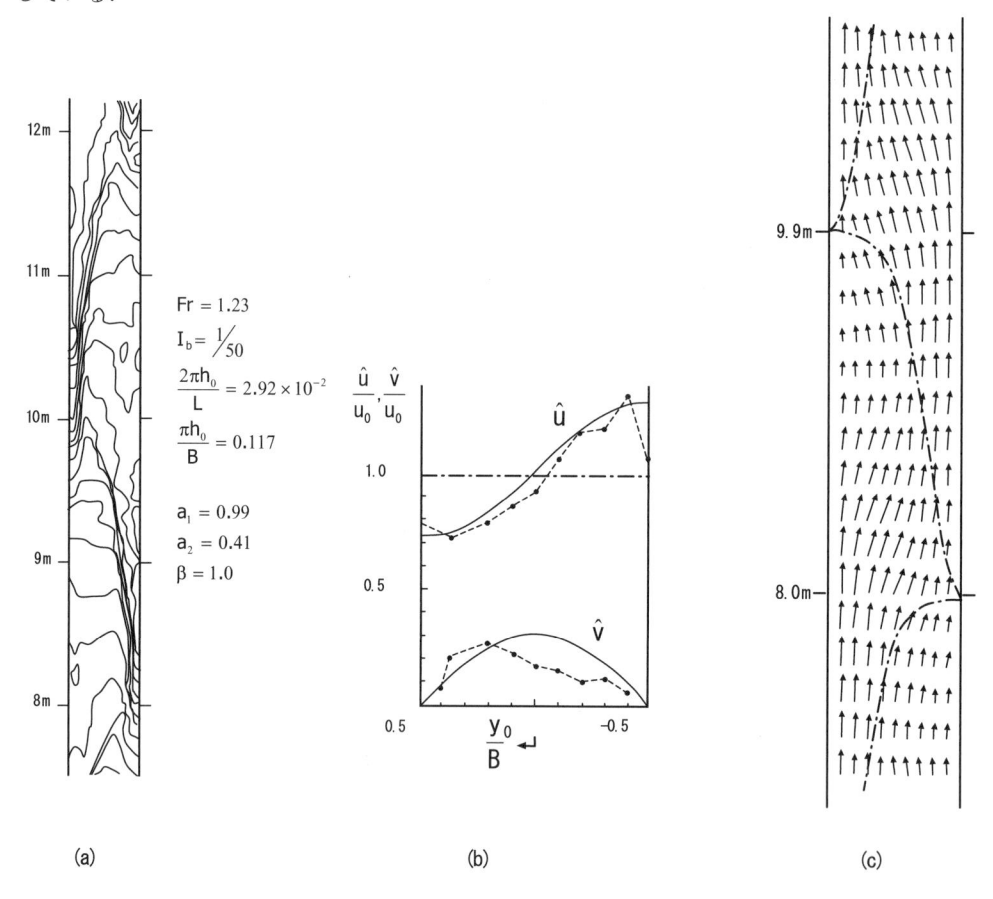

図-3.43 交互砂州上の流速分布の計算値と実測値[52]

水流が蛇行し集中・発散が生じると，局所的に大きな力を受ける水衝部が形成される．側岸が移動性の材料で構成される場合には，侵食が起こり流路平面形状が変化することとなる．しかし，流路内の流れが算定できても側岸土質の侵食機構が十分に解明されていないため，どの地点が侵食されるか予測するには至っていない．

福岡・山坂[57] は，移動性側岸と河床に交互砂州を形成させた直線流路における実験で，側岸侵食が始まる位置を水衝部とし，計算された流速分布，水深と対比することにより，水衝部の予測にどのような水理指標を用いるべきかを検討した．水衝部を規定する水理指標として，河床の横断勾配，流線偏倚，水位，流速を選び，式 (3.39)～(3.42) を用いて得られる側岸部におけるそれぞれの水理指標の最大値があらわれる位置を**図-3.44**(a) に示す．図-3.44(b)，(c) は交互砂州が形成された場合の側岸の侵食状況を示す．これより砂州先端から半波長の約 4 割上流の対岸の侵食が著しいことが読み取れる．図 (a) と図 (b)，(c) を

比較すると，水衝部の位置は，流線偏倚が最大となる地点として理論的に推定できそうである．しかし水衝部の強さを定量化するためには，側岸の侵食機構を含む議論がなされねばならず，これについては，**3.3** で述べる．

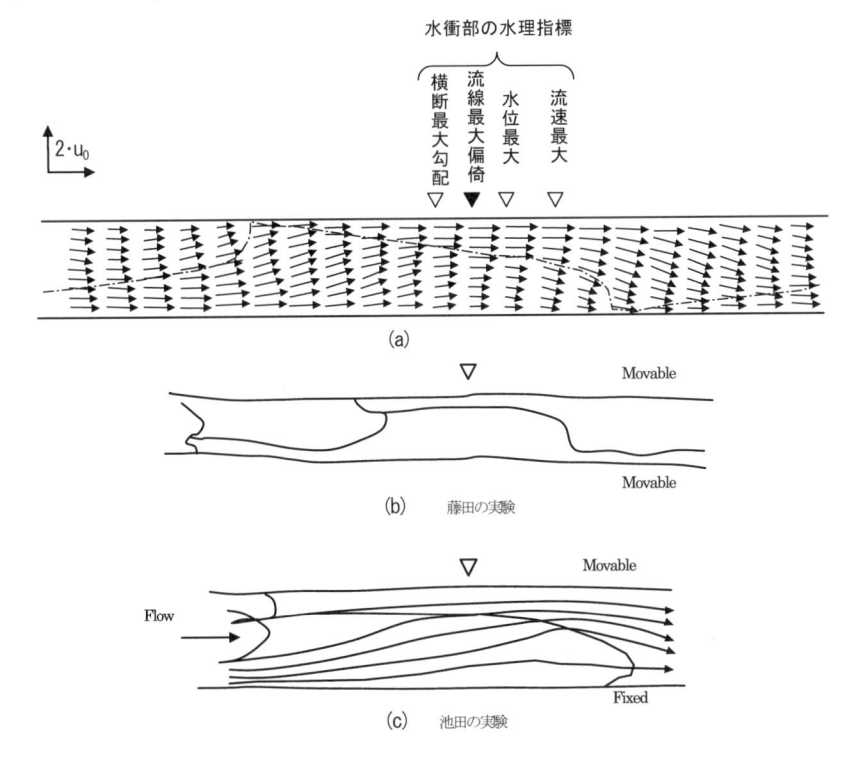

図-3.44 水衝部指標と実測の水衝部との対応[57]

これら，2 つの解析法に基づくと，河床の形状 (平衡形成) が与えられれば，流路内の流れを算定できる．河床形状の変化は，流砂量の空間分布と流砂の連続式で関連付けられる．

$$\frac{\partial \eta}{\partial t} = \frac{1}{1-\lambda}\left(\frac{\partial q_{Bx}}{\partial x} + \frac{\partial q_{By}}{\partial y}\right) \tag{3.43}$$

直線流路の交互砂州は，その移動が停止することなく一定速度で移動し，平衡形状は次式で表せる．

$$\eta = f_1(x - ct, y) = f_1(\tilde{x}, \tilde{y}) \tag{3.44}$$

このとき，平衡形状と流砂量分布の関係は

$$-c\frac{\partial f_1}{\partial \tilde{x}} = \frac{1}{1-\lambda}\left(\frac{\partial q_{Bx}}{\partial \tilde{x}} + \frac{\partial q_{By}}{\partial \tilde{y}}\right) \tag{3.45}$$

となる．交互砂州上の流砂量分布の時空間変化について，福岡・内島ら[58],[59] は，交互砂州上の砂の移動状況をビデオカメラで撮影し解析し求めている．底面付近の流速ベクトルと流砂量ベクトルの関係，河床形状 (河床高分布) と流砂量分布の関係などから，交互砂州が発達し平衡に至る過程を明らかにしている．**図-3.45** は，河床形状がほぼ平衡状態に至った通水後 20 分の (a) 河床形状，(b) 底面流速，流砂量ベクトル，(c)(d)，それぞれ縦断方向，横断方向の底面流速，流砂量の分布を示す．底面付近の流速ベクトルの方向と流砂量ベクトル

の方向は，前縁斜面付近を除いてほぼ一致する．前縁斜面付近では，河床の横断勾配に起因する重力の作用により，流砂量ベクトルの方向が，流速ベクトルの方向に対して河床高の低い方向へずれる．横断勾配がほとんどゼロの場合でも，横断方向流砂量と流速との関係は，

$$q_{By} = f_n \left(u^2 + v^2\right) \cdot \frac{v}{u} \tag{3.46}$$

となるため，u が場所的に変化する場合には，横断方向量 q_{By} と v との直接的な比較はあまりないが，u が場所的にほとんど変化しない場合には，横断方向流砂量 q_{By} は横断方向流速 v にほぼ比例して変化することになる．図-3.45(c)，(d) によれば，交互砂州上では u の場所的変化が小さいことから，深掘れ部を除いて，q_{By} の分布は v の分布とほぼ一致する．深掘れ部で一致しないのは，先に述べた横断勾配の影響による．**図-3.46** は通水後 14 分で発達段階にある砂州上の流速分布を示す．これと平衡状態の流速分布 (図-3.45(c)，(d)) を比較すると，縦断方向流速の分布には大きな差は認められないが横断方向流速の分布には顕著な差が現れている (ただし，横断方向流速と縦断方向流速の代表スケールは異なる)．すなわち，発達段階では横断方向流速は一断面内で一方向性を有しているのに対して，平衡状態においては前縁線向きの流向となる．これは，底面付近の流向を示すため，断面内の二次流も原因してこのような分布となっていると考えられるが，この横断方向流速の分布の変化と，河床形状が平衡に達する過程には，密接な関係がある．

3.2.3 交互砂州の卓越波長と平衡波高

3.2.2 で述べた河床形状・流れ・流砂量の関係が定量的に関連付けられると，交互砂州の平衡形状を算定することができる．最初に，実験手法および次元解析手法によって，平衡波高，波長の算定式を示す．

$Jaeggi$[60] は，交互砂州が流路変動に及ぼす影響は波高そのものより，深掘れ深さであること着目して，波高 Z_B と平均河床からの深掘れ深さ S_D との関係について

$$S_D = 0.76 Z_B \tag{3.47}$$

の関係を実験的に見出している．

池田[50] は，平衡波高 Z_B を支配する主要パラメータとして，流路幅 B，水深 h_0，流径 d をとり，多くの実験データを整理することにより，**図-3.47** に示すような

$$\frac{Z_B}{h_0} = 9.34 \left(\frac{B}{d}\right)^{-0.45} \exp\left\{2.53 \,\mathrm{erf}\, \frac{\log_{10}(B/h_0) - 1.22}{0.594}\right\} \tag{3.48}$$

の関係式を得ている．$6 < B/h_0 < 40$ のほぼ直線的な変化をする領域では，

$$\frac{Z_B}{h_0} = 1.51 C_f \left(\frac{B}{h_0}\right)^{1.45} \tag{3.49}$$

が近似的に成り立つ．交互砂州の波長 λ_B を支配する主要パラメータに波高と同様のものを選ぶと，$F_r \geqq 0.8$ の範囲では波長は，**図-3.48** に示すように

$$\frac{\lambda_B}{B} = 5.3 \left(\frac{B}{d}\right)^{0.45} \frac{B}{h_0} \tag{3.50}$$

で表される．

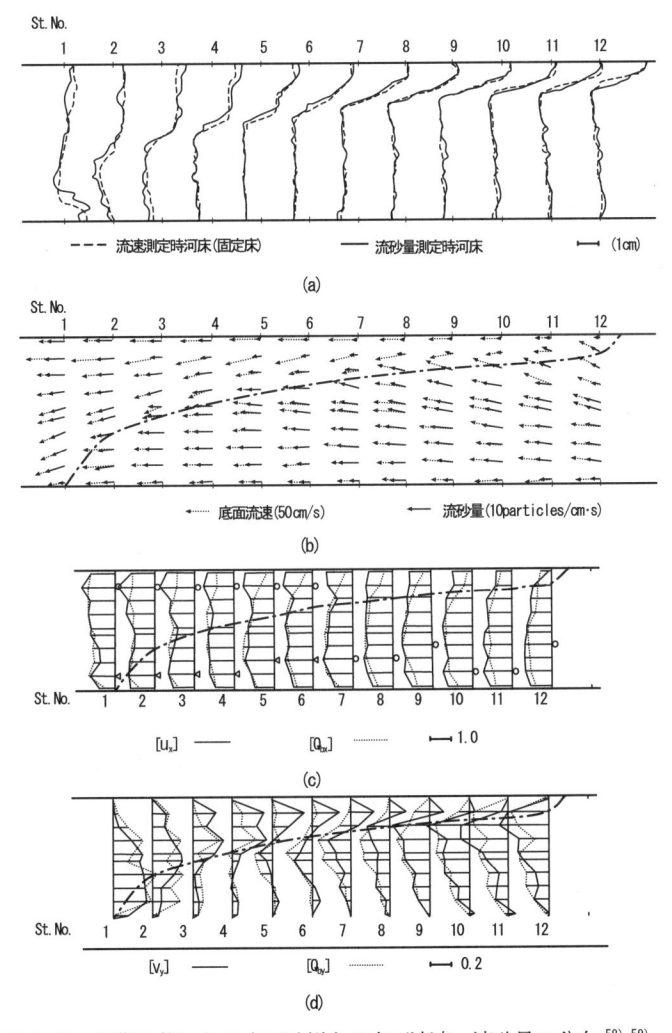

3.2 固定側岸をもつ流路内の交互砂州 (強制蛇行)　　179

--- 流速測定時河床(固定床)　　―― 流砂量測定時河床　　├― (1cm)

(a)

←·····底面流速(50cm/s)　　←―― 流砂量(10particles/cm·s)

(b)

[u_x] ――　　[Q_{bx}] ·······　　├― 1.0

(c)

[v_y] ――　　[Q_{by}] ·······　　├― 0.2

(d)

図-3.45 平衡状態にある交互砂州上の底面流速，流砂量の分布[58),59)]

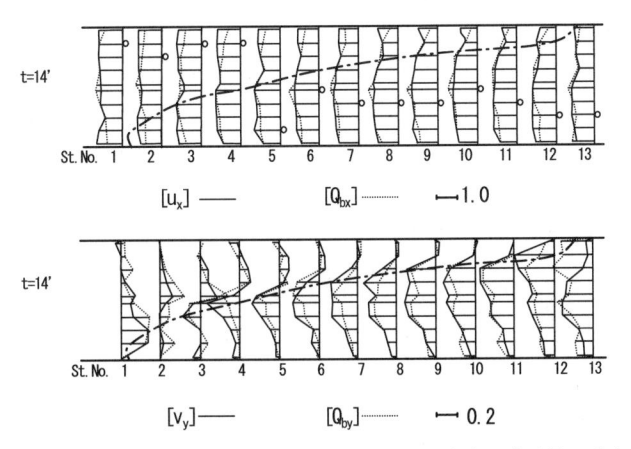

$t=14'$

[u_x] ――　　[Q_{bx}] ·······　　├― 1.0

$t=14'$

[v_y] ――　　[Q_{by}] ·······　　├― 0.2

図-3.46 発達段階にある交互砂州上の底面流速，流砂量の分布[59)]

図-3.47 交互砂州の波高[50]

図-3.48 交互砂州の波長[50]

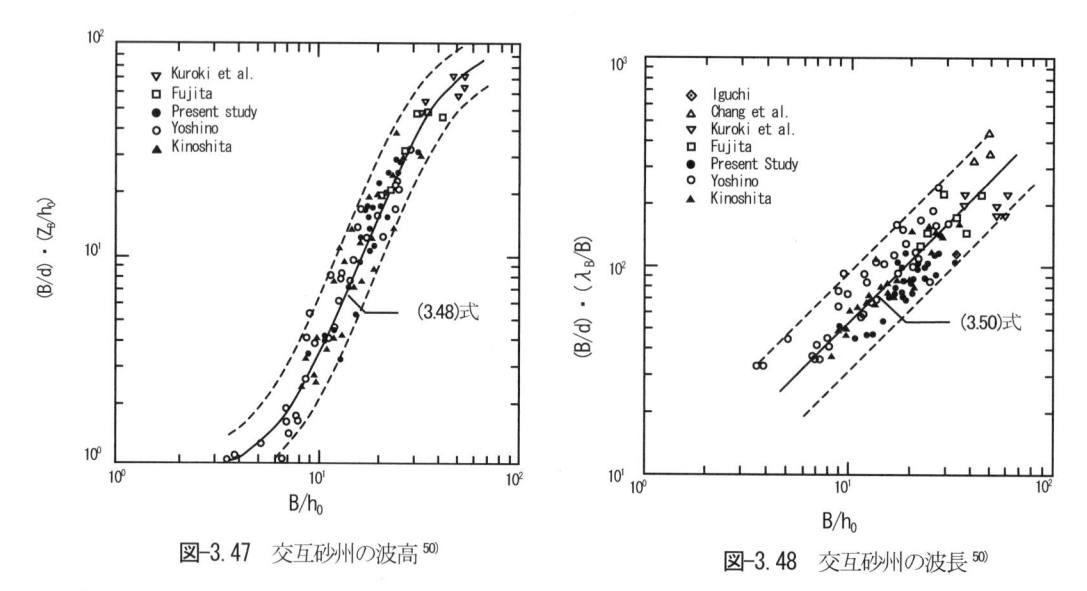

次元解析的に導かれた平衡形状の式は，実用上重要であるが，力学機構が十分に考慮されて導かれたものではない．したがって，平衡形状に関しては力学的に検討することも必要となる．交互砂州の平衡波高に関して流砂量の変化の面から最初に考察したのは，藤田・村本[61]である．彼等は，図-3.49の台形近似蒲鉾型横断形状モデルにおいて斜線部Aで洗掘された土砂が斜線部Bに流送され堆積すると考え，さらに①横断方向流速が波高 Z_B に比例，②一波長平均した蒲鉾型平均河床形状の波高 Z_k が交互砂州波高 Z_B に比例，③平均河床形状の横断勾配が Z_k の二乗に比例するという実験的事実をもとに横断方向への土砂輸送が平均的にゼロとなる波高 Z_B の式として式 (3.51) を導いている．

$$\frac{Z_B}{B} = \frac{0.0051}{1 - u_g/u_d}\left(\frac{B}{h_0}\right)^{2/3}\left(\frac{h_0}{d}\right)^{-1/3} \tag{3.51}$$

ここに，u_g, u_d はそれぞれ砂粒子と水流の流下方向速度である．式 (3.51) は，交互砂州の波高の安定化には，波高の変化に対する横断勾配の非線形的変化が重要な役割を果たすものとして簡単な物理的考察に基づいて導かれたものである．

砂州の波高の安定化には，波高を発達させる作用と抑制させる作用が平衡する必要がある．福岡・山坂[52]は，砂州の発達と安定化の要因が河床形状に対する流れの非線形性，および流れに対する流砂量の非線形性にあると考え，これら2つの非線形関係を考慮した砂洲

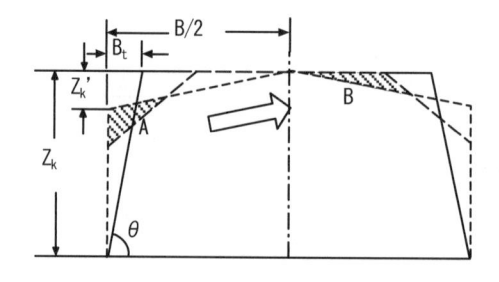

図-3.49 台形近似された蒲鉾型横断形状[61]

の平衡波高の理論解析を行い，砂州の発達過程・平衡形状の問題に新しい展望を拓いた．交互砂州の形状は先に述べた式 (3.39) で与えられ，流速の非線形解には式 (3.40)，(3.41) が用いられる．流速と流砂量間の非線形性は，河床の縦・横断勾配の影響を取り込んだ縦断方向，横断方向流砂量式，式 (3.12) によって考慮される．福岡・山坂[52]は，縦横断勾配のある斜面上を流下する砂粒子の初期の運動方向に対して式をたて導いた平衡流砂量式を用いているが，ここでは，流体と砂粒子の相対運動を考慮した流砂ベクトルから導かれた平衡流砂量式 (3.12) を用いている．

式 (3.40)，(3.41) を式 (3.12) に代入して得られる流砂量の分布が流砂の連続式 (3.43) を満足しなければならないという条件より，式 (3.39) の河床形状の発達速度を表現する次式を得る．

$$da_1/dt = Q_1 a_1 + Q_2 a_1^3 + Q_3 a_1 a_2 \tag{3.52}$$

$$da_2/dt = R_1 a_1^2 + R_2 a_2 + R_3 a_1^4 + R_4 a_1^2 a_2 \tag{3.53}$$

$$d\phi/dt = S_1 + S_2 a_1^2 + S_3 a_2 \tag{3.54}$$

このとき，時間 t は

$$T = \frac{K\tau_{*r}^2 \sqrt{(\rho_s/\rho - 1)gd^3} \cdot t}{(1-\lambda)h_0^2} \tag{3.55}$$

により無次元化されている．$Q_1, Q_2, \cdots, S_2, S_3$ の各係数は，式 (3.42)，(3.43) の非線形流速解の係数 $A_{111}, B_{111}, \cdots, C_{222}, D_{222}$，砂の静止摩擦係数 μ_s，掃流力比 τ_{*r}/τ_{*co}，水深—川幅比に相当する $\lambda (= \pi h_0/B)$，および無次元波数 $k (= 2\pi h_0/\lambda_B)$ によって表される．河床形状の式 (3.39) と発達速度の式 (3.52)〜(3.55) においては，水理条件によっては $da_1/dT = 0$，$da_2/dT = 0$ を同時に満足する a_1, a_2 が存在する．この状態に至った後は河床形状の変化はなく，一定速度で移動するようになる．このときの波高が平衡波高であり，平衡波高は式 (3.39) で表される河床形状に対しては，第一モードの振幅 a_1 を用いて，

$$Z_B/h_0 = 2a_1 \tag{3.56}$$

で表される．平衡状態における 2 つの振幅は式 (3.52)，(3.53) より，それぞれ，

$$a_1^2 = \frac{-W_2 \pm \sqrt{W_2^2 - 4W_1 W_3}}{2W_1} \tag{3.57}$$

$$a_2 = -\left(Q_1 + Q_2 a_1^2\right)/Q_3 \tag{3.58}$$

となる．ここに $W_1 = (Q_2 R_4 - Q_3 R_3)$，$W_2 = (Q_1 R_4 + Q_2 R_2 - Q_3 R_1)$，$W_3 = Q_1 R_2$ である．

図-3.50 は，実測の波数 k を与えて，式 (3.56) より算定された理論平衡半波高 a_{1T}（水深で無次元化）と実測の無次元平衡半波高 $Z_B/2h_0$ の関係を示す．理論波高は実測の平衡波高をほぼ説明できている．波高の安定化の機構は，式 (3.52)，式 (3.53) の各係数 Q_1〜R_4 の内容を詳細に検討することにより次のように説明される．波高の発達に伴って，河床形状と流れの非線形関係が強まり，流路中央部の掃流力が増大し，側岸部付近の掃流力が平均的に減少する．このため，流れと流砂量間の非線形関係が強まり，交互砂州を発達さ

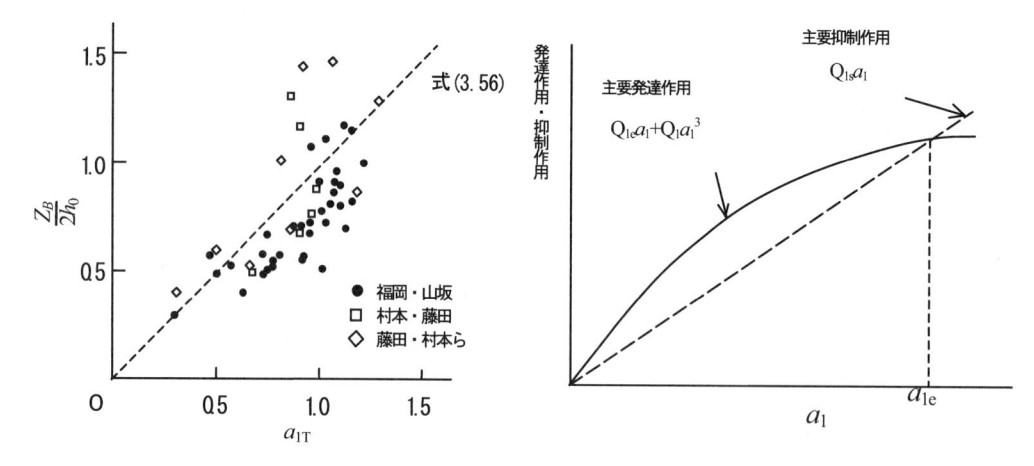

図-3.50 交互砂州の平衡波高の理論値 a_{1T} と実測値の比較[52]

図-3.51 交互砂州の波高の安定化の機構の説明図[52]

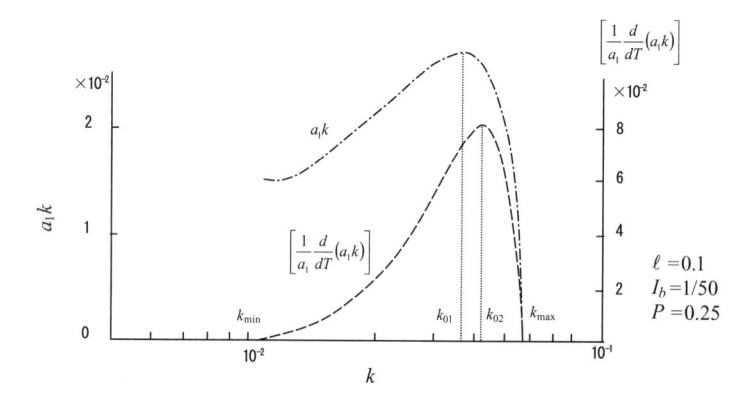

図-3.52 平衡波形勾配および波形勾配の初期発達率の変化[62]

せるに必要な側岸域の流砂量の場所的な変化が次第に小さくなる．その結果波高の発達作用が弱まり ($Q_2 < 0$) 平衡波高が出現する．波高の発達を抑制する作用は主に河床の横断勾配に起因する重力効果であり (式 (3.52) の第 1 項 $Q_1 a_1$ を発達作用と抑制作用に分けて $Q_1 a_1 = (Q_{1e} - Q_{1S}) a_1$ で表したとき，抑制作用は $Q_{1S} a_1$ となり)，波高に対してほぼ線形的に増大する．一方，式 (3.58) の第 2 項 $Q_2 a_1^3$ は発達作用を弱める作用であるところから，発達作用は $Q_{1e} a_1 + Q_2 a_1^3$ となり，波高の増大に従って次第に弱まるため，2 つの作用がほぼ釣り合った時点で平衡波高 a_{1e} に至る (**図-3.51**)．

以上の平衡波高の解析では，波数 k は既知としており，波長についての情報は得られていない．福岡・山坂・清水[62]は，さきの非線形解析をさらに発展させ平衡卓越波長と砂州の形成領域を求めている．平衡状態の河床形状は，河床形状を構成する種々の波数成分のうち，波形勾配が最大となる波数の成分が卓越して現れていると考えられる．

図-3.52 は，平衡波形勾配 $a_1 k$ (一点鎖線)，および初期の波形勾配発達率 $[t(1/a_1) \cdot d(a_1 k)/dT]_{a_1=0}$，すなわち $Q_1 k$ (破線) が波数 k によりどのような変化をするかを示す，$k_{\min}$, $k_{\max}$ は式 (3.58) における Q_1 が正となる波数の下限値および上限値である．したがって，発生し得る波数 k の範囲は $k_{\min} < k < k_{\max}$ である．平衡波形勾配を最大とする

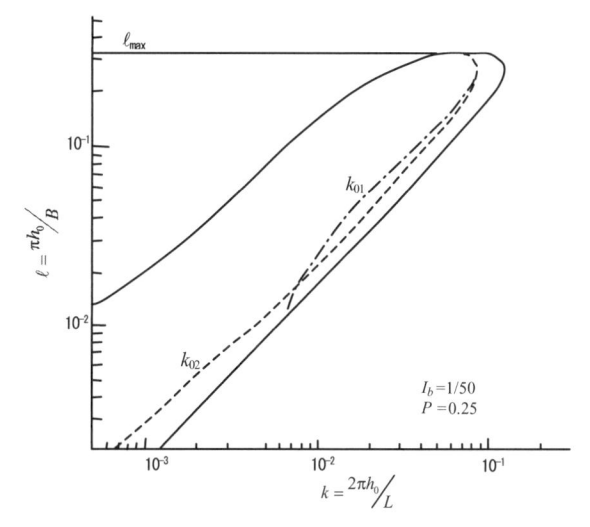

図-3.53 交互砂州の発生領域と卓越波数[62]

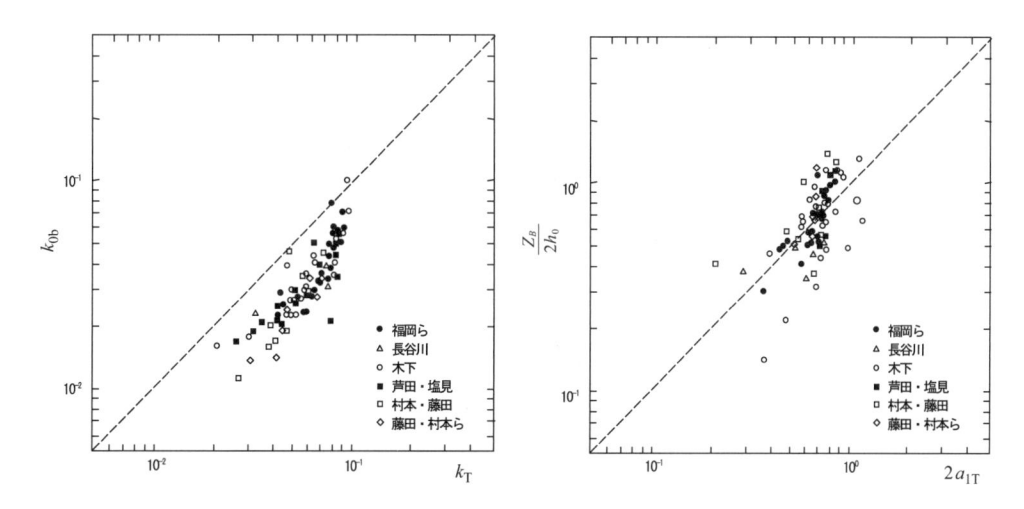

図-3.54 交互砂州の理論卓越波数と実測波数[62]

図-3.55 理論卓越波数を与えて計算された交互砂州の平衡波高と実測波高[62]

波数 k_{01} (非線形解析による卓越波数) と波形勾配の初期発達率を最大とする波数 k_{02} (波形勾配に着目した, 線形解析による卓越波数) はほぼ一致することから, 初期の波形勾配の発達率が大きな波数成分ほど, 平衡に至ったときの波形勾配が大きくなると判断できる. **図-3.53** は, 縦軸に $\lambda (= \pi h_0/B)$, 横軸に波数 $k (= 2\pi h_0/\lambda_B)$ をとり, 交互砂州の発生領域と卓越波数を示す. 一点鎖線が非線形解析による卓越波数を, 波線が初期波形勾配の発達率最大 (線形解析) による卓越波数を示す. 図-3.52 にも示したように, 2 つの卓越波数はほぼ一致し, 両者ともほぼ λ に比例し増大する (波長が川幅に比例).

図-3.54 は非線形解析により得られた理論卓越波数を k_T と実測波数 k_{0b} の対応を示し, **図-3.55** は理論卓越波数を与えて式 (3.56) から算定される平衡波高 $2a_{1T}$ と実測半波高 $Z_B/2h_0$ の対応を示す. 理論波数は実測の波数に対して大きめの予測値を与える. これは, 解析の精度上の問題とともに理論では波長や流速が流下方向に変化することを考慮していないことによると思われる. ここまでは, 砂州の形態を単列に限って解析を進めてきたが, こ

れまでの解析で用いた λ を 2λ に置き換えるだけで，これらを二列砂州に拡張することができる．

したがって，二列砂州の発生領域と卓越波数は，図-3.53 に示した単列砂州のそれを λ 方向に 1/2 縮尺することにより得られる．その結果，$\lambda < \lambda_{\max}/2$ においては，単列砂州と二列砂州の両者が発生し得ることになる．このうち，どちらが卓越して現れるかは卓越波数を求めたときと同様に，波形勾配の大きさを規準に判定する．すなわち，2 つの形態の砂州のうち，波形勾配 (このとき波数はその列数に対応する卓越波数) が大きくなる列数の砂州が卓越するものと考える．このようにして算定した単列，複列の区分線，図-3.53 に示した単列砂州の形成上限値 $\lambda_{\max}$ に対応する砂州の形成限界線に対する実測データの関係を，黒木・岸[19] の線形解析による領域区分図 (図-3.6) と同様の表示で**図-3.56** に示す．図中の細線は，単列・複列の卓越判定規準として初期波形勾配の発達率を準用した場合の区分線と形成限界線である．両者とも実測データの領域区分をほぼ満足することがわかる．線形解析では，卓越波数，形成領域区は，微小擾乱の初期発達率最大の条件を判定基準として用いている．式 (3.52) においては，$a_2 \to 0, a_1 \to 0$ の極限が従来の線形解析に一致する．

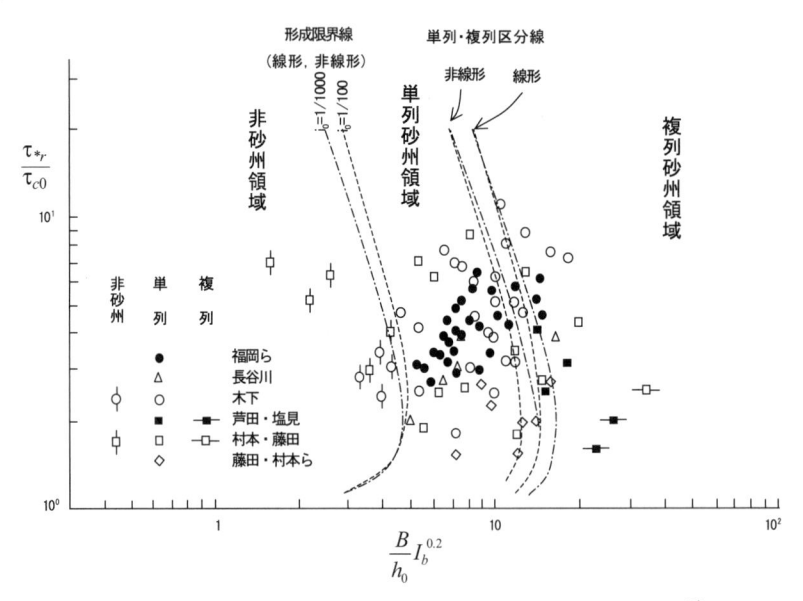

図-3.56 非線形解析による交互砂洲の形成領域区分図[62]

線形解

$$\frac{1}{a_1}\frac{da_1}{dT} = Q_1 \tag{3.59}$$

を用いて黒木・岸と同様の判定規準で作成された交互砂洲の形成領域区分図と比較すると，流砂量に及ぼす河床横断勾配の影響の取り入れ方が異なるため，τ_*/τ_{*c} の大きいところで若干差がでるが，両者はほぼ一致する[62]．

湾曲部の交互砂洲の平衡河床形状については，長谷川[14] が二次流を考慮した解析を行っている．流路内の流れは，式 (3.37) に示した平面二次元流解析により求め，一方，横断方向流砂量は，断面内の二次流と横断勾配の影響を考慮して，

$$q_{Bn} = q_{Bso}\left(\frac{v}{u_0} + \tan\phi + \varepsilon T \frac{\partial \eta}{\partial n}\right) \tag{3.60}$$

で求める．上式中の ϕ は二次流による底面流向の偏角であり，これを流路の平面形状に起因するものと河床の凹凸に起因するものに分割し，式 (3.61) で表す．

$$\tan\phi = -\sum_{i=0}\sum_{j=0}\left[\frac{N_{ij}}{R_j}\cos\left(\frac{i\pi N}{2} - \frac{\pi}{2}\delta_{ie}\right)\cdot\cos\{jk(S - \sigma_{Rj})\}\right.$$
$$\left. + M_{ij}\cos\left(\frac{i\pi N}{2} - \frac{\pi}{2}\delta_{ie}\right)\cdot\cos\{jk(S - \sigma_{ij} - C_{ij}t)\}\right] \quad (3.61)$$

式 (3.60) が流砂の連続式 (3.43) を満足する条件より，$C_{ij} = 0$ となる平衡河床形状が N_{ij}, M_{ij} の関数として得られる．ここで，N_{ij} は流路の平面曲りに起因する二次流の強さであり，湾曲流路の二次流の強さを準用する．一方，M_{ij} は河床の起伏に起因する二次流である．河床の起伏は時空間的に変化するので，M_{ij} は一般に三次元流れを解かなければ求まらない量である．M_{ij} の大きさがわからなければ波高 X_{ij} を算定することはできないため，長谷川は実験的に得られた平衡河床形状から M_{ij} を逆算し，**図-3.57** に示すように M_{ij} の主要項である M_{11} を $(B/h_0)(B/d)^{-1/3}$ の関数として求め，平衡形状を推算できるように工夫している．長谷川らの解析では波高の安定化の機構を断面内の二次流による抑制作用に求めており，その考え方は興味深い．

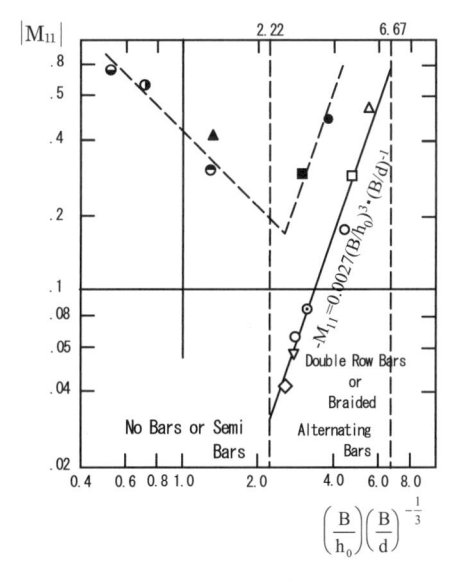

図-3.57 係数 M_{11} の性質[14]（砂州の領域区分は村本・藤田[51]による）

3.3 河岸侵食・堆積とその解析

3.3.1 河岸侵食・堆積と流路変動の機構—現地実験の必要性

河川のもつ自然性および親水性は，安全性とともに人々の強い要望となっている．特に水際は，生物の生息場所となることから，河岸の作り方に注意が必要である．しかし，洪水に対して堤防は絶対的な安全性が求められている．このため洪水外力の大きさに応じて，河岸

にはコンクリート護岸，多自然型護岸，自然河岸など適切に使い分けできる技術が確立されなければならない．このためには，それぞれの護岸の基盤を構成する，土そのものの侵食抵抗の理解が不可欠である．

わが国の大河川の堤防はほぼ概成しており，大陸の河川のように，洪水流が河岸を侵食し流路が大きく変わる，いわゆる流路変動は，小河川や急流河川を除いては少ない．したがって，わが国では，流路変動といえば，工学的には堤防で囲まれた低水路が河岸侵食に伴ってその位置を変動することを意味していると考えてよい．

低水路の河岸構成材料に細かいシルト分が含まれている場合は，その細粒分の粘着性により河岸はかなりの程度侵食に抵抗する．河川の中流部から下流部にかけての河道は一般に粘着性のある河岸からなる．一方，扇状地河道は，河床も河岸も主に砂礫から構成されているため，非粘着性の河岸とみなしてよい．低水路の河床が著しく低下した扇状地河川では，当初，河床であったところが高水敷化しており，このため低水路の河岸材料が洗掘を受けやすい非粘着性材料からなっている河道も多い．

このように洪水流によって運ばれた土砂で形成されている河岸材料は多様である．水理面から河道の侵食・堆積を検討対象とするときは，地盤力学で上載荷重を考えた応力問題への対応としてつくられている土質分類法や検討法では十分ではない，また複雑な土質構成からなる河岸材料を実験室で再現することは難しい．したがって，基礎的な研究を除いては，河岸侵食の調査研究は，現地実験を中心に進めることが必要である．

河岸侵食に関しては，古くから研究がなされている．水理実験手法に基づく解析では，その多くが単一粒径の非粘着性土からなる河岸の侵食機構の研究が中心である．平野[12]は直線水路を用いた実験を行い，河床を水平に近い河床領域と側岸近くの斜面領域とに分割したモデルを想定し，拡幅を伴う流路変動の計算式を導いている．長谷川[13]は非粘着性直線流路を対象に河岸拡幅の非平衡性を考慮して横断形と掃流力分布をもつ流路の横断面の侵食量式を誘導している．福岡ら[63]は，直線流路の移動性境界面に作用するせん断力分布を横断面形の変化過程と流砂量式から算定し，そのうえで一様拡幅過程の解析を行っている．

粘着性材料を含む侵食に関しては，次のような研究がある．澤井・芦田[64]は粘土分を含有する砂礫床の侵食実験から粘着性材料の侵食をモデル化し，粘着性流路の流砂量を算定した後，侵食を受ける横断面形状について検討を行っている．長谷川ら[65]はシルト細砂からなる流路の侵食実験を行い，粘着力を考慮に入れた側岸侵食式を検討している．これらの研究は基礎的研究としての意義をもつが，実際の現象の一部分を検討しているものと位置づけられる．

現地河川での河岸侵食の調査・研究はわが国では藤田・村本[66]が1980年以来，宇治川の河岸侵食を観測し侵食速度について議論している．長谷川[67]は石狩川・雨竜川の経年的な流路変動データに基づいて河岸の拡幅速度を検討し河岸侵食係数と河岸土質の関係について重要な結果を得ている．福岡ら[68],[69]は，荒川上流部の高水敷を掘削し水路をつくり，現地侵食実験を行った結果，シルト，砂の互層構造をなす自然堆積河岸は，1) 比較的耐侵食性の小さい下層の侵食によるヒサシの形成，2) ヒサシ状河岸の崩落，3) 崩落土塊の細分化・流送といった侵食過程をとりながら拡幅していくことを詳細に示している．これは，芦田・村本・奈良井[70]，藤田・村本ら[66]が河岸の侵食過程として指摘した結果と同様である．さらに福岡らは六角川[71]，百間川[72]などで荒川での現地実験と同様に高水敷上で河岸侵食

の実験を行い，河岸の侵食速度や河岸崩落機構，河岸構成土の引張り強度等について多くの知見を得ている．布施ら[73]は自然河岸の洪水時の侵食機構を明らかにするために，侵食時刻測定器を開発し，米代川河岸にこの測定器を設置した．そして，建設省土木研究所とともに，実洪水について粘性土河岸がいつ，どこから，どのように侵食されたかを示す貴重なデータを収集し，これらと水深，流速などと関係付けを行っている[74]．

一方，外国では主に地質学者が精力的に現地調査を進めている．地質学の分野では，河岸の土質構造と侵食の視点から主として英国を中心に精力的な検討が行われている．*Thorne*[75),76)]，を始めとして *Pizzuto*[77)]，*Hooke*[78)]，*Okagbue*[79)] らは，下層に砂質をもつ自然堆積構造の河岸を対象として，砂質土層が侵食された後の河岸の崩壊過程および形態について興味ある研究成果を得ている．特に *Thorne* は，砂質土層の侵食後にヒサシ状の形態をとった後に上層が崩落する一連の破壊過程に着目し，土の引張り強度をもとに河岸侵食機構について現地を中心に検討している．*Hagerty*[80)] は洪水において河岸が洗掘，崩落する原因である，パイピング，サッピングについて米国の河川で実証的な研究を行っている．これらの研究はいずれも現地河川の河岸洗掘機構の解明を目指してはいるが限られた土質条件，水理条件でしか実験できず，複雑で多様な河岸構成材料の侵食速度等については理解し得ても，実際に河道を設計することを意識した研究ではないため，工学的に価値のある段階まで至っていないのが現状である．福岡ら[81)～84)] は，この課題を克服すること，河岸を構成する異なる土質材料の侵食特性を把握することを目的とし，高水敷から粒度，組成等異なる自然堆積土を乱さずに採取し，これを実験水路に設置し，多くの水理条件について侵食実験を行い，土質特性と侵食特性の直接的な関係付けを行っている．

図-3.58(a)　横断面形状の時間変化(Run SW-1)[63)]

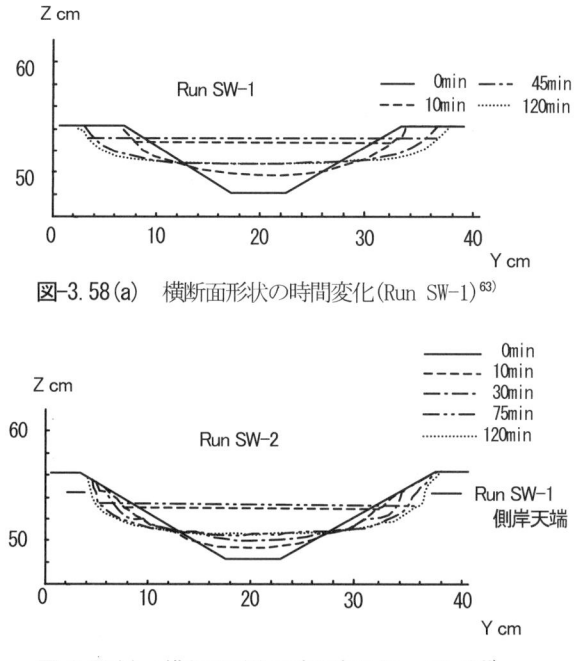

図-3.58(b)　横断面形状の時間変化(Run SW-2)[63)]

3.3.2 非粘着性河岸の侵食過程と斜面上のせん断力分布

(a) 直線流路の拡幅と流路横断面形状

(1) 直線流路の拡幅

福岡・山坂[63]は，直線流路の河岸拡幅機構を調べるため，粒径 0.067 cm のほぼ一様粒径の砂を 1/400 の勾配に敷きならし，水路中心に底面幅 5 cm，斜面角 30° の台形断面の溝を切り，これに一定流量を通水した．拡幅速度に及ぼす水面上の側岸高の影響を調べるために，初期台形断面の高さが 6 cm, 8 cm の 2 つのケースについて実験を行った．実験条件を表-A.3.5 に示す．

図-3.58(a)(b) は流路横断面形状の時間変化を示す．水面下の横断面形状は，Run SW-2 でときおり側岸部に小さな段を形成することを除けば，両実験に顕著な差は認められない．水面上の側岸形状は，側岸天端高の高い Run SW-2 の方が鉛直に近い切り立った形状となる．水面下の小さな段と水面上の切り立った側岸形状の形成は，水面上の側岸を構成する砂の崩落がサクションの影響を受けて間欠的に生じていることを示す．流路の拡幅は，側岸の侵食，侵食砂の河床への堆積，水位の上昇を伴って進行する．

拡幅速度に及ぼす側岸高の影響は，水面幅の時間変化を示す図-3.59 より明らかで，非粘着性河岸の場合，側岸高の高い方が拡幅の進行が遅くなる．この理由として次の 2 つがあげられる．第 1 に側岸高の高いものほど，同量の拡幅に対して水面上の側岸の崩落砂量が大となることである．第 2 に，水面上の側岸高の高い場合ほど水際付近の砂粒子間に作用する垂直応力が大きくなり，側岸部が侵食されにくくなることである．

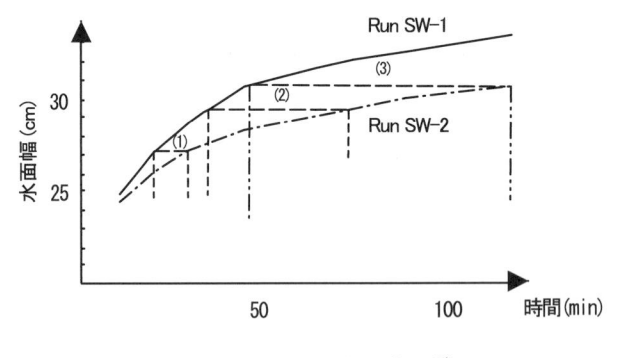

図-3.59 水面幅の変化[63]

(2) 流路横断面形状の無次元表示

一般に，拡幅を伴う流路の横断面形状は流下方向の平均的な横断面形状に対し対称形とならなかったり，横断勾配が局所的に変化したりする．そこで，この点を考慮し，測定された横断面形状を連続な関数形で表すことを考える．

池田[84]は安定した流路の横断面形状および，拡幅過程にある流路の横断面形状は，図-3.60 の記号を用いて，

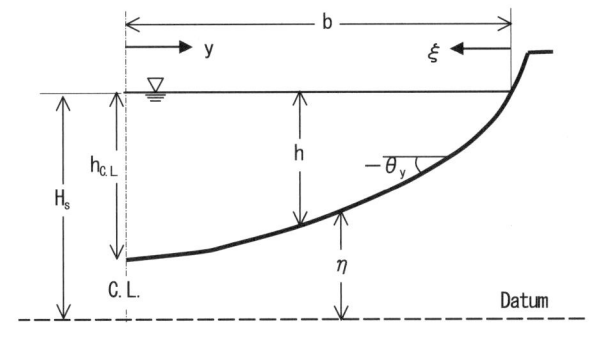

図-3.60 記号の定義[84]

$$\frac{h}{h_{CL}} = 1 - \exp\left(-\frac{\xi}{\Delta}\right) \tag{3.62}$$

で表現されることを実験的に示している．式中の Δ は，

$$\Delta = \frac{1}{h_{CL}} \int_0^b (h_{CL} - h) \, d\xi \tag{3.63}$$

で定義される．

福岡・山坂[63] は，式 (3.62) を参考にして等流状態にある非粘着性材料より構成される流路の横断面形状を式 (3.64) で与えた．

$$\frac{h}{H} = 1 - \left\{\exp\left(-\frac{b-y}{D}\right) + \exp\left(-\frac{b+y}{D}\right) - \exp\left(-\frac{2b}{D}\right)\right\} \tag{3.64}$$

右辺の第 1 項と第 2 項は式 (3.62) とほぼ同じ意味をもつ．第 3 項は流路中心線に対する

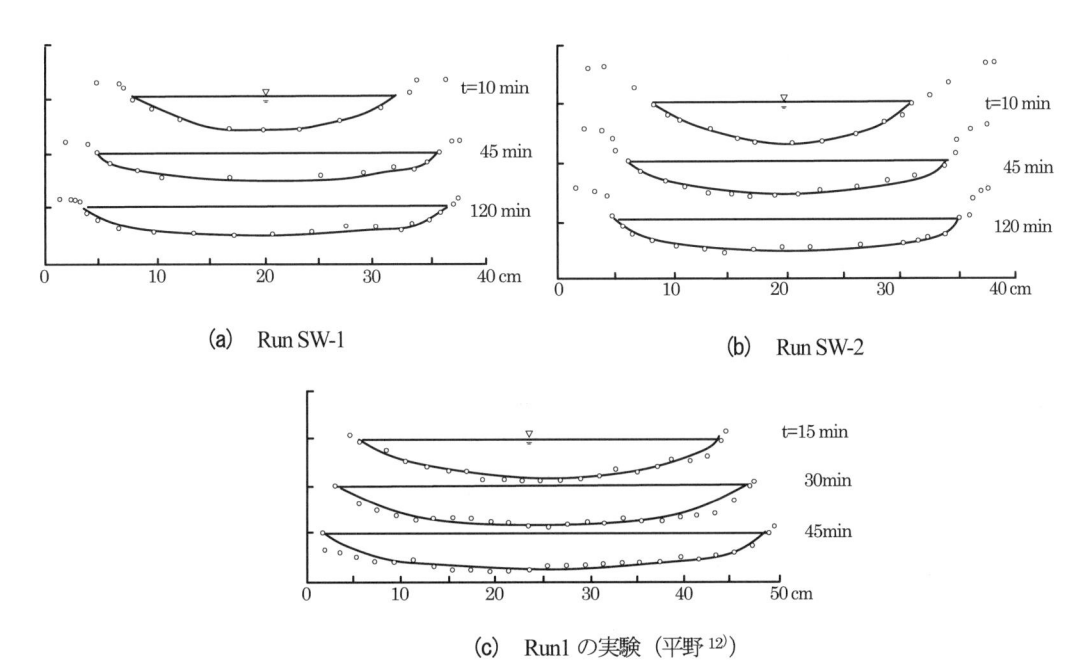

(a) Run SW-1

(b) Run SW-2

(c) Run1 の実験（平野[12]）

図-3.61 式(3.64)と実測横断形状の比較[63]

対称性の条件，第4項は $y = \pm b$ で水深 h がゼロとなる条件より付加された項である．式 (3.64) の表現では H は中央水深とはならず，中央水深と H の関係は式 (3.64) で $y = 0$ とおくことにより，

$$\frac{h_{CL}}{H} = 1 - 2\exp\left(-\frac{b}{D}\right) + \exp\left(-\frac{2b}{D}\right) \tag{3.65}$$

で与えられる．

式 (3.64) の H, D は，流水半断面積が $a = \int_0^b h dy$ で表されること，せん断力がゼロとなる水際で横断勾配角 θ が水中安息角，すなわち $\theta(b) = \phi$ をとることにより，a, b, ϕ により一義的に決定される．したがって，流水断面積，水面幅，水中安息角が与えられると，式 (3.64) により横断面形状を決定することができる．図-3.61(a)(b)(c) は $\tan\phi = 0.75$ とし，実測の流水断面積，水面幅を与えて式 (3.64) で計算される横断面形状と実測横断面形状の比較を示したものである．$Run\ SW$-1 については，拡幅段階によらず両者の対応は良好である．水面上の側岸高の高い $Run\ SW$-2 については，波高の小さな交互砂州の影響で実測の横断面形状は対称とならないが，この影響を取り除けば式 (3.64) でほぼ表現し得ると考えられる．平野[12] の実験は，比較的急勾配 (1/250)，大流量 (4.2ℓ/s) で行われたもので，実測の横断勾配は急変することがあるが，おおむね式 (3.64) に従っている．

(b) 斜面上のせん断力分布

3.1.4 の平野[12]，長谷川[13] の斜面上の横断方向流砂量式は，いずれもせん断力の関数として表されているために，流路境界面に作用するせん断力の分布を正しく評価できることが拡幅解析を実行するための条件となる．このため，斜面上のせん断力分布の算定が重要となる．

流路の横断面形状に対するせん断力分布の最も簡単な算定方法は，$\tau_h = \rho g h I_b \cdot \cos\theta_y$ で与えられるが，実際のせん断力分布は側岸付近で τ_h より大きくなる[64),85]．これは次の理由による．τ_h を算定するための断面分割法では，図-3.62 に示す鉛直分割面 I に流体間のせん断力が作用しないと仮定し，重力との釣合い式よりせん断力を算定するが，実際には横断的な速度差に起因して I の分割面にせん断力が働くため，境界面に作用するせん断力はこのような分布にはならない．厳密なせん断力分布は，流れを記述する方程式を解いて等流速線を求め，これに直行する断面分割 (図-3.62 の II) の方法により算定すればよいが，これは煩雑であり[86]，方程式自体にも問題が残されている．そこで澤井・芦田[64] が示した比較的容易な方法を応用する．すなわち，澤井らは，せん断力の分布を断面分割面 III に示すような境界面の法線群による分割法により求め，これらの法線群が断面内で交わる場合も含め，

$$\begin{aligned}\frac{\tau}{\rho g H I_b} &= \left\{1 + \left(\frac{d\eta}{dy}\right)^2 - \frac{1}{2}\frac{d^2\eta}{dy^2} \cdot H_s F'\right\} F' \cos\theta_y \\ F' &= \min\left\{1 - \frac{\eta}{H_s}, \left(\frac{y}{H_s} - \frac{y_0}{H_s}\right)\frac{dy}{d\eta}\right\}\end{aligned} \tag{3.66}$$

で表した．法線群が断面内で交わらないとき，上式は次式のように簡単化される．

$$\tau = \rho g h I_b \cos\theta_y \left\{1 + \left(\frac{\partial h}{\partial y}\right)^2 + \frac{1}{2}h\frac{\partial^2 h}{\partial y^2}\right\} \tag{3.67}$$

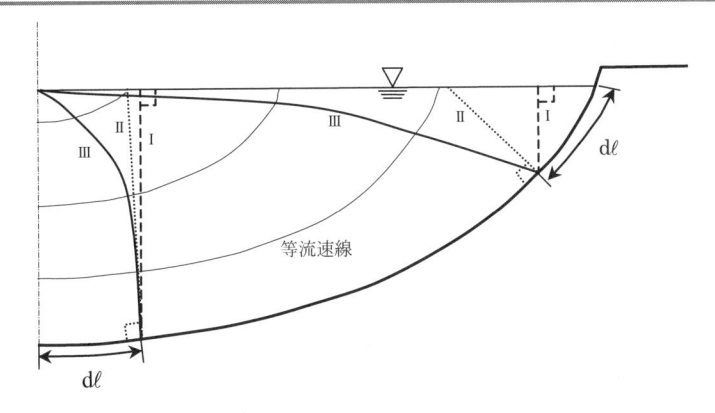

図-3.62 種々の断面分割面[63]

しかし，このような分割法においてもなお，分割面にせん断力が作用すると考えられるため，福岡・山坂[63]は，微小潤辺が分担する断面積を補正する係数 α を導入し，

$$\tau_n = \rho g h I_b \cos\theta_y \left[1 + \alpha\left\{\left(\frac{\partial h}{\partial y}\right)^2 + \frac{1}{2}h\frac{\partial^2 h}{\partial y^2}\right\}\right] \tag{3.68}$$

補正係数のかかった項の積分値は，恒等的に

$$\int_0^b h\left\{\left(\frac{\partial h}{\partial y}\right)^2 + \frac{1}{2}h\frac{\partial^2 h}{\partial y^2}\right\}dy = 0 \tag{3.69}$$

となるため，どのような補正係数を用いても

$$\int_0^b \tau_n \frac{dy}{\cos\theta_y} = \rho g h I_b \tag{3.70}$$

が満足される．式 (3.68) において $\alpha = 0$ は図-3.62 の I の分割法に対応し，$\alpha = 1$ が III の分割法に対応する．すなわち，α が大きいほど流路中央部の分担面積を小さくし，側岸部のそれを大きくする．図-3.62 より，II の分割法によるせん断力分布は $\alpha > 1$ の補正係数を必要とすることがわかる．福岡・山坂[63]は，横断面形状の変化過程より求められたせん断力分布 τ を式 (3.68) より得られる τ_n で近似すると，$\alpha = 2$ 程度の補正係数を用いたとき，拡幅に支配的な側岸部付近では，τ と τ_n の対応が最もよいことを示した．補正係数 α の値は流れの乱流強度，断面の幾何形状によって異なることも考えられるが，$\alpha = 2$ として，せん断力分布は次式で与えられる．

$$\tau_n = \rho g h I_b \cos\theta_y \left\{1 + 2\left(\frac{\partial h}{\partial y}\right)^2 + h\frac{\partial^2 h}{\partial y^2}\right\} \tag{3.71}$$

(c) 非粘着性河岸の侵食過程

(1) 平野の研究

平野[12]は，直線水路における拡幅を伴う流路変動の先駆的な研究を行い，**3.3.2** で示した側岸が侵食され水面幅が変化しても，流路の横断面形状は，ほぼ相似形を保つことを示した．さらに，流路の拡幅過程を側岸の侵食と侵食土砂の河床への堆積の複合過程として捉え，以下に示す流路変動の計算式を導き，その後の流路拡幅過程研究の発展を促した．

平野は，図-3.2，図-3.3 に示す流路横断斜面上の任意の点において，単位幅当たりの流砂量 q_B と流砂の方向の式が与えられれば，流砂の連続式から流路断面の変形過程を計算できることを示した．計算の簡単化のために，図-3.63 に示すように流路断面を水平に近い河床部と斜面部に分け各領域の境界における流砂の条件として式 (3.72) を与えた．

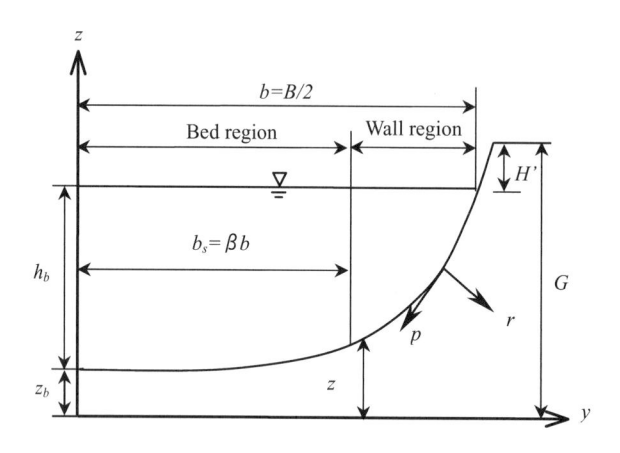

図-3.63 流路断面のモデル[12]

$$\left.\begin{array}{l} \text{水際}\,(y=b): q_{Bp} = (1-\lambda)H'\dfrac{\partial b}{\partial t} \\ \qquad\qquad \sin\gamma_e = 1 \\ \text{河床領域との境界}\,(y=b_s): \text{河床領域における値に接続} \end{array}\right\} \quad (3.72)$$

以上のように，境界における流砂と流砂方向がせん断力の関数として計算できることから，流路の横断面形状が与えられれば流路変動の計算式が導かれ，b，z_b，および h_b の変化を計算できる．流路変動の解析解は，広矩形断面でかつ流砂量が流れ方向に変化しない場合の実験結果をよく説明することを示した．

(2) 長谷川の研究

長谷川[13]は平野の解析方法を一般化し，横断面形状とせん断力について一般的な分布をもつ流路の横断面内での侵食量式 (横断方向流砂量式) を導いている．さらに短い時間間隔 δt で側岸崩落が起こる場合について流路断面モデルとして，図-3.64 を示し，崩落砂による堆積分布を伴う河床の変形過程の計算法を提示している．すなわち，崩落の初期横断面は，

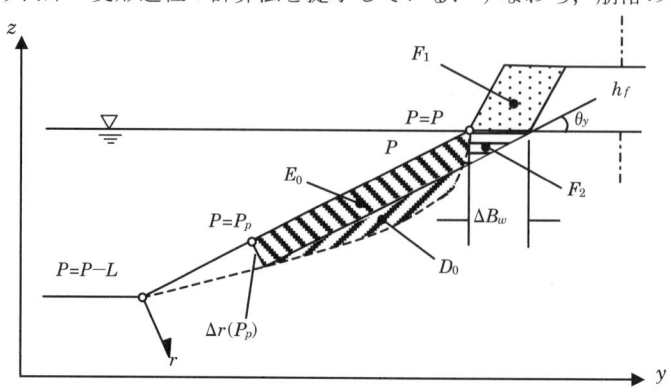

図-3.64 側岸崩落を伴う流路断面のモデル[13]

図の実線で示す安息角 θ_y の傾きをなす．侵食が進行すると，図の破線の形となり，δt 後には，一点鎖線の状態になるものとする．このとき，崩落部の面積 $F_1 + F_2$ は，堆積面積 D_0 に等しく，また $D_0 + E_0$ は，堆積面の先端 (座標 p_p) を通じて流出していく見かけの侵食量に等しいとしている．このモデルは，平野による拡幅モデルと同様であり，p_p は，平野の斜面領域と河床領域の境界位置に相当する．

(3) 福岡・山坂の研究

流路の境界面に作用するせん断力の分布が近似的に式 (3.71) で表されることが明らとなったので，福岡・山坂[63] は流路の横断面を側岸領域と河床領域に分割することなしに拡幅の解析を行った．解析で用いる仮定は，

(ⅰ) 流路は直線で，流れおよび拡幅の状況は流下方向に一様である．
(ⅱ) 流水断面積は時間的に変化しない．
(ⅲ) 水面より上部に突き出した側岸部はなく，したがって水際からの給砂はない．

(ⅰ)(ⅱ)(ⅲ) の条件より，水位は時間的に変化せず，また流れは等流状態であるため，流砂の連続式は，

$$-\frac{\partial h}{\partial t} + \frac{1}{1-\lambda}\frac{\partial q_{By}}{\partial y} = 0 \tag{3.73}$$

となる．(ⅲ) の条件のもとに式 (3.73) を横断方向に積分することにより，各点の横断方向流砂量が

$$q_{By} = (1-\lambda)\int_b^y \frac{\partial h}{\partial t} dy \tag{3.74}$$

で表される．横断面形状を示す式 (3.64) を式 (3.74) に代入すると，横断方向流砂量は

$$\begin{aligned}q_{By} = (1-\lambda)&\left[\left\{-1 + e^{-\frac{b-y}{D}} - e^{-\frac{b+y}{D}} + \left(1 + 2\frac{b-y}{D}\right)e^{-\frac{2b}{D}}\right\}H\frac{db}{dt}\right.\\
&+ \left\{\left(1 - \frac{b-y}{D}\right) - e^{-\frac{b-y}{D}} + e^{-\frac{b+y}{D}} - \left(1 + \frac{b-y}{D}\right)e^{-\frac{2b}{D}}\right\}D\frac{dH}{dt}\\
&+ \left\{1 - \left(1 + \frac{b-y}{D}\right)\cdot e^{-\frac{b-y}{D}} + \left(1 + \frac{b+y}{D}\right)e^{-\frac{b+y}{D}}\right.\\
&\left.\left.- \left(1 + 2\frac{b}{D} + 2b\frac{b-y}{D^2}\right)e^{-\frac{2b}{D}}\right\}H\frac{dD}{dt}\right]\end{aligned} \tag{3.75}$$

で与えられる．上式中には，水面半幅 b の時間変化項のほかに $dH/dt, dD/dt$ が含まれるが，流水断面積が時間的に変化せず，水際で水中安息角となる条件を用いると，横断面形状の定式化で述べたと同様にして，両者は db/dt によって表すことが可能である．したがって $a, b, \phi, db/dt$ が与えられると式 (3.75) により各地点の横断方向流砂量が算定される．

式 (3.75), (3.12) より，拡幅速度 db/dt が与えられるとせん断力分布が算定できる．**図-3.65** に拡幅過程解析の流れ図を示す．

流路の横断面形状を式 (3.64) で与え，流砂の連続式を $dHs/dt = 0, da/dt = 0, q_{By}(b) = 0, \theta_y(b) = \phi$ の条件のもとに積分すると，横断方向流砂量の分布に流砂量式 (3.12) を用いると無次元せん断力 τ_* の分布が拡幅速度 db/dt と横断方向座標 y の関数として表される．一方，横断面形状が与えられると式 (3.71) からせん断力が求まる．これらのせん断力は本

図-3.65 拡幅過程解析の流れ図[63]

来すべての地点で一致しなければならないが，式(3.71)は近似式であるため，両者がすべての地点で一致することはない．そこで，流路全体としてせん断力の誤差が最小となるように拡幅速度を決定する．微小時間経過後の水面幅は差分計算によって求める．**図-3.66**(a) は，実測された $Run\ SW$-1 の水面幅 (○印)，中央水深 (●印) の時間変化と解析結果 (実線) の対応を示す．与えた流水断面積はそれ以後の変化があまり大きくない $t = 20\ \text{min}$ のもの，初期条件はこの時刻の水面幅である．中央水深は式 (3.65) により算定する．計算では流水断面積を一定と仮定しているため，与えた流水断面積との差が大きくなるところで拡幅速度が実測のものより小さく，また同様の理由により，同一水路幅時の中央水深は計算値の方がやや小さくなるが，実験値と計算結果の対応は良好である．

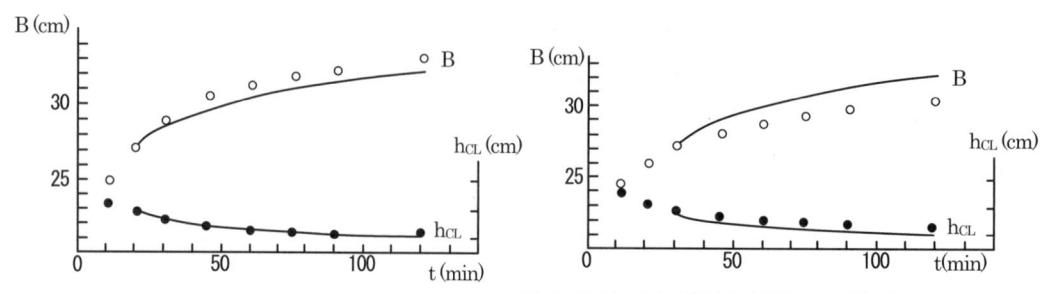

図-3.66(a) 解析結果と実測値の比較 (Run SW-1)[63]

図-3.66(b) 解析結果と実測値の比較 ((iii)の仮定を必ずしも満足しないRun SW-2)[63]

図-3.66(b) は，この解析法を側岸高の高い $Run\ SW$-2 に適用した結果を示す．$t = 30$ min の値で与えた初期条件が上の計算例の初期条件とほぼ同じであるため，計算された水面幅，中央水深の時間変化は上の計算例とほとんど変わらない．しかし，$Run\ SW$-2 では，解析に用いた仮定のうち特に水面上の側岸高についての仮定が満足されないため，実測の拡幅量に比し，計算された拡幅量のほうが大きくなる．このような条件に対しては，側岸付近の横断方向流砂量に及ぼす水面に出ている側岸からの給砂を合理的に解析のなかに取り入れる必要がある．

3.3.3 堆積構造をもつ河岸土質の侵食拡大過程[68),69)]
― 荒川高水敷上の掘削水路での河岸侵食実験

前述のように，自然構造をもった河岸土質を実験室でつくることは容易でない．そこで荒川高水敷上に**写真-3.4**(a) に示す水路を掘り現地で河岸侵食実験を行った．荒川 64 km 付近の左岸高水敷上に曲率半径 15 m，長さ 30 m，幅 0.9 m，深さ 0.5 m，平均的に 1/100 の河床勾配の湾曲水路を掘削した．流量 $0.14\ \mathrm{m^3/s}$，平均水深 0.15 m，初期平均流速 1.2 m/s である．通水時間は全体で 66 分であり，途中で通水を止め河岸形状などを経時的に測定した (写真-3.4(b))．

荒川の河岸は，砂，シルト，粘土，およびこれらが混ざりあったものから構成され明確な層構造をなしている．代表的な断面の河岸侵食状況を**図-3.67** (上流から 10.5 m 地点) に示す．外岸はシルト混じり細砂，内岸はシルトと砂の互層である．内岸では，水面下で砂層が先行して侵食され，それに続いて砂層の上にある粘着性の高いシルト層が崩落している．36 分後と 66 分後を比べると崩落したシルト土塊が砂層の前面を覆い砂層の新たな侵食を抑制している．外岸では水面下の部分が先行して侵食され水面に出ている河岸がオーバーハングし崩落する．崩落土塊は内岸のそれに比べて粘着力が弱かったため，流れによりすぐに砕かれ細分化する．このため，ただちに掃流されその場に残ることはない．実験時間内での崩落は数回認められたが，洪水時には，このようなことが繰り返されながら河岸侵食が進んでいくものと考えられる．自然河岸の侵食量を評価するには侵食抵抗の小さい砂層がどの位置にあるか，河岸土質の鉛直構造・縦断構造がどのようになっているのかを知ることが重要であ

(a) 掘削水路　　　　　　　　　(b) 実験状況

写真-3.4 荒川高水敷上における掘削水路と河岸侵食実験状況[69)]

図-3.67 河岸の侵食過程 [68],[69]

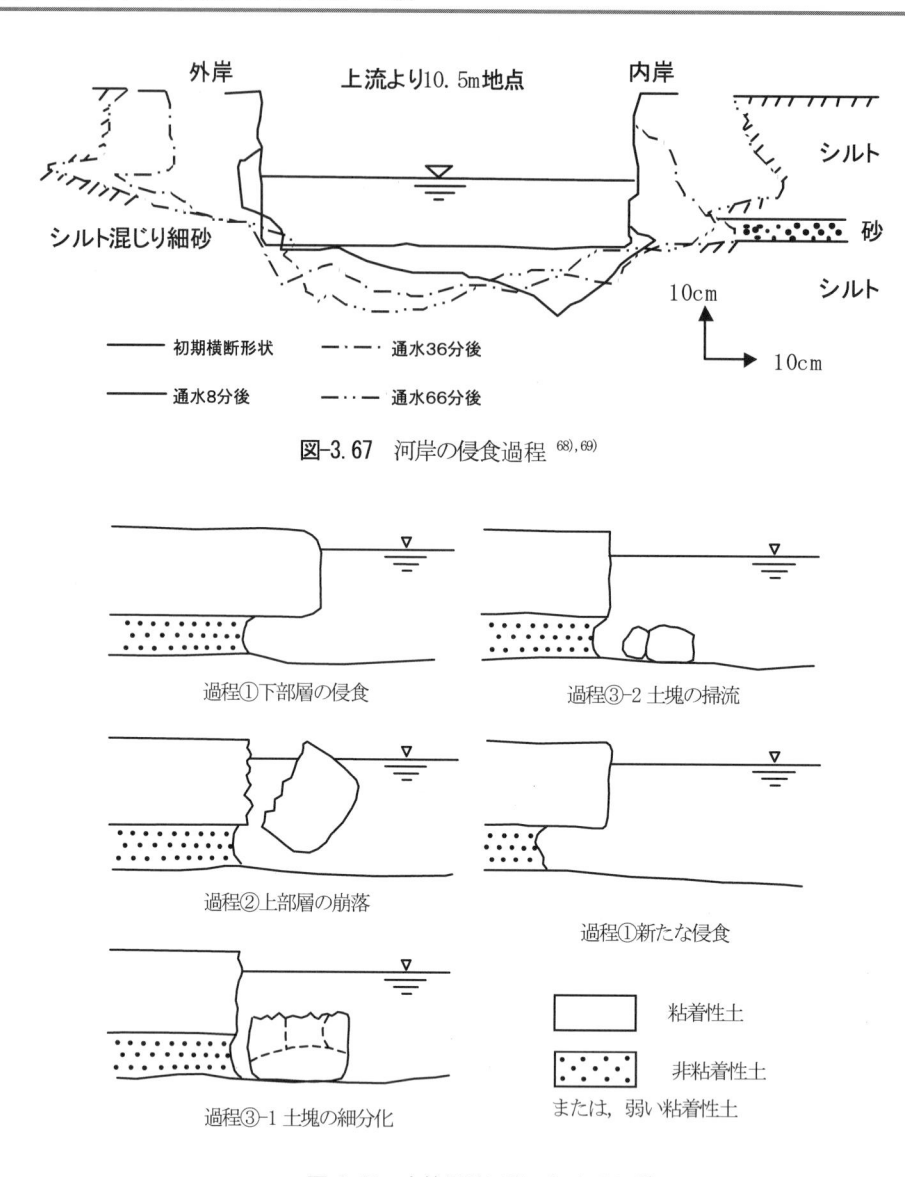

図-3.68 自然堆積河岸の侵食過程 [68]

り，これらと河岸・河床に作用する外力の関係を定量化する必要がある．

以上のことから層構造をなす自然河岸での侵食過程は**図-3.68**に示す通り，下部非粘着性土層の侵食(過程①)，オーバーハングしたヒサシ部分の粘性土層の崩落(過程②)，崩落土塊の細分化，掃流(過程③)という三段階からなっている[63],[64]．

砂層の侵食が進むにつれて河岸がヒサシ形状をとる．ヒサシの下の流速は減速され砂層の侵食速度が小さくなり，減速の程度はヒサシの長さに依存する[69],[87]．どれだけのヒサシの長さが維持できるかは，主に上層土質の粘着力に支配される．崩落した土塊は河岸際の河床に落着き，それが掃流されるまでは砂層の新たな侵食はおこりにくく，土塊が掃流されるのに要する時間程度は新たな侵食は遅れることになる．

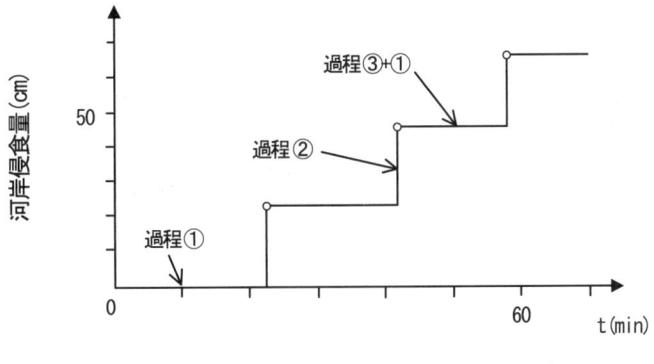

図-3.69 河岸侵食量の経時変化[68]

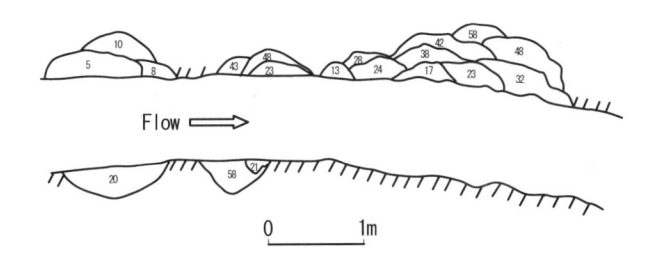

t (min): 崩落までの時間

図-3.70 平面形の経時変化[68),69)]

図-3.69は，荒川での現地水路のある断面で測定された河岸侵食量の時間変化の一例を示している．崩落(過程②)によって急激に侵食が進むことを見ることができる．

図-3.70に，崩落(過程②)による河岸平面形状の時間変化を示す．ある場所の崩落が，その下流にも影響し付近一帯の崩落が促進されていることがわかる．このように河岸侵食のメカニズムをある程度把握できたことから①②③それぞれの侵食過程について検討する．次にそれらを統合し**3.3.8**で河岸の平均的な侵食速度の定量化を試みる．

3.3.4 シルト河岸の侵食拡大機構とその解析
— 吉野川高水敷土を用いた侵食実験[82),83)]

(a) 河岸侵食の拡大機構

吉野川の高水敷土を乱さずに長さ 1 m，高さ 0.3 m，奥行き 0.15 m の大きさの試料を採取した．土質の連続性をもたせるため同じ層から 15 個採取した．

採取した試料は粒径 0.005 mm 以下の粘土分を 20% 程度含み，0.425 mm 以上の粗砂分はほとんど含まず，中間の粒径集団からなり，土質工学的にはシルトに分類される．試料の表面から見た土質構造はほぼ均質で，明確な層構造や局所的な構造の偏りはほとんど認められなかった．

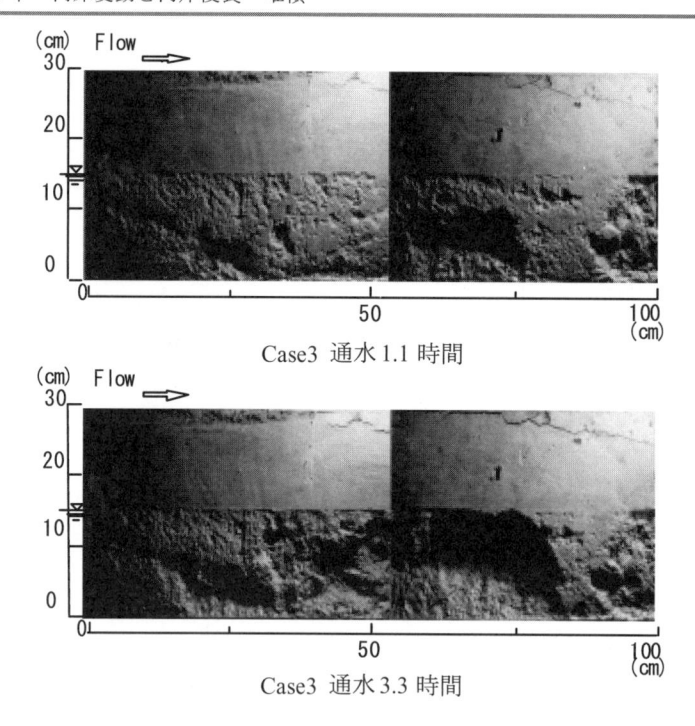

写真-3.5 吉野川高水敷試料の侵食状況[82]

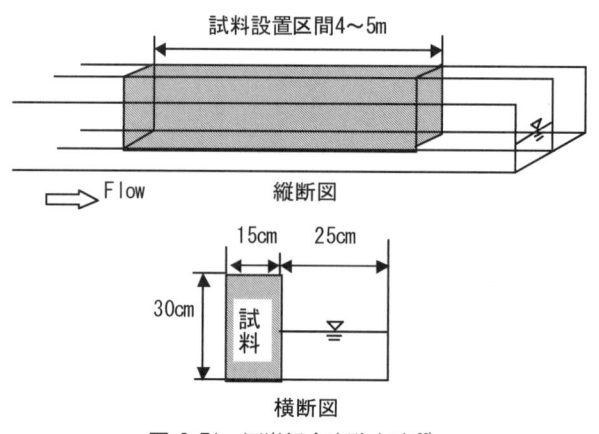

図-3.71 河岸侵食実験水路[82]

採取した試料を，**図-3.71**に示す可変勾配型の直線水路に4個連続して設置した．侵食実験は基本的に一定の水理条件で通水し，横断方向の侵食深さ，縦断方向の侵食幅の時間的な変化過程を調べた．**写真-3.5**は，上流から3個目の試料の侵食状況を示す．

図-3.72に，用いた試料の侵食深のコンターを示す．初期の侵食は異なる箇所でランダムに発生しており，これが核となって拡大していくことが分かる．通水5.0～11.5時間では，各箇所の侵食が複雑につながっていき，試料全体にわたる大きな侵食となっている．各箇所の侵食が拡大する過程を検討するため，図中に示すようにそれぞれの侵食箇所を (a, b, c, d, e) と呼ぶ．水面付近の侵食箇所 a, c, e は，水中の侵食箇所 b, d に比して最大侵食深は大きく，侵食の形状は最大侵食深を中心に同心円状である．一方侵食箇所 b, d は，侵食の深さは比較的浅く，侵食の形状は平面的である．侵食箇所 a, c, e(以下同心円タイプ) と

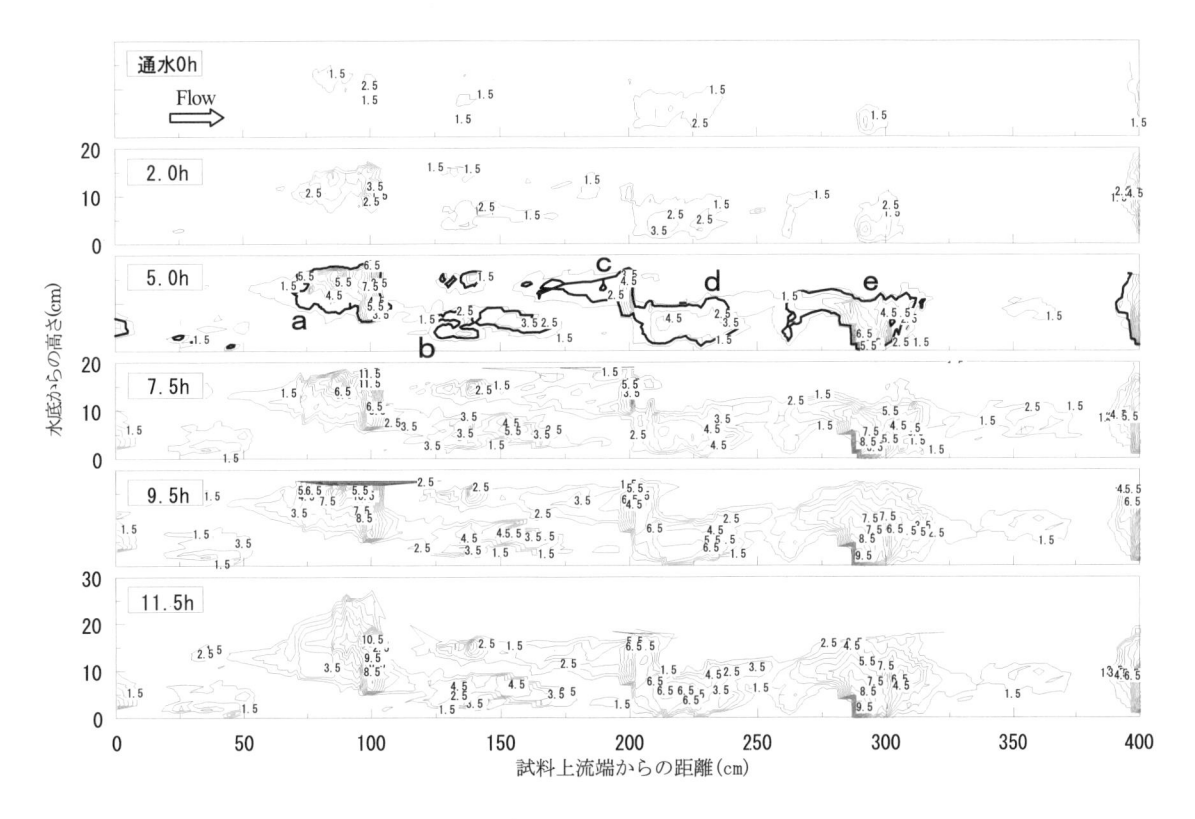

図-3.72 側岸侵食深コンター（Case3）[82]

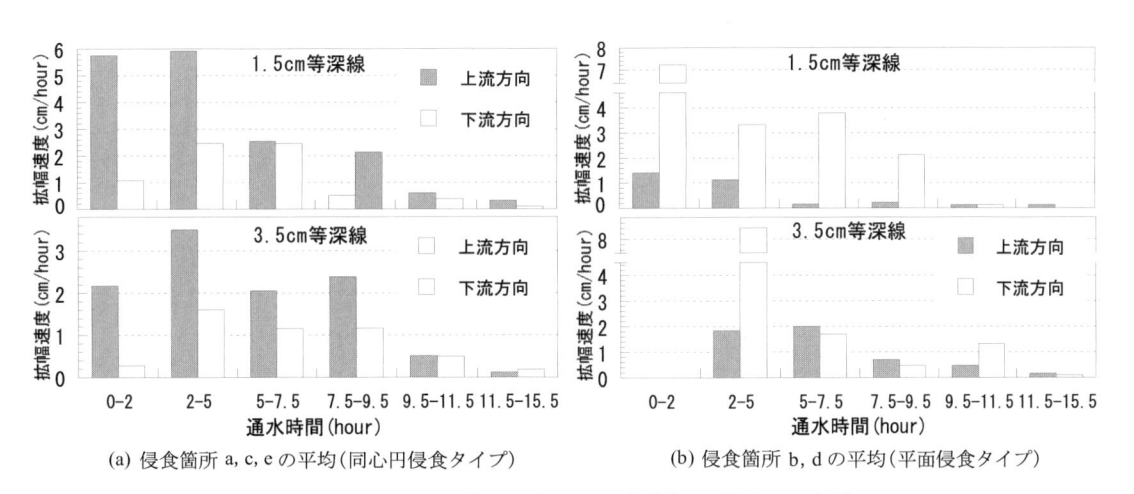

(a) 侵食箇所 a, c, e の平均（同心円侵食タイプ） (b) 侵食箇所 b, d の平均（平面侵食タイプ）

図-3.73 2つの侵食タイプの縦断侵食速度の比較（Case3）[82]

侵食箇所 b, d（以下平面タイプ）を区別し，両者の上下流への平均侵食速度を比較した結果を図-3.73 に示す．

同心円タイプ侵食では，明らかに上流方向の侵食速度が下流方向より大きくなっている．これとは逆に，平面タイプ侵食では下流方向の侵食速度が卓越している．同心円タイプは侵食抵抗の低い箇所が深掘れを起こし，そこを中心として主に上流方向に侵食が進行する．一方，平面タイプは同心円タイプの下流に位置し，直上流の同心円侵食部分の影響を受けた流れによって，粘性土河岸の表面が剥れるように主に下流方向に侵食が進行する．

侵食箇所 a について縦断形状の時間変化を図-3.74 に示す．これより，土質的に侵食されやすい箇所が深掘れを形成しつつ，上下流の侵食面の傾斜を増しており，どの侵食箇所においても角度は，5 度〜9 度で安定している．このようにヒサシ状河岸の侵食面角度が安定する機構を理解することが粘性土の河岸侵食解明のための基本である．ヒサシ状河岸の侵食機構を水理学的に説明するため次のような実験を行った．

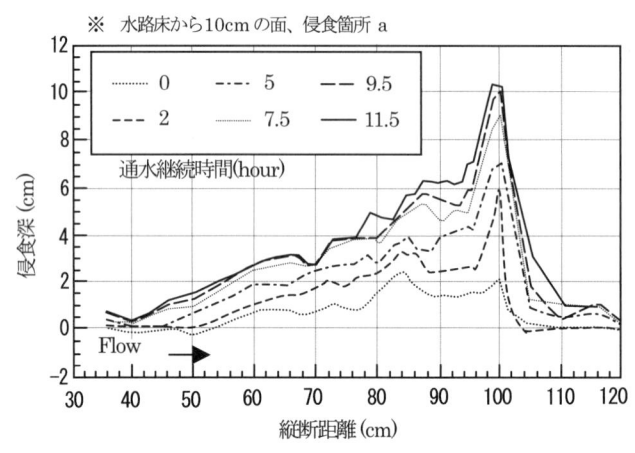

図-3.74 吉野川試料の側岸侵食縦断形状の時間変化[83]

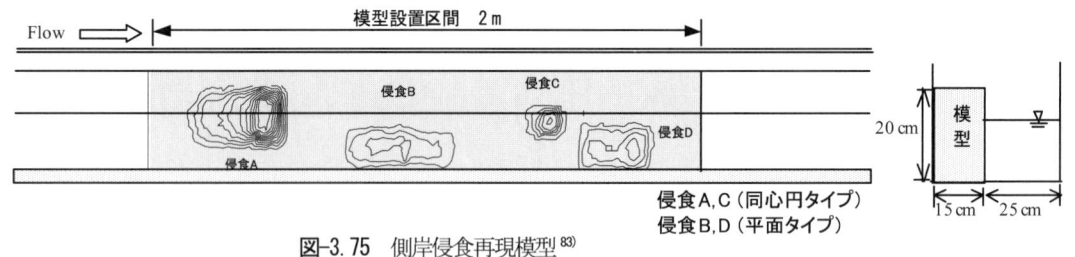

図-3.75 側岸侵食再現模型[83]

侵食実験より得られた Case3 について通水時間 2 時間、5 時間、11.5 時間における侵食形状 (上流端から 50〜250 cm の区間) をゴム粘土を用いて再現した模型を直線水路の左岸側に設置し (図-3.75)，流速の測定を行うことにより侵食部内およびその付近の流れ場を調べ，流れと侵食拡大機構との関係を検討している．水路の諸元および水理条件は表-A.3.6 に示す側岸侵食実験の Case3 と同じである．

図-3.76 は側岸近傍の主流速の縦断変化を示す．設置模型の上流端の大きい流速は，深掘れしている侵食 A の下流部分で水路幅の減少に伴う流れの剥離のため大きく減少する．そして流下距離に従い流速は徐々に回復していく．深掘れ侵食 A の下流に位置する侵食 B は，侵食深が小さく平面的であるため流速の低下は見られず，流れは加速している．このように各侵食区間の上流側と下流側では流速の大小関係がはっきりと現れている．

侵食が上下流に拡大していく機構は次のように説明できる．粘着性土の河岸面はほぼ直立しているため侵食を受けた土は，直接河床に落ち，流送される．したがって，同じ強度の土であれば，河岸近傍の流速が大きいほど侵食されやすくなり，粘着性土の側岸侵食速度は，側岸近傍流速の大きさに比例すると考えることができる．深掘れしている侵食 A，C では，

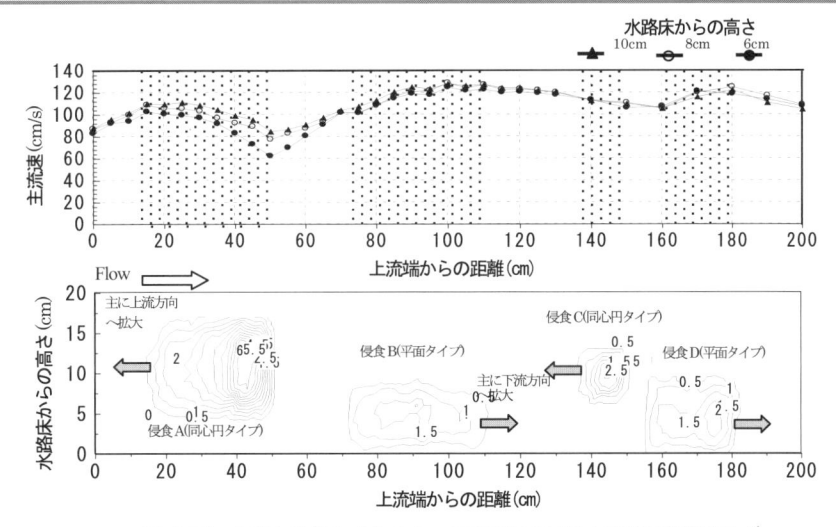

図-3.76 左岸から流心方向 1.5cm の平面における主流速の縦断変化 [83]

下流側に比べ上流側の流速が大きいため上流側が侵食されやすくなる．そのため深掘れ侵食は主に上流方向に拡大していく．一方，深掘れ侵食 A の下流に位置する平面的な侵食 B，D では，深掘れ侵食の影響を受けて上流側での流速は十分に回復しておらず，下流側の流速が大きくなっている．そのため平面的な侵食は主に下流方向に拡大していく．

(b) 河岸侵食部内の流れとその解析 [88),89)]

(a) で示したように不撹乱シルト試料を用いた実験では，二種類の異なる侵食のタイプがあることが明らかになった．水面付近で起こる同心円タイプ侵食と，水面下でおこる平面タイプ侵食である．侵食を引き起こす流れと河岸侵食の関係を知ることは，重要であるが，侵食が連続的に起こっているため，侵食部の流れ場を直接計測することは困難である．このため，十分に発達した段階の侵食部を模擬した河岸模型をつくり，これを用いて，主流部および侵食部内の流れの検討が行われた．**図-3.77** は (a) で示した 11.5 時間の通水によって十分侵食が発達した状態の河岸模型を縦断面と横断面から見たものである．この模型を 2 つ連続して直線水路に設置し，流れ場を計測する．モデル河岸は，幅 0.25 m の水路の左岸に沿って設置されている．侵食 C と D が測定部で，A と B は，ダミー侵食部である．水面付近と水中の侵食部の上流面角度は，それぞれ 8.5 度，6.5 度であり，流量は，25.5 (ℓ/s) である．

図-3.78(b) に示すように，最大侵食深を形成している水面付近の C 洗掘部内で流れの剥離が起こっている．一方，水中にある D 洗掘部では，剥離は生じていない．これより，水面付近と水面下の洗掘部内の流れの構造は異なっており，この剥離流れの存在が，流れ場に影響し，洗掘深の大きさを決めていると考えられる．このため，侵食部内部の流れを実験と解析によって検討する．

水面付近に侵食部を有する流れに対しては，開水路の平面二次元モデルと水深積分した連続方程式が用いられる．しかし，水面下の洗掘部では，主流部が自由表面のある流れに対し，洗掘部は自由表面のない圧力流れとなるために，平面二次元開水路流モデルをそのままでは適用できない．すなわち，水面下の侵食部の圧力は，一般的な平面二次元解析のように連続式から計算される水深を用いて圧力を決定することができないために，非静水圧分布の

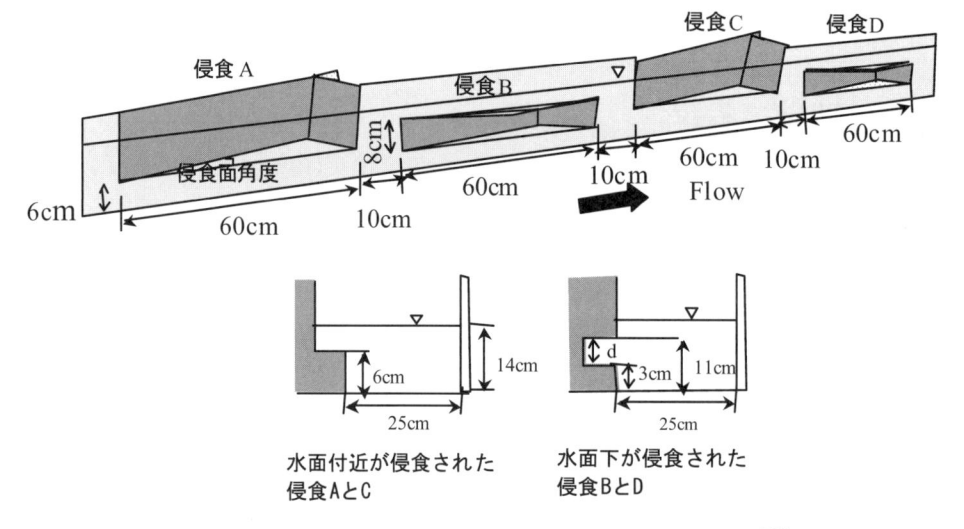

図-3.77 11.5時間後の河床形状の縦・横断図[89]

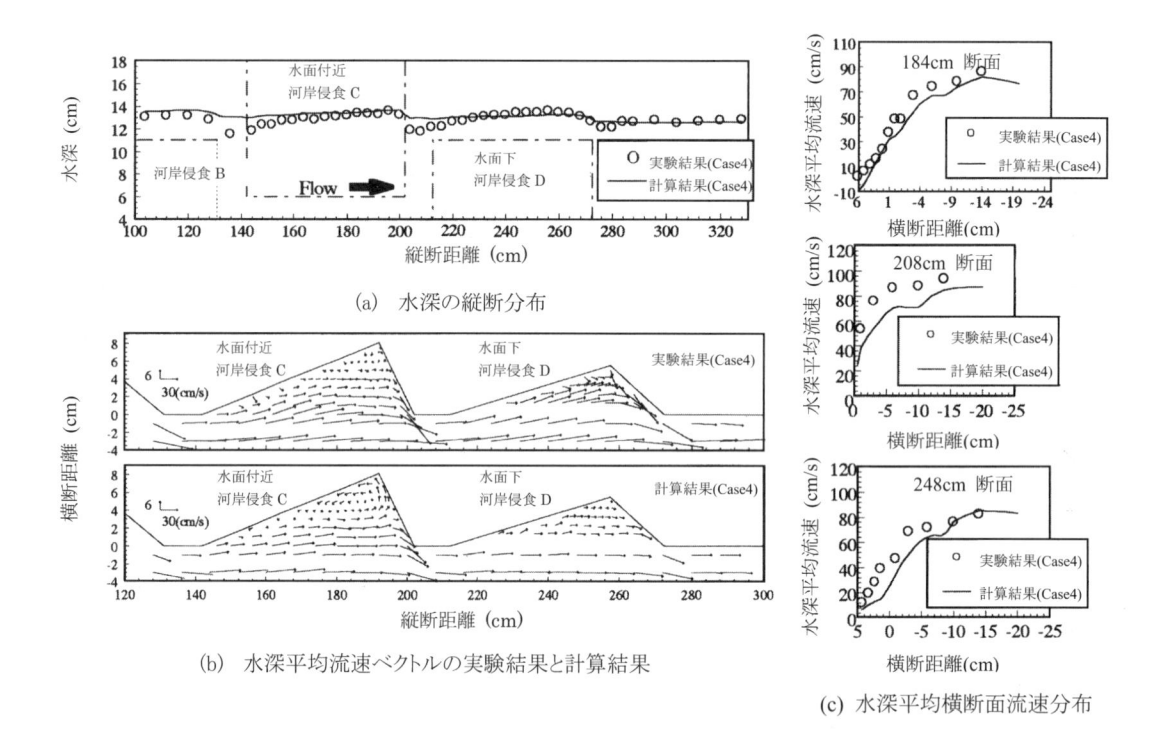

図-3.78 Case 4 の流れ場の実験結果と計算結果[89]

(a) 水深の縦断分布
(b) 水深平均流速ベクトルの実験結果と計算結果
(c) 水深平均横断面流速分布

三次元解析と同様に圧力方程式を解く必要がある．水面下の侵食部の圧力場と流速場は，連続条件を満たすように繰り返し計算によって求められる[89]．

このようにして計算された結果を図-3.78(b) に示す．図-3.78(a)，(b) は水路の左岸から 1 cm 離れた測線での縦断水位分布の実験と解析結果を示す．侵食部の直上流部と下流部で一致度はやや低下するが，全体的に見て水面形をよく説明している．図-3.78(b) は，侵食部と主流部の水深平均流速分布を示す．水面近くの侵食部および主流部の平均流速分布の対応は良いが，水中侵食部の解析流速はやや低く見積もられている．一方，3.78(c) に示されて

いる横断面内の水深平均流速分布については，大きな侵食長さと侵食角度に起因する流れの強い三次元性のために，2つの侵食部の間でやや実験値から外れている．しかし，水面近くの侵食部の剥離流については，解析結果は実験結果を説明している．このとき水面下にある侵食部では，実験結果と同様に解析結果は流れの剥離を生じていない．

3.3.5 ヒサシ状河岸の土塊崩落機構の現地実験

(a) 引張り破壊・せん断破壊による崩落限界ヒサシ長さ [69),81)〜83)]

　自然堆積河岸は，3.3.3 で示したように侵食抵抗の小さい層 (砂礫層) から侵食を受け，その上の侵食抵抗の大きい層 (シルト・粘土層) が残るため，上層の土塊は不安定なヒサシ形状をとる．さらに砂礫層の侵食が進むと土塊が崩落する．この過程を図 3.68 の①，②で示した．崩落に抵抗するのは土の引張り応力である．侵食抵抗の大きい上層土塊の引張り強度を知ることができれば，過程②の崩落限界ヒサシ長さを見積もることができる．この目的で，現地河川で次のような土の引張り強度試験を行った．

　荒川での土の引張り強度試験は，河岸侵食が生じた掘削水路内に残されたヒサシ河岸を用いて行った．試験手順は次の通りである．**写真-3.6**，**写真-3.7** に示すように，河岸の下層を削り取り，天端を表面とする一定の厚さのヒサシ形状を作る．次に河岸に垂直な方向に静かに 2 本の切れ込みを入れ，隣接する土から受けている応力を解放する．試験土塊が自重による曲げモーメントで崩落するまで切れ込みを入れ続ける．そして崩落した土塊の重量，大きさ，破壊面の面積を測定し，これより破壊面に作用していた引張り強度を算定する．土塊は均質なものと考え，破壊面に作用していた引張り強度は**図-3.79** で与えられる分布であると仮定する．H (cm) はヒサシの厚さ，L_c (cm) は限界ヒサシの長さ，B (cm) ヒサシの幅である．ヒサシの自重 W (kgf) により生ずる外力モーメントが破壊面で発生する抵抗モーメントと釣合い，破壊面の上端で引張り強度 T_c (kgf/cm^2) に達したとき破壊すると仮定する．このとき，次式が成り立つ．

$$W \frac{L_c}{2} = \frac{H^2 \cdot T_c \cdot B}{6} \tag{3.76}$$

この式より土の引張り強度は次式で表せる．

$$T_c = \frac{3W \cdot L_c}{H^2 \cdot B} \tag{3.77}$$

　式 (3.77) を用いて得られた引張り強度を**表-3.4** に示す．計算結果より，侵食抵抗力の高い土質については，各試験ごとに得られる引張り強度はほぼ一定した数値をとることがわかる．式 (3.77) を変形すると限界ヒサシ長さの式 (3.78) となる．ここで，γ (kgf/cm^3) は土の単位体積重量である．

$$L_c = \left(\frac{T_c \cdot H}{3\gamma}\right)^{1/2} \tag{3.78}$$

この式より，引張り破壊では，ヒサシ厚さ H，の増加に伴い限界ヒサシ長さ L_c が H の平方根に比例して増大しヒサシ部分の層の厚さ，土密度，引張り強度を与えることによって，限界ヒサシ長さが求まる．

(a) バックホーを用いた整形

(b) 土塊下方の掘削

(c) 土塊下方の掘削

写真-3.6 ヒサシ河岸の作成[69]

(1)

(2)

(3)

(4)

写真-3.7 ヒサシ河岸の崩落[69]

表-3.4 荒川高水敷上の掘削水路での河岸引張り強度の測定値[68]

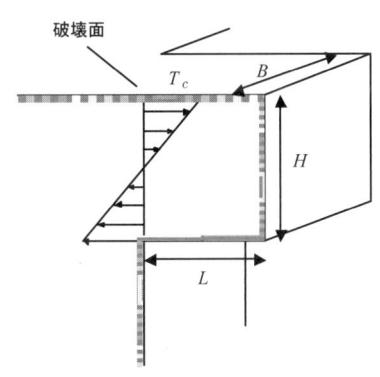

場　所	土　質	H (cm)	L_c (cm)	B (cm)	W (kgf)	T_c (kgf/cm^2)
上流端より 9m 地点	シルト (砂混じり)	12.5 14.5	21.0 16.0	23.0 14.0	4.70 5.08	8.25×10^{-2} 8.28×10^{-2}
上流端より 14m 地点	シルト (粘土混じり)	13.8 10.0	18.0 17.0	10.0 9.0	3.74 1.84	1.06×10^{-2} 1.04×10^{-2}
上流端より 30m 地点	細　砂	10.0 10.0	4.5 3.5	10.0 10.0	0.64 0.49	8.67×10^{-2} 5.25×10^{-2}

図-3.79　ヒサシ部に作用する引張り応力分布[68]

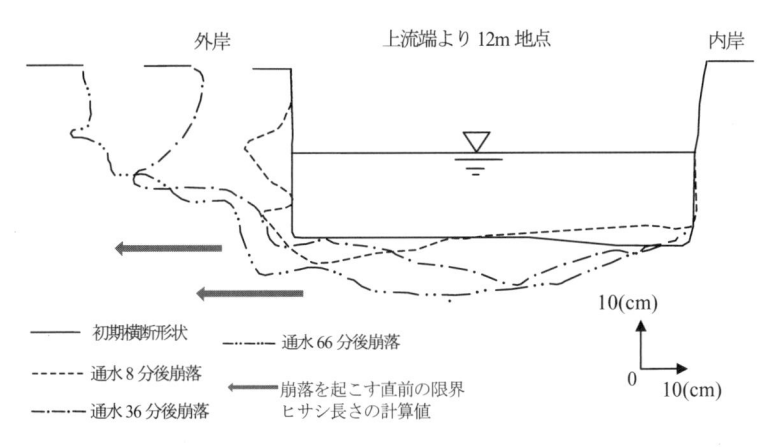

図-3.80　計算限界ヒサシ長さと崩落時の実測河岸形状[68),69)]

　荒川での通水試験水路で得られた T_c, H, γ を用いて求めた限界ヒサシ長さ L_c を**図-3.80**に示す．この図をみると，実際に崩落が起こる目前のヒサシ長さが計算で求めた限界ヒサシ長さとほぼ同じ大きさであり，式 (3.78) を用いて過程②を見積もることが可能である．

　次に異なるヒサシ厚さ，H =10,30,50,80,100,120,150 cm につい荒川の高水敷上の土の引張り強度試験を行った結果を図-3.81に示す．土の単位体積重量を $\gamma = 1.85\times10^{-3}$ kg/cm^3 とし，土の引張り強度を $T_c = 0.143$ kgf/cm^2 に選ぶと，式 (3.78) が大きな H に対しても実験結果とよく対応する[68]．サンプリングした土塊の一軸圧縮試験で求めた粘着力は $c = 0.189$ kgf/cm^2 で大きくなった．これは純粋に引っ張ったときの粘着力と滑らせたときの粘着力の違いであると考えられる．

　吉野川のシルト河岸についても同様の現地実験を行い[82)]，求めた引張り強度 T_c の平均値 $T_c = 0.026$ kgf/cm^2 を式 (3.78) に代入して求めた曲線，および各崩落の厚さ H と長さ L の関係も**図-3.81**に示す．吉野川シルトについても，実験結果と計算値がよく対応している

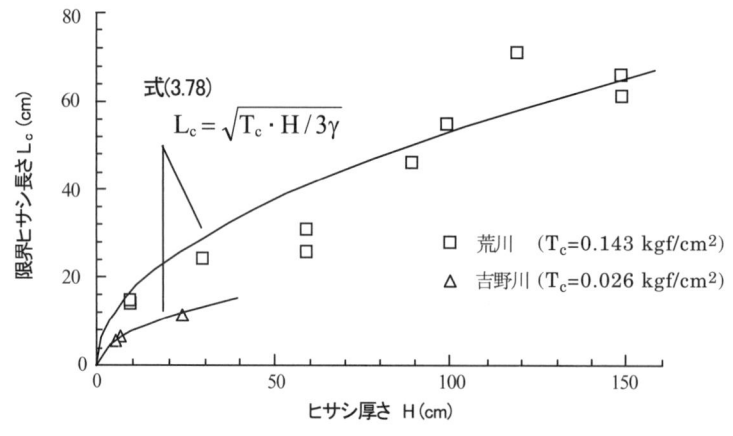

図-3.81 ヒサシ厚さと限界ヒサシ長さの関係[68),82)]

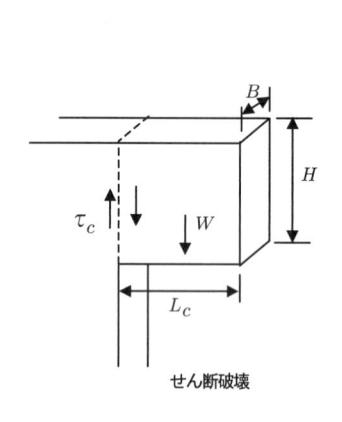

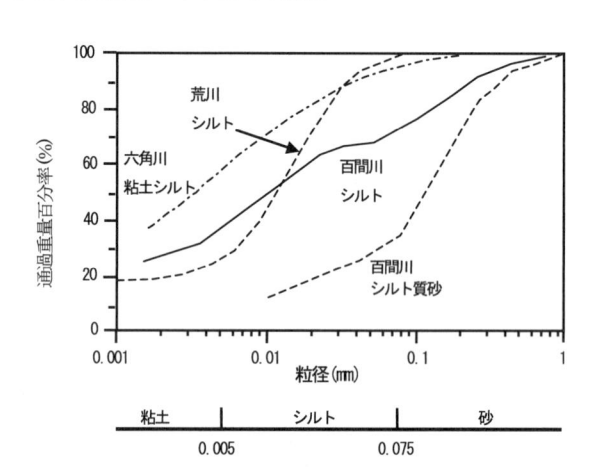

図-3.82 せん断によるヒサシの崩落機構[71)]

図-3.83 現地高水敷上の土の粒度分布

ことがわかる.

しかし河岸はさまざまな土質材料によって構成されており，荒川・吉野川の実験結果のみでは不十分である．そこでさらに粘着性の高い河岸材料である百間川，六角川について，同様な崩落実験を行い，限界ヒサシ長さを求める.

ヒサシの崩落には図-3.79に示した荒川・吉野川のシルト質河岸のモーメントによる引張り破壊のほかに，**図-3.82**に示すせん断破壊の崩落が考えられる．仮想の破壊面で図-3.82に示す応力分布を仮定し，せん断破壊状態の力の釣合いを考える．せん断強度 τ_c は式 (3.79) で表され，L_c は式 (3.80) の形で得られる．このせん断破壊でヒサシの崩落が生じた場合には，引張り破壊の場合と異なり，土質が均質であれば L_c は H にかかわらず一定値となる.

$$\tau_c = \frac{W}{BH} = \gamma L_c \tag{3.79}$$

$$L_c = \frac{\tau_c}{\gamma} \tag{3.80}$$

図-3.83は，六角川[71)]百間川[72),81)]の現地堆積土の粒度分布を荒川，吉野川のシルトも合わせて示している．百間川では砂分の多いシルト質砂と粒度分布の広いシルトを対象に，また，六角川では，海起源の非常に粒径の細かい粘土シルト (ガタ土) を対象に検討している.

図-3.84(a) は百間川の実験結果を示しており，シルト質砂の場合には H の増加に伴い L_c は増加傾向となっている．これは荒川のシルトの実験結果と同様にヒサシの崩落がモーメントによる引張り破壊により生じていることを示している．図中の曲線は実験結果から得られた $T_c = 0.150$ kgf/m^2 を式 (3.78) に代入して求めたものであり，実験結果によく対応している．荒川のシルトでは $T_c = 0.143$ kgf/m^2 であり，一軸試験結果から得た粘着力 c との間に $T_c = 0.48c$ との関係が得られているが，このシルト質砂でも $T_c = 0.5c$ となった．

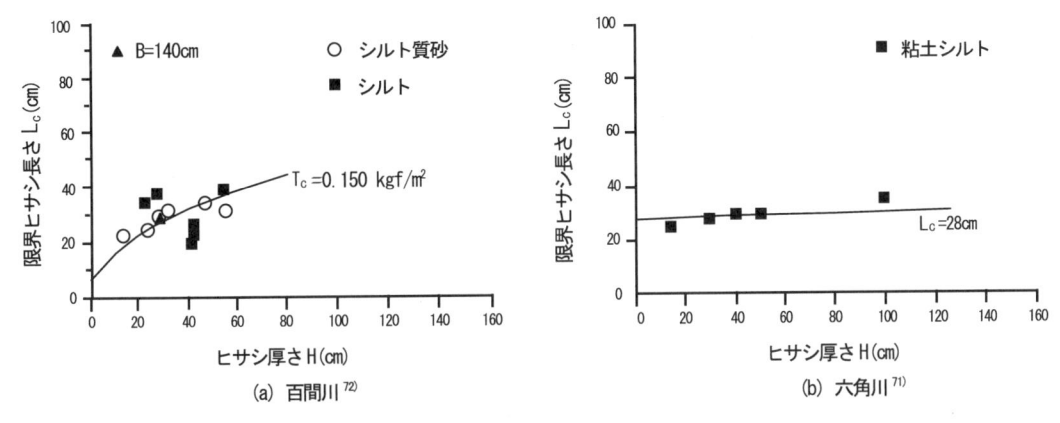

図-3.84 ヒサシ厚さと限界ヒサシ長さの関係

シルトの場合には実験結果にばらつきが生じている．これは粒径が広く分布しているため，場所ごとに引張り強度にばらつきがあるためである．

これに対して図-3.84(b) に示す六角川の粘土シルトでは H に関係なく L_c はほぼ一定値となった．これはせん断破壊で崩落が生じているためといえる[71),72)]．実験結果より式 (3.79) から τ_c を計算すると 347〜610 kgf/m^2 となり一軸試験結果と良い対応を示した．

以上の結果より河岸がヒサシを形成した場合，河岸材料がシルト，砂で構成されている場合にはモーメントによる引張り破壊で崩落が生じ，粘土を多く含むと引張りに対する抵抗が増大しヒサシはせん断破壊で崩落する．

今後供試体試験を多数行い，土質ごとの T_c と c の関係を求めることにより供試体の一軸圧縮試験から限界ヒサシの長さの推定について検討することが必要である．

次に，崩落時の侵食規模について検討する．

(b) 土質構造の違いによる土塊崩落機構の変化[81)]

図-3.85，3.86 は吉野川，荒川侵食実験における最大侵食深，および縦断方向の侵食幅の経時変化を侵食箇所ごとに示している．侵食幅については侵食深 4.5 cm までの平均値を用いている．

図-3.85 は図-3.72 に示した吉野川の Case3 について示している．侵食箇所 a, e の崩落は図中に示す時点に生じたもので崩落前の最大侵食深は 10 cm 以上あり，他の侵食箇所と比べて侵食幅も比較的大きい．これよりヒサシ状河岸が崩落するためには，十分な侵食深と侵食幅が必要であることがわかる．

図-3.86 は荒川の高水敷土を用いた侵食実験[69),81)] により得られたデータである．図-3.86(b) は荒川の No.2 試料の土質構造を示したものである．この試料はシルト層とシルト

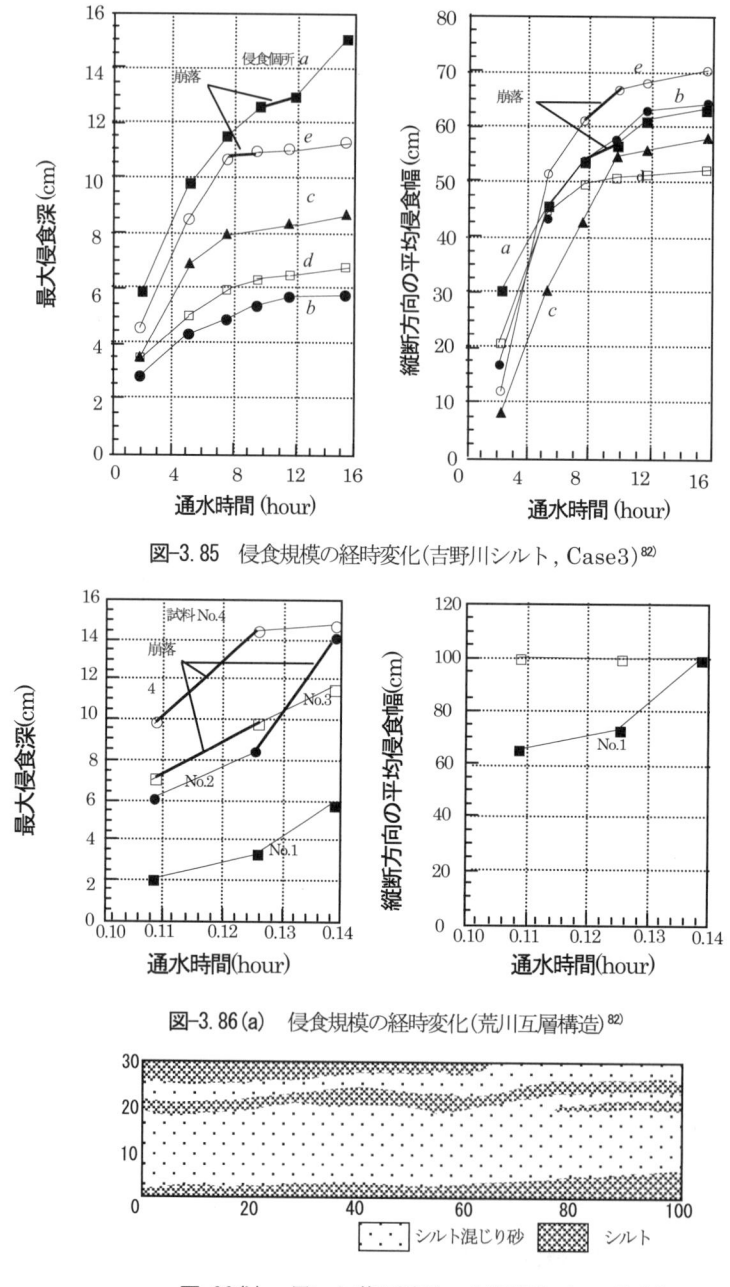

図-3.85 侵食規模の経時変化(吉野川シルト, Case3)[82]

図-3.86(a) 侵食規模の経時変化(荒川互層構造)[82]

図-86(b) 用いた荒川試料の土質構造 (No.2資料)

混じり砂が互層構造をしており,両層は完全に粒径が異なっている.他の試料もほとんどが互層構造をなしている.試料は互層構造をもつため通水 6 分 30 秒には,100 cm の全縦断長が侵食されており,最大侵食深 8～13 cm 程度で次々に崩落している.荒川のように明確な層構造をなす河岸では,侵食抵抗の小さい砂層が急激に侵食され,縦断方向に河岸全体がヒサシ形状となり,崩落するという侵食過程をとる (**写真-3.8**).一方,吉野川試料のように比較的均質な土質構造をなすシルト河岸では,3.3.4 の写真-3.5 で示したように層構造河岸とは大きく異なる侵食拡大機構をもつ.

写真-3.8 荒川試料の侵食状況(No.2 試量)[81]

このような河岸の侵食過程は，1) 比較的侵食抵抗の小さい箇所が侵食されることによる局所的な深掘れの発生，2) 深掘れを中心とした侵食の上流方向への伝播，および深掘れ間の平面的な侵食の下流方向への伝播，3) ヒサシ長さおよびヒサシ幅の拡大による，ヒサシ状河岸の崩落である．

3.3.6 すべりによる河岸崩落—荒川を例として [69),90)]

関東平野を流れる荒川高水敷を切土して形成した中水敷法面が洪水によって大きく侵食された．ここには，高さ 2〜3 m の切土面が 400 m 以上にわたって存在していた．平成 5 年 8 月末，大芦橋での洪水最大流量は 2,580 (m^3/s)，高水敷上水深約 0.6 m，切土法肩と法先の冠水時間はそれぞれ約 5.5 時間，16.3 時間の洪水であった．この洪水による崩壊形態と拡幅量の現地調査を行い，河岸法面の大規模崩落現象を把握した．

図-3.87(a) と (b) に調査区域の平面形状と横断面形状を示す．図の斜線部分を切土された部分である．高水敷の切土部分は中水敷状を呈している．切土法面は 5 分勾配で整形されている．この区間の低水路法線を見ると，この部分は切土をする以前は内岸側の高水敷であった．ここを切土したことで中水敷化し，洪水流が，この上をかなりの高流速で流下し，切土法面に侵食が起こった．土質構造は，シルト質砂が主体となっている中に層厚 0.1〜0.3 m 程度の砂層が数層入っている．

調査区域は図-3.87 の区域 1〜3 である．

区域 1：この区域は，流れが中水敷に乗り上げたすぐのところであり，水裏になっている．そのため法面崩壊は起こらなかったものと考えられる (**写真-3.9**(a))．区域 2：この区域は，区域 1 で水裏側になった流れがある程度の流下距離を経て切土面に沿って流れるところである．流速は区域 1 より大きかったものと考えられる．法面の高さは 2.5 m 程度であるが，砂層の存在によって法面がいくつかに区切られ，このため，崩壊高さは，1〜1.5 m 程度のものが多くなっている．崩壊のパターンはすべりによるものがほとんどである．すべり崩壊の原因は，下部砂層の侵食と法先部分強度低下である．崩壊の状況の代表例を**図-3.88**，写真-3.9(b) に示す．区域 3：この領域は切土面の線形から流れの裏側ではあるが大規模な崩壊が起こった．崩壊高さは，3 m 程度で切土面の高さと一致する．崩壊のパターンは**図-3.89**，写真-3.9(c) に示すように円弧すべりである．

切土面の拡幅量を見積もるため崩壊土塊の縦断方向長さ B，高さ H，奥行き L を測量した．この結果を**表-3.5** に示す．崩壊長さ B と崩壊高さ H の比は，区域内 2 では，平均で $B = 4.2H$，区域 3 では平均で $B = 3.0H$ である．

次に崩落後の河床に堆積し存在する土塊の大きさについて考察する．区域 2 ではほとんどの土塊が 0.2 m 以下に細分化した．**表-3.6** に区域 3 の崩落土塊の大きさのデータを示す．

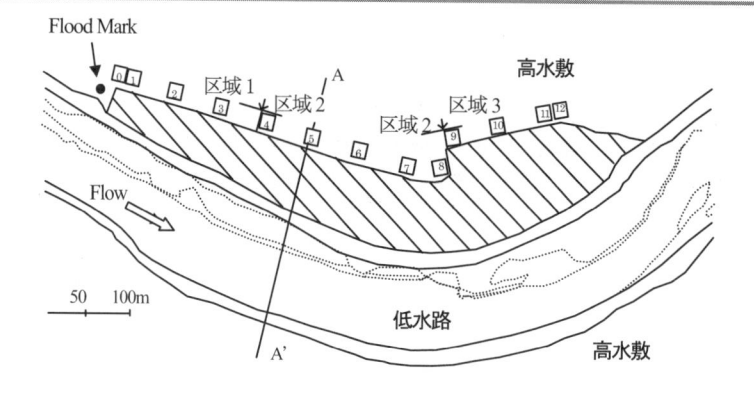

図-3.87(a) 調査地点の平面形状[69),90)]

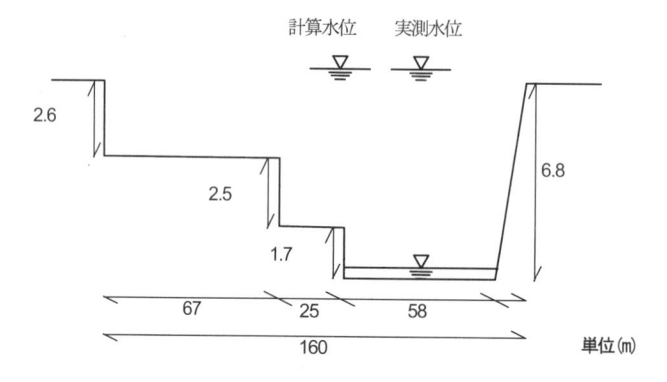

図-3.87(b) 調査地点 A-A' の横断面形状[69)]

(a) 区域1 (b) 区域2

(c) 区域3

写真-3.9 河岸崩落の状況[69)]

図-3.88 河岸崩落諸元（区域 2）[69),90)]

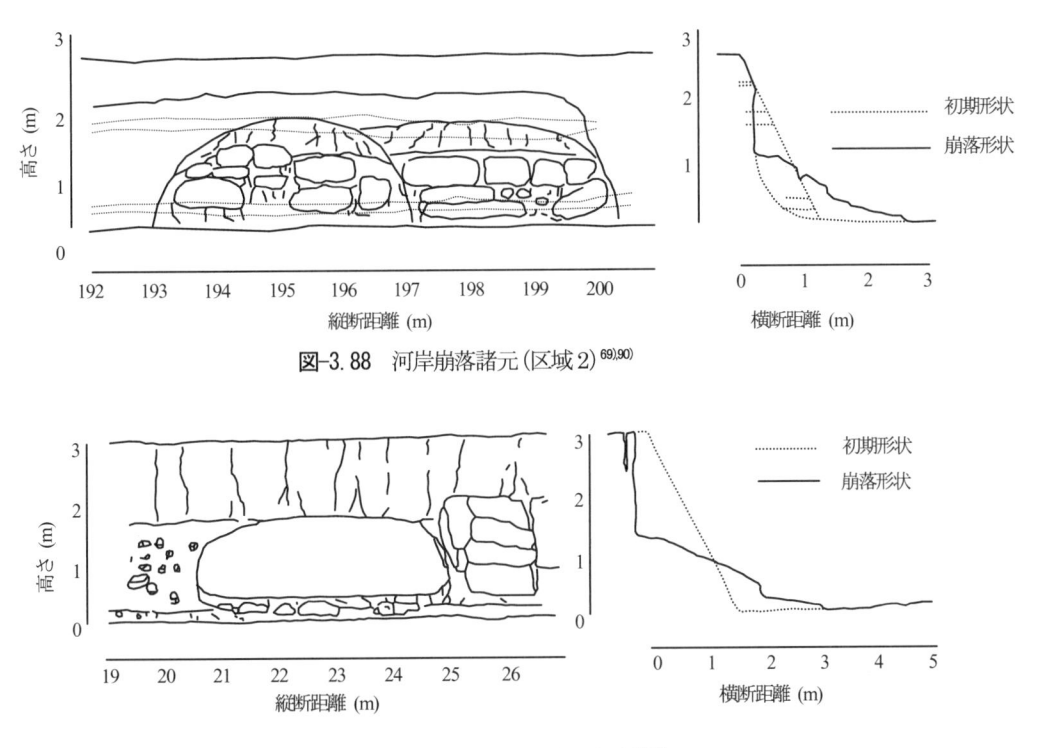

図-3.89 河岸崩落諸元（区域 3）[69),90)]

表-3.5 河岸崩落の諸元 [90)]

	地点(m)	H (m)	L (m)	B (m)	B/H
区域 2	158	1.20	0.60	5.0	4.2
	166	0.45	0.23	1.8	4.0
	171	0.25	0.13	1.6	6.4
	186	1.20	0.60	5.5	4.6
	195	1.10	0.55	4.0	3.6
	199	1.10	0.55	3.0	2.7
	204	1.70	0.85	7.7	4.5
	216	3.00	1.50	15.2	9.5
	233	1.60	0.80	5.2	3.3
	284	1.55	0.78	7.6	4.9
	295	1.25	0.63	4.5	3.6
	302	0.83	0.43	2.6	3.1
	304	1.40	0.70	4.7	3.4
	309	1.25	0.63	5.7	4.6
	331	2.65	1.33	5.0	1.9
	335	1.05	0.53	3.0	2.9
	平均	1.35	0.68	5.13	4.2
区域 3	16	3.00	1.50	7.2	2.4
	23	3.00	1.50	4.5	1.5
	29	3.00	1.50	9.5	3.2
	35	2.50	1.25	7.4	3.0
	46	3.00	1.50	14.7	4.9
	平均	2.90	1.45	8.66	3.0
区域2・3平均		1.72	0.86	5.97	3.9

崩壊した土塊の約60%が大きな塊のまま存在している．残りの40%は，0.2 m以下の大きさになっている．崩壊が円弧すべりによって生じたためその際の衝撃力が小さく，元の河岸の形状をそのまま保持して底部に広がるとともに亀裂が入り分割されたためである．土塊の大きさ分布に関して明確な傾向はないが，かなり大きなもの (1.5~2 m) と比較的小さいもの (0.5~1 m) に分かれている．前者は崩壊の際，土塊に大きな力が加わらずに崩壊の規模により定まる大きさである．後者は，崩壊の際力が加わった結果，土の強度により定まる大きさであると考えられる．この土質はシルト混じり砂であるが崩壊の際の衝撃力が小さかったためこの程度の大きさとなったと思われる．

表-3.6 崩壊後の土塊の大きさ[90]

場所		土塊残存率 (%)	最大土塊率 (m×m×m)	土塊の大きさの分布（体積比）(%)				
				0~0.3m	0.3~0.5	0.5~1.0	1.0~1.5	1.5~
区域2	192~197m	72.7	0.9×0.5×0.5	66	10	24	—	—
区域3	20~25	51.4	4.4×1.7×0.5	70	—	—	—	30
	25~34	67.1	3.5×1.7×0.6	71	—	7	3	20
	38~53	57.7	1.5×2.0×0.6	71	6	8	4	11

3.3.7 崩落土塊の掃流 [68],[69]

次に，崩落土塊が，図-3.68の過程③で流れにより掃流されるまでの時間を評価する必要がある．このため現地から採取してきた土塊の掃流実験を行った．流れの中に土塊を静置し掃流されていくときの時間，重量 (単位体積重量を用いて体積に加算) を測定する．

実験から土塊の掃流は2つの過程からなっていることが明らかになった．第一には大きな土塊が流れによって小さくなっていく過程 (細分化)，第二には小さくなった土塊が流れによって運び去られる過程 (掃流) である．

第一のシルト混じり粘土土塊が細分化していく過程を図-3.90に示す．
これより第一の過程は次式で近似される．

$$\left(\frac{d}{d_0}\right)^3 = \exp(-\alpha t) \tag{3.81}$$

ここに $(d/d_0)^3$ は初期体積に対するある時間の体積の比であり，t は経過時間 (分) である．α はせん断力と土の粘着力 c により決まる細分化係数で，シルト混じり粘土は，$\alpha = 6.75 \times 10^{-3}$，シルトは $\alpha = 2.16 \times 10^{-2}$ で与えられる．

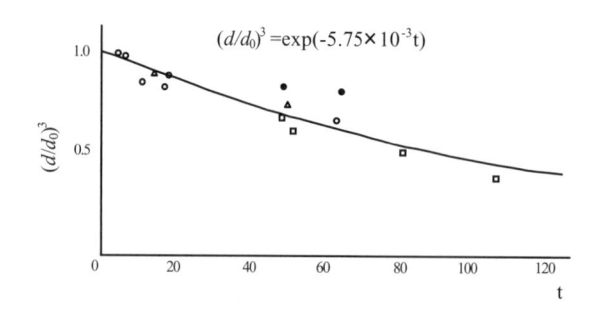

図-3.90 土塊体積減少の時間変化(シルト混じり粘土)[68]

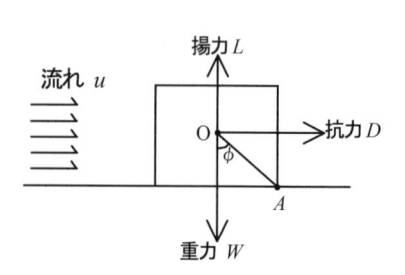

図-3.91 土塊に働く力[68]

第二の過程については，**図-3.91**に示す重力と抗力，揚力に関するA点のまわりのモーメントの釣合い式から掃流される土塊の限界状態の大きさd_cが求まる．

$$d_c = \{k(C_D + C_L \tan\phi)/2(\sigma-\rho)g\tan\phi\}\rho u^2$$
$$= \{K(C_D + C_L \tan\phi)/2(\sigma-\rho)g\tan\phi\}\tau \tag{3.82}$$

ここに，$K = k \cdot R^{1/3}/n^2 g$ である．

図-3.92は，実験から得られたτとdの関係を示す．

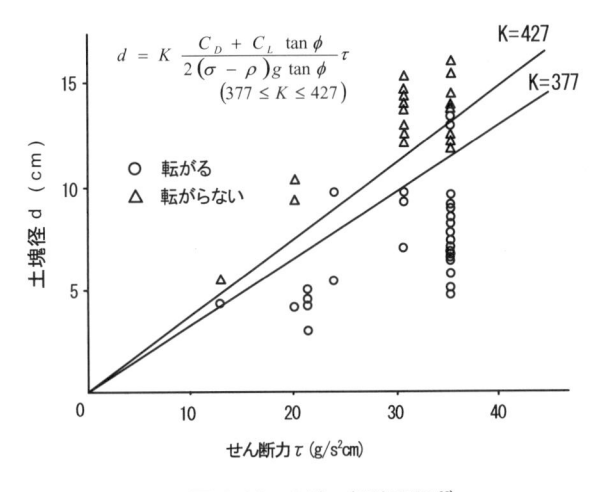

図-3.92 土塊の掃流限界[68]

これより，せん断力τと土塊の一辺の長さdの近似的な関係が求められる．kは土塊を立法体であると仮定したことなどによる補正係数である．第一，第二の過程を合わせると掃流限界の土塊の大きさと限界の大きさになるまでの時間を評価できる．この土塊が掃流された後，河岸の侵食抵抗の小さい層の新たな侵食がはじまる．ここでは，平らな河床に土塊が単独で置かれている場合について測定されたが，河床の状況，他の土塊によるシェルタリングの影響等は考慮されていない．

河岸侵食は土質構造，河川規模，洪水の規模によって図-3.68の洗掘過程①～③のうちのどの過程が卓越するか異なる．ここで示された推算法は水理学的観点に重点を置き簡単な考察で導かれたもので，現地河川においてさらにデータを積み重ねて実用に供する形に修正していくことが重要である．

3.3.8 河岸の侵食・堆積速度

(a) 粘着性河岸の侵食速度とせん断力の関係[81]

図-3.93は福岡らが行った現地河川と実験室での河岸侵食量観測結果を用いて，せん断力τと侵食速度Eの関係を示したものである．せん断力τは流れを等流と考え，河岸際の河床に働く値を用いている．侵食速度Eは流水中の側岸侵食量の変化を通水時間で除したものである．図中の数字は水路での平均流速を示している．百間川の粘土質砂の侵食速度は，荒川現地実験結果のシルトの1/10となっており，粘土を含むことによって侵食抵抗が著し

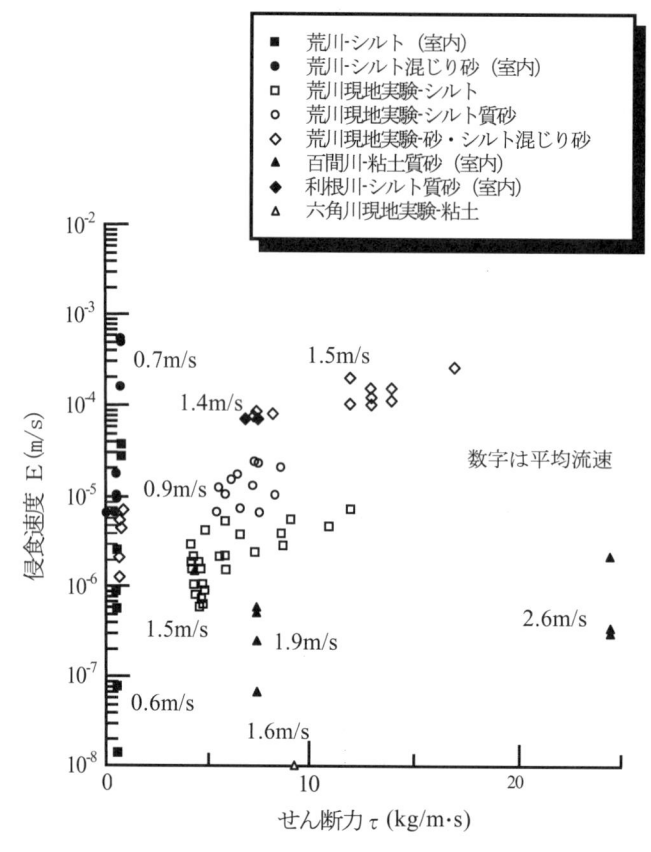

図-3.93 せん断力と河岸侵食速度の関係[81]

く大きくなっている．荒川のシルト混じり砂はほとんど粘着力をもたないため，小さなせん断力で急激に侵食速度が増大する．

(b) 鶴見川における河岸の侵食・堆積速度[91]

(1) 洪水による低水路幅の変動

昭和30年代の鶴見川は，川幅の小さい河川であったが昭和40年代に入り，都市化に伴い，河道線形や護岸設置など河道が大幅に改修され洪水流量が増大した．本節では，このような河道の改修が河岸侵食や堆積などの流路変動にどのような影響を与えるかを把握する．

図-3.94に調査区間の河道平面形を示す．調査区間は河口から14.2〜12.0 kmの直線部と13.8〜13.0 kmの緩やかな蛇行部，13.0〜12.4 kmの曲率半径約95 mの湾曲部である．河岸はシルトを下層とし，その上にシルト混じり砂が覆っている二層構造の場所とシルトのみの単層構造の場所からなっている．ヨシ・オギ等の植生は河岸近傍または高水敷全体に繁茂し，高さは約3 m，地下茎は深さ1 m程度まで進入している．

図-3.95は，対象区域の試料の粒径加積曲線を示している．河岸は主にシルト混じり砂とシルトで構成されている．特に上層の堆積土砂では砂が多い．河床材料は基本的に砂であり，堆積して砂州となっているが，部分的に"土丹"と呼ばれる堅い粘土層がある場所も見られる．

用いたデータは昭和44〜61年における平面図，横断図，高水速報，日水位年図，工事竣

3.3 河岸侵食・堆積とその解析　　**215**

(a) 14.2km - 13.2km

(b) 13.0km - 12.4km

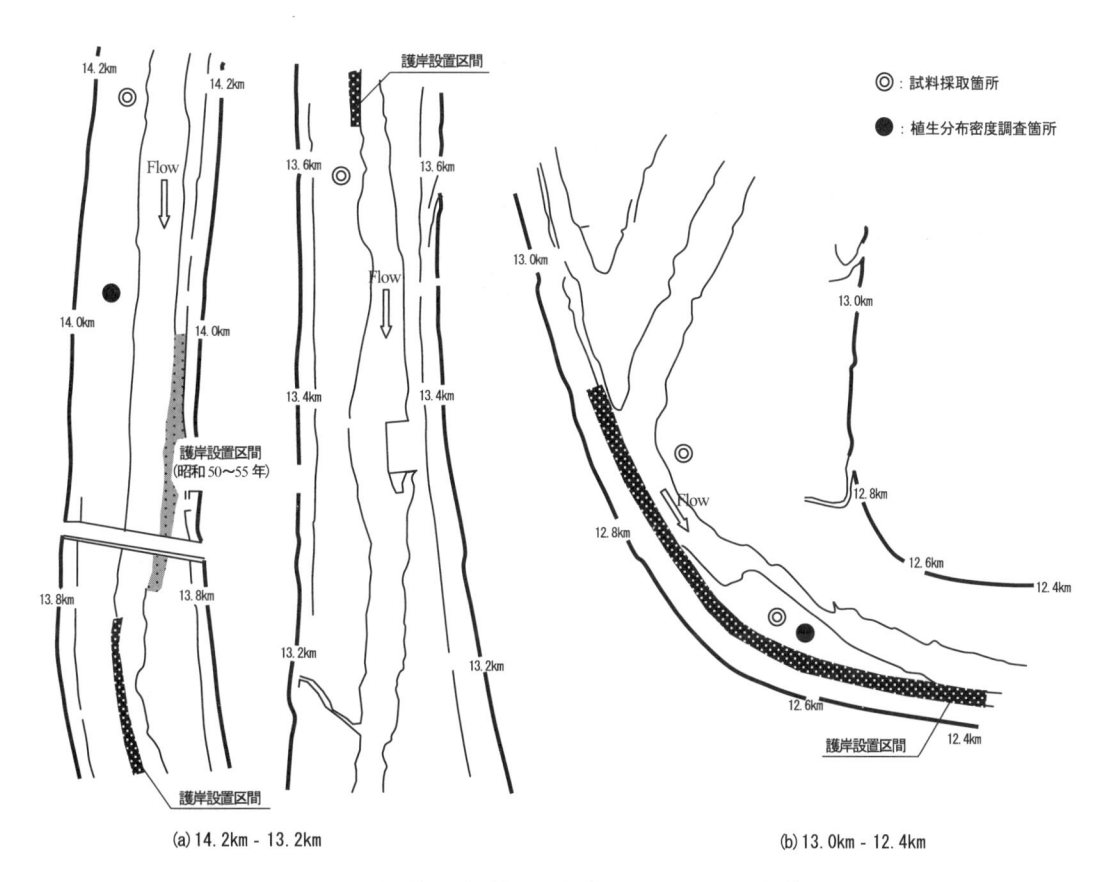

◎：試料採取箇所
●：植生分布密度調査箇所

図-3.94　鶴見川河道平面形（14.2km～12.4km）[91]

図-3.95　粒径加積曲線[91]

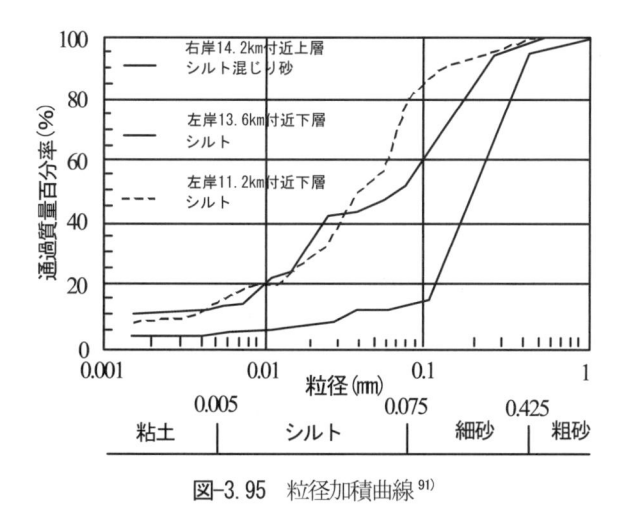

表-3.7　鶴見川の洪水履歴[91]

	最高水位(m)	最大流量(m³/s)	最大流速(m/s)	洪水継続日数（day）
昭和51年9月台風17号	8.08	634	1.7	2
昭和56年10月台風24号	7.98	522	1.4	1
昭和57年8月台風10号	6.72	344	1.3	4

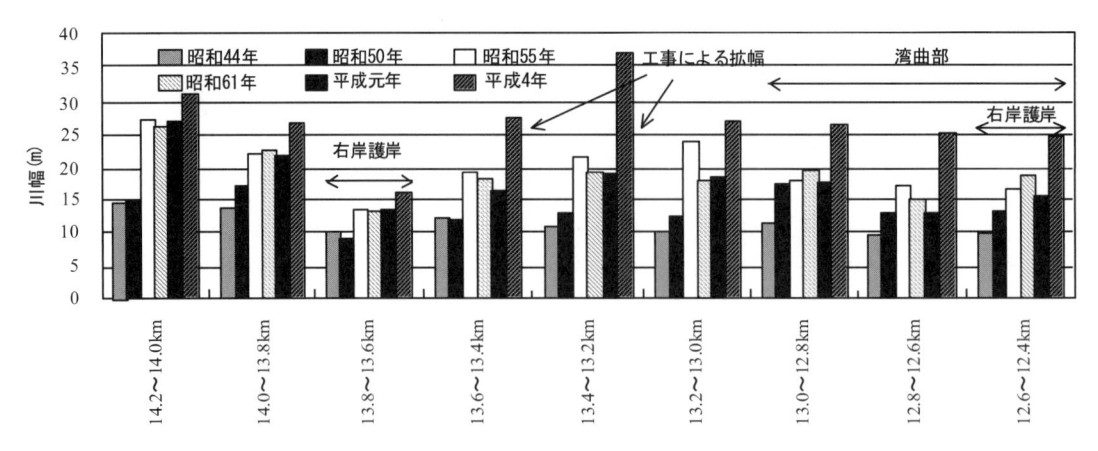

図-3.96 昭和44年〜平成4年の平均低水路川幅[91]

工調査書である．**表-3.7**に鶴見川の洪水履歴を示す．洪水継続日数は高水敷に冠水した日数とする．高水敷が冠水する出水頻度は台風の時期に多く，少なくとも年1回は発生する．調査期間である昭和44〜50年には大きな洪水はなかった．**図-3.96**に昭和44年〜平成4年の200mごとに区切った区間の平均低水路川幅を示す．工事による拡幅や護岸箇所も含む．各年の200m間隔での平均低水路川幅は縦断的にほぼ一定範囲内の値をとっているのがわかる．昭和51年に生じた洪水により，直線部および湾曲部を問わず，全ての区間で低水路川幅が急激に増大している．しかし昭和55〜61年では，いくつかの区間で低水路川幅が縮小しているのがわかる．これは低水路川幅が広くなったことにより，流速が小さくなり，洪水で運ばれてきた土砂を掃流する能力が低下したためである．このことにより，低水路川幅はある幅の範囲内で変動しているといえる．これより，鶴見川のようなシルトを下層とした河岸では，過去(昭和44年〜平成4年)の洪水履歴より，流量650 m^3/s 程度，最大流速1.7 m/s程度で低水路川幅が30〜40 m以内の範囲で平衡状態になり，その範囲内で侵食と堆積を繰り返しながら線形を移動させている．ここでは，低水路幅の変動の主要な要因は，洪水流と低水路線形とみなしているが，鶴見川の高水敷には，ヨシ，オギなどが繁茂しており，低水路幅の変動には，藤田ら[92]が指摘する植生の影響も大きいと考えられる．

(2) 護岸施工が低水路河岸の侵食速度に与える影響

図-3.97に昭和50〜55年の河岸の侵食速度を示す．侵食速度は次のように定義している．平面図を基に，期間内の200mごとに区切られた低水路の変化量を区間距離で除したものを，低水路川幅の変動とし，さらにそれを各期間で除したものを，各200m区間を代表する侵食速度とする．左岸13.8〜13.6 km，右岸13.6〜13.4 kmでほぼ同じ線形の12.4〜12.0 kmと比べて，大きな侵食が生じている．これはそれぞれの上流の左岸14.0〜13.8 kmと右岸13.8〜13.6 kmが護岸されており，護岸施工の影響を受け，流速が増大し，直下流に位置する河岸の侵食が進んだものと考えられる．湾曲部である13.0〜12.8 kmでは内岸となる左岸が70 cm/yearで堆積し，外岸となる右岸は145 cm/yearで侵食しており，低水路川幅を広げながら，右岸側に移動している．曲率半径約95 mの湾曲部の侵食速度は145 cm/yearで直線部の平均81 cm/yearの約1.8倍も大きくなっている．

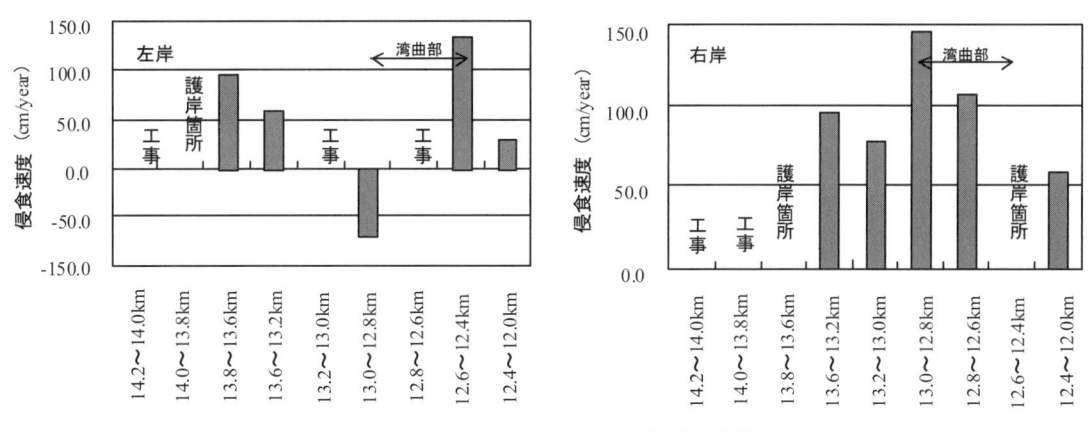

図-3.97 昭和50〜55年の侵食速度[91]

(c) 石狩川・雨竜川の河岸侵食係数

長谷川[67]は，河道湾曲部での横断流速分布について外岸付近の流速から平均流速を差し引いた流速偏倚量 U_B と河岸の侵食速度 E との関係を流砂の連続式を用いて解析している．そして，最終的に両者の関係を侵食係数 E_{op} を用いて表現している．次に，この準理論解の適合性を確かめるために石狩川，雨竜川，鵡川の河道変遷データから侵食速度 E を求め U_B との関係，つまり侵食係数 β_0 を得ている．さらに，この侵食係数と河岸の土質特性である平均粒径と N 値との関係を検討している．

いま，侵食速度を

$$E = \beta_0 \cdot U_B \tag{3.83}$$

で表したとき，侵食係数 β_0 を数年〜十数年間の侵食量をその期間について平均して示すと，その値は，$10^{-7} \sim 10^{-6}$ である．河岸侵食はその大部分が洪水時におこると考えられることから，年間に占める洪水期の割合を P_r とすると $E_P = E/P_r$ が実質的な侵食速度であり，$\beta_{0p} = \beta_0/P_r$ が実質的な侵食係数である．長谷川によれば，β_{0p} は $10^{-5} \sim 10^{-4}$ で与えられる．

(d) 荒川高水敷上の掘削水路での河岸拡幅速度[69],[93]

(1) 福岡らの拡幅速度の算定法

図-3.68 に示した河岸拡幅のメカニズムを考慮に入れた福岡ら[93]の拡幅速度の算出法を**図-3.98** に示す．最初に河岸の土質構造を与える．外力条件は作用するせん断力と水深で与える．与えられた土質構造と水深から水面下において最も侵食されやすい土質材料を特定する．砂以下の粒径では，砂，シルト混じり砂，シルト質砂，シルト，粘土の順に侵食抵抗が大きくなる．最弱層より上方にある層厚をヒサシ厚さ H として最大ヒサシ長さ $L_{\max}$ を求める．土質材料ごとのせん断力と侵食速度の関係を使って最弱層の侵食深が $L_{\max}$ になるまでの時間 t_1 を求める．土塊の崩落量は H，$L_{\max}$，ひさし厚さ H に応じたある幅 B_o の積として与える．土塊の崩落は，瞬時にして起こると考え河岸の拡幅時間には寄与しないものとする．土塊は落下の衝撃で分割され土塊群となる．土塊群の大きさの分布を与える．土塊群が流送されるまでの時間を t_2 とする．河岸下部が侵食されてから土塊群が流送されるまでを河岸拡幅の 1 サイクルとし $E = L_{\max}/(t_1 + t_2)$ を拡幅速度と定義する．洪水継続時間

T が $(t_1 + t_2)$ より十分大きい場合は，このサイクルを繰り返しながら河岸の拡幅は進行していき，河岸拡幅量 L は $E \cdot T$ で表現できる．

河岸の拡幅速度は，荒川実験水路で行われた Case2 の河岸侵食・拡幅実験結果を用いて検討する．計算条件は**表-3.8**に示す．ヒサシの厚さ $H = 24$ cm，土の引張り強度 $T_0 = 0.105$ (kgf/cm^2) は，河岸侵食・拡幅実験終了後の水路内の河岸について試験を行い求めたものである．そのときの引張り強度の値を表-3.4に示す．土の単位体積重量 $\gamma = 1.85 \times 10^{-3}$ (kg/m^3)，土塊細分化の係数 $\alpha = -6.75 \times 10^{-3}$ (1/min) を用いている．**図-3.99〜3.101** は，侵食速度と流速の関係を示したものでありそれぞれの勾配は，式 (3.83) より各土質の侵食係数 β_0 を与える．

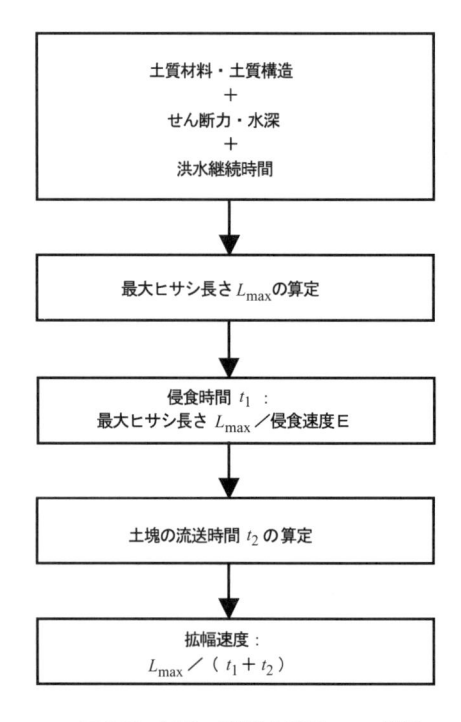

図-3.98 河岸の拡幅速度算定フロー[69),93)]

表-3.8 計算条件[69),93)]

上層	厚さ	H	24 (cm)
	引張り強度	T_0	0.105 (kgf/cm^2)
	単位体積重量	γ	1.85×10^{-3} (kg/cm^3)
	細分化の係数	α	-6.75×10^{-3} (1/min)
下層	侵食係数（砂）	β	2.0×10^{-4}
	侵食係数（シルト質砂）	β	3.9×10^{-3}
	侵食係数（シルト）	β	1.1×10^{-3}
	限界流速（砂）	U_{cr}	0.38 (m/s)
	限界流速（シルト質砂）	U_{cr}	0.45 (m/s)
	限界流速（シルト）	U_{cr}	0.43 (m/s)
外力	せん断力	τ	14.4 (kg/s^{2}m)
	平均流速	U	1.02 (m/s)

図-3.99 平均流速と侵食速度（砂）

図-3.100 平均流速と侵食速度（シルト質砂）

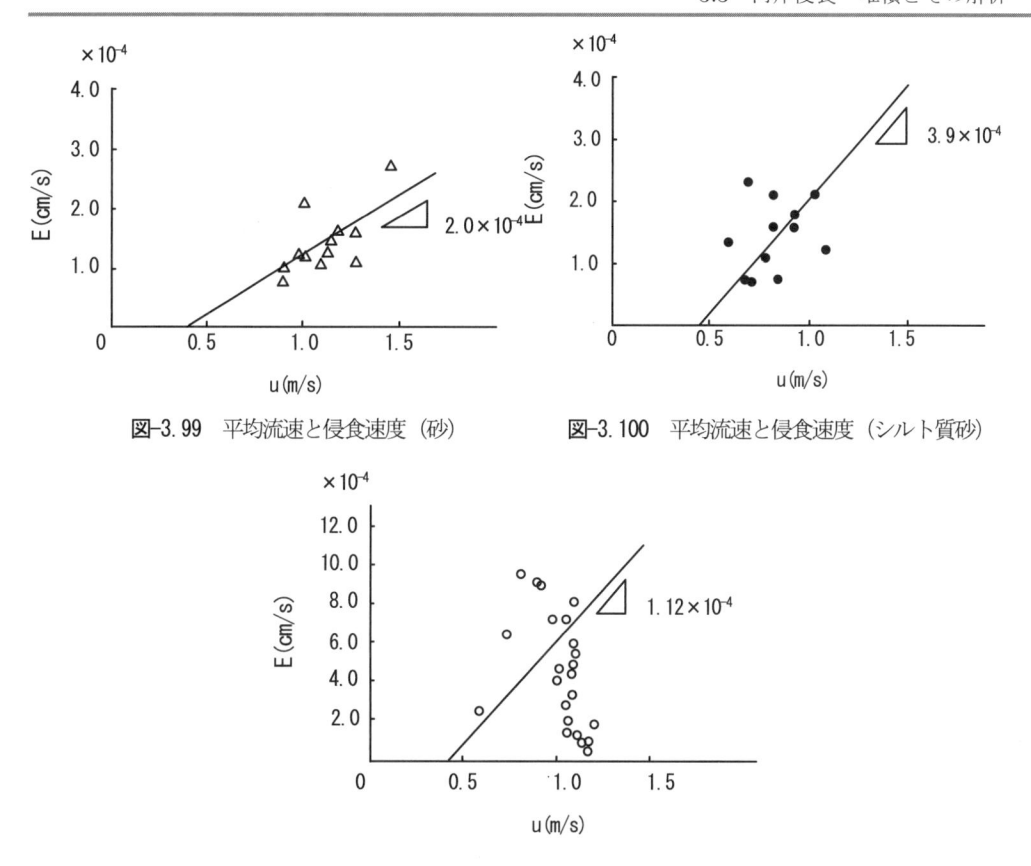

図-3.101 平均流速と侵食速度（シルト）[69),93)]

解析結果を**表-3.9**に示す．表中に示されている①のt_1, t_2をみると，河岸拡幅速度Eには土塊の流送に要する時間t_2が効いていることから，崩落土塊が河岸拡幅速度に与える影響は大きい．**写真-3.10**の通水後の水路内の崩落土の残存状況に見られるように，この計算結果は，相対的に小さな水路実験で得られた結果であり，流れの掃流力が小さいために崩落土を流送するのに時間を要したものと考えられる．②，③を見ると河岸下部の侵食抵抗が増加すると拡幅速度に対するt_2の寄与率が相対的に下がっていることがわかる．③では，ほとんどt_1だけで決まっている．このように，種々の土質構造について拡幅速度を計算することは可能である．しかし，実河川では，河岸全体がシルトであるような場合は少なく，砂層が存在する①についての考察が重要となり，また崩落土塊に比して水深，川幅が十分大きく，また掃流力も大きいため崩落土塊は容易に流速されると考えられる．したがって実河川での観測によって，この計算法を改善することが課題である．

表-3.9 現地水路での河岸拡幅速度[69)]

	土 質 構 造	E (m/s)	t_1 (s)	t_2 (s)
①	現地実験水路 上層：シルト―下層：砂	4×10^{-5}	1,660	4,330
②	上層：シルト―下層：砂質土	2×10^{-5}	9,510	4,330
③	上層：シルト―下層シルト	7×10^{-7}	322,240	4,330

(a) (b)

写真-3.10 荒川高水敷上の掘削水路の侵食状況と崩落土塊の残存状況（case2）[69]

(2) 実河川の侵食係数と解析結果の比較

石狩川・雨竜川での河道変遷から長谷川[67]が求めた河岸侵食係数と福岡らによる荒川実験水路での侵食係数を比較する．実河川と水路では侵食のスケールに違いがあることから，侵食速度の代わりに侵食係数で比較する．

砂層の侵食速度を式 (3.84) で表現する．

$$E = \beta \cdot (U - U_{cr}) \tag{3.84}$$

図-3.102 に従って求めた侵食係数と長谷川の結果との比較を表-3.10 に示す．式 (3.83) と式 (3.84) では流速の与え方が違うが，式 (3.84) の U から U_{cr} を差し引くことは，式 (3.83) で平均流速からの偏差をとることに対応している．実河川を対象とした長谷川の求めた侵食係数 β_{op} と本実験水路での侵食係数 $\beta_{op'}$ は同程度の値をとることがわかる．長谷川による経年侵食量の平均を侵食速度とする方法は長期的な侵食量の予測に用いることができるが，一洪水での侵食量など短期的な侵食量の予測や河岸構造の違いによる局所的な侵食量の見積もりも必要である．

福岡らの解析法のように河岸土質構造と外力条件，洪水継続時間を任意に与えて河岸拡幅のメカニズムを取り込んで合理的に河岸拡幅速度を算定することができるようになれば，河道設計や自然性豊かな川づくりなどに技術的な支援を与えることができる．

3.3.9 ウォシュロードの堆積による川幅の縮小 [92]

河道に大きな自然的かく乱や人為的改変といったインパクトが加わると，それまで安定していた低水路川幅が縮小することがある．川幅縮小をもたらす主要なインパクトには，流量の減少，大きな洪水の発生，大規模な河道の拡幅などがある．川幅の縮小は，洪水の流下能力の減少のみならず，河道の状況を大きく変化させるため，生物の生育環境にも影響する．

表-3.10 侵食係数による比較 [69],[93]

β_{op}		$10^{-5} \sim 10^{-4}$	石狩川，雨竜川の洪水期の平均値[67]
$\beta_{op'}$	①	6×10^{-5}	福岡ら[93]による現地実験水路値 上層：シルト―下層：砂
	②	3×10^{-5}	上層：シルト―下層：砂質土
	③	1×10^{-6}	上層：シルト―下層：シルト

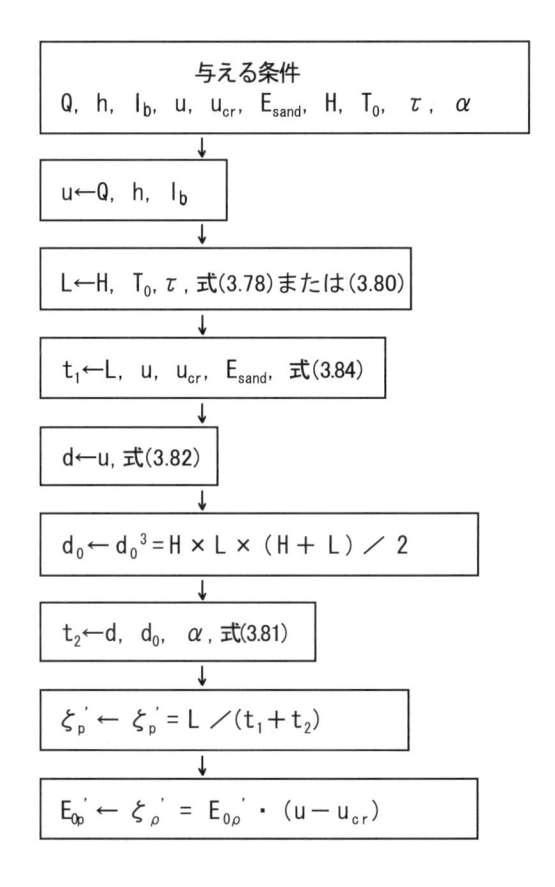

```
         ┌─────────────────────────┐
         │     与える条件          │
         │ Q, h, Ib, u, ucr, Esand,│
         │ H, T0, τ, α             │
         └───────────┬─────────────┘
                     ↓
         ┌─────────────────────────┐
         │ u←Q, h, Ib              │
         └───────────┬─────────────┘
                     ↓
         ┌─────────────────────────┐
         │ L←H, T0, τ, 式(3.78)    │
         │  または(3.80)           │
         └───────────┬─────────────┘
                     ↓
         ┌─────────────────────────┐
         │ t1←L, u, ucr, Esand,    │
         │  式(3.84)               │
         └───────────┬─────────────┘
                     ↓
         ┌─────────────────────────┐
         │ d←u, 式(3.82)           │
         └───────────┬─────────────┘
                     ↓
         ┌─────────────────────────┐
         │ d0←d0^3=H×L×(H+L)/2     │
         └───────────┬─────────────┘
                     ↓
         ┌─────────────────────────┐
         │ t2←d, d0, α, 式(3.81)   │
         └───────────┬─────────────┘
                     ↓
         ┌─────────────────────────┐
         │ ξp'← ξp' = L/(t1+t2)    │
         └───────────┬─────────────┘
                     ↓
         ┌─────────────────────────┐
         │ E0ρ'← ξρ' = E0ρ'・(u−ucr)│
         └─────────────────────────┘
```

図-3.102 侵食係数算出のフローチャート[69),93)]

このように,河川管理上,川幅の縮小機構を十分理解することは重要である.

川幅縮小の機構に関しては,泉・Parker[94)]が,礫床河道に堆積する細砂による河道幅の縮小について理論的に検討している.藤田ら[92)]は,川内川で起こっている河道の川幅縮小機構を,現地調査によって調べ,これが,Moody・Meade[95)]により明らかにされた米国のパウダー川の川幅縮小機構と類似していることを見出している.すなわち,ウォシュロードの堆積による高水敷の形成や河岸付近の堆積速度は,比較的速く,大きめに見積もっても10年のオーダーで起こること,さらに,ウォシュロードの堆積が川幅縮小を引き起こすことを明らかにし,河川地形形成に果たすウォシュロードの役割を示している.

以下に藤田らが明らかにした川幅縮小プロセスを述べる.

(a) 川幅縮小タイプの分類と川内川の河道縮小化

藤田らは,川幅の10倍以上の縦断距離にわたって川幅の縮小が見られる場合を「川幅縮小」と呼び,**表-3.11**に示すように,川幅縮小を4つのタイプに分類し事例を示した.表中の西暦年は縮小が起こった主な時期を示している.また,川幅縮小は,当該河川の全区間でなく,一部区間で生じていることに注意を要する.ここで述べる川内川とパウダー川は,タイプⅠの川幅縮小に分類される.タイプⅠは礫床河川において,河床の一部に堆積が生じ,堆積する河床以外では,ほとんど有意な河床変動が見られない川幅縮小形態を示すもので,形成された高水敷には,植生が繁茂している.

表-3.11 川幅縮小のタイプと事例[92]

タイプⅠ	タイプⅡ	タイプⅢ	タイプⅢ'
川内川 1979-1987 Powder River 1978-1988 丸子川(雄物川右支川) 1961-1988	利根川 1961-1985 木津川 1968-1984 Plum Creek 1973-1980 Cimarron River 1943-1954	Gunnision River 1936-1976 Plette River 1900-1970 Sandstone Creek 1954-1961	常願寺川 1969-1988 雫石川 1965-1989

1979年に鹿児島県を流れる川内川の一部区間に，図-3.103に示す捷水路が完成し，その後，低水路の川幅が，元の川幅の2倍程度に広げられた．この区間の河床勾配は，現在，1/1,300程度で，河床材料は，粗砂～礫である．図-3.103には，改修後にウォシュロードの堆積により形成された高水敷の範囲が示されている．高水敷形成は，湾曲区間，直線区間を問わず発生している．図-3.104は，河道代表断面での横断面形状の時間変化であり，右岸側に，高水敷が形成されている．図-3.105は，図-3.104のCの位置での堆積の縦断構造を示す．堆積材料は，細砂・微細砂・シルト混じり細砂からなり，河床を構成している粗砂－礫と異なっている．このことは，堆積材料が，河床からでなく土砂生産源から直接に輸送されてきたウォシュロード起源のものであることを示している．図-3.105には，形成された堆積層の最上部と最下部にのみ，最も粗い中砂が見られ，これらの高水敷形成の特徴は，川内川と条件が異なるパウダー川の高水敷形成とよく似ている[95]ことを明らかにしている．

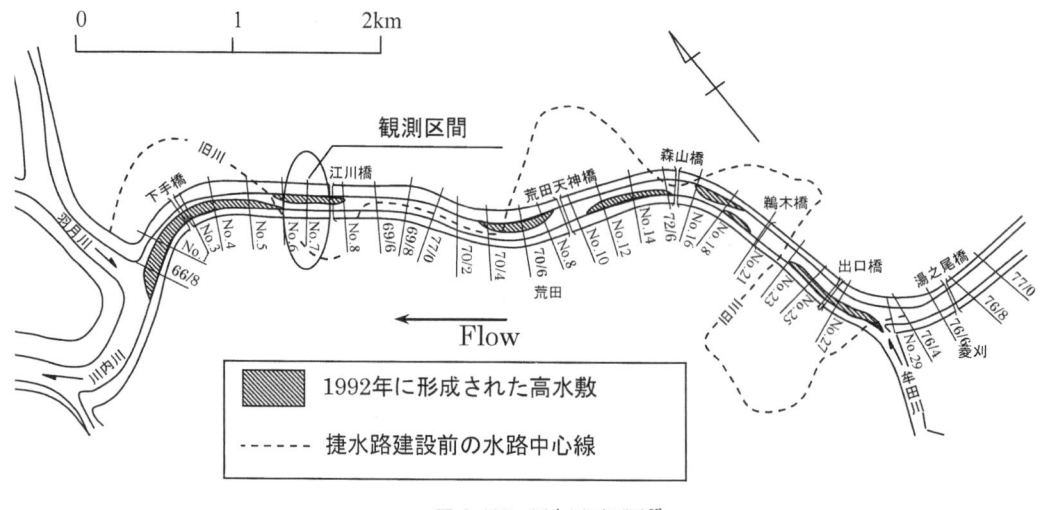

図-3.103 川内川平面図[92]

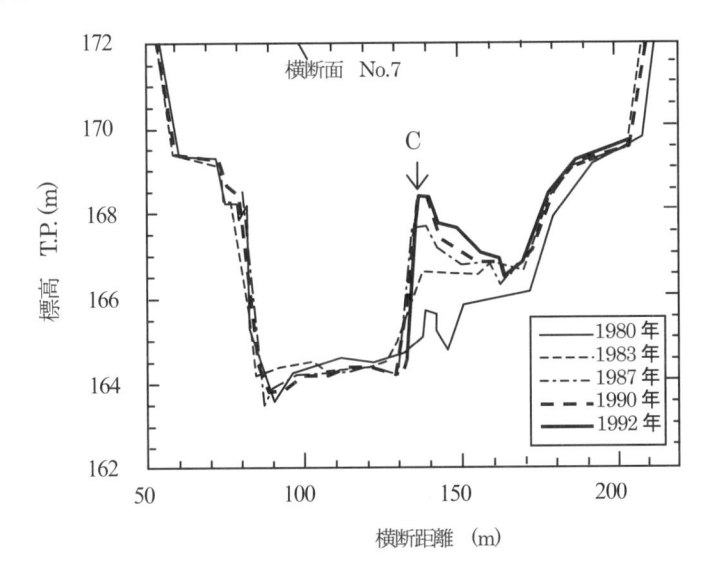

図-3.104 高水敷の発達過程（川内川 No.7 断面）[92]

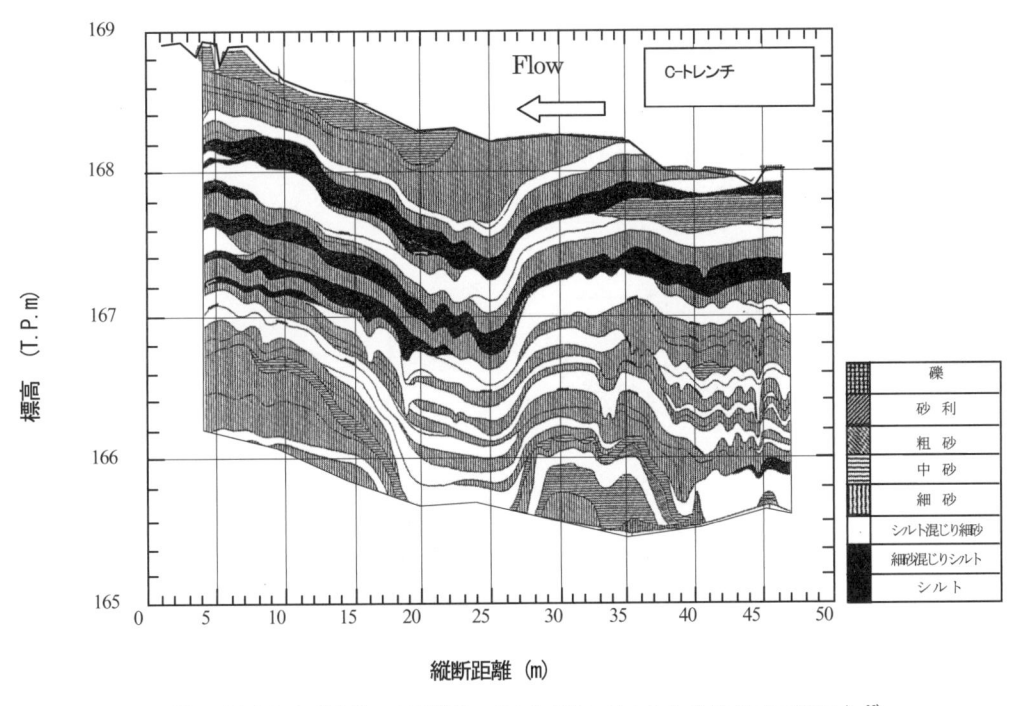

図-3.105 形成された高水敷の土質構造（図-3.104に示されたC地点での縦断面）[92]

2つの川の川幅縮小には，次のような共通の特性がある；

① 川幅縮小は，低水路内の一部に土砂が堆積することにより河岸・高水敷が新たに形成された結果起ったものである．

② 新しく形成された高水敷の材料は，河床材料（両川とも礫）よりもはるかに細かい細砂・微細砂・シルトからなり，ウオッシュロードと呼べるもので，限界掃流力に有意な影響を与えるだけの粘着性をもつ．

③形成された河岸の肩付近には，最も粗い材料の層がある．
④形成された高水敷の河岸は，河床に比べはるかに急な横断勾配をもち，また，高水敷高は水路から離れるほど低くなる．
⑤新しい高水敷の横断方向の幅は，その形成初期から大きな変化がないように見える．
⑥新高水敷は密な植生に覆われており，その法尻の高さはおおむね平水位帯の中にある．
⑦高水敷形成は湾曲内岸に限らず湾曲外岸や直線部にも起こる．

川幅拡大前，拡大直後，川幅縮小後の川幅は，川内川の場合 40 m，90 m，50 m，パウダー川の場合，120 km 断面で，60 m，73 m，55 m，であることから，強制的に拡幅された川幅は，おおむね元の川幅に戻るようである．

(b) ウオッシュロードの堆積による川幅縮小機構のモデル化

藤田ら[92]は，**図-3.106** に示す4つのモデル河道を設定し，水理的検討により，シルト，微細砂の堆積濃度および堆積速度の算定を行った．水理計算法の特色は，浮遊砂の起源がウ

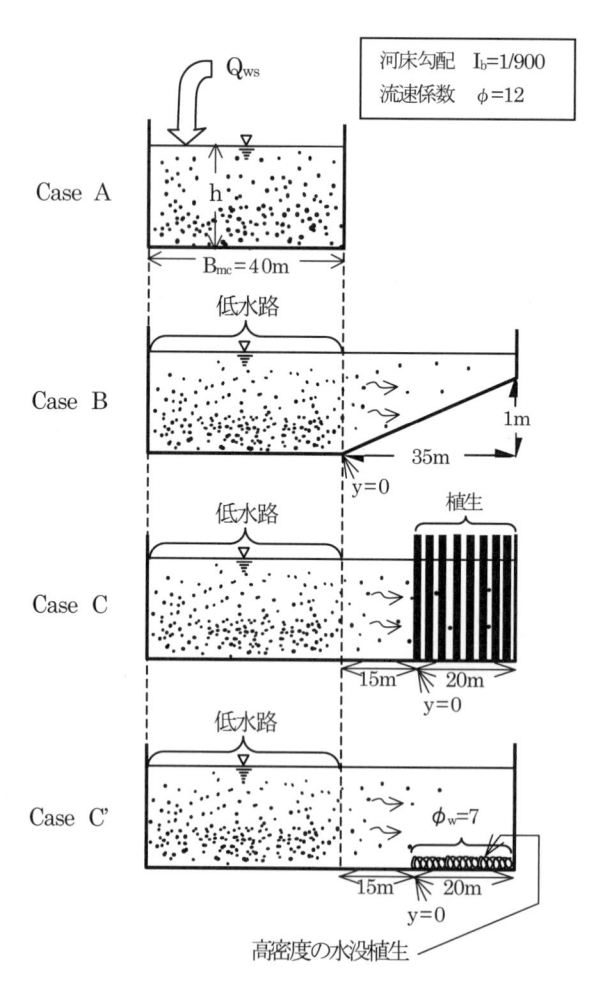

図-3.106 シルト・微細砂の堆積計算の対象としたモデル河道[92]

オッシュロードであること，また，ウオッシュロードの起源が，当該地点の河床材料でなく，土砂生産源から供給されることの特徴を計算モデルに組み込み，$Parker$ [96]，泉・池田ら [97]，池田ら [98] 等による浮遊砂の浮上・拡散・堆積と山崎・石川ら [99]，福岡ら [100]，泉ら [101] 等 による植生の水理的影響に関する計算法を適切に修正し組み合わせモデル化しているところにある．この計算モデルにより，高水敷の初期形成機構や，各要因の影響度を定量的に調べている．

以上の現地観測や解析より，川幅縮小の機構として，藤田らは，次のようなシナリオを与えている．

① 強制的に拡幅された河道では，河岸の勾配に比べ河床は十分に平坦であったが，その河床面のうちのある幅が平水時に水面上に露出する程度の凹凸をもっていた．
② 高水敷形成が始まるまでの数年間は，植生が全面的に剥ぎ取られるような大きな洪水がなく，平水位より高い範囲の河床に植生が繁茂した．植生は，ウオッシュロードを堆積させるだけの低い透過係数の値をもっていた．
③ 小規模な洪水が数度作用し，植生繁茂領域にウオッシュロードが堆積し，高水敷形成が始まった．
④ 植生および高水敷と河床の段差による流速差が高水敷形成を促進した．
⑤ 高水敷が成長し水位が高水敷を上回ったときに，河床に存在する粗い中砂が河岸の肩に堆積した．

ウオッシュロードの流送量は，砂や礫に比較して多く，また粘着性をもつことから，ひとたび，ウオッシュロードが堆積する条件が整えられると，急速な地形変化が起こることになる．

藤田らの研究結果は，低水路川幅の決め方や植生が安定的に存在する河岸処理工法など河道設計法に重要な知見を与えることになる．

参考文献

1) 吉川秀夫 編著: 流砂の水理学, 丸善, 1985.
2) 水理公式集: 第2編河川編, pp.75-237, 第6編水環境編, pp.622-636, 平成11年版, 土木学会, 1999.
3) 福岡捷二, 辻本哲郎: 治水にかかわる河川水理学, 河相をとらえる河川水理学, 応用生態工学研究会, 河川水理学基礎講座講義集, pp.1-134, 1998.
4) 河村三郎: 土砂水理学Ⅰ, 森北出版株式会社, 1982.
5) 中川博次, 辻本哲郎: 移動床流れの水理, 新体系土木工学 23, 1986.
6) 山本晃一: 沖積河川学, 山海堂, 1994.
7) Raudikivi,A.J.: Loose Boundary Hydraulics, Pergamon Press, Oxford, 1967.
8) Yalin,M.S.: Mechanics of Sediment Transport, 2nd ed. Pergamon Press, Oxford, 1977.
9) Jansen,P.Ph: Principles of River Engineering, Pitman, 1979.
10) Yalin,M.S.: River Mechanics, Pergamon Press, Oxford., 1992
11) Yalin,M.S.and da Silva,A.M. F. : Fluvial Processes, IAHR Monograph, 2001.
12) 平野宗夫: 拡幅を伴う流路変動について, 土木学会論文報告集, 第210号, pp.13-20, 1973.

13) 長谷川和義: 非平衡性を考慮した側岸浸食量式に関する研究, 土木学会論文報告集, 第 316 号, pp.37-50, 1981.

14) 長谷川和義: 蛇曲流路における流れと平衡底面形状に関する研究, 土木学会論文報告集, 第 338 号, pp.105-114, 1983.

15) 福岡捷二, 山坂昌成: 直線流路の交互砂州, 第 27 回水理講演会論文集, pp.703-708, 1983.

16) 福岡捷二, 渡邊明英, 萱場祐一, 曽田英輝: ベーン工が断続的に配置された河道湾曲部の流れと河床形状, 土木学会論文集, No.429/II-25, pp.61-70, 1993.

17) 福岡捷二, 渡邊明英: 複断面蛇行水路における流れ場の 3 次元解析, 土木学会論文集, No. 586/II-42, pp.39-50, 1998.

18) 金舜範, 福岡捷二, 山坂昌成: 流砂の非平衡性を規定するパラメータ K_B の決定, 第 38 回年次学術講演会講演概要集, II-270, pp.539-540, 1983.

19) 黒木幹男, 岸力: 中規模河床形態の領域区分に関する理論的研究, 土木学会論文報告集, 第 342 号, pp.87-96, 1984.

20) 道上正規, 鈴木幸一, 定道成美: 斐伊川の土砂収支と河岸変動の将来予測, 京大防災研究所年報 23 号 B-2, pp.493-512, 1980.

21) 平野宗夫: Armoring を伴う河床低下について, 土木学会論文報告集, 第 195 号, pp.55-65, 1971.

22) 水理委員会研究小委員会: 洪水流の三次元流況と流路形態に関する研究, 土木学会論文集, No. 345/II-1, pp. 41-52, 1984.
または, 土木学会水理委員会「洪水流の三次元流況と流路形態」研究小委員会報告 (研究代表者, 芦田和男), 1982.

23) 黒木幹男, 岸力, 清水康行: 河床変動の数値計算法に関する研究, 第 17 回自然災害科学総合シンポジウム論文集, 1980.

24) 清水康行, 板倉忠興: 河川における二次元流れと河床変動の計算, 北海道開発局開発土木研究所報告, 第 85 号, 1986.
または, Y. Shimizu and T. Itakura : Calculation of Bed Variation in Alluvial Channels, J. of Hydraulic Engineering, Vol.115, pp.367-384, 1989.

25) 清水康行: 蛇行河川における三次元流れと掃流砂, 浮遊砂を考慮した河床変動の計算, 北海道開発局開発土木研究所報告, 第 88 号, 1988.
または, Shimizu Y., Yamaguchi, H. and Itakura, T. : Three-Dimensional Computation of Flow and Bed Deformation, J. of Hydralic Engineering, Vol.116, pp.1090-1108, 1990.

26) 西本直史, 清水康行, 青木敬三: 流線の曲率を考慮した蛇行水路の河床変動計算, 土木学会論文集, No.456/II-21, pp.11-20, 1992.

27) 福岡捷二, 渡邊明英, 西村達也: 水制工の配置法の研究, 土木学会論文集, No.443/II-18, pp.27-36, 1992.

28) Engelund F.: Flow and Bed Topography in Channel Bends, J. of Hydraulic Div., ASCE, Vol.100, No.HY11, pp.1631-1648, 1974.

29) Colombini, M., Tubino, M. and Whiting, P. : Topogrphic Expression of Bars in Meandering Channels, Third International Workshop on Gravel-Bed Rivers, 1990.

30) 富所五郎, 荒木正夫, 吉田宏司: 開水路流れの三次元数値解析法, 第 29 回水理講演会論文集, pp.727-732, 1985.

31) 福岡捷二, 五十嵐崇博, 西村達也, 宮崎節夫: 河川合流部の洪水流と河床変動の非定常三次元解析, 水工学論文集, 第 39 巻, pp.435-440, 1995.

32) 木下良作: 洪水時の沖積作用調査と適正複断面河道に関する実験的研究, 文部省科学研究費自然災害特別研究 (1), 沖積地河川における洪水流の制御と治水安全度に関する研究 (研究代表者 岸 力), pp.55-68, 1986.

33) 岡田将治, 福岡捷二, 貞宗早織: 複断面蛇行河道の平面形状特性と蛇行度, 相対水深を用いた洪水流の領域区分, 水工学論文集, 第46巻, pp.761-766, 2002.

34) 芦田和男, 江頭進治, 劉炳義, 滝口将志: 蛇行低水路を有する複断面流路における流れの特性と河床変動機構, 京都大学防災研究所年報, 第32号B-2, pp.527-551, 1989.

35) 福岡捷二, 小俣篤, 加村大輔, 平生昭二, 岡田将治: 複断面蛇行河道における洪水流と河床変動, 土木学会論文集, No.621/Ⅱ-47, pp.1-22, 1999.

36) 福岡捷二, 高橋宏尚, 加村大輔: 複断面蛇行河道に現れる複断面的蛇行流れと単断面的蛇行流れ—洪水航空写真を用いた分析—, 水工学論文集, 第41巻, pp.971-976, 1997.

37) 福岡捷二, 松井俊樹, 岡田将治: 複断面直線水路の河床変動・流砂量・抵抗特性, 土木学会第55回年次講演会論文集, Ⅱ-260, 2000.

38) 福岡捷二, 川口広司, 安竹悠, 春名聡志: 複断面直線水路に設置された不透過水制群の機能と抵抗, 水工学論文集, 第46巻, pp.481-486, 2002.

39) 渡邊明英, 福岡捷二, 坂本博紀: 複断面蛇行水路における底面せん断応力分布, 水工学論文集, 第48巻, pp.553-558, 2004.

40) 岡田将治, 福岡捷二, 田中淳一: 複断面蛇行流路の河床変動に及ぼす流入土砂と流れの非定常性の影響, 水工学論文集, 第44巻, pp.861-866, 2000.

41) 岡田将治, 福岡捷二: 複断面河道における洪水流特性と流砂量・河床変動の研究, 土木学会論文集, No.754/Ⅱ-66, pp.19-31, 2004.

42) 宇民正, 上野鉄男, 木下良作, 松本直也, 盛谷明弘, 室元孝之: 斐伊川における洪水観測について—水面流況と河床形状の同時計測—, 京都大学防災研究所年報第37号B-2, pp.511-528, 1994.

43) 木下良作: 洪水時の流れと河床, 河川文化を語る会講演集 (その7), 河川文化, pp.5-77, 2001.

44) 福岡捷二, 道中貢, 平生昭二: 複断面蛇行河川における洪水時の低水路内岸側河床の最大先掘深調査, 水工学論文集, 第42巻, pp.973-978, 1998.

45) 広島大学水工学研究室, 国土交通省河川事業調査担当者会議: 複断面蛇行河道における洪水中の低水路内岸の河床変動高調査と結果の河道設計への応用, pp.1-63, 2002.

46) 福岡捷二, 渡邊明英, 岡田将治: 静水圧近似3次元解析モデルによる複断面蛇行水路河床変動解析, 水工学論文集, 第42巻, pp.1015-1020, 1998.

47) 渡邊明英, 福岡捷二: 複断面蛇行流路における流れと河床変動の三次元解析, 水工学論文集, 第43巻, pp.665-670, 1999.

48) 岡田将治, Julio M. Himenez, 福岡捷二, 田村浩敏, 重松良: 平面形が縦断的に変化する複断面河道における流れと河床変動, 水工学論文集, 第47巻, pp.655-660, 2003.

49) 福岡捷二: 交互砂州と流路変動, 水工学シリーズ85 − A-2, pp.A2-1〜A2-25, 1985.

50) 池田駿介: 単列交互砂州の波長と波高, 第27回水理講演会論文集, pp.689-696, 1983.

51) 村本嘉雄, 藤田裕一郎: 中規模河床形態の分類と形成条件, 第22回水理講演会論文集, pp.275-282, 1978.

52) 福岡捷二, 山坂昌成: 河床形状・流れ・流砂量の非線形関係を考慮した交互砂州の平衡波高の理論, 土木学会論文集, No.357/Ⅱ-3, pp.45-54, 1985.

53) 木下良作, 三輪武: 砂れき堆の位置が安定する流路形状, 新砂防, No.94, pp12-17, 1974.

54) 長谷川和義, 山岡勲, 渡辺康玄, 笹島真一: 迂曲流路内の砂州上の流れに関する実験と理論, 土木学会北海道支部論文報告集, 第39号, pp.191-196, 1983.

55) 木下良作: 河床における砂礫堆の形成について, 土木学会論文集, No.42 , pp.1-20, 1957.
56) Ikeda,S. and Parker,G.: River Meandering, American Geophysical Union, Water Resources Monograph, 12, 1989.
57) 福岡捷二, 山坂昌成: 直線流路における河岸水衝位置の予測, 第39回年次講演会概要集, 第II部, 1984.
58) 内島邦秀, 早川博: 交互砂州の発達に伴う形状と流砂量分布, 第39回年次学術講演会概要集, 第II部, 1984.
59) 福岡捷二, 山坂昌成, 内島邦秀, 早川博: 交互砂州上の流砂量分布, 第27回水理講演会概論文集, pp.697-702, 1985.
60) Jaeggi, M.N.R : Formation and Effects of Alternate Bars, J. of Hydraulic Engineering, ASCE, Vol. 110, No.2, 1984.
61) 藤田裕一郎, 村本嘉雄, 堀池周二, 小池剛: 交互砂州の発達機構, 第26回水理講演会論文集, pp.25-30, 1982.
62) 福岡捷二, 山坂昌成, 清水義彦: 平衡形状に着目した中規模河床形態の卓越波数と形成領域区分, 土木学会論文集, 第363号/II-4, pp.115-124, 1985.
63) 福岡捷二, 山坂昌成: なめらかな横断形状をもつ直線水路のせん断力分布と拡幅過程の解析, 土木学会論文集, 第351号/II-2, pp.87-96, 1984.
64) 澤井健二, 芦田和男: 粘着性流路の侵食と横断形状に関する研究, 土木学会論文報告集, 第266号, pp.73-86, 1997.
65) 長谷川和義, 望月明彦: シルト・細砂からなる流路の侵食過程, 第31回水理講演会論文集, pp.725-730, 1987.
66) Fujita Y, Muramoto Y. and Miyasaka, H.: Observation of River Bank Erosion, 6th Congress APD-IAHR Proceedings, Vol. II-1 River Hydraulics, pp.123-130, 1989.
67) Hasegawa, K: Universal Bank Erosion Coefficient for Meandering Rivers, J. of Hydraulic Engineering, ASCE, Vol.115, No.6, pp.745-765, 1989.
68) 福岡捷二, 木暮陽一, 佐藤健二, 大東道郎: 自然堆積河岸の侵食過程, 水工学論文集, 第37巻, pp.643-648, 1994.
69) 建設省荒川上流工事事務所, 東京工業大学土木教室福岡研究室: 河岸侵食・拡幅機構に関する研究-‐荒川上流部低水路河道を事例として-‐, pp.1-94, 1994.
70) 芦田和男, 村本嘉雄, 奈良井修二: 河道の変動に関する研究(2), 京都大学防災研究所年報, 第14号, B, pp.275-297, 1971.
71) 福岡捷二, 石川浩, 日比野忠史, 島本重寿: 粘着性(ガタ土)流路の侵食, 流送過程に関する研究, 水工学論文集, 第40巻, pp.965-970, 1996.
72) 福岡捷二, 渡邊明英, 中川哲史, 島本重寿: 粘着土河岸の現地侵食実験, 第48回土木学会中国支部研究発表会発表概要集, II-67, pp.227-228, 1996.
73) 布施泰治, 簾内耕: 天然河岸における侵食崩壊機構調査, 第3回河道の水理と河川環境に関するシンポジウム論文集, pp.91-98, 1997.
74) 建設省土木研究所: 洪水流を受けた時の多自然型河岸防御工, 粘性土・植生の挙動–流水に対する安定性・耐侵植生を判断するために–, 土木研究所資料, 第3489号, 1997.
75) Thorne.C.R.: Process of Bank Erosion in River Channels, University of East Angelia (Ph.D.thesis), 1978.
76) Thorne C. R. and Tovey N.K.: Stability of Composite River Banks, Earth Surface Process and Landforms, Vol.6, pp.469-484, 1981.

77) Pizzuto, J.E.: Bank Erodibility of Shallow Sandbed Streams, Earth Surface Processes and Landforms, Vol.9, pp.113-124, 1984.
78) Hooke, J.M.: An Analysis of the Processes of River Bank Erosion, J. of Hydrraulic Engineering, Vol.42, pp.39-62, 1979.
79) Okagbue, C.O.: An Analysis of Stratigraphic Control on River Bank Failure, Engineering Geology, 22, pp.231-245, 1986.
80) Hagerty, D.J.: I: Piping/Sapping Erosion /II: Basic Considerations, J.of Hydraulic Engineering, Vol.117, No.8, pp.991-1008, 1991.
81) 福岡捷二, 渡邊明英, 小俣篤, 片山敏男, 島本重寿, 柏木幸則: 河岸侵食速度に及ぼす土質構造の影響, 水工学論文集, 第42巻, pp.1021-1026, 1998.
82) 福岡捷二, 渡邊明英, 片山敏男, 板屋英治, 柏木幸則, 山縣 聡, 林基樹: 粘性土 (シルト) 河岸の流水による侵食拡大機構, 水工学論文集, 第43巻, pp.695-700, 1999.
83) 福岡捷二, 渡邊明英, 山縣聡, 柏木幸則: 河岸近傍の流速とヒサシ状河岸形成の関係, 水工学論文集, 第44巻, pp.739-764, 2000.
84) Ikeda, S.: Self-Formed Straight Channels in Sandy Beds, Proc. ASCE, Vol.107, HY4, pp.389-406, 1981.
85) 福岡捷二, 山坂昌成, 竹内 聡, 古屋晃, 永納栄一: 湾曲流路の側岸侵食, 第27回水理講演会論文集, pp.721-726, 1983.
86) 江頭進治, 黒木幹男, 澤井健二, 山坂昌成: 開水路における河床せん断力の推定法, 第32回水理講演会論文集, pp.503-522, 1988.
87) 福岡捷二, 大東道郎, 西村達也, 佐藤健二: ヒサシ河岸を有する流路の流れと河床変動, 土木学会論文集, No.533/II-34, pp.147-156, 1996.
88) Bahar, S.M., Yamagata, S., and Fukuoka, S.: Numerical Analysis of Flow Field Inside and Near Eroded Part of Bank, Ann. J Hydraulic Engineering, JSCE, Vol.45, pp.583-588, 2001.
89) Bahar, S.M., and Fukuoka, S.: Study of Cohesive Riverbank Erosion Mechanism through Analysis of Flow Fields Near and Inside Eroded Bank, Ann. J. of Hydraulic Engineering, JSCE, Vol. 46, pp.749-754, 2002.
90) 福岡捷二, 渡邊明英: 天然河岸の崩落形態, 第48回土木学会中国支部研究発表会発表概要集, pp.229-230, 1996.
91) 渡邊明英, 福岡捷二, 山口充弘, 柏木幸則, 山縣聡: 鶴見川における河岸の侵食・堆積速度と平衡断面形状, 河川技術に関する論文集, Vol.5, pp.111-116, 1996.
92) 藤田光一, Moody, J.A., 宇多高明, 藤井政人: ウォッシュロードの堆積による高水敷の形成と川幅縮少, 土木学会論文集, No.551/II-37, pp.47-62, 1996.
93) 大東道郎, 福岡捷二, 佐藤健二: 自然堆積河岸の侵食速度について, 土木学会第48回年次学術講演会, pp.568-569, 1993.
94) 泉典洋, パーカー・ゲーリー: 礫床河道内に堆積する細砂について, 水工学論文集, 第39巻, pp.665-670, 1995.
95) Moody, J.A.and Meade,R.H.: Channel Changes at Cross Sections of the Powder River between Moorhead and Broadus, Montana, 1975-1988, USGS Open-File Report 89-407, 1990.
96) Parker,G.: Self-Formed Straight Rivers with Equilibrium Banks and Mobile Bed. Part 1. The Sand-Silt River, J.Fluid Mech., Vol.89, pp.109-125, 1978.

97) 泉典洋, 池田駿介: 直線砂床河川の安定横断河床形状, 土木学会論文集, No.429/II-15, pp.57-66, 1991.
98) 池田駿介, 太田賢一, 長谷川洋: 側岸部植生帯が流れ及び粒子態物質の輸送に及ぼす影響, 土木学会論文集, No.447/II-19, pp.25-34, 1992.
99) 山崎真一, 石川忠晴, 金丸督司: 開水路平面せん断乱流に関する実験的研究, 第39回土木学会年次学術講演会, II-237, 1984.
100) 福岡捷二, 藤田光一: 洪水流に及ぼす河道内樹木群の水理的影響, 土木研究所報告, 第180号, pp.143-150, pp.178-181, 1988.
101) 泉典洋, 池田駿介, 伊藤力生: 流水抵抗及び浮遊砂濃度に及ぼす植生の効果, 第33回水理講演会論文集, pp.313-318, 1989.

第4章　河川構造物設計法

平水時 (H.16.7)

洪水時 (S.47.7 梅雨前線豪雨)

写真：太田川(6km 祇園水門付近)
提供：国土交通省 中国地方整備局 河川計画課

平水時（H.13.6）

洪水時（H.13.9 台風15号）

写真：利根川(128.5km JR新幹線橋梁)
提供：国土交通省 関東地方整備局 河川局 河川計画課

4.1 河川構造物設計の考え方

　河川構造物の設計・施工は，第2章 河道計画の基礎において示した治水・利水・環境の整備と保全の総合的管理という河道計画策定の中で，検討されなければならない．河川構造物は，それぞれ目的をもっており，それらの機能を十分理解し計画・設計・施工されるべきであり，設置される構造物が，単一目的のために設置されるよりも，いくつかの機能を合わせもったものにするのがより望ましい．設置目的に合わせ，いくつかの代替案を比較検討し，技術的，経済的に適切なものを選ぶようにする．構造物は，変動する外力に対して必要な機能を発揮できるものであり，それ自身の安全性と周囲の構造物の安定性や機能等に支障を及ぼさないように，また，維持管理が容易である様に計画・設計される必要がある．

　河川構造物の計画・設計に際しては，河川で起こっている水理現象を十分把握することが基本である．これは，河川構造物を設置する場所の水理現象だけでなく，設置場所の上下流の河道の平面・横断形，洪水流の流れ方，河床の変動状況，災害の発生状況などを十分調査し，計画される構造物が正しく機能するように設計することが必要である．

　河川の水理現象は複雑多様であり，河川構造物を設置した場合に将来起こりうるさまざまな状況をできるかぎり正確に予測し，流れや河床の変動に対しても，柔軟に対応できる設計・施工を心がけることが重要である．このためには，**第1章**，**第2章**，**第3章**で示された洪水流の水理と河床変動，河岸侵食について十分な水理的検討を行う．水理的検討だけで十分な計画，設計ができない場合には，水理模型実験を行って，信頼できる対応がとられなければならない．設置される構造物が，河川環境に出来るだけ悪影響を与えることがないように，あってもその影響を最小になるように配慮がなされなければならない．

　構造物設置後のモニタリングを常に行い，河川カルテ等の形で維持・管理のための記録を残し，河川管理に資することが大切である．

4.2 堤　　防 [1]

4.2.1 堤防の構造 [1]

(a) 堤防の種類

　河川堤防は，堤防の規模，形状，構造および目的によって**図-4.1**に示すような種類があり，それぞれについて名称が付けられている．

(b) 構造の原則と計画断面形

　堤防は盛土により造ることを原則とする．計画高水位 (高潮区間にあっては計画高潮位) 以下の水位の通常の流水の作用に対して，安全な構造となるように設計する．

　現在の堤防のほとんどは，長い歴史のなかで，過去の被災の状況に応じて嵩上げ，腹付けなどの修繕補強工事を重ねて現在の姿に至っている．したがって，通常経験し得る洪水の浸透作用に対しては，経験上安全であると考えられている．一般的には，計画高水流量および

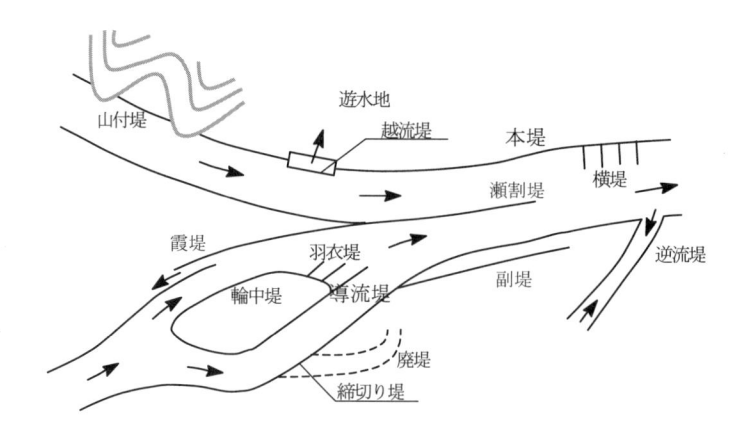

堤防の種類	堤防の説明
本　堤	流水の氾濫を直接防ぐ，河川堤防のうちで最も重要な堤防である．
副　堤 (控　堤)	本堤の強度が十分でないときや，特に重要な区域を防御するために設けられる堤防で，本堤から適当な距離をおいて築造される．
山付堤	山と山との間の谷を締め切ったような形に作られる堤防をいう．
輪中堤	一定の地域を洪水から守るために環状につくられた堤防をいい，代表的なものとして岐阜県の木曽川沿いの輪中堤があげられる．
越流堤	洪水調節のために堤防の一部を低くつくり，一定の水位以上の高水を越流させる堤防をいう．
横堤，羽衣堤	川幅が狭く，川表の耕地や運動場などを防護するために流心に向かって築造された堤防をいう．特に，下流方向に傾けて設けたものを羽衣堤，または付流堤とよぶ．
霞　堤	洪水調節と内水排除の目的で，堤防の下流端を開放し，次の堤防の上流端を堤内に延長し，重複する不連続堤で急流河川で見られる．
瀬割堤 (分流堤)	2つの河川の分流点または合流点で，2河川間の水面勾配あるいは河状の急変を緩和するために2つの河川の間に設ける堤防をいう．
導流堤，突堤	河川が他の河川，湖沼，海などに注ぐ場合に流路を一定にさせる目的で築造する堤防をいう．
締め切り堤	河川の支派川や旧川を締め切る目的でつくられた堤防をいう．
廃　堤	河川改修や河道の変遷により不必要になった堤防をいう．
逆流堤	支川が本線に合流するときに，本線の逆流による支川の氾濫を防止する目的で支川の堤防を本線の堤防にならって一定区間高くした堤防をいう．

図-4.1　堤防の種類[1]

計画高水位を基準として，堤防の高さ，天端幅，のり勾配，小段，余裕高が各河川の特性に応じて決定され，堤防の計画断面形が定められている．

4.2.2　堤防に作用する外力 [1),2)]

堤防が破壊する場合，その原因は，①堤体または基礎地盤からの浸透，②流水等による洗掘，③越水などである．堤防はこれらの破壊原因に対して必要とされる安全性を確保しなければならない．高規格堤防(スーパー堤防，4.2.4)を除く一般の堤防は，計画高水位以下の流水の通常の作用に対して安全となるよう耐浸透および耐洗掘構造をもつように設計する．また，堤防背後地の状況等により必要に応じて耐震性についても検討する．しかしながら，長い歴史の中で築造されてきた長大な延長の堤防については，その構造や基礎地盤の不確実性を伴う．また，自然現象を対象外力とするために，堤防の安全性を厳密に評価することはきわめて難しい．したがって，流水の作用に対して定める堤防の断面形状は，従来どおり過

去の経験等を踏まえて河川管理施設等構造令[2]に基づいて定めることを基本方針とし，必要に応じて，この断面形状をもとにして理論的な設計手法により安全性を照査し，構造の設計を行うことになっている．

堤体の安全性の評価にあたっては，外力として外水位および降雨量を考慮する．外水位は，基準地点における既往の洪水波形および計画高水位波形等をもとに堤内地盤高あるいは平水位以上の水位の継続時間を求め，これらを総合的に勘案して設定する．降雨については，対象河道区間の上流地点における計画降雨および既往の降雨を総合的に考慮して設定する．

浸透に対する堤防の安定性の照査は，法面のすべり破壊と基礎地盤のパイピングについて行う．この際，浸透流計算と円弧すべり法による安定解析を用いてその安定性を評価する．このとき，当該区間の降雨特性や地下水位に基づき，前期降雨量，地下水位を初期条件として設定する．

すべり破壊の安全率については，1.2 を上回るものとするが，堤体土質構成の複雑さや背後地の重要度等を考慮し，必要に応じて割り増しを行う．また，基礎地盤のパイピングについては，裏法面付近の局所的な動水勾配 (i) により評価し，$i \leqq 0.5$ を満足するものとする．

地震については，これまで，土堤の場合一般には安全性は考慮されていない．これは，地震と洪水が同時に発生する可能性が少なく，地震による被害を受けても，土堤であるため復旧が比較的容易であり洪水や高潮の来襲の前に復旧すれば，堤防の機能は最低限度確保することができることによる．これはまた頻繁に発生する洪水に対しての防御が優先するという基本的考え方によるものである．過去の地震による堤防被害事例の調査によれば，被害の有無やその程度は主に基礎地盤の良否に強く支配され，特に基礎地盤が液状化した場合には被害程度が著しくなる傾向にあるが，最も著しい場合でも堤防すべてが沈下してしまう事例はなく，ある程度の高さ (堤防高の 25% 程度以上) は残留している[3]．

しかし，堤内地が低いゼロメートル地帯等では，地震時の河川水位や堤防沈下の程度によっては，被害を受けた河川堤防を河川水が越流し，二次的に甚大な浸水被害へと波及する恐れがある．浸水による二次被害の可能性がある河川堤防では，土堤についても地震力を考慮することが必要である．この場合，土堤の確保すべき耐震性として，地震により壊れない堤防とするのではなく，壊れても浸水による二次災害を起こさないことを原則として耐震性を評価し，必要に応じて対策を行う．

4.2.3 堤防材料および基礎地盤

堤体材料に要求される基本的な性質は，締固めが容易でせん断強さが大きいこと，できるだけ不透水性であること，堤体の安定に支障を及ぼすような圧縮変形や膨張性がないこと，浸水・乾燥などによって，のりすべりやクラックなどが生じにくいこと，有害な有機物や水に溶解する成分を含まないことである．このような条件を満足する堤体材料として，①粒度分布の良い土，②最大粒径は 10〜15 cm 以下，③細粒分 (75 μm 以下の粒子) の混入率が 15% 以上，④含水比の余り高くない土が望ましい．

堤防は，一般に河川，海岸などの水辺付近に築造されるため，地層構成が複雑で，しかも地盤条件の良くない地域が多い．堤防の場合に特に問題となる基礎地盤としては，軟弱地盤

と透水地盤が上げられる．軟弱地盤上に堤防を築造すると，施工中にすべり破壊が生じたり，また施工後に盛土荷重によって地盤が圧密沈下を起こし，所定の堤防高が得られない場合もある．また，透水地盤では地盤からの浸透水が堤体内へ流入することによって裏のり部ですべりが生じたり，裏のり尻付近でパイピングやボイリングが起こることもある．こうした地盤上に堤防を築造する場合は，適切な浸透防止対策や軟弱地盤対策が必要である．

なお，国内・外の堤防設計の詳細については文献 4), 5) を参照されたい．

4.2.4 高規格堤防

通常の堤防の構造は土堤が原則であるため，想定した外力以上の外力の作用に対しては一般に脆弱であり，特に越水が生じると，急速な破壊が起こる可能性が大きい．このような性質は，土堤という材料のもつ性質上避けられないものであるが，防災上の観点からは，外力が想定を越えた超過洪水に対処しても重大な破壊は生じない，あるいは粘り強く抵抗する性質を付与された堤防が望ましい．特に人口と資産が集積した大都市部を貫流する河川で破堤が起これば，わが国の社会経済全般に及ぶ甚大な被害をもたらす恐れがある．沿川の不健全な住環境をもつ市街地の整備を取り込み水辺空間と良好な住環境の創出を促し，超過洪水に対しても堤防天端高が保たれるような堤防構造が実現できれば，破堤が起こった場合に比べ堤内地への氾濫水量を激減させることができる．中枢機能が高度に集積した大都市域を壊滅的な被害から守る上でこのような堤防は，決定的に役立つことになる．

高規格堤防 (スーパー堤防ともよばれる) は，このような認識に基づき考えられた堤防の構造である．**図-4.2** に高規格堤防の概念図を示す．その構造は通常の堤防よりもはるかに幅広で緩い裏のり勾配をもつ．すなわち，堤防破壊の防止を狙いとした構造である．高規格堤防は主として大都市部に整備されることになるため，その上の土地利用を制約することは当該地域に大きな社会的影響をもたらす可能性が高い．このため，図-4.2 の高規格堤防特別区域に示されるように，高規格堤防上の大部分の土地が通常の土地利用に供されてもこれらの機能が発揮されるよう設計されることになっており，これが高規格堤防の大きな特色である．高規格堤防については，その設計を念頭に置いた越水外力についての研究[6]，その上を流下する越流水の挙動に関する研究[7],[8]，通常の土地利用がなされた裏法面の侵食耐力についての研究[9] 等がある．

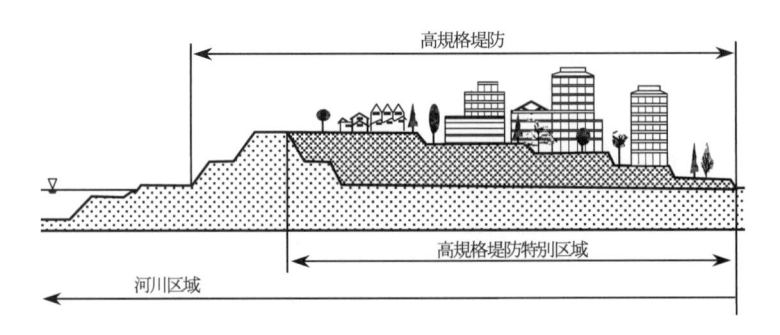

図-4.2 高規格堤防の概念図[2]

4.2.5 アーマ・レビー

(a) アーマ・レビーの機能と越水による土堤の破壊機構

前述のように土堤は越水に対して弱く,堤防破壊の原因の多くは越水によるといわれている.こうした土堤に,少々の越水を受けても大きな破壊に至らないような耐越水性が加われば,氾濫量の大幅な減少や洪水被害の分散,水防や避難活動を行う時間の増加という 3 つの面で洪水被害が大幅に軽減され,堤内地の安全度が高まる.建設省土木研究所では,堤防耐越水化の重要性とその治水効果に着目し,アーマ・レビー (armor levee, 耐越水堤防) の開発を行ってきた [10),11)].

アーマ・レビーは,越水危険度の高い土堤区間において,堤内地の安全度を向上させるために導入するものである.アーマ・レビー導入の根拠としては,①計画規模を引き上げて完成堤をかさ上げするよりも耐越水能力を加えた方が長期的には被害軽減効果が大きい,という超過洪水対策の重要性に対する認識に基づくもの,②堤内地の土地利用等の問題から,かさ上げよりも越水化の方がはるかに費用や労力が少なくてすみ,未完成堤に対する暫定措置として有効であるとの認識に基づくもの,③堤防が完成しているにもかかわらず,橋のかけ替え,河道掘削等が困難であることから越水危険度が高い区間に導入する場合,などが考えられる.いずれにしても,一般的な土堤防に耐越水機能を付加し,防災施設としての能力を高めることを目的としており,調節池に設けられる越流堤のようにあらかじめ越流することを計画して造られる性質の構造物は,対象としていない.すなわち,アーマ・レビーは,堤防の質的強化対策の 1 つとして位置付けられるものである.性格の異なる複数のアーマ・レビーを開発し,導入される場所の状況に応じて選択できるようにするのが望ましい.

以上のことから,アーマ・レビーに要求される機能は,以下の 4 点が上げられる.

① ある程度の越流量と越水時間に耐えること.
② 安価で現地堤防への設置が容易なこと.土になじみ,不等沈下に強いこと.
③ 少なくとも当該地点における越水の回帰年程度の期間は,耐越水機能を失わないこと.
④ 越水による損傷を容易に補修できること.

土木研究所の研究によれば [10)] 土堤が越水を受けると,**図-4.3** に示すように,裏法侵食過程,天端崩壊過程を経て破壊に至る.越水により最も強い力を受けるのが裏法から裏法尻にかけてであり,天端にはそれほど強い力が発生しないことから,まず裏法と法尻が越流水により侵食され,裏法全体が侵食された後は,堤体自身の不安定性から天端が崩壊する.アーマ化されていない裸堤と芝張堤に対する越流実験から通常の土堤は強いものでも累積越流量がある量 $800 \text{ m}^3/\text{m}$ に達すると破堤すること,堤体表面に芝を張ることが侵食開始時期をかなり遅らせる効果をもつが,一度侵食を受けると以後芝の耐侵食効果がほとんどなくなることが明らかにされ,堤体を守るには,何らかの保護工を用いた堤防アーマ化が必要である.

a) 裏法侵食過程　　　b) 天端崩壊過程

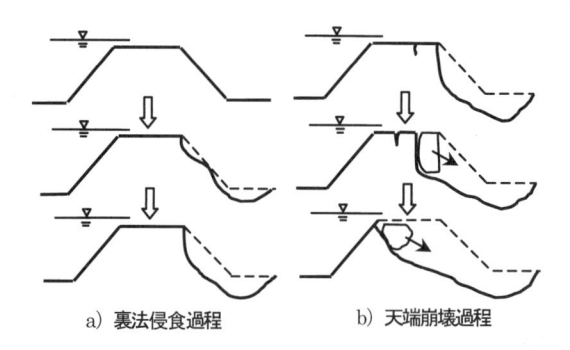

図-4.3　土堤の破壊過程[1]

(b) 保護工と法尻工

アーマ・レビーには，要求される機能の程度が堤防の置かれた状況により異なるため種々の保護工が考えられてよい．ただし材質や工法にかかわらず，有効な耐越水機能を得るためには，以下に示す条件を保護工がもっていなければならない．

① 保護工に働く越流水による大きな引張り力に耐えうる設置方法と材質でなければならない．
② 堤体変化に追随できる柔軟性と屈撓性を有した構造でなければならない．
③ 保護工の一部が破壊されても，ある程度耐越水機能が保たれる構造でなければならない．
④ 保護工下の土の吸出しを確実に防ぐ対策がなされていなければならない．
⑤ 法尻において流水を減勢する法尻工など終端の処理がなされていなければならない．
⑥ 充分な耐久性がなければならない．

保護工の末端が位置する裏法尻では，裏法を流下してきた越流水が急激に流向を変化するため，裏法尻の直下流で激しい洗掘を生じる．この洗掘の影響は保護工の設置されている裏法面にも及び，保護工の耐越水機能が損なわれる．保護工自体がある程度の自重をもっている場合には，法尻から堤内地にかけて保護工を埋込むことにより，こうした問題に対応できる．しかし，シートのように自重のない材質を用いる場合や，土地利用上の制約から，保護工を法尻で切らなければならない場合には，「法尻工」を設置する必要が出てくる．「法尻工」とは，保護工末端直下流における洗掘の影響が裏法保護工に及ぶことを防ぐ機能をもち，かつ設置範囲が，裏法尻の近傍だけですむ構造物のことである．**図-4.4** は土木研究所で検討されたふとんかごを用いた法尻工の例を示す[11]．これは，越流水が堤内地盤上 2.0 m の高さの堤防から流下する場合について，ふとんかごを堤内地盤から 50 cm の深さに埋設し，これに裏法からシートを取り付けたものである．この法尻工は，シートが重量の大きなふとんかごに結合されることによりシート末端がしっかりと固定されること，越流水がふとんかご上で跳ねて直下流の土の洗掘深を大幅に減らすことを目的としたものである．またブロックでなくふとんかごを用いているのは，ドレーンとしての機能をも期待しているためである．堤防から越流が生じると法尻工の周囲では，図-4.4 に示す流れと洗掘状況を示す．越流水はふとんかご上で跳ねられ，直下流の河床面に逆向きの流れが生じるため洗掘深が抑えられ，また法尻工の位置が堤内地盤高より低いために生じる法尻工上での跳ね水が，越流水

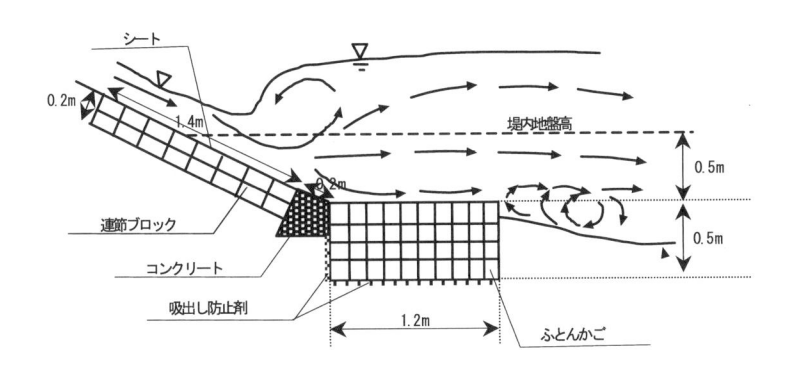

図-4.4 法尻工の構造例と法尻工周辺の洗掘状況[11]

を減勢する役割を果たす．以上によって，保護工下流の洗掘の影響が裏法に及ぶことを防止することができる．

4.3 護 岸 工

4.3.1 護岸の水理設計の基本的考え方

　護岸は洪水の侵食作用から堤防や河岸を守るための構造物であり，通常，のり覆工・基礎工・根固め工 (ない場合もある) からなる．これらの構造物は，流水の作用に対して破壊することなく安定でなければならない．のり覆工は土で構成される河岸や堤防の法面を流水の侵食作用から保護するための構造物である．したがって，その水理設計においては，①のり覆工は，洪水時に移動しないこと，② 基盤の土が吸い出されないこと，③ 周辺河岸もしくは堤防と護岸工の粗度係数を合わせること等が求められる．根固め工は，のり覆工，基礎工前面での流水による洗掘をできるだけ小さくするための構造物である．前面の洗掘深が大きい場合には，護岸が破壊する危険性が高いので，根固め工は，護岸全体の安定性のカギを握る重要な構造物である．根固め工の設計においては，① 前面に発生する局所洗掘の影響をのり覆工に伝えないこと，② 根固め工自身が移動しないこと，③ 吸い出し作用を受けないこと，④ のり覆工近傍の流速を低減させること，等が求められる．本節では，護岸・根固め工の水理設計の基本的な考え方を示す．河岸植生を生かした水際の水理設計法は，**第5章**で述べる．

4.3.2 のり覆工 (護岸ブロック) の安定性

　流水中での護岸ブロックの移動は，護岸の破壊に直結する．したがって護岸ブロックは，想定される外力に対して常に安定な状態，すなわち流水中で滑動も転動も起こさない状態になければならない．ここでは，のり覆工ブロック1個1個が滑動と転動の両方に耐えるという最も単純かつ安全側の安定条件を用いることにより，ブロックの安定性について示す．ブロックがこのような安定状態にあるためには，**図-4.5**に示すように護岸ブロックが次のような条件を満たさなければならない[12),13)]．

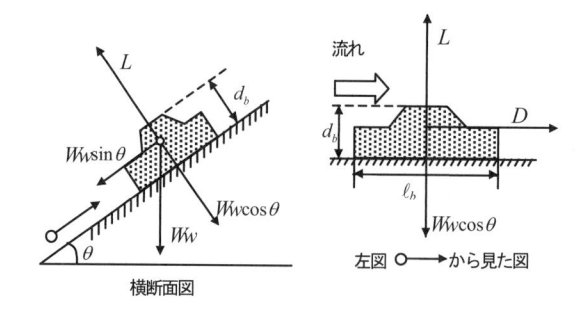

図-4.5 法面に置かれた護岸ブロックの力の釣り合い[12),13)]

＜滑動に対する安定条件＞

$$\sqrt{(W_w \cdot \sin\theta)^2 + D^2} + \mu_s \cdot L \leqq \mu_s W_w \cos\theta \tag{4.1}$$
　　　①　　　　　　②　　③　　　　　④

＜転動に対する安定条件＞

$$D \cdot d_b/2 \cdot + L \cdot l_b/2 \leqq (l_b \cdot W_w \cdot \cos\theta)/2 \tag{4.2}$$
　　⑤　　　　⑥　　　　　　⑦

ここで，W_w: ブロック1個の水中重量，μ_s: ブロックと裏込め材との静止摩擦係数，θ: 法勾配，l_b: 流れ方向のブロックの長さ，d_b: ブロックの高さ，である．また，式(4.1)中の左辺はブロックを滑動させようとする力であり，①はブロックに作用する重力による力，②は抗力 D による力，③は揚力 L による力である．一方この式の右辺④は，左辺の力に対抗する力である．式(4.2)の左辺はブロックを流下方向に転動させようとするモーメントであり，⑤は抗力，⑥は揚力によるモーメントを示している．この式の右辺⑦は左辺のモーメントに対抗する力である．

4.3.3 のり覆工と根固め工

(a) 流速低減効果を規定する相当粗度 k_s [12)]

　護岸のり覆工表面粗度の流速低減効果が小さい場合，護岸工近くの流速が大きくなり，護岸工自身およびその上下流の被災を招く恐れも出てくる．したがってのり覆工表面には，適度な諸元をもつ粗度を配置し，洪水時の護岸工近傍の流速を低減しなくてはならない．流速低減効果の指標としては相当粗度 k_s が用いられる．広長方形断面の開水路の鉛直平均流速 v は以下の式で表すことができる．

$$\begin{aligned}v/u_* &= 6.0 + 5.75 \log_{10}(h/k_s) \\ &= (6.0 + 5.75 \log_{10} h) - 5.75 \log_{10} k_s\end{aligned} \tag{4.3}$$

ここで，v: 平均流速，h: 水深，u_*: 摩擦速度，k_s: 相当粗度(長さの次元をもつ)である．式(43)から，k_s が大きいほど v が小さくなり，k_s によって粗度のもつ流速低減効果が表されることがわかる．

のり覆工表面の粗度は桟型と突起型に分けられる．以下それぞれを桟粗度，突起粗度と呼ぶ．**図-4.6** に示すように桟粗度，突起粗度いずれについても，k_s/h_g と S'/F というパラメータを用いることにより相当粗度 k_s と粗度形状との関係が**図-4.7**，**図-4.8** に示すようにほぼ一意的に表現できる．

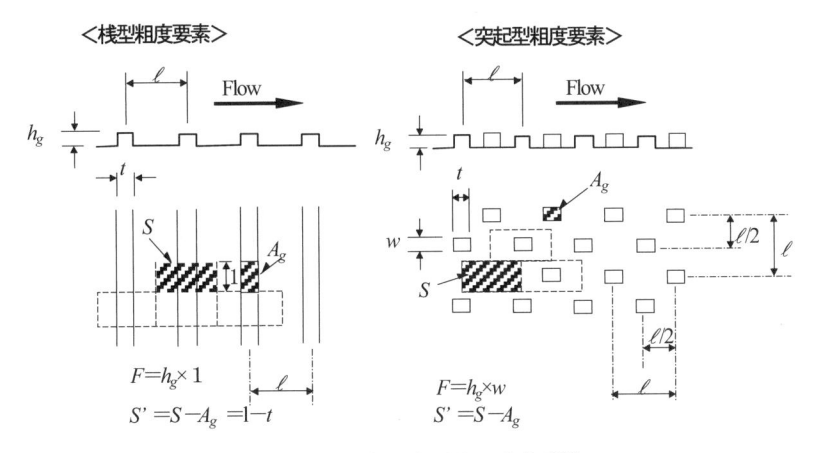

図-4.6 粗度要素形状の定義 [12),13)]

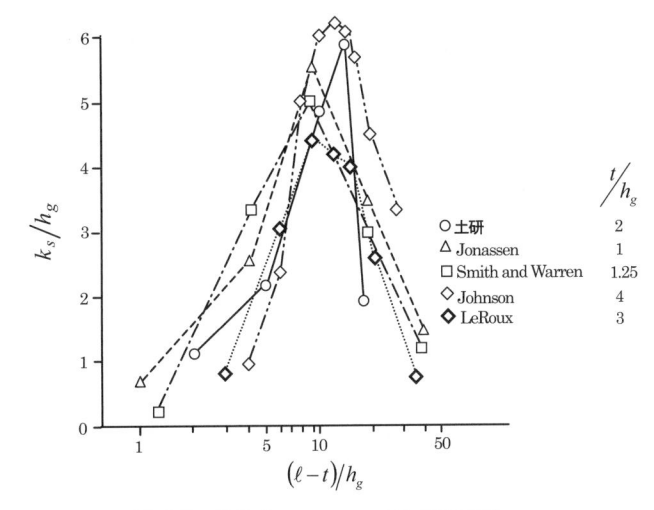

図-4.7 桟粗度の $k_s/h_g \sim (\ell-t)/h_g$ 関係 [12),13)]

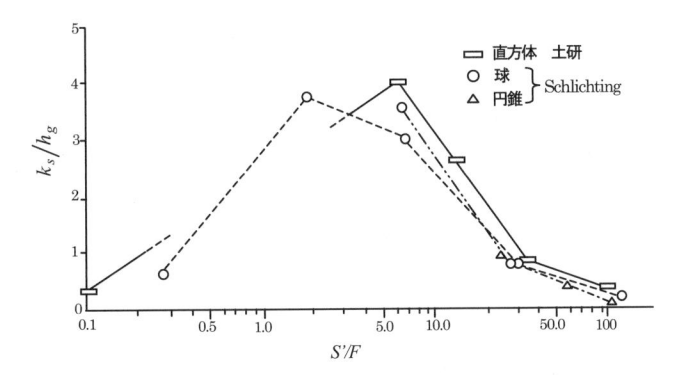

図-4.8 突起粗度の $k_s/h_g \sim S'/F$ 関係 [12),13)]

(b) のり覆工の設計 [12)~14)]

のり覆工の表面には，(a) で述べたような粗度要素が付けられる．流水外力は主にこの粗度要素に作用する．1 つのブロックが 1 つの突起をもつのり覆工 (**図-4.9**) のブロックの安定条件を示す．真上から見たのり覆工表面の突起 1 個の面積を A_g，ブロック 1 個の真上から見た面積を A_b とする．通常考えられる条件を用いた解析から，流水中でのブロックの安定は滑動発生の有無により決まる [13)]．流水中での滑動に対するブロックの安定条件より，外力に対して安定であるための必要重量 (水中) W_w 値を求める式 (4.4) が得られる．

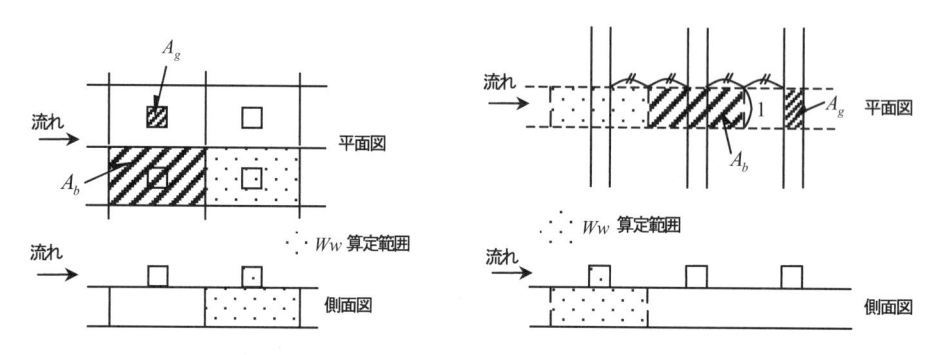

図-4.9 A_g, A_b, W_w の算定法（突起型粗度）[12),13)]

図-4.10 A_g, A_b, W_w の算定法（桟型粗度）[12),13)]

$$W_w \geq \frac{\mu_s^2 L + \{\mu_s^4 L^2 - (\mu_s^2 - \tan^2\theta)(\mu_s^2 L^2 - D^2)\}^{1/2}}{\cos\theta (\mu_s^2 - \tan^2\theta)} \tag{4.4}$$

ここで，D：抗力 $= \rho/2 \cdot C_D \cdot A'_D \cdot V_d^2$ (A'_D：流体力が主に作用する部分の抗力に関する投影面積)，L：揚力 $= \rho/2 \cdot C_L \cdot A_g \cdot V_d^2$，$C_L$：揚力係数で，1.0 である [11)]．$A'_D$ は，せん断力 τ_d に A_b を掛けたものが抗力 D に等しいという条件から，次式により定義される．

$$A'_D = A_b/(36.125 C_D) \tag{4.5}$$

また設計流速 V_d は設計せん断応力 τ_d を用いて，次式より求める．

$$V_d = 8.5 \cdot (\tau_d/\rho)^{1/2} \tag{4.6}$$

設計に当たっては，式 (4.4) を満たすように護岸ブロックの諸元を決める．なお，桟型粗度をもつのり覆工についても，**図-4.10** に示すように A_g, A_b, W_w を算定する．

(c) 根固め工 [15)]

河道湾曲部に設置される根固め工の上流端には，特に大きな流れの抵抗が生じるため局所洗掘が発生する．このため，ブロック群の変形，滑り破壊が生じやすい．根固め工上流端が滑り破壊を起こすと，河岸付近の河床砂が洗出され，基礎工が洗掘被害を受ける．最終的に護岸の破壊に至る場合がある [15)]．このような厳しい河床洗掘を受ける根固め工先端部について，根固め工の破壊進展機構を考慮し，滑り破壊を生じさせないような根固め工設計法を考える．

これまでの根固め工の設計法では，根固め工前面の河床が Z_s 洗掘されたときに，護岸基礎工を守るために必要な根固め工敷設幅は，**図-4.11** に示されるように，幾何学条件に基づく式 (4.7) で与えられてきた [14)]．

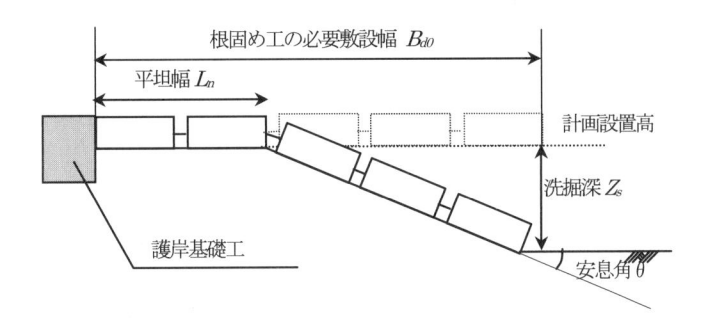

図-4.11 根固め工の必要敷設幅B_{d0}の従来の考え方[14]

$$B_{do} = L_n + Z_s/\sin\theta \tag{4.7}$$

ここに，B_{d0}: 根固め工必要敷設幅，L_n: 根固め工平坦幅，θ: 土の安息角である．

式 (4.7) は，幾何学的関係によってに決められた式で，用いる材料の重量や洗掘深 Z_s を受けたときに根固め工に作用する力など力学的条件が考慮されていないために，式の一般的な適用性に課題が残る．

内田，福岡ら[16]は，根固め工の滑り限界と滑り力を測定して根固め工必要敷設幅を根固め工の安定を支配する力学的条件から以下のように求めている．

図-4.12 に示すように，初期河床高から先端ブロック下部の最深高までの河床の低下量を Z_s とし，Z_s を徐々に変化させ根固め工の変形と滑り限界を測定する．ここで，根固め工敷設幅を B_c，連結幅を含む根固めブロック1個の支配幅を b_0，ブロック重量を W_w，最先端ブロック角度 ϕ_1，とする．

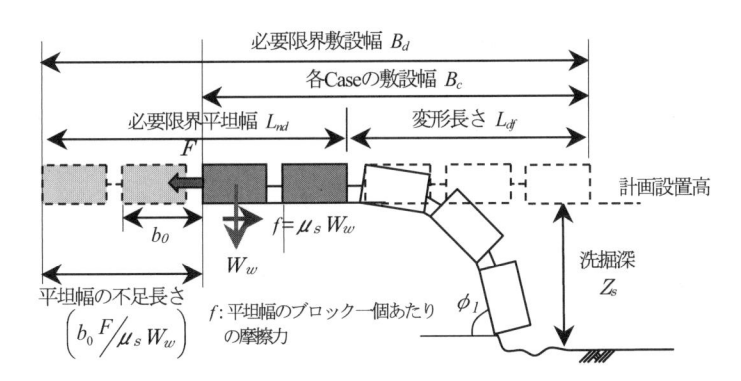

図-4.12 洗掘深 Z_s に対する必要限界敷設幅 B_d [15]

根固め工の滑りは，前面河床の洗掘による根固め工の変形が河岸方向に伝わることによって，滑りに抵抗できる根固め工の範囲 (平坦幅 L_n) が減少し，摩擦力が低下することによって生じる．このため，根固め工の変形が伝わりにくくすることが重要である．最先端ブロック角度 ϕ_1 は砂の水中安息角 θ より大きく，ϕ_1 の増加は根固めブロック下部からの土砂流出および変形範囲の広がりを抑制することになる．根固め工の変形は，第一義的には河床洗掘により根固め工下部の砂が流失することによって生じるため，吸出し防止マットなどの設置は砂の流失を抑え，根固め工の滑りに対する抵抗力を大きくする．また，先端ブロック角度の増加による土砂流出と変形範囲の抑制の効果を生かすためには，洗掘深 Z_s の増加に対し

て根固め工の滑りを抑制する根固め工平坦幅を最低限確保することが必要であることが明らかになった．

　根固め工が滑り破壊まで至らないような設計条件を検討するには，護岸と根固めブロックを連結させ，河岸近傍で滑りを起こす力 F を知ればよい．滑り力 F は，平坦部の幅 L_n が受けもつ摩擦抵抗の不足分を表す．根固め工の滑り限界時の必要限界敷設幅 B_d は，滑り力 F に抵抗するブロックの摩擦抵抗をブロック幅に換算し，これを敷設幅 B_c に加えれば式(4.8) となる．

$$B_d = B_c + b_0 \cdot (F/\mu_s W_w) \tag{4.8}$$

これにより洗掘深 Z_s に対する滑りが生じない根固め工の幅 B_d は，滑り力 F を求めることにより算定可能である．B_d の比較的小さい範囲については，洗掘深 Z_s の増加に伴う最先端ブロック角度 ϕ_1，滑り力 F の測定値による式 (4.8) の有効性の考察は，文献 16) で議論されている．

　式 (4.8) を適用するにあたっての課題としては，B_d が大きい領域において，滑り破壊に対する滑り力 F の測定に基づき Z_s-B_d の関係をさらに検討することと，洗掘深 Z_s に対する滑り力 F の評価方法を確立することである．

4.4　緩傾斜河岸 [17),18)]

4.4.1　河岸緩傾斜化の意義

　河川堤防の表法面勾配は，2 割を標準として施工されてきた．また，シルト分を含むことにより粘着性をもつ河岸材料からなる低水路河岸は，侵食を受け，鉛直に近い法勾配をなし不安定である．堤防や低水路河岸の法面勾配を緩やかにすることは，流況を改善し，河岸侵食や河床洗掘を小さくし，堤体と河道を安定化させる効果がある．これはまた，河川環境の改善につながり，安全で生きものにやさしい川づくりの方向とも一致する．**写真-4.1** は，例として石狩川における 10 割勾配の緩傾斜堤防 (丘陵堤) を示す．

写真 4.1　石狩川の緩傾斜堤防 (丘陵堤)
(北海道開発局 提供)

わが国の多くの河川では河道に沿って人家が連担しており，堤防を緩傾斜化するためには堤防表法面を流心方向へ出さざるを得ない場合が起こる．このことは，流水断面積を小さくすることになり，水位上昇を引き起こす心配がある．また堤防等の緩傾斜化の水理的効果は定量的に示されていないことなどから，流下能力に余裕がないかぎりは，堤防の緩傾斜化はほとんど実施されていない．

直線流路の緩傾斜化については，福岡ら[17),18)]によって検討が行われている．その結果，複断面河道の場合には，洪水時の高水敷水深に比べて高水敷幅が十分広ければ，水位をほとんど上昇させずに堤体の緩傾斜化が可能であるが，単断面河道の場合には，緩傾斜化による河積の縮少が水位の上昇をもたらすことが明らかとなった．

湾曲流路の緩傾斜化については，福岡ら[17)]が一様湾曲水路において外岸側の法面を緩勾配化し，流れと河床変動を詳細に検討した．その結果，緩勾配化した外岸斜面は，縦断的に連続的に設置した水制の働きと同様に[19)]，外岸での早い流れと深掘れを河道中央方向へ移動させ，外岸での洗掘深を著しく軽減させる効果があることを明らかにした．

直線流路と湾曲流路の河岸を緩勾配化することの効果は，流水の通過断面の縮小による水位上昇の大きさと，断面内の流速分布と河床形状の改善による水位低下の大きさとの相対的な関係による．直線流路の場合は前者の影響が大きくなり，湾曲流路の場合は後者の影響の方が大きくなるため，緩勾配化の効果が異なっている．河道湾曲部では，流れが外岸に集中し，外岸寄り河床および外岸の侵食を引き起こしやすい．外岸の緩傾斜化は，横断流速分布の一様化と，横断河床勾配を緩和させることになり，流況の改善に効果を発揮する．

4.4.2 緩傾斜河岸を有する湾曲部の流れと河床形状－実験と解析－

図-4.13と**図-4.14**は，河道湾曲部の外岸壁の緩傾斜化の水理的効果を示す実験結果である．これらの図から次のことがいえる．河床の砂が連続的に移動している流路にあっては，外岸法面を鉛直壁から2割，3割，4割と緩勾配化すると，みお筋が河道中央寄りに現れ，流速の速い部分は堤体側から河道中央へ移る．さらに，縦断的，横断的に河床形状が滑らかになり，流水断面積縮小による水位の増加は認め得るほどには生じない．外岸法面の緩勾配化は，水制を縦断方向に連続的に設置した場合と同様の働きをし，外岸近傍に発生する最大流速の発生位置を水路中央部へ移動させ，河床形状，流速分布形が好ましい形に変形する．このため，流況が著しく改善され，河岸の安定性を向上させることになる．計算結果は，水位縦断形，横断河床形の実験結果をよく説明している．

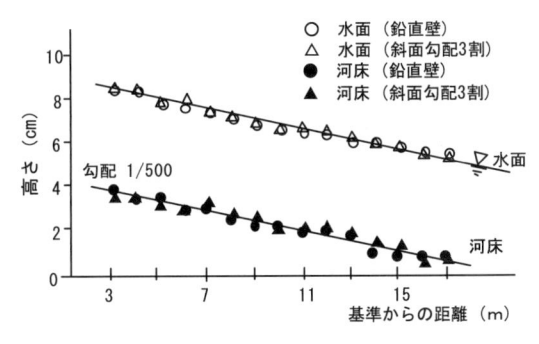

図-4.13 断面平均水位と平均河床高[17)]

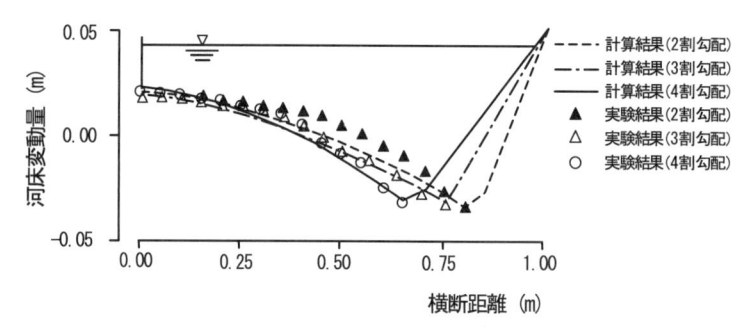

図-4.14 横断河床形状の比較[17]

河岸侵食や河床変動を見積もるには，河岸および河床に働くせん断力分布の評価が重要である．ここでは詳細に測定された主流および二次流分布を用い，式 (4.9) で与えられる断面分割面積法[17]を用いて河床および河岸に働くせん断力を算定する．これを実験によるせん断力分布と呼ぶ．

$$\tau_{bs} = \frac{\rho g I dA - d \int \rho U_s U_{nz} d\lambda}{dL} \tag{4.9}$$

ここに，I は水面勾配，L は壁面に沿う距離，λ は分割面に沿う距離，dA は分割面積，U_s，U_{nz} はそれぞれ主流速，分割面に垂直な方向の二次流流速である．

図-4.15 に一例として 4 割斜面の場合の実測主流速分布から求めた等流速線とそれに直交する直載線の関係を示す．各実験について，式 (4.9) を用いて求めたせん断力の分布とゼロ方程式モデルにより求めたせん断力の解析値との比較を行う．

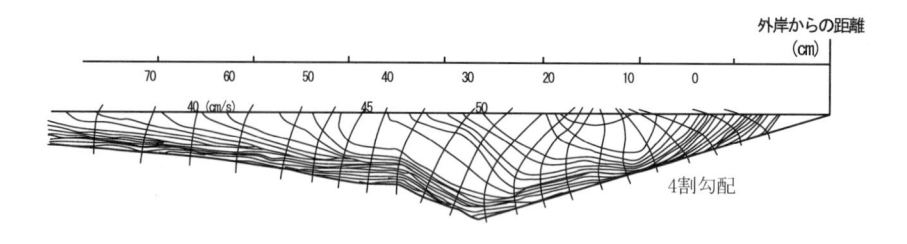

図-4.15 断面分割面積法に用いる等流速線と直載線（4割勾配）[17]

図-4.16 は，河床と斜面を構成する砂粒子が同一の場合について，外岸側の法面勾配を鉛直，2 割，3 割，4 割とした場合の式 (4.9) によるせん断力分布と解析によるせん断力分布を比較したものである．ここで $\tau_* = \tau/(\rho_s - \rho)gd$ である．この図を見ると，ゼロ方程式モデルを用いて得られた流況，河床変動は実験結果をよく説明しており，さらに解析せん断力分布も，式 (4.9) から算出した実験による河床面と斜面上のせん断力分布をよく説明している．

一方，桟粗度を有する護岸のように大きな粗度をもつ緩傾斜斜面の場合には，斜面上の乱れエネルギーの変化が主流および二次流の構造に影響を及ぼすため，ゼロ方程式モデルでは特に壁面付近の流れを表現できず，乱れエネルギーの輸送による流れの構造の変化を表すことができるモデルが必要となる（**図-4.17**）．壁面が粗面の場合には，k-ε モデルが実用上十分な精度で流れと河床変動を説明できることが福岡らによって明らかにされている[17]．

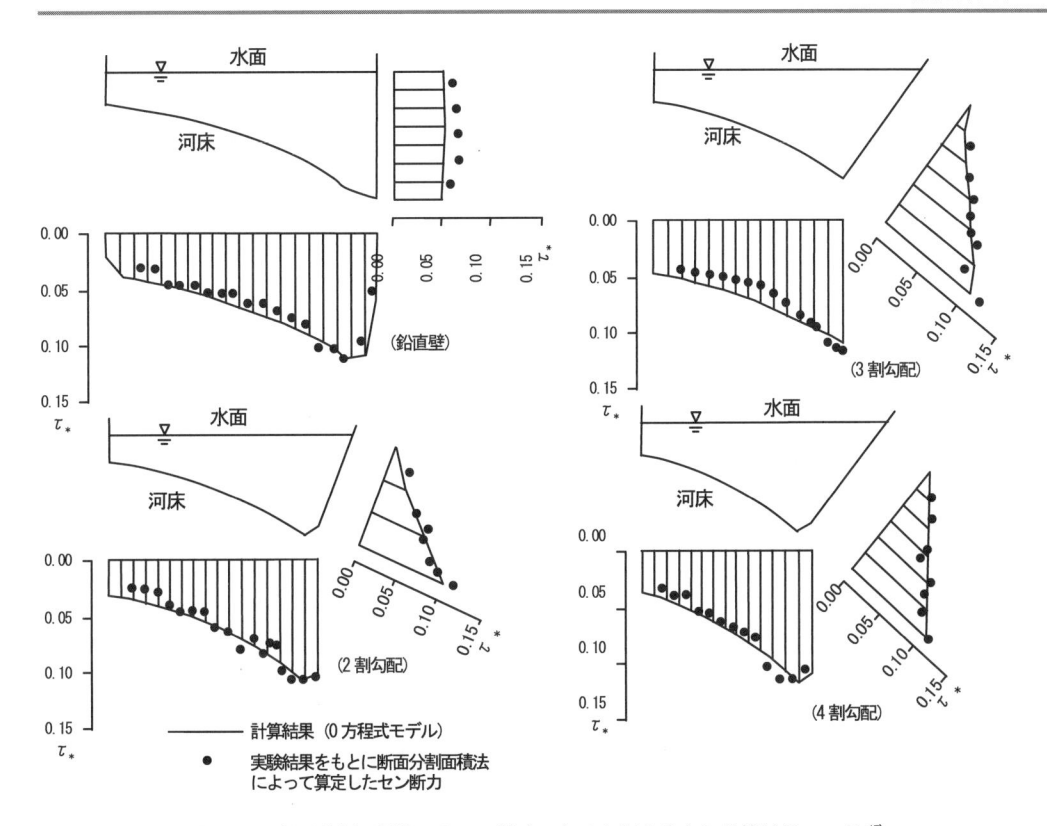

図-4.16 断面分割面積法によって算定したせん断力分布と計算結果の比較[17]

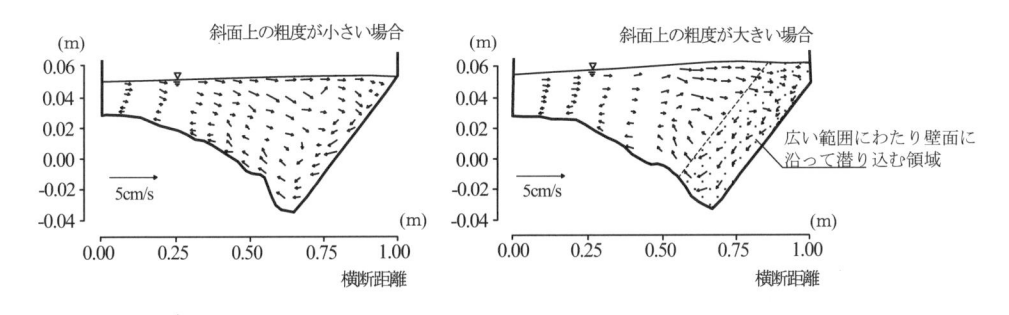

図-4.17 斜面上の粗度の違いによる横断面内流速ベクトル（4割勾配）[17]

4.4.3 緩傾斜河岸の配置法[18]

西村ら[18]は，蛇行および直線流路を対象に，流れおよび河床変動改善の視点から，最大4割勾配までの緩傾斜河岸について，その配置を実験的および解析的に検討し，以下の結論を得た．

① 蛇行流路において曲線部に緩傾斜河岸を設置すると，河床横断形状，流速分布が改善される．このために，水位をほとんど上昇させずに最大洗掘深を小さくし，最大洗掘深の発生位置を外岸から河道中央に移動させ，河道の安全性を高める．

② 蛇行流路における緩傾斜河岸の設置範囲は，上流端を湾曲部外岸近傍の河床せん断力が限界掃流力を越えた地点とし，下流端を河床せん断力が断面平均せん断力の約1.2

倍程度になる地点までとする．
③ 単断面直線流路において川幅・水深比が大きい流路では，法面を緩勾配化しても水位上昇量は小さい．川幅・水深比が 20 程度以下になると，流水断面積の減少による水位上昇が現れてくる．
④ 複断面直線流路における堤防の緩勾配化による水位への影響は，同じ川幅の単断面直線流路に比べて十分に小さい．

4.5 固 定 堰

河川には，多くの取水堰が設置されている．取水堰は，河川の水位を調節して，都市用水，かんがい用水および発電用水等を取水するための施設である．しかし，取水堰の越流部の大部分が固定部であるいわゆる固定堰は，堰の上端が河床から突き出た河川構造物であるため，洪水時の水位上昇や堰からの落下水が堰下流部の局所洗掘等を招く原因となる．このため河川管理施設等構造令第 37 条では，固定堰は流下断面内に設けないことを原則としている[2]．

しかし，古い時代に造られた堰は，一部または全部が固定堰であり，いまなお，多くの固定堰が稼動している以上，固定堰周りの流れと河床変動について水理的に検討することは，河道計画上重要である．

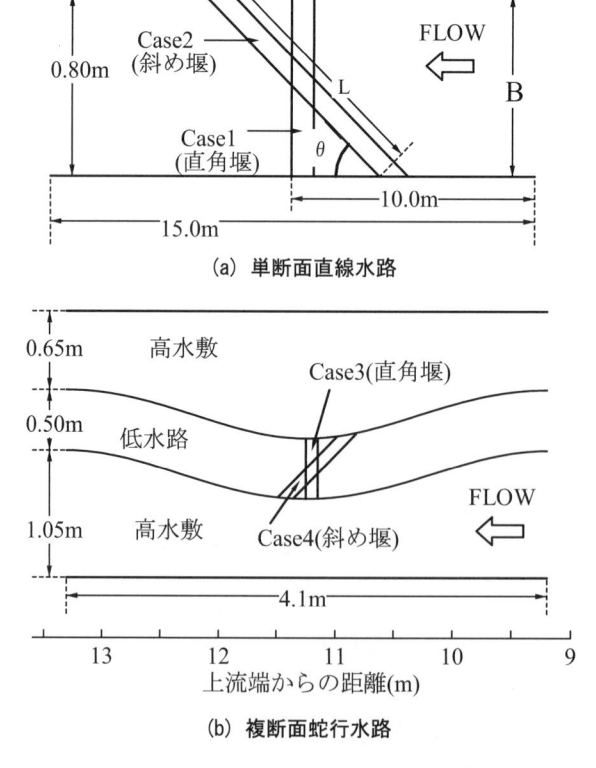

図-4.18 堰の平面構造と設置位置[20]

4.5.1 直角固定堰と斜め固定堰を越流する流れの構造[20]

堰や橋脚などの設置による河床洗掘は，2つの原因によって起こる．構造物自体によるものと，設置位置の上流，下流の河道平面形，横断面形に起因する影響が複合して生じる．

堰が流れや河床の変動に及ぼす影響については，これまではそれぞれの堰固有の問題として扱われる傾向が強く，堰の構造や河道の特性との関係で力学的に統一的に扱われることが少なかった．

本節は，堰を越える流れの水理現象の理解のために，最初に固定床水路に堰を設置した実験を行い，堰上流の水位上昇，堰天端上の流れおよび堰下流の流れについて調べる．次に，一般的な河道平面形，横断面形をもつ移動床水路に固定堰を設置した実験を行い，河道の形状と堰の位置および構造が，流れと河床変動に及ぼす水理的影響を把握する．

実験水路は水路長 15 m，水路幅 0.8 m，水路勾配 1/600 の単断面直線水路と図-1.65(c) に示す水路長 22.5 m，水路幅 2.2 m，水路勾配 1/600，低水路が一定の蛇行度 (1.02) をもつ連続した 5 波長からなる複断面蛇行水路である．複断面水路の横断面形状は，高水敷高さ 4.5 cm，低水路幅 0.5 m の平坦固定床矩形断面である．堰は低水路に対して 90 度の直角堰と，45 度の斜め堰でいずれも高さは 3.0 cm である．堰は，単断面直線水路では**図-4.18**(a) に示すように上流から 10 m の位置に，複断面蛇行水路では，図-4.18(b) に示すように水路中央の蛇行頂部に設置される．複断面蛇行水路を用いた場合の実験流量は，堰がない場合の相対水深が 0.4 となるように設定した．実験条件は，**付録 4** の表-A.4.1 に示す．

図-4.19 は同一流量に対する水路中央での縦断水位分布を示す．この図より，固定床単断面直線水路では直角堰の方が，斜め堰よりも堰上流の水位上昇量が大きいことがわかる．

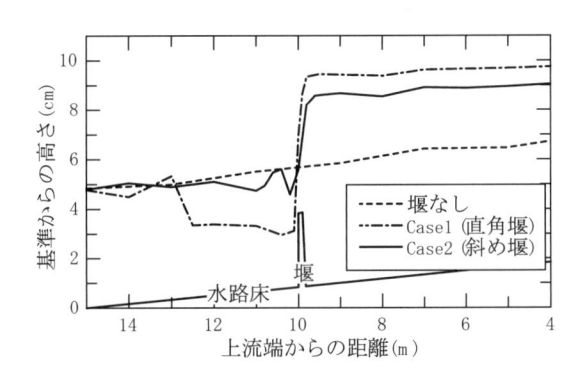

図-4.19 単断面直線水路の水路中央の縦断水位[20]

図-4.20 は Case2(斜め堰) の実験の水深平均流速ベクトルである．堰天端上で流れが堰に直交するように曲げられる．その結果，堰下流では，左岸側に流れが集中し，流速が大きくなる．一方，右岸側には流れの剥離域が生じる．

水位上昇量が直角堰のほうが大きくなる理由は以下のように説明できる．本実験条件では，直角堰，斜め堰ともに完全越流し，堰天端上で限界水深が現れている．越流は堰軸に対して直交方向に生ずるため，越流幅は堰の横断長さで表される．図-4.18(a) に示すように堰の横断長さを L，水路幅を B，堰軸の水路に対する角度を θ とする．このとき越流量を Q

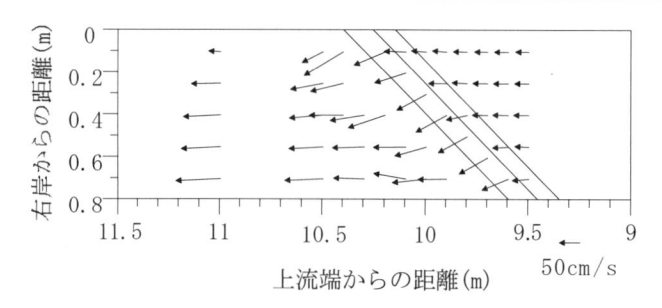

図-4.20 Case2（斜め堰）の水深平均流速ベクトル[20]

とすると，限界水深 h_c は式 (4.10) で表される．

$$h_c = \sqrt[3]{\frac{Q^2}{gL^2}} = \sqrt[3]{\frac{Q^2}{g(B/\sin\theta)^2}} \tag{4.10}$$

斜め堰の場合，越流幅が広がることによって単位幅流量が小さくなり，そのため直角堰に比べて堰上の限界水深が小さくなる．45度斜め堰では，堰の越流長 L は，直角堰の約 1.4 倍になり，越流水深は約 0.8 倍になる．堰上流の水位はこの限界水深によって決まるため，直角堰上流の水位上昇量は斜め堰に比べて大きくなる．越流水深が大きくなるにつれて，流れの直進性が大きくなるため，堰軸に直交していた流れが徐々に直進方向に変えられるようになる．

図-4.21 は複断面蛇行水路の低水路に堰が設置された場合の低水路中央の縦断水位分布である．堰上流の水位を比較すると，複断面水路においても単断面水路の場合と同様に直角堰の方が斜め堰よりも水位上昇量が大きい．また，複断面水路では単断面水路の場合と異なり，堰上流だけでなく，堰下流においても水位が上昇している．これは，堰上流部で水位が上昇し，高水敷を流下する流れが，堰下流で低水路に流入するためである．

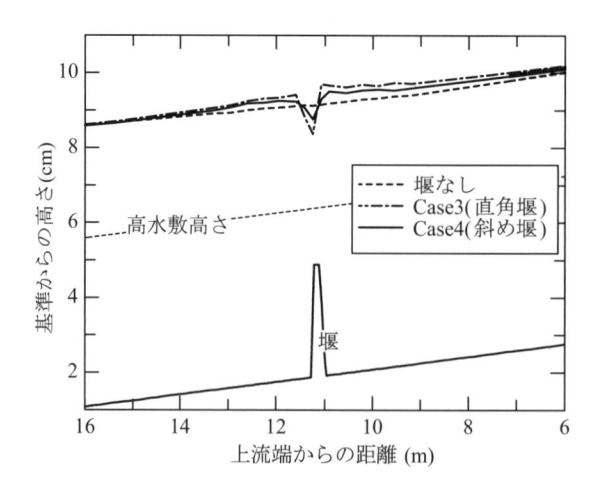

図-4.21 複断面蛇行水路の低水路中央縦断水位[20]

図-4.22 は堰がない場合，**図-4.23** は Case4 の蛇行頂部に斜め堰を設置した場合の，高水敷高さより上層，下層の水深平均流速分布である．堰直上，堰直下を除いた部分の流れは，堰がない場合の流れと同様に，最大流速は低水路の内岸側に現れている．本実験条件の相対水深が 0.4 と大きく複断面的蛇行流れとなっている[21]．それにもかかわらず，Case2 の単

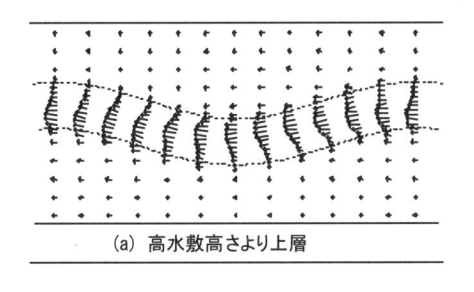

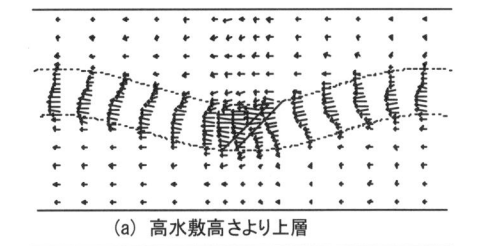

図-4.22 堰なしの水深平均流速ベクトル[20]　　**図-4.23** Case4（斜め堰）の水深平均流速ベクトル[20]

断面流れほど顕著ではないが，流れは堰天端上で堰軸に直交する方向に曲げられている．斜め堰直下流の右岸側では，低水路の水位は高水敷よりも低いため，図-4.23(a) に示すように高水敷から低水路に水が流れ込む．

4.5.2 堰の構造・設置位置と堰周辺の河床変動 [20]

移動床複断面蛇行水路に堰を設置した実験を行い，固定堰が流れと河床形状に及ぼす影響を検討する．実験条件を表-A.4.2 に示す．

実験水路は，**図-4.24** に示す水路長 65 m，全水路幅 3.0 m，低水路幅 0.8 m，水路勾配 1/1,000，初期高水敷高 5.0 cm の平面形が縦断的に変化する水路であり，低水路部分が移動床となっている．河床材料には石炭粉 (平均粒径 $d_m = 0.1$ cm，水中比重 $s = 0.48$) を用いている．

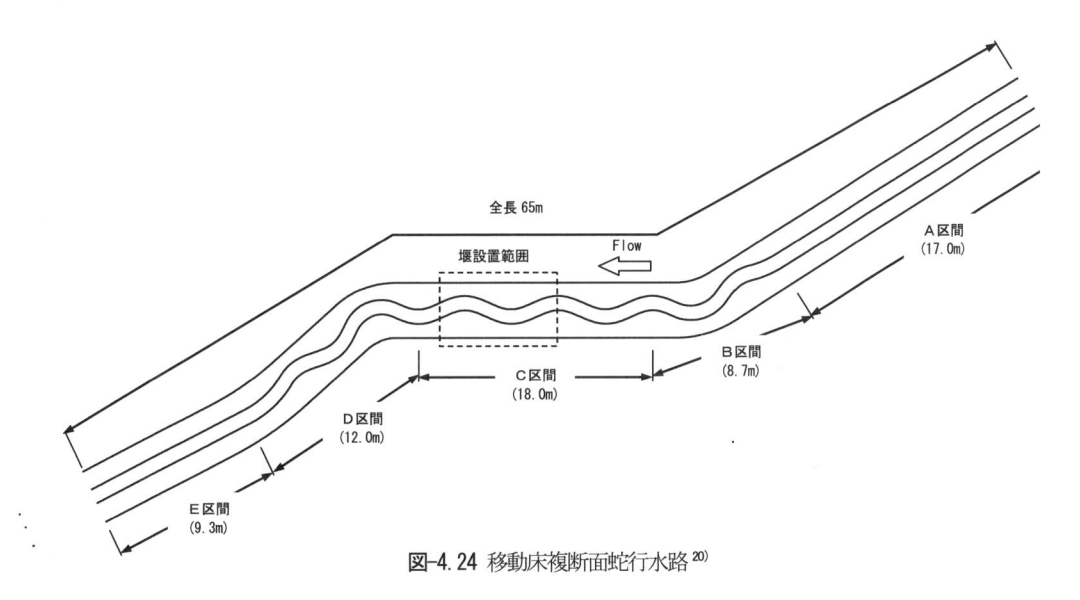

図-4.24 移動床複断面蛇行水路[20]

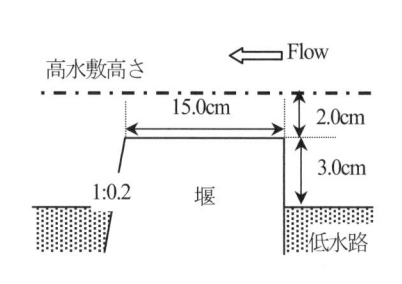

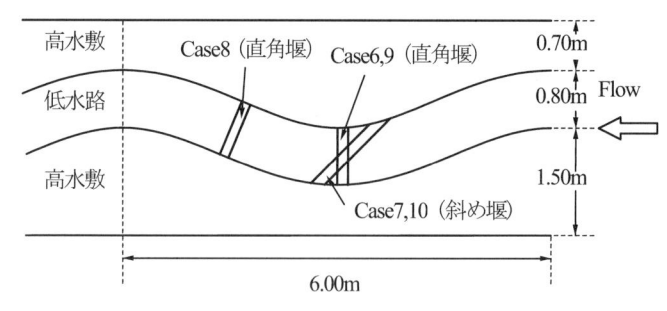

図-4.25 移動床実験における堰の縦断形状[20]

図-4.26 堰の設置位置[20]

堰は，直角堰と45度斜め堰で，図-4.24に示す一様な蛇行区間 (C区間) に設置した．その縦断形状を**図-4.25**に，平面形状を**図-4.26**に示す．

複断面蛇行流れは，相対水深 $Dr = 0.3$ 付近を境に単断面的蛇行流れと複断面的蛇行流れが現れることから，相対水深 $Dr = 0.4$ と，$Dr = 0.25$ の水理条件で実験を行った．これらの実験条件を表-A.4.2に示す．

(a) 堰構造の違いが水位と河床形状に及ぼす影響

最初に平面形が縦断的に変化している実験水路において堰がない条件の流れと流砂特性を示す．複断面蛇行河道および異なる平面形が連なる河道全体の流れと河床変動については，すでに **3.1.8**，**3.1.9** で述べたので，ここでは堰が周囲の流れと河床変動に与える影響に焦点を当てて説明する．

図-4.27の破線は Case5 (堰なし，$Dr = 0.4$) の平衡状態に達した通水12時間後の縦断水位・河床高分布である．水位および河床高は断面ごとの横断平均値である．A区間は給砂区間であるため河床高は低下している．A区間は直線区間であり，蛇行区間である B，C区間に比して河床砂を輸送する能力が大きい[21]．A区間からの流入流砂量が，D区間からの流出流砂量よりも多いために，B，C区間では堆積傾向を示す．

一方，D区間の湾曲部において河床が大きく低下している．これは上流の C区間が複断面蛇行区間であるため流砂量が D区間で流し得る流砂量より少ない[21]．そのため D区間への流入流砂量が減じ，洗掘が大きくなったことに加えて，堤防法線と低水路法線が同位相となるため，低水路の流れが低水路外岸寄りに集中し，大きな洗掘を発生させたためである．B区間は D区間と同様に堤防法線と低水路法線が同位相であるが，河床の低下は小さい．これは D区間と異なり，上流の直線 A区間からの流入流砂量が多いためである．

相対水深 $Dr = 0.4$ の Case6，7について，それぞれ蛇行頂部に直角堰と斜め堰を設置した場合の縦断平均水位と河床高分布を比較したものも**図-4.27**に示す．Case6，7を比べると，堰下流において河床形状の違いが多少あるが，堰が相対的に低い構造であったために堰構造の違いによる影響は小さく，堰周辺以外は水路線形に規定された流れが支配的である．固定床の実験結果とは異なり，堰周辺の水位には，堰構造の違いによる差はほとんどない．相対水深 $Dr = 0.25$ の Case9，Case10 の水位についても違いは見られなかった．また，堰がない場合とある場合の違いもほとんど見られない．これは，本実験条件の堰高が相対的に低いことと，低水路が移動床のため，堰の設置に伴う流れの変化により堰周辺の河床形状が変化したことが原因である．高水敷高さを上げ，堰が流れに及ぼす影響を大きくしたケース

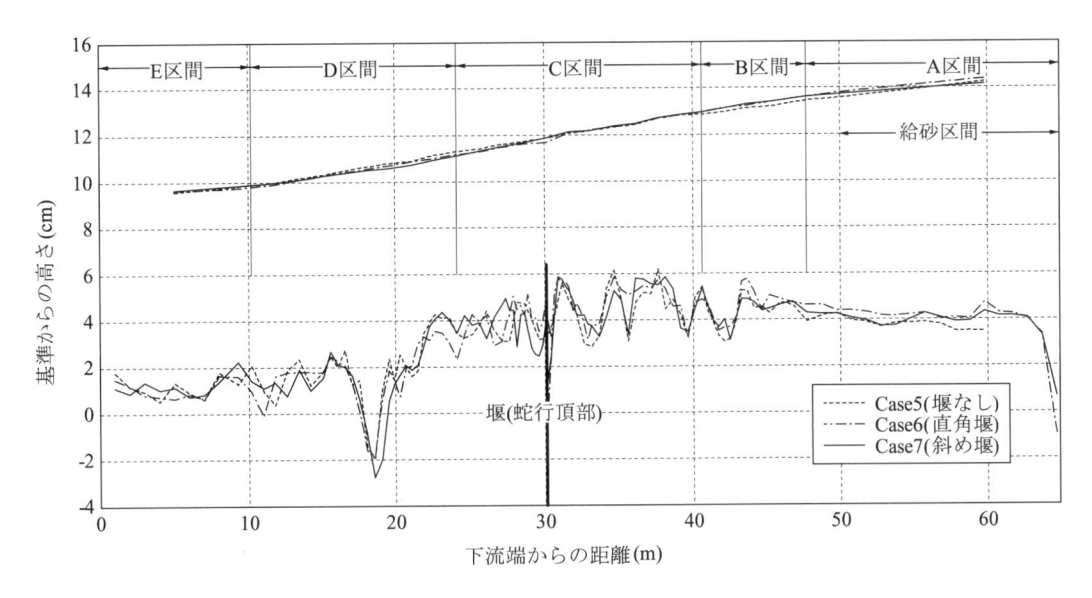

図-4.27 平均水位・河床高[20]

を検討する必要がある.

図-4.28 は,相対水深 $Dr = 0.4$ の堰周辺の河床変動コンターを示す.(a) は Case5 で堰がない場合,(b) は Case6 で直角堰を設置した場合,(c) は Case7 で斜め堰を設置した場合である.(b) の河床形状は,堰直上左岸側の局所洗掘を除いて,(a) とよく似ている.これは,水路の法線形に規定された流れが河床形状を支配しており,直角堰は流れを整流する役割を果たしているためである.一方,(c) は,(a),(b) と異なり,堰直下より少し下流の蛇行内岸側に洗掘が発生している.これは,固定床実験で明らかになったように,堰を越える流れが堰軸に対して直交し,堰下流の内岸側に流れが集中するためである.しかし,その洗掘規模はそれほど大きくない.これは複断面的蛇行流れでは最大流速線は蛇行の内岸側に現れるため,河床砂の多くは内岸側から堰を越え,堰下流内岸側に十分な量が供給され,洗掘深が大きくならなかったためである.(b),(c) の堰直上の局所洗掘の発生も,左岸側への河床砂の供給が少なかったためである.

(b) 堰位置および相対水深の違いが河床形状に及ぼす影響

図-4.28(d) は Case8 の蛇行変曲部に直角堰を設置した場合の河床変動コンターである.(a) の堰がない場合と比較すると,河床形状の変化は小さく,蛇行頂部に設置した Case6 と同様に直角堰は水路形状に起因する流れの構造をあまり変化させないことがわかる.しかし,堰直上の左岸側に大きな局所洗掘が発生している.これは,水路形状に起因する流れがつくる水衝部に堰を設置したことにより,洗掘深が大きくなったためである.

図-4.29 は相対水深 $Dr = 0.25$ の堰周辺の河床変動コンターで,(a) は Case9 の直角堰,(b) は Case10 の斜め堰を設置した場合のものである.図-4.28(b) の相対水深 $Dr = 0.4$ (複断面的蛇行流れ) の場合の直角堰と図-4.29(a) の相対水深 $Dr = 0.25$ (単断面的蛇行流れ) の場合の直角堰を比較すると,相対水深 $Dr = 0.25$ の場合,堰下流で洗掘深が大きくなっている.これは,右岸側の堆積量も増加していることから,堰の影響というよりむしろ相対水深が小さくなったことによって単断面的蛇行流れの特徴が顕著に現れてきたためと考え

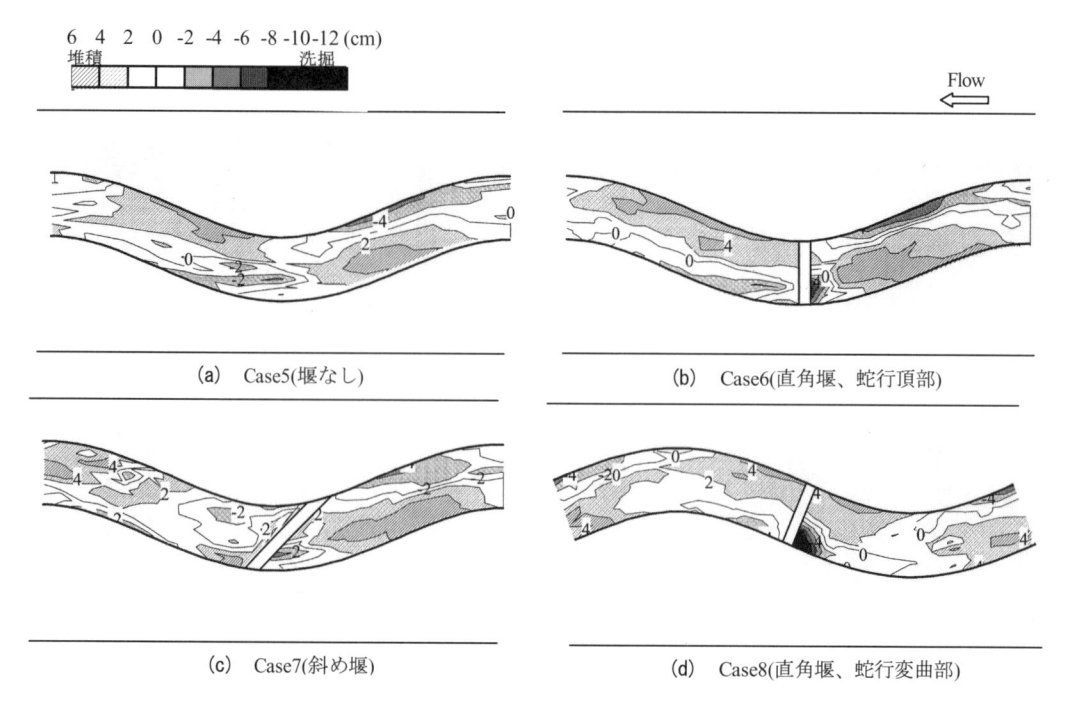

6 4 2 0 -2 -4 -6 -8 -10 -12 (cm)
堆積　　　　　　　　洗掘

(a)　Case5(堰なし)

(b)　Case6(直角堰、蛇行頂部)

(c)　Case7(斜め堰)

(d)　Case8(直角堰、蛇行変曲部)

図-4.28　堰周辺の河床変動コンター（相対水深 Dr=0.4）[20]

られる．しかし，図-4.28(c) の相対水深 $Dr = 0.4$ の場合の斜め堰と図-4.29(b) の相対水深 $Dr = 0.25$ の場合の斜め堰を比較すると，相対水深 $Dr = 0.25$ の場合，堰直下流内岸側に洗掘が発生し，その規模は大きくなっている．洗掘の原因は，相対水深が小さくなったため堰の影響が大きくなり，堰による流れの集中がより大きくなったためである．さらに，単断面的蛇行流れ ($Dr = 0.25$) では最大流速線は蛇行の外岸寄りに現れるため，石炭粉が堰の中央部を越えることにより，堰下流内岸側の洗掘位置に石炭粉が十分に供給されず，洗掘深を大きくしている．また，洗掘位置の堰直下流への移動も堰上流から供給される石炭粉の量の違いが影響している．相対水深 $Dr = 0.25$ の Case9, Case10 ともに，相対水深 $Dr = 0.4$ の場合と異なり，堰直上流において大きな洗掘は見られない．このことも同様に，石炭粉の堰を越える位置が変化した結果，左岸側に十分な石炭粉が供給されたためと考えられる．

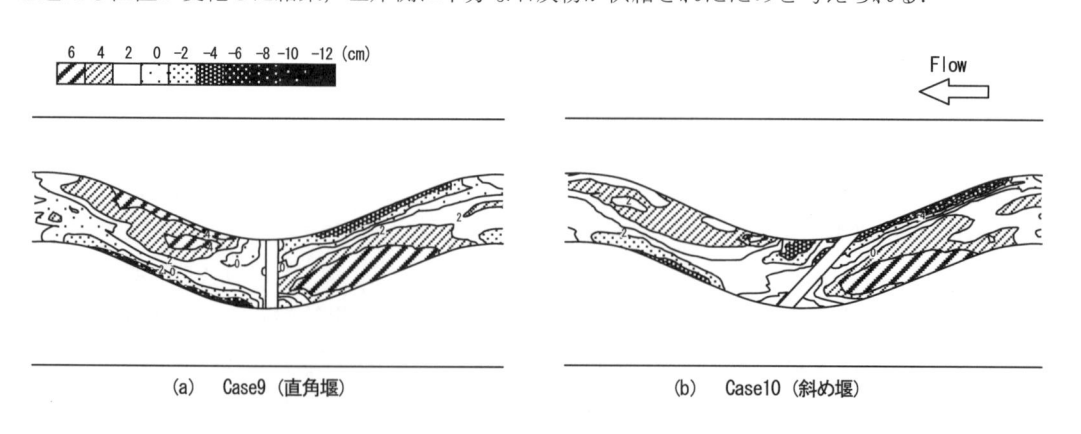

6 4 2 0 -2 -4 -6 -8 -10 -12 (cm)

(a)　Case9（直角堰）

(b)　Case10（斜め堰）

図-4.29　堰周辺の河床変動コンター（相対水深 Dr=0.25）[20]

4.5.3 固定堰周辺における洪水流と河床変動の状況と準三次元解析 [22]

(a) 固定堰のある河道における洪水流と河床変動の準三次元解析法

固定堰などの横断構造物を有する河道区間の水理現象を把握するために，これまでは水理模型実験による現状把握が中心に行われてきた．しかし，大河川の模型実験は，縮尺の関係から模型が大型化することや検討ケースに応じた模型修正が必要なことから，多大な経費と期間を要する．そこで，水理模型実験や既往洪水データの蓄積がある吉野川第十堰 (2 段の斜め固定堰) を対象に，**4.8.3** で示した福岡ら [19],[23] の越流型水制工周辺の流れと河床変動の計算に使用した直交曲線座標系の準三次元モデルを適用し，堰周辺の流れと河床変動を再現する．堰付近の流れの計算では，越流型水制工の計算と同様に，**図-4.30** に示すように堰高と河床高の比高差によって生じる水位上昇と流速の低減を表すために，堰が流れに及ぼす力を運動方程式に取り入れて算定する (**付録 2** 参照)．

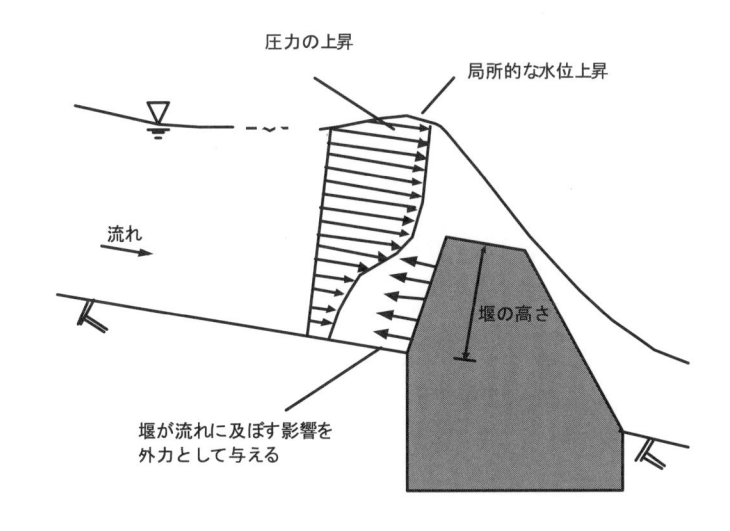

図-4.30 堰前面に作用する外力の概念 [22]

河床変動計算においては，掃流砂を対象とした流砂の連続式を使用し，縦断方向の流砂量式には *Meyer-Peter・Muller* の式，芦田・道上式，横断方向の流砂量式には，長谷川の式を用いた [1]．計算は差分法によるものとし，メッシュ分割は，堰等の形状も考慮しながら，横断方向に 50 m ピッチ，25 m ピッチ (31 分割)，あるいは 15 m ピッチ (51 分割) とした．**図-4.31** は，河道の平面形，堰の位置と計算メッシュ分割図を示す．

(b) 固定堰周辺の流れと河床変動への準三次元解析法の適用性

吉野川における第十堰周辺の流れと河床変動に関する洪水観測データや水理模型実験結果に対して，**3.1.7** に示した準三次元解析モデルの適用性を検討した．

水理模型は，吉野川の 12.6〜19.8 km 区間を水平，鉛直とも $S = 1/80$ で縮尺化したものである．固定床模型実験では，流量を 6,700 (m^3/s)，12,000 (m^3/s)，19,000 (m^3/s) の 3 種に変化させ，水位，流向，流速を詳細に測定した．その結果，斜め固定堰周辺の流向は，流量が小さい場合には堰軸に直交して流下するが，流量が大きくなるほど堰による影響が小

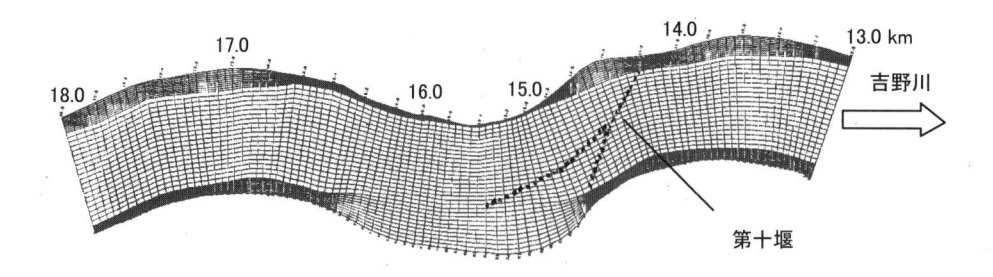

図-4.31 メッシュ分割図[22]

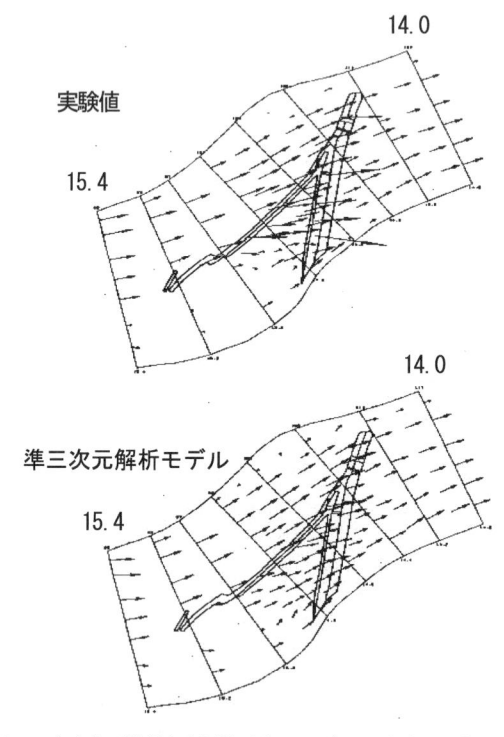

図-4.32 固定床水理模型実験と準三次元モデルの流速ベクトル比較(12,560m³/s)[22]

さくなり，流向は河道法線にほぼ沿うようになることを示した．また，準三次元解析モデルは，**図-4.32**，**図-4.33**に示すように斜め固定堰付近の水位や流向，流速分布の実験結果を良好に再現できることを示した．

次に，移動床模型実験では，代表的なハイドログラフに対応した非定常流量を流し，斜め堰下流で発生する河床変動と流れの変化を観測した．実験のピーク流量は 12,560 m³/s および 19,000 m³/s とした．その結果，いずれの流量においても，下堰直下流の右岸側でかなりの局所洗掘が生じることを確認した．準三次元解析モデルにより河床変動計算を行った結果を**図-4.34**に示す．洗掘，堆積の位置や規模などほぼ再現することができ，準三次元モデルは堰周辺の河床変動の推定等に適用できることが明らかになった．

図-4.35は，平成 11 年 7 月洪水で得られている左右岸の最高水位の痕跡データを，準三次元解析モデルと比較したものである．準三次元モデルの計算結果は実績水面形をよく説明している．なお，吉野川で用いられている水位の基準は阿波工事基準面と呼ばれる A.P. で表され，東京湾中等潮位 T.P. との関係は，付録3，表 A.1.1 に示されている．

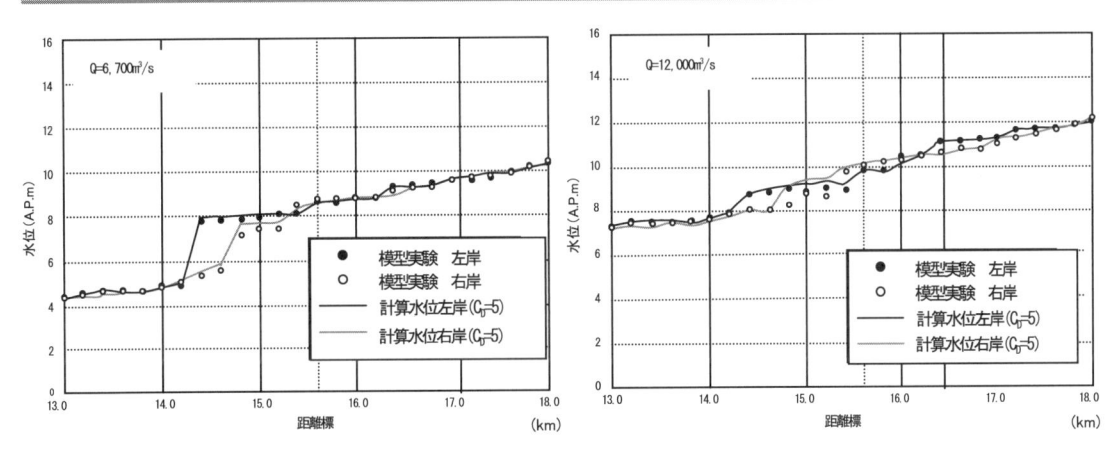

4.5 固定堰　257

図-4.33　固定床模型実験水位と計算水位縦断形の比較[22]

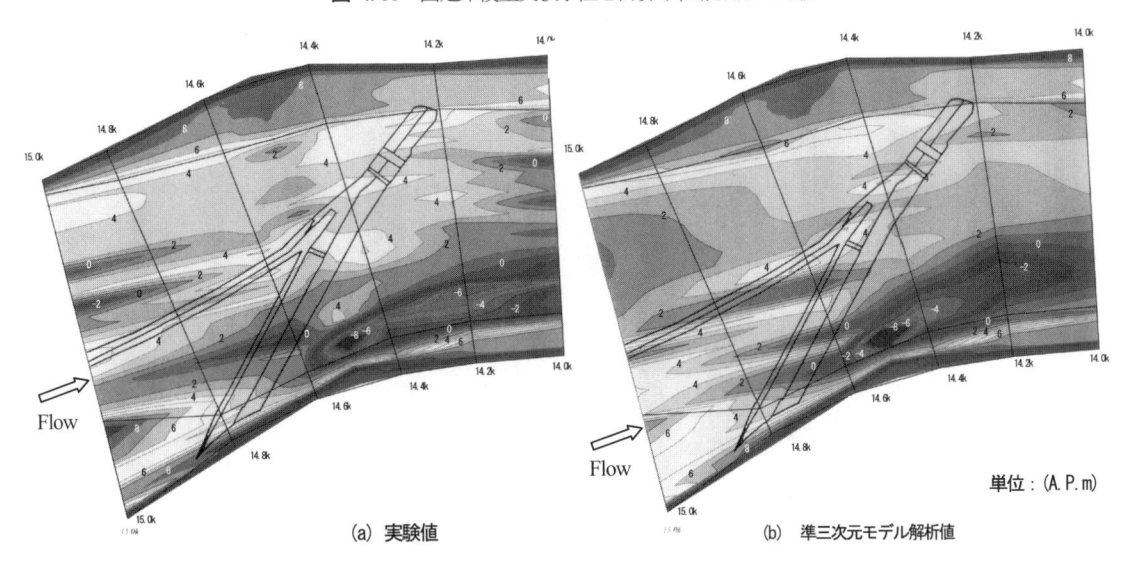

(a) 実験値　　　(b) 準三次元モデル解析値

図-4.34　移動床水理模型実験河床コンターと計算コンターの比較 ($Q=19{,}000\mathrm{m}^3/\mathrm{s}$)[22]

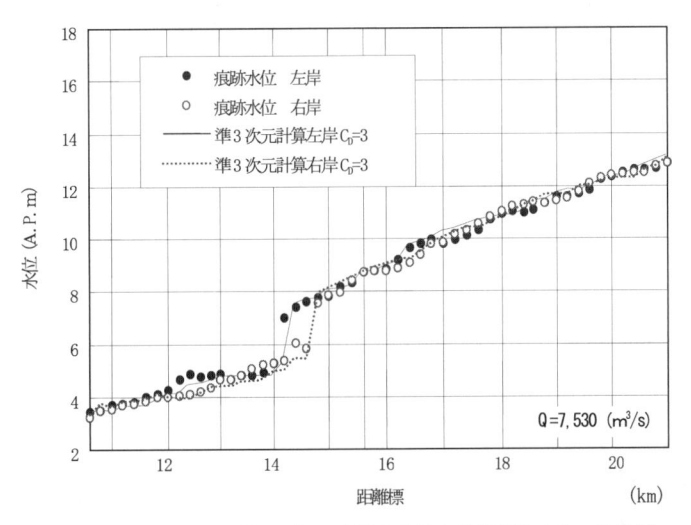

図-4.35　平成11年7月洪水水位と計算縦断水位の比較[22]

4.5.4 堰敷高切り下げによる堰上流堆積土砂の移動 [24]

(a) 旧二ヶ領宿河原堰周辺の状況と宿河原堰改築の基本的考え方

旧二ヶ領宿河原堰は，昭和24年に多摩川の河口から約22.4 kmの地点に設置された取水堰で，幅約310 mのうち固定堰部を約270 mも有していた．この旧堰では，**写真-4.2**に示すように昭和49年9月の台風16号出水において，堰下流左岸の取り付け護岸の崩壊を契機とする高水敷侵食が発生して堤防決壊に至り，民家19棟が流失・崩壊する大きな災害が発生した．旧堰は，完成後約50年が経過し老朽化が進んだことから，洪水の安全な流下とその維持のため，建設省(当時)は平成6年度より川崎市と共同で改築に着手し，平成11年3月に現在の二ヶ領宿河原堰(以降，宿河原堰と記す)(**写真-4.3**)が竣工した．

旧宿河原堰のような固定堰は，一般に水位の堰上げだけでなく土砂移動にも影響を与え，堰上流の土砂堆積や堰下流の河床低下を招く．旧宿河原堰の固定部敷高は約4 mもの落差

写真-4.2 旧二ヶ領宿河原堰の下流左岸堤防の決壊 (昭和49年9月)
(国土交通省京浜河川事務所 提供)

写真-4.3 二ヶ領宿河原堰(国土交通省京浜河川事務所 提供)

を有するほど高く，このため，堰上流で多くの土砂が堆積し，一方，堰直下流では砂礫の流失により固結シルト層 (いわゆる土丹層) が広範囲で露出し，さらに，低水路のみお筋部では局所洗掘が進行していた．このような状況において，堰を全断面可動化するとともに堰敷高を切り下げると，堰上流の洪水時水位の低下によって，堆積土砂が堰下流へ流出し，堰上流の河床低下と堰下流の河床上昇を基本とする河床高変化が生じると予想される．しかし，これまで，堰改築 (堰敷高の切り下げ) 後に，河床高変化のモニタリングが行われ，その結果について議論された例はほとんどない．

堰敷高の切り下げという大きな人為的改変が，堰周辺河床にどのような影響を与えるかを知ることは，河道を維持管理するうえで把握すべき重要な事項である．河道断面積の変化だけではなく，護岸等施設の機能維持，河川利用および河川環境などに関わる基礎データとして，洗掘位置や洗掘深の変化，砂州の移動・変形といった河床変化を把握することが重要である．

宿河原堰の改築と周辺河道整備にあたり，多摩川河道計画検討委員会 (福岡捷二委員長) での議論から，以下の考え方に基づいて改築と整備が行われた．なお，河床勾配は堰上流で約 1/500，堰下流で約 1/600，河床材料平均粒径は約 30 mm である．

① 流下能力を確保し，さらに河床の安定を図るため堰敷高を約 2 m 切り下げる (**図-4.36**)．

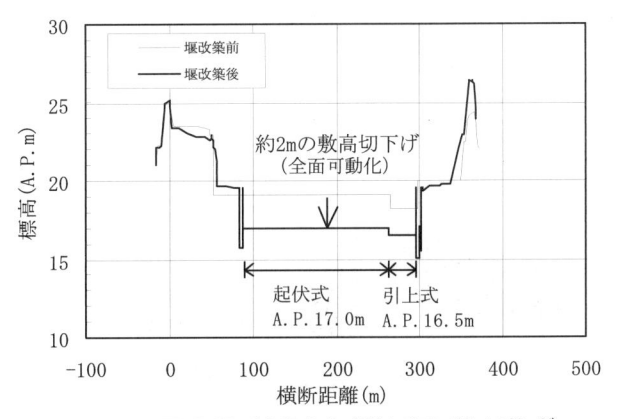

図-4.36 宿河原堰の横断面図 (洪水時) [24]

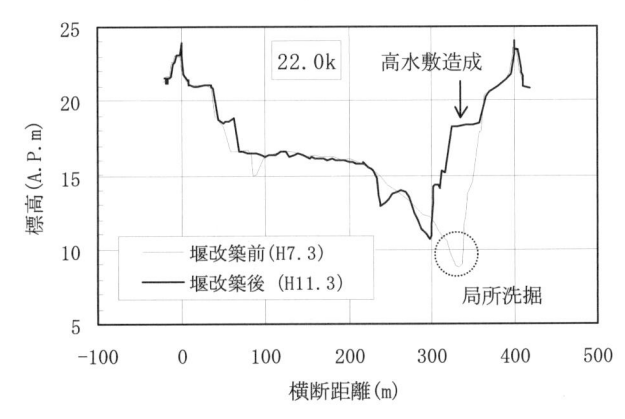

図-4.37 高水敷造成による局所洗掘の軽減 [24]

② 現況の低水路幅，砂州の状況および堰改築による水理量変化を踏まえ，低水路幅を200 m とする．
③ 堰上流では河道湾曲のため洪水流が右岸堤防際に集中し，また，堰下流では広く露出する固結シルト層 (いわゆる土丹層) の傾きにより流れが常に右岸側に集中し大きな洗掘が生じていた．このため，堰施設を河道中央に設置し，右岸側に高水敷を造成することによって右岸堤防の堤脚を保護するとともに局所洗掘を軽減する (**図-4.37**, **図-4.38**).
④ 堰地点での偏流を防止するため堰上流に直線区間をできるだけ設ける．

宿河原堰は，これらの考え方を踏まえ，写真-4.3，図-4.38 に示す起伏式ゲート 5 門，引上式ゲート 1 門の全面可動堰構造となった．

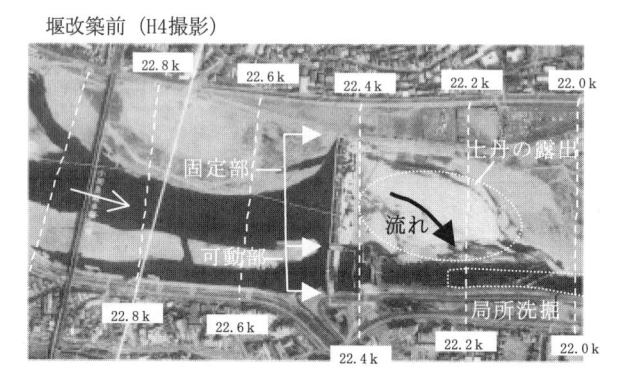

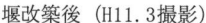

図-4.38 堰改築による河道変化[24]

(b) 堰改築による堆積土砂の移動

(1) 河床縦横断形状の変化

堰竣工後の定期横断測量 (縦断方向 200 m ごと) は，平成 11 年 3 月，12 年 3 月，14 年 3 月に行われており，この間，平成 11 年 8 月と 13 年 9 月に中規模の洪水 (ともに最大流量約 2,800 m^3/s おおむね 5 年に 1 回の規模) が発生し (**図-4.39**) 堰周辺の河床高が大きく変化した．平成 13 年 9 月洪水は，平均年最大流量 (約 1,300 m^3/s) を超える流量が約 31 時間も続いた特異な洪水であった．**写真-4.4** は，このときの多摩川宿ヶ原堰を流下する洪水の状況である．改築後の堰周辺においては，平均粒径約 30 mm の河床材料が，ほぼ全断面で移動し始める流量は 300 m^3/s 程度である．平成 11 年 3 月から 14 年 3 月の間で，上記洪

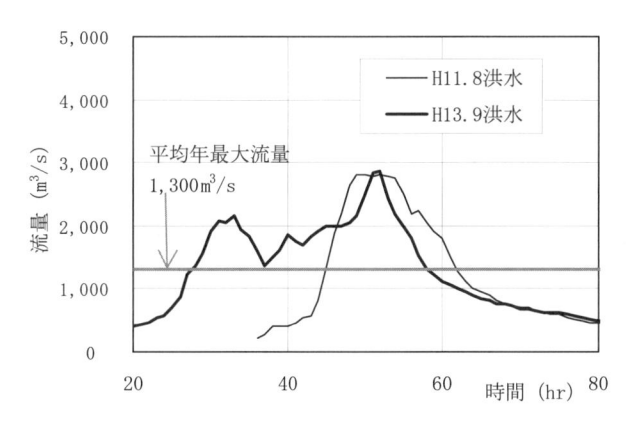

図-4.39 洪水流量ハイドログラフ[24]

写真-4.4 平成13年9月洪水時の多摩川宿河原堰の状況
（国土交通省京浜河川事務所 提供）

水以外に 300 m³/s 以上の日流量が発生したのは 3 日程度であることから，この間の河床変化はほぼ上記 2 洪水によるものであるといえる．京浜河川事務所では，平成 9 年以降毎年，改築後の宿河原堰周辺の河床変化を把握するため，縦断方向 25～50 m 間隔で密な横断測量を行っている．

図-4.40 は，堰竣工後の低水路平均河床高および最深河床高の変化を縦断的に示している．平均河床高は，堰上流で低下，堰下流で上昇し，その縦断形が滑らかになる方向に変化している．最深河床高も平均河床高と同様に変化し，おおむね 19.8～24.0 km の区間で有意な変化が生じている．この区間の河床変動土量は，堰上流で −59,000 m³，堰下流で +72,000 m³ であり，堰上流から流出した土砂のほとんどが堰下流に堆積したと考えられる．

図-4.41 に見られるように，固定化された水衝部である 19.8 km と 20.4 km 地点における横断形状の変化を**図-4.42** に示す．洗掘部が埋め戻され，河床が上昇している．これらの地点の最深河床高は，**図-4.43** に示すように昭和 49 年 9 月洪水以降，低下傾向であったが，堰改築後に上昇に転じている．なお，図-4.43 には 22.0 km 地点 (図-4.41 参照) の最深河床高変化も示してある．この地点における昭和 49 年 9 月洪水以降の最深河床の低下傾向は，堰下流で広く露出した土丹層の傾きにより流れが常に右岸側に集中したことによる．堰改築に伴う高水敷造成によって洗掘部を埋め戻した後は，最深河床の低下傾向はなくなり上昇に転じている．

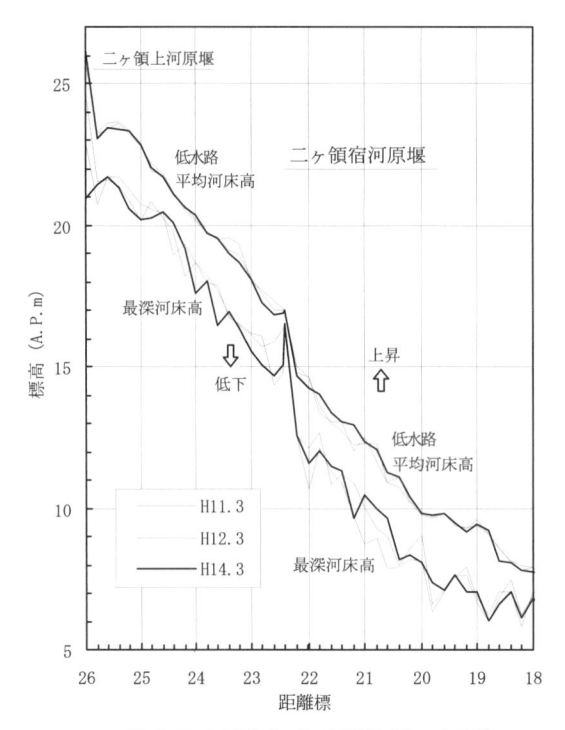

図-4.40 堰改築後の河床縦断形状の変化[24]

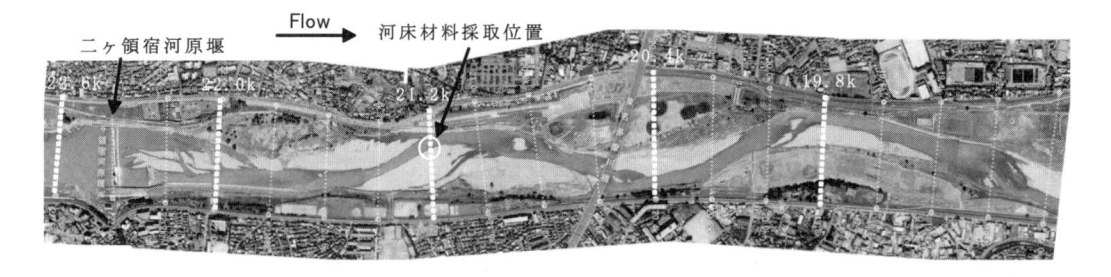

図-4.41 堰下流の横断測線位置（H13.9洪水後撮影）[24]

一方，堰直上流の 22.6 km 地点とその 1 km 上流の 23.6 km 地点における最深河床高の経年変化を，**図-4.44** に示す．最深河床高はともに，堰改築前まではほぼ安定していたが，堰改築後には約 2 m の堰敷高の切り下げと同程度に低下している．

(2) 堰周辺の河床高の変化

図-4.45 は，平成 11 年 2 月 (堰竣工後) と平成 14 年 3 月の測量に基づく河床高コンターであり，**図-4.46** はこの間の河床高の変化量を表している．これらの図から，堰上流および下流の河床高変化について以下のことがわかる．

① 堰直上流の河道湾曲のため流水が集中する右岸側の河床低下が顕著となっている．これは堰敷高の切り下げによる堆積土砂の流出の結果であり，流下能力上のネック部である河道断面の増大として好ましい．

② 22.6〜23.0 km 左岸側に形成されていた固定砂州が侵食され，低水路幅が広くなる傾向にある．この河道断面の拡大は，治水上好ましい．

③ 堆積土砂の流出に伴い 23.2k 左岸側の砂州が下流に移動している．

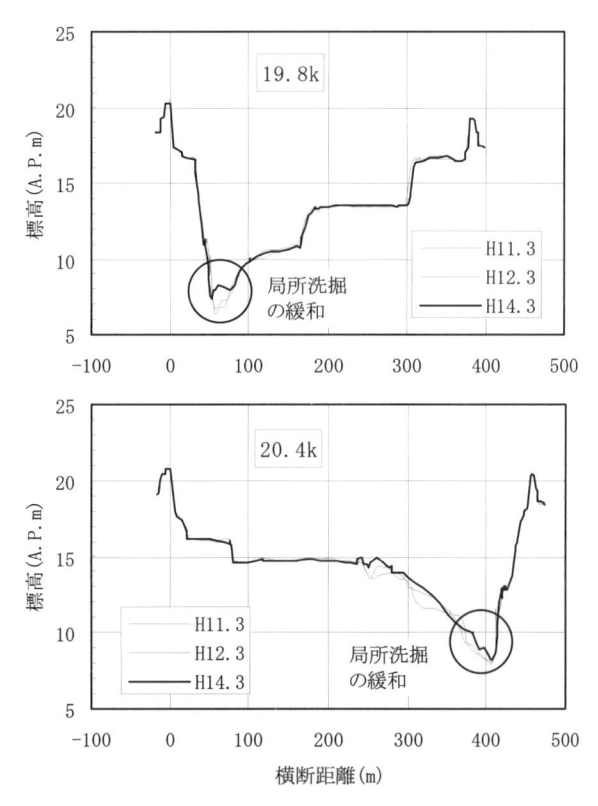

図-4.42 堰下流の横断形状の変化[24]

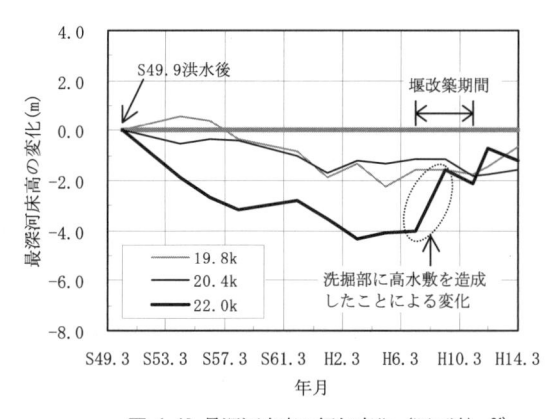

図-4.43 最深河床高の経年変化（堰下流）[24]

④ 堰下流では，堰上流からの堆積土砂流出の結果，その一部が堰直下流に堆積し，それまで広く露出していた土丹を砂礫で覆い始めた（図-4.41 参照）．このことは，砂礫河床を基本とする生態系の再生に寄与するものと期待され，河川環境の観点からも継続的に注視する必要がある．

⑤ 堰下流の左岸側砂州が侵食され始めた．これは，堰改築により堰下流の流れが以前よりも均等化されたために生じたものである．

⑥ 以上の河床高変化の検討から，堰下流の低水路横断形は，平滑化される傾向にある．

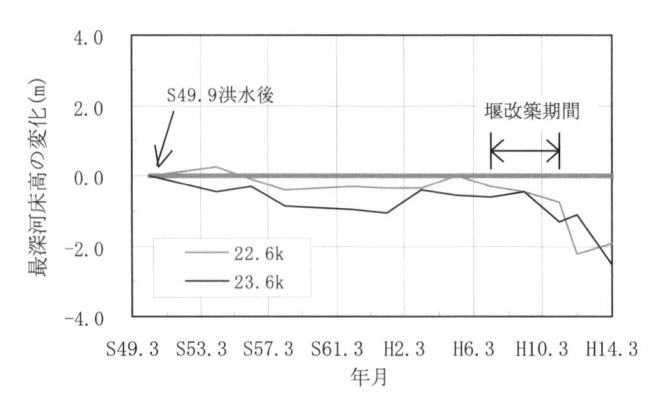

図-4.44 最深河床高の経年変化（堰上流）[24]

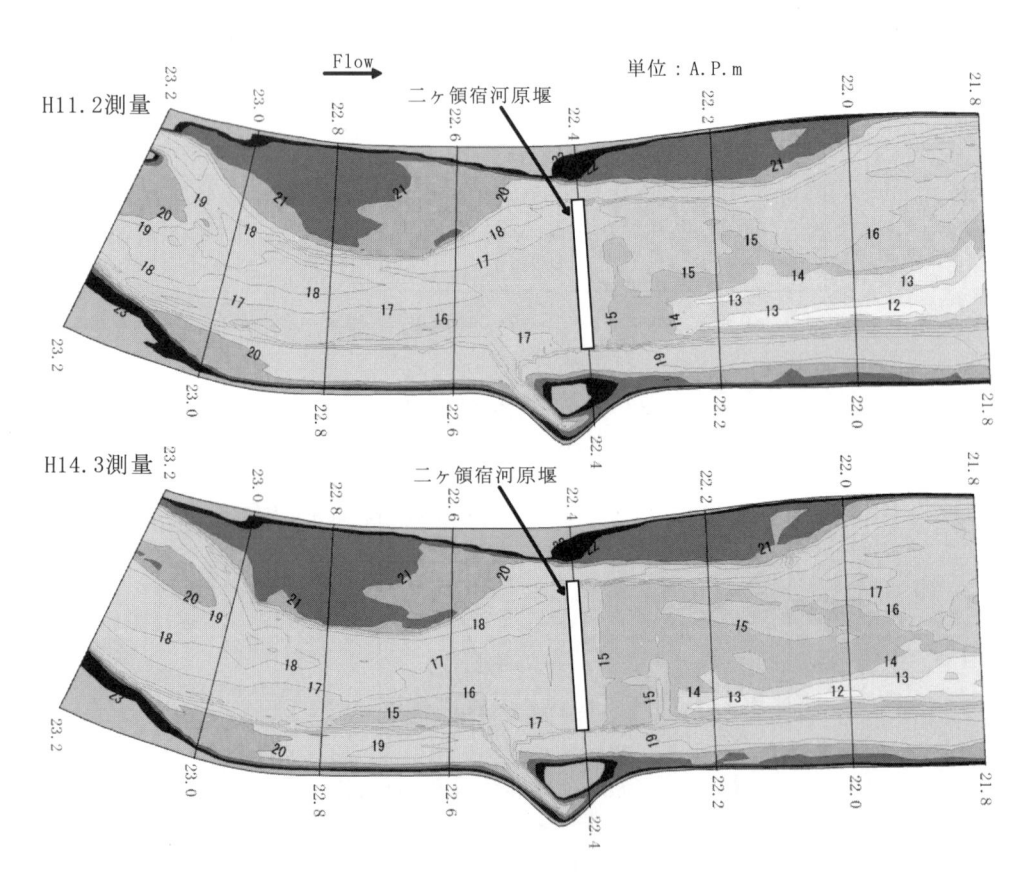

図-4.45 堰周辺の河床高コンター[24]

(3) 堰敷高の切り下げによる河床高変化の再現計算

　堰敷高の切り下げは，周辺河床に大きな影響を及ぼすため，これを事前に予測できればその影響への適切な対処が可能となる．そこで，二次元河床変動計算モデル[25]により，上記(2)で示した河床高変化の再現計算を行った．

　計算に当たって，堰直下流の護床工が設置されている区間では固定床として扱っている．計算対象区間は21.4〜24.4 kmで，縦断方向の格子幅を25〜40 mとし，横断方向に低水路

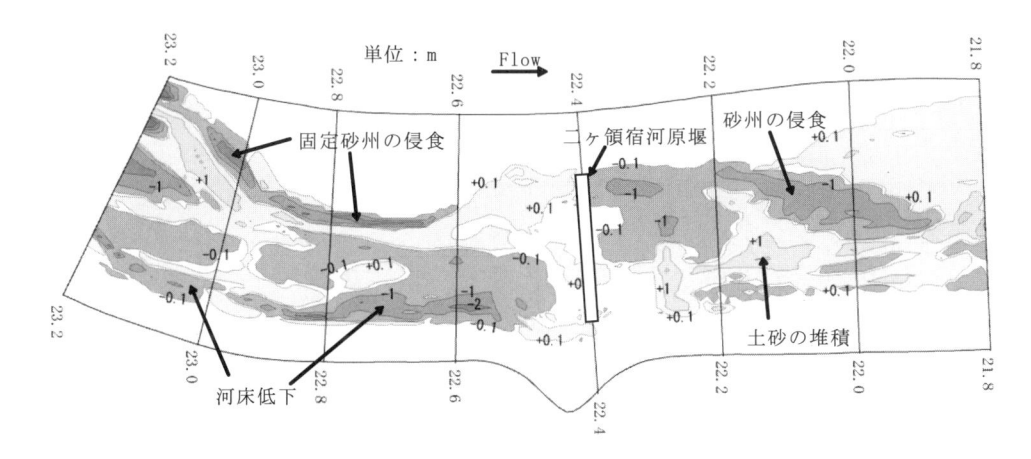

図-4.46 河床高変化のコンター図（H11.2〜H14.3の変化）[24]

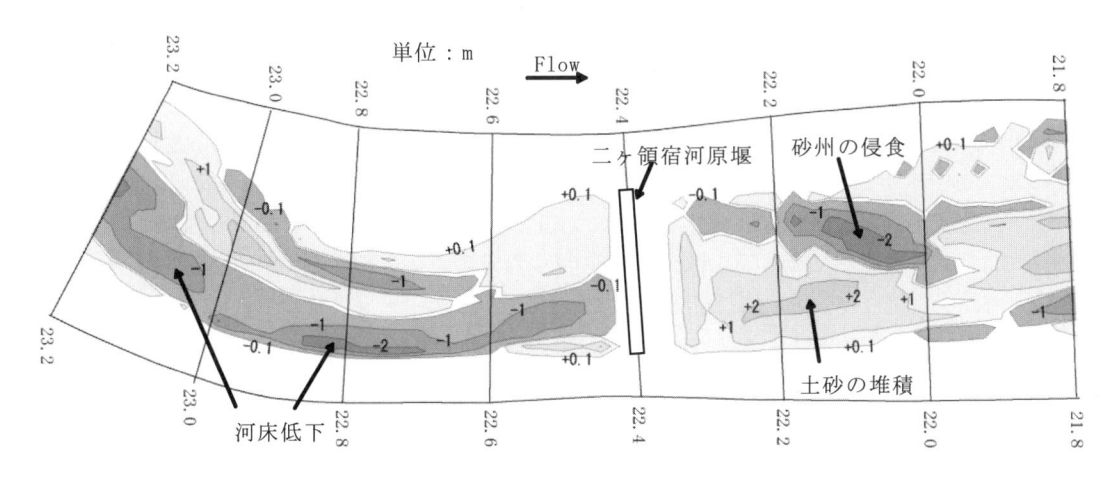

図-4.47 二次元河床変動計算結果[24]

を15分割，高水敷を7分割する格子幅とした．河床条件として，24.0 km 地点の河床材料 (平成13年12月採取) を13分割して与えた．

図-4.47 は，堰竣工後河床 (H11.2) を初期河床として，H11.8洪水とH13.9洪水 (平均粒径がほぼ全断面で移動し始める流量 300 m^3/s 以上を対象) を与えて計算された河床高変化のコンターである．図-4.46 と比較すると計算結果は，堰周辺の洗掘，堆積の傾向をおおむね表している．ただし，計算モデルは堰上流左岸の固定砂州の侵食を考慮していないため，計算法の改善余地が残されている．堰上流の 24.0 km 地点までの河床変動量の計算値は $-66,000$ m^3 であり，実測値の $-59,000$ m^3 と同程度である．

4.6 床止め工と可動堰

大洪水時には可動堰ゲートは全開され，可動堰の底面敷きは，河床の高さを維持，安定化させる床止め工の役割も果たす．このように洪水時の可動堰の機能から判断して，床止め工と可動堰を河床の安定という視点で一緒に論ずることにする．**図-4.48** は床止め工の構造を

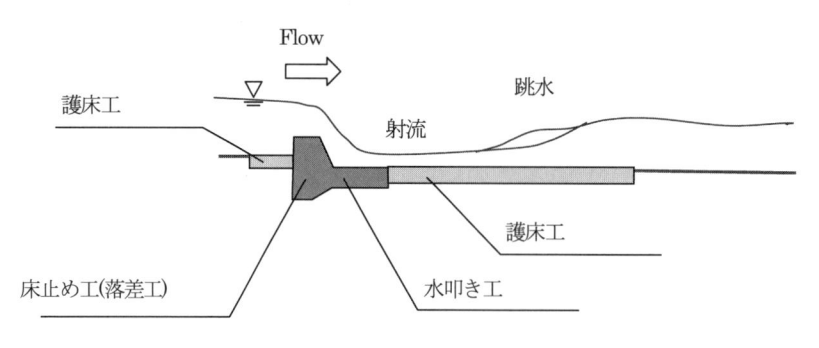

図-4.48 床止め工の構造

示す．床止め工には水叩き工が付随し，その下流に護床工が設置される．

床止め工や可動堰は，河床を安定化させるが，河道を横断して造られるために，土砂の移動，魚の遡上と降下等に悪影響を与えない構造であることが望まれる．

床止め工など構造物の直下流部に生じる河床洗掘は，構造物の安定性を低下させるだけでなく，ときには付近の護岸や堤防の欠壊を引き起こす原因となる．このため，一般的な床止め工は床止め工本体に水叩き工が付随し，その下流に護床工が設置される構造をもつ．床止め工の設計では，水叩き工や護床工の長さの決め方が安全性，経済性の両面から重要であり，床止め工下流の護床工区間で跳水が起こるように設計するのが一般的である[26]．護床工直下流では流れの加速や上流からの土砂供給量の減少などにより，河床洗掘が下流端に生じることが多く，洗掘に対し抜本的な解決法が求められている．

構造物下流端の処理を確実にするためには，第一に，構造物下流の洗掘孔内の流れや洗掘深を明らかにする必要がある．構造物前後で大きな水頭差をもつダムや水門下流では，水平噴流[27]や跳水に伴う渦による局所洗掘[28]が起こり，これに対する対策は大がかりなものになる．しかし，護床工や床止め工など落差が小さい構造物では，下流端処理が主要な対策となる．神田ら[29]は，種々の護床工の形式について護床工下流の局所洗掘を実験により調べている．道上・鈴木ら[30]は床止め工下流の洗掘過程を表現する数値解析法を検討している．川島・福岡[31]は平面二次元解析を用いた床止め工下流の河床変動計算法を提案しているが，鉛直方向の流れの変化が考慮できないため，局所洗掘を表現するには不十分である．水理構造物を越流する流れは一般に急変流となり，流線の曲率が重要となることから，福岡・福島[32]はポテンシャル理論を応用し，水理構造物周辺の流れと圧力場を理論的に検討する方法を提示している．近年では，このような急変流れを計算できる数値解析モデルがいくつか提案されているが，実用的な意味で，局所洗掘深を扱うには至っていない．

落差が小さい構造物の下流では，構造物の基礎を脅かさない程度に河床洗掘を許容し，洗掘孔内での流体混合により洗掘力を軽減させることが考えられる．内田・福岡ら[33]は，河床低下，局所洗掘を見込んだ構造型式が護床工ブロックに作用する流体力を軽減し，河床洗掘を軽減できる工法の1つとなり得る可能性を示している．

本節では，落差の小さい床止め工を想定し，内田・福岡ら[34]による床止め工下流の流れと局所洗掘現象を計算できる鉛直二次元数値解析モデルを示す．次に，このモデルを用い，構造物下流端の局所洗掘孔を設計においてあらかじめ見込むことにより，構造物の安定性の向上が期待できることを示す．

4.6.1 床止め工下流の流れと河床変動の解析手法 [34]

落差の小さい床止め工下流では，河床の洗掘・堆積の繰り返しのため河床および水面は，時間的，空間的に変動する．このような変動する境界面形状を有する流れを解くためには，鉛直方向のグリッドの移動速度 w_g を考慮に入れ，σ 座標系に変換した鉛直二次元場の流れの運動方程式 (A.36), (A.37), 連続方程式 (A.38) を用いる．

水理構造物を越流する流れを扱う場合は，非静水圧分布特性を解析の中で考慮することが重要であるため乱流モデル等高次のモデルは一般には用いられない [32),34)]．しかし，河床変動解析を行う場合は，河床変形に伴う流体混合や河床付近の剥離などが重要となるため，乱れエネルギー分布を考慮する必要がある．渦動粘性係数の計算には式 (4.11) に示す $Smagolinsky$ モデルを採用する．

$$\nu_t = (C_s \Delta)^2 \cdot \sqrt{2|\bar{S}|^2} \tag{4.11}$$

ここで，

$$|\bar{S}| = \left(\tilde{S}_{\xi\xi} \frac{\partial \tilde{U}}{\partial \tilde{\xi}} + \tilde{S}_{\xi\sigma} \frac{\partial \tilde{U}}{\partial z} + \tilde{S}_{z\xi} \frac{\partial w}{\partial \tilde{\xi}} + \tilde{S}_{z\sigma} \frac{\partial w}{\partial z} \right)^{1/2} \tag{4.12}$$

$$\tilde{\tau}_{ij} = 2\nu_t \tilde{S}_{ij}$$

と定義される．また，$C_s = 0.2$ としている．

水位 ζ は水深積分した連続式 (4.13) で表し，水面の鉛直方向流速は式 (4.14) の運動学的境界条件で与える．

$$\frac{\partial}{\partial \tilde{\xi}} \int_0^h \tilde{U} dz + \frac{\partial \zeta}{\partial t} = 0 \tag{4.13}$$

$$w = \frac{\partial \zeta}{\partial t} + \tilde{U} \frac{\partial \zeta}{\partial \tilde{\xi}} \tag{4.14}$$

上下流端の境界条件として，上流端では水深方向の流速分布の相似性を仮定して流量を与え，下流端では水位を与えている．河床面と構造物上面の壁面せん断力は対数則で与え，構造物の鉛直壁面の境界条件は $slip$ 条件を与えている．

圧力 p は式 (4.15) で表し，静水圧分布からの偏差 dp を $HSMAC$ 法による繰り返し計算で求めている．

$$p = \rho g (\zeta - z) + dp \tag{4.15}$$

水位 ζ は繰り返し計算で式 (4.13) を用いて更新する．

4.6.2 床止め工直下の洗掘孔内の流況と局所洗掘の解析

4.6.1 の解析と床止め工の洗掘実験を比較するため，表-A.4.3 に示す条件で二次元床止め工実験を行った．床止め工上流では，河床洗掘を想定し，あらかじめ床止め工上面の高さは図 4.48 に示すように初期河床高から 0.035 m 高く設置している．床止め工直下流の砂の輸

送量と河床洗掘量が他の区間に比べて遥かに大きいため，床止め工直下の局所洗掘は静的洗掘現象として扱える．このため，床止め工上流部は固定床として扱う．

　床止め工直下の流れと洗掘孔の発達過程を調べ，河床洗掘孔が十分発達するまで通水を行った後，河床形状を硬化剤で固め，潜り噴流状態(**図-4.49**)と波状跳水状態(**図-4.50**)における洗掘孔内の流れの計測を行った．

　落差の小さい床止め工下流では，河床洗掘がある程度進行すると，波状跳水状態と潜り噴流状態が共存する水理条件となり，これらによる埋め戻し過程と洗掘過程が繰り返されながら洗掘孔が発達する．

　図-4.49は潜り噴流状態における縦断水面形と洗掘孔内の流速ベクトルの実験値と計算値の比較を示す．潜り噴流では，床止め工を越流する流れの慣性力によって，河床付近まで運動量が輸送される．床止め工の下流では河床に沿って流れ，水面付近に逆流域が生じる．このため，潜り噴流では床止め工直下で河床せん断力が大きくなり，河床形状は短時間に大きく変形する．計算結果はこのような潜り噴流の流れ場を表現できる．

　図-4.50は波状跳水状態における縦断水面形と洗掘孔内の流れの実験値と計算値の比較である．波状跳水では，河床付近まで運動量が輸送される前に，河床付近の圧力が上昇し流れが上向きに曲げられる．この結果，床止め工下流では水面に沿う流れとなり，床止め工背後での剥離領域は大きくなる．計算による再現性は，水面付近であまり高くないが，河床変動計算に影響する河床近傍流速の計算結果は実験結果を表し，再付着点が実験結果とほぼ一致している．

　波状跳水状態と潜り噴流状態が繰り返される床止め工直下の局所洗掘対策を考えるには，砂の輸送量が多く，洗掘形状を決定付ける潜り噴流状態の流れ，最大洗掘深とその発生位置を見積もることが重要である．

　床止め工下流の局所洗掘解析では，平衡流砂量式を用いて流砂量を計算し，流砂の連続式から求まる河床変動速度を河床面の計算グリッドの移動速度とし，流れの計算と連立させている．平衡流砂量の算定には，斜面上の限界掃流力と重力による付加掃流力を考慮し[34]，これと芦田・道上式を用いている．

(a) 水面形の比較

(b) 洗掘孔内の流速ベクトルの比較

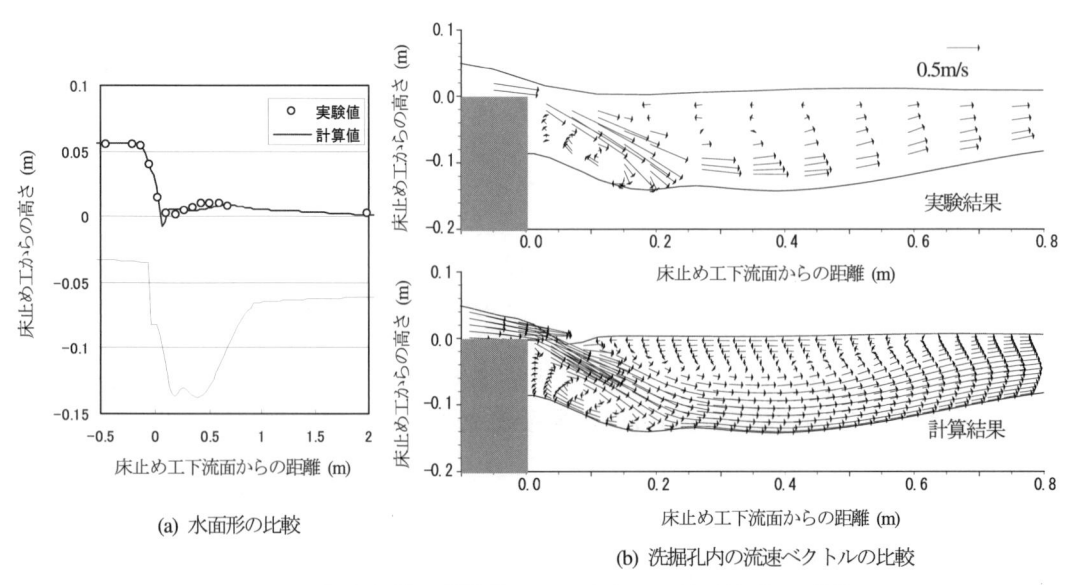

図-4.49 潜り噴流状態における床止め工下流の流れ場の比較[34]

(a) 水面形の比較

(b) 洗掘孔内の流速ベクトルの比較

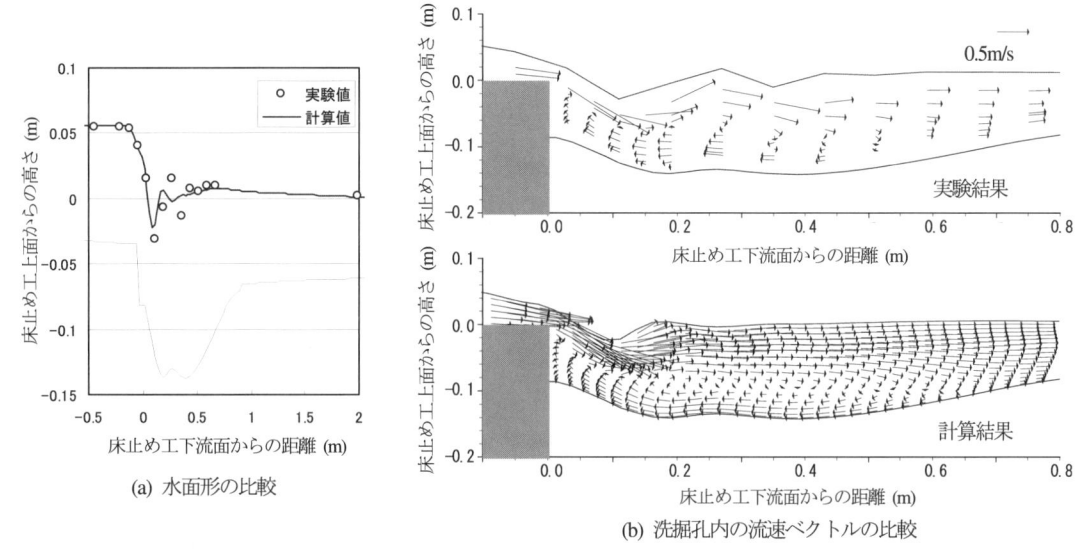

図-4.50 波状跳水状態における床止め工下流の流れ場の比較[34]

図-4.51は最大洗掘深が生じる潜り噴流状態から波状跳水状態へ移行する直前の河床形状について，4回の実験結果と実験と同一の水理条件に対する計算結果の比較である．波状跳水状態において埋め戻された砂は，潜り噴流に移行した直後に，上下流に輸送され，洗掘孔下流に堆積域が形成される．堆積域が形成された後，波状跳水状態へ移行するまでの洗掘孔の発達過程では，洗掘孔は最大洗掘深の位置をほとんど変えずに発達し，堆積域は堆積頂部が下流に移動しながら大きくなる．これらは，波状跳水状態へ移行後，堆積域の砂が上流へ輸送されることによって，減衰する．以上の洗掘過程は，潜り噴流状態と波状跳水状態の共存領域で生じる不安定な現象であるため，図-4.51に見られるように，移行直前の河床形状の実験結果はややばらついている．しかし，床止め工直下の洗掘孔の形状は各実験でおおむね等しいことから，潜り噴流状態から波状跳水状態へ移行現象は床止め工直下の河床形状に支配されていることがわかる．

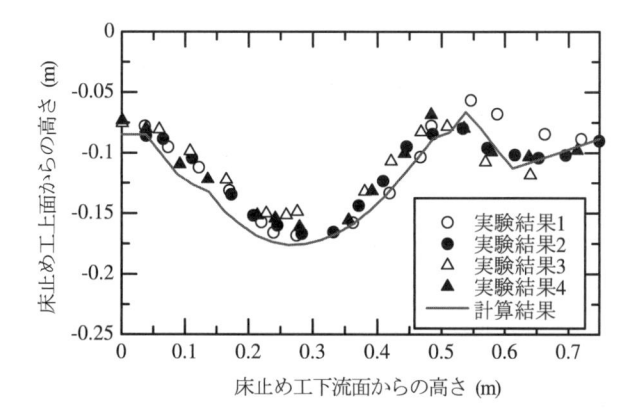

図-4.51 最大洗掘深：潜り噴流から波状跳水へ
移行する直前の河床形状の比較[34]

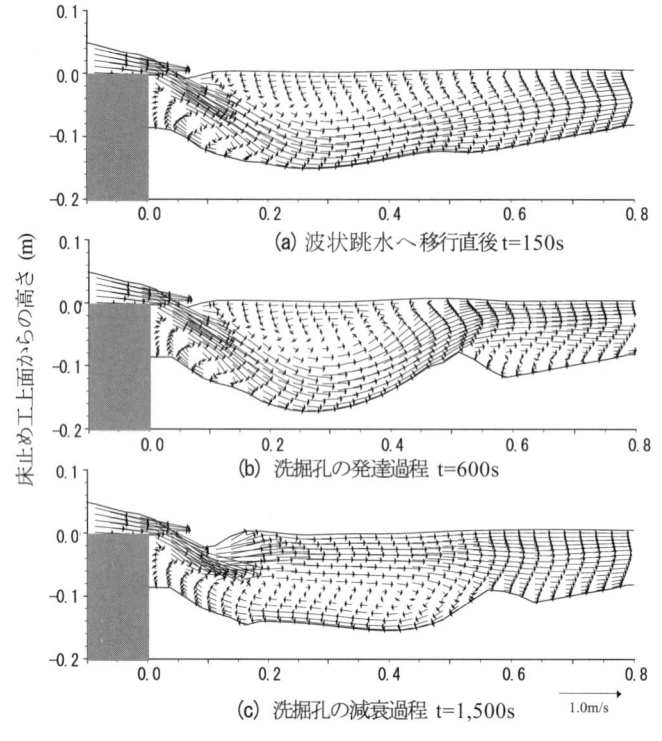

図-4.52 洗掘孔内の流れ場の計算結果[34]

図-4.52は洗掘孔内の流れ場の計算結果である．水叩き部の河床が低下することにより，圧力が低下するため，図-4.49と比較すると流れの再付着点は上流に移動している．波状跳水状態へ移行すると，流れの再付着点が堆積域頂部となって，逆流により堆積域の砂が上流に輸送されている．解析は，床止め工直下の局所洗掘過程を説明できており波状跳水へ移行する直前の最大洗掘深発生時の河床形状(図-4.51)についても，計算結果は実験結果とおおむね一致している．

床止め工下流の洗掘を緩和し，護床工範囲を短くするには，床止め工下流の洗掘を完全に防護するよりも，ある程度の深さまでは洗掘を許容することにより，流況を改善し洗掘エネルギーを減ずる方法も考えられる．**図-4.53**は，床止め工下流に洗掘孔がある場合について，水面形と底面摩擦速度の縦断変化を示したものである．洗掘孔を有することによって水深が確保されるため，下流水深 h_D が低下しても床止め工下流で射流が生じず，潜り噴流状態の流れ場が維持される．潜り噴流状態では流体混合により，水たたき部の最大せん断力は比較的小さく，短い流下距離で底面せん断力は減少する．洗掘孔を有する場合は，洗掘孔内の深い水深により流体が混合するため，洗掘孔内では洗掘孔下流のせん断力よりも小さくなり，洗掘孔の下流斜面で最小値をとる．このため，洗掘孔がない平坦固定河床の場合の潜り噴流状態のものと比べて，短い区間で河床せん断力が低下する．また，洗掘孔下流のせん断力まで河床せん断力が低下するのに要する区間は，下流の水位が変化してもほとんど変わらないことがわかる．

異なる流量に対しても，設計で与えられた洗掘孔を維持する工法については，今後の検討課題である．

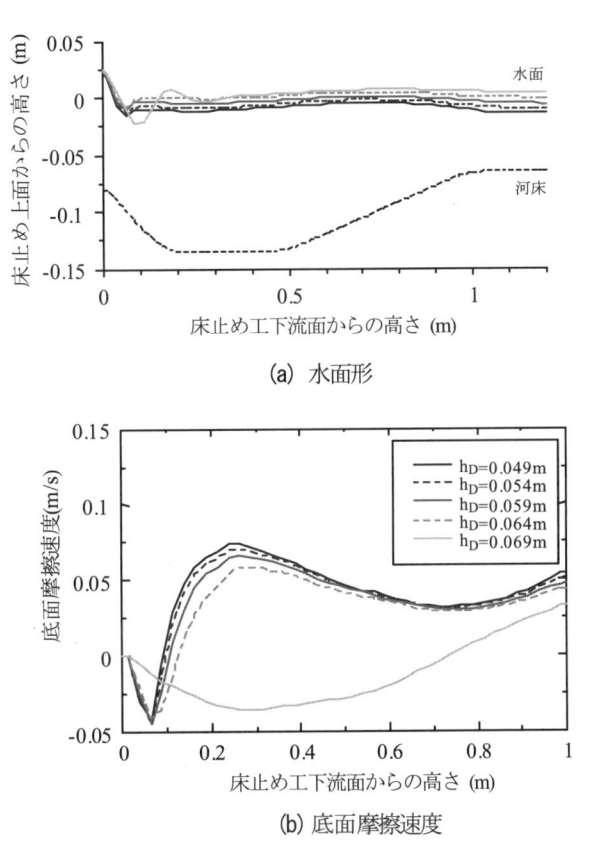

図-4.53 床止め工下流の洗掘を維持した場合の下流水深の変化に伴う計算底面摩擦[34]

(a) 水面形

(b) 底面摩擦速度

4.7 護床工

4.7.1 大型粗度群上の浅い流れ [33),39)]

(a) 水没粗度の抗力測定と抗力評価法

堰・床止め工等河川横断構造物下流の護床工，護岸の根固め工などに大型粗度が用いられる．護床工等の設計には，大型粗度上の浅い流れの抵抗や粗度に作用する力を見積ることが重要である．粗度による流水抵抗を評価する方法は，相当粗度 k_s [40)〜42)]，$Chezy$ 係数 [43)]，$Manning$ の粗度係数 [44)]，摩擦損失係数 f [45)〜47)] などの一次元的諸量を用いて評価されることが多い．しかし，これらの抵抗係数は，粗度配置や水理条件によって大きく変化するため，一般的な評価方法とは言い難い．

福岡ら [48)] は，さまざまの大きさ，配置の非水没粗度に作用する抗力を直接測定した結果，粗度に作用する圧力分布は静水圧分布と考えてよく，非水没粗度に作用する抗力は，粗度配置，流量によらず，粗度前後の水深を用いて高い精度で算定が可能であることを示した．この抗力の算定式を計算モデルに取り入れ，非水没粗度群を有する流れの二次元解析を可能に

している．しかし，護床工など大型粗度群が水没する場合の流れや抗力についての検討は，十分行われていない．

本節では，さまざまな配置の大型水没粗度の抗力を直接測定し，その特性を明らかにするとともに，水没粗度の抗力の算定方法を示す．次に水没・非水没大型粗度の混在する流れ場を再現できる二次元数値解析法を構築し，護床工のある流れ場の予測を可能にする解析法を提示している[33),39)]．

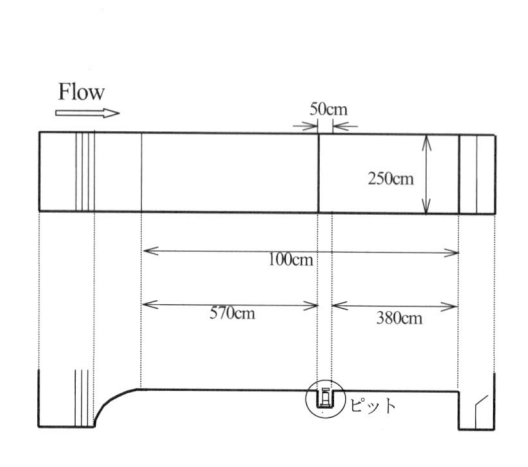

図-4.54 流体力測定実験水路図[33)]

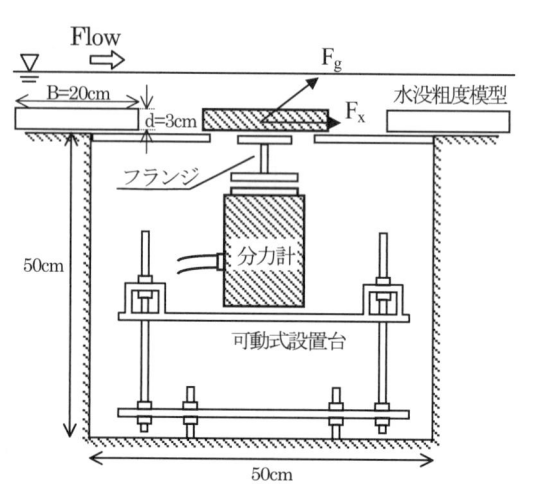

図-4.55 流体力測定装置[33)]

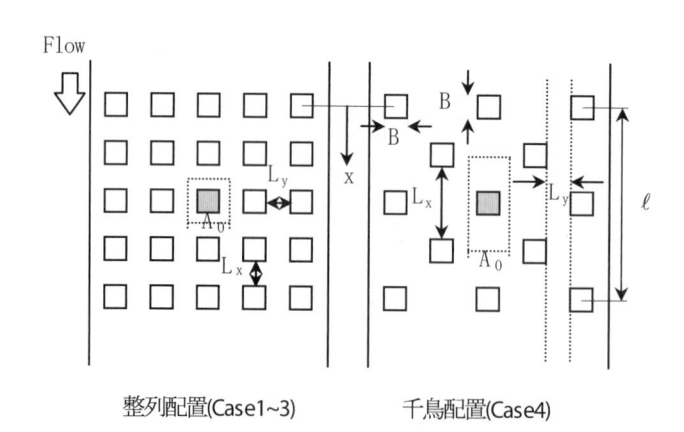

図-4.56 粗度配置[33)]

図-4.54に示す水路上流端から 5.7 m，下流端から 3.8 m の位置に幅 50 cm，深さ 0.5 m のピットを設け，その中に分力計が設置されている．粗度幅 $B = 20$ cm，高さ $d = 3$ cm の正四角柱の粗度模型が**図-4.55**に示すようにピット内のフランジを介して分力計に接続され，流体力が直接計測できるように工夫されている．流体力の流下方向 (x 方向) 成分を抗力 F_x，横断方向成分を揚力 F_y と定義する．F_y は F_x に比べて小さく，F_x のみを扱う．流体力の測定は，**図-4.56**に示す Case1～3 の整列配置，Case4 の千鳥配置について行う．L_x，L_y は，それぞれ粗度の縦断間隔，横断間隔である．A_0 は，後述するように，粗度 1 個当たりの支配面積である．Case1，Case2 は横断間隔 L_y をそれぞれ $L_y/d = 6.7$，

$L_y/d = 20.0$ に固定し，縦断間隔 L_x を変化させている．Case3 は $L_x = L_y$ の整列配置，Case4 は $L_x = 2L_y + B$ の千鳥配置である．また，粗度群全長を ℓ，最上流粗度からの縦断距離を x とする．表-A.4.4 に実験条件を示す．ここで，相対水深 h^* は，粗度高さ d に対する粗度群上流 (水路上流端から 100 cm) の水深 h の比 $h^* = h/d$ で与えられる．

図-4.57 は，Case1，Case2 における水没粗度群の抗力の縦断分布を示す．横軸は粗度群内の縦断的な相対位置を示す x/ℓ である．縦軸は同一流量，同一形状の単体粗度の抗力 F_0 に対する群内のそれぞれの粗度の抗力 F_x の比 F_x/F_0 である．粗度群内部の抗力の分布は，横断間隔 L_y が Case1 ($L_y/d = 6.7$) と Case2 ($L_y/d = 20.0$) で異なるにもかかわらず，ほとんど差がみられない．このことは，横断間隔 L_y よりむしろ縦断間隔 L_x が抗力の大きさを支配していることを示す．$L_x/d = 3.3$ では，粗度前面が上流粗度の剥離渦の領域に入り込むため，粗度前後面の圧力差が小さくなり，抗力は他の場合に比べて極端に小さくなる．L_x/d がそれ以上大きくなると，粗度への接近流速 (河床から粗度高さまでの粗度前面流速) が徐々に回復し抗力は大きくなる．このため，粗度群内部の抗力は，縦断間隔 L_x が増大するにつれて増加する．

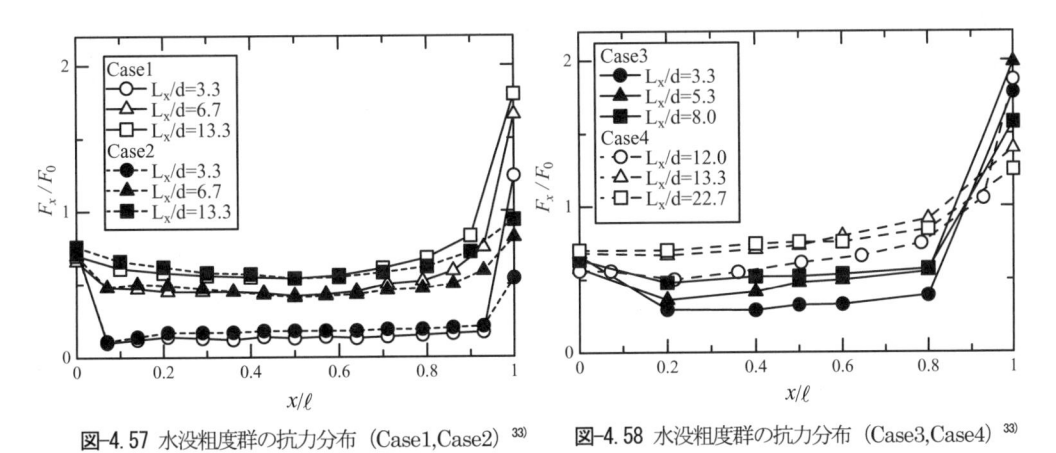

図-4.57 水没粗度群の抗力分布 (Case1,Case2) [33]

図-4.58 水没粗度群の抗力分布 (Case3,Case4) [33]

最後列に位置する粗度では，粗度群中央の粗度と比べその前後で大きな水位差がつくため，抗力は著しく大きくなる．これは粗度が非水没の場合も同様である [48]．Case1 は Case2 に比べ最後列粗度に作用する抗力が大きい．これは，Case1 では，Case2 に比べて，流下断面に対する最後列粗度の投影面積 $A (= d \cdot B)$ の総和が大きくなるため，最後列の粗度前後で大きな水位差が生じるためである．

図-4.58 は Case3，Case4 について同様の検討を行ったものである．Case4 の千鳥配置は Case3 の整列配置に比べて，粗度群内の粗度に作用する抗力が大きく，最後列の粗度に作用する抗力が小さくなる．これは以下の理由による．千鳥配置は流れを阻害しやすい配置であるため粗度群内部では粗度の抗力が大きくなり，一方最後列では，横断的に粗度が疎に配置されているため水位の堰上げが小さくなり，抗力が小さくなる．このことは，後述するように護床工の弱点個所となる最後列の粗度要素に作用する抗力が小さく，一方，護床工内部の抵抗が相対的に大きくなる千鳥配置が望ましい粗度配置であることを示している．

大型粗度のある流れの解析を行うためには，粗度に作用する抗力 F_x を評価する必要がある．非水没粗度に作用する抗力 F_x は，前後の圧力分布を静水圧分布とした式 (4.16) で算定

可能である[48]．粗度が水没し，水没水深が小さい場合も，静水圧分布で近似できるとすると，水没粗度の抗力 F_x は式 (4.17) で与えられる．

$$\text{非水没}: F_x = \rho g B \left(h_1^2 - h_2^2\right)/2 \tag{4.16}$$

$$\text{水　没}: F_x = \rho g B d (h_1 - h_2) \tag{4.17}$$

ここに，g: 重力加速度，h_1: 粗度前面水深，h_2: 粗度背面水深，B: 粗度長さ，d: 粗度高さである．

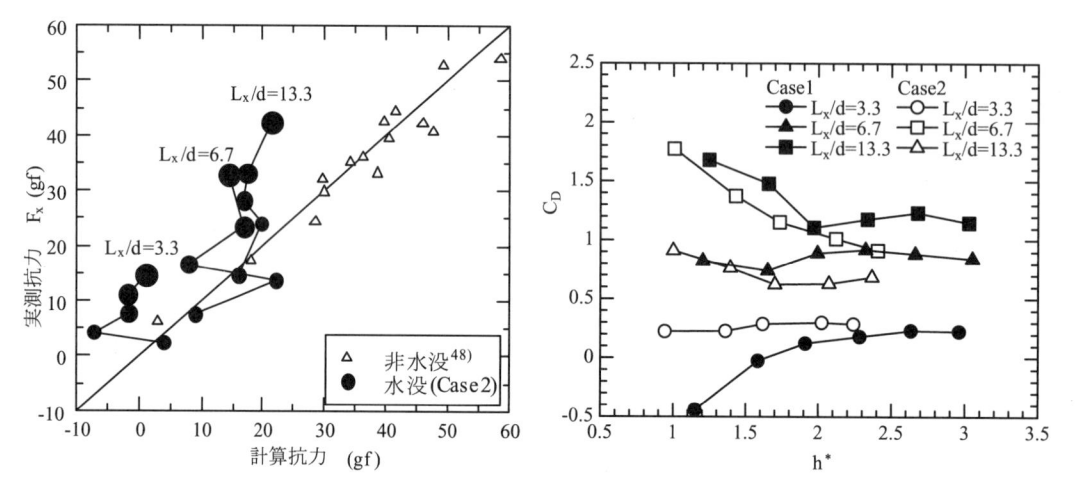

図-4.59 静水圧を仮定した計算抗力と実測抗力の比較[33]　　**図-4.60** 水没粗度の抗力係数 C_D と相対水深 h^* の関係[33]

図-4.59 はさまざまな粗度配置，相対水深 h^* において，粗度前後の水深を用いて式(4.16), (4.17) で計算される抗力値と分力計を用いて直接計測した抗力の実測値の関係を示す．図-4.59 の直線は計算値と実測値の一致点である．三角形の点は非水没粗度を表している．丸の点は，Case2 の粗度配置における水没粗度を表し，同じ縦断間隔 L_x の点を線で結び流量 (相対水深 h^*) の増加に伴いプロットする点を大きくしている．

非水没粗度の場合は計算値と実験値がほぼ一致するが，水没粗度の場合は相対水深 h^* の増加に伴い，実測抗力値が静水圧分布から算出した抗力の計算値に比べて大きくなる．これは，相対水深 h^* が大きくなると，粗度背面で鉛直下向き加速度成分が大きくなり，圧力分布が静水圧分布よりも小さくなるためである．このため，粗度が水没する場合，もはや抗力は式 (4.17) では評価することができなくなる．そこで，水没粗度の抗力 F_x を抗力係数 C_D を用いた式 (4.18) で評価する．

$$F_x = C_D \frac{\rho A U^2}{2} \tag{4.18}$$

ここで，代表流速 U には，粗度群上流の一様流速を用いる．

Re 数は十分大きい範囲 ($Re = UA^{0.5}/\nu = 10^4 \sim 10^5$) では，抗力に最も影響を与える流れ場のパラメータに相対水深 h^* が考えられる．**図-4.60** は，Case1，Case2 について，h^* と粗度群内部に位置する粗度の抗力係数 C_D の関係を示す．式 (4.18) は，抗力の近似的表現であり，抗力係数 C_D は粗度の配置や h^* によりさまざまな値をとる．しかし，抗力 F_x がほとんど働かない $L_x/d = 3.3$ を除けば，$h^* \geqq 2.0$ で粗度配置ごとにほぼ一定値をとる．

これは，相対水深 h^* が大きくなることにより，粗度背面の剥離形状が水深の直接的影響を受けず安定した大きさとなったためと考えられ，$h^* \geqq 2.0$ の粗度に作用する抗力は，C_D を用いて，式 (4.18) で評価可能である．

(b) 水没粗度を有する二次元浅水流モデルと実験によるモデルの検証[33]

解析には，複雑な粗度配置の流れを高い精度で表現可能な平面二次元形状一般座標系を用いる．基礎式 (A.26), (A.27) には粗度による流体力項を付加している[33]．物体周囲の圧力分布を三次元計算によって厳密に求めることができれば，流体力項を基礎式に付加する必要はない．しかし，浅水流モデルは鉛直積分した二次元方程式であるため，物体周囲の流れを厳密に求めることができない．このため流れが粗度要素から受ける流体力をモデル化し，これを基礎式に付加している．

流体力項 F_x, F_y については主流方向に作用する抗力を直交座標成分に分解し式 (4.19), (4.20) で表している．

$$F_x = \frac{1}{2} C_D u \sqrt{u^2 + v^2} \frac{A}{A'} \tag{4.19}$$

$$F_y = \frac{1}{2} C_D v \sqrt{u^2 + v^2} \frac{A}{A'} \tag{4.20}$$

ここに，A: 粗度の主流方向に対する投影面積，A': 抗力が作用する計算格子の面積，u, v: 一様流速の x, y 方向成分である．

流体力項は，実験により算出した抗力係数 C_D 値を用い，粗度群上流の一様流速を代表流速として式 (4.19), (4.20) を用いて計算し，各粗度の前面のメッシュで与えている．また，抗力係数 $C_D = 0.0$，すなわち流体力項を付加しない場合の計算も行い，抗力係数 C_D 値を用いる計算結果と比較する．計算メッシュは粗度配置，流れを考慮できる大きさで分割し，粗度に該当するメッシュでは粗度高さ分だけ水路床を上げている．境界条件は上流端で実験流量，下流端で段落ちによる限界水深，壁面では *slip* 条件を与えている．時間前進で計算を進め，下流端流出量が実験流量に漸近し安定したときの流速と水深を計算結果としている．

解析モデルによる計算結果を実験値と比較する．対象とする粗度配置は Case1 の $L_x/d = 6.7, 13.3$ である．**図-4.61** は横断平均水位の縦断形 (以下，縦断水面形と呼ぶ) における実験値と計算値の比較である．流体力項を付加しない場合は，粗度に作用する抗力を小さく評価するため，計算水位が実験値よりも低くなる．流体力項を付加した場合は，実験水面形を良好に再現している．**図-4.62** は実験と計算による水深平均流速の横断分布の比較である．流体力項を付加しない場合は，粗度背面で流れがほとんど減速されていない．これに対して，流体力項を付加した場合は，粗度背面で流速が低減されており，実験値とほぼ一致している．

図-4.63 は千鳥配置である Case4 の $L_x/d = 14.7$ における縦断水面形の実験と計算の比較を示す．抗力係数 C_D は，実験値より算出した $C_D = 1.2$ を用いている．整列配置の Case1 の場合と同様に，計算水面形は実験値とほぼ一致している．

(a) $L_x/d=6.7$

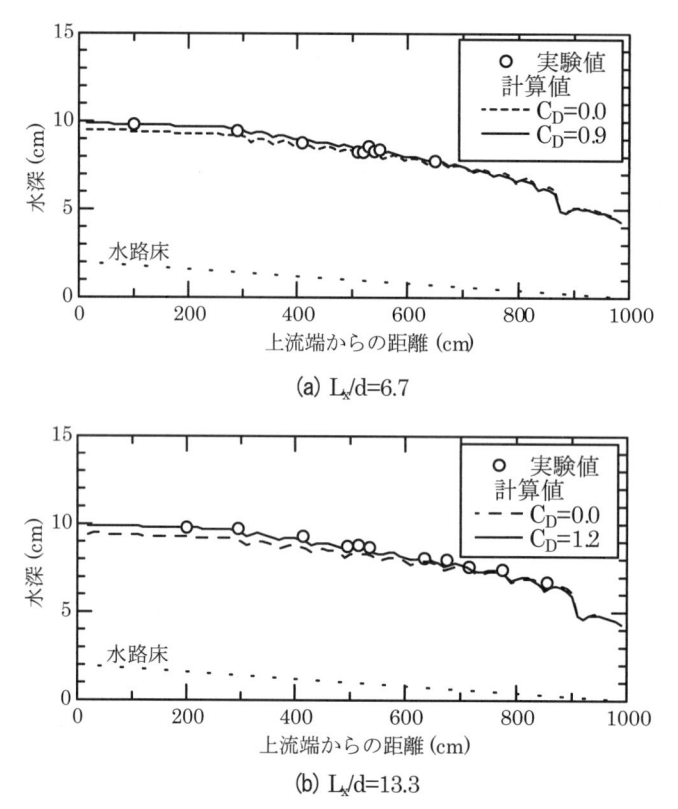

(b) $L_x/d=13.3$

図-4.61 縦断水面形の計算値と実験値の比較（Case1）[33]

(a) $L_x/d=6.7$

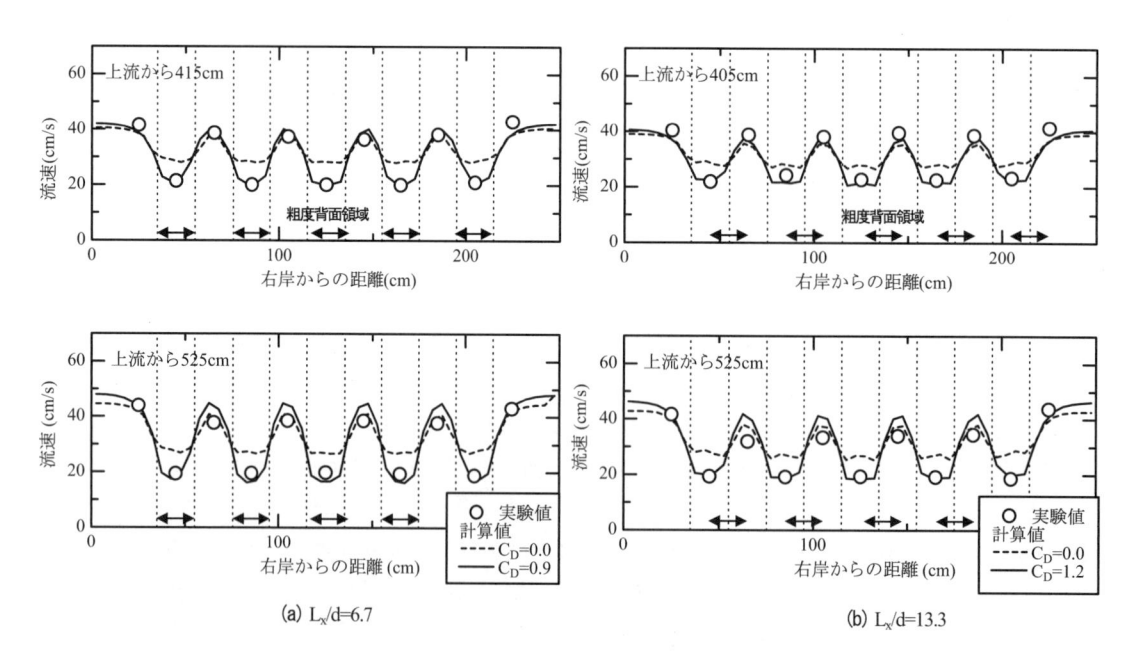

(b) $L_x/d=13.3$

図-4.62 水深平均流速の実験値と計算値の比較（Case1）[33]

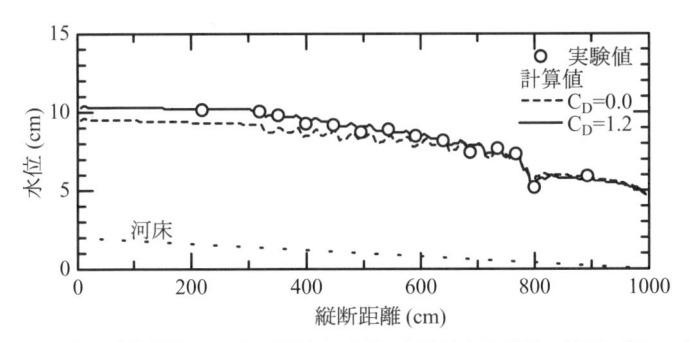

図-4.63 千鳥配置における縦断水面形の実験値と計算値の比較（Case4）[33]

(c) 水没・非水没粗度を考慮した二次元浅水流モデルと実験による検証

水没・非水没粗度が混在する流れについて実験と解析から考察する．解析には式 (A.26)〜(A.28) の二次元浅水流方程式を用いる[39]．水没粗度はメッシュ自体の地盤高を高くし，非水没粗度は鏡像条件を用いて不透過の障害物として表現している．粗度の抵抗は，非水没粗度の場合式 (4.16) により，水没粗度の場合式 (4.19)，(4.20) により算定し基礎式に付加している．

粗度配置は**図-4.64** に示す水没・非水没粗度が混在する理想化された配置の 2 ケースについて行っている．Case3 は整列に配置した場合，Case4 は千鳥に配置した場合である．Case3，Case4 は水没粗度 (20×20 cm，高さ 3 cm)・非水没粗度 (20×20 cm，高さ 9 cm) ともに同数に配置し，粗度密度は同じである．実験流量は Case3，Case4 ともに 29.0 (ℓ/s) である．計算においてメッシュは流下方向 10 cm，横断方向 5 cm に分割し，抗力係数は実験から得た平均値 $C_D=1.0$ を用いている．

図-4.65 に平均横断水位の縦断分布を示す．どの断面においても横断的に大きな変化はほとんど見られず，水位については縦断分布がその断面での横断水位を表しているといえる．

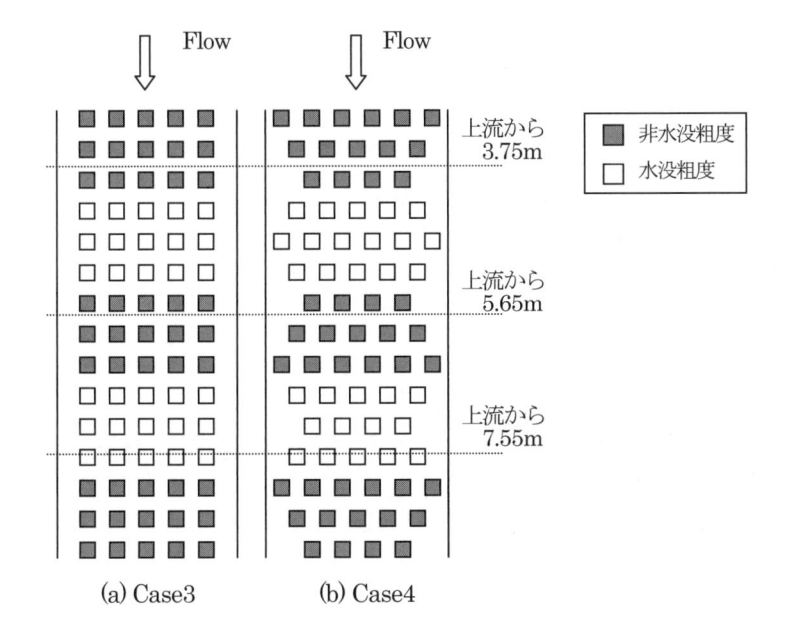

図-4.64 水没・非水没粗度の配置[39]

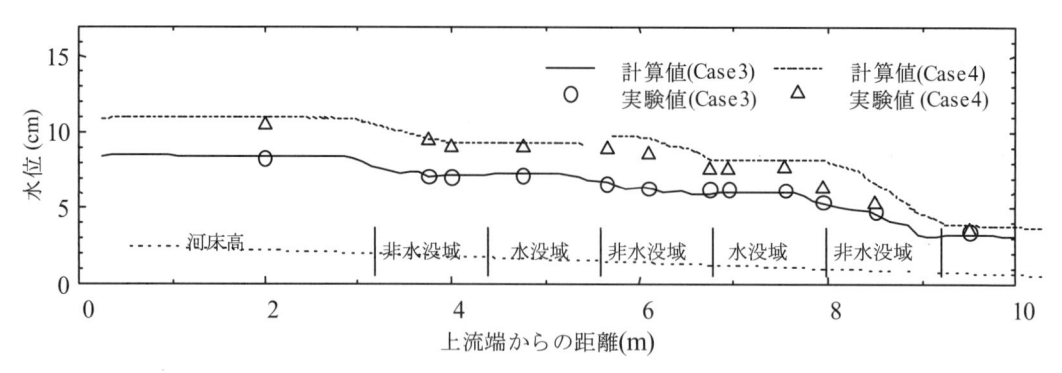

図-4.65 横断平均水位の縦断分布の比較 [39]

水没粗度域での相対水深 h^* は Case3 が約 2.0〜2.5，Case4 が約 2.5〜3.0 である．図-4.65 をみると千鳥配置の Case4 は整列配置の Case3 よりも全体的に水位が高く，流れに対する抵抗が大きいことを示している．そして両ケースとも非水没粗度域で水位が減少し，水没粗度域では水位がほぼ一定である．このことは非水没粗度による堰上げのため，水没粗度は，流れの抵抗にほとんど影響しないことを示している．また同じ非水没粗度域でも千鳥配置の方が水位の減少が大きいことが分かる．

図-4.66 に主流速分布を示す．Case3 において非水没域での流れは粗度間に集中し，非水没粗度の背面でほとんど死水域のようになり水の流れる領域がはっきりしている．また水没域では粗度上でも流速がある程度大きくなっている．一方，Case4 (千鳥配置) では流れが粗度に阻害され，流速は均一化して見えるが，渦が発達し時間変化が大きい．非水没域の粗

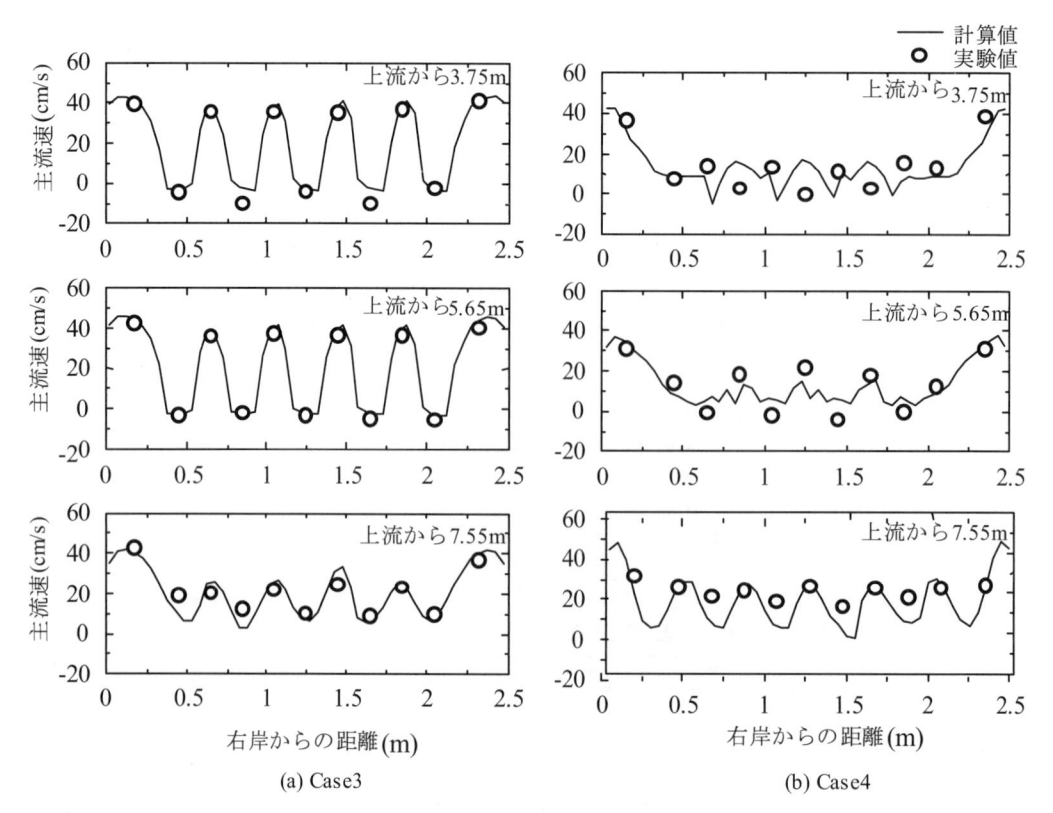

(a) Case3   (b) Case4

図-4.66 主流速分布の比較 [39]

度背面で渦領域が存在し粗度前面では流れが速く，局所的に流れが大きく変化している．また水没域においても底面の粗度付近では，渦が発生し複雑な流れになっている．そのことがCase4 において抵抗の増加になっている．

4.7.2 護床工最下流部の流況改善 [33]

4.7.1(a) で示したように，最下流の粗度の前後では，大きな水位差が生じるため，粗度群内部の粗度に比べてはるかに大きな抗力が作用する．このことは，水理構造物下流に設置される護床工の最下端粗度などの維持管理が重要となることを示している．護床工下流部に見られる河床洗掘や河床低下は最下流粗度の抗力をさらに大きくすることになる．このため，護床工などの大型粗度群は，流れのエネルギーの低減だけでなく，最下流端粗度が流失し，構造物が被害を受けないような設計法が求められる．

本節では，大型粗度前後の水位差を小さくすることにより，最下流粗度に作用する抗力を軽減する粗度の配置法を検討する．**図-4.67** 粗度配置を示す．粗度群下流の河床がひとたび洗掘を受けると，大きな局所洗掘に発展する．局所洗掘の規模を小さくするには，あらかじめ最下流端粗度直下の河床を設計外力により洗掘される程度の洗掘形状を設定しておく．こ

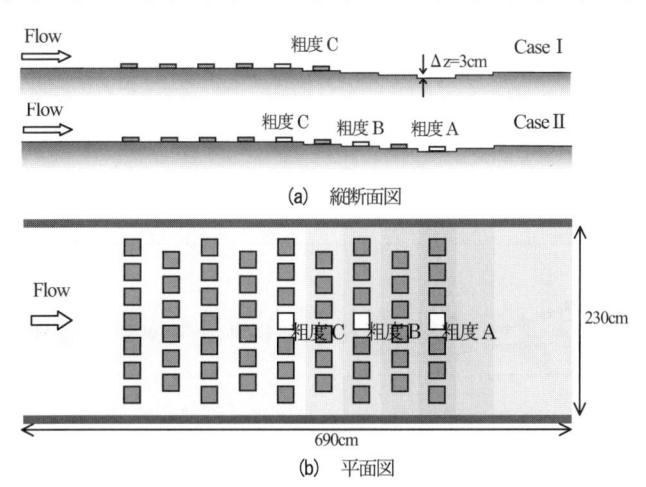

図-4.67 粗度群下流の洗掘軽減を目的とした粗度配置 [33]

写真-4.5 護床工下流の流れの状況 (Case II) [33]

れはあらかじめ洗掘孔をもっていると洗掘エネルギーを分散でき，それ以上の洗掘に進展することはほとんどないという工学的知見による．この考え方は **4.6.2** の床止め工の設計法でも説明している．

Case Iは，粗度群下流に河床洗掘を見込んだ形状を与え，Case IIは，Case Iの下流部の河床に新たに粗度を配置し，粗度下流の水面形を滑らかにすることを狙いとしている．図の白抜きの粗度 A，B，C では，作用する抗力を直接計測している．粗度模型の大きさは 20 cm 四方，高さ 6 cm，粗度配置は千鳥配置である．**写真-4.5** は Case II における粗度群下流部の流れの状況を示している．

図-4.68 は Case I と Case II についての粗度群下流部の縦断水面形，**図-4.69** は粗度 A，B，C に作用する抗力を示す．Case I は，粗度群下流において水路床の勾配が相対的に大きいため，上流の粗度群によって遅くなった流れはそこで加速され，下流の水深の大きな流れと混合する．このため粗度群下流では，河床洗掘がさらに進行する危険性が高くなる．また，下流の河床低下は最下流粗度前後の水位差を大きくし，作用する抗力をさらに増大させるため，最下流の粗度が滑動，転動による被害を受ける危険性も高い．これに対して Case II では，このような河床に粗度を配置したことによって，水位が堰き上げられ，洗掘部の流速が小さくなり，下流側の水位に比較的滑らかに接続するように流況が改善されている．さらに，下流に配置された粗度によって水位が堰き上げられ，下流部の粗度に作用する抗力は減じられる．このことから，洗掘をあらかじめ見込んだ河床に粗度を配置することは，問題となる最下流端粗度の抗力を低減し，河床洗掘を進行しにくくできるなど，流況改善の有効な手段の1つであると考えられる．

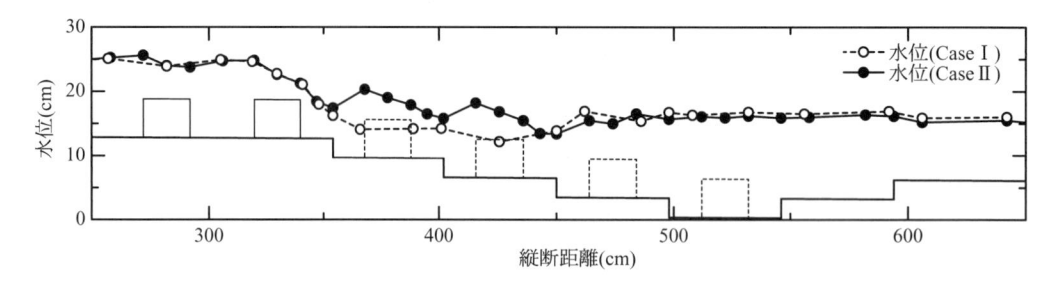

図-4.68 粗度群下流部の縦断水面形の比較（Case I, Case II）[33]

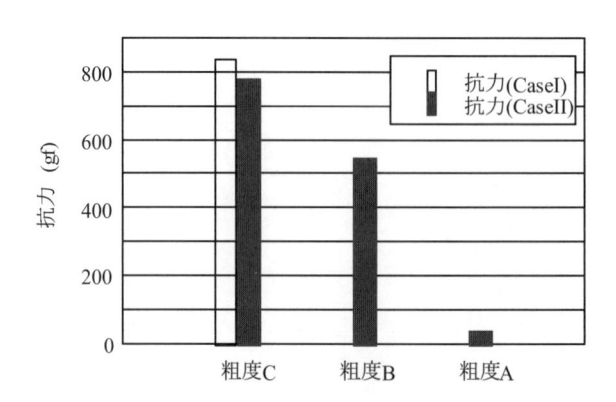

図-4.69 粗度に作用する抗力の比較（Case I, Case II）[33]

次に，Case II における粗度群下流部の流れの平面二次元解析結果を示す．**図-4.70** は $h^* \geqq 2.0$ における各 Case の C_D を示す．ここに A^* は無次元粗度間隔であり，粗度の支配面積 A_0，粗度上面の面積 A_g，粗度の投影面積 A を用いて，$A^* = (A_0 - A_g)/A$ で定義される．C_D 値は配置によってさまざまであるが，本実験条件の範囲では，上限が $C_D=1.2$ 程度である．また，千鳥配置の Case4 では，C_D 値はほぼ $C_D = 1.2$ 程度である．下流端条件は実験水位で与え，その他の条件は **4.7.1(b)** と同様に与えている．**図-4.71** は Case II における計算結果と実験結果の縦断水面形の比較である 33)．計算値は実験値をおおむね説明できることから，河川構造物下流の護床工の配置や設置長さは，平面二次元数値解析によって検討することが可能である．

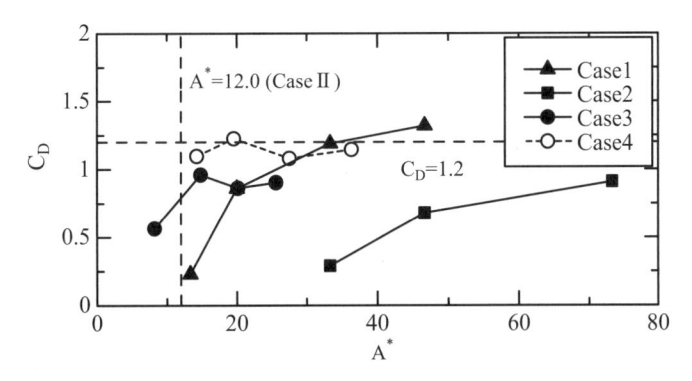

図-4.70 各粗度配置の $h^* \geqq 2.0$ における抗力係数 C_D [33]

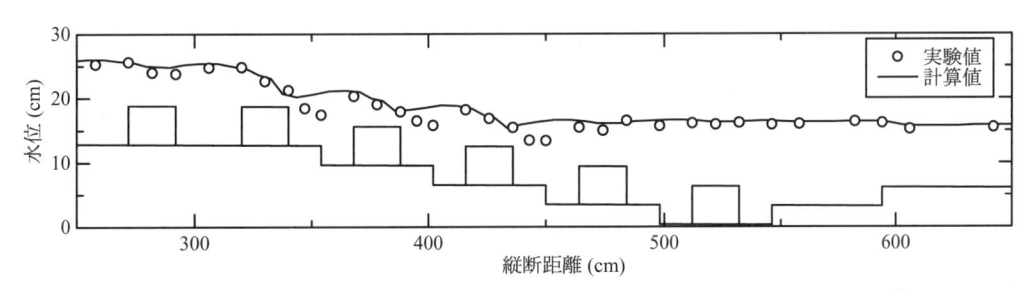

図-4.71 粗度群下流部の縦断水面形における実験値と計算値の比較（Case II）[33]

4.8 水 制 工

4.8.1 水制工設計の考え方

河川の湾曲部では，流れの遠心力により二次流が生じ，外岸付近では河床の洗掘，内岸付近では堆積を引き起こす．外岸付近の河床の洗掘は，外岸に流れの集中と流速の増大をもたらし，その結果，外岸堤防，河岸の安定性が減じ，侵食の危険にさらされることになる．

湾曲部の河岸侵食対策として，抜本的には河道の線形を滑らかにすることが必要であるが，この方法が可能でない場合の洗掘対策工の1つとして水制工やベーン工が設置される．水制工の設置を適切に行わなければ，河道内の流れと土砂移動を変化させ，水制工の上・下流に新たな問題を発生させる恐れがあることから，水制工の設計には，十分な水理的判断が

必要である．これまでは，水制工の代表的な調査研究である秋草・吉川ら[50]による既設の水制工の統計的処理結果をもとに水制工の諸元を決め，現地検討や模型実験によって最終的な水制工の構造・配置を決定することが多い．模型実験によって水制工の構造，配置を決定する場合，個別の河道条件や水理条件に対しては解を与えることができるが，任意の河道形状や水理条件に対して，そのまま適用することができない．模型実験によって全ての条件の解を得ようとすると費用，労力，時間等の面で負担が非常に大きくなる．このため，水制工の適切な配置と諸元を，より簡単に，合理的に決定する方法が求められている．

水制工周りの流れおよび水制工周囲の河床変動等についての基礎的研究として，土屋・石崎[51]，椿・斉藤[52]，今本・池野[53]，崇田・清水[54]，福岡・西村ら[55]，大本ら[56]，長田・細田ら[37]の研究がある．

複雑な平面形状をもつ蛇行河道の局所洗掘対策として，水制をどのように配置するかは，河川管理者が，しばしば遭遇する問題である．福岡ら[58]は河道平面形状に対する水制工の効果的な配置について，系統的な研究を行い，設計法の基本的な考えを提案した．すなわち水制工を湾曲部上流内岸側と下流外岸側に配置することにより，水制工による水刎ねや流速の低減により，水制工下流部に堆積が生じこれにより湾曲部の流れを一様化の方向に変化させる．この変化は河道の法線形を変えたことと同等の効果を与えることを示し，流れの線形の望ましい変更を目指した水制設置の必要性が強調された．山本[59]は，既存の水制の調査を行い，水制の効果，既設水制の問題点等を明らかにするとともに，設計の考え方，今後の水制のあり方について述べている．

水制工は湾曲部における河岸侵食対策としてだけでなく，直線河道においても，多様な生態系を有する川づくりの一手法としても用いられてきており，水制工の数値設計法の確立が必要となってきている．このような視点にたって，まず初めに設置角度の異なる越流型水制工周りの流れを，精度よく計算できる三次元水理計算モデルを提示する．次に実用的な観点から水制工が流れに及ぼす影響を外力として運動方程式に取り入れ河床変動を容易に計算できる準三次元モデルを構築し，このモデルを大型水理模型実験に適用する．本モデルが，適切な水制の配置によって蛇行流れの線形を緩やかにし，湾曲部外岸に発生する洗掘深を効果的に軽減できること，実河川の水制に適用できることを示す．最後にこれらの検討結果を総合化し水制の設計法を示す．

4.8.2 越流型水制工周辺流れの三次元構造とその解析

(a) 流れの基礎式と解析法

川口・福岡・渡邊[60]は，異なる設置角度をもつ越流型水制周辺における流れの三次元構造を明らかにするため，基礎式としてデカルト座標系における三次元運動方程式と連続式，また渦動粘性係数は$Smagolinsky$定数モデルを用い数値解析を行っている．

$$\frac{\partial u_i}{\partial t} + u_j \frac{\partial u_i}{\partial x_j} = gI_i - \frac{1}{\rho}\frac{\partial p}{\partial x_i} + \frac{1}{\rho}\frac{\partial \tau_{ji}}{\rho \partial x_j} \quad (i=1\sim 3) \tag{4.21}$$

$$\frac{\partial u_j}{\partial x_j} = 0 \tag{4.22}$$

$$\tau_{ji}/\rho = 2\left(\nu + \varepsilon\right) S_{ij}, \quad \varepsilon = \left(C_s \Delta\right)^2 \sqrt{2 S_{ij} S_{ij}},$$
$$S_{ij} = \frac{1}{2}\left(\frac{\partial u_j}{\partial x_i} + \frac{\partial u_i}{\partial x_j}\right), \quad \Delta = \sqrt[3]{\Delta x \Delta y \Delta z} \tag{4.23}$$

ここで,$x_1 (= x)$ は流下方向,$x_2 (= y)$ は横断方向,$x_3 (= z)$ は水路底面と垂直な方向であり,x_i 方向の流速を u_i ($u_1 = u$, $u_2 = v$, $u_3 = w$) とする.座標原点は水路上流端,右岸の水路底面とする.I_1 は河床勾配 i,I_2 は 0,I_3 は 1 である.τ_{ji} は x_j 面に作用する x_i 方向のせん断力を表す応力テンソルであり,渦動粘性係数 ε は Smagolinsky 定数 C_s,フィルター幅 Δ,平均ひずみ速度 S_{ij} により算出される.

境界条件として,境界面の法線方向流速成分は 0,境界面のせん断力は対数則から求め,水制の角におけるせん断力 τ_{ji} と τ_{ij} をそれぞれに求める.水路側面の水面勾配と圧力勾配は 0,水路底面の圧力勾配は静水圧勾配,水制を構成する xy 面の圧力勾配は水位勾配とした.上流端で流量,下流端で一定水位を与える.

計算には SMAC 法を用いた.上流および下流向き水制は階段状にモデル化して計算した.越流型水制群周辺の流れは流下方向の運動量輸送が大きいため,境界適合座標を用いてなくてもメッシュ数が十分であれば x 面が斜めに配置されることで十分な精度で水制をモデル化できる.計算条件と計算法は,川口ら[60]の文献を参照されたい.特に,この三次元モデルは,圧力・水位計算の高速化に特徴が見られる.

(b) 設置角度の異なる水制周辺の流れの実験と解析の比較

(a) で示した流れの三次元数値解析結果を川口らによる既往の実験結果[61]と比較することにより設置角度の異なる水制周辺の三次元流れの構造を検討する.実験は長さ 10 m,水路幅 1.5 m の直線水路に 9 基の水制を設置して行った.実験水路と水制の諸元を表-A.4.5 に示す.水制間隔と水制長の比が 2.0 の水制群の流れに対し上流 15°,直角,下流 15°に向けた 3 ケースを検討した.実験では上流から 6 m の水制周辺の水位および流速分布と水制 1 基に作用する流体力を測定した.

図-4.72 は直角水制周辺の水位コンター,図-4.73 は xy 平面流速ベクトルの解析結果と実験結果を示している.水位は基準面からの高さで,$z = 1$ cm は河床面付近,$z = 3$ cm は水制高,$z = 5$ cm は水面付近の xy 平面流速ベクトルである.解析結果の流速ベクトルは実験結果とほぼ同数だけ抽出している.直角水制周辺の流れは先端付近を除き,水制上流では水制により圧力が上昇して水位が高くなり,下流では横断方向の運動量輸送が小さいために鉛直二次元的な剥離流れが生じて水面が低下する.一方,水制先端付近では水制上流面での圧力上昇により水路中央に向かって流水が刎ねられる.先端付近の下流では刎ねられた流れの剥離のために圧力低下が大きく,流れは水制先端から側壁に向かう.解析結果はこのような現象を再現している.また,構築した流れの三次元数値解析は水制直下流の剥離流れ,水制近傍の圧力分布を十分に説明し得ている.この結果は,川口らの水制周辺の流れの二次元数値解析結果[61]と比べて水制上およびその下流の水面低下をよく再現しており,水制周りの流れ構造の解析には三次元解析の必要性を物語っている.

図-4.74,4.75 は上流向き水制周辺の水位コンターと xy 平面流速ベクトルである.上流向き水制周辺の流れは,上流面で圧力が上昇して圧力勾配が水制と垂直な方向に最も大きくなるため,水制を越える流れは水制上から水路中央に向かう流れとなる.また,河床付近に

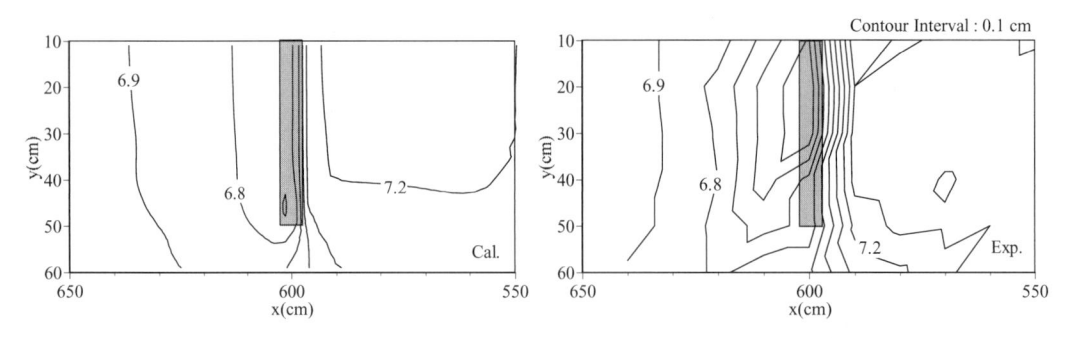

図-4.72 直角水制周辺の水位コンターの計算値と実測値の比較[60]

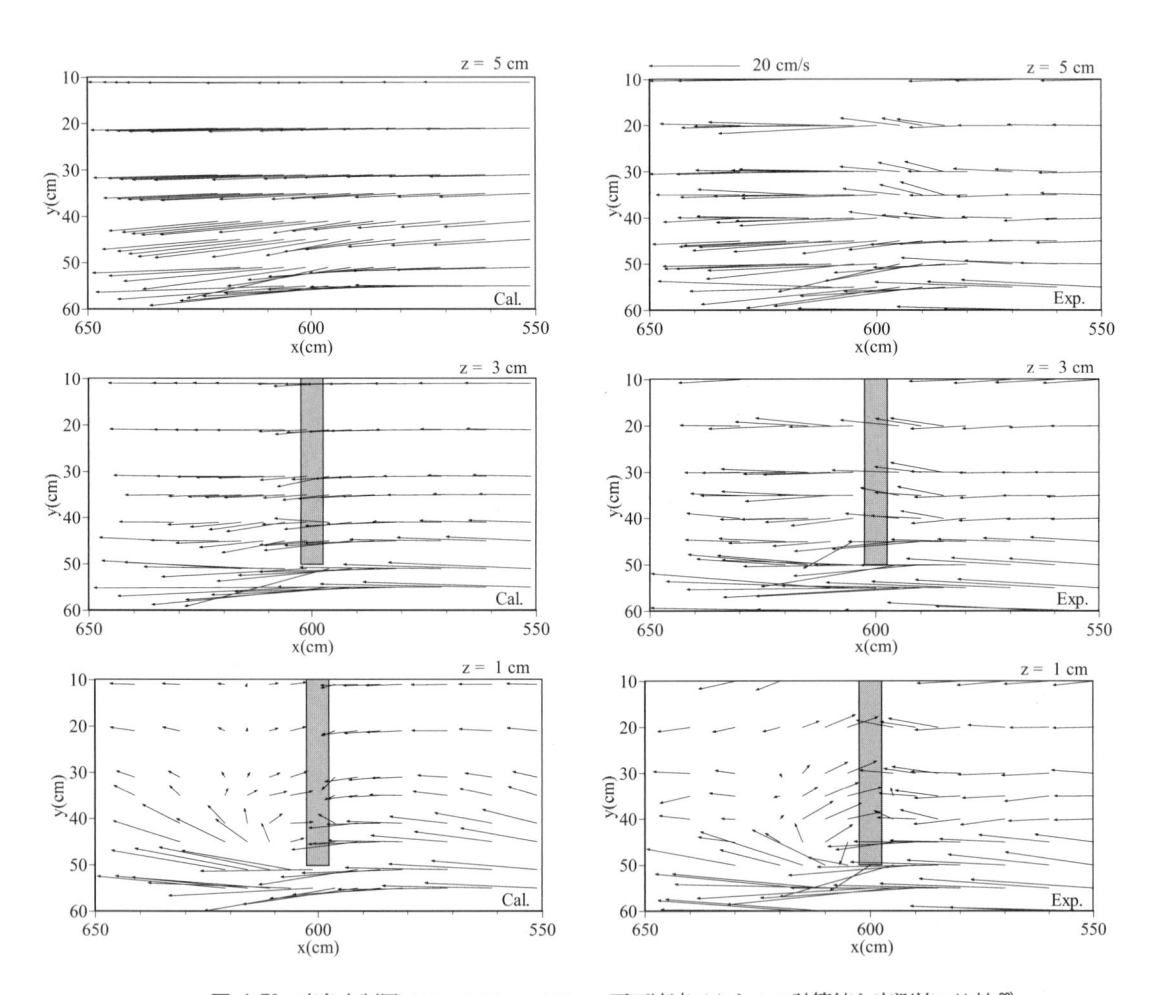

図-4.73 直角水制周辺の $z=1,3,5$ cm での x-y 平面流速ベクトルの計算値と実測値の比較[60]

おいて上流側は水制による圧力上昇に伴い側壁方向へ流れ，下流側は水制先端付近の剥離による圧力低下と水制を越える流れによる二次流のため水制下流を先端付近から側壁に向かって流れる．解析はこのような流れを再現するだけでなく，実験結果と同様に水位が水制先端付近の下流で側壁付近に比べて低くなっており，先端付近の圧力低下が比較的大きいことを示している．

図-4.76，4.77 は下流向き水制周辺の水位コンター，xy 平面流速ベクトルである．下流

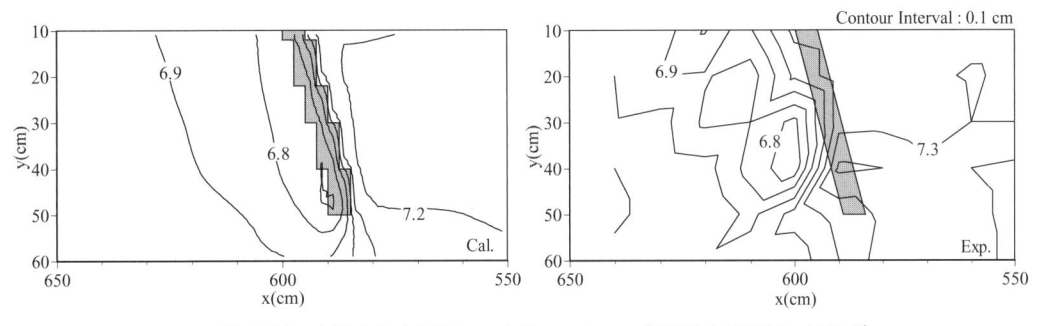

図-4.74 上流向き水制周辺の水位コンターの計算値と実測値の比較[60]

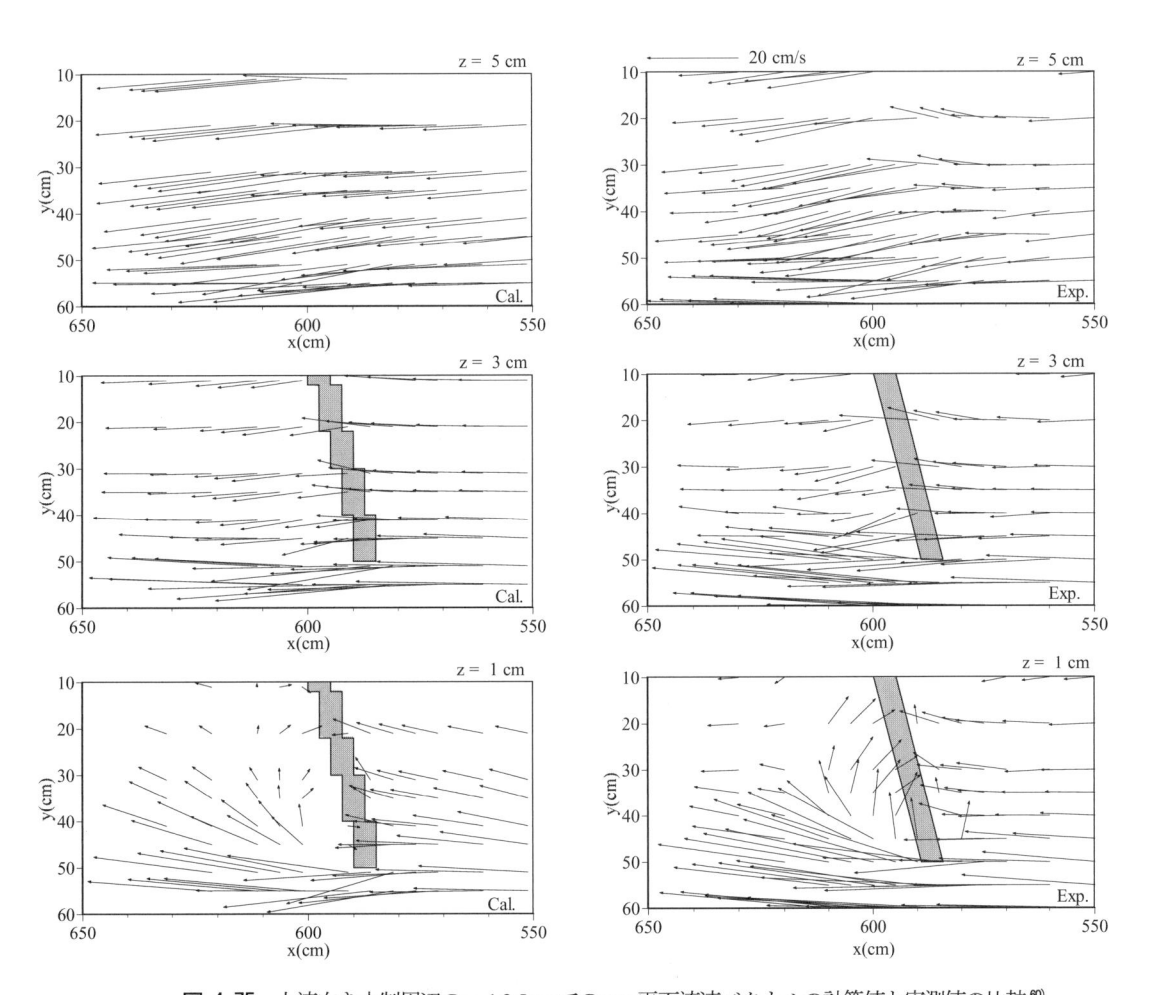

図-4.75 上流向き水制周辺のz=1,3,5cmでのx-y平面流速ベクトルの計算値と実測値の比較[60]

向き水制周辺の流れは，上流向き水制と同様に圧力勾配が水制と垂直な方向に最も大きくなるため，水制を越える流れが水制上から側壁に向かう．実験および解析結果とも，水制上流で側壁に向かう流れ，水制下流の再付着点近傍で側壁から水制先端に向かう流れ，剥離域での逆流，水制直下流の先端から側壁に向かう流れがみられる．また，水制直下流の側壁付近における水位は先端付近より小さい．解析結果は実験の流れおよび水面形をおおむね再現している．

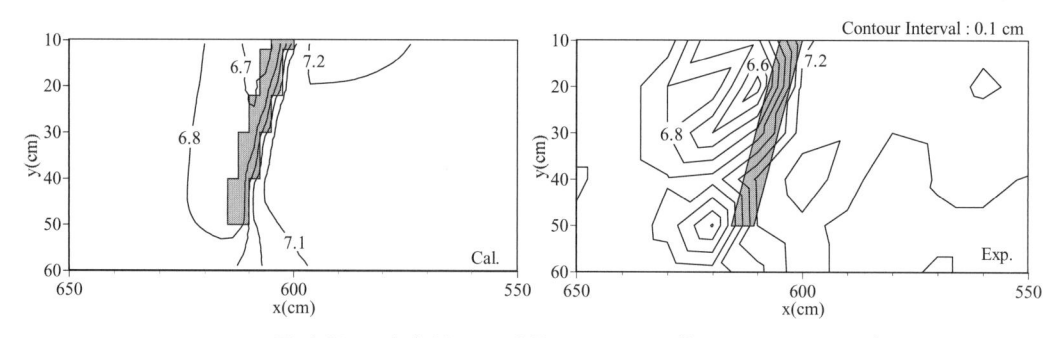

図-4.76 下向水制周辺の水位コンターの計算値と実測値の比較[60]

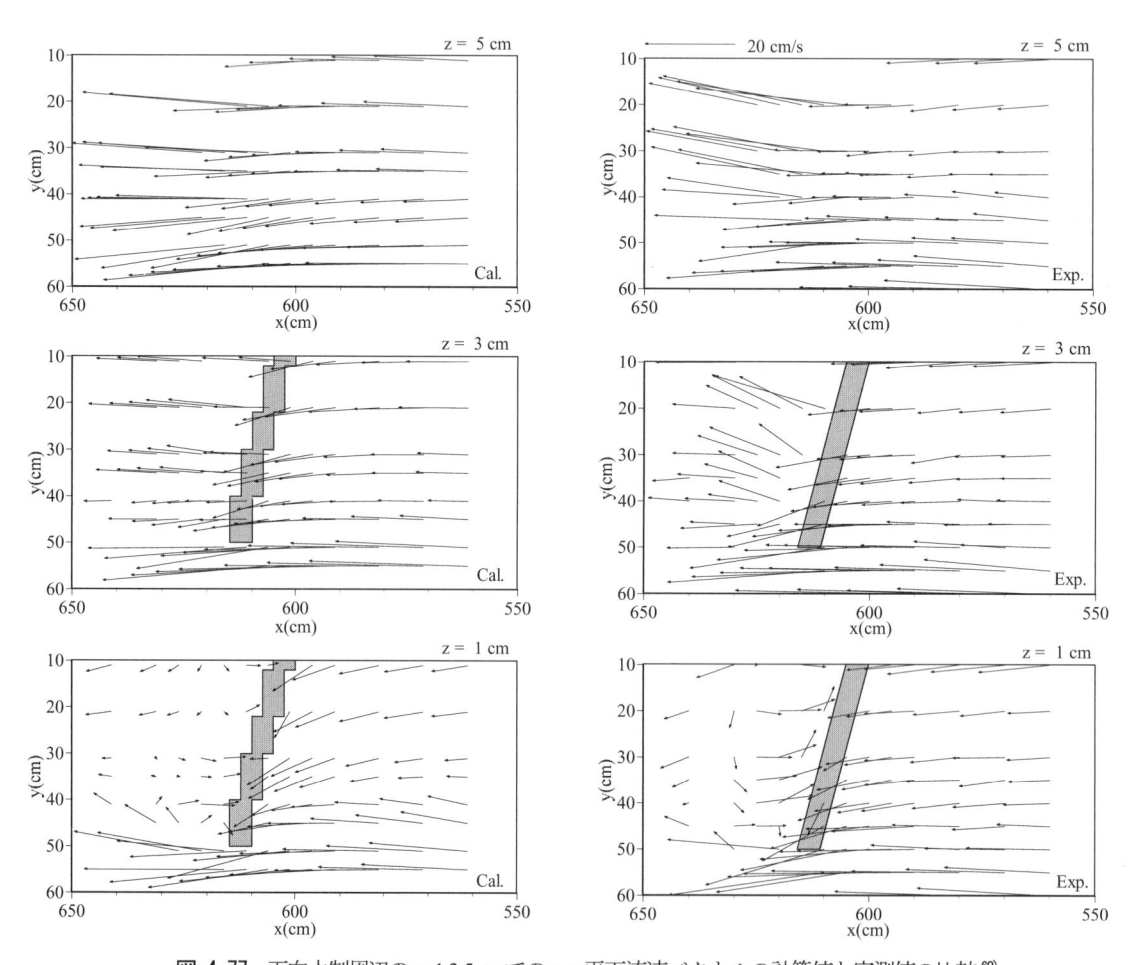

図-4.77 下向水制周辺の z=1,3,5cm での x-y 平面流速ベクトルの計算値と実測値の比較[60]

　河道に設置された構造物周辺の流れを解き，作用する流体力を求める場合，効率的なメッシュの配置が計算負荷の点で重要である．対象とした流れにおける上流，下流向き水制のモデル化はメッシュ数が少ないにもかかわらず，流体力分布を決める水制周辺の流れを十分に説明し得ている．

(c) 水制群の設置角度と流体力分布特性

　図-4.78，**4.79**，**4.80** は直角，上流向き，下流向き水制群 9 基において，水制一基に作用

する流体力の平均値 F_x, F_y とそれぞれの水制先端部,中央部,元付け部の単位体積当たりの流体力 f_x, f_y の解析値と実測値の比較を示している.流体力は水制に作用する圧力,x,y,z 面それぞれに作用するせん断力の和から算出した.f_x は xz 面 $y = 9, 27, 47$ cm,上流向き水制の f_y は水制計算モデル上流端からの距離 $x' = 16.25, 8.75, 1.25$ cm,下流向きは $x' = 1.25, 8.75, 16.25$ cm の平均値をそれぞれ水制先端部,中央部,元付け部の値とした.直角水制の f_y は $x' = 1.25, 3.75$ の平均値を上流部および下流部の値とした.横軸の水制 No. は上流からの水制群の順序である.水制 No.6 一基に作用する流体力は実験により直接測定されている.

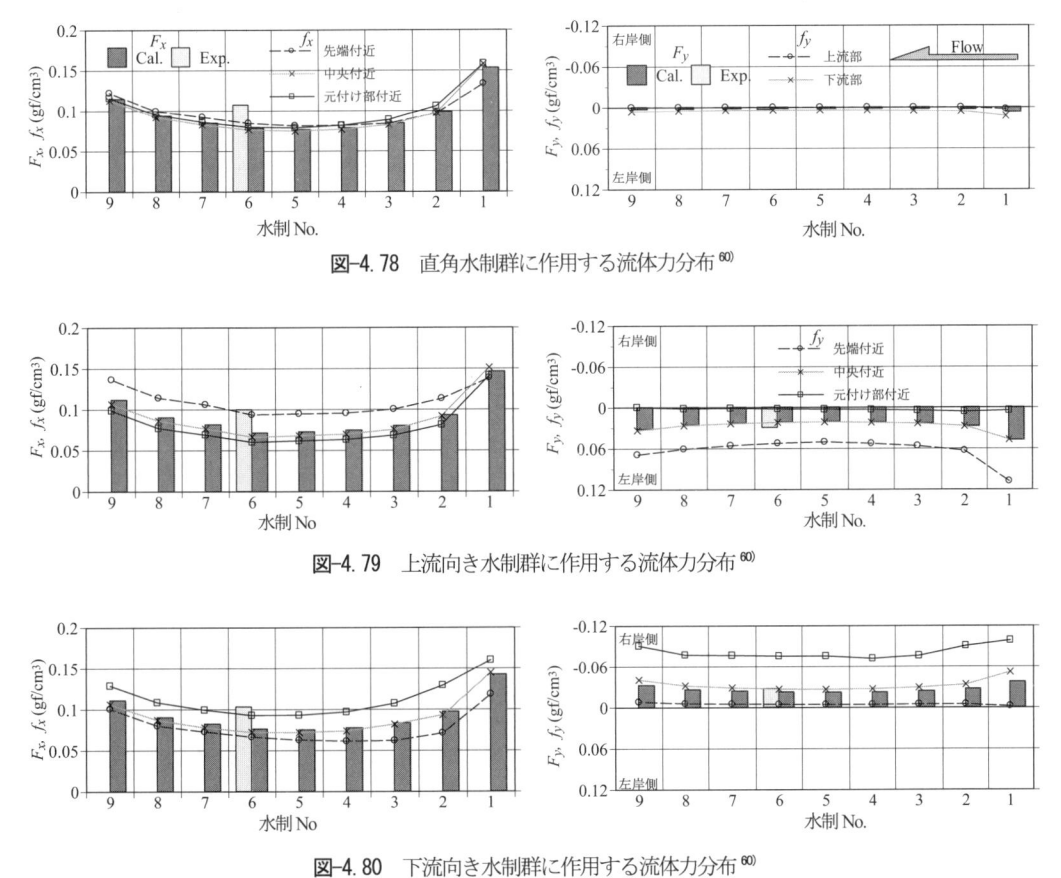

図-4.78 直角水制群に作用する流体力分布[60]

図-4.79 上流向き水制群に作用する流体力分布[60]

図-4.80 下流向き水制群に作用する流体力分布[60]

水制 No.6 の直角水制一基に作用する揚力 F_y は小さく,上流向き水制の揚力は左岸側に向き,下流向き水制は右岸側に向く.抗力 F_x と揚力 F_y の合力ベクトルは水制とほぼ直角となる.構築した流れの三次元数値解析は水制周辺の水位,流速,圧力場の特徴だけでなく作用する流体力もおおむね再現しており,流体力の解析値 F_x, F_y は設置角度の違う 3 種類の水制全てにおいて実測値の 7 割程度となっている.水制一基に作用する流体力の解析結果は水制群内の最低値と比べて最上流の水制が 2 倍程度,最下流の水制は 1.5 倍程度の結果となっている.

一方,単位体積当たりに作用する流体力の解析結果 f_x,をみると,直角水制群の流体力は水制先端が中央部,元付け部と比較して 1 割程度大きくなっている.上流向き水制群は水制先端部は元付け部の 2 倍の大きさ,下流向き水制群は元付け部は先端部より 1.7 倍大きな

流体力が作用している．上流および下流向きの解析結果 f_y も f_x と同様に元付け部と先端部の値に差がある．元付け部の水制構成材料の流失は河岸侵食を引き起こす．水制群に作用する流体力分布の視点からも，水制は流れに対して直角もしくは上流向きに設置することが望ましい．

4.8.3 越流型水制工周辺の移動床流れと河床変動の準三次元解析

座標系は図-3.14 に示す直交曲線座標を用い，流下方向に s 軸，これと直交する横断方向に n 軸，鉛直方向に z 軸を定義する．z 軸方向の運動方程式は，静水圧分布を仮定している．

水路中心の曲率半径に比べて半川幅がかなり小さいと仮定し $(r_o/r \fallingdotseq 1)$，水制による外力 F_s, F_n を導入した運動方程式 (3.24)，(3.25) に川底 z_o から高さ z まで積分した連続式を代入すると，次の準三次元流れの基本式が得られる[19]．

$$u\frac{\partial u}{\partial s} + v\frac{\partial u}{\partial n} - \left(\int_{z_0}^{z}\frac{\partial u}{\partial s}dz + \int_{z_0}^{z}\frac{\partial v}{\partial n}dz + \int_{z_0}^{z}\frac{v}{r}dz\right)\frac{\partial u}{\partial z} + \frac{uv}{r}$$
$$= -g\frac{\partial H}{\partial s} + 2\varepsilon\frac{\partial^2 u}{\partial s^2} + \varepsilon\frac{\partial^2 u}{\partial n^2} + \varepsilon\frac{\partial^2 u}{\partial z^2} - \frac{F_s}{\rho}\delta(s-s_j)\,\delta(n-n_i) \quad (4.24)$$

$$u\frac{\partial v}{\partial s} + v\frac{\partial v}{\partial n} - \left(\int_{z_0}^{z}\frac{\partial u}{\partial s}dz + \int_{z_0}^{z}\frac{\partial v}{\partial n}dz + \int_{z_0}^{z}\frac{v}{r}dz\right)\frac{\partial v}{\partial z} - \frac{u^2}{r}$$
$$= -g\frac{\partial H}{\partial n} + \varepsilon\frac{\partial^2 v}{\partial s^2} + 2\varepsilon\frac{\partial^2 v}{\partial n^2} + \varepsilon\frac{\partial^2 v}{\partial z^2} - \frac{F_n}{\rho}\delta(s-s_j)\,\delta(n-n_i) \quad (4.25)$$

F_s, F_n は，それぞれ図-4.81 に示すように水制が s, n 方向の流れに及ぼす抗力および揚力であり次式で表す．この外力を運動方程式 (4.24)，(4.25) に導入する．

$$F_s = \rho\frac{C_D}{2}\frac{\partial}{\partial z}(u_s|u_s|), \qquad F_n = \rho\frac{C_L}{2}\frac{\partial}{\partial z}(u_s|u_s|) \quad (4.26)$$

ここに，C_D, C_L は抗力係数および揚力係数，u_s は水制設置地点直上流の水制前面の s 方向の流速を示す．

$r_o/r \fallingdotseq 1$ と仮定すると，連続式は式 (3.30) となる．河床高の変化は，掃流砂を対象とした流砂の連続式 (3.34) を用いる．なお，式 (3.34) においても流れの方程式と同様に $r_o/r \fallingdotseq 1$

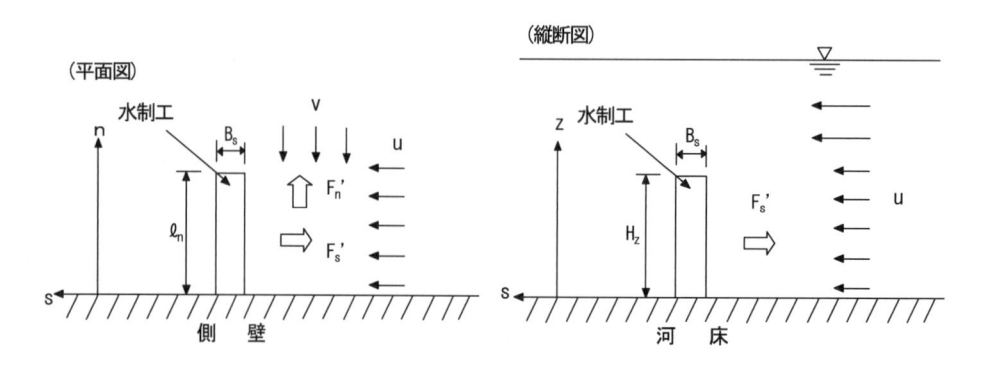

図-4.81 水制工付近の流れと外力の関係[23]

と仮定している．式 (4.24), (4.25) は，付録 2 の式 (A.54), (A.55) に相当する．解析領域と構造物の大きさとの関係など解析の考え方は，**付録 2**「流体力項を含む流れの運動方程式の導出」に詳述されているので参照されたい．

4.8.4 移動床直線水路における異なる配置の越流型水制工 [56]

移動床直線水路に越流型水制を連続的に設置する．これら水制の水制間隔と水制角度を変化させた実験を行い，水制周辺の流れと河床変動の機構を示す．さらに，準三次元モデルを用いて水制工の配置の違いによる流れと河床変動機構の差を解析的に説明するとともに，水制群の配置法の一般的な検討手段を示す．

(a) 準三次元モデルとの比較

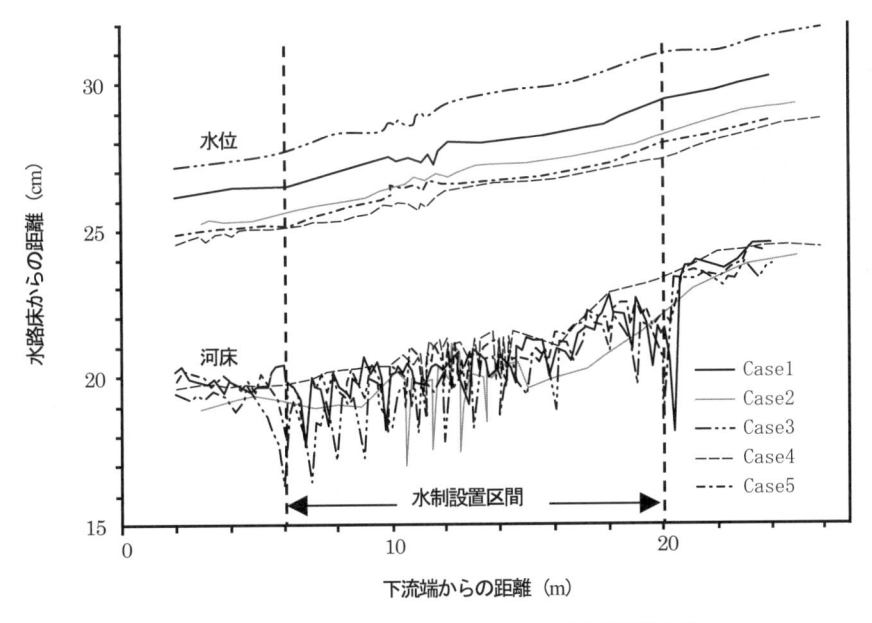

図-4.82 水制設置区間の水位・河床高縦断分布 [55]

移動床直線水路を用いて種々の配置の水制周辺の流れと河床変動の機構を検討するため，表-A.4.6 に示す水制間隔と水制長の比および水制角度を変化させた 5 つの Case について実験を行った．**図-4.82** は河床高が平衡状態に達したときの水位，河床高の縦断形を示す．水制の設置区間ではそれぞれの水制配置がもたらす抵抗に応じた河床の縦断形状となり，水制の設置してない区間に比べて水位は上昇する．水制設置区間における平衡状態の水深平均は表-A.4.6 に示すように水制下流向きが大きく，上流向きが小さい．このことは，下向きに設置した場合の水制の抵抗は，上流向きに設置した場合の水制の抵抗より大きいことを示す．

図-4.83 に平衡状態に達した河床形状と河床付近の流速ベクトルの測定結果を示す．水制周りの流れは水制先端から背後に回り込む流れと，水制を越流する流れからなっている．水制先端から背後に回り込む流れは水制の先端部に洗掘孔を形成し，水制域に入り込む流れは，水制域に土砂の堆積を引き起こす．

水制間隔の大きい Case2 では，水制前面の流速が増加する．このため，水制先端から剥

290　第4章　河川構造物設計法

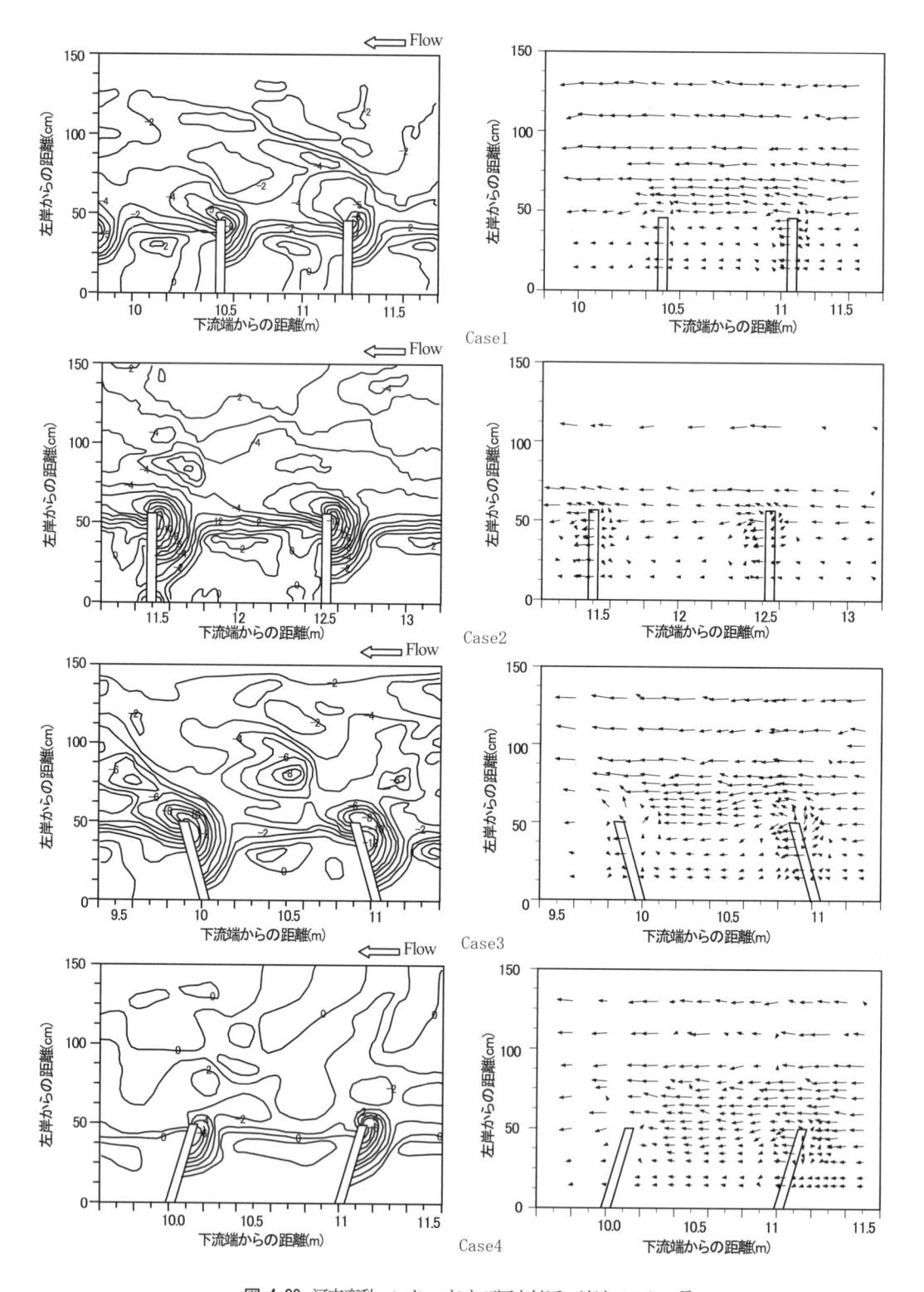

図-4.83　河床変動コンターおよび河床付近の流速ベクトル[55]

ねられる流れと水制を越流する流れが大きくなり，水制先端の洗掘深と水制域の堆積量が増加する．また，水制域の堆積による河床の上昇のため，水制域の流速は小さくなっている．

水制を 15°下流向きに設置した Case3 では，水制前面の流れは水制の壁面に沿って大きく水制先端から，刎ねられ主流域に向かっている．そのため，洗掘孔は大きくなり，水制の先端から主流域に向けて下流に伸びる．また，水制を越流する流れと水制域に入り込む流れは小さくなるため，水制域の堆積量は減少し，水制の抵抗は増大する．

水制を 15°上流向きに設置した Case4 では，水制を越流する流れと主流域から水制域に入り込む流れが大きくなり，水制域の流速が大きくなる．そのため，水制の抵抗が小さくなり，水制域の堆積量が増加する．また，水制先端から，刎ねられる流れが小さくなるため洗掘孔は小さくなる．この結果は，秋草・吉川ら[50]の結果と同じである．

図-4.84 に計算結果を示す．計算は水制前面の洗掘孔と，水制域の堆積について Case1 の結果を表すことができている．水制間隔の大きくなった Case2 の計算は水制前面の洗掘孔，水制域の堆積量ともに増大している結果を示しており，水制周辺の流れと河床変動をほぼ表すことができている．しかし，水制先端の洗掘深は小さく計算されている．水制角度を変化させた Case3 および Case4 の計算結果は，水制の設置角度を変化させた場合に起こる水制先端の洗掘形状と水制域の堆積量の変化をおおむね表している．しかし，水制間隔が大きくなった場合や下流向き水制が設置された場合，水制の抵抗が増大するため，水制前面の流れが大きく曲げられている．そのため，水制先端では静水圧からのずれの程度が大きくなり，静水圧近似を用いた準三次元計算では洗掘孔が小さく計算されるなど精度上の問題が顕れている．しかし，水制間隔や水制角度が変化しても水制周辺の平面的な流れと河床変動の機構をほぼ表現しており，準三次元解析モデルは水制工の配置法を検討する有力な手段であることを示している．

(b) 大型蛇行水路の水制工実験と準三次元モデル解析結果との比較

2.4.2 で述べた信濃川小千谷・越路地区の水理模型実験[62]の結果に準三次元水理計算モデルを適用した結果を再記する．模型実験水路は，堰上流の河床勾配約 1/600，低水路幅約 300 m，延長約 3,250 m の区間であり，模型の縮尺は 1/70 である．図-4.85 に示すように対策をしなければ堰上流の右岸側の湾曲部外岸側で 3 m を超える堆積が生じる可能性があったことから，軽減策として，湾曲部上流の内岸側に水制工，外岸側に帯工を設置することにした．

図-4.86 は，低水路内の最大流速線が最も河岸に寄る断面 No.315〜317.5 区間の左岸に水制工を設置，No.302.5〜305 付近に 3 基の帯工を設置した場合の河床コンターの実験結果を，図-4.87 は解析結果を示す．図-4.88 は水制設置地点と帯工設置地点の横断河床形状の計算結果と実験結果とを比較したものである．なお計算は，水制工が流れに及ぼす外力の抗力および揚力係数は，直線水路と同様に $C_D = 4.0$, $C_L = 0.1$ を用いている．また湾曲部外岸側に設置した帯工については，水制工と同様の計算方法を用いている．

図-4.86 に示した実験結果を見ると，湾曲部上流内岸側に設置した水制工が流れを河道中央には刎ねるとともに，水制工の直下流に土砂を堆積させ，内岸側の低水路の法線形を滑らかにし，下流への流れを一様化させる．この一様化した流れが湾曲部外岸側に設置した帯工に向かい，堰上流部の外岸側の洗掘防止，内岸側の堆積を軽減させている．計算結果は，断

292 第4章 河川構造物設計法

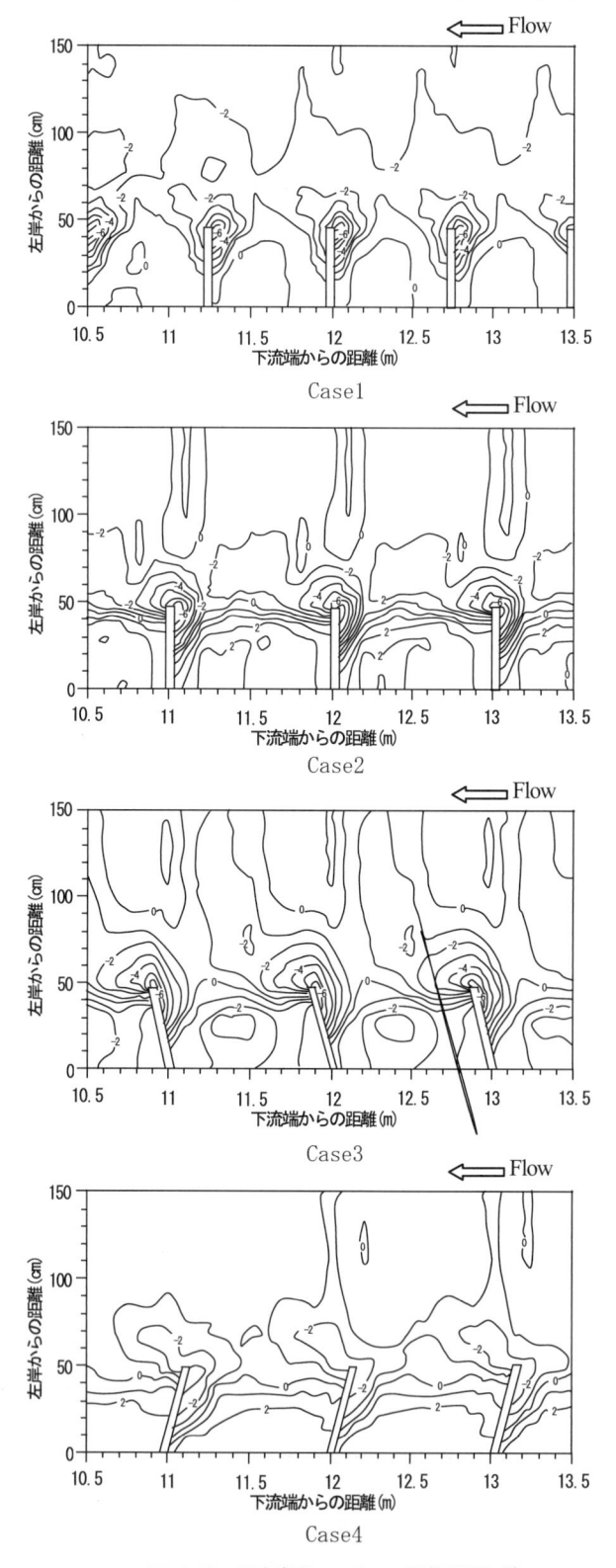

図-4.84 河床変動コンター（計算結果）[55]

面に向かい，堰上流部の外岸側の洗掘防止，内岸側の堆積を軽減させている．計算結果は，断面 No.315〜317.5 の左岸に設置した水制前面での洗掘状況および直下流での堆積状況をおおむね再現できている．このように準三次元モデルは，実河道における構造物の設計・配置に有力な手段を与える．

4.8.5 越流型水制工設計の基本 [23),57),58)]

(a) 水制工の諸元と配置法

水制工を施工する場合，決めるべき諸元としては，水制工の高さ H_z，長さ ℓ_n，間隔 ℓ_s であり，これらの諸元は，既往の設置事例や模型実験等によって決定されてきた．秋草・吉川ら [50)] の統計的研究によれば，水制工の代表的な諸元は，**表-4.1** に示す通りである．湾曲部の河岸侵食の防止を目的に水制工を設置する場合，水制工の諸元と洗掘軽減効果との関係を明らかにする必要がある．福岡ら [23)] は，水制周りの洗掘状況，および湾曲部における水制効果を 4.8.4 の準三次元解析モデルを用いて検討し，湾曲部外岸側に発生する洗掘深を小さくする水制工の諸元 (水制間隔 ℓ_s，高さ H_s，長さ ℓ_n 等) は，B を川幅，h_a を設計水深として，次の条件を満足することが望ましいことを示した [23)]．

$$\left.\begin{array}{l} \ell_n/B \leqq 0.2 \\ \ell_s/\ell_n = 2.0 \sim 3.0 \\ H_z/h_a = 0.1 \sim 0.4 \end{array}\right\} \tag{4.27}$$

表-4.1 秋草らの統計的研究による水制工の諸元 [50)]

水制高さ / 水深	大部分が 0.1〜0.4 の範囲にあり，0.5 以上はほとんどない．
水制長 / 川幅	0.1 以下が大部分であり，0.2 以上は非常に少ない．
水制間隔 / 水制長	大部分が 1〜4 の範囲にある．

この解析的に決められた式 (4.27) は，秋草らが現地データに基づき統計的に求めた値に含まれる．式 (4.27) から，水制工の諸元は川幅と設計水深によって決定される．川幅は河道条件によって決まるものであり水制工設置地点が決まれば自ずと決定される．川幅として単断面河道の場合は全川幅，複断面河道の場合は低水路幅を用いる．

一方，設計水深は単断面蛇行流れか，複断面蛇行流れか [64)] によって異なる．湾曲部外岸近傍で発生する洗掘深を軽減することを目的に水制工を設置する場合，設計水深は洪水時の水深に設定する必要がある．洪水規模は，低水路満杯流量から計画高水流量規模まで幅が広い．単断面の場合および堤防法線と低水路法線がほぼ同位相の場合には，計画高水流量規模の洪水の場合が最も土砂移動が激しい．しかし，計画高水流量規模を設計水深すると水制工の高さが高くなり，洪水頻度の高い低水路満杯流量規模では水制工は非越流型となる．したがって，単断面河道の場合においては，計画高水位のような大きい流量を用いず，低水路満

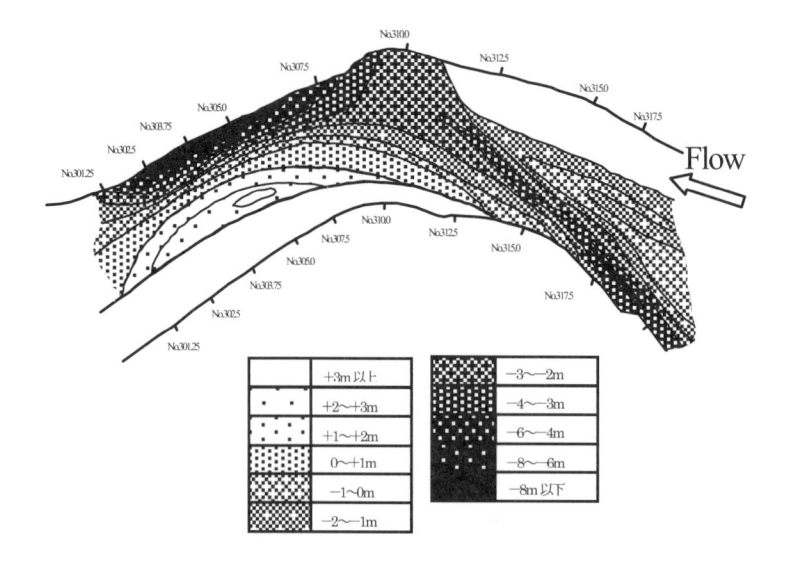

図-4.85 対策前の河床コンター(実験結果)

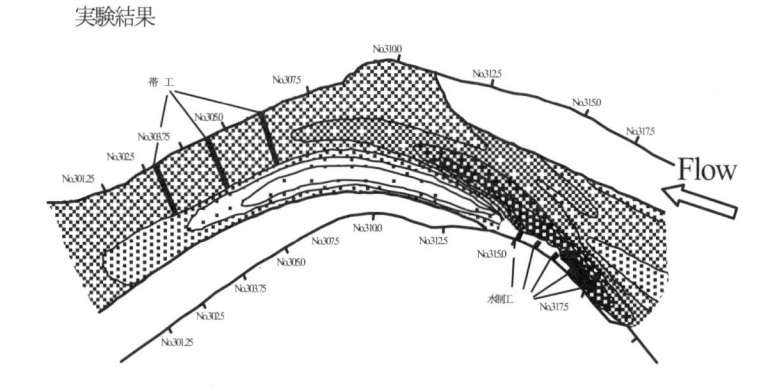

実験結果

図-4.86 水制工と帯工による対策後の河床コンター[23]

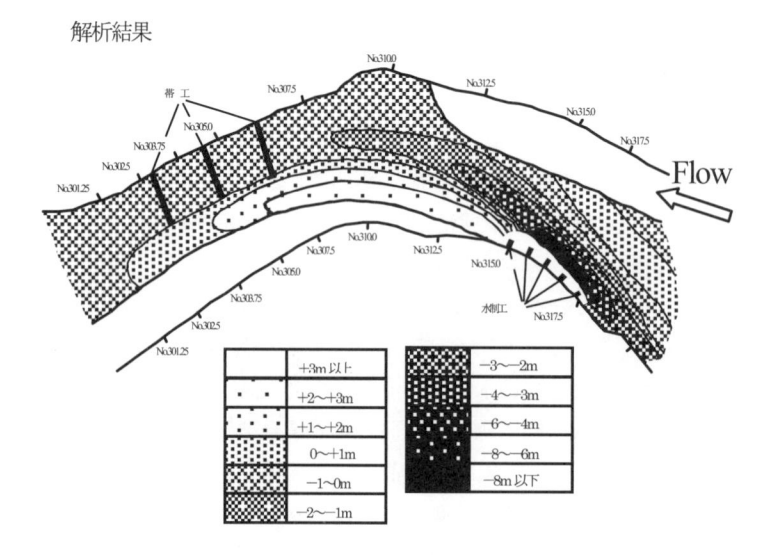

解析結果

図-4.87 水制工と帯工による対策後の河床コンター[23]

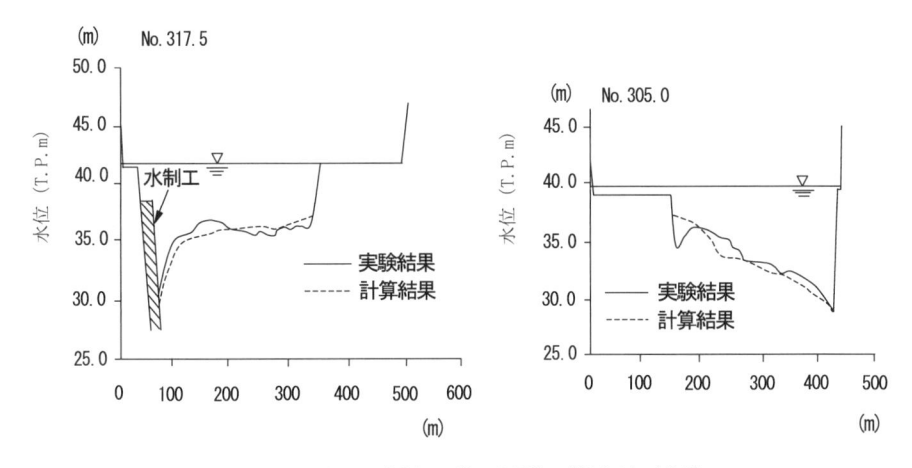

図-4.88 水制工・帯工設置後の横断河床形状[23]

杯流量とほぼ同確率流量 (1/5〜1/10 確率) 時の水深を用いるのが適当である．福岡らの複断面蛇行の研究[63]〜[65]によれば，堤防法線と低水路法線の位相差が大きい場合には，相対水深 Dr が 0.3 をを越えると，高水敷の遅い流れと低水路内の速い流れの混合によって低水路内の流速は，低水路満杯時よりも小さく，局所洗掘深も小さくなる．このことから，設計水深は掃流力が最も大きくなる低水路満杯時か，それより若干大きい水深を用いる．

蛇行河川における水制工設置の目的は，河岸近傍の主流を減速させ，二次流を弱め，河岸侵食を防ぐことにある．福岡らによる建設省土木研究所の大型水理模型実験[57]では，水制工の配置と洗掘深の軽減について以下に示す結論が得られている．洗掘が発生している大きな湾曲の外岸側に水制工を設置した場合，最大洗掘深の発生位置を河道中央寄りに移動させることができるが，それだけでは，洗掘深を十分に軽減することができない．湾曲部外岸側に発生する洗掘深を効果的に軽減させるためには，当該箇所の上流湾曲部内岸側と当該湾曲部外岸側に水制工を設置する必要がある．このように水制工を配置すれば，隣合う湾曲部の水制工が主流を制御し，当該洗掘箇所に向かう流れを緩やかにする．これは，河道法線形を緩やかに変更した場合と同等の効果を与えることができる．

(b) 水制工の設計法

(a) の検討結果から，任意の河道法線形に対して，河道内の流れの線形を滑らかにし，外岸の洗掘等を小さくするための越流型水制工の設計法としては，次のことがいえる．

① 水制工の諸元は，式 (4.27) の条件を満足するように決定する．川幅は，複断面河道の場合には低水路幅，単断面河道の場合には全川幅を用いる．設計水深は低水路満杯流量が流下した場合の水深を用いる．

② 水制工は，湾曲部上流内岸側と下流の当該湾曲部外岸側の 2 箇所に両者が有機的に機能するように設置するのが望ましい．

③ 湾曲部上流内岸側の水制は，断面内最大流速線が最も内岸に近づく地点を中心に設置する．設置範囲は蛇行長の 0.10〜0.15 倍程度とする．当該湾曲部外岸側の水制工の設置範囲は，外岸側で河床が大きく洗掘される範囲である．詳細には，4.8.3 で述べた準三次元計算法によって，湾曲部の主流および二次流の発達状況，内岸と外岸側での河床の洗掘・堆積状況を調べて決定する．

④ 水制工が流れに及ぼす影響を外力として取り入れた計算法は，4.5 の固定堰[20]や 4.9 のベーン工[74]の設計法にも適用されている．本書の付録 2 に「流体力項を考慮した運動方程式の導出」として解析法が示されている．本解析法は，水面下で機能する河川構造物の設計法として一般的に応用できるものである．

4.9 ベーン工

4.9.1 河岸侵食対策工としてのベーン工

河川湾曲部外岸側河床の深掘れを小さくし，外岸侵食の危険性を小さくするとともに望ましい河川の環境を作り出す河川構造物として 4.8 で述べた水制工の他にベーン工がある．

ベーン工について，これまでにいくつかの研究が行われてきた[66]～[77]．ベーン工が設置された河道湾曲部における流れと河床形状を説明する理論に，$Odgaard$ ら[66],[69],[73]，福岡・渡邊ら[70],[74],[76]～[81]のものがある．$Odgaard$ らが，最初にベーン工の理論を構築し，実用的なベーン工の設計法を確立した点で高く評価される．$Odgaard$ らの理論が，河床形状およびこれによって決まる主流速の横断分布は近似的に表せるが，最も重要なベーン工設置による二次流分布の変化とそれを考慮したベーン工の配置方法とはなっていない．すなわち，遠心力による二次流と逆向きの回転をもつベーン工による二次流は河床の横断形状を変化させるだけでなく，ベーン工周辺で主流鉛直流速分布の一様化を促進し，その結果として遠心力に起因する二次流を弱め，外岸河床の深掘れをさらに小さくするというベーン工の機能を $Odgaard$ らの理論では考慮できていない．これに対し，福岡・渡邊は，前述の $Odgaard$ らの理論の問題点を解決し，二次流や主流の横断面内の流速分布を合理的に表現できる理論展開を行った．

本節では，福岡・渡邊の理論に基づくベーン工の設計法を示し，この設計法を現地河川に適用し，河岸侵食対策工としてのベーン工の効果について考察する．

4.9.2 ベーン工の原理と適用の考え方

湾曲部では，$\rho u^2/r$ で表される遠心力が流れに対し，外岸向きに働く．流速 u は表面近くで速く，河床近くで遅いために，水表面で大きく，河床面で小さくなる．このような遠心力と釣り合うように外岸側の水位が上昇し，図-4.89a に示すように 2 つの力によって，流れは，表面付近で外岸方向に加速され，その結果，底面付近では内岸方向に加速される，二次的な流れ (二次流) が形成される．河床付近で内岸に向かう二次流は，図-4.89b に示すように河床の土砂を外岸から内岸へ運び，外岸の洗掘，内岸の堆積を起こし，大きな横断河床勾配を生じさせる．これは外岸付近の河岸勾配を急にするため外岸の安定性を著しく減じ，外岸侵食の主要な原因となる．

外岸付近の河床の洗掘が生じているところへ，主流に対してある角度で河床から突き出す形のベーン工を設置すると，飛行機の翼が揚力受けると同様の原理でベーン工は図-4.90(a)のような揚力 (ベーン工を内側に押す力) を受ける．周囲の流体はその反作用として逆向きの同じ大きさの力，すなわち，ベーン工の周りで外岸向きの力を受ける．この河床近くで発

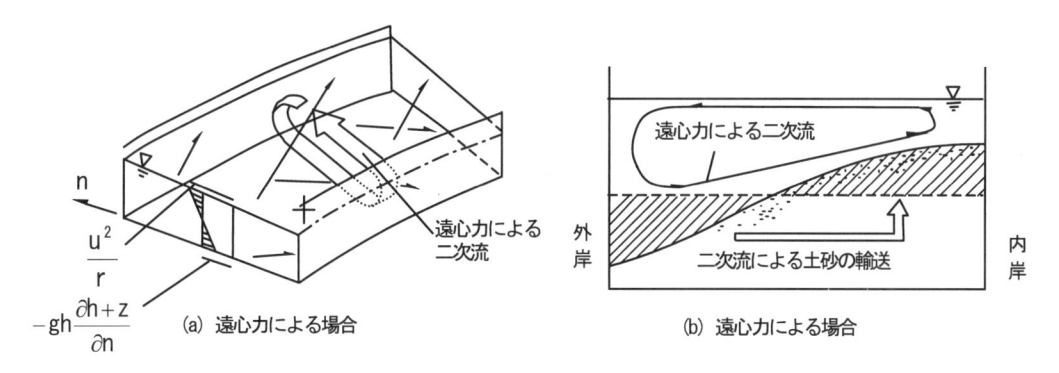

図4-89 湾曲部の二次流と横断河床形状[74]

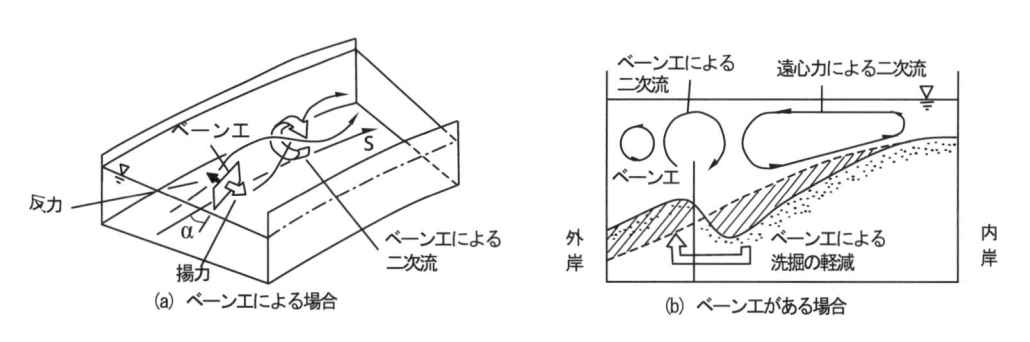

図4-90 ベーン工の設置による横断河床形状の変化[74]

生する力は外岸に向かう二次流を生み出すが，この二次流の向きは，遠心力による二次流の向きとは反対の向きを保つため，遠心力に起因する二次流は弱められることになる．

このように，ベーン工に加わる流れの力を利用し，遠心力によって生じる二次流を弱めることによって，ベーン工内岸の土砂を外岸方向に輸送し，外岸側河床の洗掘を軽減する．これがベーン工の外岸側河床の洗掘抑制の原理であり，これを模式的に示したのが図-4.90bである．ベーン工の構造と配置を適切に選べば，次節で述べるように外岸の流速を弱め，河道中心寄りの流速を増大させることが可能であり，一層効果的に河岸侵食力を弱めることになる．福岡・渡邊のベーン工の理論は，文献 74) に詳述されているので参照されたい．福岡・渡邊理論は，ベーン工によって生じる流体力を運動方程式の中で適切に考慮できるもので，本書の**付録 2**「流体力項を含む流れの運動方程式の導出」に示されている．この理論は，ベーン工に限らず，水面下にある構造物の周りの流れの解析に一般的に用いられるものである．

4.9.3 ベーン工の構造と配置

ベーン工の構造は，**図-4.91** に示すベーンとその前面に取り付けられた円柱から構成される．ベーン工は，その原理からそれ自身の周囲の河床が洗掘され，ベーン工の露出面積が大きくなるほど，ベーン工の効果が高まり，外岸河床の洗掘軽減量が大きくなる．このため，ベーン工周囲の洗掘深が増加するにつれて，露出面積の増加割合が大きくなる台形型が採用された．ベーン前面に取り付けられている円柱は，ベーン自身と同程度に重要な役割をもっている．すなわち，流れの中では円柱周囲は，常に大きな局所洗掘を受け続ける．この局所

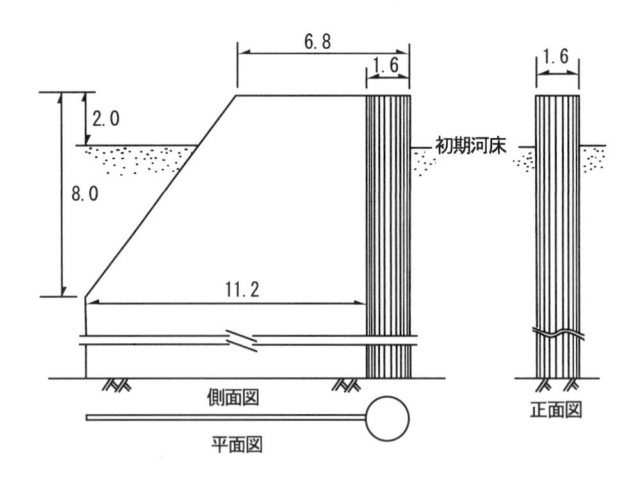

図-4.91 実験に用いた円柱付き台形型ベーン工[74]（単位：cm）

洗掘と，個々のベーンの周囲の洗掘部とが一体となって，ベーン工の周りに大きな洗掘孔をつくり，輸送されてくる砂礫によってベーン工が埋没したり，洪水流量，堤防や河岸法線との相対的な設置位置関係によって，ベーン工の露出の程度が縦断的に大きく変わらないように調節する役割をもっている．

ベーン工を設置しない場合とベーン工を千鳥状に配置した場合の河床高分布と流速分布の比較を**図-4.92**に示す．ベーン工が設置された場合には，外岸の深掘れが減じ，代わりにベーン工に対し水路の中央寄りに深掘れが生じている．その結果，流速分布の最大値は，外岸寄りでなく，中央寄りの深掘れ位置に生じている．**図-4.93**はベーン工設置前後の横断河床形状の解析結果と実験値の比較を示したものである．解析[74]はベーン工設置前の初期外岸河床の深掘れが，ベーン工の設置によって次第に埋め戻されてゆき，ベーン工の河道中央寄りに明確なみお筋が形成され，最終的に平衡な横断河床形状に至る過程を説明している．

4.9.4 福岡・渡辺のベーン工設計法[76),77)]

ベーン工の理論[74]により，外岸付近の河床の洗掘深および横断河床形状を規定する主要なパラメータは，二次流相殺率 γ，およびベーン工の設置位置と川幅の比 b/B であることが明らかにされた．γ はベーン工が横断位置 j に配置されたときの，流れの遠心力による二次流の生成力とベーン工による逆向きの二次流の生成力の川幅全体にわたる比を表し，式 (4.28) で与えられる．

$$\gamma = \frac{(\phi - 2/k)^2}{(\phi - 0.5/k)} \frac{kr_j}{6B} \left(\frac{\beta_a \pi \ell_0 \sin \alpha}{\Delta s} \right) \times 列数 \tag{4.28}$$

ここに，v: 平均流速，ϕ: 流速係数 $(= v/u_*)$，h_a: 断面平均水深，B: 川幅，r_j: j の位置の曲率半径，ℓ_0: ベーン工の長さ，α: ベーン工の迎え角，Δs: ベーン工の縦断間隔 $(= r_j \theta/N)$，β_a: 揚力補正係数，θ: 湾曲水路の中心角，N: ベーン工の数，である．

γ は水理条件 (ϕ, h_a)，河道条件 (B, r_j)，ベーン工の構造条件 $(\ell_0 \sin \alpha, \beta_a, \Delta s)$ から定まる．

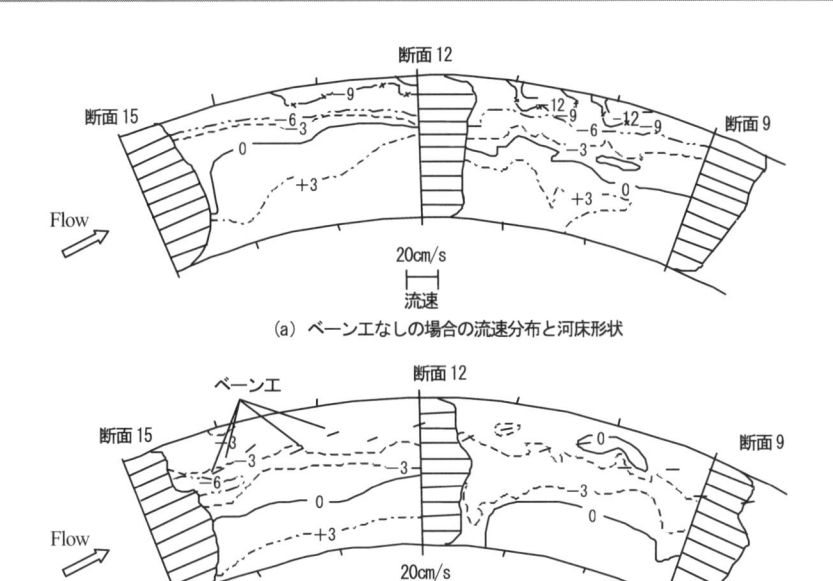

(a) ベーン工なしの場合の流速分布と河床形状

(b) ベーン工を設置した場合の流速分布と河床形状

図-4.92 流速分布と河床高分布[74]

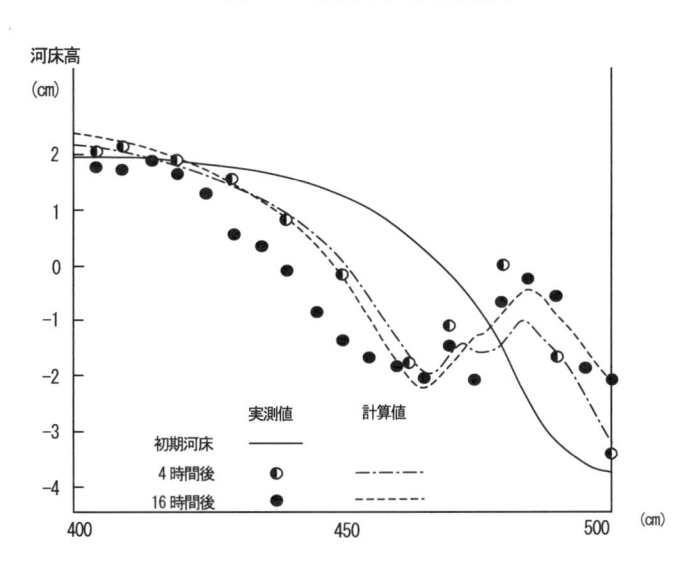

図-4.93 横断河床形状の変化[74]

γ の値が大きいほど，遠心力の二次流を抑える効果が強く現れ，外岸河床の洗掘深が小さくなる．γ は $(\beta_a \ell_0 \sin\alpha/\Delta s) \times$ 列数に比例する量であり，ベーン工の設置数 N，長さ ℓ_0，迎え角 α が大きくなるとともに外岸付近の河床の洗掘深が減少する．河道条件 (B, r_j) は，低水路法線形から与えられる．水理条件は対象とする断面平均水深 h_a(設計水深) に対応する設計量を求める．γ および b/B の違いによって，外岸付近の河床高とベーン工付近の局所洗掘がどのように変化するかを示したのが**図-4.94～図-4.97** である．これらの図より，外岸付近の洗掘深を効率よく軽減し，かつベーン工周りの局所洗掘が外岸に及ばないようにするために外岸での河床高が断面平均河床高に近くなるように，$\gamma = 0.5 \sim 0.6$ に選び，また

ベーン工周りの局所洗掘が外岸に及ばないように $b/B = 0.15～0.35$ に選べばよい．迎え角 α は，揚力が最大となる $\alpha = 20°$ に選ぶ．所要のベーン工の長さ ℓ_0，突出高さ H_s は，断面平均水深 h_a に対し，$\ell_0 = (0.5～2)h_a$，$H_s = (1/3)h_a$ 程度とする．β_a はベーン工の大きさの諸元から決まるもので，ベーン工の投影面積を A とすると，$\beta_a = 1/(1 + A/H_s^2)$ より見積もる．

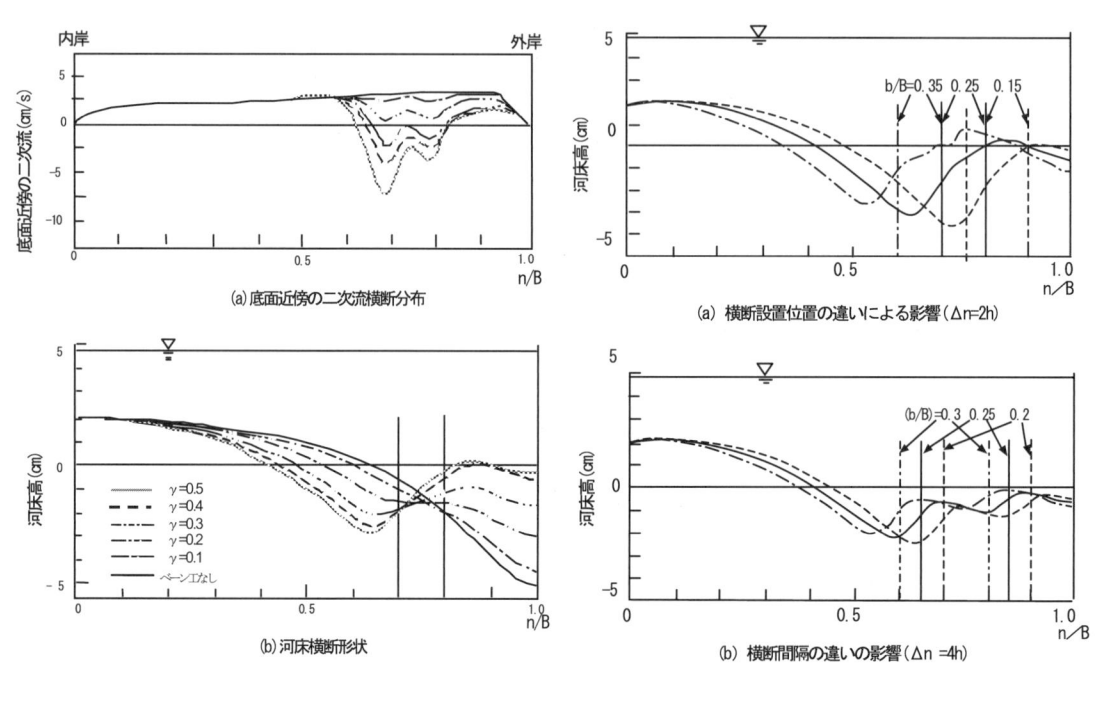

図-4.94 γ の違いによる二次流分布と横断河床形状の変化（横断間隔2h）[76]

図-4.96 ベーン工の設置位置，間隔の違いによる河床横断形状の変化[76]

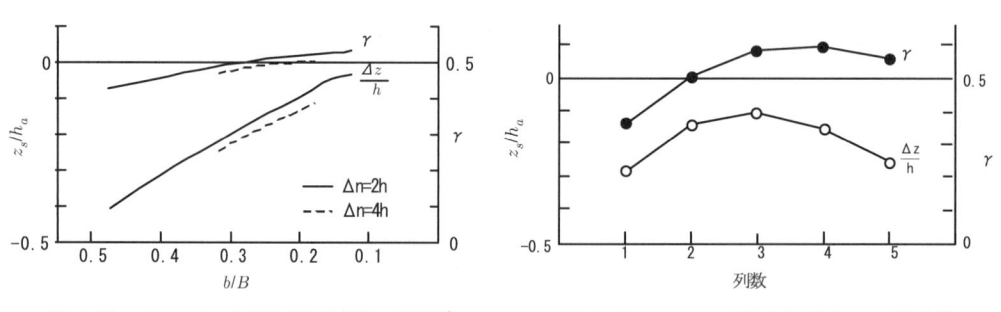

図-4.95 ベーン工の設置位置と洗掘深の関係[76]

図-4.97 ベーン工列数と洗掘深 Δz の関係[76]

このようにして決められた諸量に対して，$\gamma = 0.5～0.6$ となるようにベーン工の縦断間隔 Δs と列数，またはベーン工の数 N を決定する．

川幅 B が大きくなると $\gamma = 0.5～0.6$ を保つためのベーン工の数 N が増大する．この場合には，$\ell_0 = (0.5～2.0)h_a$ に応じてベーン工の列数を増やせばよい．このとき個々のベーン工の効率を最大限に発揮させるために，ベーン工の縦断間隔が狭くならないように注意する必要がある．列数を増すときには，ベーン工を千鳥状に配置する．千鳥状配置は，個々のベーン工が最も効率よく働く位置であることが実験によって明らかにされている[74]．

4.9.5 複断面河道のベーン工

前述の福岡,渡邊[74)～77)]の設計法は,流路が一様単断面で長い湾曲部を想定している.しかし,実河川は一般に平面形が縦断的に変化している上,横断面形も単断面河道,複断面河道が存在する.局所洗掘が問題となる箇所は単断面の一様湾曲区間とは限らないことから,平面形・横断形が変化する複断面蛇行流路を対象としたベーン工の設計法も検討する必要がある.

複断面蛇行流路における河床変動は,渡邊・福岡[78)]が非静水圧の三次元モデルを開発し,解析している.しかしながら,これをさまざまな平面形をもつ区間や河道内に構造物が存在する実河川へ適用するには,計算量が多く,実用的でない.福岡らは,大野川のベーン工を対象として一様湾曲流解析[79)]および平面二次元解析[80)]をもとにベーン工設置後の河床変動の再現を試みている.しかし,この解析モデルでは,遠心力による二次流とベーン工による遠心力と反対向きの二次流および複断面形状に伴う流れの三次元構造が十分表現できないことから河床変動を正しく再現できていない.このため,流れの三次元性を表現し,かつ計算負荷を小さくした三次元モデルを構築し,河床変動解析を行う必要がある.

(a) 複断面蛇行流路におけるベーン工設計の考え方

岡田,福岡[65)]は,複断面蛇行流れでは,相対水深と低水路蛇行度よって単断面的蛇行流れと複断面的蛇行流れが生じることを明らかにしている.これらの知見に基づけば,複断面蛇行流路では低水路満杯を超える程度の出水時に洗掘深が最大となる.それゆえ,**図-4.98**に示すように複断面蛇行流路の局所洗掘対策は,一般には洪水ピーク時の複断面的蛇行流れよりもむしろ,低水路満杯を若干超える単断面的蛇行流れにおける洗掘深の軽減が重要となる.これらのことから,複断面蛇行流路におけるベーン工による局所洗掘対策を考えた場合,遠心力による二次流が大きく,洗掘深が最大となる低水路満杯程度の水理量を対象として設計する必要がある.我が国の洪水の頻度や洪水波形から一洪水期間中に占める単断面的流れの発生時間は,複断面的流れのそれに比べて,一般に十分大きいことから,このような考え方でベーン工を設計すればよいことになる.

ベーン工は,一様で長い湾曲区間に生じる発達した二次流の流れ場に対しては効率よく機能することから,局所洗掘を引き起こしている区間の流れをできるだけ一様湾曲流れに近付けるようにベーン工を配置して流れを誘導することが重要となる.ベーン工の諸元や配置は,このような考え方に基づいて決めることになる.

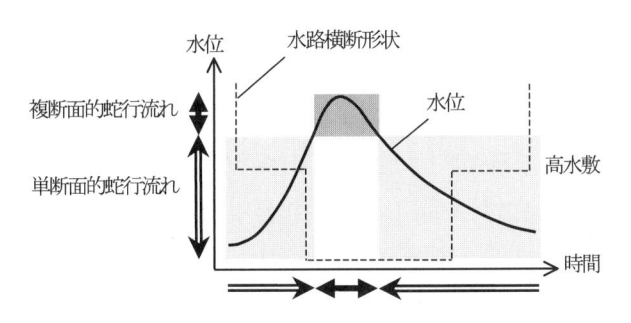

図-4.98 一洪水期間中の流れの分類[81)]

本節では，異なる平面形が連なる複断面流路におけるベーン工の局所洗掘対策工としての効果を明らかにすることを目的とする．このため，①既往の複断面蛇行流路における流れと河床変動に関するこれまでの知見より，複断面流路の局所洗掘対策とベーン工の設計の考え方を整理する．②異なる平面形が連なる複断面水路を用いた移動床実験と数値解析により単断面的流れと複断面的流れの場合におけるベーン工の効果を明らかにする．③単断面的流れの場合と複断面的流れの場合のベーン工の効果を踏まえて，洪水期間全体のベーン工の効果について示す．

(b) 実験と解析 [81)]

田村，福岡ら [81)] は，異なる平面形が連なる複断面流路におけるベーン工の洗掘軽減効果と設計法を実験と解析によって検討しており，その結果を示す．

(1) ベーン工の配置と諸元

用いた水路は図-4.24 に示す長さ 65 m の移動床複断面水路である．低水路には粒径 0.8 mm，比重 2.59 の一様な砂を敷き詰めている．高水敷には粗度付けのために人工芝を貼り付けてある．

実験は表-A.4.7 に示すように単断面的蛇行流れと複断面的蛇行流れを代表する相対水深 $Dr = 0$ と $Dr = 0.4$ について，ベーン工を設置していない Case1, 3 と設置した Case2, 4 について河床変動を検討している．ベーン工を設置しない Case1 と 3 は，おおむね平衡状態となるまで通水を行っている．Case2, 4 は，ベーン工を設置していない Case1, 3 の通水によって形成された河床をそれぞれ初期河床として，これにベーン工を設置し，通水を行っている．

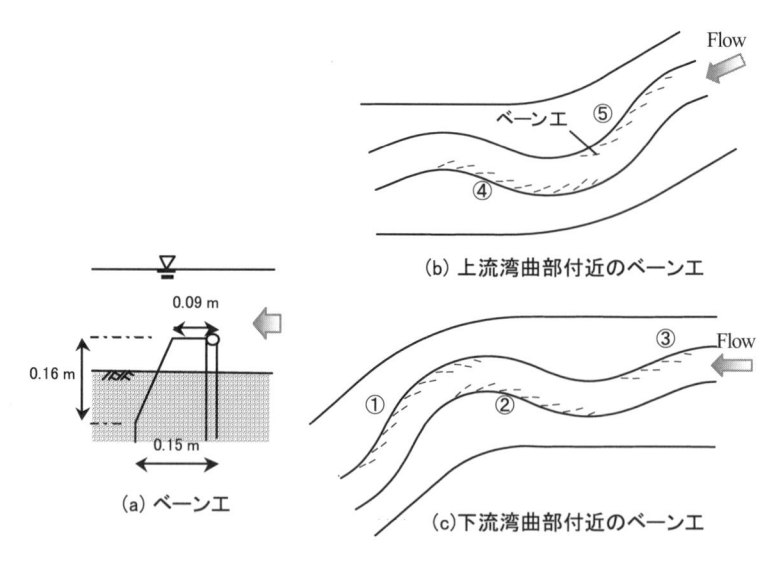

図-4.99 ベーン工の諸元と配置 [81)]

ベーン工を設置しない場合，洗掘深は Case1 の単断面流れが最も大きい．ベーン工の機能を有効に発揮させるために Case1 の河床形状をもとにベーン工を配置した．**図-4.99** に示すように，洗掘深が大きい複断面湾曲部①，④に設置するとともに，相対的に洗掘深の小さい湾曲部の上流の複断面蛇行部洗掘箇所②，③，⑤にも設置している．蛇行部②，③，⑤

のベーン工は，①，④での流れが一様湾曲流れに近づくように主流を誘導する役割を有しており，渡邉，福岡[76),77)]による単断面一様湾曲流路の設計法で決めている．設置するベーン工の列数は2列とし，千鳥状に配置している．ベーン工の迎え角 α は $20°$，ベーン工の縦断間隔 Δs は二次流相殺率 γ が $0.4 \sim 0.5$ となるように $\Delta s = 0.5$ m としている．

(2) 解析方法

流れの解析には，静水圧を仮定した一般座標系三次元運動方程式[82)]にベーン工による抗力と揚力を取り込み，鉛直方向には河床形状に応じた計算メッシュを形成できる σ 座標系を採用している (**付録1**).

ベーン工の抗力およびベーン工にかかる単位高さ当たり揚力の反力は，福岡，渡邊ら[74)]と同じ式形を用いる．ベーン工の幅は流路幅に対して小さいことから，**付録2**に示すようにベーン工を包含するようにメッシュを作成し，ベーン工の形状は計算メッシュには反映せず，ベーン工による流体力がコントロールボリュームに働くものとしている．解析法の詳細は文献81) を参照されたい．

(c) ベーン工による洗掘軽減効果

(1) 単断面 (的) 流れにおけるベーン工の効果

図-4.100 は，ベーン工を設置しない Case1 について，初期平坦河床から平衡河床への河床変動高を示している．図中のコンター線は 0.02 m ピッチであり，河床の洗掘領域と堆積領域を区別できるように洗掘領域は灰色で着色している．上流湾曲部，下流湾曲部ともに，湾曲区間の下流外岸①，④で大きな洗掘が生じているほか，蛇行区間の変曲部外岸側②'，③'，⑤' においても遠心力による二次流に起因する洗掘がみられる．上流湾曲部の④' と下流湾曲部の①' は区間が長く遠心力による二次流が発達しているために同程度の洗掘深となっている．蛇行部については下流湾曲部の上流に位置する一様な蛇行の②'，③' の洗掘深が上流の蛇行部の⑤' の洗掘深に比べて大きい．これは⑤' の上流区間の流路線形が直線であるために一様な蛇行部ほど洗掘力が作用しないためである．

図-4.101 は，ベーン工設置後の河床変動高の実験結果 (Case2) である．ベーン工によりみお筋が内岸寄りに移動していることにより，ベーン工がない場合の外岸側の局所洗掘深 (図-4.100 ①'〜⑤') の軽減が認められる．**図-4.102** は，Case2 の解析結果であり，三次元解析手法は単断面曲線流れにおけるベーン工の効果を精度よく推定できることを示している．

(2) 複断面的流れにおけるベーン工の効果

図-4.103 は，ベーン工を設置していない Case3 ($Dr = 0.4$) における初期平坦河床からの河床変動高の分布を表している．湾曲部下流①，④では同程度の洗掘が生じている．一方，蛇行変曲部外岸の②，③，⑤では，高水敷と低水路の流れの混合によって遠心力と逆向きの二次流が働くなど，低水路の流速が小さいことから洗掘深は小さい[65)]．

図-4.104，**図-4.105** は，それぞれ Case4 におけるベーン工設置後の河床変動高の実験結果と解析結果を示している．図-4.104 では，湾曲部の下流外岸際①，④ではベーン工設置後に洗掘部の埋め戻しが認められる．一方，それ以外のベーン工設置箇所②，③，⑤では二次流は逆向きのためベーン工の効果はゼロであるが，河床変動に与える影響は小さい．ここでのベーン工は，複断面的流れ時には，主流を河岸際から内岸寄りへ誘導し，下流湾曲部へな

図-4.100 ベーン工がない場合の単断面流路の河床形状（Case1）

図-4.101 ベーン工設置後の単断面流路の河床変動高の実験結果（Case2）

図-4.102 ベーン工設置後の単断面流路の河床変動高の解析結果（Case2）[81]

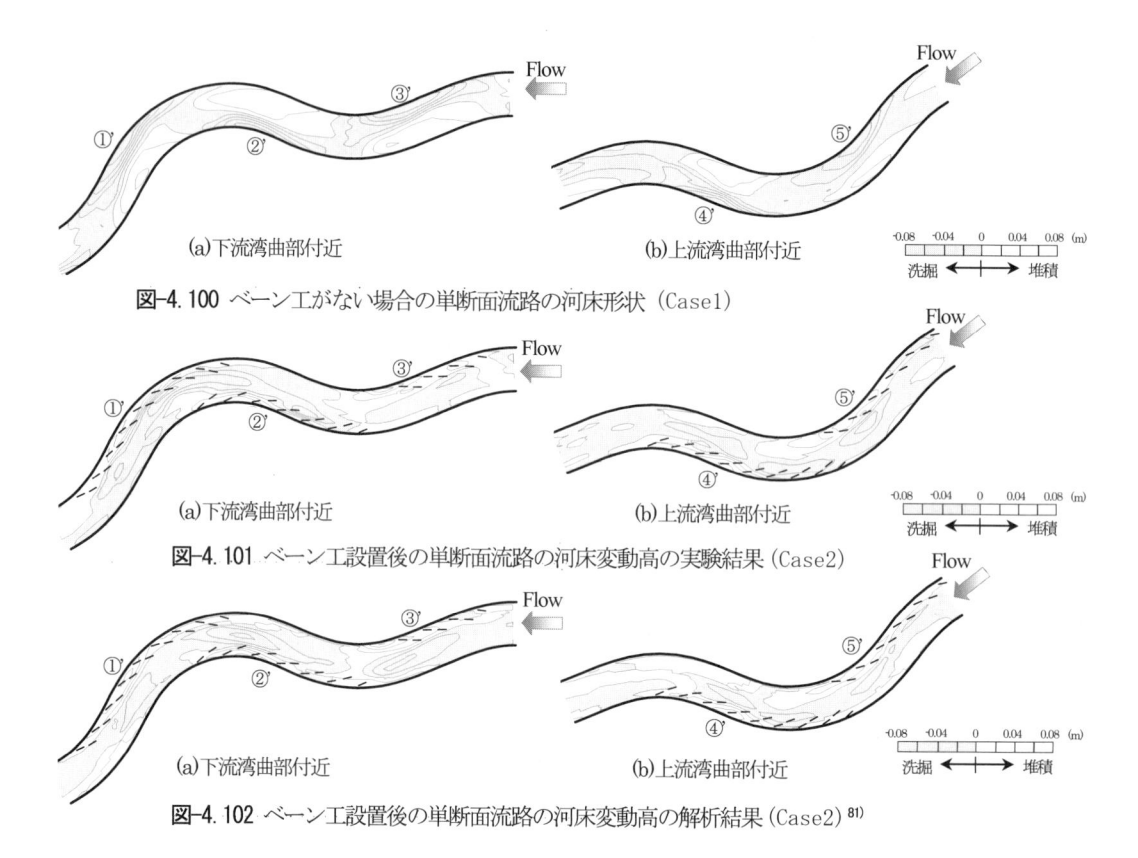

めらかに流入させるガイドベーンの役割をもつとともに，4.9.5(1) で述べたように単断面的蛇行流れの時間帯には効果的に洗掘を軽減する役割をもつ．図-4.105 は複断面的流れの場合の解析結果である．実験結果と同様に湾曲部の①，④の堆積域を示しており，ベーン工の洗掘軽減効果が表現されている．蛇行部②，③，⑤では，遠心力による二次流は働かないので，解析結果は実験結果と同様に河床変動高が小さい．

(3) 洪水期間全体としてのベーン工の効果

図-4.98 に示すように，水位が経時的に変化する実際の洪水を考えた場合，単断面的流れとなる時間帯は一洪水中において大半を占め，このとき，ベーン工は湾曲部，蛇行部ともに局所洗掘を軽減させる．一方，相対水深が大きい洪水ピーク付近に相当する複断面的蛇行流れとなる場合は，蛇行部に設置されたベーン工はガイドベーンとして位置付けられる．以上より，単断面的流れと複断面的流れそれぞれにおけるベーン工設置後の河床変動の特性から，洪水期間全体としてベーン工は局所洗掘軽減対策工として有効に機能する．

4.9.6 黒川におけるベーン工の施工と効果[76]

熊本県内牧町を流れる黒川の 15.1〜15.2 km の単断面一様湾曲部にベーン工を施工した（**写真-4.6**）．この区間の湾曲部では，**図-4.106** に示すように外岸付近に洗掘が生じ，一部護岸の根入れ深さに達するほどの深掘れが生じている．ベーン工は，直径 0.12m の松丸太杭を現場で連続的に河床に打ち込み台形状とした．ベーン工先端の円柱は，直径 0.25 m の松丸太杭を用いた．ベーン工平均河床からの突出高は，平水時水深を 0.1 m 超える高さと

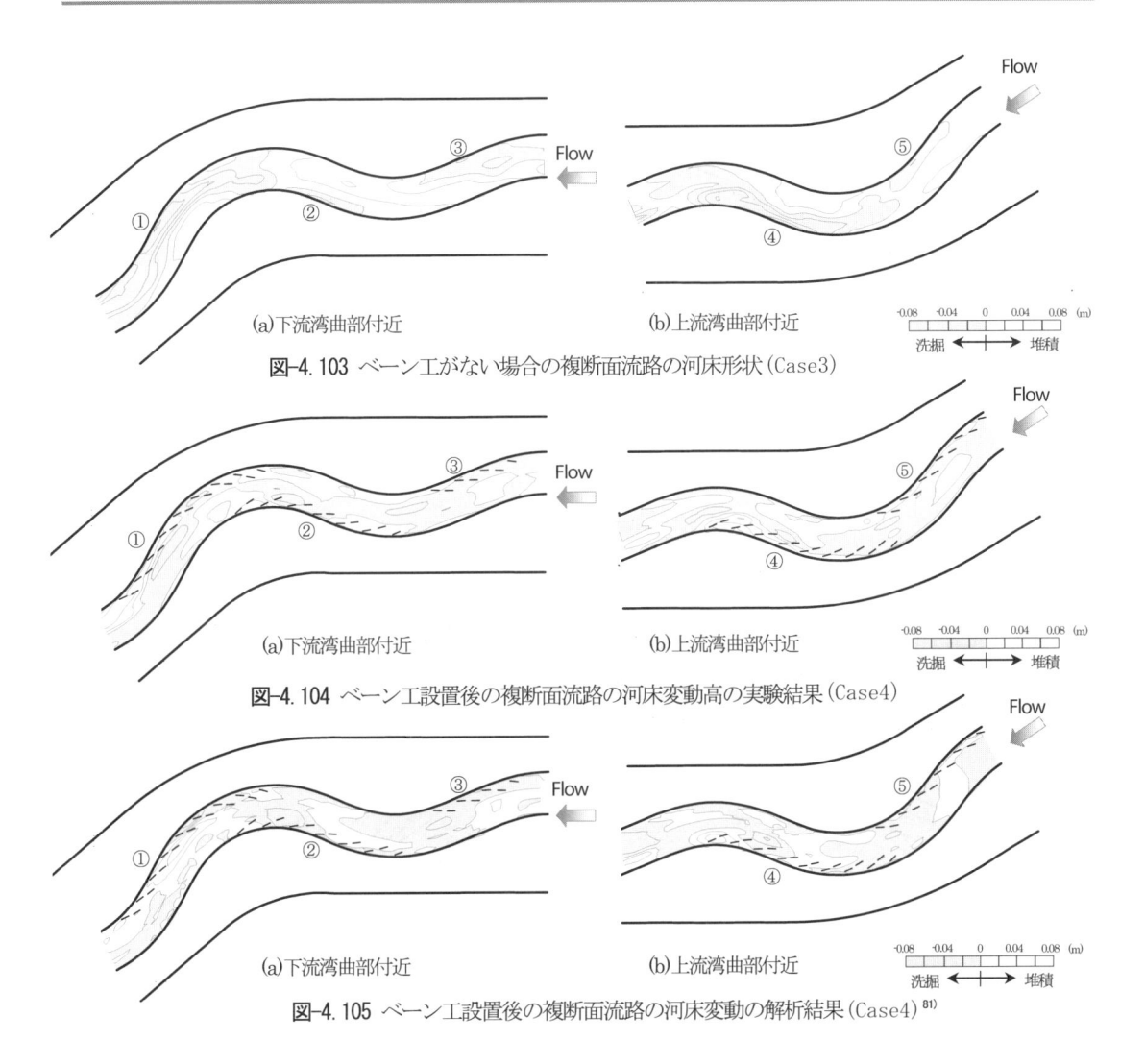

(a) 下流湾曲部付近 　　　　(b) 上流湾曲部付近

図-4.103 ベーン工がない場合の複断面流路の河床形状（Case3）

(a) 下流湾曲部付近 　　　　(b) 上流湾曲部付近

図-4.104 ベーン工設置後の複断面流路の河床変動高の実験結果（Case4）

(a) 下流湾曲部付近 　　　　(b) 上流湾曲部付近

図-4.105 ベーン工設置後の複断面流路の河床変動の解析結果（Case4）[81]

写真-4.6 黒川ベーン工現地施工
（ベーン工の最終形状は，水面上に出ている部分を切り落とし，平水時には水没している．）[76]

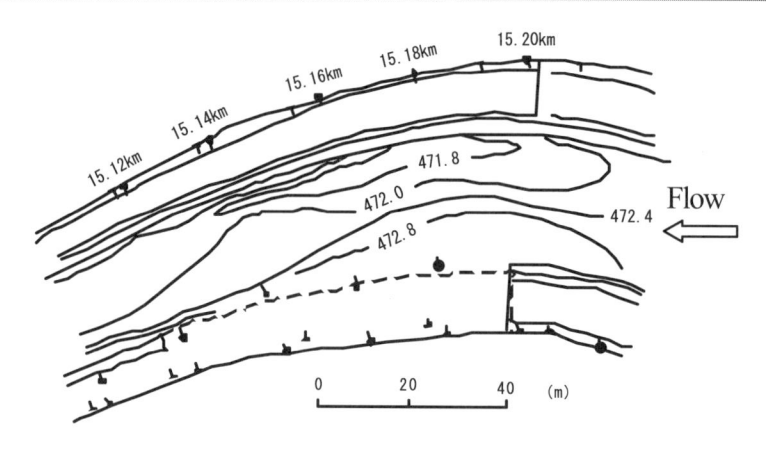

図-4.106 河床高コンター（ベーン工なし，昭和62年9月測量）[76]

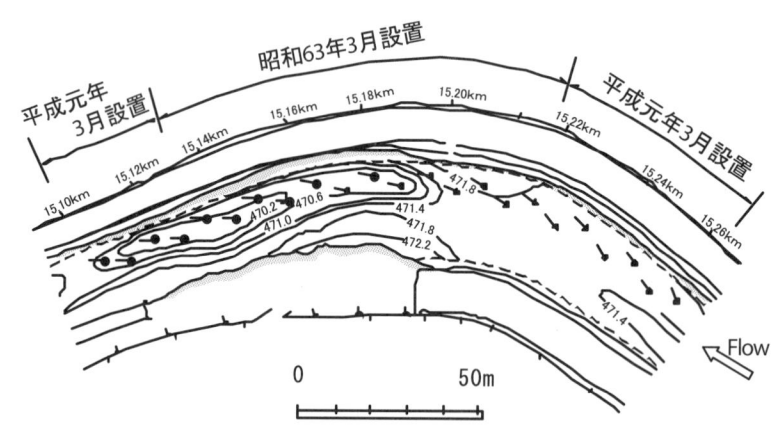

図-4.107 ベーン工配置後の河床高コンター[76]

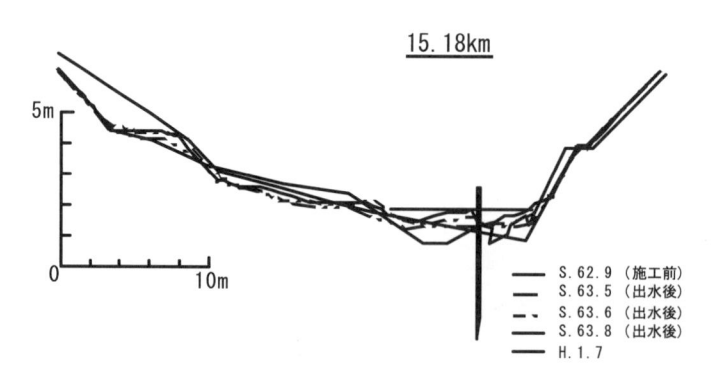

図-4.108 黒川の横断河床形状[76]

し，ベーン工の長さは，平均河床高位置で 3.0 m，根入れ深さは平均で 4.0 m である．

図-4.107，**図-4.108** にベーン工施工区間の河床高コンターと横断河床形状を示す．この時点で，すでに中洪水を数回経験している．ベーン工の施工により，内岸の砂州は著しく低くなり，外岸河床高は，平均河床高近くまで埋め戻されている．また，ベーン工の内側には，明確なみお筋が形成されており，主流はこの位置を中心として流れている．**図-4.109** は，ベーン工周りの測量結果と解析結果の比較を示す．河道中央部のみお筋形成，外岸河床

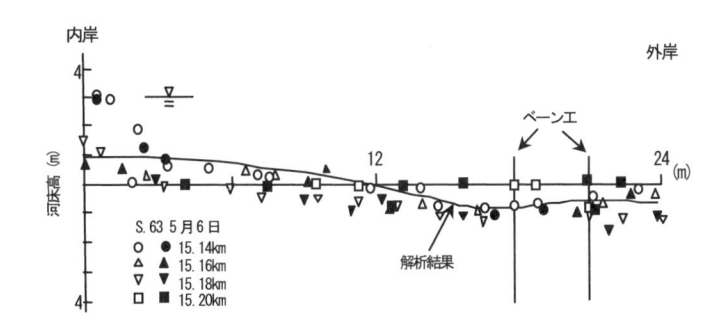

図-4.109 黒川ベーン工の測量結果と解析結果の比較[76]

の洗掘軽減を解析は，よく表現している．以上より，現地のスケールにおいても，湾曲部の河岸侵食軽減のための対策工としてベーン工が有用であることが確認され，また，福岡・渡辺の設計法[76]の有効性が確認された．

4.9.7 計画・設計の留意点 [71),79),81)]

ベーン工の設計理論は，その力学的な根拠がしっかりしており，遠心力による二次流が発達した湾曲部であればベーン工は，河床の洗掘軽減に十分な役割を果たす．ベーン工は，湾曲部の洪水流を制御し，河道内の土砂の移動をもたらすことから，時にはそれが思わぬ問題を引き起こすことも考えられる．ベーン工の原理を十分理解して，計画・設計・施工を行うことが大切である．その際，ベーン工の理論を形式的に理解し適用するのでなく，河道の状況をよく見て状況に応じたベーン工の計画をたてることが大切である．

ベーン工は，自らの局所洗掘を活用して，外岸付近の河床の洗掘軽減に威力を発揮する．ベーン工の設置によって新たに創り出される河道の縦・横断形状（みお筋の形成）は，流路中心部の流速を高める．その結果，適切な設計を行えば，ベーン工の存在が洪水位の上昇とはならないことが明らかにされている[74]．このみお筋等の形成は，多自然型川づくりにも応用できる．護岸，根固め，水制などと併用すると，護岸の根入れ深さを小さくしたり，護岸の構造を工夫することが可能になり，河道の安全性が増大する．川幅が十分でなく，水制工の施工に適さない中小河川の河岸侵食対策には，ベーン工が効果的である．また，河床低下が進行している河川の護岸の基礎の保護にも，ベーン工は効果を上げる．

(a) ベーン工の施工区間

法線形状や設計流量との関係で，ベーン工の最上流端をどこから設置し，どこで終えるかを十分に検討する必要がある．この点の判断を誤ると，ベーン工施工区間上流端付近および施工区間の下流に新たな水衝部をつくり，河岸侵食を引き起こす懸念がある．上流端位置については，外岸河床が洗掘を受けている箇所の十分上流から施工することが大切である．すなわち図-4.110(a)に示すように外岸に向かう水表面の速い主流が決して最上流端のベーン工と外岸の間に入り込まないように，法線形とベーン工の位置関係を検討し，主流の大部分を上流端からベーン工で誘導するように設計施工する．一方，ベーン工の下流端をどこまで延長するかについては，次のように考えるのがよいであろう．ベーン工最下流端の直前までは，遠心力による二次流がベーン工によって抑制されているが，ベーン工の内側に沿うよう

に流れてきた主流は，ベーン工がなくなることによって急に開放され，主流はそのまま直進し外岸に向かう．この場合には，主流が外岸に沿うところから再び河床の洗掘が始まる．したがって，ベーン工の内側を流れる水表面付近の速い流れが，法線とほぼ平行になるところまで十分延長することが肝要である．それができない場合には，根固め工をベーン工終端から下流十分な距離まで外岸沿いに施工することによって，洗掘対策を講じなければならない（図-4.110(b)）．

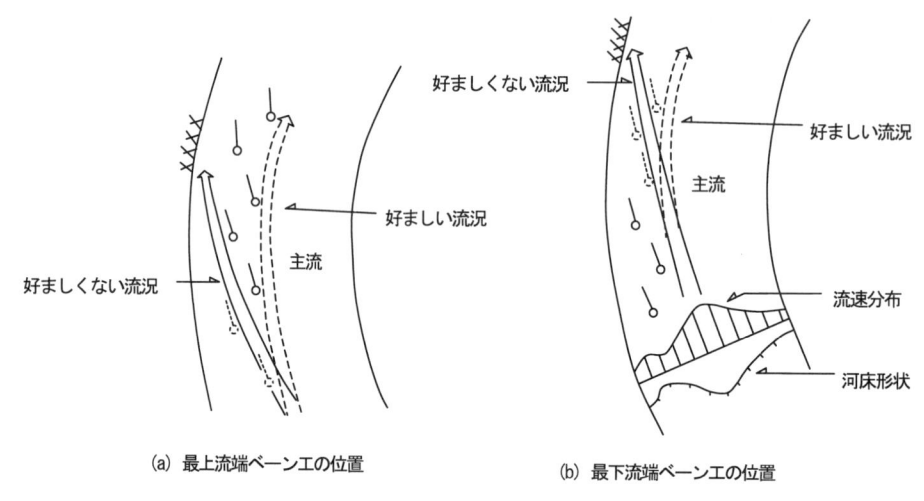

(a) 最上流端ベーン工の位置　　(b) 最下流端ベーン工の位置

図-4.110　ベーン工設置区間の決め方[71]

(b) ベーン工の突出高さ，縦断間隔，根入れ深さ

　ベーン工は，低水路全幅における遠心力による二次流を制御するため，深掘れ部のみでなく低水路全幅を対象とした流れ，平均河床，平均水深に基づいて設計が行われる．深掘れ部分のみを対象とすると，平均河床高が低くなり，その結果としてベーン工高さが低く設定される．また，設計時に算定する二次流相殺率 γ（式 (4.28)）は，$0.5\sim0.6$ が望ましいことから川幅 B が小さく見積もられるとベーン工の列数が少なく算定される．その結果，列数の少ないベーン工の配列では，ベーン工によって生成される二次流は弱くなり，遠心力による二次流を十分に制御できなくなる問題が生じる．

　実河川の湾曲部においては，一般的に河床形状は，外岸側が大きく深掘れし，内岸側に土砂が堆積している形状であり，その深掘れの程度は縦断的に変化している．したがって，設置区間の平均的な河床高をもとにベーン工高さを標準的に決めると，ベーン工の河床からの突出高さは設置箇所により著しく異なることになる．ベーン工の高さを標準的な $H_s = 1/3\, h_a$ に決めるとベーン工が砂州に埋没し，ベーン工の河床からの突出高さが小さくなる所が現れる．このようなところでは，ベーン工の機能を十分発揮することができず，外岸側の洗掘深の改善は期待したほど生じなくなる．一連のベーン工が機能するように，ベーン工高さは，砂州や深掘れ位置を考慮し，流水に効果的に作用するように河床高よりも高く設置する必要がある[80),81]．

　局所洗掘対策区間の平面形が，急湾曲区間の場合や曲率の縦断変化が大きい場合，あるいは複断面区間など，単断面の一様湾曲とみなせない場合には，低水路線形やみお筋に沿ったベーン工配置が良いとは限らない．洪水時の主流位置がみお筋や低水路河岸沿いに位置する

とは限らないため，ベーン工を有効に機能させるために，数値解析や模型実験によって洪水時の流れを把握し，これに基づいてベーン工を配置することが必要な場合がある．

このように，ベーン工が群として有効に働くようにするには，上述の留意点を考慮し，福岡・渡邊の一様湾曲流れを仮定した設計法[76),77)]と複断面河道のベーン工設計法[80),81)]をもとにベーン工諸元を設定する．さらに，三次元解析モデル[81)]による洪水流解析により，二次流の発生状況を知ることによって，任意の平面形状を有する実河川におけるベーン工の適切な設計が可能になる．

個々のベーン工が効率的に働き，外岸河床の洗掘深が縦断的にほぼ一様に減ずるには，ベーン工の縦断間隔 Δs を小さくとりすぎないことが肝要である．Δs と列数はさきに述べた設計方法により求めることができるが，Δs が不適当な場合には Δs と列数を変えることになる．Δs の大きさの目安は，ベーン工の長さが水深程度の場合，水深 h_a の 6〜9 倍程度に選ぶとよい．

洪水時にはベーン工自身の周囲は，必然的に大きく洗掘される．ベーン工は自らの露出面積が大きいほど，外岸河床の洗掘防止効果が大きくなるが，このとき，根入れ深さも大きくとる必要が生じる．用いる材料，転倒に対する安定条件を検討し，安全率をみて根入れ深さを決定する．設計の基本は文献[70),77)]を参照されたい．

(c) ベーン工とハビタット

水棲生物の育成環境保全のために，生態系に配慮した水際構造が求められる．しかし，河道湾曲部では，**4.3** で示したように護岸前面の河床が洗掘されることから，常に河岸侵食の危険性にさらされている．生物の生態を重視しすぎると，治水上の問題が発生する．しかし，護岸を強固な構造にするにしても，その川に生息する生物の生息・生育環境にふさわしい，護岸を採用する必要がある．

ベーン工は治水面ばかりでなく環境面にも有用な工法となり得る．ベーン工を設置すると，みお筋が河道中央寄りに発生し，みお筋両側に瀬があらわれる．治水上はもとより生態上の配慮をした素材や構造をもつベーン工を用いれば，魚など水生生物や他の生態系にとっても望ましいハビタットをつくり出すことも可能である．萱場ら[83)]は，自然共生研究センターに設置されている実験河川の直線部に，ベーン工等を設置して，河床の洗掘・堆積や流れの制御を行った結果，直線部の単調な流れが，変化に富んだ流れに変わり，その結果異なるハビタットを選好する魚種が増え，その数も増加したことを確認している．

4.10 橋　　脚

4.10.1 橋脚周りの局所洗掘

河道内に設置される橋脚は，河床低下や橋脚周辺の異常な洗掘によって変形，転倒などの被害がもたらされている例が少なくない．橋梁の大型化や渡河する橋脚数の増大に伴って橋脚の流れおよび河床変動に与える影響は大きなものとなってきている．

橋脚周辺の洗掘については従来から数多くの調査研究が行われている[84)〜86)]．橋脚の周りの局所洗掘機構については中川・鈴木[87)]や宇民[88)]により詳細に調べられている．ここでは宇民[88)]の研究をもとに橋脚周辺の洗掘機構について概観する．橋脚周辺の洗掘は，橋

脚の直前面と背後でその状況が大きく異なることが特徴である．前面では鉛直方向に圧力勾配が生じかなり強い下降流が生まれ，橋脚周りの河床付近には馬蹄型渦が発生する．これにより砂礫は巻き上げられ，河床は洗掘する．側面では馬蹄型渦，下降流により加速された河床付近の流れにより洗掘が起こるとともに砂礫は下流へ運ばれる．橋脚の背後では剥離流れとなり大きな渦が周期的に流下する．この渦により砂礫は巻き上げられ下流へ運ばれるが，馬蹄型渦などによる橋脚背後への砂礫の流入量と巻き上げられ流下する砂礫の量との差から洗掘・堆積が規定される．こうして進行する局所洗掘は流れを洗掘孔へ集中させ，そこでの局所流は逆に河床形状により規定されることになる．

最終洗掘深についても多くの予測式が提案されている．この中から適切な推定式を用いることにより，最終洗掘深を推定できるようになってきている．実用性の面からの最大洗掘深に関するわが国の代表的研究としては，建設省土木研究[89]における橋脚の大型模型実験の成果がある．これによれば(最大洗掘深)/(橋脚幅)はフルード数，(平均水深)/(河床材料の平均粒径)で表され，広い範囲の条件に対し最大洗掘深の推定図を与えている．しかしながら，橋脚が下流河床や構造物に影響を与える場合には，橋脚の周りの局所洗掘だけでなく，橋脚がその上・下流の流況や河床変動に与える影響も含めた検討が必要となる．このような影響を評価する場合，現在のところ模型実験が最もの信頼できる推定方法である．しかし，模型実験は費用，労力，時間の面から検討条件の制約を受けざるを得ず，場合によっては模型実験は最善の方法とはなりえない．

$Nils$ ら[90]は，円柱周りの洗掘について一般曲線座標系を用いた N-S 方程式と，レイノルズ応力項を解くために k-ε モデルを用いて三次元計算を行っている．彼らは，洗掘のパターンについてはある程度説明し得ているが，橋脚の周りの洗掘現象，最大洗掘深など説明するに至っていない．長田・細田ら[97]は，一般座標系で表示された三次元流れの連続式，運動方程式，非線形 k-ε モデルを用いて，$Melville$ による橋脚まわりの実験で見出された流れと河床変動の基本的な現象を説明している．構造物が設置された実河川において用いられている河床変動の計算法に福岡ら[19]の準三次元計算方法があり，三次元の流況計算および河床変動計算をもとに，水制工の周りおよびその上，下流の河床変動を計算し，これを用いて水制工の配置法を見出している．これらの研究は，橋脚など河川構造物の周りの河床変動についても数値計算がかなり有力な手法になり得ることを示すものである．精度の高い数値シミュレーションが可能となれば，模型実験と数値シミュレーションは互いに補完し合い，橋脚が設置された河道の河床変動を比較的容易にかつ精度よく推定することが可能となる[91]．

本節では，河川での橋脚周辺の流況，河床変動を推定することを目的として，最初に橋脚に作用する流体力について測定結果[92]を示す．次に，橋脚周辺の非平衡掃流砂運動および河床面からの浮上量を考慮した数値計算モデルによる結果を大型水理模型実験による橋脚の局所洗掘深結果と比較検討し，実用的な橋脚周りの局所洗掘深推定法[91]と中国地方の河川における橋脚の局所洗掘深の観測に基づく結果が示されている[93]．

(a) 円柱橋脚に働く抗力と揚力[92]

橋脚周辺および洗掘孔内の流れおよび橋脚に作用する流体力を把握することは橋脚設計上重要である．本節では，円柱橋脚に作用する流体力を算定し，流れ場，河床形状と関連付けて検討する．

図-4.111 に示すような一様砂を敷き詰めた幅 1.5 m の移動床直線水路内に円柱橋脚模型を設置して通水し，局所洗掘を伴う円柱の周辺における流速，水位，河床変動および円柱に作用する圧力を詳細に測定し抗力 D と揚力 L を算定する．圧力は円柱壁面に鉛直方向 1 cm の間隔で設置された直径 1 mm の小孔群によりマノメータを用いて測定する．円柱を 360°回転させることにより円柱全表面の圧力を測定する．実験は表-A.4.8 に示す平均水深の異なる 2 ケースについて行っている．

図-4.112 に円柱周辺における初期河床高からの変動量コンターを示す．円柱周辺には大きな洗掘が生じ円柱後方には堆積がみられる．図-4.113 に円柱前面と背面の流速ベクトルを示す．円柱の前面では壁面に沿って潜り込む下降流が卓越し，洗掘を引き起こしている．一方円柱後方では上昇流とそれに伴う左右対称の渦が存在する．

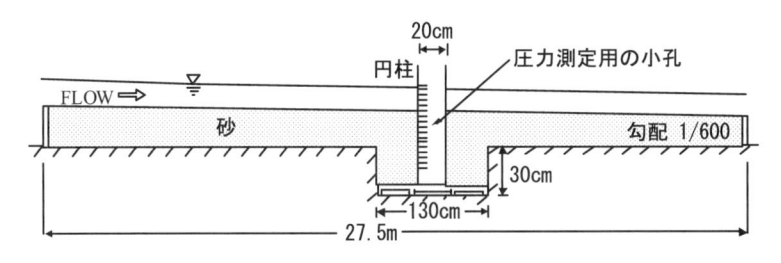

図-4.111 実験水路全体図[93]

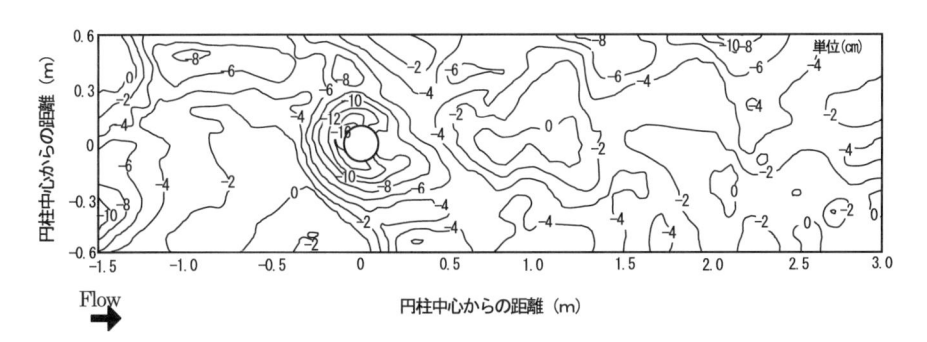

図-4.112 河床変動コンター図[92]

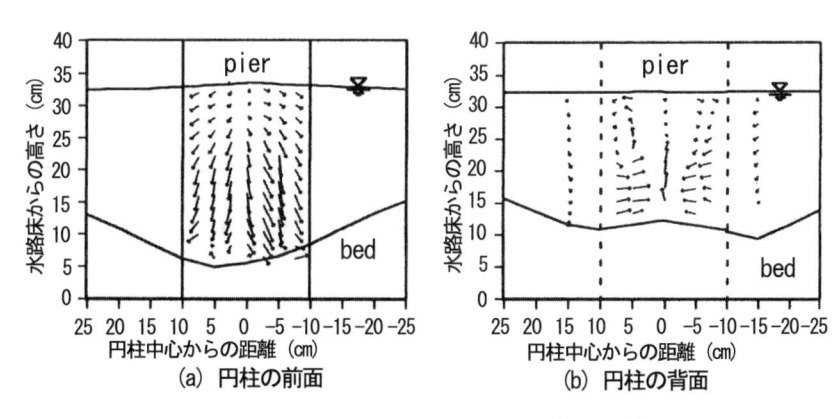

(a) 円柱の前面

(b) 円柱の背面

図-4.113 流速ベクトル図（水路横断面）[92]

図-4.114 に円柱周りの流れ場について (a) 円柱上部 (水面付近) と (b) 円柱下部 (洗掘孔内) についての平面流速ベクトルを示す．(a) は流れが大きく剥離しているが，(b) では剥離が小さいスムーズな流れになっている．抗力と揚力は，半径 a の円柱表面に作用する圧力 p を積分することにより，それぞれ式 (4.29) と (4.30) より算定する．

$$D = \int_\theta^{2\pi} a\,(p)_{r=a} \cos\theta d\theta \tag{4.29}$$

$$L = -\int_0^{2\pi} a\,(p)_{r=a} \sin\theta d\theta \tag{4.30}$$

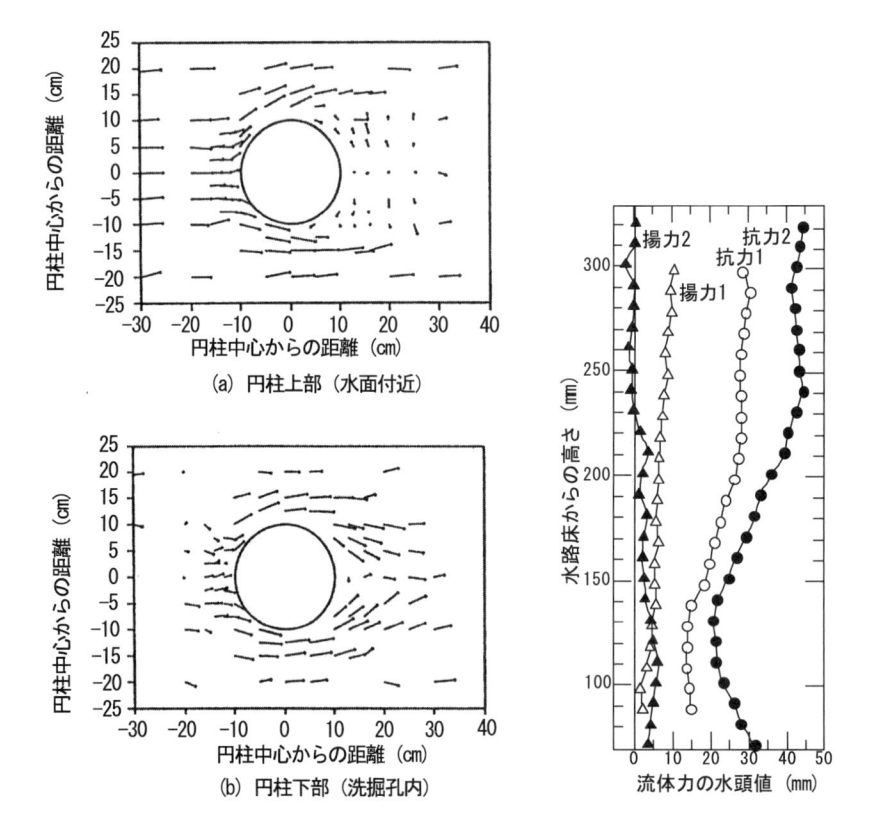

図-4.114 流速ベクトル図 (水路平面)[92]　　図-4.115 抗力・揚力鉛直方向分布図[92]

図-4.115 は，Case1 と Case2 についての円柱の各高さごとの局所的抗力・揚力の鉛直分布を示す．縦軸が高さ，横軸は各高さごとの円柱に作用する圧力の流下方向，左岸方向の積分値 (それぞれ抗力，揚力) の大きさである．円柱上部では剥離に起因する大きな抗力が生じているが，下部では剥離が小さいため抗力が小さい．

表-4.2 に算出した抗力，揚力および抗力係数 C_D，揚力係数 C_L を示す．抗力係数は，二次元円柱の抗力係数の値 (= 1.2) よりも小さい．これは円柱周りの洗掘孔により，円柱の上部と下部で流れの状況が異なるためである．そこで洗掘孔の影響が少ない円柱上部 (水面から 5 cm) の抗力を用いて局所的な抗力係数を算定した．その結果は Case1 で 0.90，Case2 で 1.13 となり，大きな剥離を伴う円柱上部では 2 次元円柱周りの流れに近い状況が起こっ

表-4.2 抗力・揚力及び抗力係数・揚力係数[92]

	抗力 D(kgf)	抗力係数 C_D	揚力 L(kgf)	揚力係数 C_L
Case1	0.274	0.71	0.079	0.20
Case2	0.493	0.89	0.028	0.05

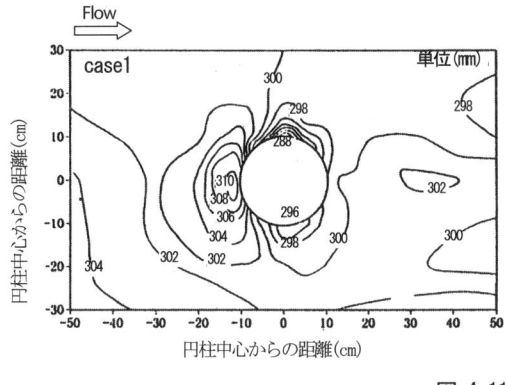

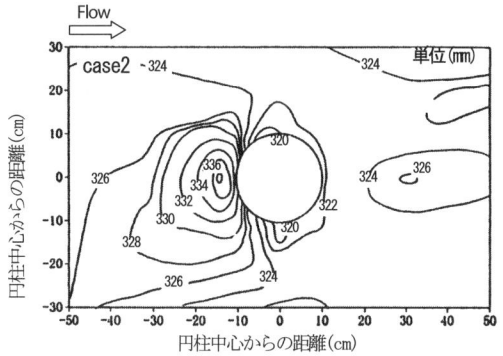

図-4.116 水位コンター図[93]

ている．このことより，洗掘孔により河床付近での剥離が小さくなる程度によって抗力係数の値は変化する．

一方，揚力については，Case1 で特に大きい値をもつ．これは**図-4.116** の水位コンター図が示すように，Case1 の水深が Case2 よりも小さいために河床波の影響が水面に現れ，円柱まわりの流れの対称性を弱め円柱側面に大きな水位差が生じているためである．

(b) 近接する橋脚に作用する流体力と河床変動[93]

近年，橋梁が近接して建設されることが多くなり，近接橋脚について流体力，最大洗掘深等を見積もることが安全性，経済性との関わりで重要である．本節では，移動床直線水路の中央に 2 本の円柱橋脚模型を円柱直径 D の 4 倍の間隔で縦断方向に配置し，同一実験条件における単円柱[92]に関する実測結果と比較検討し，近接橋設計のための基礎資料を得る．

実験には (a) で述べた単円柱実験と同じ移動床大型直線水路に単円柱と同一サイズのもう 1 つの模型を上流側，下流側に設置し，それぞれの近接円柱に作用する流体力を求める．実験条件を表-A.4.9 に示す．単円柱実験では円柱背面 80 cm での河床砂の堆積が顕著であったため円柱間の距離を 80 cm ($L/D=4$) とした．

図-4.117 に初期河床からの変動量コンターを示す．上流，下流両円柱とも前面で大きな洗掘が生じており，最大洗掘深となっている．その洗掘深は下流円柱の方が上流円柱より小さい．円柱間の河床形状は単円柱背面の状況と類似している．下流円柱背面で堆積が見られ，80 cm 下流において最も顕著である．**表-4.3** に近接円柱それぞれの最大洗掘深を単円柱[92]の場合と併せて示す．上流円柱の最大洗掘深は単円柱とほぼ同様となっている．下流円柱は上流円柱の影響を受け最大洗掘深は小さくなっている．

図-4.118 に水路中央部縦断面での流速ベクトル図を示す．上流円柱の影響で，下流円柱の接近流速は水面付近で小さくなっており接近流速の分布形が上流円柱と異なる．**図-4.119** に円柱周辺の基準面からの水位コンターを示す．下流円柱前面の水位上昇が上流円柱背面の

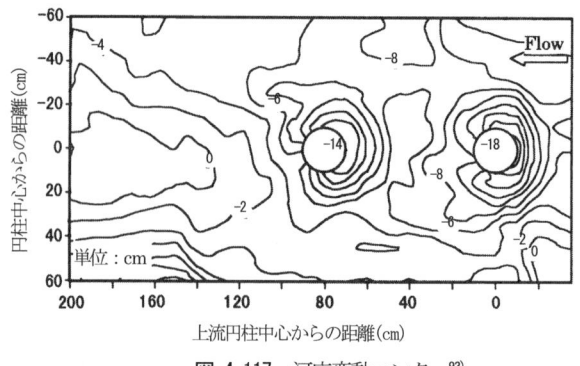

図-4.117 河床変動コンター[93]

表-4.3 最大洗掘深[93]

	Z_{max}/D(最大洗掘深/円柱直径)	
	上流円柱（単円柱）	下流円柱
単円柱実験[92]	0.90	—
近接円柱実験[93]	0.87	0.74

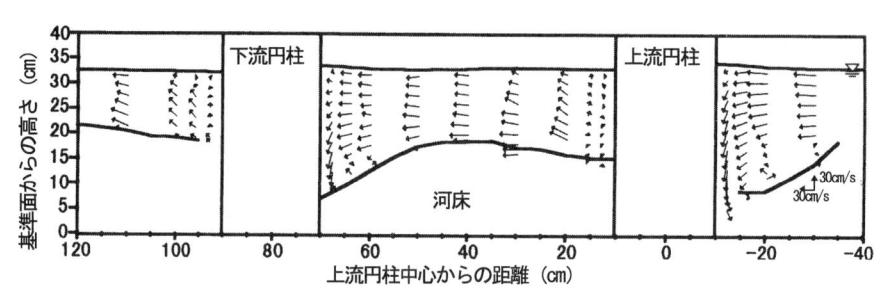

図-4.118 流速ベクトル（水路中央縦断面）[93]

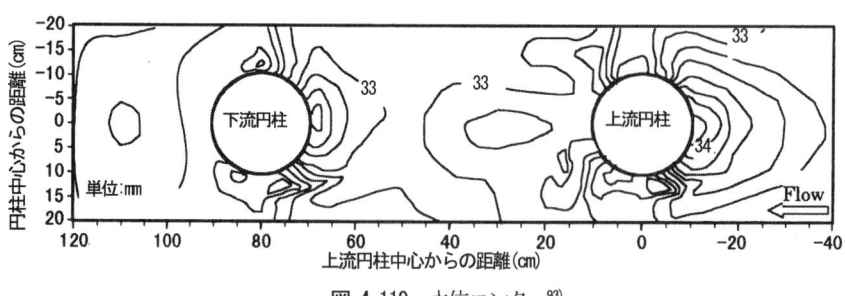

図-4.119 水位コンター[93]

水位をせき上げ上流円柱前面，背面の水位差が単円柱より小さくなる．

表-4.4 は抗力と抗力係数の算定結果である．単円柱，上流円柱，下流円柱について円柱の各高さごとでの局所抗力の分布を**図-4.120** に示す．縦軸が高さ，横軸は各高さごとの円柱表面に作用する正味の圧力(抗力)である．円柱下部ではいずれも剥離が小さくなることにより局所抗力が減少している．上流円柱の上部では，下流円柱の影響による水位差の減少のため，局所抗力が単円柱より小さくなる．下流円柱上部では，上流円柱により水面付近で

表-4.4 抗力と抗力係数[93]

	抗力(gf)		抗力係数 C_D	
	上流円柱（単円柱）	下流円柱	上流円柱（単円柱）	下流円柱
単円柱[92]	493	—	0.89	—
近接円柱[93]	472	318	0.81	0.55

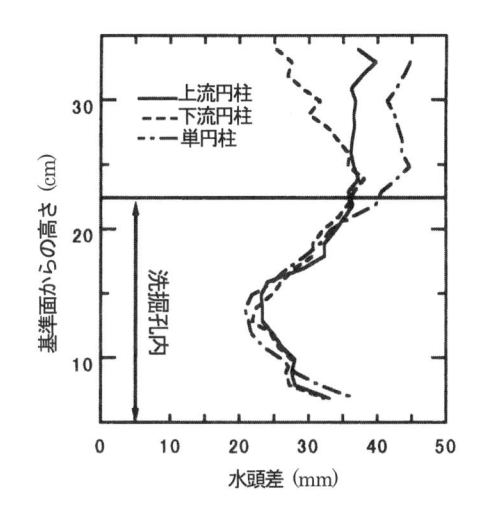

図-4.120 局所的抗力分布[93]

接近流速が減少するため，局所抗力は上流円柱よりも減少している．

近接円柱の抗力と単円柱実験で得られた抗力を抗力係数を用いて比較する．抗力係数は実測圧力より算出した抗力と，上流円柱より上流での断面平均流速を用いて算出した．単円柱，近接円柱の場合，上流円柱の抗力係数は，単円柱の結果とほぼ等しい．下流円柱の抗力には測定値の平均を用いているが，抗力係数は単円柱より小さい．

下流円柱周辺の河床は上流円柱の存在のため河床高が変動しやすくなる．これは上流円柱の影響で相対的に円柱間の流れが弱まることにより，上流円柱背後の土砂輸送量の変化，および河床波の移動の影響を受けやすくなるためである．このため下流円柱は上流円柱に比べ抗力の変動が大きくなり，抗力の変動は平均の約30%にも達する大きさとなる[93]．

(c) 橋脚周りの局所洗掘解析モデルと実験結果の比較

(1) 解析モデルの枠組み[91]

(a) で述べたように橋脚周辺の局所洗掘は，三次元的挙動を示す非平衡性の強い流砂運動により生じるものである．流れについては，局所流を厳密に解かなくても洗掘を引き起こす主要な機構がモデルに考慮されていれば，橋脚の周りの洗掘・堆積現象は実用的な精度で記述できると考えられる．

本節では，このような基本的立場から流れと河床変動計算のモデルとして，実河川の河床変動をよく表現する福岡ら[19]の準三次元計算モデル (4.8.3 参照) を用い，これを橋脚周りの局所洗掘現象を表現できるモデルに改良する．計算の簡便性を重視して静水圧分布を仮定している．河床変動については，砂が浮遊状態で移動することから浮遊砂を考慮する．さら

に，橋脚周りでは局所的な縦横断勾配が大きく，また空間的に流れが加速・減速することから，流砂運動は上流からの流れの履歴を受け非平衡性を呈することを考慮する．

(2) 解析モデルと実験結果の比較

流れの計算では，静水圧分布を仮定しているが，橋脚前面の下降流を表現することが必要と考え，鉛直方向の流速 w を考慮する．s, n 軸方向の流速 u, v を式 (4.31) で与え，w は連続式から式 (4.32) により表される．式中の w_i は u_i, v_i より求められる．

$$\left.\begin{aligned} u(s,n,z) &= \sum_{i=0}^{4} u_i(s,n) \cos i\pi(z-z_0)/h, \\ v(s,n,z) &= \sum_{i=0}^{4} v_i(s,n) \cos i\pi(z-z_0)/h \end{aligned}\right\} \tag{4.31}$$

$$w(s,n,z) = \sum_{i=1}^{4} w_i(s,n) \sin i\pi(z-z_0)/h \tag{4.32}$$

ここに，z_0 は河床高，h は水深である．

橋脚の下流は剥離流れとなり乱れが大きいことから，この領域については，上の流れの計算法では必ずしも精度の高い河床変動計算ができない．そこで，橋脚背後の流れに関して流砂の非平衡性を取り込むことにより，橋脚周囲の河床変動に関し，工学的に意味のある解を得る．

河床変動計算では，橋脚後方における非平衡流砂現象を表現するために，**第3章**の非平衡掃流砂運動の式[91]を導入する．さらに，橋脚周辺や後方では乱れによる浮遊砂が活発に生じることから，非平衡浮遊砂濃度分布の式を用いている．方程式を解く場合には浮遊砂濃度 c の鉛直方向の分布が式 (4.33) により近似できるものと仮定し，ガラーキン法を用いて方程式の離散化を行っている．

$$c(s,n,z) = \sum_{i=0}^{4} c_i(s,n) \cos i\pi(z-z_0)/h \tag{4.33}$$

浮遊砂の連続式を解く場合の境界条件となる河床からの砂の浮上量には，板倉の式[1]を用い，せん断力は非平衡流砂量式より逆算して求めた値を用いた．

検討に用いるデータは，表-A.4.10 に示す大型円柱橋脚の実験結果である．実験は，幅 4 m，長さ 90 m の移動床長方形直線水路のほぼ中央に，幅 0.5 m，長さ 1 m の橋脚模型を設置して行われた．河床材料は粒径 0.2 mm，比重 2.65 の砂を用い，流量 3.25 m^3/s，平均水深 0.75 m で 1 時間通水している．**写真-4.7** は橋脚の設置状況と通水状況を示す．計算は，橋脚上流 5 m，下流 10 m 区間について行った．橋脚周辺の河床高の計算結果と実験結果の比較をコンター図の形で**図-4.121** に示す．本モデルによる計算結果は，橋脚前面の最大洗掘深および橋脚後方において安息角より緩やかな勾配で洗掘域が広がる状況を再現している．**図-4.122** は，水路中央の縦断水位および河床高の計算結果を，計算範囲全体にわたって実験結果と比較したもので，橋脚周辺の複雑な洗掘状況および橋脚後方の堆積状況について，比較的よく表現していることがわかる．

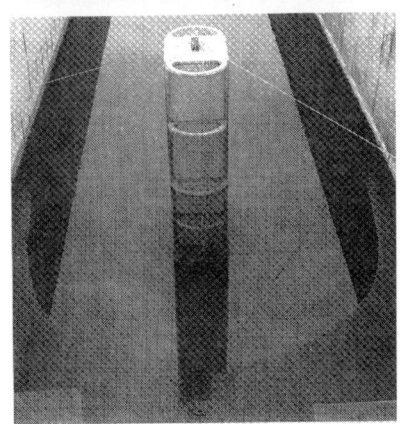

写真-4.7 通水時の流況及び洗掘孔

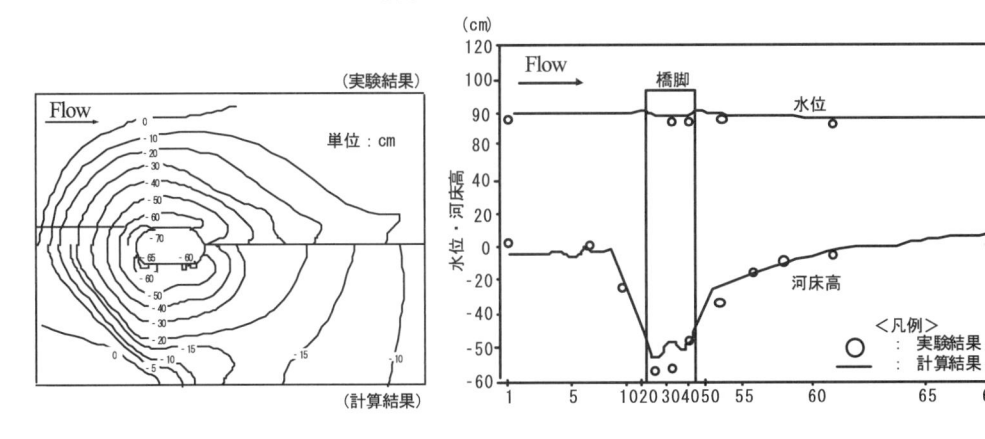

図-4.121 橋脚まわりの河床高コンター[91]

図-4.122 水路中心沿いの水位及び河床高縦断形[91]

4.10.2 複断面蛇行流路における橋脚の設置位置 [94]

　これまで蛇行河道では，外岸側の河床は洗掘され内岸側の河床は堆積が起こるものとして計画がたてられてきた．このため蛇行河道に橋脚を設置する場合，堤防等の安全を考えて内岸側に設置することが多かった．しかし，相対水深が高い洪水時の複断面的蛇行流れでは，内岸側の流速が高くなり内岸側河床が洗掘される傾向にあることが明らかにされた [64),65)]．

本節では，複断面蛇行水路の流れの相対水深，橋脚の設置箇所の違いが橋脚周辺の洗掘に及ぼす影響を調べ，複断面蛇行河道に橋脚を設置する場合の基礎資料を提供する．

実験は，図-4.123 に示すように，橋脚模型を最大曲率断面と蛇行変曲断面の左右岸にそれぞれ設置して行われたもので．表-A.4.11 に実験条件を示す，図-4.124 に示す円柱橋脚と小判型橋脚を用い，相対水深 Dr(高水敷水深/低水路水深) を変化させた 8 ケースについて行い，橋脚の存在が洗掘形状に及ぼす影響を調べる．

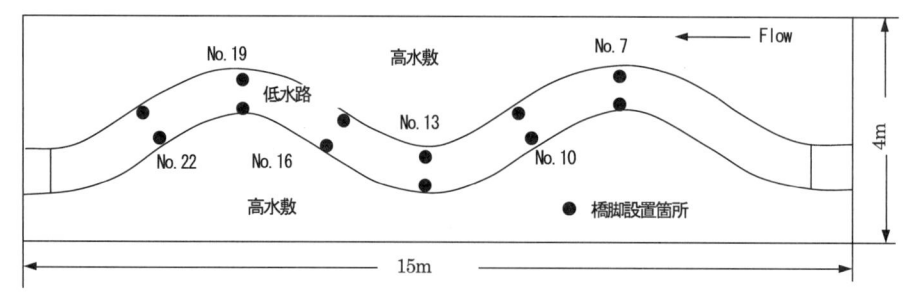

図-4.123 実験水路 および 橋脚配置[94]
(実験の都合上，多くの橋脚を同時に設置，橋脚間の流れの干渉はない)

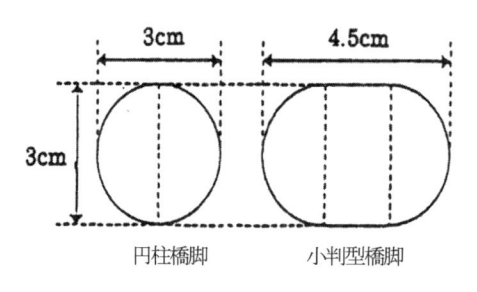

図-4.124 橋脚模型断面[94]

図-4.125 に Case1 (Dr = 0)，Case4 (Dr = 0.43) の通水 9 時間後における河床変動コンターを示す．Case1 では外岸側が洗掘される単断面蛇行流れの特徴を，Case4 では内岸側が洗掘される複断面蛇行流れの特徴を示している．図-4.126 に Case1 から Case4 の円柱橋脚の最大洗掘深の縦断変化を示す．Case1 の低水路満杯で流れる単断面流れの場合が最も洗掘されており，特に橋脚設置場所となる蛇行変曲断面 (No.10, No.16, No.22) の洗掘深が大きくなっている．複断面流れの 3 ケース (Case2, 3, 4) の場合，ほぼ同程度の洗掘深になっていること，橋脚を設置した断面で洗掘深が大きくなっていることが上げられる．しかし複断面流れの場合，単断面流れに比べ洗掘深は全体的に抑えられている．これは高水敷上に水が乗り複断面流れになると，高水敷上の遅い流れが低水路に流入し，低水路内の流速が減速するからである[65]．以上のことから複断面蛇行河道では低水路満杯流量程度の水理量を外力として用い，洗掘深等を推定する必要がある．

図-4.127 に相対水深と橋脚周辺の最大洗掘深の関係を示す．蛇行変曲断面の外岸側に設置された橋脚の洗掘深は，全ケースとも他の橋脚の洗掘深に比べ大きくなっている．また最大曲率断面の内岸側は，単断面流れ (Case1) では最も洗掘深が小さくなっているが，相対水

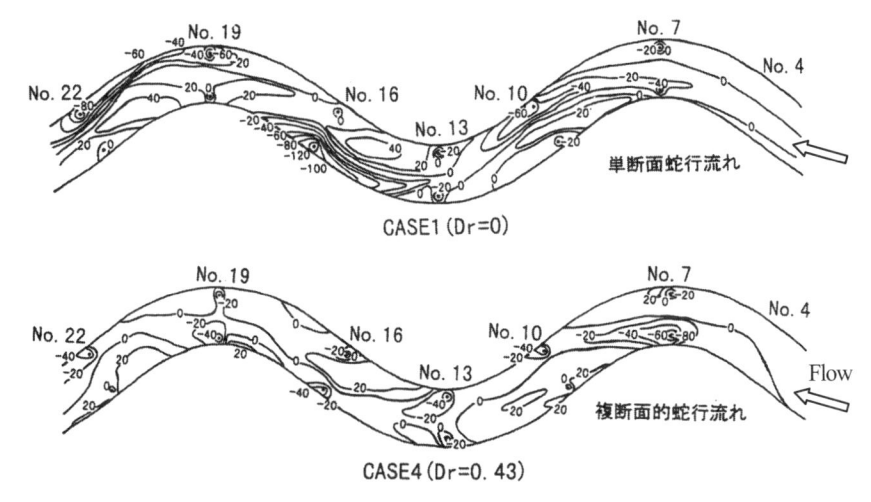

図-4.125 Case1, Case4の河床変動コンター[94]

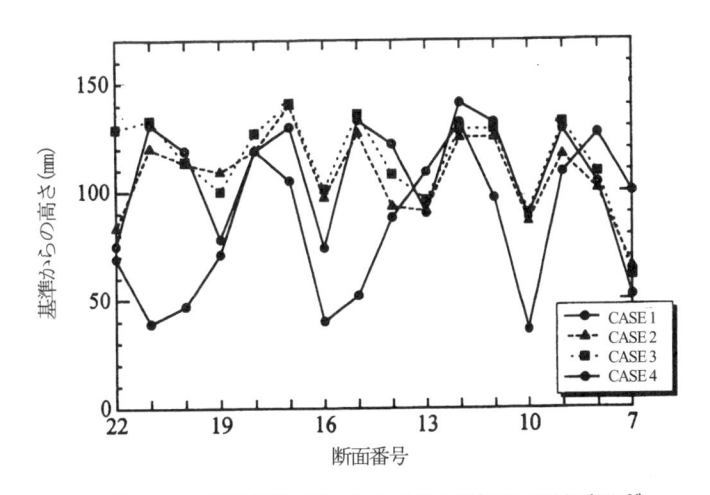

図-4.126 相対水深の違いによる最大洗掘深の縦断変化[94]

深が増加し複断面流れになると，最大流速線が内岸寄りにシフトするため，この場所に設置された橋脚の洗掘深は大きくなる．したがって最大曲率断面内岸側に橋脚を設置する場合，複断面的蛇行流れの状態が現れる洪水継続時間を考慮すると共に，低水路の内岸から橋脚を離して設置することが望ましい．

4.10.3 河川における橋脚周りの最大洗掘深[95]

橋脚による最大洗掘深の推定式は数多くあり，これらを記述した成書も多い[1]．したがって，橋脚の洗掘に関する一般的なことは，これらの成書を学んでいただくことにして，本節では実橋脚について実測された最大洗掘深を，洪水流，河床材料，橋脚の構造，配置の面から検討し，これまで研究成果と比較検討する．

検討に用いたデータは以下の通りである．

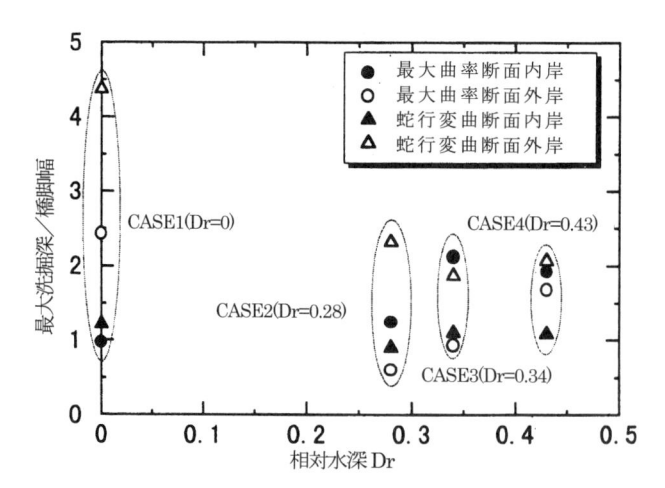

図-4.127 最大洗掘深に及ぼす橋脚設置箇所と相対水深の違いによる影響[94]

① 平成9年3月と平成11年12月の2回にわたって中国地方建設局(当時)によって調査された中国地方9河川(旭川,芦田川,江の川,佐波川,高津川,天神川,斐伊川,日野川,吉井川)の橋脚深掘れ実態データ
② 平成9年3月,平成11年12月以前に橋脚周辺の観測所で計測された洪水流量および水位データ
③ 橋脚周辺の河床材料の粒径と粒度分布,粗度係数データ
④ 平均河床高,最深河床高データ

図-4.128 は本研究が対象とした河川の代表特性を示すパラメータとして河床勾配と平均粒径 d_{50} の関係を示す.

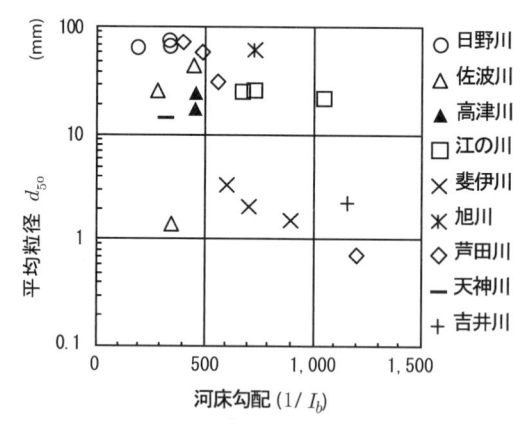

図-4.128 対象河川の河道特性[95]

平成9年3月,平成11年12月に観測された9河川の橋脚周りの最大洗掘深の実測値と,洗掘深観測の直前の大きな洪水流量から求めた洪水水深や橋脚幅,粒径などを対応させることにより既往の研究結果と比較した.

図-4.129 は建設省土木研究所が作成した橋脚による洗掘深推定図である.これは大型模型実験データから最大洗掘深/橋脚幅 (Z/D) と水深/橋脚幅 (h/D) を指標としてフルー

数 Fr と水深/粒径の関係を示したものである．推定曲線は同一の最大洗掘深/橋脚幅の実験値を繋いだものである．図中に，実橋脚について得られた h/d, F_r に対し最大洗掘深/橋脚幅の値をプロットし数字で示す．最大洗掘深/橋脚幅の実測値は土木研究所の推定値よりも小さくなっている．

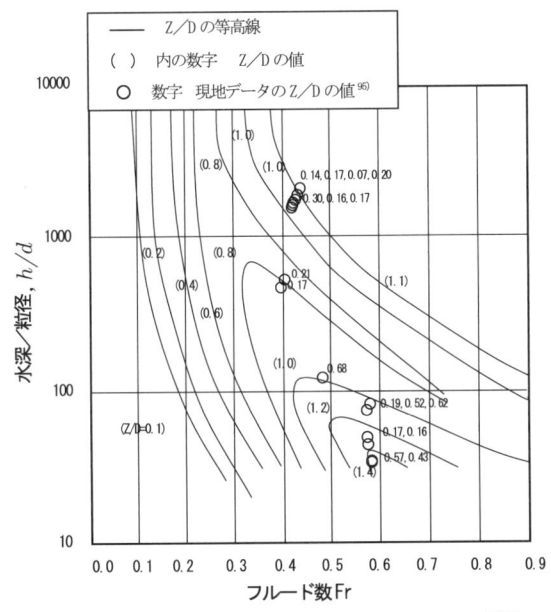

図-4.129 洗掘深推定図 (h/D=0.5〜0.7) [89), 95)]

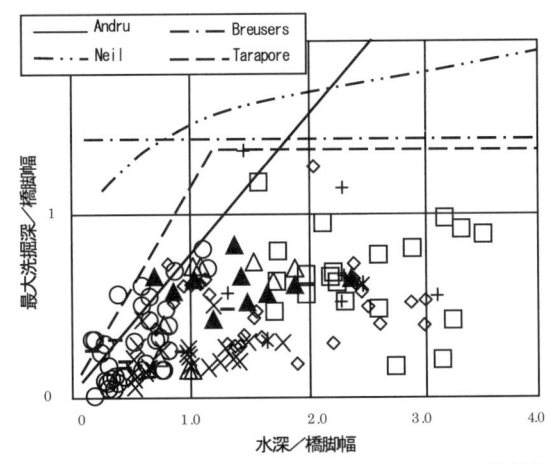

図-4.130 最大洗掘深/橋脚幅と水深/橋脚幅の関係 [95)]

図-4.130 は最大洗掘深/橋脚幅と水深/橋脚幅の関係で整理し，既往の研究結果[1)]と比較している．図-4.129 と同様に最大洗掘深/橋脚幅の実測値は推定値よりも小さくなっている．これらの原因として混合粒径の影響と橋脚形状の影響および現地橋梁と実験橋脚のスケール効果の影響が考えられる．河床は混合粒径で構成されているため，橋脚周辺のアーマコート形成によって洗掘が抑制される．また，実験で用いる橋脚は円柱橋脚であることが多いが，実橋脚は長円形であることが多い．橋脚形状の違いの影響を調べた実験によれば，円柱に比して最大洗掘深が 10〜20% 減少することが報告されている．

図-4.128 で示した粒径と河床勾配の違いが最大洗掘深に及ぼす影響を検討するために，異なる河川の最大洗掘深/橋脚幅と水深/橋脚幅をプロットし，近似曲線を引いたものが**図-4.131**である．この図より粒径の大きい日野川が粒径の小さい斐伊川よりも水深/橋脚幅の増加量に伴う最大洗掘深/橋脚幅の増加量が大きいことが見てとれる．その原因としては，同一水深では粒径の大きい河床材料は小さい河床材料に比べて掃流され難いことがあげられる．その結果，粒径の大きい河床では洪水流によって洗掘は起こるものの埋め戻しの量が小さいために粒径の小さい河床よりも最大洗掘深が大きくなるものと考えられる．さらに，粒径が同じであっても河床勾配が異なると最大洗掘深が異なる．河床勾配の大きい河川は小さい河川に比べて水深が大きくなったときに流速が大きく変化する．その結果，河床勾配の大きい河川の方が最大洗掘深/橋脚幅が大きくなりやすくなる．

実橋脚周りの最大洗掘深は，橋脚幅，水深，粒径，河床勾配等に支配され，単純ではない．しかし，実河川で測定された最大洗掘深を既往の最大洗掘深推定式と比較すると，*Tarapore* の式 (4.34)[96] が実河川の結果より大きな洗掘深が推定されるが，同様の関係を示している．*Tarapore* の式は，式形が簡単であり，最大洗掘深を水深から概算可能である．

$$\frac{Z_s}{D} = 1.35, \quad \left(\frac{h}{D} > 1.15\right), \quad \frac{Z_s}{h} = 1.17, \quad \left(\frac{h}{D} \leqq 1.15\right) \tag{4.34}$$

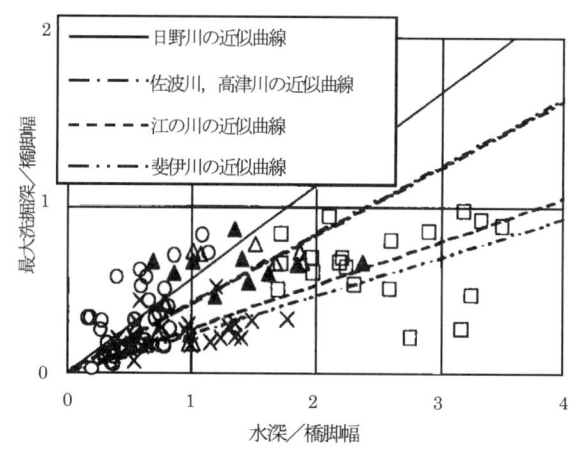

図-4.131 粒径と河床勾配の影響[95]

参考文献

1) 水理公式集, 平成 11 年版, 土木学会, 1998.

2) 国土交通省河川局監修: 河川管理施設等構造令および同令施工規則, 河川六法 (平成 13 年版), 大成出版社, 2001.

3) (財) 国土開発技術センター: 河川構造物地震対策検討委員会報告書, 1996.

4) 玉光弘明, 中島秀雄, 定道成美, 藤井友竝: 堤防の設計と施工－海外の事例を中心として－土木学会編, 新体系土木工学 74, 技法堂出版, 1991.

5) 中島秀雄: 図説河川堤防, 技法堂出版, 2003.

6) 山本晃一, 藤田光一, 布村明彦: 堤防満杯流量時の水位変動による堤防越流, 土木研究所資料,

第 3161 号, 1993.

7) 福岡捷二, 内山雄介: 水防災と環境に配慮したスーパー堤防上市街地構造の研究, 水工学論文集, 第 37 巻, pp.833-836, 1993.

8) 宇多高明, 藤田光一, 布村明彦: 高規格堤防上の越流水の挙動, 土木研究所資料, 第 3220 号, 1993.

9) 宇多高明, 藤田光一, 佐々木克也: 道路内の流水による舗装面の破壊, 土木研究所資料, 第 2074 号, 1993.

10) 土木研究所河川研究室: 越水堤防調査最終報告書, 土木研究所資料, 第 2074 号, 1984.

11) 福岡捷二, 藤田光一, 加賀谷均: アーマ・レビーの設計, その 1-越流対策-, 土木技術資料, Vol.33, No.3, pp.27-32, 1988.

12) 福岡捷二, 藤田光一, 森田克史: 護岸法覆工の水理特性に関する研究, 土木技術資料, Vol.30, No.3, pp.3-8, 1988.

13) 福岡捷二, 藤田光一, 森田克史: 護岸工の水理設計, 土木技術資料, Vol.30, No.3, pp.9-14, 1988.

14) (財) 国土開発技術研究センター: 護岸の力学設計法, JICE 資料 197004 号, 1997.

15) 内田龍彦, 福岡捷二, 福島琢二: 河床の洗掘による根固め工の変形特性に関する研究, 河川技術論文集, Vol.8, pp.237-242, 2002.

16) 内田龍彦, 福岡捷二, 蘆庚範, 土井豆政廣, 山形勝巳: 根固め工の変形・滑り破壊に関する研究, 河川技術論文集, Vol.10, pp.131-136, 2004.

17) 福岡捷二, 西村達也, 三宮 武, 藤原剛: 緩傾斜河岸を設置した河道湾曲部の流れと河床形状, 土木学会論文集, No.509/II-30, pp.155-167, 1995.

18) 西村達也, 福岡捷二, 安田実, 桐山和晃, 堀田哲夫: 緩傾斜河岸の配置法の研究, 土木学会論文集, No.533/II-34, pp.75-85, 1996.

19) 福岡捷二, 渡邊明英, 西村達也: 水制工の配置法の研究, 土木学会論文集, No.443/II-18, pp.27-36, 1992.

20) 福岡捷二, 三代俊一, 荒谷昌志, 中須賀淳, 岡田将治, 田中正敏: 堰の位置及び構造の違いによる堰上流, 下流の河道水理量の変化, 水工学論文集, 第 45 巻, pp.397-402, 2001.

21) 福岡捷二, 小俣篤, 加村大輔, 平生昭二, 岡田将治: 複断面蛇行河道における洪水流と河床変動, 土木学会論文集, No.621/II-47, pp.11-22, 1999.

22) 森本 輝, 越智繁雄, 林義範, 中川達郎, 清水敦司: 河川構造物を有する区間における準三次元解析について, 第 57 回土木学会年次学術講演会講演概要集, 第 II 部門, 2002.

23) 福岡捷二, 西村達也, 高橋晃, 川口昭人, 岡信昌利: 越流型水制工設計法の研究, 土木学会論文集, No.593/II-43, pp.51-65, 1998.

24) 福岡捷二, 海野修司, 成田一郎, 辰野剛志, 西本直志: 多摩川二ヶ領宿河原堰の改築による堆積土砂の移動, 水工学論文集, 第 48 巻 (2), pp.1081-1086, 2004.

25) 小川義忠, 伊藤 覚, 西本直志, 三浦真貴夫, 劉富山: 二次元河床変動解析の現地への適用に関する研究, 水工学論文集, 第 43 巻, pp.701-706, 1999.

26) 床止めの構造設計手引き, (財) 国土開発技術研究センター編, 山海堂, 1998.

27) 岩垣雄一, 土屋義人, 今村正孝: 水門下流部における局所洗掘に関する研究 (1), 京都大学防災研究所年報, 第 8 号, pp.1-15, 1965.

28) Farhoudi, J., Kenneth V. H. Smith: Local Scour Profiles Downstream of Hydraulic Jump, *Journal of Hydraulic Research, IAHR,* Vol.23, No.4, pp.343-358, 1985.

29) 神田佳一, 村本嘉雄, 藤田裕一郎: 護床工下流部における局所洗掘とその軽減法に関する研究, 土木学会論文集, No.551/II-37, pp.21-36, 1996.

30) 道上正規, 鈴木幸一, 川津幸治: 床止め直下流部の流れと局所洗掘過程のモデル化, 京都大学防災研究所年報, 第25号B-2, pp.493-507, 1982.

31) 川島幹雄, 福岡捷二: 床止め工周辺の河床変動計算法に関する研究, 水工学論文集, 第39巻, pp.689-694, 1995.

32) 福岡捷二, 福嶋祐介: 円頂ぜき上の開水路急変流の力学, 土木学会論文報告集, 第329号, pp.81-91, 1983.

33) 内田龍彦, 福岡捷二, 福島琢二, 田中正敏: 大型粗度上の浅い流れの平面二次元解析とその応用, 土木学会論文集, No.691/II-57, pp.93-103, 2001.

34) 内田龍彦, 福岡捷二, 渡邊明英: 床止め工下流部の局所洗掘の数値モデルの開発, 土木学会論文集, No.768/II-68, pp.45-54, 2004.

35) 内田龍彦, 福岡捷二, 渡邊明英, 山崎幸栄: 二次元水理構造物を越流する流れの数値計算, 水工学論文集, 第47巻, pp.817-822, 2003.

36) 福岡捷二, 山坂昌成: 直線流路の交互砂州, 第27回水理講演会論文集, pp.703-708, 1983.

37) 長田信寿, 細田尚, 村本嘉雄, 中藤達昭: 3次元移動座標系・非平衡流砂モデルによる水制周辺の河床変動解析, 土木学会論文集, No.684/II-56, pp.21-34, 2001.

38) 金舜範, 福岡捷二, 山坂昌成: 流砂の非平衡性を規定するパラメータ κ_B の決定, 第38回年次学術講演会講演概要集, 第II部門, pp.539-540, 1983.

39) 福岡捷二, 水口雅教, 内田龍彦, 横山洋: 水没・非水没粗度が混在する浅い流れに関する基礎的研究, 水工学論文集, 第43巻, pp.293-298, 1999.

40) 足立昭平: 人工粗度の実験的研究－桟型粗度と溝型粗度, 京都大学防災研究所年報第4号, pp.185-193, 1951.

41) 足立昭平: 人工粗度の実験的研究－イボ型粗度, 京都大学防災研究所年報第5号, pp.252-259, 1952.

42) 福岡捷二, 藤田光一, 森田克史: 護岸法覆工の水理特性に関する研究, 土木技術資料, 第30巻, 第3号, pp.115-120, 1988.

43) Sayre, J.B. and Albertson, M.L.: Roughness Spacing in Rigid Open Channels, *Proc.of ASCE*, Vol.87, HY3, pp.121-150, 1961.

44) Herbich, J.B. and Shulits, S.: Large-Scale Roughness in Open-Channel Flow, *Proc.of ASCE*, Vol.90, HY6, pp.203-230, 1964.

45) 服部敦, 吉川秀夫: 底面上の桟による後流に関する実験的研究, 水工学論文集, 第37巻, pp.543-547, 1993.

46) 楊永荻, 大同淳之: 粗滑遷移領域における桟粗度の抵抗特性について, 土木学会論文集, 第429号, pp.41-49, 1993.

47) 神田徹, 鈴木勝士: 球状粗度の床面における浅い流れの抵抗特性, 土木学会論文集, 第357号, pp.65-74, 1985.

48) 福岡捷二, 川島幹雄, 横山洋, 水口雅教: 密集市街地の氾濫シミュレーションモデルの開発と洪水被害軽減対策の研究, 土木学会論文集, No.600/II-44, pp.23-36, 1998.

49) 福岡捷二, 内田龍彦, 福島琢二, 水口雅教: 水没大型粗度を有する浅い流れの一次元解析と二次元解析, 水工学論文集, 第44巻, pp.533-538, 2000.

50) 秋草勲, 吉川秀夫, 坂上義次郎, 芦田和男, 土屋昭彦: 水制に関する研究, 土木研究所報告, 第107号, pp.61-153, 1961.

51) 土屋昭彦, 石崎勝義: 突堤状構造物の洗掘, 土木技術資料, Vol.8, No.5, pp.6-11, 1966.

52) 椿東一郎, 斎藤隆: 突堤の水理現象に関する実験的考察, 山口大学工学部, 第13巻, 第1号, pp.63-80, 1963.

53) 今本博健, 池野秀嗣: 水制の水理機能に関する研究 (1) －不透過水制の抵抗特性－, 京都大学防災研究所年報, 第 17 号, pp.681-699, 1974.
54) 崇田徳彦, 清水康行: 水制を含む流れの準 3 次元数値計算モデルの開発, 土木学会論文集, No.497/Ⅱ-28, pp.31-39, 1994.
55) 福岡捷二, 西村達也, 岡信昌利, 川口広司: 越流型水制周辺の流れと河床変動, 水工学論文集, 第 42 巻, pp.997-1002, 1998.
56) 大本照憲, 平川隆一, 井手賢正: 越流型水制群に対する 2 次流と流砂の応答について, 水工学論文集, 第 42 巻, pp.1003-1008, 1998.
57) 福岡捷二, 高橋晃, 渡邊明英: 水制工の配置と洗掘防止効果に関する研究, 土木研究所資料, 第 2640 号, 1988.
58) 福岡捷二, 高橋晃, 渡邊明英: 水衝部対策工としての水制工の新しい配置法, 土木技術資料, 第 31 巻, 第 12 号, pp.38-43, 1988.
59) 山本晃一: 日本の水制, 山海堂, 1996.
60) 川口広司, 福岡捷二, 渡邊明英: 設置角度の異なる越流型水制周辺の流れと流体力分布特性, 水工学論文集, 第 48 巻 (1), pp.811-816, 2004.
61) 川口広司, 渡邊明英, 福岡捷二: 異なる角度の越流型水制周辺流れの二次元数値解析, 水工学論文集, 第 45 巻, pp.385-390, 2001.
62) 福岡捷二, 高橋晃, 森田克史: 信濃川小千谷, 越路地区河道計画模型実験報告書, 土木研究所資料, 第 2610 号, 1988.
63) 福岡捷二, 大串弘哉, 加村大輔, 平生昭二: 複断面蛇行流路における洪水流の水理, 土木学会論文集, No.579/Ⅱ-41, pp.83-92, 1997.
64) 福岡捷二, 渡邊明英, 加村大輔, 岡田将治: 複断面蛇行流路における流砂量, 河床変動の実験的研究, 水工学論文集, 第 41 巻, pp.883-888, 1997.
65) 岡田将治, 福岡捷二: 複断面河道における洪水流特性と流砂量・河床変動の研究, 土木学会論文集, No.754/Ⅱ-66, pp.19-32, 2004.
66) Odgaard, A. J. and Kennedy, J. F. : River-Bend Bank Protection by Submerged Vanes, J. of Hyd. Div.,Proc. of ASCE, Vol.109, HY8, pp.1161-1173, 1983.
67) 橋本宏, 浅野富夫, 坂野章: アイオワ式ベーン工の仰角に関する実験的検討, 土木技術資料, Vol.27, No.8, pp.32-37, 1985.
68) 阿部宗平, 鈴木浩之: 流路工湾曲部におけるベーンの配置と形状に関する実験的考察, 土木技術資料, Vol.27, No.2, pp.9-14, 1985.
69) Odgaard, A. J. and Mosconi, C. E., Sreambank Protection by Submerged Vanes, J. of Hyd. Eng., Proc. of ASCE, Vol. 113, No.4, pp.520-536, 1987.
70) 福岡捷二, 渡邊明英, 黒川信敏: ベーン工の洗掘軽減効果と設計法に関する研究, 土木研究所資料, 第 2644 号, 1988.
71) 福岡捷二: ベーン工の設計と施工－河岸侵食対策と多自然型川づくりへの利用－, 河川, No.520, pp.55-64, 1989.
72) 福岡捷二, 渡邊明英, 萱場裕一: ベーン工による河道湾曲部の埋め戻し過程, 水工学論文集, Vol.34, pp.325-330, 1990.
73) Odgaard, A. J. and Wang, Y. : Sediment Management with Submerged Vanes. Ⅰ: Theory, J. of Hyd. Eng., Proc. of ASCE, Vol.117, pp.267-302, 1991.
74) 福岡捷二, 渡邊明英: ベーン工の設置された湾曲部の流れと河床形状の解析, 土木学会論文集, No.447/Ⅱ-19, pp.45-54, 1992.

75) 福岡捷二, 渡邊明英, 萱場裕一, 曽田英揮: ベーン工が断続的に配置された河道湾曲部の流れと河床形状, 土木学会論文集, No.479/II-25, pp.61-70, 1993.
76) 渡邊明英, 福岡捷二: 河岸侵食を防止するベーン工の設計法の研究, 土木学会論文集, No. 485/II-26, pp.55-64, 1994.
77) 渡邊明英: ベーン工の設計法に関する調査, 土木研究所資料 2957, 1991.
78) 渡邊明英, 福岡捷二: 複断面蛇行流路における流れと河床変動の 3 次元解析, 水工学論文集, 第 43 巻, pp.665-670, 1999.
79) 福岡捷二, 渡邊明英, 山本喜光, 田村浩敏, 堀田哲夫: 大野川湾曲部の局所洗掘対策工としてのベーン工の効果, 水工学論文集, 第 46 巻, pp.451-456, 2002.
80) 田村浩敏, 福岡捷二, 渡邊明英, 山本喜光: 平面形が縦断的に変化する河道湾曲区間の河床変動解析, ベーン工の効果の検討, 水工学論文集, 第 47 巻, pp.937-942, 2003.
81) 田村浩敏, 福岡捷二, 渡邊明英, 柴田高, 山形勝巳: 複断面蛇行流路におけるベーン工の洗掘軽減効果に関する研究, 水工学論文集, 第 48 巻 (1), pp.847-852, 2004.
82) 福岡捷二, 渡邊明英, 山内芳郎, 大橋正嗣, 関浩太郎: 樹木群水制の配置と治水機能に関する水理学的評価, 河川技術に関する論文集, Vol.6, pp.321-326, 2000.
83) 萱場祐一, 傳田正利, 田中伸治, 島谷幸宏, 佐合純造: 直線河道における魚類生息環境の復元の試みとその効果-自然共生研究センター実験河川を利用して-, 河川技術論文集, Vol.7, pp.97-102, 2001.
84) 土木学会: 昭和 60 年度版水理公式集, pp.272-276, 1985.
85) 吉川秀夫: 流砂の水理学, 丸善, pp.318-335, 1985.
86) Breusers, H. N. C., Nicollet, G. and Shen, H. W. : Local Scour Around Cylindrical Piers, J. of Hyd. Res., IAHR, 15, 3, pp.211-252, 1997.
87) 中川博次, 鈴木幸一: 橋脚による局所洗掘深の予測に関する研究, 京都大学防災研究所年報, 第 17 号 B, pp.725-751, 1974.
88) 宇民正: 橋脚周辺の流れの機構と洗掘防止法に関する研究, 京都大学学位論文, 1975.
89) 建設省土木研究所河川研究室: 橋脚による局所洗掘深予測と対策に関する水理的検討, 土木研究所資料, 第 1797 号, pp.41-58, 1982.
90) Nils, R. B. Olsen and Morten, C. Melaaen : Three-Dimensional Calculation of Scoured Cylinders, Journal of Hydraulic Engineering, ASCE, Vol.119, No.9, pp.1048-1054, 1993.
91) 福岡捷二, 富田邦裕, 堀田哲夫, 宮川朝浩: 橋脚まわりの局所洗掘推定のための実用的数値シミュレーションの開発, 土木学会論文集, No.497/II-28, pp.71-79, 1994.
92) 福岡捷二, 宮川朝浩, 飛石勝: 円柱橋脚まわりの流れ・河床変動と流体力, 水工学論文集, 第 41 巻, pp.729-734, 1997.
93) 宮川朝浩, 福岡捷二, 名尾耕司: 近接した円柱橋脚まわりの河床変動と流体力, 水工学論文集, 第 44 巻, pp.1059-1064, 2000.
94) 福岡捷二, 岡田将治, 藤原邦洋, 宮川朝浩: 橋脚まわりの局所洗掘に及ぼす低水路線形の影響: 第 4 回河道の水理と河川の環境に関するシンポジウム論文集, pp.7-12, 1998.
95) 宮崎諭, 福岡捷二, 谷本尚威, 宮川朝浩: 実橋脚周りの洗掘深に及ぼす各種要因の研究, 第 52 回土木学会中国支部研究発表会発表概要集, pp.161-162, 2000.
96) Tarapore, Z. S.: A Theoretical and Experimental Determination of the Erosion Pattern Caused by Obstruction in Alluvial Channel with Particular Reference to Circular Cylindrical Piers, Ph.D. Thesis, Univ. of Minnesota, 1962.
97) 長田信寿, 細田尚, 中藤達昭, 村本嘉雄: 円柱周りの流れと局所洗掘現象の 3 次元数値解析, 水工学論文集, 第 45 巻, pp.427-432, 2001.

第5章　河道水際設計のための水理学

平水時（H.14.10）

洪水時（H.10.10 台風10号）

写真：木曽川（19km付近）
提供：国土交通省　中部地方整備局　木曽川下流河川事務所

5.1 水際の水理とその活用

5.1.1 河道水際の水理

　河川では，河岸があって初めて河道に水が流れることができる．したがって，河川にとって河岸はきわめて重要な役割を果たす．大河川では河道の中央部は，河岸から離れているため河道中央部の流れと土砂移動は，河岸の影響をほとんど受けない．

　河岸付近では，その地形および水際の特性から，流れや土砂の移動は，河道の平面形や，河岸の局所的な線形，植生等の影響を受けやすい．このため，河道中央に比して流れの三次元性は強く，土砂移動の連続性は弱い．それらは，蛇行部や湾曲部での二次流および深掘れの発生であり，交互砂州による河岸際の水衝部や洗掘の発生などの形で現われる．このため河岸際では，河床の洗掘や変動は大きくなる傾向がある．

　このような河岸際の水理現象は，河道を特徴付けるものであり，この特徴を活かした川づくりと河川管理の視点が求められている．河岸に流れが集中し，水衝部や洗掘部がどこに発生するかは，河道の平面形，横断面形，河川構造物や植生の存在形態，洪水の規模等によって異なる．したがって，河道や水際の設計に際しては，対象とする河道の平面形，横断面形等とそれに対する流れの集中や発散，河床変動を引き起こす掃流力の大きさとその分布および土砂輸送について十分な理解が必要となる．

　河道水際設計に必要な水理学的な考え方は，**第1章〜第4章**で示した．適切な水際設計のためには，河道の平面形，横断形，植生，構造物等に対応する流れ・土砂輸送とそれに伴う河床・河岸の変動機構の基礎原理を理解し，河岸際で起こっている種々の水理現象を総合的に判断できることが求められる．

5.1.2 水際設計の考え方

　河道計画の基本として，豊かな河川環境を目指した多自然型川づくりが行われ，水際における環境機能が向上しているが，洪水が発生したとき河岸際での流れの集中，水衝部の発生によって河岸保護工が被災するケースも見られる．被災を受ける主要な理由は，洪水流の流下機構を河道特性との関係で十分把握していないために，洪水流の外力を正しく評価できず，また，洪水外力に対し採用した多自然型水際工法の耐力が十分でなかったこと等が考えられる．特に，不規則な横断形および平面形が連なる河道に対する洪水流とそれに伴う土砂輸送の理解が不十分であることが大きな原因となる．

　計画・設計にあたっては，前章までに示した水理学視点に基づく考え方が基本に置かれていなければならない．多自然型工法を含む河川事業を実施するときには，事業区間における流れや河床変動，河岸の洗掘状況だけでなく当該工事区間の上流，下流の河道形状に起因する洪水時の流れと河床変動を理解して工法を選び，施工することが大切である．

　この際に，水際に存在している木本植生や草本植生を可能ならば自然豊かな河岸保護工として積極的に活用する．水際に存在している種々の木本や草本植生は，河川の生態系システムの中で重要な役割を果たしており，これらを保全し，活用する技術を作り上げていくことが，治水と環境の調和した川づくりで必要なことである．

5.2 河川植生の機能を活かした水際管理

　河川の最も重要な役割は，洪水流を河道によって安全に流下させ，人命や資産を守ることにある．近年，人々が社会資本整備に求めることは，安全性とともに，やさしさ，快適さ，美しさである．都市域にあっては河川が数少ない自然性豊かな空間であることから，治水事業を進めるにあたり環境との調和が求められている．

　これまでの河川事業は，安全性に重点を置いてきたために，河川が本来もっている自然機能を十分に生かしきれなかった面が強い．これは国民の生命，財産を洪水災害から守ることが最優先され，どのような外力条件，河道条件であれば，環境に配慮した河川技術によって安全性も確保することができるかを判断することが困難であったことによる．

　河道には多様な形態で樹木群が存在しており，樹木群が河川環境に果たす役割は大きい．一方において，河川の堤防に沿った樹林には，洪水時の越水による堤防裏法尻部の洗掘防止や氾濫流の抑制による破堤部の拡大防止といった堤防等の河川管理施設を保全する治水機能がある．また，ダム貯水池に沿った樹林には，ダム貯水池への土砂や濁水の流入を軽減し，貯水池堆砂や貯留水の汚濁の軽減といった治水上・利水上の機能がある．平成9年の河川法改正では，環境機能のほかに治水および利水機能をもつ樹林帯を積極的に整備・管理し，河川管理施設として位置付けるとともに，また，樹林帯の区域の指定および公示を進めるために，「樹林帯制度」を創設した[1]．「樹林帯制度」は，裸地等に植林し，また，水害防備林(水防林)の効果をもつ樹林地を買い取ることにより，治水と環境を考慮した川づくりを計画的かつ総合的に可能にするものである．

　河道内に存在する木本・草本等の植生は河川のもつ自然性を表す代表的な指標である．植生は，生物の生息・生育空間，景観など河川環境の形成に重要な役割を果たしており，河川に対する人間の働きかけが大きくなるほど河道内植生群の重要性は増大する．

　本節は河川植生を河川環境の視点のみならず，河岸や堤防保護など自然の材料として治水対策に活用していくための河川技術について述べる[2]～[5]．

5.2.1　自然堆積河岸の侵食抵抗

　治水上問題がなければ，自然河岸はそのままの状態にしておくのが望ましい．多自然型護岸等を設置するときにも，水際の侵食に対する安全性確保の面から，背後地盤の耐侵食力の評価が必要となる．

　自然河岸は，複雑な土質構造をなし，場所ごとに土の組成，締め固め度等が異なることから，現地の土質材料，土質構成について耐侵食特性を評価することが重要である．この点について**第3章**，図-3.68 に示されているように，シルト，砂が互層構造をなす河岸では侵食抵抗の小さい土層が侵食され，ヒサシを形成し，ヒサシ部の崩落，崩落土塊の細分化，流送，といった侵食過程をとり[6]～[8]，さらに，河岸の侵食速度と河岸に作用するせん断力の関係が，河岸土質材料ごとに図-3.93 によって示された．

　一般に，土質材料の分類には，土質工学会の日本統一土質分類法を用いる．ここでは，土を，①細粒分，砂分，礫分，②粘土分，シルト分，砂分の3つに分けて表示している．この

分類は，主に，建設工事などで土質材料を適切に選定したり，管理したりするために使われるものである．したがって，このような土質分類法は，洪水によって流域から運ばれてきた複雑な粒度構成をもち，ダイナミックに変動する流れによって侵食を受ける河岸の土の耐侵食力の評価指標としては不十分である．必要なことは，流れのせん断力など外力に対する河岸の土の耐侵食基準を関係付けることである．種々の河岸材料について，また広範囲な流れの条件で，せん断力と侵食速度の関係の現地データを得ることができれば，自然河岸のもつ耐侵食特性がかなりの程度明らかになり，河岸保護の必要性の判断，多自然型河岸を含む河岸構造決定の技術的根拠が与えられる．図-3.93 に示された河岸の侵食速度とせん断力の関係を強化するデータをさらに集めることが課題である．

5.2.2 流水による堤防芝の侵食抵抗 [9),10)]

堤防表面の芝は，雨水や流水から，堤防等が侵食されるのを防ぐ役割をもっている．芝が，流水による侵食作用に対してどの程度抵抗できるかを知ることは，堤防等の設計上必要である．本節では芝で覆われた河川高水敷上で大規模な侵食実験を行い，水理量，土質特性に対する芝の侵食抵抗を見積もり，堤防設計の基礎資料を提供する．

試験場所は多摩川 6 km 付近の高水敷上 3 地点である．**写真-5.1** に実験施設の概観を示す．芝が生えている表層土質の特性と芝の生育状況を**表-5.1** に示す．表中には解析に用いる江戸川の資料 [10)] も併せて示す．侵食試験器は長さ 2.0 m，高さ 0.12 m の管路で，上蓋，本体，スカート部からなる (**図-5.1**)．侵食過程は，はじめ表層部の土が掃流され，しだいに芝の根毛層に侵食が進む．やがて一部の芝が剥がれる．芝の根が全体として破壊される前の段階までが芝の耐侵食性が期待できるところである．したがって，この段階までを検討の対

写真-5.1 芝侵食試験装置の全景 [9)]（多摩川高水敷）

表-5.1 試験地点の土と芝の特性 [9)]

	粘土分 (%)	シルト分 (%)	砂分 (%)	レキ分 (%)	被度	根の侵入長 (cm)	根毛層厚さ (cm)
a地点	6	23	71	0	5	30	5
b地点	16	30	50	4	3	20	5
c地点	21	38	28	13	4	15	5
江戸川	22	61	17	0	4	3	3

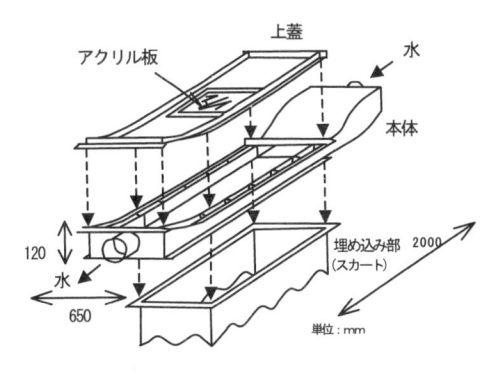

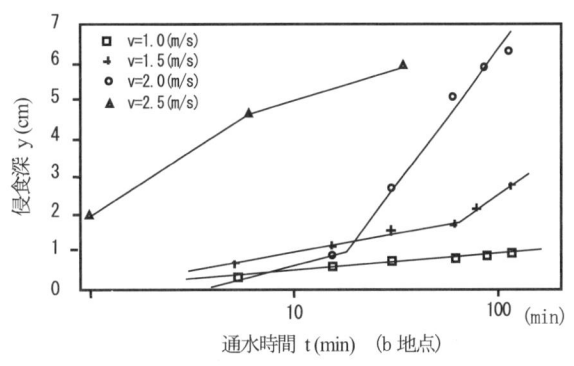

図-5.1 芝の侵食試験装置[9]

図-5.2 侵食深の時間変化[9]

象としている．実験結果の1例を**図-5.2**に示す．侵食深 y，通水時間 t の関係をプロットすると，破壊される前までの侵食深は式 (5.1) で表現できる．

$$y = A \log t \tag{5.1}$$

図中で $v = 2$ (m/s) の場合，急激に侵食深が増大しているのは芝の根がその時間に破壊されたことを示している．式 (5.1) の A の値と摩擦速度 u_* の関係を**図-5.3**に示す．底面せん断力は，実測動水勾配を用いて求めた．図より A の値と摩擦速度はほぼ比例関係にあることがわかる．これより侵食深は

$$y = \alpha \sqrt{\frac{\tau_b}{\rho}} \log t \tag{5.2}$$

と表現できる．ここに，α は土質，芝の特性に関係する量である．

侵食深に関係する物理量は，底面せん断力 τ_b，時間 t，芝の根の最大長 R_{max}，土粒子の粘着力 c，土の細粒分の比率 F，芝の被度 H 等である．ここに，芝の被度とは調査面積内の芝の被覆度合を示す．次元解析により侵食深は式 (5.3) で表される．

$$\frac{y}{R_{max}} = f\left(\frac{\tau_b}{c}, \sqrt{\frac{\tau_b}{\rho}} \cdot \frac{t}{R_{max}}, F, H\right) \tag{5.3}$$

式 (5.3) と実験式 (5.2) を対比すると，α は土の粘着力 c，土の細粒分の割合 F，芝の根の最大深さ R_{max}，芝の被度 H，の関数で示される．

実験結果と次元解析を踏まえて式 (5.2) のパラメータ α について考察する．本実験結果および福岡，藤田による江戸川における侵食実験結果[10]を用いて，土の細粒分割合，芝の根の深さと α の関係を**図-5.4**に示す．表-5.1 より b 地点，c 地点と，江戸川の土質，芝の特性はほぼ類似の特性をもっており，図-5.4 より $F > 40\%$ の範囲では α と土の細粒分の関係はほぼ式 (5.4) で近似できる．

$$\alpha = -0.18F + 14.5 \tag{5.4}$$

なお a 地点は砂分が多いため芝の根が深く入り，かつ密生度が高い場所であり，このため侵食抵抗が大きくなっている．これは一般の堤防の表層土質とは異なっているのでここでは除外している．

さらに，多摩川堤防の土質および芝の調査によると，芝の根が入っている堤体の表層土は

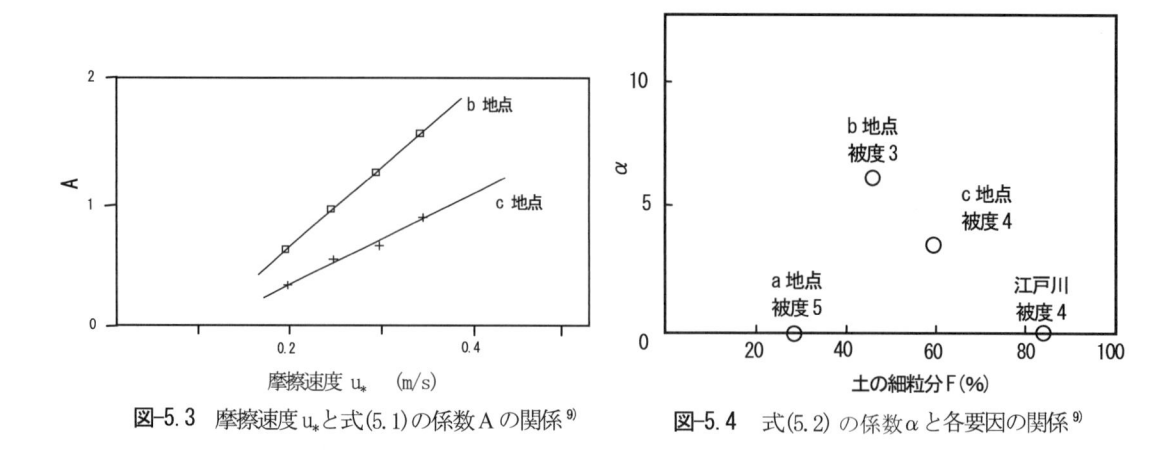

図-5.3 摩擦速度 u_* と式(5.1)の係数Aの関係[9]

図-5.4 式(5.2)の係数 α と各要因の関係[9]

粘土，シルトの細粒分が50%以上であり，芝の被度は4，根の深さは平均的に20 cm程度であった．

この考察より，江戸川，多摩川高水敷b，c地点における土質，芝の根の深さの関係は，多摩川堤防調査地点の土質，芝の根の深さの関係に対し，下限の包絡線を与えていると考えてよい．このことから判断して，α と F の関係式(5.4)を実堤防に適用すると，安全側の解を与えることになる．以上より破壊される前までの芝の侵食深は式(5.5)で与えられる

$$y = (14.5 - 0.18F)\sqrt{\frac{\tau_b}{\rho}} \log t \tag{5.5}$$

次に，芝の根による保護効果が期待できなくなるときの底面せん断力と冠水時間の関係を求める．なお，限界侵食深は根毛層厚の半分とし安全側に見積もっている．α をパラメータとしたときのこの関係を**図-5.5**に示す．各曲線の右上にくると芝が剥がれ侵食が発生する．土木研究所による小貝川の堤防災害調査結果[11]を図-5.5にプロットしたところ $\alpha = 5$ の曲

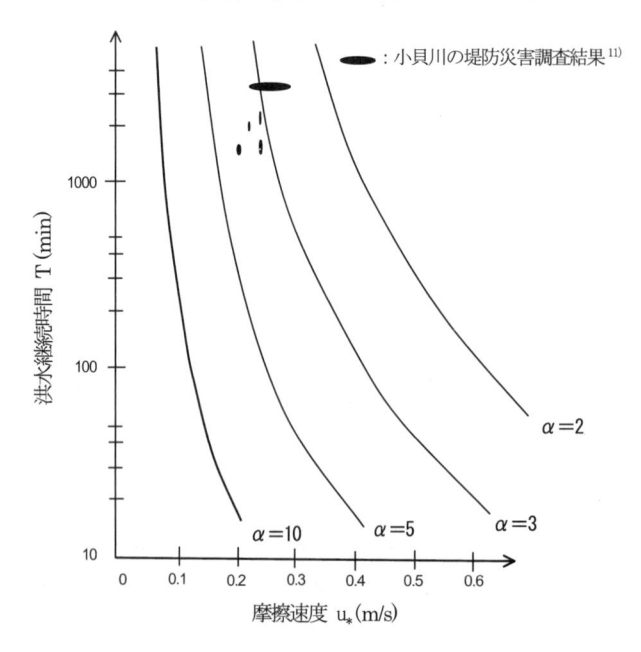

図-5.5 流水による野芝の侵食限界推定図[9]

線の右側に集まる．小貝川の土質は細粒分60％程度，被度4，根の深さ15 cm程度であることがわかっている．図-5.4を準用すると，この条件ではαが5程度となり，実河川の侵食限界に対しても図-5.5は，ほぼ妥当な判断を与える．

5.2.3 ヨシ原・オギ原の洪水時の変形・倒伏と粗度係数 [12)～14)]

ヨシ原・オギ原は，河川の中下流部の高水敷や中州に一般的に見られる植生である．平常時には鳥・小動物や昆虫等の生育・生息空間を提供し，かつ川らしい景観を与える．一方，洪水時にはヨシ・オギの群生は，流水に対する抵抗要素となり，洪水位の上昇要因となる．

高水敷上にヨシ等の背の高い草本類が繁茂している場合，計画規模の洪水流下時に草本類が倒伏するか，倒伏しないかは河道の流下能力を評価するうえできわめて重要である．流下能力は，主に，流下断面積と粗度係数の大きさに関係する．これまで高水敷の粗度係数は，そこに存在する植生の高さに関係するものと考え，洪水時の水深と植生高の比に対し粗度係数の値を**図-5.6**の関係で示している[2),15)]．この植生高さは直立しているときの高さであり，洪水時の流れに対応して植生が撓んだり倒伏したりする状況は考慮されていない．ヨシのような背の高い草本類が倒伏しない場合は，ヨシの流下阻害が顕著となり，粗度係数は大きな値として見積もられることになる．しかし，大洪水時には流量の増大に伴い，ヨシは直立状態からたわみ，さらには倒伏することが考えられる．建設省土木研究所は[19)]，摩擦速度によって洪水時における草本の状態を直立，わたみ，倒伏の3つに分類し，それぞれの状態における水深と植生高の比と粗度係数との関係を示している．しかし，この植生高も直立時のものであり，洪水時の植生の挙動を考慮したものとはなっていない．また水深／植生高が小さい領域のデータは十分に得られていない．したがって，ヨシのように植生高の大きな草本類が密生した高水敷における洪水時の粗度係数の適切な評価方法が求められている．

本節では，六角川と芦田川のそれぞれの高水敷と中州上に繁茂したヨシおよびオギをそのまま河床に有する実験水路を製作し，ヨシ・オギ上の流れを再現し，その流速分布，ヨシ・オギの挙動と粗度係数の関係を明らかにするとともに，洪水時のヨシの倒伏領域推定方法お

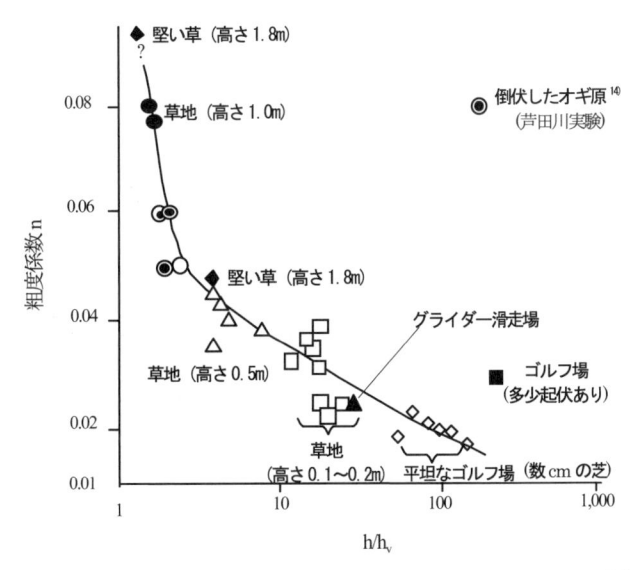

図-5.6 水深hと草の高さh_vの比と粗度係数の関係[2),19)]

およひ流下能力評価方法を示している[12)~14)].

(a) 六角川洪水流実験によるヨシの挙動と粗度係数の算定[12)]

六角川 10.2 km 左岸高水敷上に**写真-5.2**に示す水路長 50 m, 幅 3.5 m, 高さ 2.9 m の直線水路を製作しヨシの挙動と粗度係数および流下能力算定のための通水実験を行った. 水路は高水敷上に繁茂しているヨシをそのまま保ち, 側壁として矢板を打ち込み, 合板をはり付けたものである. 実験水路の平面図・横断面図を**図-5.7**(a), (b) に示す. 横断面形はヨシが繁茂した高水敷部分とヨシのない低水路からなる複断面形状をなしている. 六角川の高水敷計画水深が約 2 m で, ヨシの繁茂高が 2~3 m であることを考慮して, 水路深さを 2.5 m, 低水路床はヨシ部の水路床から 0.4 m 低く, 水路床勾配はほぼ水平に作られている. ヨシの密生度は縦断的に多少のばらつきがみられるが, 水路上・下流端を除けば 90~120 本/m^2 である. ヨシの高さは平均的に約 3.0 m, 茎径は根元付近で約 1 cm, 1 番下の葉までの高さは約 2.0 m, ヨシ 1 本当たりの葉の枚数は約 10 枚, 葉の長さおよび幅はそれぞれ 40~50 cm, 4 cm 前後である.

稼動ポンプ台数と下流端の角落し高により流量, 水深を変化させ, 横断面内流速分布, 水面形, ヨシの挙動を観測, 測定している. 実験は**表-5.2**に示す条件で 9 ケース行っており, 最大流量 $Q = 3.91$ m^3/s である. 図-5.7(a) に示した断面 A, B の 2 断面において, 横断面内の流速を詳細に計測し, 水位は, 縦断的に約 2.5 m 間隔で測定している.

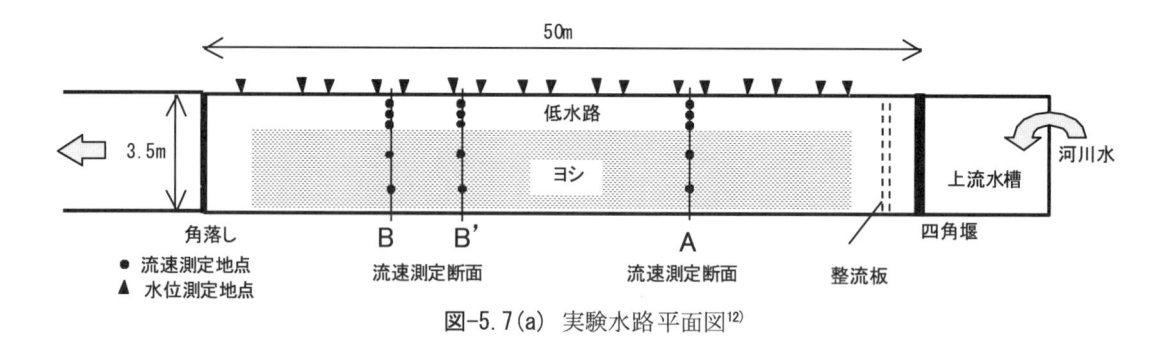

図-5.7(a) 実験水路平面図[12)]

図-5.7(b) 実験水路横断図面[12)]

写真-5.2 実験水路とヨシの状況[12)]
(六角川高水敷)

表-5.2 実験条件とヨシの状況[12]

ケース	流量 (m³/s)	下流端角落し高 (m)	低水路平均水深 (m)	流速測定断面のヨシの状況と平均流速 (流速:m/s)					
				断面A（上流から20.8m）			断面B（上流から40.8m） ()は断面B'（上流から35.8m）		
				状態	高水敷平均流速	低水路平均流速	状態	高水敷平均流速	低水路平均流速
1	0.91	1.4	2.1	直立	0.06	0.15	直立	0.06	0.14
2	1.78	1.4	2.3	直立	0.10	0.25	直立	0.09	0.23
3	2.33	1.4	2.3	一部倒伏	0.16	0.29	直立	0.11	0.27
4	3.13	1.4	2.5	倒伏	0.38	0.56	直立	0.12	0.35
5	3.70	1.4	2.5	倒伏	0.30	0.42	たわみ	0.16	0.39
6	3.42	1.2	2.3	倒伏	0.44	0.66	直立	0.18	0.44
7	3.15	1.5	2.6	倒伏	0.36	0.52	たわみ	(0.13)	(0.30)
8	2.68	0.8	1.8	たわみ	0.45	0.71	直立	(0.21)	(0.44)
9	3.91	1.2	2.4	倒伏	0.41	0.61	たわみ	0.25	0.86

ヨシは通水開始直後の水深が小さいときには直立したままである．流量が増大し水深，流速の増大とともに上流からたわみ始め，徐々に倒伏していく．実験は，通水中水没し倒伏したヨシは，通水時間が十分長くないため水が排水されると再び起立する条件で行った．したがって，各実験ケース開始時のヨシの条件はほぼ同様となっている．下流区間のヨシは，直立しているか，たわみ状態となっている．ここで，たわみ状態とは水面から上に突出していないが，水面付近でなびいている状況が確認できるものとし，倒伏状態とは水没し水面からは見えない状態を表している．

横断面内の流速測定結果から低水路部，高水敷部それぞれの流量を算出した．ヨシの倒伏高さは，図-5.8 に示すように 0.1 m/s 以下の流速部分を死水域とみなし高水敷上における死水域を除く流水部分面積をその水面幅で除した流水部分高さをヨシ部の水深から差し引くことによって求めている．低水路，高水敷それぞれの平均流速は，流速分布から求めた低水路，高水敷の流量をそれぞれの流水断面積で除して求めている（図-5.8）．図-5.9 は上流側流速測定断面 A のヨシの倒伏高さ，図-5.10 は高水敷水深と平均流速の関係を示している．図-5.9，5.10 から高水敷全幅にわたりヨシが倒伏するのは高水敷水深が 2 m 以上，ヨシ上の流速が 0.4 m/s であることがわかる．ヨシの葉は高水敷から 2 m 以上の高さに存在していることから，葉の付いている高さまで水深が上昇しないとヨシは倒伏せず，ヨシの倒伏高さは高水敷地盤高よりおおむね 0.7 m となる．

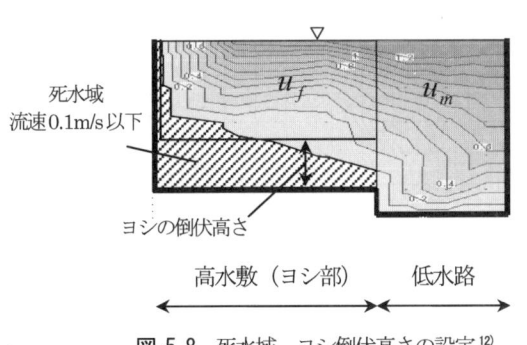

図-5.8 死水域，ヨシ倒伏高さの設定[12]

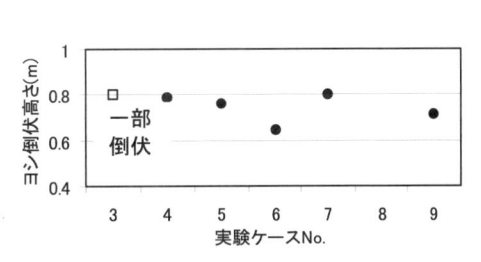

図-5.9 流速測定断面A におけるヨシの倒伏高さ[12]

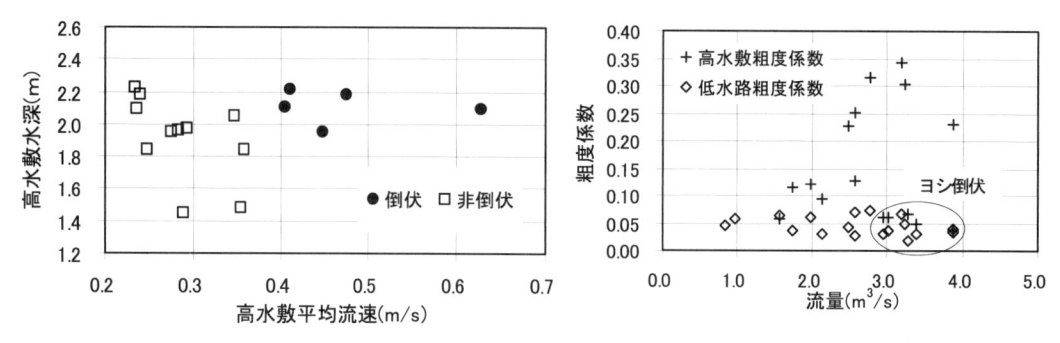

図-5.10 高水敷上の水深と平均流速の関係[12]

図-5.11 逆算粗度係数

高水敷にヨシ原を有する水路の粗度係数の計算には，**1.6** の樹木のある河道の準二次元解析法が用いられている．粗度係数は，低水路部分と高水敷部分の境界で見かけのせん断力を考慮した準二次元流れの運動方程式 (1.29) からヨシのない低水路部分とヨシが繁茂している高水敷部分について値を算出している[15),16)]．水面勾配は各流速測定断面付近の水面勾配を用い，低水路と高水敷の間のせん断力に関する境界混合係数 f は既往研究成果[16)] から低水路幅と水路幅の比により $f = 0.17$ を用いている．

図-5.11 は逆算粗度係数と断面全体の流量の関係を示している．ヨシが倒伏していない場合には高水敷粗度係数 n_{fp} は低水路粗度係数 n_{mc} に比べ大きな値となっているが，ヨシが倒伏したケースでは高水敷粗度係数が小さくなっている．**図-5.12** は高水敷上の流量と高水敷粗度係数の関係を示している．ヨシが倒伏していない場合の高水敷上の流量は，倒伏している場合に比べて小さく，粗度係数 n_{fp} はおおむね 0.10 以上となっている．高水敷流量が増大し，ヨシ上の水深が大きくなると，水路全幅のヨシが倒伏するようになり，このときの高水敷粗度係数は，$n_{fp} = 0.05$ の値をとる．

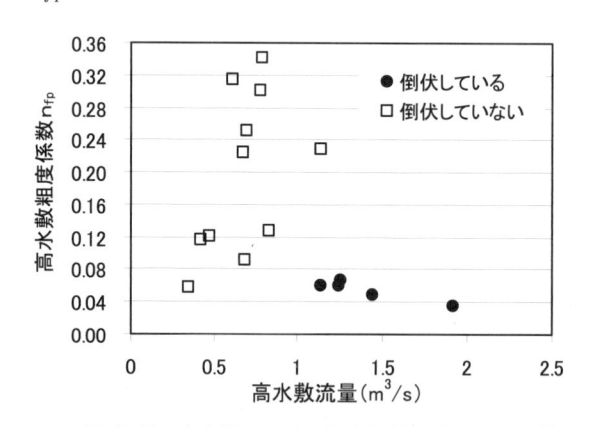

図-5.12 高水敷における粗度係数と流量の関係[12]

(b) 芦田川洪水流実験によるオギ原上の粗度係数の算定[14)]

オギ原の抵抗を明らかにするため芦田川の中州において現地実験を行った[14)]．水路は，長さ 20 m，幅 1.0 m の単断面水路でオギが水路幅全体に群生している (**写真-5.3**)．水路は**図-5.13** に示すように A,B,C の 3 水路からなり，各水路の下流端せき高を変えることにより，水面勾配の異なる流れをつくり実験を行っている．

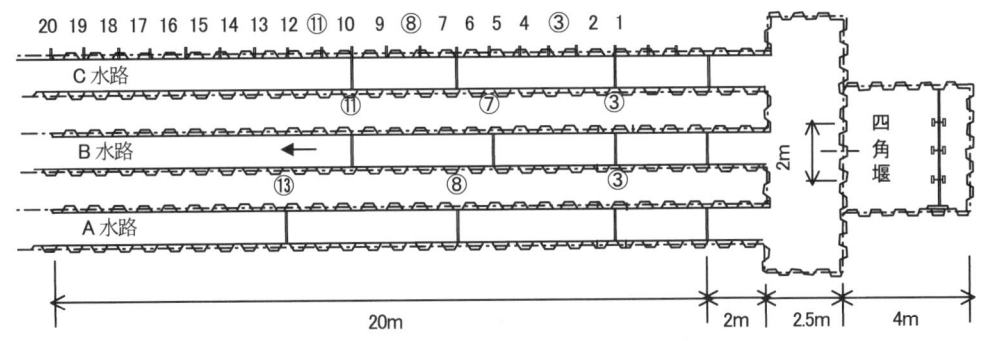

図-5.13 オギ実験水路平面形状 [14]

写真-5.3 3本の実験水路とオギの生育状況（芦田川中州）[14]

オギ原の抵抗を表す粗度係数 n をマニングの平均流速式から求めている．

$$Q = \frac{1}{n} A h^{2/3} I^{1/2} \tag{5.6}$$

ここに，n: 粗度係数，Q: 流量，A: 通水断面積，h: 水深，I: 水面勾配である．

図-5.14 は得られた粗度係数と水深の関係を示している．いずれの水路でも水深の増加と共にオギ原の粗度係数の値は小さくなっている．これは，(a) のヨシ原の場合と同様に，水深と流速が増大していくとオギが少しずつ下流側へ倒伏していき，抵抗が小さい状態へと変化するためである．オギ原内およびオギ原上の流れの抵抗特性は，オギの状態によって大きく変化する．オギ原が完全に倒伏した状態では，水深，流速，勾配の大きさの違いに関らず，粗度係数は 0.05 〜 0.06 のほぼ一定の値を示している．この値は，複断面水路で高水敷上のヨシが倒伏したときの高水敷粗度係数 n_{fp} とほぼ同じ値である [13]．なお，密生しているオギが完全に倒伏したとき倒伏の高さは 0.5 m 程度である．この事実は倒伏したオギ原は洪水流の通過断面積を阻害する程度は小さく，これに対応して粗度係数も 0.06 となり，(a) で述べたヨシ原が倒伏したときの結果とほぼ同様である．

(c) ヨシ原の倒伏領域と倒伏流量の推算 [12]

ヨシを有する区間の流水断面積は，流れの水深や流速によって変化する．ヨシが直立した状態では流水阻害の程度が大きいが，ひとたびヨシが倒伏すれば流水断面積が増大し流下能

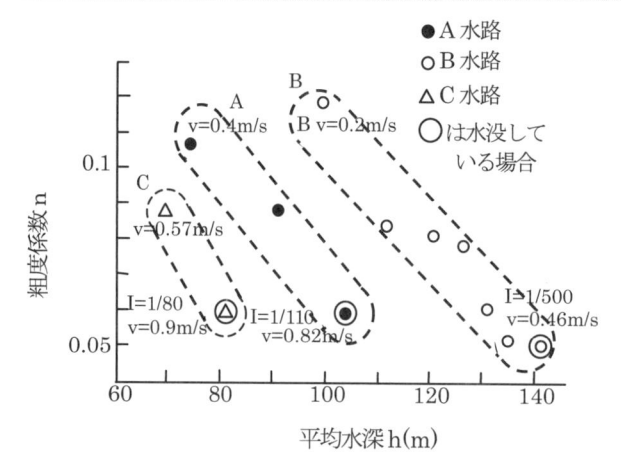

figure 5.14 オギ原の粗度係数と水深・流速の関係 [14]

力も増す．ここでは (a) で示した六角川洪水流実験を対象として，ヨシの倒伏・非倒伏を考慮した水面形の再現とヨシの倒伏範囲の決定法を示す．流速分布をもとに死水域および逆算粗度係数を算出できるのは，図-5.7(a) に示す流速測定 2 断面である．このためヨシ倒伏区間には，ヨシが倒伏した断面 A の流水断面形状および逆算粗度係数を与え，ヨシが倒伏していない区間では，ヨシが倒伏していない断面 B の流速分布と通水中のヨシの状態から断面形状を与える．観測から，ヨシが水面上に出ている部分と水没している部分は流速分布の水面付近流速が約 0.3 m/s の位置を境におおむね区分できる．各断面の流水断面形状は**図-5.15** に示すようにヨシが立っている区間では，ヨシが水面上に見える部分 (直立，たわみ) と水没部分 (倒伏) の境目の位置の表面流速が 0.3 m/s となるように，流速測定断面の高水敷上流速分布の等流速線の左岸側壁からの横断方向距離を $d_1 = d \cdot (L_1/L)$ で表される比率で流速分布を修正し推定する．基礎式は断面内を低水路と高水敷に分割する準二次元不等流式 (1.42) を，境界混合係数は $f = 0.17$ を用いている．**図-5.16** には断面 A でヨシが倒伏

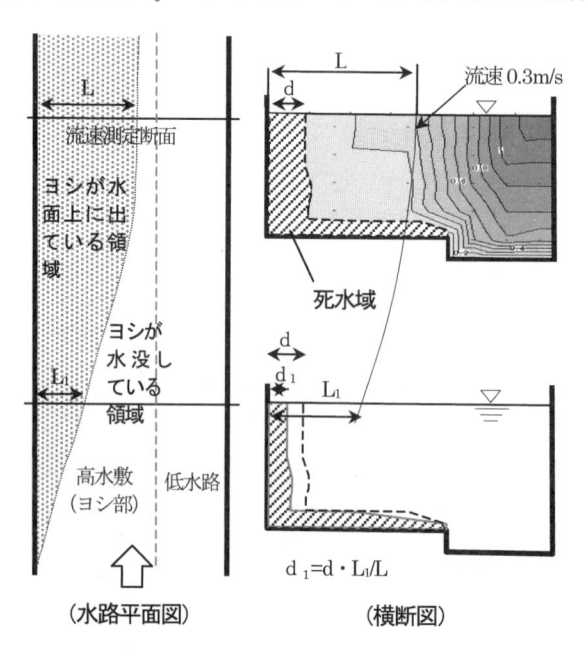

図-5.15 不等流計算断面の設定 [12]

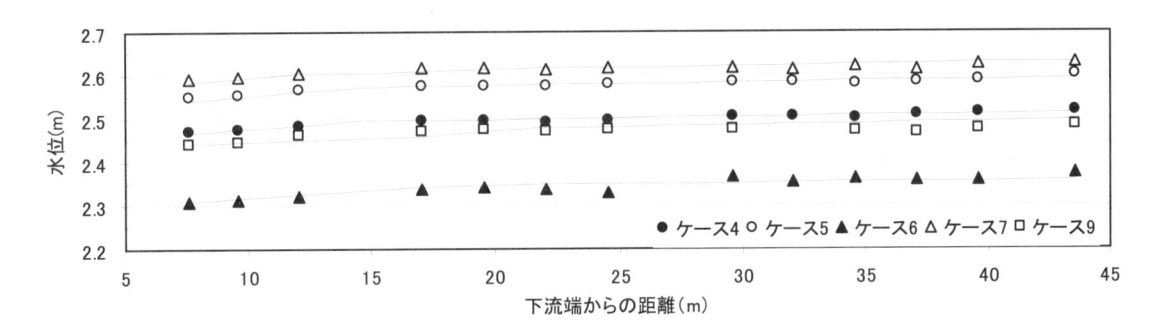

図-5.16 不等流計算による水面形の再現[12]

している実験ケースについて，**1.6** の準二次元不等流計算によって求めた水面形を示す．計算はおおむね実験結果を再現しており，流水断面積の推定法の妥当性を示している．

次に，高水敷上のヨシの倒伏領域の推定と全ヨシが倒伏に至る流量を推算する．

高水敷上のヨシは**図-5.17**に示すように，低水路側から倒伏し，倒伏領域は徐々に堤防側へ拡がっていく．倒伏するか否かの検討は，倒伏領域を考慮した流水断面形状に対し，準二次元不等流計算から求まる水深と流速がそれぞれの倒伏条件の閾値を満足しているかどうかによって判定する．実験結果から，高水敷平均流速が 0.4 m/s 程度であっても高水敷水深が 2.0 m 以下の場合にはヨシは倒伏しないことから，ヨシが倒伏する高水敷水深は 2 m 以上必要となる．ヨシが一部倒伏している区間では，下流側流速測定断面(たわみ状態，直立)と上流側流速測定断面(倒伏状態)の流水断面形状をもとに**図-5.18**のように内挿した断面形状を設定する．粗度係数についても下流側流速測定断面と上流側流速測定断面における粗度係数を低水路，高水敷それぞれ内挿し設定する．ヨシの倒伏領域は流量の増大に伴って低水路際から徐々に下流側へ，そして堤防側へと広がっていく．図-5.17 ① → ② → ③のように，ヨシの倒伏領域がある幅のときに下流方向へ広がる倒伏領域をいくつか設定し，その後，流量を増大させ，倒伏幅を拡げ，下流へ拡大する倒伏領域を設定する(図-5.17 ③ → ④ → ⑤)．

ヨシが一部倒伏する区間では，水面上に現れているヨシの幅が狭いほど，多くのヨシが倒れているために高水敷流速が大きい．断面内の一部のヨシが倒伏しているとき，高水敷平均流速と水面上に現れているヨシの水路左岸側壁からの幅の関係を示すと**図-5.19**になる．断

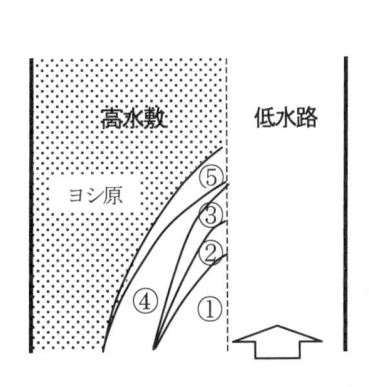

図-5.17 ヨシの倒伏領域の拡大[12]

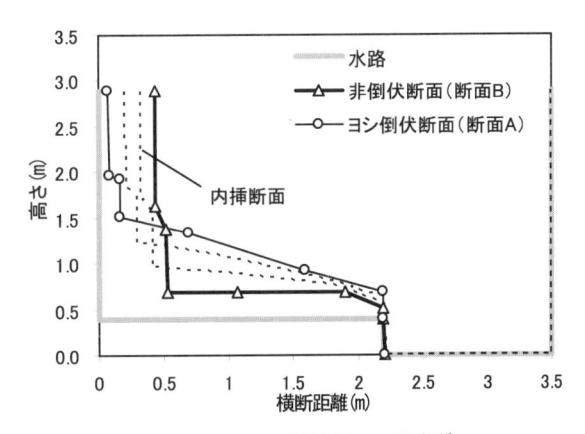

図-5.18 計算断面の設定[12]

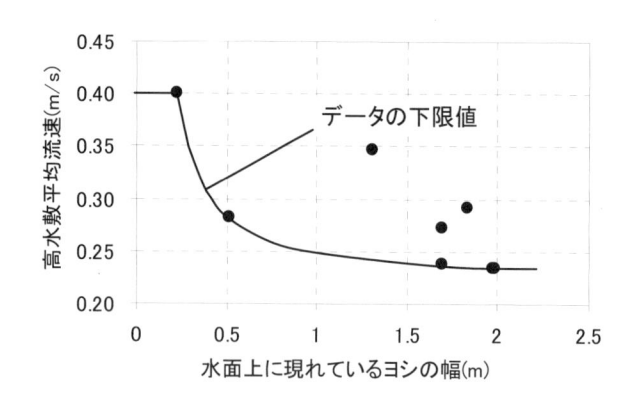

図-5.19 ヨシの幅と高水敷平均流速の関係[12]

面内の一部のヨシが倒伏するには図中のデータの少なくとも下限値以上の流速が必要になると考え，ヨシの倒伏範囲の判定には各計算断面で仮定したヨシ幅に対して，図-5.19に示したデータの下限値を閾値に採用する．実験ケース5について，上流から実験倒伏領域まで上記の方法で計算し，そのときの流量をチェックした結果 $3.8 \text{ m}^3/\text{s}$ となる．これは，実験時の約 $3.7 \text{ m}^3/\text{s}$ と同程度となっており，計算法の妥当性を示す．

この方法を用いて，水路全体のヨシが倒伏するのに必要な流量を求めると**表-5.3**になる．下流端まですべてのヨシが倒伏する流量は，実験ケース5と7では実験流量に比べ少し大きい値となっているが，計算結果はおおむね妥当である．

以上の方法によって，所定の流量に対するヨシ原の倒伏領域と水位を推定し河道の流下能力を推算することが可能となる．

表-5.3 ヨシが下流端まで倒伏するのに必要な流量[12]

実験ケース	実験		解析
	流量	倒伏していない下流のヨシの区間長	下流端までヨシが倒伏する流量
5	3.70 m³/s	約 13 m	3.9 m³/s
7	3.15 m³/s	約 8 m	3.6 m³/s
9	3.9 m³/s	—	3.9 m³/s

5.2.4 ヨシ原河岸の侵食・崩落と水際保護効果[20),21)]

本節では，第一に原寸規模のヨシ原河岸を造成し，水位変動による河岸の崩落実験によって，ヨシ原河岸がヒサシ形状を保持する機構を，第二に，ヨシの根を含む土塊が，流水による侵食に抵抗する機構について説明する．第三に，斐伊川堤外用水路のヨシ原河岸が，洪水によって侵食，崩落する規模や，崩落土塊が流送される速度を見積り，ヒサシの崩落と河岸の後退過程，ヨシの密度と土塊の流送量の関係を把握する．

(a) ヨシ原河岸の崩落実験と崩落時の限界ヒサシ長さ

写真-5.4にヨシ原法面崩落実験施設を，図-5.20に施設の諸元を示す．実験施設は給水量と排水量を調節することで盛土内に水位変動を発生させることが可能である．3.3に示したように洪水流は，河岸の弱い部分を侵食し，ヒサシ状河岸を形成する．洪水位の変化によ

5.2 河川植生の機能を活かした水際管理　341

写真-5.4 ヨシ原法面崩落実験施設[21]
(国土交通省中国技術事務所)

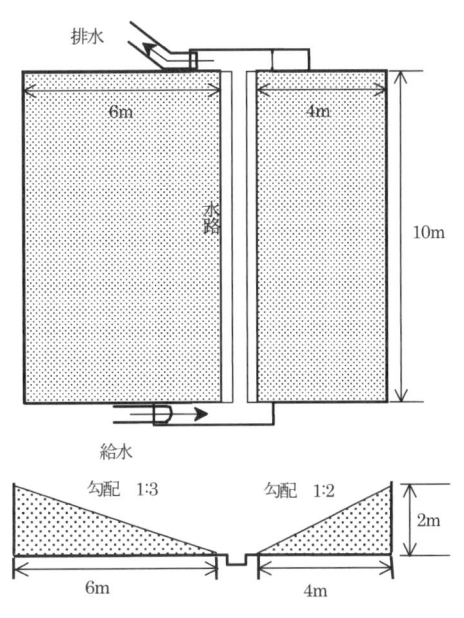

図-5.20 実験施設平面図と横断図[21]

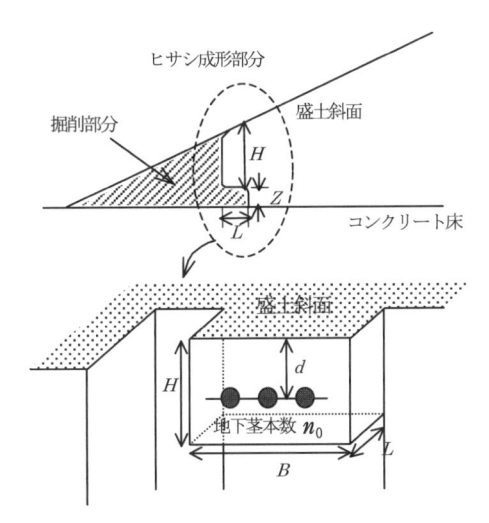

図-5.21 盛土斜面の成形によるヒサシ状河岸[21]

りヒサシ河岸がどのように挙動し，崩落するかを解明することが本節の目的である．

実験手順は，**図-5.21** に示すように試験区域の土を取り除き，幅 $B = 1$ m，長さ $L = 0.1$ m，厚さ H のヒサシ状河岸を作る．次に，**図-5.22** に示す洪水位変動を再現する水位ハイドログラフを与える．これは 0.01 (m/min) の速度で上昇させ，水位が 1.6 m に到達したら水位を維持し，盛土内に水を十分浸透させる．その後，0.0005 (m/min) の速度で降下させる．水位降下時には盛土内の地下水位の経時変化を測定する．水位降下中に成形した河岸が崩落した場合は，崩壊した断面の形状とヨシの地下茎分布を測定する．未崩落の場合はヒサシ長さ L を大きくし，再び水位を変動させ崩落が起こるまで同様の検討を行う．

図-5.23 は水位下降時の盛土内の浸潤線の経時変化を示す．多くのケースにおいてヒサシ

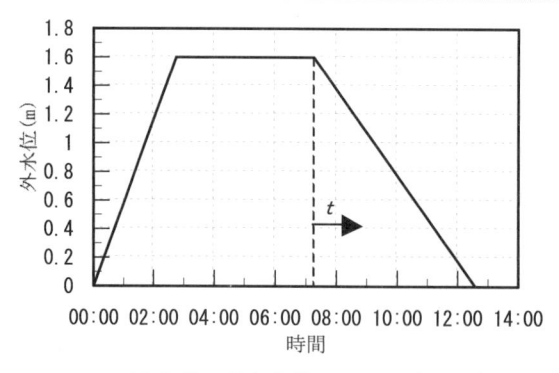

図-5.22 設定水位ハイドログラフ[21]

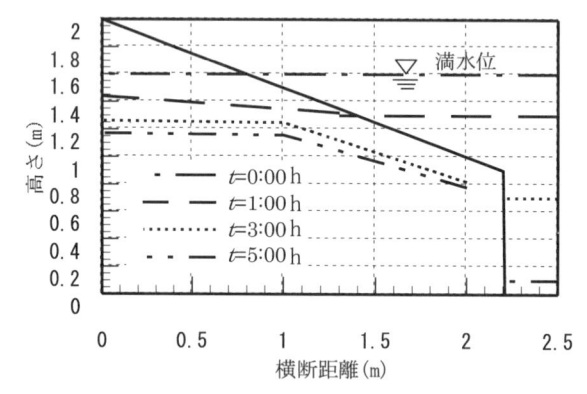

図-5.23 盛土内水位（t：水位下降開始からの時間）[21]

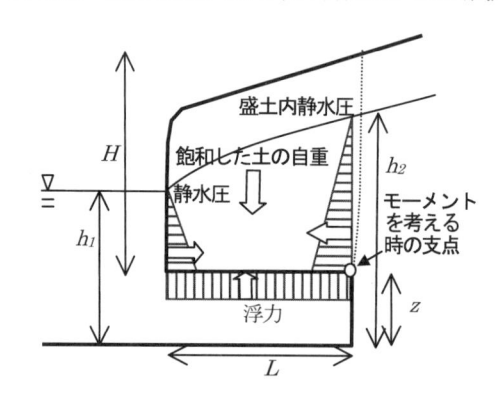

図-5.24 ひび割れ発生前のヒサシ部に作用する力[21]

は水位下降時に破壊面でひび割れを発生する．しかし，ヒサシはひび割れ発生と同時に崩落するのではなく，ある時間ヒサシ形状を保つ．その後さらに水位が下降すると，ヒサシは崩落する．

最初にヒサシにひび割れが発生する機構を考察する．洪水時の水位上昇時には，ヒサシには浮力が働くため，崩落しにくい．しかし，水位下降時には次に示す3つの要素がヒサシの崩落に寄与する．1つ目は土が飽和することによる単位体積重量の増加．2つ目は浮力の減少．3つ目は図-5.24に示すように盛土内と盛土外で水位の差が生じるためヒサシは水圧差による河道側へ力を受ける．ヒサシ付け根を支点としたモーメントを考えると，河道へ転倒する方向の外力となる．図-5.25は，Case2-1において導かれたヒサシ部に働くモーメ

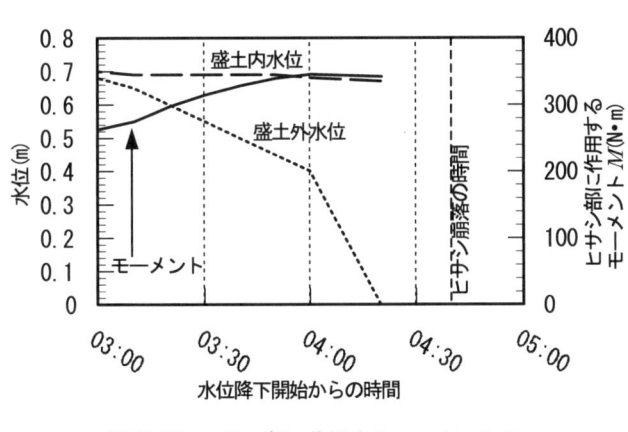

図-5.25 ヒサシ部に作用するモーメントの経時変化（Case2-1）[21]

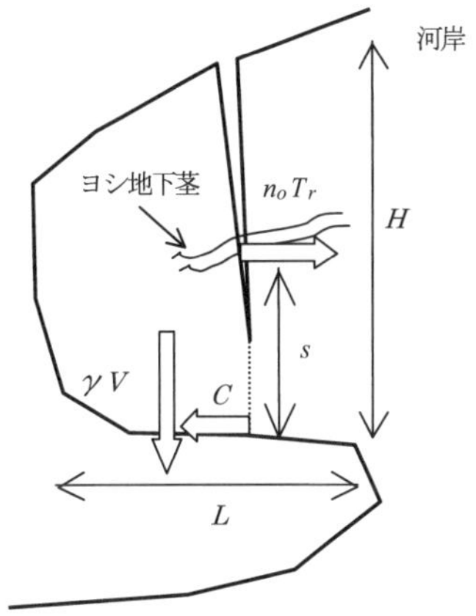

図-5.26 ひび割れおよびひび割れ時に作用する力[21]

ントの経時変化である．個々のヒサシの形状，崩落時の盛土内外の水位を表-A.5.1 に示す．図-5.25 に示すようにヒサシ部に働くモーメントの増加のため，ヒサシ上部では引張り応力が作用し，土の引張り強度を超えた場合にヒサシはひび割れを発生する．しかし，実際にはヨシ地下茎が引張り力を受けもつため，通常ひび割れが生じてもヒサシは崩落しない．

図-5.26 はヒサシ部にひび割れが発生したときの釣り合い関係を模式的に示したものである．図中の T_r はヨシの地下茎 1 本当たりの引張り強度，n_0 は破壊面に存在するヨシ地下茎の本数である．s はヒサシ部の下端からヨシ地下茎の平均的な位置までの距離，V はヒサシの体積，γ は単位体積重量，C は土の圧縮力を示している．ヒサシ部を剛体とみなし，圧縮力はヒサシ下端点に集中していると考える．ヒサシ部の重心はヒサシ長さの 1/2 の位置にあると仮定する．ヒサシにはひび割れが発生しているため，河道側と破壊面での水圧差は無視できるものとする．図-5.27 は，崩落後に見られた地下茎の分布とそのときの破壊面の一例を示す．ヒサシの付け根を支点としてモーメントの釣り合いを考えると T_r は式 (5.7) の関係を満足する．

$$n_0 T_r s - \gamma V \frac{L}{2} = 0 \tag{5.7}$$

式 (5.7) に水位変動がある場合とない場合の両方の実験結果を適用し，T_r を算出した結果を

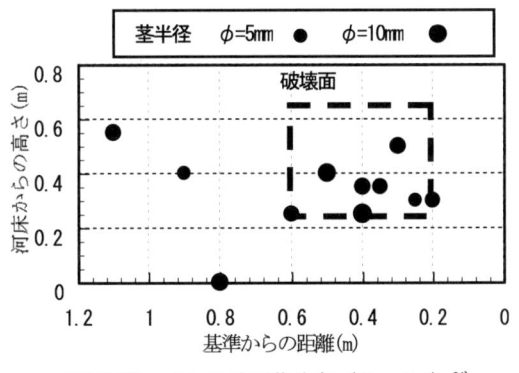

図-5.27 ヨシの地下茎分布（Case2-4）[21]

表-A.5.1,表-A.5.2 に示す.γ は実験施設で計測した値,水位変動がある場合の実験では飽和単位体積重量 $\gamma_{sat} = 1.84 \times 10^4$ (N/m^3) を,水位変動がない場合の実験では湿潤単位体積重量 $\gamma_t = 1.77 \times 10^4$ (N/m^3) を用いた.**図-5.28** に単位幅当たりの破壊面の地下茎の本数とヨシ地下茎 1 本の引張り強度の関係を示す.Case2-2 は破壊面に存在するヨシ地下茎が少なかったため,ヨシの地下茎の引張り強度に土の引張り強度を含んでしまい,計算上大きな値を示したと考えられる.その他のケースでヨシ地下茎 1 本の引張り強度は単位幅当たりの破壊面の地下茎の本数に関係なく約 200(N/本) の値となる.これは福岡ら[22]が多摩川の高水敷において原位置試験器を用い,ヨシの引張り強度を直接求めた 200(N/本) と同様な結果を示している.これより,ひび割れの発生したヒサシの崩落は,土の引張り強度にはほとんど関係せず,ヨシ地下茎の引張り強度のみが作用し,大きさは式 (5.7) で表現できる.

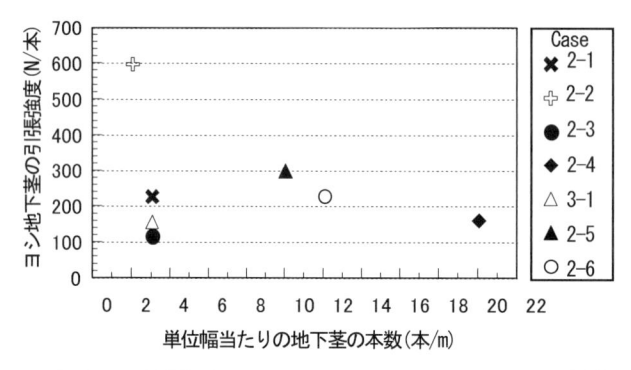

図-5.28 単位幅当たりの地下茎の本数とヨシの引張強度[21]

これまで得られた結果を用いて限界ヒサシ長さ L_c を計算する.式 (5.7) を図-5.21 の諸元を用いて,L について解く.

$$L_c = \sqrt{\frac{2n_0 T_r}{\gamma_{sat} B H}(H-d)} \qquad (5.8)$$

ここに,d は河岸に存在しているヨシ地下茎の平均深さである.式 (5.8) から $H = 0.5$ m,$T_r = 200$ (N/本) を設定し,表-A.5.1,表-A.5.2 に示した実験結果と比較したものが**図-5.29** である.実験データはそれぞれ条件を合わせた曲線の付近に分布しており式 (5.8) で限界ヒサシ長さをおおむね推定することが可能である.

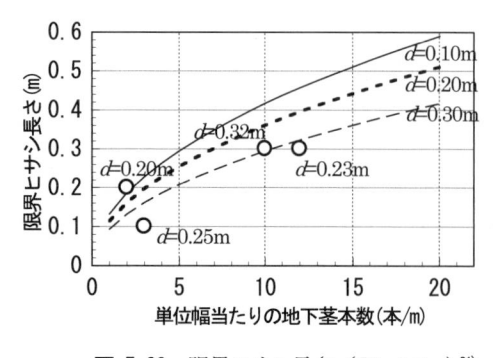

図-5.29 限界ヒサシ長さ ($H=0.5$m)[21]

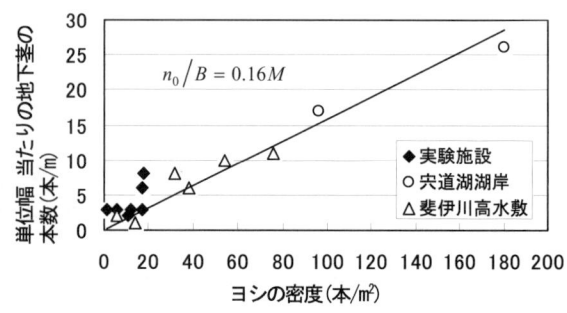

図-5.30 ヨシの密度と破壊面の単位幅当たりの地下茎の本数[21]

図-5.30 は，実験場所と宍道湖湖岸，斐伊川高水敷のヨシ原より得られた単位幅当たりの破壊面の地下茎の本数 n_0/B (本/m) とヨシの密度 M (本/m^2) の関係を示す．図より M と n_0/B の間にはほぼ比例関係があり，これを表現した式 (5.9) が求まる．

$$n_0/B = 0.16M \tag{5.9}$$

次に地下茎の平均深さ d (m) はヨシ特有のほぼ一定の値をとると考えられる．本実験より得られた平均の地下茎深さは $d = 0.25$m である．したがってこれらの関係と $T_r = 200$ (N/本) を代入して式 (5.8) を変形すると，式 (5.10) となる．限界ヒサシ長さ L_c (m) は，ヒサシ厚さ H (m)，上面のヨシの密度 M (本/m^2)，飽和時の土の単位体積重量 γ_{sat} (N/m^3) だけで表され，式 (5.8) に比してより使いやすい形となっている．

$$L_c = \sqrt{\frac{64M}{\gamma_{sat}H}(H - 0.25)} \tag{5.10}$$

(b) ヨシの根を含む土塊の流水中での侵食

河岸より水中に崩落した土塊が，ヨシの根を含むことによりどれだけ侵食速度が低下するかを明らかにする．実現象で見られる崩落土塊と同程度の大きさのヨシの根を含んだ不撹乱の供試体を現地から採取してこれを流水中に置き，侵食実験を行った．土塊を構成する土の粒度分布を図-5.31 に示す．土質は粘土含有率が 7% のシルト質砂である．供試体は直径 0.5 m，高さ 0.6 m の円柱型である．実験方法は，図-5.32 に示すようにヨシの根を含む土塊を水路左岸壁に接触させ設置し通水する．時間の経過と共に土塊の形状変化を測定する．土塊上面のヨシの本数 (ヨシの密度 (本/m^2)) が地下茎の量を代表していると考え侵食速度に対する指標とする．土塊は，全部で 7 供試体である．土塊中のヨシの密度を表-A.5.3 に示す．土塊の平均ヨシ密度は 190 本/m^2 である．図-5.33 は実験で使用した土塊の代表として，ヨシ密度 260 本/m^2 の土塊中に地下茎の占める体積割合と地表からの深さの関係を示す．深さ 0.5～0.6 m の範囲で地下茎の割合が大きく減少しており，その深さ範囲では侵食抵抗が小さいことが考えられる．

実験ケースを表-A.5.4 に示す．ヨシが含まれていない土塊番号 1，2 のうち 1 体は設置時に崩壊し細分化した．もう 1 体も設置はできたが通水開始直後に崩壊し細分化した．このことは，用いた土塊を構成する土の侵食抵抗は，きわめて小さいことを示す．130 本/m^2 の土塊 5 は通水開始から 16 時間後に水路中央側に倒れたが細分化はしなかった．ヨシ密度

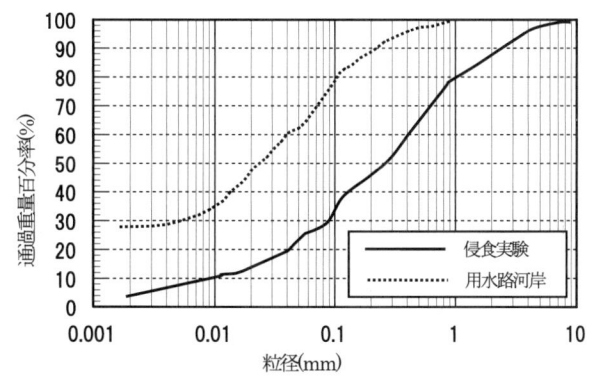

図-5.31 実験に用いた土塊と斐伊川用水路河岸の粒度分布[21]

図-5.32 ヨシの根を含む土塊の侵食実験状況[21]

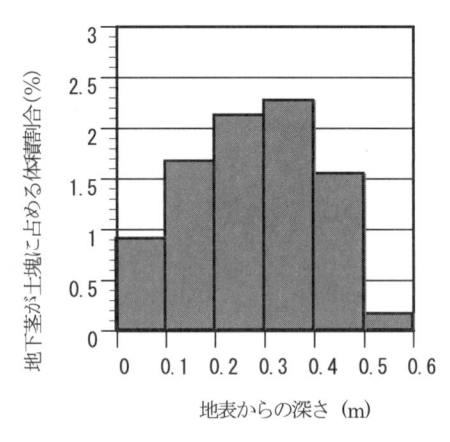

図-5.33 地下茎分布（ヨシ密度260本/m²）[21]

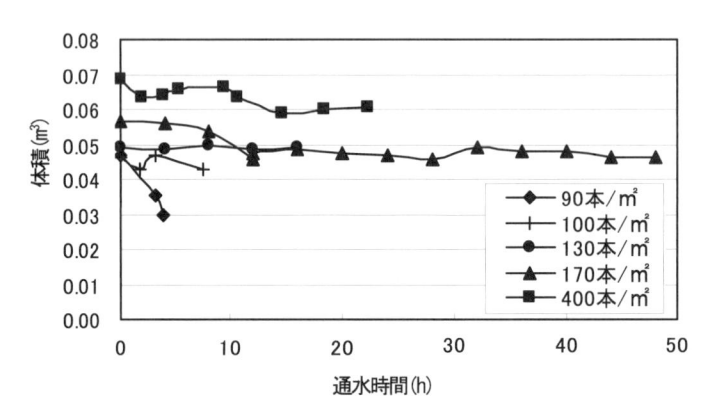

図-5-34 土塊の残存体積と通水時間の関係[21]

170本/m² 土塊6は合計で48時間通水したが侵食はほとんど進まず，最後まで自立していた．

各実験ケースの土塊の侵食の時間経過を図-5.34に示す．90本/m² 土塊は急速に侵食を受け，体積が減少している．ヨシの密度が170本/m² と400本/m² 土塊は，初期の段階で多少侵食されるものの，ある程度時間が経過するとそれ以上侵食されない．このようにヨシがない場合に流水により細分化するような土塊でもヨシを十分含むとほとんど侵食を受けない．

(c) ヨシ原河岸崩落の現地観測

(1) 河岸崩落の観測結果と計算結果の比較[23]

斐伊川の左岸堤外地に位置する用水路の盛土斜面上にヨシが繁茂している．密度は80～140本/m² である．図-5.35に用水路観測地点の平面形状を示す．

写真-5.5に示すように，低水路右岸はヨシ原河岸が洪水による侵食作用を受けて崩落し縦断方向に波打っている．一方，左岸はコンクリート矢板で保護されているため侵食されていない．図-5.36に観測期間中の洪水位変化を示す．観測は出水時期を挟んで行っており，平成9年5月18日，7月6日，8月31日の間にかけて洪水が発生している．

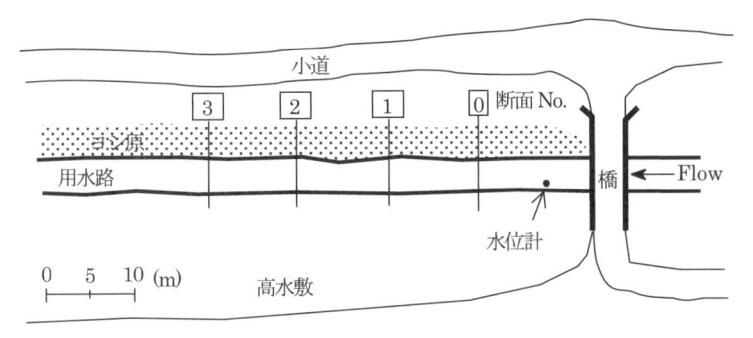

図-5.35 斐伊川堤外用水路観測地点平面形[21]

写真-5.5 斐伊川堤外用水路右岸におけるヨシ原の波打ち[20]

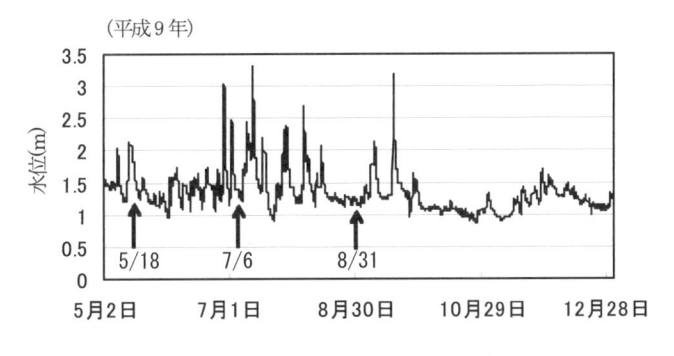

図-5.36 用水路の洪水位変化[21]

図-5.37 は特に河岸の崩落が顕著であった (a) 平成9年5月18日, (b) 同年7月6日と (c) 同年8月31日の河岸縦断形状である. 河岸が崩落している場所には特徴がある. すなわち, 断面 0～30, 50～80 といった用水路流心部から離れた部分ではほとんど崩落が起こっていないのに対して, 断面 30～40 付近と断面 90～100 付近といった用水路中央部へ張り出した流心に近くなる部分で河岸の崩落が多く見られ, 水際の縦断形状は, 周期性を呈する.

写真-5.6 は, 平成9年8月31日における断面 No.20～30 の 10 m 区間右岸形状を示す. ヨシ原の群生している斜面の境界付近で長さ約 8 m, 河道への迫り出し長さ約 1 m, 約 0.7 m の規模の沈下が生じている. 露出した破壊面にはヨシの地下茎はほとんど残っておらず, ヨシ原が大きな土塊と共に水中に崩落している.

348 第5章 河道水際設計のための水理学

図-5.37 河岸縦断形状[21]

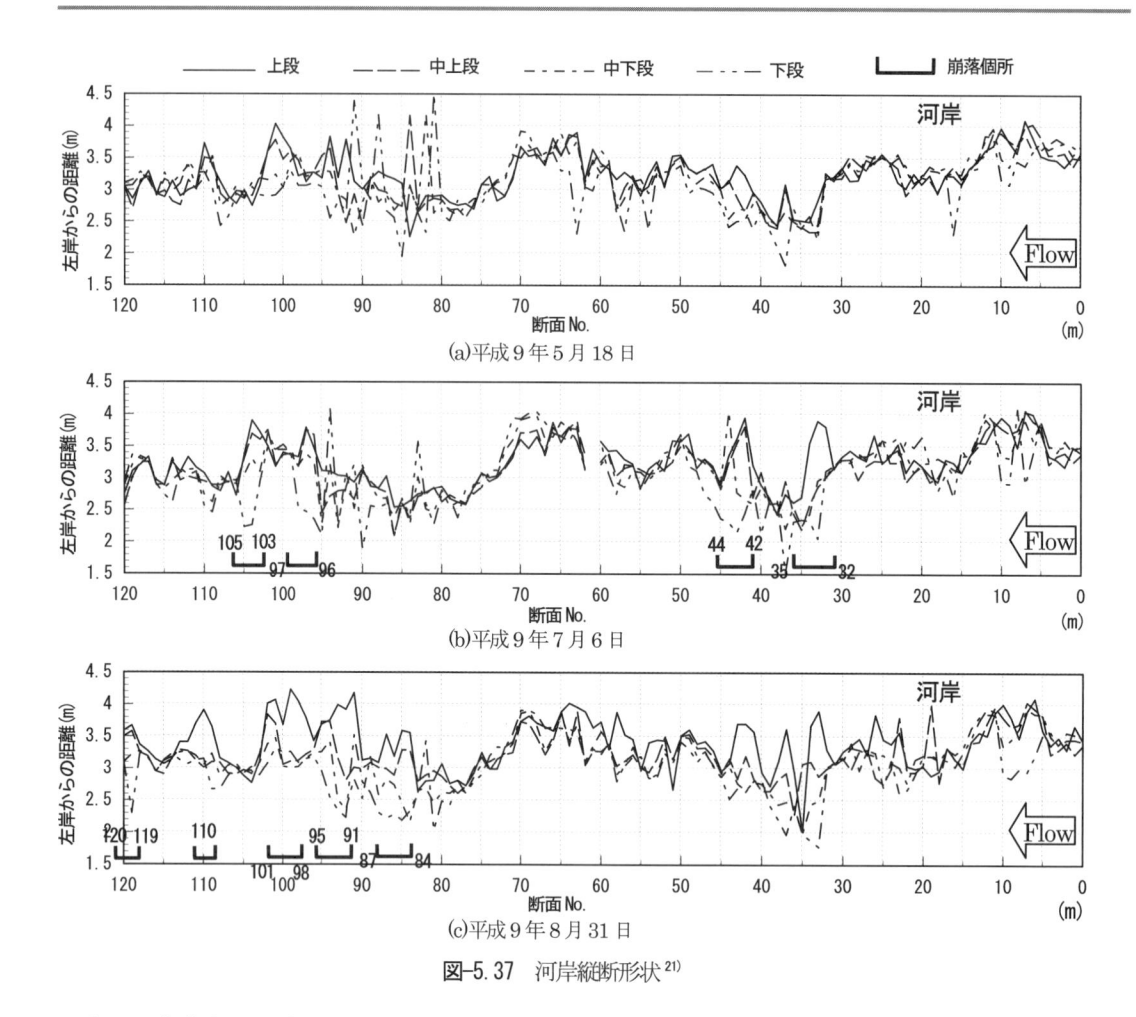

次に，崩落する土塊のヒサシ幅とヒサシ長さの関係を考察する．**図-5.38**に示すように図-5.37の河岸の縦・横断形状の経時データから，ヒサシとして張り出していた河岸が崩落した区間をヒサシ幅とした．また，ヒサシ厚さは崩落した区間の1つ前の時点で観測された形状より算出した．崩落土塊のヒサシ幅 B，ヒサシ厚さ H を**表-5.4**に示す．福岡ら[7]によれば，**3.3.6**に示したように崩落する土塊のヒサシ幅 B とヒサシ厚さ H の関係は平均的に $B/H=4$（ヨシがない場合）である．本水路においてもヒサシ幅とヒサシ厚さの比をとる

写真-5.6 ヨシ原河岸の崩落状況（平成9年8月）[20]

図-5.38 ヒサシ幅の求め方[21]

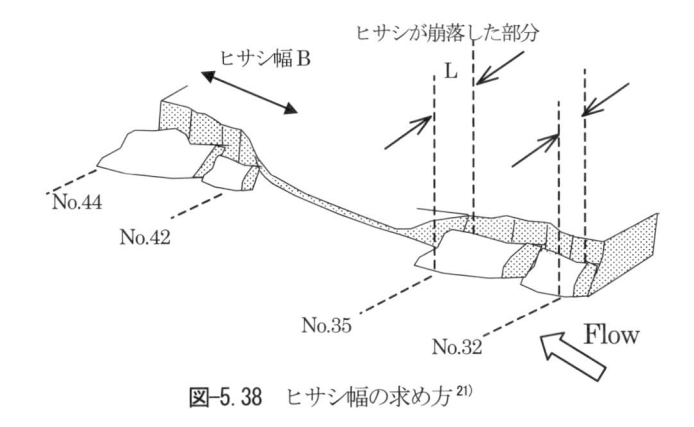

表-5.4 ヒサシ幅と崩落土塊の流送速度[21]

観測日	崩落区間 (断面No.)		ヒサシ幅 B(m)	ヒサシ厚さ H(m)	B/H	流送速度 $\Delta V/A/d$(m/d)
7月6日	32	35	4	0.50	8.0	1.1×10^{-3}
	42	44	3	0.34	8.8	7.7×10^{-4}
	96	97	2	0.63	3.2	1.5×10^{-3}
	103	105	3	0.63	4.8	5.5×10^{-4}
8月31日	84	87	4	0.54	7.5	1.6×10^{-3}
	91	95	5	0.78	6.5	7.3×10^{-4}
	98	101	4	0.68	5.9	5.0×10^{-5}
	119	120	2	0.55	3.6	6.6×10^{-4}

と平均的に $B/H=6.0$ となり，ヨシの生育していない河岸に比べて大きな値となった．このことは，ヨシ原河岸は地下茎の土壌保持効果により，大きな土塊となって崩落すると考えられる．

図-5.39は縦断的に周期性が現れる機構を模式的に示したものである．洪水により河岸は侵食性の高い個所から侵食され始め，ヒサシ形状をとる．その後ヒサシ部が縦断方向に拡大し，崩落が起こる．河岸が崩落するとその崩落土によって，直下流では流速が遅くなり，その区間では新たな侵食が起こりにくくなる．しかしある距離下流にいくと流速は回復し，そこから再び侵食，崩落の過程が生じる．また崩落土の流送に伴い，流速が回復するまでの距離が短くなり，そこで再び侵食・崩落を繰り返す．このような結果の繰り返しが，河岸形状の周期性となって現れる．

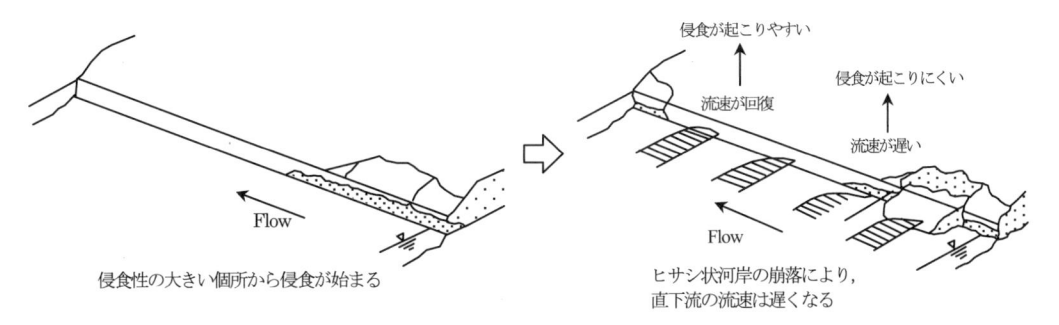

図-5.39 周期的河岸形状発生メカニズム[21]

ヨシ原のある河岸の侵食過程を**図-5.40**に示す．この過程は図-3.68で示された粘着性河岸(裸岸)の侵食過程[6),7)]と同様である．しかしヨシ原の存在のため，裸岸に比してそれぞれの過程の進行する速度が著しく遅くなっている．特徴的なことは，粘着性土からなる裸岸では崩落の規模，流送抵抗ともにヨシ原河岸に比して小さいため，一時的には波状を呈しても河岸全体としてみると直線的で鉛直な河岸となるが，ヨシ原の存在は土の侵食抵抗力を高め，裸岸に比して大きなすべり破壊と崩落土塊の流送抵抗をもたらす．このように，大きな崩落土塊が長期間にわたり河道に存在しているため，ヨシ原で覆われた河岸は縦断方向に波状の形状を呈する．

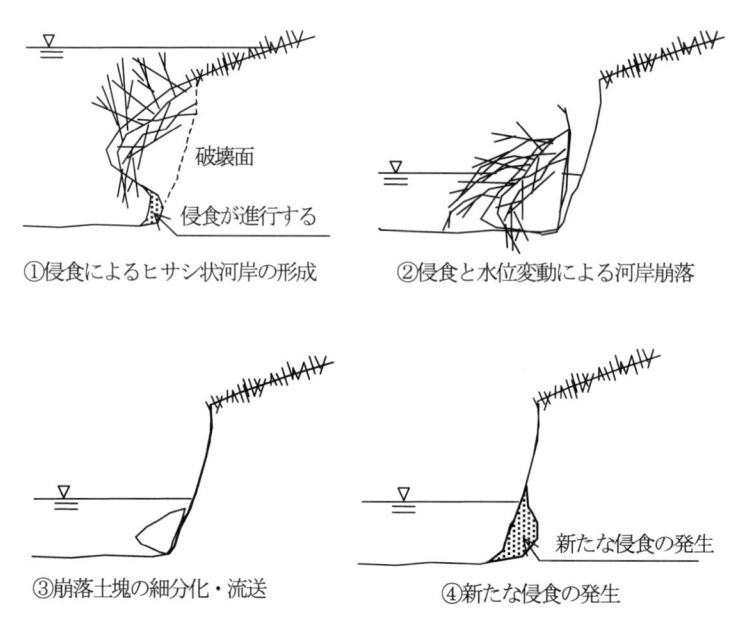

①侵食によるヒサシ状河岸の形成　②侵食と水位変動による河岸崩落

③崩落土塊の細分化・流送　④新たな侵食の発生

図-5.40　ヨシ原河岸の侵食・後退過程[21)]

(2) 崩落土塊の規模と流送速度

図-5.41は図-5.37に示す平成9年5月18日の河岸の横断形状データから河岸がヒサシとして張り出していたヒサシ長さLを各横断面で求め，ヒサシの長さと存在数の分布を示したものである．**図-5.42**は同様にヒサシ厚さHについてその大きさと存在数の分布を示したものである．図-5.41より，ヒサシの数はヒサシ長さが0.4 mから0.5 mの範囲で減少している．したがって限界ヒサシ長さは0.45 m程度であると推定できる．図-5.42より，ヒサシ厚さの平均値は0.55 mとなった．ここで式(5.10)を用いて計算した限界ヒサシ長さと観測結果を比較する．用水路の地下茎は河床付近まで存在していたが，一般にヨシの地下茎はその大部分が地表から0.5 m付近までに存在していることが知られている．そのため，式(5.10)の適用に当たり，実験で得られた地下茎の平均深さ$d = 0.25$ mを用いることは問題ない．飽和時の土の単位体積重量γ_{sat}に1.8×10^4N/m^3，ヒサシ厚さHに0.55 m，ヨシの密度Mに観測場所の平均の値として110本/m^{2}を式(5.10)に代入すると，限界ヒサシ長さL_cは0.46 mとなる．したがって，式(5.10)は，現地データとほぼ一致し，現地の崩落現象を良好に説明できている．

次に，河岸崩落形状データより崩落土塊の流送速度を見積もった結果を表-5.4に示す．崩

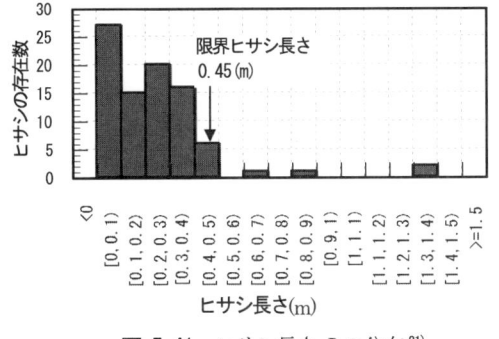

図-5.41 ヒサシ長さ L の分布[21]

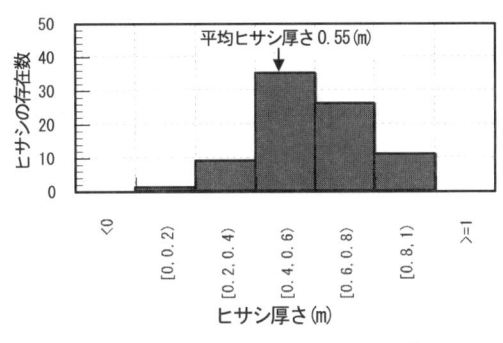

図-5.42 ヒサシ厚さ H の分布[21]

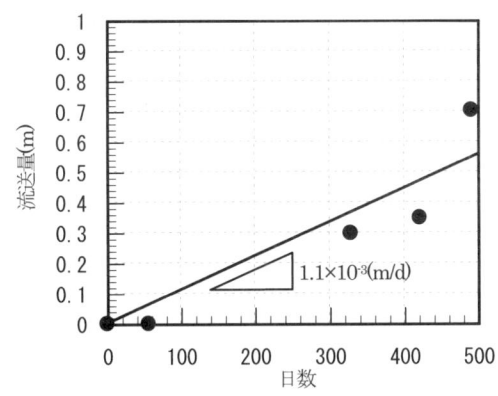

図-5.43 崩落土塊の流送量(断面 32～35)[21]

落時に河道中央側に突き出していた土塊が時間の経過とともに下部が侵食される．この部分を流送された体積とする．**図-5.43**は断面32から35の区間で崩落していた土塊の流送量を経過日数に対しプロットしたもの，表-5.4は全ケースについて流送速度 (m/d) を算出しまとめたものである．その結果，流送速度は $5.0×10^{-5}$～$1.6×10^{-3}$ (m/d) と算出される．

図-5.44は流送速度と平均流速の実験結果と現地観測結果の関係をプロットしたものである．斐伊川の現地観測の結果は流速が 0.2 m/s で流送速度が 0 m/d 付近に9つの崩落土塊の結果が集中している．斐伊川の結果とヨシの密度が 90 本/m^2 の侵食実験の結果を比較すると，両者のヨシの密度，流速がほとんど同一であるにもかかわらず，斐伊川の土塊の流送速度は極端に小さくなっている．これは図-5.31からわかるように実験に用いた土塊は斐伊川の土質と比べて粘土含有率が小さく，侵食抵抗が小さい．しかし，ヨシの根を十分含むと，大きな流速に対しても，流送速度は小さいままであり，ヨシの根の耐侵食効果が大きいことがわかる．

(d) 斐伊川用水路でのヨシ護岸の試験施工[23]

前述のように，ヨシ原河岸に護岸効果が生じる機構は2つある．1つは河岸自体がヨシ地下茎により耐侵食性が増すことと，他の1つは崩落したヨシを含む土塊が水中に長時間保持され河岸近傍の流速を低下させることである．ここでは特に，後者に着目する．ヨシを含む土塊をある間隔で流水中に設置することにより，河岸近傍の流速を低下させ，河岸の侵食を防ぐ．また，直線的な河岸に凹凸をもたすことで洪水時でも水際に流速の低い箇

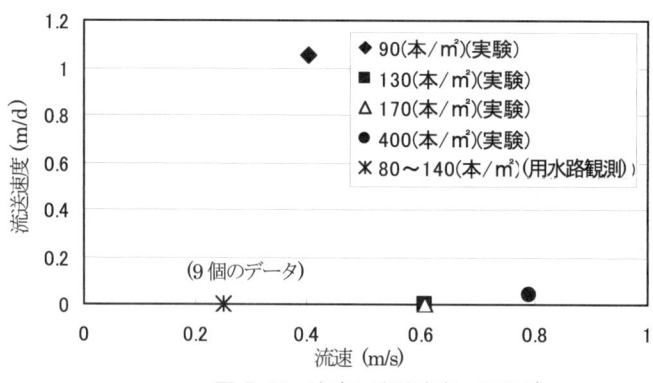

図-5.44 流速と流送速度の関係[21]

所をつくり，生物の生息避難場所を提供する．このような護岸を本書ではヨシ護岸と呼ぶ．**5.2.4(b)** では，水理実験でヨシの密度によって土塊がどの程度の耐侵食性を示すか，どのような侵食過程をたどるのかヨシ護岸の設計のための基礎資料を得た．本節では，斐伊川用水路に長時間かつ，縦断的に長い距離にわたってヨシ護岸を配置し，ヨシ護岸の有用性を検討している．

試験区間の左岸はコンクリート護岸，右岸はカゴマットを三段積みした護岸が施工され，水路線形はほぼ直線である．ヨシを含む土塊の縦断長さや設置間隔は同じ用水路でのヨシ原河岸の崩落観測より得られた諸元を参考に決めた[24]．すなわち，ヨシを有する土塊と土塊の間隔は 9 m とし，土塊寸法は実際の崩落している土塊の縦断長さ 3 m にするように長さ 1 m の土塊 3 体を縦断方向に並べ 1 つの大きなヨシ護岸として設置した．**図-5.45** にヨシ護岸の寸法，**図-5.46** に設置区間平面図，**図-5.47** に設置区間の断面図を示す．並べて設置した縦断長さ 3 m のヨシ護岸を上流から A，B，C，D，E と呼ぶ．縦断長さ 1 m の個々の土塊を上流からそれぞれ 1 体目，2 体目，3 体目と名付ける．A の 1 体目を A-1 で表す．

表-5.5 に各ヨシ護岸のヨシの密度を示す．全土塊の平均ヨシ密度は 190 本/m² である．設置区間全景**写真-5.7** に示す．設置位置での水位の時間変化を**図-5.48** に示す．用水路の平常時の水深は約 50 cm 程度でヨシ護岸の上面部は水面より約 10 cm 程度高い位置にあ

図-5.45 ヨシ護岸の寸法[23]

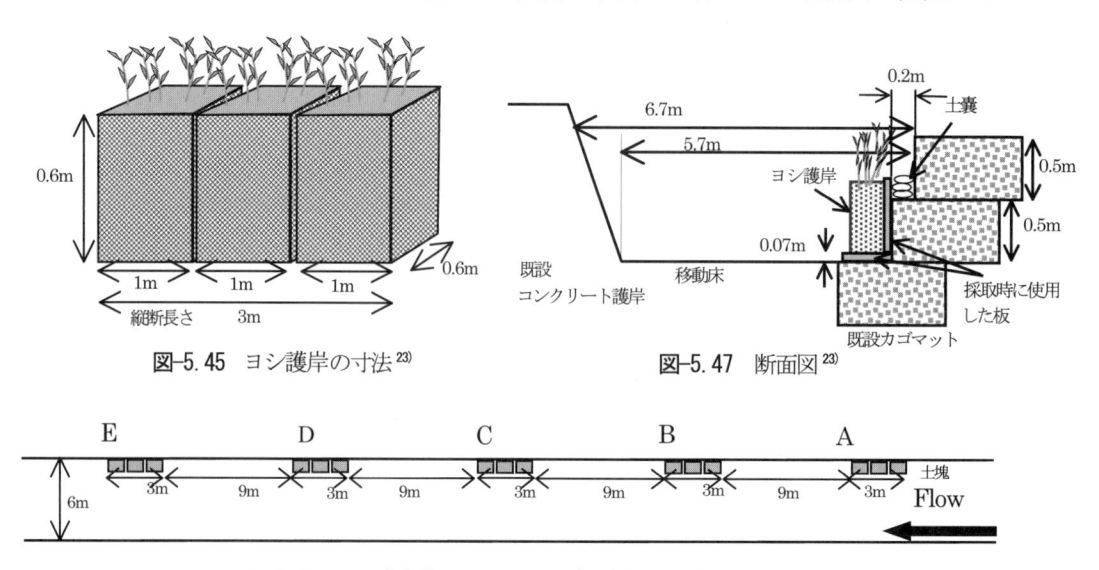

図-5.47 断面図[23]

図-5.46 ヨシ護岸施工区間平面図[23]（斐伊川堤外用水路）

表-5.5 ヨシ護岸のヨシ密度[23]

土塊	1体目	2体目	3体目	平均
A	185	192	198	192
B	228	152	202	194
C	163	247	165	192
D	30	248	273	184
E	235	163	178	192

(本/m²)

写真-5.7 設置区間全景[23] (斐伊川堤外用水路)

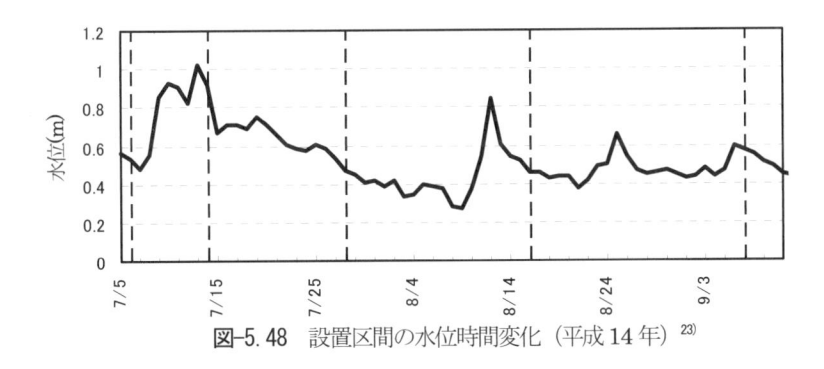

図-5.48 設置区間の水位時間変化（平成14年）[23]

る．斐伊川は毎年1，2回高水敷に冠水する．今回も7月9日から7月14日まで水位の高い状態が続いておりその間は護岸の上面が水没した状態となっている．観測日は図中の縦線に示すように，平成14年の7月6日，14日，28日，8月16日，9月7日で試験期間は約3ヶ月間である．水位変化によって平均流速は10 cm/s 程度しか変化していないためヨシ護岸の侵食に及ぼす流速の影響は小さく見積られている．

図-5.49にヨシ護岸の流失状況を示す．7月5日の設置時には全て自立していた．しかし，7月6日にはD-1の土塊が河道中央側に向かって倒れていた．D-1が最初に倒れた原因は，ヨシの密度が30本/m²と極端に小さく強度がなかったためと考えられる．また，流心側に倒れた原因はヨシ地下茎の少ない河道中央側の土塊下部が侵食を受けたためと考えられる．次に7月9日からの大きな出水の後の7月14日までの間土塊の状況は大きくは変化しなかった．7月28日の観測では，E-2が河道中央側に倒れていた．倒れた原因はE-2もヨシの密度が小さいためであると考えられる．8月16日の観測では，新たにD-2が河道中央側に向かって倒れていた．この土塊はヨシの密度が大きいことからD-1の土塊が倒れたことによりD-2の周りに比較的速い流れが生じ，侵食が進行したものと考えられる．次に各ヨシ護岸の体積の時間変化を図-5.50～図-5.54に，ヨシ護岸の堆積の時間変化を図-5.55に示す．7月6日に倒れていたD-1はヨシの密度が30本/m²と小さいこともあり，急速に体積が減少していることがわかる．また，7月28日に倒れていたE-2はヨシの本数が163本/m²と少なくないことから始めは侵食が緩やかであるが，河道中央側に倒れてからは他の土塊と比べて侵食速度は速い．8月16日に倒れていたD-2はヨシの密度が248本/m²と

図-5.49 ヨシ護岸の状況[23]

図-5.50 土塊Aの体積(平成14年)[23]

図-5.51 土塊Bの体積(平成14年)[23]

図-5.52 土塊Cの体積(平成14年)[23]

図-5.53 土塊Dの体積(平成14年)[23]

図-5.54 土塊Eの体積(平成14年)[23]

図-5.55 土塊群の体積(平成14年)[23]

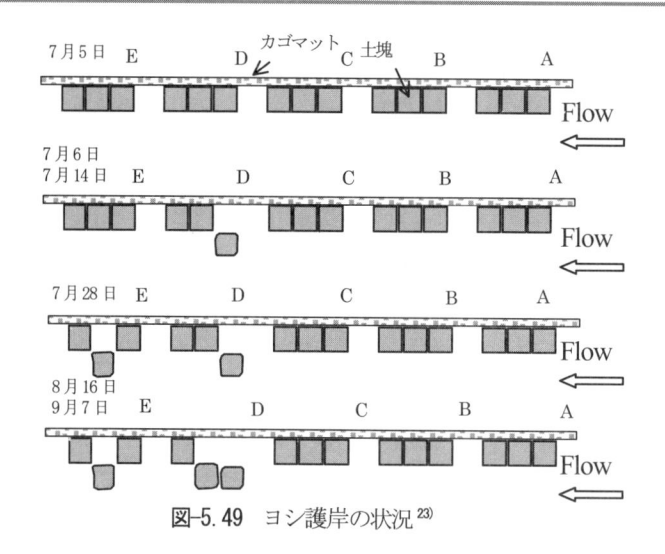

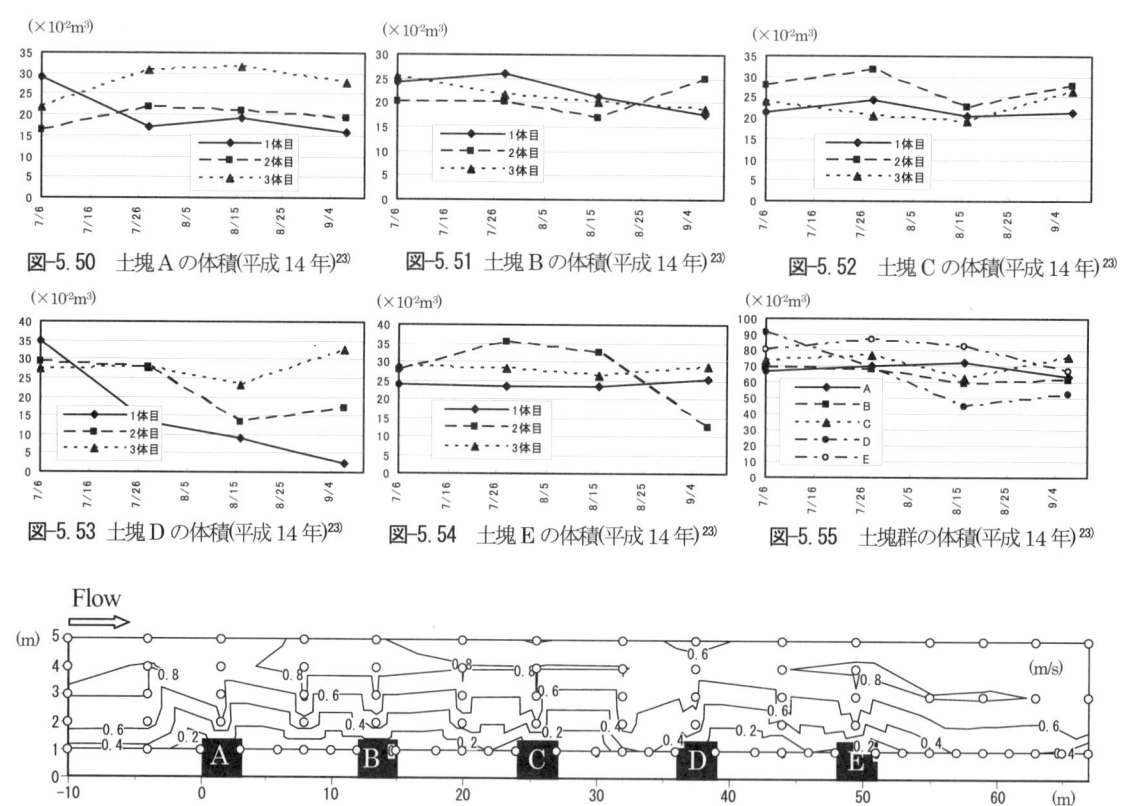

図-5.56 ヨシ護岸設置区間の流速分布[23]

比較的大きいことや倒れてからの期間が短いため，顕著な体積の減少は見られない．

図-5.56 に施工区間の流速コンターを示す．流速は白丸の点で水位が 0.6 m のときに水面下 0.3 m の位置で観測された．ヨシ護岸を設置した区間では，土塊下端側に流速の低い箇所ができ，また，設置間隔 9 m の区間内で河岸近傍の流速は回復しておらず，河岸を守る効果は十分あると考えられる．最下流ヨシ護岸 E の下流には土塊がないために約 6 m で施工区間上流の流速分布に回復している．

実験,現地試験によってヨシ護岸はかなりの安定性をもつことがわかったが,自然の材料を利用した護岸方法のため侵食は避けられない.したがって,土塊が流送されたり,倒れた区間に新たにヨシの根を含んだ土塊を補給するなど定期的な管理が必要となる.そのため,ヨシを含んだ土塊をいつでも採取できるようにヨシ原の生育ヤードを高水敷上などに確保する必要がある.

今後の課題としては長期的な調査を継続し,さらに大きな流速場での侵食の過程,安定な設置方法を考えていかなければならない.また,ヨシ護岸の寸法,設置間隔の最適な諸元等,さらに土質構造と侵食の関係も把握する必要がある.さらにヨシの種は多様であり生育状態も異なるので今後は実験,モニタリング等を通して,ヨシ護岸の安定性に対するこれらの影響を検討していく必要がある.

5.2.5 ヨシ原のある河川における航走波のエネルギー分布とヨシ原によるエネルギー減衰 [25)～28)]

(a) ヨシ原河岸をもつ河道における航走波のエネルギー分布特性

かつて荒川下流域はヨシ原が群生しておりヨシ原群落は魚類や鳥類などのさまざまな動物の住処としての役割を担ってきた.また,ヨシ原が繁茂する河川は,都市の中で住民が憩える数少ない自然空間として重要な存在であった.しかし,河川改修のための低水路の拡幅,地盤沈下対策として行った高水敷の盛土により,ヨシ原が生育できる場所が減少した.さらに,近年は東京都,埼玉県を流れる荒川のような舟運の多い河川は,タンカーなどが造る航走波による河岸侵食が問題となっている.このような問題に対して,河岸に成育するヨシ原などの植生には,航走波のエネルギーを吸収する効果があり,航走波の河岸侵食に対する保護工としての機能が注目されている [25),27)].

しかし,航走波の影響を強く受ける水際ではヨシ原自身の根の周囲も著しく侵食され,ヨシ原群落の減退が見られる.このような侵食を受ける地域には,離岸堤のような人工構造物による対策工が検討されているが,そのためには,航走波が造る波のエネルギー分布特性について十分な理解が必要である [28)].

本節では,実際に航走波によるヨシ原河岸の侵食が問題となっている荒川で,一般に航行しているタンカーによる航走波や国土交通省所有の大小2隻の巡視船を走らせ,それらの造る航走波を観測することで,地形条件や船の条件によって変化する航走波エネルギーの大きさとエネルギーフラックスの減衰過程,さらにヨシ原内におけるエネルギー減衰について検討する.

(1) 現地観測と観測内容

観測を行った地点は,荒川の足立三日月ワンド(左岸),四ツ木橋上流左右岸,西新井左右岸の5ヶ所である.各観測点位置および河道平面形を図-5.57に,横断図を図-5.58に示す.河口からの距離はそれぞれ12.5 km,9.25 km,14.25 kmであり,足立三日月ワンド(左岸)が湾曲している位置にある他は4ヶ所すべてがほぼ直線部分である.横断形状の特徴としては,三日月ワンド(左岸)が急傾斜河床,四ツ木橋上流左岸と西新井左岸が緩傾斜河床そして四ツ木橋上流右岸と西新井右岸がステップ状河床となっている [26)].また,各観測地点の最深河床高,横断勾配の諸元は表-5.6に示す.

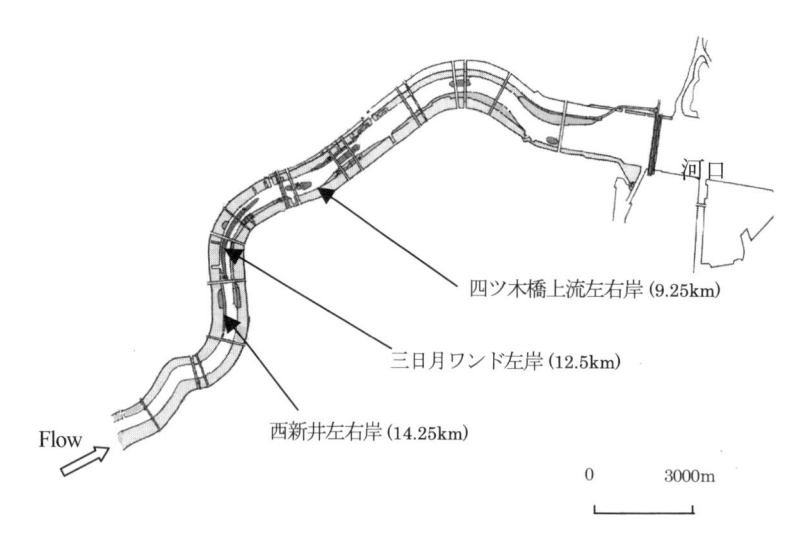

図-5.57 荒川観測地点[27]

表-5.6 各観測地点の地形条件[27]

地点名	最深河床高さ	横断勾配
三日月ワンド（左岸）	A.P.-7.5m	1/5
四ツ木橋上流左岸	A.P.-5.9m	1/19
四ツ木橋上流右岸	A.P.-7.0m	1/6
西新井左岸	A.P.-5.4m	1/31
西新井右岸	A.P.-5.5m	1/6

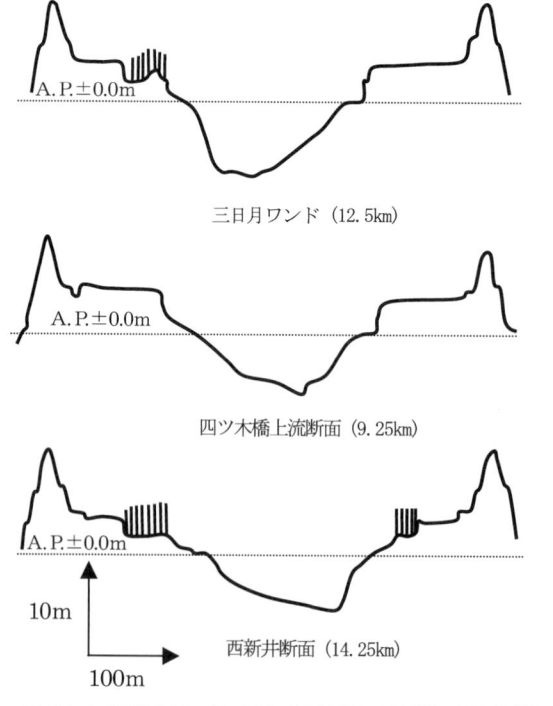

図-5.58 三日月ワンド，四ツ木橋上流，西新井の横断図[27]

観測日の平均干潮位はおよそ A.P.+0.0 m であり，平均満潮位は A.P.+2.0 m であった．ここで A.P. とは荒川の基準面を表し，荒川，多摩川の河川管理や工事に用いられる水位標高を表している．A.P. と T.P. の関係は**付録 3** の表-A.1.1 に示している．

船の種類はタンカーと国土交通省荒川下流工事事務所所有の 2 隻の巡視船である．2 隻の巡視船はプレジャーボート型の船 (あやせ号) と水上バス型の船 (あらかわ号) である．タンカーは航行する船であるため，航行中の船の形状と速度を測定し用いている．一方，2 隻の巡視船は異なる形状であり，また，速度の条件も幅広く変化させることが可能であったために広範囲の航走波データを得ることができた (**写真-5.8**).

写真-5.8 荒川におけるタンカーの航走波　　**写真-5.9** 航走波の観測

波の観測は深水域・浅水域・極浅水域の 3 つの領域で行った．具体的な各観測内容と観測方法は以下に示す．

① 深水域における観測

深水域における観測では，河床高が A.P.−4.0 m の川底に波高計を設置して航走波を 0.2s 刻みに観測している．観測時の水深は 4.0〜6.0 m 程度であり航走波の大きさによっては微小振幅波理論の深水域に分類されない場合も起こり得る．しかし，ここでは便宜上，この観測地点は深水域と定義する．

② 浅水域における観測

浅水域の観測は A.P.±0.0 m 地点近傍で行った．観測方法は，最大波高を観測するための 1 本のメインポールを含む 3 本のポールを設置しておき，船の上り下りによって 3 本の内の 2 本を使い分けて波速を観測する．

③ 極浅水域・ヨシ原内における観測

水際近くやヨシ原内における最大波高の観測は，2 m 間隔に箱尺を設置し，10 m 区間にわたって波高を目読した (**写真-5.9**).

④ 船の航行ラインと速度

橋梁上から写真やビデオによる撮影を行い舟の航行ラインを割り出した．船には正確な速度計器がついていないため，船の速度は，50 m 区間を通過する時間を堤防上で計測し求めた．

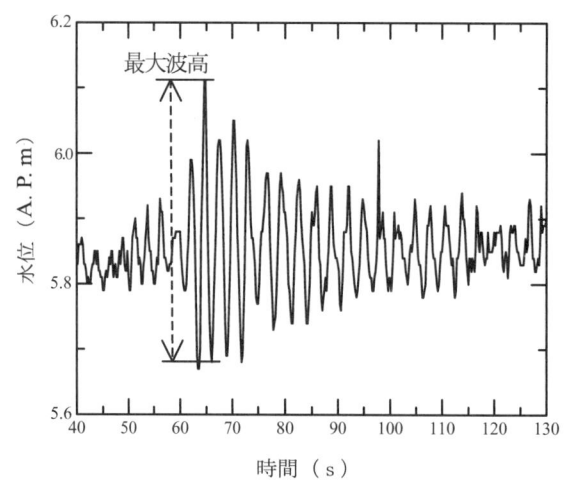

図-5.59 タンカーの典型的な波群形状[28]

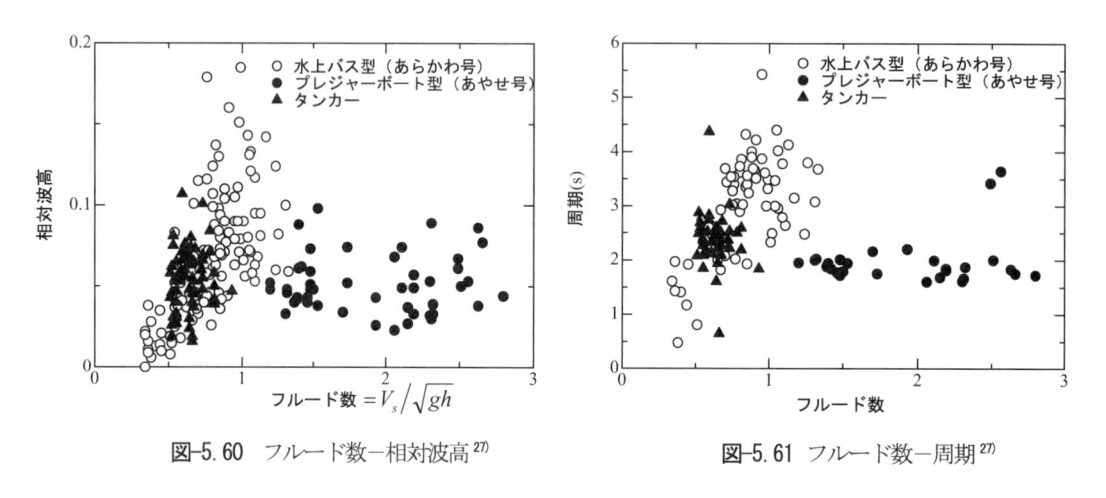

図-5.60 フルード数―相対波高[27]

図-5.61 フルード数―周期[27]

(2) 航走波の周期・波高とエネルギー分布
① 深水域における航走波の波高・周期とエネルギー分布

タンカーの典型的な波群形状を**図-5.59**に示す．タンカーが造る航走波は，福岡ら[25]が明らかにしているように周期が 2.0～3.0 s のまとまった波が一定の波向で河岸に到達する特性をもつことである．

観測の結果を**図-5.60**と**図-5.61**に示す．相対波高は，最大波高を吃水深で除したものである．また，この 2 つの図の横軸は，船の速度を長波の波速で除したフルード数 F_r である．

$$F_r = \frac{V_s}{\sqrt{gh}} \tag{5.11}$$

ここで，V_s: 船速度，g: 重力加速度，h: 深水域観測点における水深である．

図-5.59 の波高について，水上バス型の場合はフルード数の上昇に伴って大きく上昇しているが，プレジャーボート型の場合はフルード数にあまり依存せずほぼ一定の値をとっていることがわかる．図-5.61 の周期も同様に，水上バス型の場合はフルード数の上昇に伴って直線的に増加しているが，プレジャーボート型の場合はほとんど一定値をとっている．

プレジャーボート型の場合，フルード数にあまり依存せずに波高も周期もほぼ一定値をとるのは，船体が軽いため，速度を上げてもさほど推進力を要しないためであると考えられる．一方，水上バス型に関しては，波高・周期とフルード数の関係が倉田ら[29]の模型実験による結果とほぼ同様な結果となっている．

船の造る航走波は船の種類によって分散性の程度が異なる．そこで水上バス型，プレジャーボート型そしてタンカーの船種別に分類し，最大エネルギーフラックス－1波群のエネルギーの関係を航行ライン別に分けて**図-5.62～図-5.64**に示す．

プレジャーボート型ではプロットされる範囲が航行ラインによって明らかに違っており，特に「観測点寄り」のデータは他の航行ラインに比して最大エネルギーフラックスに対する1波群のエネルギーが小さいことがわかる．これはプレジャーボート型の船が造る航走波は分散性が大きいためであると考えられる．一方，タンカーの場合は航行ラインにあまり関係なくプロット範囲はほとんど同じであり，タンカーが造る航走波は分散性が小さい．

以上より，水上バスとプレジャーボートの航走波には分散性があり，特にプレジャーボートの航走波は分散性が大きい．一方，タンカーの航走波には分散性が小さい．この理由は，造波の機構が前者がスクリューによるものであり，後者は船体による流体の掻き分けによるものの違いであると考えられる．しかし，スクリューによる造波でなぜ分散性が現れるのかは不明であり，今後の課題である．

② 遷移域におけるエネルギー分布特性

遷移域におけるエネルギーの減衰については，タンカーと水上バス型の船について，航走波の分散性が大きい「観測点寄り」を除く航行ラインについて示す．

解析方法は，倉田ら[29]にならい横軸に $\Delta X/L_s$ を，縦軸に2つの領域のそれぞれの最大エネルギーフラックス W_1 と W_2 の比である W_2/W_1 を用いる．ΔX は深水域観測点と浅水域観測点の間の距離，L_s は航走波の特性波長であり次のように定義される．

$$L_s = \frac{2\pi V_s^2}{g} \tag{5.12}$$

図-5.65，**5.66**に水上バス型とタンカーによる遷移域における最大エネルギーフラックスの減少を示す．水上バス型の場合，$\Delta X/L_s$ が2.0でエネルギーの透過率 W_2/W_1 は40%程度であることがわかるが，タンカーの場合は水上バス型に比してデータのバラツキが大きい．

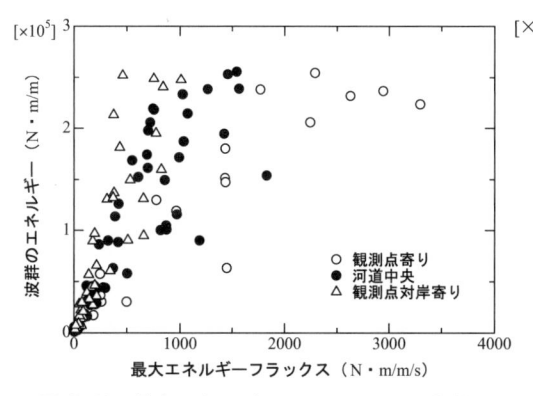

図-5.62 最大エネルギーフラックスと一波群のエネルギー（水上バス型）[27]

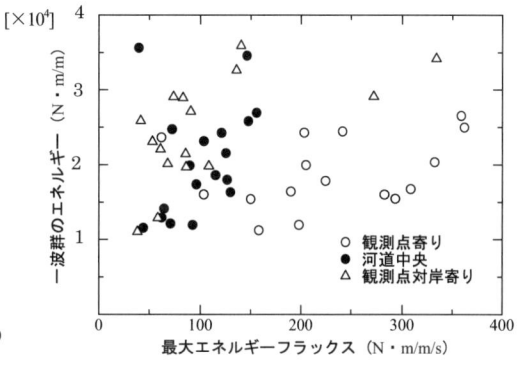

図-5.63 最大エネルギーフラックスと一波群のエネルギー（プレジャーボート型）[27]

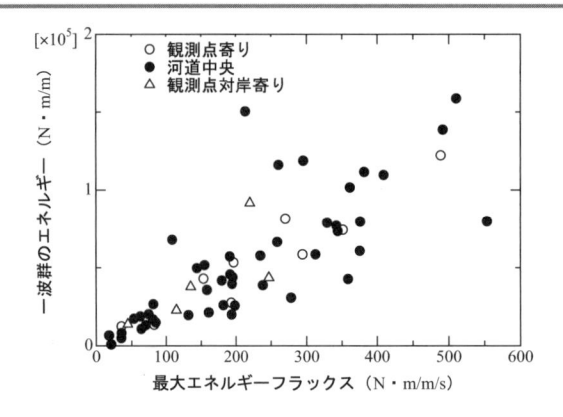

図-5.64 最大エネルギーフラックスと一波群のエネルギー（タンカー）[27]

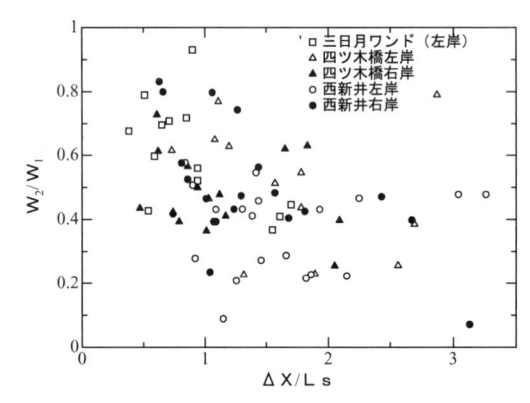

図-5.65 遷移域における最大エネルギーフラックスの減少（水上バス型）[27]

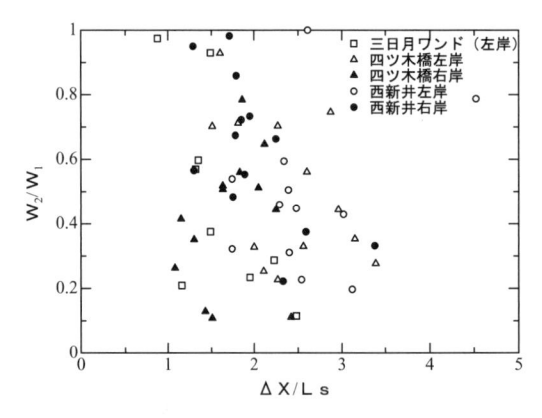

図-5.66 遷移域における最大エネルギーフラックスの減少（タンカー）[27]

(b) ヨシ原による航走波エネルギーの減衰効果

(a) で述べたように荒川等の都市河川を航行するプレジャーボートや，タンカーなどが多くなり，航行によって生ずる波は，河岸侵食を引き起こし，また，水際で遊ぶ人々の快適な利用空間を損なうことになる．ヨシ原は自然地としての役割をもつ他，**写真-5.10** に示すよ

写真-5.10 ヨシ原に侵入する航走波

写真-5.11 航走波によるヨシ原の侵食と後退

うにタンカーが造る航走波の波エネルギーを減衰させる効果を有しているため，河岸侵食防護工の1つとしても注目されている [22),25),27)]．しかし，波エネルギーを減衰させるヨシ原自身も**写真-5.11**に示すように，航走波によってヨシ原のまわりの土壌が洗い流されてヨシ原が後退している．このようなヨシ原の後退を抑え，さらに再生させるために，離岸堤等を用いたヨシ原の再生・保全事業が進められ，離岸堤効果の検討が行われている [28)]．

本節では，ヨシ原自身が船の造る波のエネルギーをどの程度減衰させ，反射させるかを西新井左・右岸 (図-5.58) で調べた結果を示す [25),27)]．

表-5.7は船の波の特性を示す．波のエネルギー保存則は次式で書かれる．

$$W_I = W_T + W_R + W_L \tag{5.13}$$

ここで，W_I, W_T, W_R はそれぞれ入射波，透過波，反射波によって単位幅，単位時間当たりに輸送されるエネルギーであり，W_L は単位幅，単位時間当たりヨシ原で失われるエネルギーである．波のエネルギー保存式 (5.13) は，入射波高 H_I, 反射波高 H_R, 透過波高 H_T で表されるエネルギーの反射率 $K_R = H_R/H_I$, 透過率 $K_T = H_T/H_I$ とエネルギー損失率 K_L を用いると式 (5.14) で表される．

表-5.7 航走波の特性 [25)]

	巡視船「すみだ」	巡視船「あらかわ」
波高	13〜23cm	6〜52cm
波速	1.85〜2.67m/s	2.11〜3.56m/s
周期	1.7〜2.4秒	2.2〜4.6秒
波長	5.5〜6.6m	5.1〜15.9m
波の数	10〜12個	10〜14個

$$1 = K_T + K_R + K_L \tag{5.14}$$

ヨシ原で波は不完全反射し，節と腹をもつことから波の峰の包絡線と谷の包絡線を観測し，Healy の方法で反射率 K_R を求めた．

図-5.67 は，西新井右岸のヨシ原において波がヨシ原を通過する距離とそれに対する波のエネルギー減衰率の関係を示す．ヨシ原前面での水深は 1.0〜1.5 m である波がヨシ原内を 8 m 通過するとエネルギー損失率は 60〜80% にも達する．このようにヨシ原の航走波のエネルギー減衰効果は大きく，ヨシ原の背後の河岸に対する波の侵食力は，ほぼゼロとみなしてよいことがわかる．また**図-5.68** より，ヨシ原の波の反射率はわずか 0.05〜0.15 となり，テトラポットの反射率 0.2〜0.35 よりも十分小さい．このことは，ヨシ原は船の通過後速やかに水面を静穏化し，水面利用の上からもヨシ原は有効であることを示す．

次にヨシ原内の勾配がほぼ水平である西新井左岸についてヨシ原内での航走波エネルギーの減衰特性について解析を行う．

現地ヨシ原の形状を**図-5.69** に示す．観測場所のヨシ原形状は複雑であるため，図中の黒丸の観測点における航走波の透過距離は太線の矢印のように図解で求めた．

図-5.67 ヨシ原内でのエネルギー減衰率[22),25)]（西新井右岸）

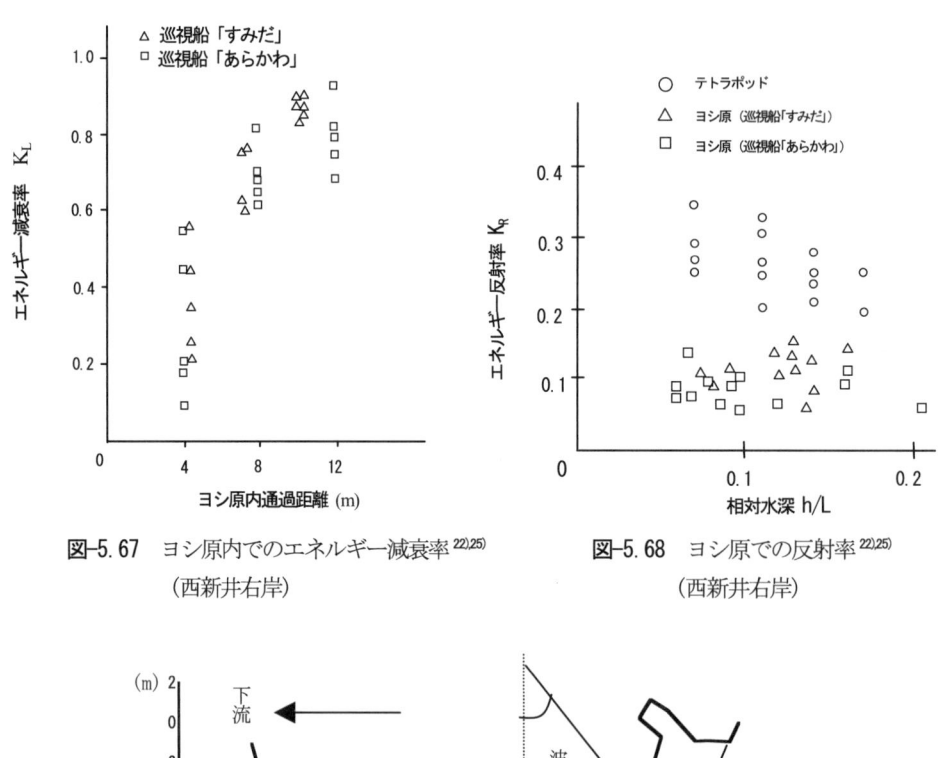

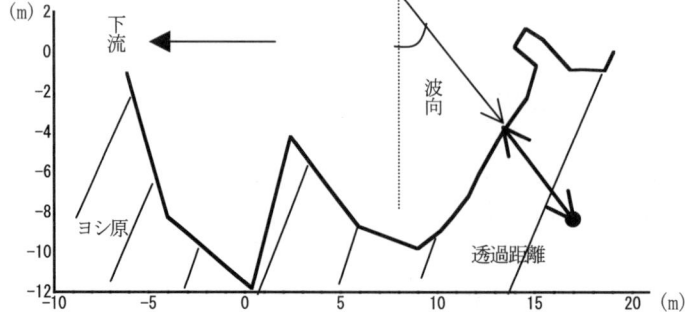

図-5.68 ヨシ原での反射率[22),25)]（西新井右岸）

図-5.69 西新井左岸のヨシ原平面形と透過距離の決め方[27)]

図-5.70 は，補正後の透過距離と透過率の関係を示す．透過率とはヨシ原前面で観測した最大エネルギーフラックスに対するヨシ原内の透過距離地点における最大エネルギーフラックスの比である．データの分類は波の粒子速度を最も左右する H/T (H: 最大波高，T: 最大波高付近の周期) で行っている．

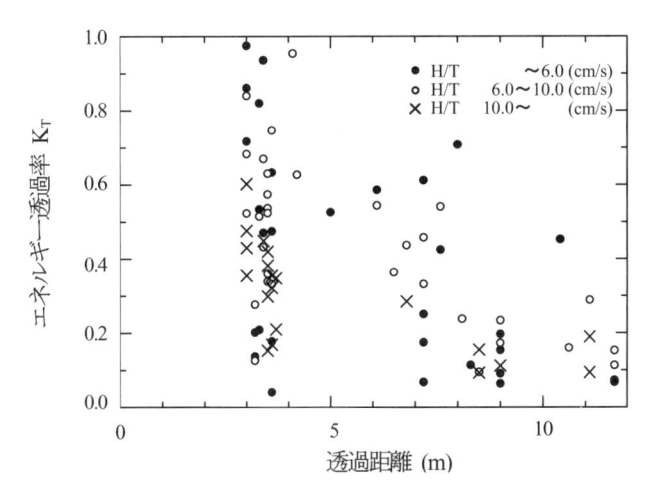

図-5.70 西新井左岸ヨシ原内のエネルギー透過率[27]

この図を見ると，ヨシ原内におけるエネルギー透過率は透過距離を経るに従って減少している．透過距離が 12 m で透過率が 10% 前後にまで減少していることがわかる．この結果は図-5.67，図-5.68 の結果とほとんど同じである．また，透過距離が小さい範囲では H/T が大きい場合，透過率が小さくなっている．これより粒子速度の大きな波ほどヨシ原内では短い距離でエネルギー透過率が小さくなるといえる．しかし，透過距離が大きくなると，もはや，H/T にはほとんど関係しない．

福岡・細川ら[28] は，灘岡ら[30],[31] の強非線形強分散性波動方程式を拡張して用い，河川における航走波解析モデルを提案した．これを用いて離岸堤周りの航走波の最大波高分布やヨシ原内のエネルギー減衰率，河岸侵食量の評価を試み，ヨシ原保護対策に適用している．

5.2.6 オギによる低水路河岸の侵食軽減機構[22]

河川植生が河岸の侵食を軽減する効果をもつことを多摩川のオギ原を例に示す．**図-5.71** は，多摩川中流部 39～40 km 区間の右岸が，洪水によって侵食されてきた経過を，そのときの河川横断測量図や高水敷植生図に基づいて作成したものである．

昭和 49 年，昭和 54 年，昭和 57 年 (8 月，9 月) に多摩川で大洪水が発生している．洪水発生前の昭和 48 年には，高水敷の植生はススキであったが，昭和 49 年の大洪水によってススキの倒伏と河岸の洗掘が生じ，昭和 51 年には自然裸地に変化した．昭和 51 年～58 年の 7 年間には 4 回もの大きな洪水を受け，河岸がさらに大きく洗掘されたが，高水敷上のオギ群との境界付近に達する河岸侵食の速度が著しく低下した．昭和 58 年以降，河岸の侵食はそれほど進んでいない．この事実は，オギが河岸保護工として有力な材料となり得ることを示している．

オギは地下茎をもち根茎がよく発達している．その高さは 2～4 m にも達する．茎間隔

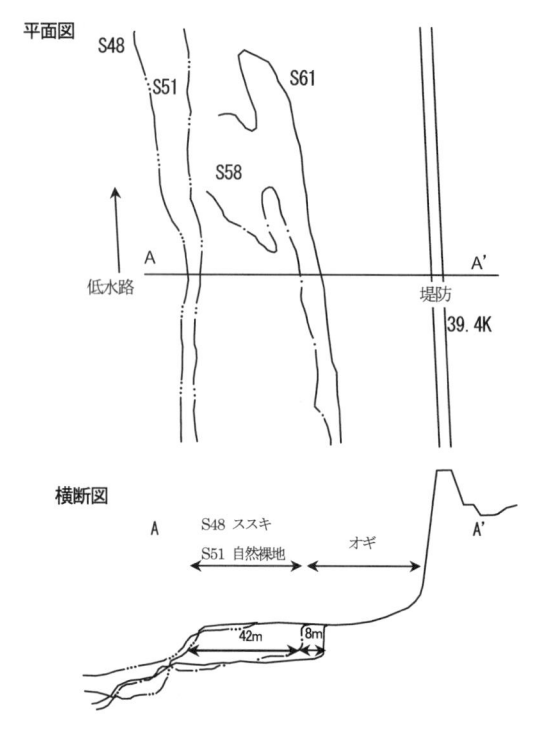

図-5.71 植生の経年変化と河岸侵食状況（多摩川右岸 39km〜40km）[22]

10cm 程度とかなり密に生育し地下茎で連続している．河岸の土壌は上層が砂で，下層はシルトを含んでいることが多い．上層厚に比較して下層厚が薄い場合は，砂層内にマット状に広がっている．オギの根茎は土壌保持作用があり，上層の土の侵食抵抗力は高くなる．

第3章で示したように複断面蛇行河道では，低水路河岸に作用する洪水流の侵食力は，水位が高水敷より若干高い程度から高水敷よりやや低い(**図-5.72**)間が最も大きいことが明らかにされている[32),33)]．このため，相対的に侵食抵抗力の弱い下層のシルト混じり層が侵食を受けやすく，オギの根を含む上層がヒサシ状に残る．**写真-5.12**は，洪水直後のオギの状況で，オギは河岸をヒサシ状に覆っている．

水位が高い状態では倒れたオギに浮力が作用しているため，河岸の近傍に浮いた状態で存

写真-5.12 ヒサシ状オギ河岸の状況[22]

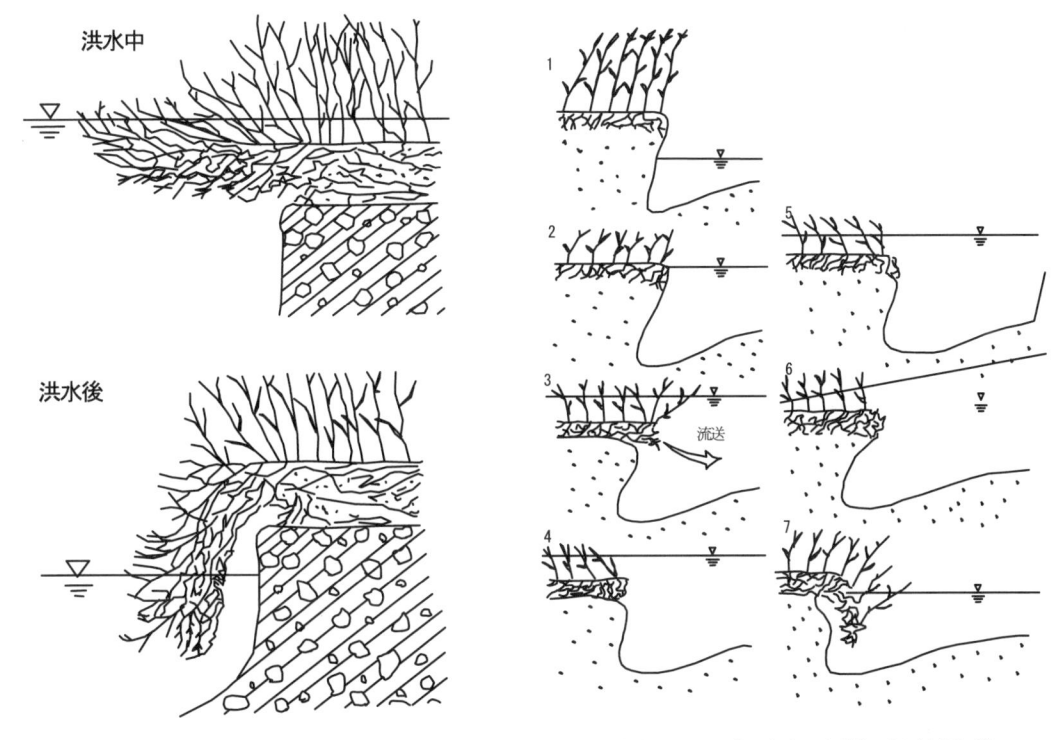

図-5.72 オギを有する河岸の侵食形態[22]

図-5.73 オギを有する河岸の侵食過程[22]

在する．オギが浮いてヒサシの状態でも，その下のせん断力の大きさは，ヒサシがないときに比して低下し，河岸を守る作用をもつ[34]．洪水位が高水敷高さ以下になるとオギは土壌とともに垂れ下がる．この段階では低水路の流速は十分大きく河岸侵食力はきわめて大きいが，河岸を覆っているオギは，水防工法で使われる木流し工的な機能をもち，上層は，河岸付近の粗度を増大させ，流速を減じるとともに，河岸への直接の水あたりを緩和する．実際，多摩川では洪水減衰期の水位が高水敷高さ程度のとき河岸で 1.5 m/s 程度の流速が測定され，この程度の流速に対しては，オギは河岸保護効果を期待できると考えてよい．

オギをもつ河岸が洪水流によって，ヒサシ状になる過程をさらに詳しく述べる．**図-5.73** に洪水時の河岸の侵食の過程を経時的に示す．水位が上昇してくると河床の洗掘とともに河岸下層が侵食を受ける．上層は地下茎によって強く保持されているため相対的に強く侵食を受けにくい．上層においてマット状に連続している地下茎の周囲の砂が洗われると地下茎群に力が及ぼされることになる．この時点で河岸下層はかなり侵食されていると考えられる．地下茎は節を中心に伸びており，この節に力が集中すると，節の引張り破壊が起こる場合もある．下層部の侵食が一層進むと，オギ群と土壌からなる上層部分の安定が失われ，地下茎は上層部分の重さに耐えきれず引張り破壊を受け崩落し，河岸侵食が進行する．このようなプロセスが繰り返され，河岸の侵食が進む．

洪水中にオギが破壊する部分は，主に地下茎の節である．オギは流れから受ける力を地下茎の節の引張り強度で抗している．オギの節は柔軟な構造を有し変形しやすく，地表の茎が力を受けた方向に地下茎の節は引張り力を受ける．したがって，節の引張り強度を評価することができれば，流水に対するオギ河岸の侵食抵抗力を見積もることが可能になる．

写真-5.13 オギの引張り強度試験の様子[22]
（多摩川高水敷）

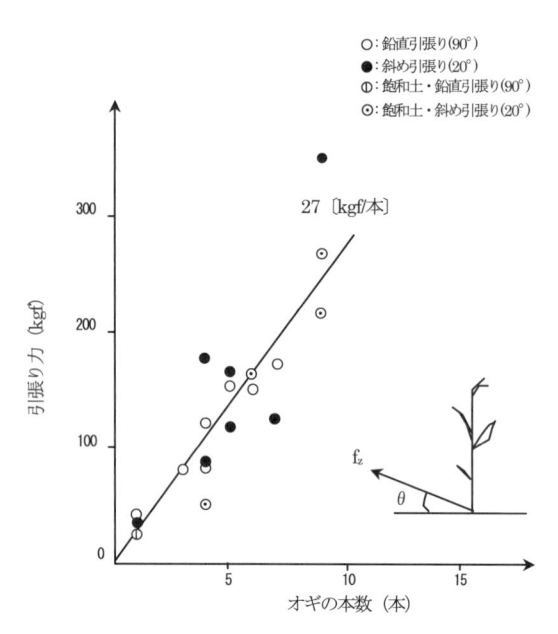

図-5.74 オギの引張り強度[22]

　オギの引張り強度を測定するため，**写真-5.13**に示す原位置試験器を開発し，直接オギの引っ張り強度を測定した．オギに引張り力を与えていくと，オギの根が徐々に地表面上に現れ，最終的に地下茎の全ての節が引きちぎられる．このときの最大引張り力をオギの引張り強度とした測定結果を**図-5.74**に示す．引張り強度に若干のバラツキはあるものの，オギの引張り強度は，1本の強度に本数を乗じたものでほぼ表せる．表層土壌が，不飽和状態，飽和状態のいずれの場合も，またオギの位置が河岸のごく近く，河岸からやや離れた高水敷上，さらにオギの引っ張る方向にほとんど関係なく，引張り強度はほぼ一定と見なすことができる．オギ1本当たりの引張り強度は平均的に 27 kgf である．

　オギがどの程度の流速まで破壊せず，ヒサシを維持できるか，ヒサシ長と破壊限界流速との関係を明らかにすることができれば，オギを河岸保護材料として活用できる河道の場所を決めることが可能となる．そこで，オギの地下茎の引張り強度を用いて，オギをもつヒサシ状河岸の破壊限界流速を求める．

　図-5.75 に示すように，ある大きさをもつヒサシ状河岸をモデル化し，流れから受ける外力とオギの地下茎が有する引張り力とのつり合いからヒサシ河岸の破壊限界流速を見積もる．ヒサシ状の河岸はある高さ，および幅に対して流体力を受ける．x 方向の流体力 F_x が作用すると，ヒサシ部分は xy 面内および xz 面内での曲げモーメント（M_{xy}, M_{xz}）を受けることになる．これらの曲げモーメントによって曲げ応力の分布が生じ，d_B の部分に作用する y 方向，z 方向の応力が求められる．破壊を受ける部分 d_B に働く外力の合力ベクトル F と破壊面でのオギの地下茎の引張り強度 $R = r\sigma' d_B$ とのつり合いからヒサシの破壊限界流速 u_{cr} が求まる．

$$u_{cr} = \left\{ \frac{2g \cdot r \cdot \sigma' \cdot d_B}{\rho \cdot C_D \cdot L \cdot (K_1^2 + K_2^2 + K_3^2)^{1/2}} \right\}^{1/2} \tag{5.15}$$

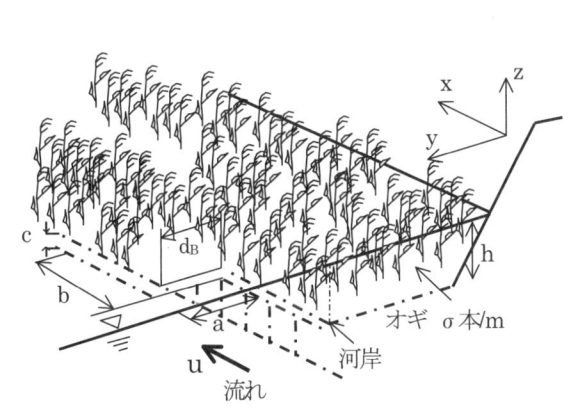

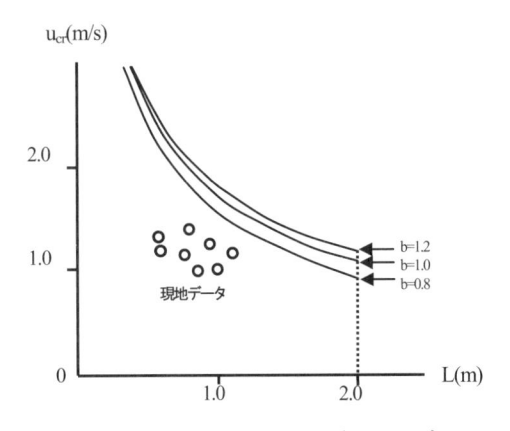

図-5.75 オギ原上の流れのモデル化[22]

図-5.76 ヒサシの破壊限界流速と現地データの比較[22]

ここで，r：オギの地下茎の引張り強度 (27 kgf/本)，σ'：単位流下距離当たりのオギ地下茎の本数，また

$$K_1 = c + \phi \cdot h \cdot \sigma \cdot \int_o^{d_B} f(x')^2 dx'$$

$$K_2 = 3L/b \cdot d_B/b \cdot (1 - d_B/b) \cdot \left\{ c + \phi \cdot h \cdot \sigma \int_o^b f(x')^2 dx' \right\} \quad (5.16)$$

$$K_3 = 3d_B/b \cdot (1 - d_B/b) \left\{ \phi \cdot h \cdot \sigma \cdot (c + h) \int_o^b f(x')^2 dx' \right\} \bigg/ b$$

$f(x') = \exp(-2.15x')$，b：u' が十分に減衰する距離（ここでは，約 90% 減衰する距離の $b = 1$ m をとる）．

ヒサシの張り出し長さ L を変数としたときの破壊限界流速の計算結果と洪水後に残された現地ヒサシデータ (多摩川 40 km 付近) の比較を**図-5.76**に示す．ここで，L は，洪水後のヒサシ長，u は洪水中の流速測定結果を用いている．

計算結果は現地のヒサシ長の測定結果をほぼ説明し得ている．ここでは，$L = 2.0$ m 以上のヒサシ長の限界流速が示されていない．これは，低水路水面高と高水敷高の差が 2.0 m 以上になるとヒサシ自身が自重で崩落するため，限界流速を求めることは意味をもたないためである．

5.2.7 河岸に群生する樹木群の水制機能

(a) 樹木群水制の考え方

河岸沿いには，多くの木本植生が繁茂してより．樹木群は，洪水流に対して抵抗となるために，洪水位を上昇させる．このために樹木群を伐採し，流下能力の増大が図られてきた．しかし，樹木群には堤防や護岸を保護するという治水上プラスの働きがあり，治水と環境の調和のとれた川づくりのために，河道内の樹木群をできるだけ残すことで環境面に配慮し，かつ治水的にも整合する樹木群の管理のあり方が時代の要請となっている[35),36)]．

この要請に答えるひとつの方法は，河岸沿いに繁茂する樹木群を水制工として利用することである．福岡らは，樹木群水制の実験を行い，その可能性を検討してきた[37),38)]．樹木群水制の基本的な考え方は次の通りである．広範囲に群生している樹木群は，流水に対して柔構造でありかつ大きな透過性を示す．この特性を利用し，治水上問題がない場所では樹木群をそのまま残し，治水上問題がある場所では樹木群を適切に伐採し，流下能力を確保しながら治水上も環境上も整合するように樹木群を管理する．そのひとつの方法は，樹木群を水制として利用することである．樹木群水制は，堤防または河岸沿いの樹木群をほぼ一様に残し，その前面の水際の樹木群をある縦断間隔で残すことによって，洪水時には両者が一体的に河岸侵食を減じ，平常時には環境的機能を発揮するものである．

本節では，最初に河岸沿いに広く連続して存在する樹木群を水制工として利用するため樹木群水制周辺の流れの構造および河床変動を実験的に検討し，樹木群の利用可能性を考察する．次に，河岸沿いに繁茂する柳を水制工として利用し，実際の洪水に対する柳水制の現地試験結果について考察する．現地試験の目的は，実験室で明らかにできない事柄，つまり"樹木群水制が洪水流に対して流失せずに水制機能を発揮するのか"，"河岸被災等悪影響を及ぼさないのか"等について洪水ハイドログラフ，洪水前後の柳水制の状態調査や河岸・河床変動の測量結果，洪水時の航空写真を分析した平面流速分布等を用いて検討を行う．

(b) 樹木群水制の実験的検討 [37),38),42)]

湾曲部外岸に樹木群が繁茂している場合，樹木群に積極的に水制機能を与えた場合の流れ場と河床形状について検討する．

実験は表-A.5.5の条件で行った．樹木群水制の間隔 D と長さ L の比は，**図-5.77** に示す．Case1 では不透過水制が有効に働く間隔といわれている $D/L = 2.0$[39)] に近い $D/L = 2.4$，Case2 では河岸際に一様に残された樹木群の効果も考慮して，Case1 の水制間隔を3倍にした $D/L = 7.2$ に設定している．

河床形状が平衡状態になった後，河床を固定し，水位，河床形状，流速の測定を行っている．実験に用いた樹木群は，透過係数 $K = 0.38$ (m/s)，空隙率 91% のプラスチック製の多孔質体である．これは，河道内に繁茂している樹木群の流水に対する抵抗要素と同程度の抵抗を示すものであり，河道内にある樹木群と同様な特性があるとみなされるものである[2),3)]．

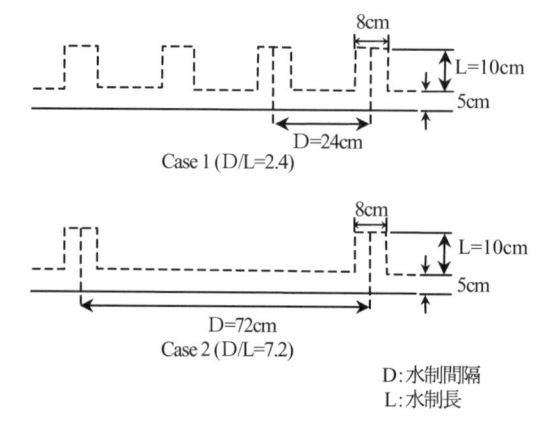

図-5.77 樹木群水制の配置 [37),42)]

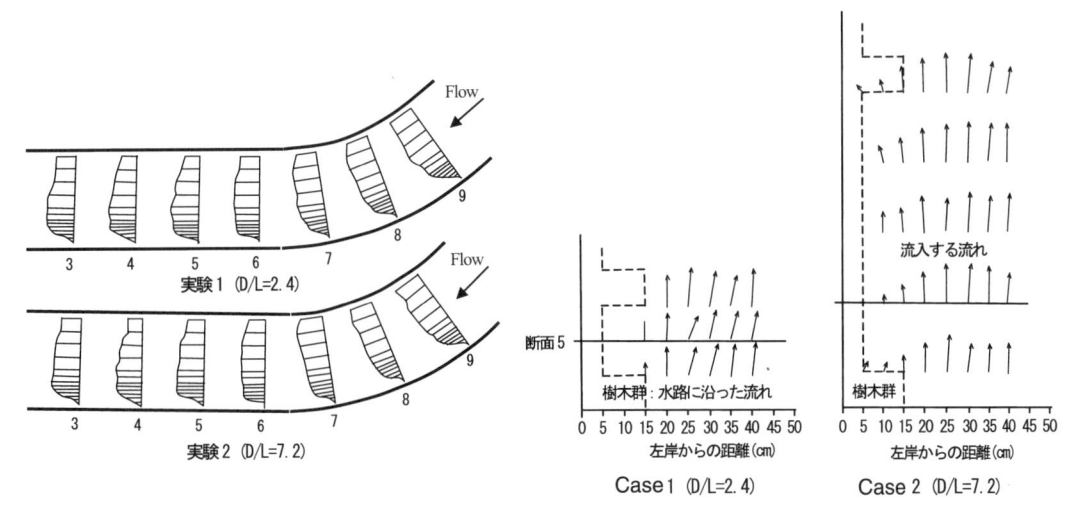

図-5.78 主流方向平均流速分布図 [37),42)]　　**図-5.79** 樹木群近傍の流速ベクトル図（断面5付近）[37),42)]

図-5.78 に主流方向平均流速分布図を示す．樹木群がない場合 [37)] と比較すると，両実験とも流速分布は一様化されている．これは，後述するように樹木群水制によって遠心力による二次流が弱められ，河床の横断勾配が緩くなったためである．

図-5.79 は，水衝部となる断面5の樹木群近傍の縦断方向の流速ベクトル図，**図-5.80** は，横断方向流速ベクトル図を示す．Case1 では，水制間隔が狭いため，水制間で弱い渦運動はみられるが，ほぼ死水域と考えてもよいほど小さい流速の領域になっている．また，水制前面に沿って強い流れが見られる．これらから，水制域と主流部の間に壁があるような状態となり，樹木群が一様にある場合に近い流れ場になっている．これに対し，Case2 では，水制間隔が大きいため，水制間に流入する流れが生じ，この流れが樹木群水制および一様に残された樹木群に直接あたることにより流れが弱められ，顕著な水制効果が現れている．横断方向流速ベクトル（二次流）は，両実験とも，樹木群により弱められ，河床洗掘が抑えられている．しかし，Case1 では間隔が狭いために樹木群が一様にある場合と同様の二次流が起こっており，Case2 では樹木群水制および一様に残された樹木群により主流が弱められ，二次流が抑制されている．この違いが，洗掘位置の違いとなっており，Case2 では洗掘位置が中央寄りになっている．

図-5.81 に河床変動コンター図を示す．Case1 では，樹木群先端に沿った流れによって縦断方向に洗掘がみられる．Case2 では，樹木群近傍に洗掘がみられるが，流下方向に短く，横断方向に広い洗掘となっている．これは，樹木群水制や一様に残された樹木群の減速効果である．以上より $D/L = 7.2$ の場合，水際の樹木群水制だけでなく，一様に残された樹木群も流れを弱める働きを見せるため，主流，二次流の抑制が大きくなり，河床変動が小さくなっていることから，樹木群水制は，従来の水制と比較して，水制間隔を大きくとることができ，主流や二次流を弱め，効果的に河床洗掘を抑えることができる．渡邊ら [42)]，河床変動を抑制する樹木群水制の配置法を検討するため，流れと河床変動のモデルをつくり，樹木群水制の実験結果の説明を試みている．

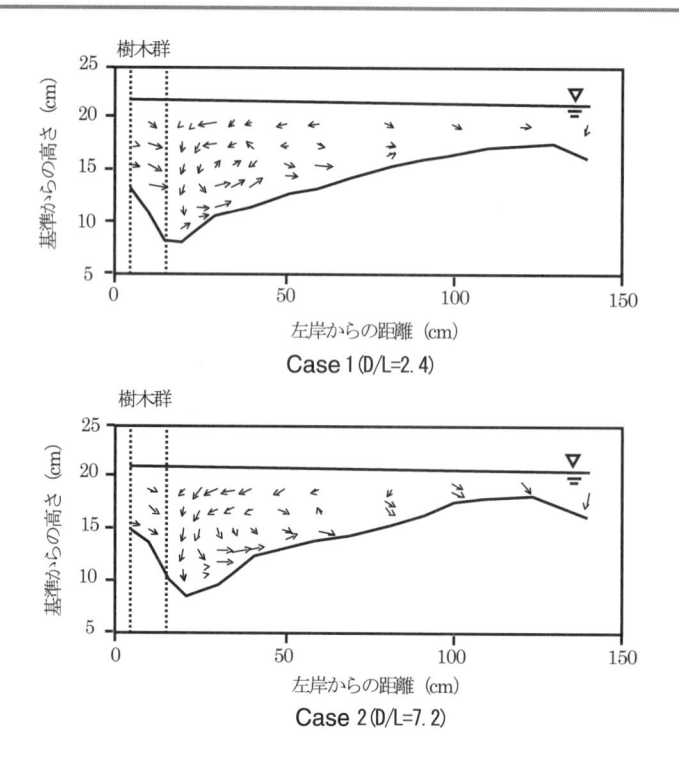

図-5.80 横断方向流速ベクトル図（断面5）[37),42)]

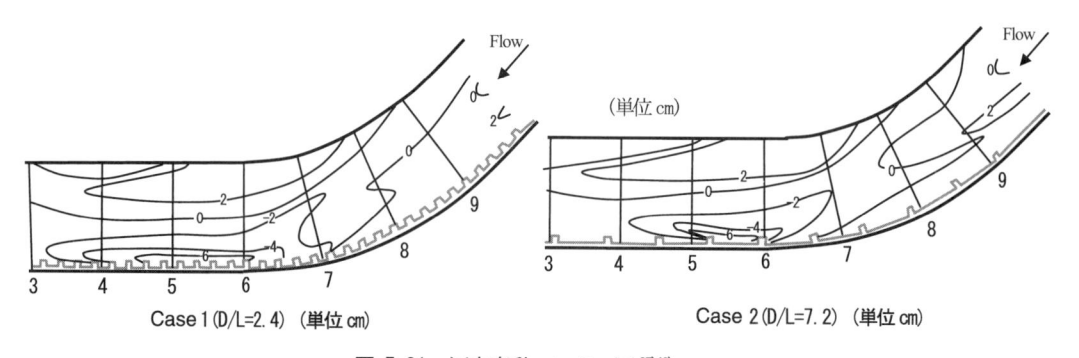

図-5.81 河床変動コンター図 [37),42)]

(c) 樹木群水制の現地試験 [40)]

　樹木群水制の試験施工場所は，米代川，最上川の2河川，3箇所である．試験工区は柳が高水敷上に広範囲に生えていること，ほぼ水衝部であること，流量・水位観測所が近くにあること等に留意し選定している．

　米代川の水制の試験工区，蟹沢地区は河口から39 km の左岸位置にあり，川幅650 m，河床勾配 1/1,600，河床材料 26 mm の複断面蛇行河道である．図-5.82 に試験施工区間の河道法線と柳水制の構造が示されている．試験区間の高水敷は広く，全体に高い樹木が生えている．このうち，水際の柳を幅20～30 m，奥行き30 m 程度の突起部として4箇所 (上流から第1，第2，第3，第4水制と呼ぶ) 残し，突起部と突起部の間の柳は大概0.5 m の高さに揃えられている．突起の間隔と長さの比は現地の柳の生育状況と (b) の実験結果を参考に上流から $D/L = 5.6, 3.2, 4.2$ に整形された．平成9年5月8日～9日に大きな出水があり，

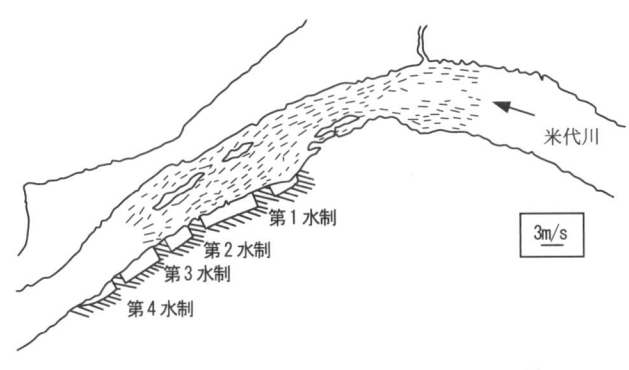

図-5.82 米代川柳水制と洪水流速ベクトル[40]

9日0時頃のピーク流量時には高水敷上水深が 6.3 m に達し，柳はその 84% が水面下に没した．**写真-5.14** は9日13時に撮影された航空写真で，このときの洪水位はピークよりも 3.0 m 以上低下していた．この時点の柳の水没は全体の 10% 程度である．図-5.82 の流速ベクトルは航空写真より測定されたものである．最大流速は低水路で 3.0 m/s，一方柳水制のまわりでは 1.0 m/s 程度まで低下している．洪水後の調査から次のことが明らかとなった．主流部では河床の洗掘，水制域では堆積が起こっている．全体的に見て柳水制前面河岸の洗掘のため水制先端で柳は低水路に向かって倒伏している．低水路河岸ラインに，ほぼ一致している第3水制先端は著しい侵食を受け，そこにあった数本の柳が流出した (**図-5.83**)．しかし，柳水制が洪水流にさらされている時間は 30 時間以上に及び，流速も十分大きかったにもかかわらず柳の損傷はそれほど大きくなく，水制としての役割を果たしている．柳水制が施工された最上川長井地区においても，米代川同様に厳しい洪水外力に対し水制として機能している．

このように柳水制は，きわめて厳しい流れによる侵食条件にさらされたにもかかわらず，ひと洪水に対しては，機能を発揮し得た．しかし，柳水制が，かなりの期間にわたって水際の保護工として有効なものとするには，柳水制前面の河床と河岸の洗掘軽減が必須の条件であることが明らかになった．特に，柳水制の設置場所の地盤高が高いと，柳水制の前面が容

写真-5.14 柳水制設置区間の洪水時航空写真[40]
(米代川，蟹沢地区，平成9年5月9日 13：00)

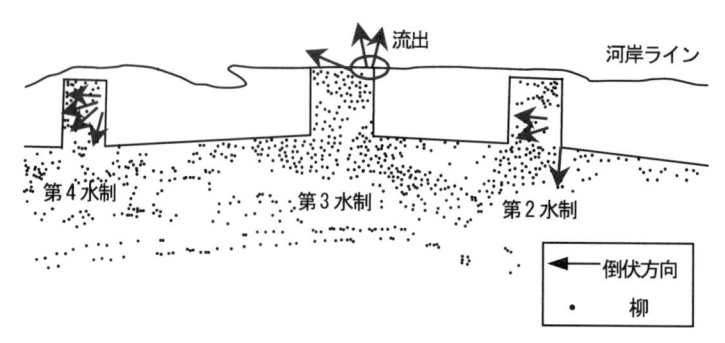

図-5.83 米代川柳水制の被災箇所[40]

易に侵食を受けることから地盤高は，低水路の河床高から 1 m 以内であることが必要である．また多自然型工法である柳水制との一体化を考慮すると，水制前面の洗掘軽減には，捨石等を根固め工として置くことが適当である．

これら現地施工された柳水制周りの流れの流速分布や河床変動の三次元数値解析が渡邊ら[41]によって行われ，現地観測結果と比較されている．このように，樹木群を利用した水制の治水機能を水理学的に評価[41],[42]することが行われるようになっている．

5.3 伝統的河川工法による水際環境づくり

わが国は，地形が急で急勾配の河川が多く，梅雨や台風時期の集中的な豪雨により，しばしば氾濫が起こるため，古来より種々の伝統的工法が用いられ洪水流の制御が行われてきた．

このような伝統的な河川工法として位置付けられる水害防備林 (水防林) および明治時代以来の護岸・水制について今日の河道形成に果たしてきた水理的役割を明確にし，さらにこれら伝統的河川工法の自然環境との関わりを整理し，これからの時代の新しい水防林・護岸・水制のあり方について述べる．

5.3.1 水防林の治水・環境機能

古くは，わが国の河川の多くにおいて，河道沿いに樹木を植え，水防林として洪水被害軽減に用いられてきた．水防林は通常，洪水流を低水路に集め，高水敷上の畑地や河川沿いの家屋を洪水の作用から保護するほかに，高水敷上の流速を低下させることにより，浮遊砂を畑地に堆積させ，豊かな耕作地をもたらすという機能がある．しかし，今日このような役割をもつ水防林は，堤防が造られていくとともに治水面での重要性が減じ，さらに河道内の洪水位を上昇させるなどのため，伐採される傾向が強くなっている．水防林のある河川の改修は，通常，新堤防は河道 (低水路) から堤内地側へ引いて造られることになる．その結果，でき上がった河道は，元来の流路 (低水路) と水防林を残した高水敷からなる．水防林は洪水時に高水敷上の流速を減じ田畑の被害を軽減する反面，流下面積の減少と抵抗をもたらすことから流下能力を減らし水位上昇を引き起こす．そのため堤防が完成すると，水防林の一部または全部が伐採され，伐採部分の低水路河岸は護岸化されることが多い．しかし，水防林はその規模や連続性，豊かな緑と生態系等から河川にとって重要な役割をもっている．この

ため治水機能を確保しながらできるだけ水防林を保全していくことが課題となっている．

このことに関連して平成9年の河川法改正により樹林帯は積極的に整備や管理を行うこととなった．これに伴い，「樹林帯制度」が設けられ，治水上，利水上の機能がある樹林帯は，河川管理施設として明確に位置付けられ樹林帯としての区域の指定および公示を講ずることになったことは，治水・利水・環境を総合的に考慮する川づくりにとって重要な意味をもつ[1]．

扇状地における農業用水の開発に伴う洪水氾濫防御の方法として，扇状地の扇頂付近に水防林をつくる方法が古くから行われてきた[43]．例えば，常願寺川では，佐々成政が殿様林と呼ばれるスギの水防林を造り，御勅使川扇状地では，武田信玄がマツ林の水防林を造った．また，笛吹川にも万力林等がある．しかし，水防林の水理面・環境面からの研究はその重要性にもかかわらず必ずしも多くはない．浜口ら[44]はわが国の水害防備林の実態調査を行い，現状と問題点の整理を行っている．福岡ら[45]は，水防林が治水上重要な役割を果たしている江の川を対象に洪水時における水防林の効果の評価，流れや河床変動に及ぼす影響，洪水対策による水防林の伐採，護岸化の影響について現地データに基づいて検討し，水防林のあり方について提言している．

本節では，治水上重要な役割を果たしている江の川の水防林を対象に水防林の洪水流，河床変動に及ぼす影響や水防林伐採に伴う護岸化の影響を調べ，水防林の保全のあり方を示す．

(a) 水防林が洪水流の流下に与える影響[45]

江の川における水防林は主に竹林から構成されており，河岸から段丘に沿って広く分布している(**写真-5.15**)．**図-5.84**は航空写真から水防林の位置を読み取ったもので，水防林は樹高10〜20 m，幅10〜50 m，延長は長いもので700 mにも及ぶものがある．竹林の直径は5 cm前後と細いものが多く，その密生度は30本/m^{2}である．検討対象区間は水防林の

写真-5.15 江の川水防林の航空写真
(国土交通省浜田河川国道事務所 提供)

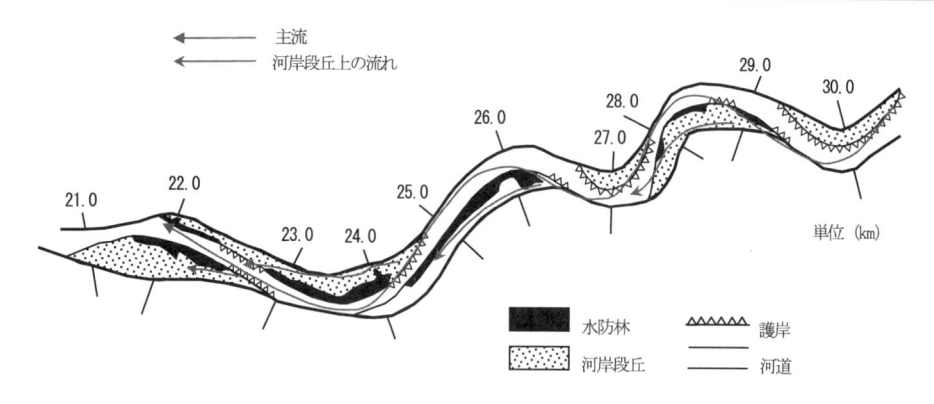

図-5.84 検討区間平面図と主流線図[45]

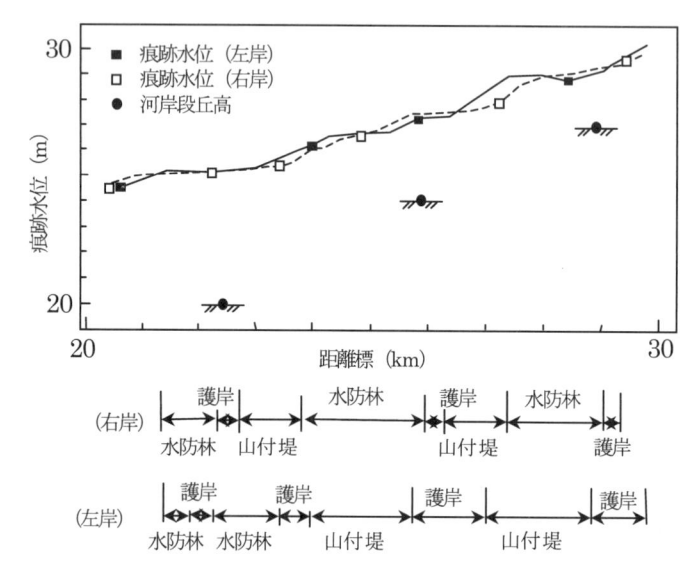

図-5.85 洪水痕跡縦断面図[45]

多い 20.0〜30.0 km 区間である．20.0〜24.0 km まではほぼ直線河道であり，それ以外の区間は典型的な蛇行河道を呈している．検討対象に用いた洪水は昭和 58 年 7 月の梅雨洪水で，川平地点 (9.0 km) において警戒水位 8.4 m をはるかに上回る水位 14.35 m，ピーク流量 7,500 (m^3/s) に達した．これは昭和 47 年 7 月の戦後最大洪水に続く 2 番目の洪水である．洪水航空写真のベクトル図を用いて表現した洪水時の主流線を図-5.84 に示す．洪水流が河道から河岸断丘に大きな流速で乗り上げている．洪水航空写真から得られた流速の平面分布，流速ベクトル，河床変動の測量成果を総合的に検討し，これに昭和 45 年，昭和 52 年，昭和 62 年の航空写真を用いて水防林が経年的にどのように変化したか，水防林に替えて堤防と河岸の護岸を施工したことが洪水流にどのような影響を及ぼしたか等を検討し，水防林の特性とその治水効果を示す．

昭和 58 年洪水の痕跡水位の縦断形を**図-5.85** に示す．この図には河岸段丘高，護岸施工箇所も示している．河道の湾曲や急拡，急縮の影響が含まれてはいるが，水防林が存在する区間では，水防林がもたらす抵抗により洪水位のせき上げが顕著に見られる．これにより，水防林を伐採し護岸化することは，洪水位を減ずるのに効果的であることが確認される．

次に，各区間について，水防林や護岸の位置と洪水流，河床変動の関係を検討する．

① 30.0～27.0 km の蛇行河道区間

29.3 km より上流右岸には護岸が施工されている．29.1 km より下流左岸には，水防林が存在している．何も示されていない区間は山付堤である．図-5.86 を見ると，この区間右岸河岸段丘の流速は 1.2～1.6 m/s と左岸河岸段丘上の流速 (1.2 m/s 以下) よりも大きくなっている．これは左岸高水敷には水防林が存在し，河道から河岸段丘上への洪水流の流入が抑えられているのに対して，右岸河岸は護岸化されているため，ここより河岸段丘に早い流れが乗り上げ，大きな流速が発生している．28.6 km 付近左岸河岸段丘上には，一部流速が 1.2～2.8 m/s と大きくなっている場所が存在する．これは水防林が段丘上への流れを 2 つに分ける壁の役割をしたこと，左岸の護岸を乗り越えてきた流れが，河道法線形の影響を受けて水防林の裏側に集中したためである．図-5.87 は，洪水前後の侵食堆積状況を示す．29.0 km 下流の左岸の水防林前面の河道には大きな侵食が見られる．これは図-5.84 の主流図から明らかなように，水防林の前面に流れが集中するためであり，ここでの侵食深は 2 m にも及んでいる．28.8k 付近の左岸では水防林が不連続となり，護岸が施工されている．

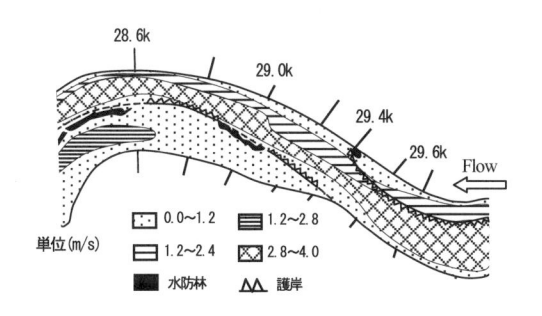

図-5.86　洪水流速平面分布[45]

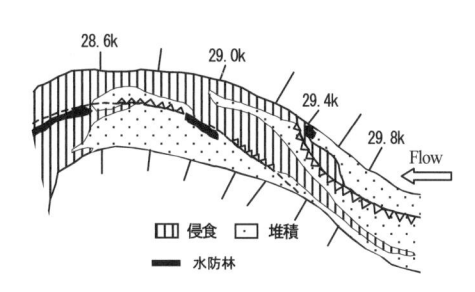

図-5.87　侵食・堆積平面分布[45]

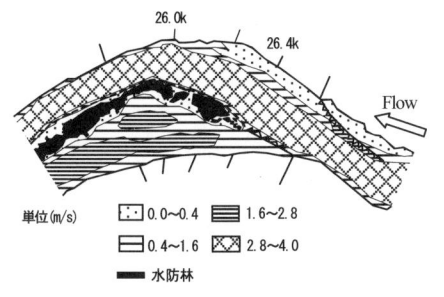

図-5.88　洪水流速平面分布[45]

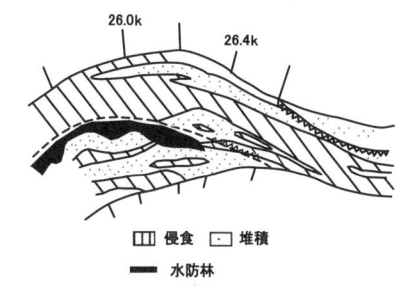

図-5.89　侵食・堆積平面分布[45]

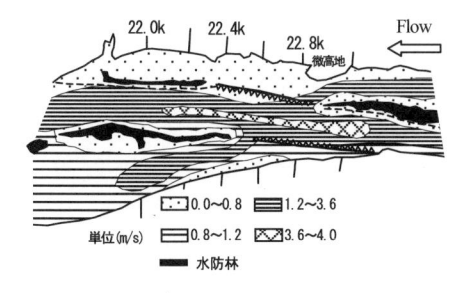

図-5.90　洪水流速平面分布[45]

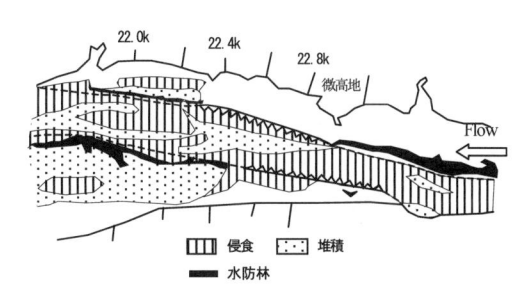

図-5.91　侵食・堆積平面分布[45]

29.2〜28.8 km にかけては主流が河道の左岸沿いに走るため，(図-5.84)28.8 km 付近の左岸側に速い流れが現れる．この速い流れが護岸の施工により河岸段丘へ流入し，28.6k より下流の河岸段丘上の侵食をもたらしている (図-5.87).

② **27.0〜24.0 km の蛇行河道区間**

この区間は 30.0〜27.0 km 区間と同様，典型的な蛇行河道を呈している．26.6 km より上流右岸には護岸が施工されている．また，26.4 km より下流左岸の河岸段丘上には，水防林が存在している．河岸に護岸を施工した 26.6 km より上流右岸の高水敷上に洪水流が流速 1.6〜2.8 m/s で直接乗り上げている (図-5.84，図-5.88)．一方，水防林が存在する 26.4 km より下流の左岸河岸段丘上では，水防林のすぐ背後の領域で流速が 0.4 m/s 以下となり水防林が流速を著しく減じている．26.3 km より下流左岸河岸段丘上の流速が 1.2〜2.8 m/s と大きくなっているのは，その直上流の護岸部分から洪水が流れ込んできているためである．そこでは，河岸段丘上で侵食が生じている (**図-5.89**).

③ **24.0〜21.0 km の直線河道区間**

この区間は直線河道である．水防林は連続したものではなく，途中 23.0〜22.4 km 区間では両岸の水防林が伐採され，これに替わって護岸が施工されている．**図-5.90** に示すように，23.0〜22.0 km では，流速の大きな流れが左岸寄りに走っている．これは 23.0 km より上流の蛇行している河道の法線形のため，その上流で，左岸寄りに主流部が走り，直線河道に入ってそのまま左岸寄りに流れるためである．護岸が施工されている 23.0〜22.4 km 区間では，河道と河岸段丘間で活発な洪水流の出入りが洪水時に撮られた航空写真で見られる．この区間右岸の河岸段丘上では流れは微高地と水防林の間を流れ，1.2〜3.6 m/s と大きな流速をもって河道へ流出している．この区間の左岸寄りの主流部の存在と水防林と護岸の相対的な位置関係のために，水防林の直上流より 1.2〜3.6 m/s の高流速が河岸段丘上に乗り上げ (図-5.90)，この区間の高水敷上では洪水流の流入に伴う侵食が生じている (**図-5.91**).

(b) 水防林の水制的・導流堤的役割 [45]

江の川には水防林を水制として利用してきた場所がいくつか存在する．**図-5.92** に示すように 24.2 km 右岸の水防林は河道横断方向に延び，高水敷上の流速の低減がはかられている．このような場所は，対象区間中数多く見られ，いずれも河道に直角方向に延び，河岸段丘上の耕作地を取り囲む形態をとっている．図-5.92 の流速分布を見ると，24.8〜24.2 km 右岸河岸段丘上に流速 2.4〜3.6 m/s で洪水流が乗り上げているが，24.2 km の横断方向に延びた水防林によって下流の流速が大きくても 1 m/s 程度減少している．このことにより，洪水流速の低減を狙いとした水防林の水制効果が確認される．図-5.86，5.88，5.90 を見ると水防林背後の河岸段丘上では流速は大きくても 0.8 m/s に抑えられている．一方水防林を一部伐採し護岸化すると，そこでの流速が増大する．このため水防林が断続的に分布している場合，または一部護岸化された場合は，水防林の導流作用を失い，そこから，高水敷に早い流れが流入してくる．水防林を一部横断方向に残して，その前面に護岸が施工されている箇所も見受けられるが (図-5.92 の 23.2 km 付近)，この護岸前面の流速は水防林の粗度としての抵抗が効き，水防林のみの場合とほとんど変わらない．したがって，河岸侵食から段丘上の耕作地等を守ることが必要な場合は，水防林によりもたらされる洪水位のせき上げに

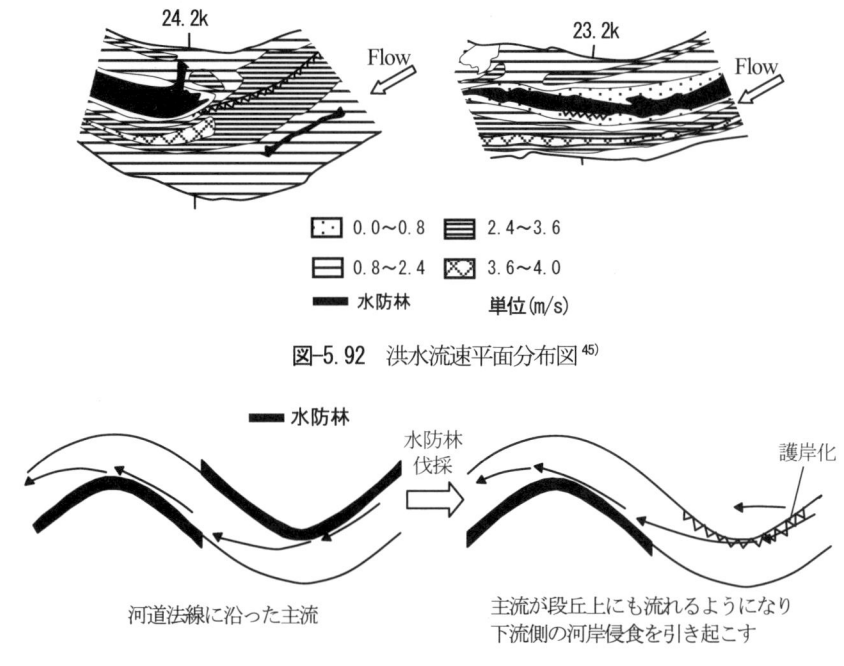

凡例:
- 0.0〜0.8
- 0.8〜2.4
- 2.4〜3.6
- 3.6〜4.0
- 水防林

単位(m/s)

図-5.92 洪水流速平面分布図[45]

図-5.93 水防林伐採が洪水の流れ方に与える影響[45]

十分注意しながら可能な範囲で水防林をある幅をもたせて残し，水防林の前面に護岸を施工するなどして工夫をすれば治水上も環境上も望ましい効果をあげることになる．

治水上の理由から水防林の延長は除々に減少し，堤防と護岸に代わっている．河岸の護岸化は，**5.3.1(a)**で示したように洪水位のせき上げを解消し，河川の治水安全度を高めているが，一方で大規模洪水時において，段丘上の流速を増大させる．**図-5.93**に示すように，上流側右岸に存在した水防林が伐採されると，水防林が有していた導流作用が失われ，洪水流が上流側で河岸段丘上に乗り上げ，下流対岸に向かう流れを発生させ，下流側の河岸および河床の洗掘をもたらす．水防林の伐採は水あたり箇所を移動させ，下流の河岸の侵食を招く．そこに水防林がある場合にはその部分が侵食され水防林が流失してしまうことがある．このためさらに被災部分が護岸化され，このプロセスが繰り返されることにより，水防林が次第に護岸に替わっていくことが多い．

(c) 低水路沿い水防林の伐採，護岸化が洪水流の流下に与える影響[46]

前述のように治水上問題のある区間では洪水時の水位を低下させるため，水防林を一部または全部伐採し，そこに人工的な護岸を建設してきた経緯がある．しかし，複断面蛇行河道では洪水時の最大流速位置が河道の線形と相対水深により規定され[33]，護岸化する位置によっては，流速の増大を招き，護岸と水防林の境界にある水防林を被災させる．本節では，**(b)**で示した水防林を一部伐採し護岸化したときの流れの変化とそれによって生ずる問題点を実験的に検討する．水防林は河道の平面形に対し種々の繁茂形態，空間的分布と拡がりで存在するが，ここでは最も一般的な形態である複断面蛇行水路の低水路河岸に沿って存在する場合を考える．

実験水路は水路長 22.5 m，全水路幅 2.2 m，勾配 1/600 の可変勾配水路の中に幅 0.5 m の低水路を，$sine\ curve$（最大偏角 45°）で蛇行させた平坦固定床の複断面蛇行水路である

(蛇行度 1.17). 低水路河岸沿いに幅 3 cm の水防林模型と水防林が存在しない低水路河岸には護岸を配置している. 護岸は低水路流れと高水敷流れの交換が顕著な変曲断面付近に配置され, その長さは約 0.7 m である. 水防林模型は, 実河川における樹木群の透過係数の値に近いプラスチック製の超多孔質体 (空隙率 91%, $K_m = 0.47$ m/s) を使用する[4]. 水防林は, 実験 2 では断続的な配置としている.

護岸化を想定した場所は, その影響が最も大きい蛇行低水路の水あたり部 (低水路流れが集中して高水敷へ出ていく区間) と高水敷からの水流が集中して低水路へ流入する区間に選んでいる. 護岸の構造は, 布袋に砂利を詰めた円筒状のものを高水敷の高さと一致させて設置している.

断続的に水防林を設置した実験の高水敷高さより上層, 下層の平均流速を図-5.94(a), (b) に示す. 高水敷上の太ベクトルは, 高水敷の各断面の最大流速のベクトルである. 断面 No.3 から断面 No.7 では左岸側に水防林が存在し右岸側は護岸を設置している. 水防林のある低水路左岸近傍は, 水防林連続配置と同様, きわめて流速が遅い状態となる. 一方, 断面 No.3 から断面 No.7 の領域では, 低水路右岸側に護岸を設置したことにより, 低水路流れが高水敷上へ滑らかに流出し, 主流部が右岸側に寄る. そのため, 護岸直下の水防林は, 非常に速い流速にさらされることになる. これは, 護岸直下流の水防林を倒伏させ, 流失させる危険性を示唆するものである. 倒伏, 流失した水防林箇所は護岸化され, 最終的には, 多くの水防林が護岸化されることにつながる可能性がある.

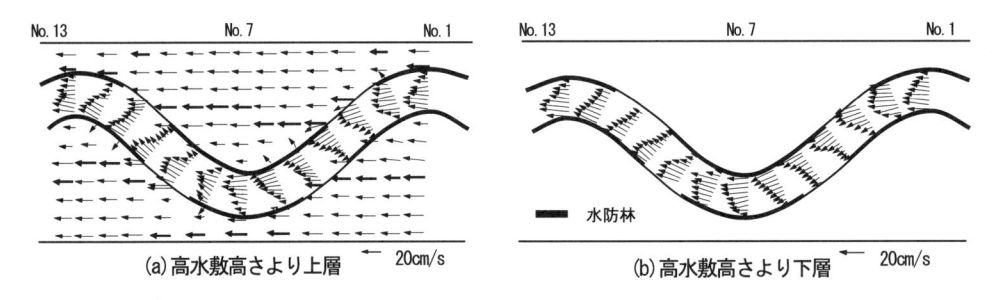

図-5.94 断続的に配置された水防林のある流れの水深平均ベクトル[46]

左岸側は護岸, 右岸側には水防林が存在する断面 No.7 から断面 No.11 では, 低水路左岸に護岸が設置されていることにより高水敷流れがここから減速せずに低水路内に流入し低水路流れは流下方向に加速され右岸側に寄る. しかし, 右岸には水防林があるため, 右岸に寄った低水路流れは高水敷への流出が阻害され, 右岸付近では低水路沿いに流れる.

この領域では, 低水路流れが高水敷流れにより加速されるため低水路内の流速差は小さくなる.

低水路内の最大流速発生位置をみると, 本実験の水防林断続配置では, 変曲点付近での高水敷流れの流入および低水路流れの流出の影響により, 最大曲率内岸に寄った流れは速い段階で次の最大曲率内岸へすりつく. このため, 水防林連続配置と比べ水衝部が上流側へ移動する.

高水敷流れの最大流速の発生位置は, 低水路流れが集中して高水敷へ出ていく区間 (断面 No.3〜No.10) で護岸を設置したことにより, その領域では低水路振幅内に最大流速が現れ,

堤防付近の流速は連続配置に比べ抑えられる．また，遅い高水敷流れは最大曲率内岸付近に限られる．最大曲率断面あたりの外岸では，水防林連続配置と同様に堤防近くで最大流速を示す．

水位コンターを**図-5.95**に示す．水防林のある箇所では，低水路と高水敷の流れの交換が鈍いため低水路と高水敷の間で水位差がつき，コンター線が不連続的になっている．護岸を設置した箇所では，低水路と高水敷で流れの交換がスムーズに行われることにより低水路と高水敷の間で水位差がつかず，コンター線が連続している．また，断面 No.7 の低水路右岸と断面 No.19 の低水路左岸ではコンターの間隔が極端に狭まっている．断面 No.7 の低水路右岸と断面 No.19 の低水路左岸は，水防林と護岸の境目にあたり，護岸により主流が内岸側に寄る位置でもある．そのため，速い流れが護岸直下の水防林にあたり水位が急に上昇することになる．

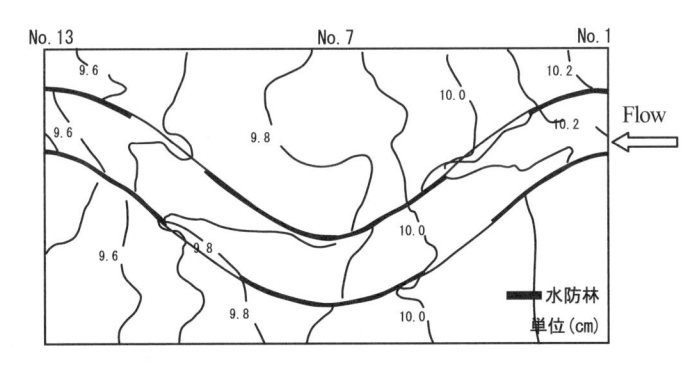

図-5.95 断続的に配置された水防林のある流れの水位コンター[46]

5.3.2 利根川における伝統的河川工法の今日的役割 [47],[48]

(a) 明治時代以降の護岸・水制

(1) 低水工事と護岸・水制

明治時代の当初は大量の物資輸送の手段として舟運は重要な役目を果たしており，舟運路としての河川整備が急がれ，国の直轄事業として工事が進められた．高水対策は地方が進めるものとされ，災害の復旧が主な仕事であった．

明治 16 年 (1883 年) の迅速図によれば，水制は 6 基であるが，明治 42 年 (1909 年) の利根川第三期改修計画図では**図-5.96**，**図-5.97**に示すように低水路幅を一定に保ち，緩い曲線状にしつつ対岸の影響を少なくするために左右岸から相対させ設置している．川俣 (151 km)～取手町 (85 km) 間では 332 本の長大な水制があり，その幹部の総延長は 13,680 間 (24.9 km)，流頭部の延長は 15,072 間 (27.4 km) で，流路延長の 42% にも達するものであった[49],[50]．

舟運路確保のため導入された工法は，オランダ人技師の指導により設置された**写真-5.16**の「ケレップ水制」であり，わが国が従来から施工した杭出，石出，聖牛などの水制工法と違い沈床または単床の上部に敷粗朶を施工し砂利や栗石を中詰に弧状に割石，玉石で張り上げた長大な水制であった (**図-5.98**)．施工高さは低水位程度とし洪水時には上面を越流する不透過水制である．「ケレップ水制」は，河道内に小堤を作るようなものであり，低水路幅

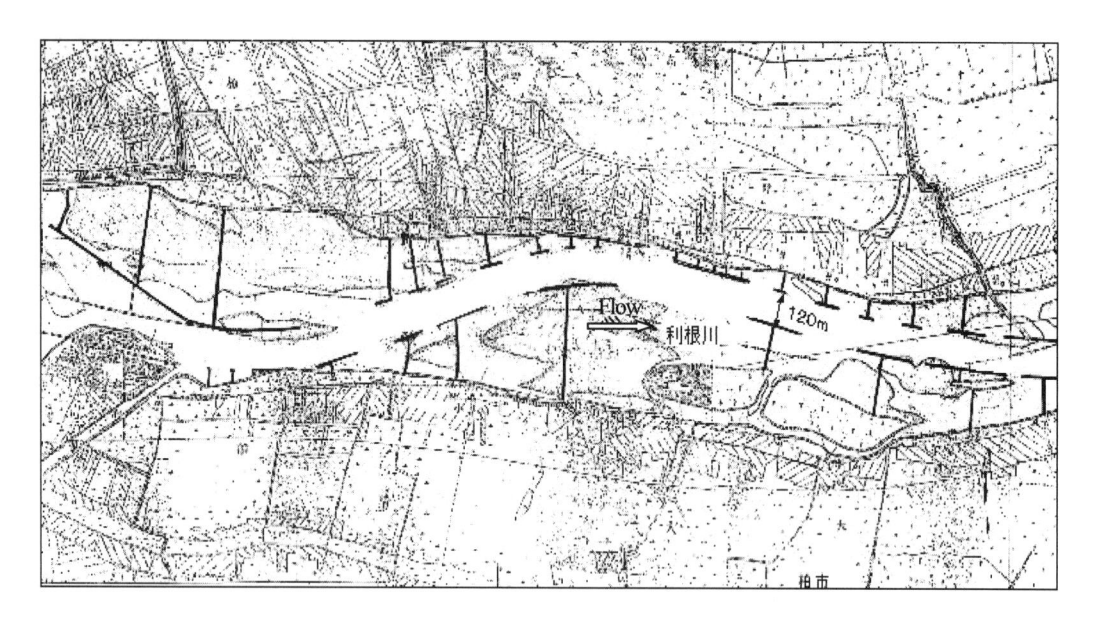

380　第5章　河道水際設計のための水理学

図-5.96　ケレップ水制設置状況図（明治42年利根川改修計画図）[47]

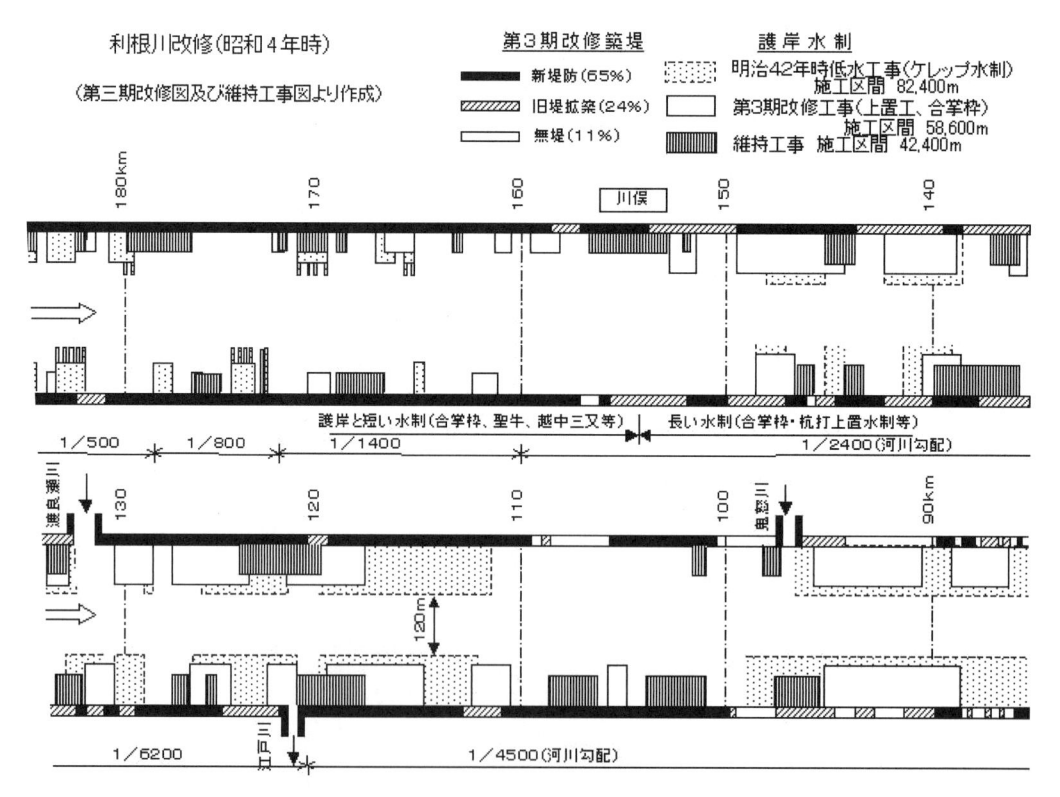

図-5.97　水制設置状況（昭和4年まで）[47]

写真-5.16 幹部ケレップ水制・流頭部杭打上置工の水制[47]

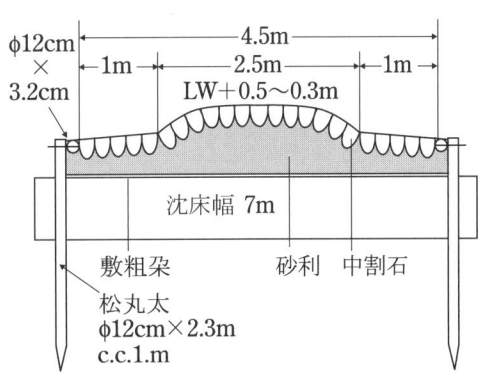

図-5.98 ケレップ水制[47]

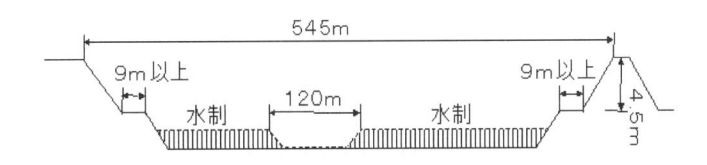

図-5.99 改修標準横断図[47]

を120 m幅に狭め，低水時でも水深は4尺(1.2 m)確保するものであった(**図-5.99**)．

(2) 高水工事と護岸・水制

利根川では，明治29年(1896)の大洪水以降，高水対策の重要性が認識され，明治33年(1900)から佐原より下流の改修が開始され，取手まで施工中であったが明治43年(1910)の大洪水は未曾有の大水害を引き起こした．これを契機に改修計画が見直され取手より上流部も早期改修の要望がなされた．この計画では，利根川の治水の要であった上流部の中条堤(霞堤の遊水機能)を廃し，上流部から連続堤防による洪水処理計画となり，その河道の流下能力5,570 m^3/sとするものであった．その結果，図-5.97に示すように全川で河道拡幅が行われ新堤防が全川の65%，旧堤拡幅24%，無堤(高台，山付)11%となった[50]．このため，旧川締切や新たに水衝部となる所が多く生じ，護岸が施工された．低水路は従前から舟運路として整備，利用されており，その後も舟運の必要性から，従前の水制を生かし，その補強や新たに必要になった箇所に水制が設置された．これによって乱流を防止し良好な航路が確保された．なお，従来から施工された施設もその後の洪水等により被災を受け維持，補修が行われたが，その設置数量の増大により水制は安価で安定したものが求められた．そのため，透過性がよく土砂の堆積効果も良い「杭打上置工」(**図-5.100**)が開発された．これは，張石をやめて沈床に杭を2.5～3 m間隔に2列に打ち，その中に割石や玉石を詰めるものであった．これにより水制の上を越流する水流の流速が減少するため，対岸への影響や先端の深堀れも少なく水制自体の安全が確保されると共に上下流の土砂堆積も多くなった．また，施工工期も短縮され，大正12年(1923)の関東大震災の復旧では短期間での復旧が可能でとなった．流域に火山地帯をもち流出土砂の多い利根川では，特に杭打水制や合掌枠は

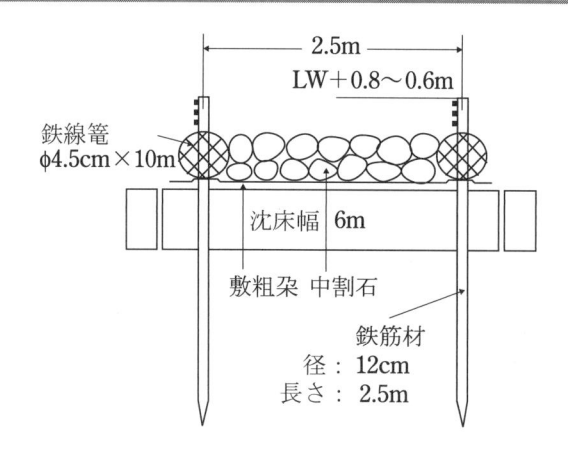

図-5.100 杭打上置工[47]

土砂堆積も良好で舟運路としての低水路の安全確保に役立った.

また，河岸保護のために現地に自然に生える柳を使った「柳枝工」「柳蛇籠工」「挿柳」などの工法が簡易で工費も安価にでき効果は顕著であり多くの箇所で行われた．

(3) 戦後の護岸・水制

戦後の昭和22年(1947)のカスリーン台風では，利根川は破堤など大災害を被り，計画高水流量が見直され，当初計画の3倍の17,000 m³/s に改定された．カスリーン台風では，上流部で行った柳枝工，柳蛇籠等は流出し，多くの護岸，水制が破壊した．このため，根固め水制と**写真-5.17**のコンクリートパイルによる長さ15〜20 m の杭打ち水制が多数設置された．また，大規模な引堤や河道掘削が行われ，これにより，明治から設置された長大なケレップ水制の一部は撤去され，低水路幅が200〜350 m に拡幅された．このとき，低水路線形は従来の線形を踏襲した．

写真-5.17 コンクリートパイルによる杭打ち水制[47]

川俣地先より下流部の長大な水制は，延長50〜100 m に短縮され重蛇籠で杭脚部を保護するなどの改良を行った．これにより高水敷が確保され，現在水制間の河岸には柳などの植生が繁茂し，多様な環境を確保しつつ安定している．

これらの工法も熟練工や材料の石が不足するようになり，昭和40年代よりコンクリートブロックによる水制が施工され，多くの箇所で使用されるようになった．その構造は，間知

形，平形とさまざまなものが開発されたが総じて平坦な法面となり流速を早めることが少なくなかった．また，生態系にとって重要な水辺を単調化し，水面と陸部を分断してしまった．根固め工も現場で使用目的に合った形状や重量が選定できる異形コンクリートブロックが制作されるようになり，深掘箇所なども大型クレーンの発達で機械化施工が可能になったため，従来の杭打ち水制等の施工は行われなくなった．

(b) 利根川河道の形成に果たした水制の役割

(1) 河道横断形の形成と水制

利根川の 160 km から上流は，扇状地河川で，河床勾配は 1/500〜1/400，流速が大きく，河床材料は玉石または砂利である．主流の変動が著しく，安定した低水路は定まっていないため堤防およびその前面には護岸，根固め，水制が設置されている．この地区では，洪水による上流よりの土砂流出等により，水制が埋没し，2 m から 0.5 m 程度の土砂が堆積している．

160 km から下流の取手市までは，河床勾配 1/1,400〜1/4,500，河床材料は砂質であり，安定な低水路が形成されている．当該区間の 7 割[47]は，明治時代から設置された水制などによって高水敷が確保されてきている．

水制設置による土砂の堆積過程を利根川 117〜126 km 区間で見ることにする．明治 42 年の利根川第三期改修計画の図面には，すでに長い水制が記載されている．これは，それ以前の低水工事時に施工されたものと思われる．その後，昭和 30 年代，旧水制を補強するように堤防に直角に長さ 60〜80 m の杭打水制が施工された．昭和 35 年 (1960) 時点の航空写真では，水制間には水面が見られるだけで高水敷は形成されていないようである．**図-5.101** に見られるように，昭和 41 年 (1966) の航空写真では隣り合う水制間の上下流側から発達してきた堆積土砂により水制間にワンド状の池ができている．その後土砂の堆積は低水路側と堤防側の両方に向かって拡がり，昭和 49 年 (1974) には水制領域のほぼ全幅が高水敷状となっていて，水制間の水辺は凹形の円弧状の河岸線となっている．

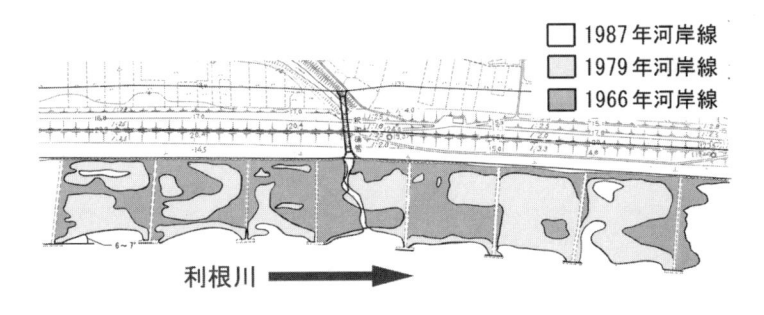

図-5.101 124km 付近左岸の河岸線の変遷[48]

昭和 35 年 (1960) 以降，低水路では河床低下が起こり，平水位も低下した．このため，堆積部と低水路河床高の段差が大きくなり，低水路からの浮遊砂が段差の上段の水制域に流送され，これにより，高水敷の成長はさらに助長され，そこに植生が侵入してくるようになった[51]〜[53]．高水敷への植生繁茂は，土砂の堆積環境にも影響し，洪水中の細粒分が堆積可能な環境が形成され，河岸周辺は**図-5.102** に示すように自然堤防状に変化していき，現在の高水敷の形成と低水路河道の安定化が図られてきている．また，明治から設置された一部

の長大な水制は，杭が流出してしまっているが，**写真-5.18** に示すように河床に設置された粗朶や玉石は残り現在でも石の塊の不透過水制状になり機能している．これらは，河床低下を軽減しつつなだらかな河岸を形成し，水制の周囲に土砂が付き，ワンド，干潟など多様性に富んだ水辺を形成している(**写真-5.19**).

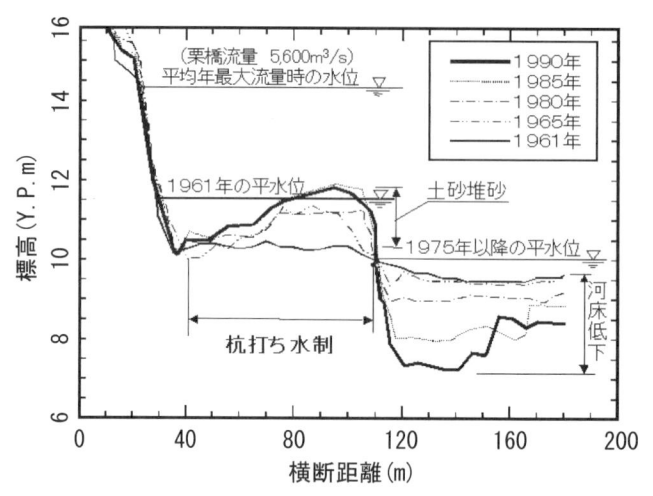

図-5.102 河床低下に伴う横断形状変化(利根川 124.0 km)[47]

写真-5.18 旧水制の詰石が水制状に機能し，上下流の土砂堆積などによって変化に富んだ水辺の状況(134 km)(2001.2)[48]

写真-5.19 旧水制により変化に富んだ水辺状況 (134 km)[48]

写真-5.20 旧水制や沈床詰石及び粗朶による河岸保護の状況(2001.3)[48]

根固め工として設置された沈床，蛇籠なども河床低下で浮き上がり洗掘や崩壊している所もあるが，これらも河岸先に捨石状になり河床洗掘，河岸侵食防止の機能を確保すると共に多孔質な河岸を作り穴居性生物等の生息空間をも形成している (**写真-5.20**)．捨石のように残っている旧水制や沈床の詰石は，20〜40 cm 程度の大きさである．これに対して利根川の洪水最大流速は 4〜5 m/s 程度になるが，河岸沿いはこれより遅い．石の大きさと移動限界流速の関係を示す米国工兵隊の評価式では[54]，粒径 25〜45 cm 以上あれば流速 3〜4 m/s 程度まで耐えられることになり，河岸を守り高水敷の安定化に寄与している．

水制による高水敷形成が，どのような効果をもたらしているかを把握するため，昭和 56 年 (1981 年)8 月の 15 号洪水 (6,790 m^3/s) について左岸 119 km 付近で調査を行った．昭和 56 年 (1981 年) に水制が確認できたのは水際付近と堤防寄りである．水際線から 3〜20 m は，水制杭が埋没する程度の自然堤防が形成されている．**図-5.103** の水制配置が示すように，水制幹部は 2 列，頭部は 3 列である．自然堤防より堤防側の水制は灌木および雑木等 (高さ 2 m) で覆われているが，杭頭は地盤高よりおおむね 0.3〜1.0 m 高くなっている．水制域に堆積した土砂の平均粒径は，図-5.103 に示すように自然堤防，低水域，水制域の順に大きい．

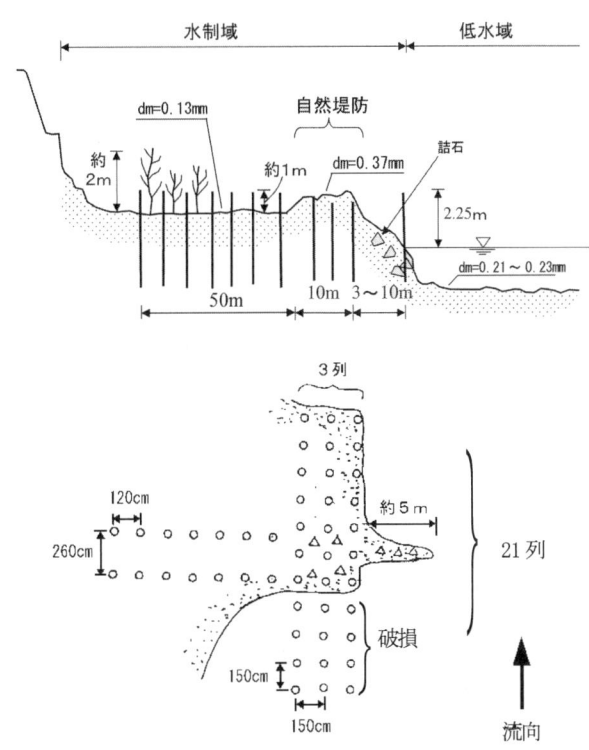

図-5.103 118 km の水制域横断形と水制配置状況[48]

断面を横断方向に水制域，低水域，右岸高水敷に 3 分割し，各領域の平均流速および平均水深に対応する $Manning$ の粗度係数 n を求めた．水制域では最大水深 5.12 m で流速 0.4 m/s，粗度係数 0.105 で，粗度係数は，低水域の約 5〜6 倍，右岸高水域 (採草地) より約 3〜4 倍の値を示している (**図-5.104**)．水制域の流速減少が著しいのは，水制域に生えた灌木等の影響もある[52]．

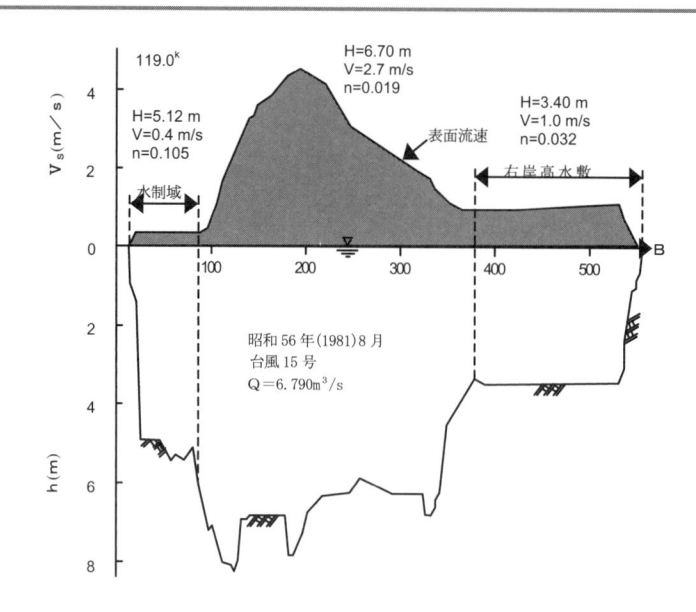

図-5.104 119 km の表面流速と水深の関係 [48]

(2) 水辺環境の形成と水制

利根川水制は，昭和 30 年代より 3～4 m の河床低下で浮き上がり，先端部は流出したものが多い．しかし，土砂の堆積と一体となり侵食に耐えると共に，水制間の河岸線上には，柳などが繁茂して，護岸などの特定な施設がなくてもほぼ安定した河岸を形成している．

しかし，水制の周辺は，流速が増大するため，局所的に深掘れが生じる．現在は，基礎部の粗朶沈床や詰石により深掘れを防いでいるが補強が必要な状況となっており，景観を損なわない効果的な対策法の検討が必要である．

水辺は，動植物の生息，生育の場であり，多様な環境を確保し生態系豊かなものとする必要がある．そのためには，水辺の環境を多様化し多くの動植物のハビダットを確保してやることが重要である．河川の自然環境の最大の特徴は，流れがあることで，この流量，流速は地形，河床勾配や河道形状などの状況によって変化している．この水の流れの作用によって，蛇行や流れが速く水深が浅い「瀬」，水の流れが遅く水深の深い「淵」の形成ができ，河床の変化などさまざまな形状的な特性が生まれてくる．萱場ら [55] が明らかにしているように，このような河床の変化は，水制のような構造物でもつくることが可能で水辺に多様な変化を与えることができる．水制周辺には静水域やワンドが形成され魚類の産卵場で遊泳力の小さい小魚の生息空間が確保され，洪水時には流速が弱められ水制の下流は，魚類の避難場所ともなる．利根川でも多くの場所で，それらは確認することができる．

また，水制により保護されている河岸には多くの植物は生育している．これらの植生は，昆虫，野鳥，魚類の棲息環境を構成するほか親水性，景観など，その自然環境に大きく影響するもので河川にとって重要な要素であるとともに治水上も重要な働きをしている．河川の高水敷・河岸の樹木は洪水中の流水に抵抗し流速を低減し堤防や高水敷を保護している．河岸などは食物，特に柳は水辺に育ち根張りが良く流水に対する抵抗が強く，洪水時の河岸周辺の流速をおとし，根張りとともに土砂の流出を防ぎ河岸を保全すると共に水裏部には，むしろ土砂の堆積が促される [36]～[42]．ヨシ・オギなどは，長い根付き，根茎からも増殖す

るので河道形状が変化しやすい水際でも,環境の変化に応じ生育し群落を形成する.このため,洪水時の流水に対しては,しっかりした地下の根張りと地上部は流れに対して群落で増水によりしなやかに下流に倒れ河岸や高水敷を覆って保全し,減水と共に速やかに元に戻る自然の護岸の役目をし[12)～14)],河岸の侵食時などもヨシ・オギなどの地下茎と土壌からなるヒサシ状部分で侵食の抑制もしている[20)～28)].

近年 10,000 m³/s 規模の洪水に対しても水制とともに柳などの植物で河岸は保護されているのが確認できる.また,柳などは,河畔林となり日射を遮断し影を作り水温変動を低減することや水生生物の餌となる落ち葉,陸生昆虫を提供するといった機能を有している[56)].平成6年撮影の航空写真などで河岸の植生を確認すると,利根川全川の5割の水辺は帯状の柳となっていて,護岸等のコンクリート構造物が延長の1割以下の7 km 程度である.その他は,オギ・ヨシ群落が4割の水辺河岸となっている (**図-5.105**).特に,117～126 km 区間のように,カスリーン洪水以降に水制により高水敷化した箇所は,河岸から高水敷まで高木柳が生え,コンクリート護岸,根固め工上に土砂が堆積した箇所には帯状の低木柳が生えている.

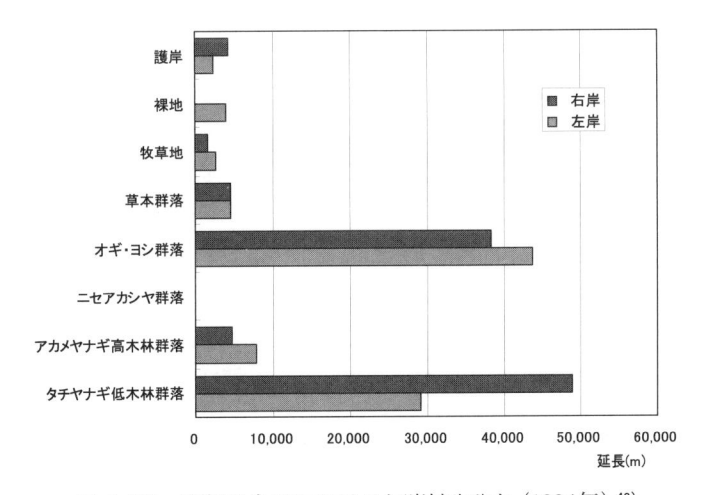

図-5.105 利根川全川における河岸植生分布(1994年)[48)]

広大で自然に形成されたように見える利根川ではあるが,現在のような低水路の形状になったのは,長い年月にわたり機能してきた水制等による土砂の堆積や河岸の保護の結果であり,河道の変化により,水制や木工沈床などが崩壊しても,詰石が捨石状になり安定して河岸保護しているのは水中の基盤にある粗朶沈床が機能して基盤の洗掘を防止し,石の安定が図られているためであることも確認できた.また,河川内の長大な水制の杭もほとんどなくなっているが詰石や粗朶は,その場に残り土砂が溜まり固定化され河床低下によって再び浮き上がり低い石の塊となり非越流型の水刎水制と同様な機能となっている.これらの構造は多孔質の空間やワンドの形成などにより多様な水辺環境を形成している.

水制は,単一の河状にならないことや水面と陸部を分断することなく多様な水辺を形成し,水位変化時に対しても多様な環境を創出することができる.特に利根川においてセグメント2の河道特性をもった区域では,杭打水制などは土砂の堆積や河床低下などの河道の変化にも応じて,一部施設は崩壊しても長い年月にわたり,その機能を確保し自然環境になじむものである.自然環境と調和した河岸の保全に水制や植生の組み合わせなどは有効な手法

であることが確認できた．このことより，長期的に見た環境豊かで安全な川づくりのために我々の先輩が行ってきた水制等施工例から今後の川づくりを今一度学ぶ必要があろう．

5.3.3 木曽川における水制とワンド

(a) 明治改修時 (明治 20〜40 年) の水制設置の目的と時期 [57]

オランダ人技師デ・レーケが中心となって計画した「明治改修」の目的は，「内務省名古屋土木出張所 (1911 年): 木曽川改修工事概要」によれば次の 3 点である．

高水の除外 (洪水防御)

低水の改良 (堤内悪水の排水改良)

掲舟の便の増進 (舟運路の改善)

明治改修の中での水制工の目的は，デ・レーケが書いた「木曽川揖斐長良および庄内川流況概要 (木曽川概説)」によれば，河岸の保護と河道の安定である。内務省水制工の設置時期設置場所には，「明治改修工事設計書，木曽川改修水制工事竣工表」示されている．木曾・長良背割堤間の木曽川の水制設置時期は，第 2 期工事 (明治 29〜32 年度) と推定される．

(b) 明治改修時に設置された水制の今日的役割 [58]

前述のように，木曽川三川下流部では，木曽川・長良川背割堤区間を中心に種々の水制が設置されている．これらの水制のうち，デ・レーケによって開発された不透過型のケレップ水制の多くは，明治時代の後半，木曾三川分流の改修事業において，河岸の保護，舟運路の確保，土砂の迅速な河口への流送を目的に設置された．

近年，これらの水制は，**写真-5.21** に示すように河道の維持とともに，水制周辺の高水敷化，ワンドに代表される微地形の形成等を通して多様な水辺環境の創成，生態系の創出・育成などに貢献し水制が創り出す新しい機能として注目されている [59],[60]．

木曽川三川技術検討委員会では，特に環境に配慮した水制という視点で水制設置から自然環境形成までのシナリオが，上流部 (22〜25 km) と下流部 (14〜18 km) に分けてそれぞれ

写真-5.21 木曽川 22km 地点付近のワンド群
(国土交通省木曽川下流河川事務所 提供)

提示されている[58].

下流部と上流部の水制の自然環境形成に対する違いは，当該区間に干満による塩分遡上の影響が及んでいるか，いないかにより植生の進入度に違いが現れることに密接に関係している．

5.3.4 粗朶工法[61]

粗朶工法は，明治の初期に，オランダ人技師エッセル，デ・レーケらによってわが国で初めて使用されたと言われており，今日でも信濃川，阿賀野川などで広く使用されている．用いられる粗朶は，ナラ，クリ，カシ，クヌギ，などのように堅くて靭性に富んだ主として広葉樹で，俗に言う雑木と呼ばれる樹齢7〜10年くらいの樹木を切って用いる．

粗朶を用いる工法には，最も長い歴史をもつ粗朶沈床を始め，粗朶単床，栗石粗朶工，などがある．近年では，自然環境に配慮して，柳枝工や粗朶柵工なども用いられている．粗朶沈床は，**写真-5.22**に示すように施工に際し河床の形状に馴染みやすいばかりでなく，河床変動に良く追随できるなど，屈撓性に富み，流水による砂の吸出防止に有効であることから，緩流河川の護岸，根固め，水制などの基礎に用いられる．これはまた，自然の材料のため，長期的に環境を汚染することはなく，また，多孔性に富み，水生生物などの良好な生息場を提供している．

写真-5.22 施工中の粗朶沈床[61]

粗朶沈床の利用例として，平成元年から2年に施工された信濃川水門直下流の洗掘対策がある[62]．信濃川水門通水部は，**図-5.106**に示すように狭くなっているため，水門直下部に大きな深掘れが生じ水門本体への悪影響が懸念された．深掘れを埋め戻した場合には，深掘れ部が，下流に移動するだけで抜本的な対策とならないことから，ほぼ現状の深掘れを残すことによって，そこでの流れによる侵食力を小さく保ち，深掘れ部河床を広く万遍なく覆うために屈撓性が高く，河床に馴染み安全に維持できるように粗朶沈床を用いた．粗朶沈床設置の詳細図を深掘れ形状とともに図-5.106に示す．**図-5.107**は施工箇所の横断面形の経年変化を示す．施工後は，粗朶沈床により水門直下流の河床の深掘れが治まっているのがわかる．

また，2.4.1で述べた信濃川長岡地区の低水路の整正と高水敷の造成を狙いとして設置された導流堤の基礎にも，粗朶沈床が用いられている[62]．導流堤高さの経年変化は**図-5.108**

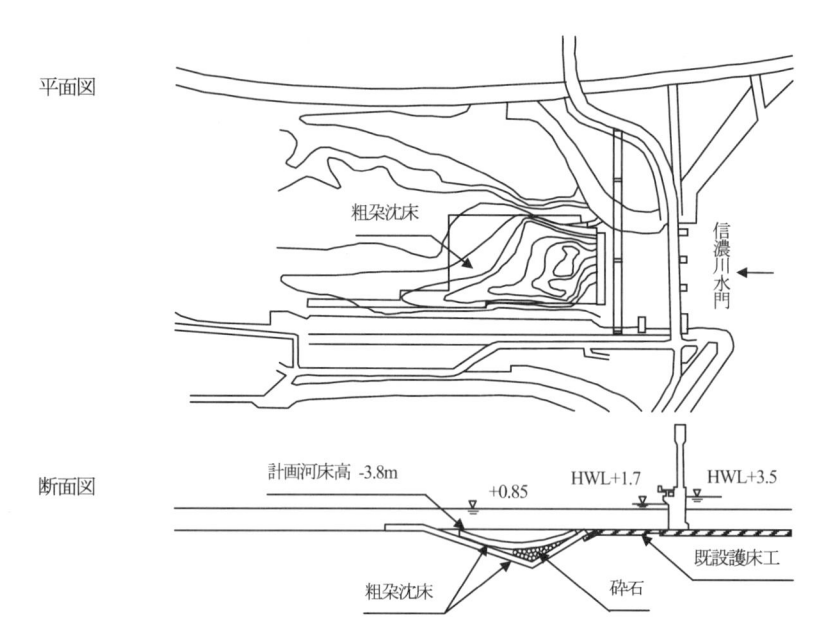

図−5.106 深掘れと粗朶沈床の設置[61]

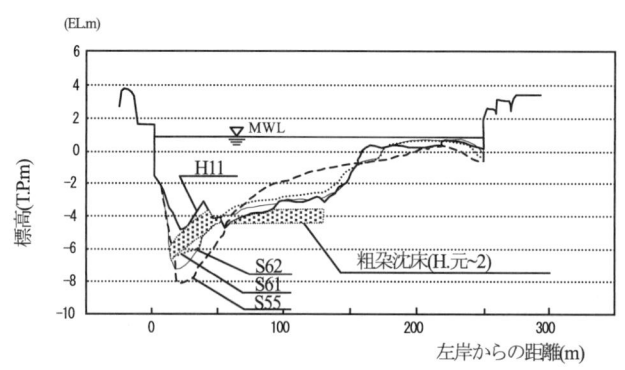

図−5.107 粗朶沈床の設置に伴う信濃川水門直下流横断面形の経年変化[61]

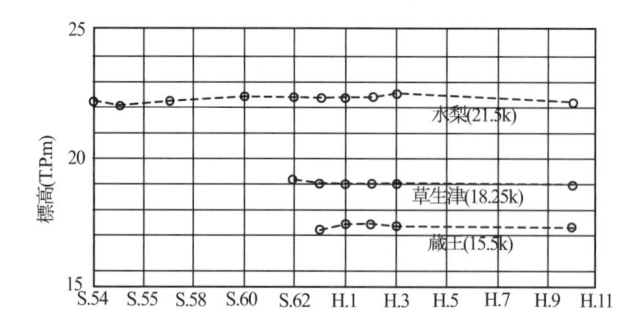

図−5.108 導流堤の高さの変化[62]

に示す通りで，設置以降ほとんど変化していない．これは，異形ブロックと河床砂の緩衝緩和と河床砂の吸出し防止のため設置した粗朶沈床が十分その機能を発揮しているためである．

今日では，日本の伝統河川工法が海外でも用いられるようになってきた．ラオスのメコン河中流域に位置する人口60万のビエンチャンでは河岸侵食による被害が深刻化している．ラオス政府は安価で効果的な侵食対策として日本の河川伝統工法の利用についての技術協力を要請してきた．わが国政府はこれに協力し，ラオスの自生材料を用いた粗朶沈床試験施工を進め技術協力の成果をあげてきた[63]．現在では粗朶沈床に加えて，侵食の激しい河岸を直接覆う栗石柳技工が施工され，侵食から河岸が守られていることが報告されている[64]．

参考文献

1) 国土交通省河川局監修: 河川六法 (平成13年版): 河川法，大成出版社，2001.
2) 水理公式集: 第2編，河川編，平成11年版，土木学会，1999.
3) 福岡捷二: 河岸侵食と植生護岸，土砂移動現象に関するシンポジウム論文集，pp.83-113, 1992.
4) 福岡捷二，藤田光一: 洪水流に及ぼす河道内樹木群の水理的影響，土木研究所報告，第180号，pp.129-192, 1990.
5) 福岡捷二: 自然の機能を生かした治水対策，東工大土木工学科研究報告，No.47, pp.31-46, 1993.
6) 福岡捷二，木暮陽一，佐藤健二，大東道郎: 自然堆積河岸の侵食過程，水工学論文集，第37巻，pp.643-648, 1994.
7) 建設省荒川上流工事事務所・東京工業大学 福岡研究室: 河岸侵食・拡幅機構に関する研究―荒川上流部低水路河道を事例として―，pp.1-94, 1994.
8) 福岡捷二，渡邊明英，小俣篤，片山敏夫，島本重寿，柏木幸則: 河岸侵食速度に及ぼす土質構造の影響，水工学論文集，第42巻，pp.1021-1026, 1998.
9) 福岡捷二，渡辺和足，柿沼孝治: 堤防芝の流水に対する侵食抵抗，土木学会論文集，No.491/II-27, pp.31-40, 1994.
10) 福岡捷二，藤田光一: 堤防法面張芝の侵食限界，水工学論文集，第34巻，pp.319-324, 1990.
11) 福岡捷二，藤田光一，森田克史: 越水を伴う洪水流による堤防被災機構の調査およびその解析，土木技術資料，Vol.No.3, pp.21-26, 1988.
12) 福岡捷二，島谷幸宏，田村浩敏，泊耕一，中山雅文，高瀬智，井内拓馬: 水流による高水敷上のヨシ原の倒伏・変形と粗度係数に関する現地実験，河川技術論文集，Vol.9, pp.49-54, 2003.
13) 島谷幸宏，高瀬智，泊耕一，中山雅文，福岡捷二，田村浩敏，鶴田益平: ヨシ原現地通水実験結果の六角川河道計画への適用，河川技術論文集，Vol.9, pp.395-398, 2003.
14) 福岡捷二，渡邊明英，盛谷明弘，日比野忠史，大村靖人: オギ原上を流れる洪水流に関する現地実験とオギ原の抵抗特性，第3回河道の水理と河川環境に関するシンポジウム論文集，pp.245-250, 1997.
15) 建設省河川局治水課，土木研究所河川研究室: 河道特性に関する研究，第42回建設省技術研究会報告，1988.
16) (財)リバーフロント整備センター: 河川における樹木管理の手引き，山海堂，pp.93-110, 1999.
17) 福岡捷二，藤田光一: 複断面河道の抵抗予測と河道計画への応用，土木学会論文集，No.411/II-12, pp.63-72, 1989.

18) 福岡捷二, 藤田光一, 新井田浩: 樹木群を有する河道の洪水位予測, 土木学会論文集, No.447/II-19, pp.17-24, 1992.

19) 土木研究所資料第 3489 号: 洪水流を受けたときの多自然型河岸防護工, 粘性土・植生の挙動, 建設省土木研究所河川部河川研究室, 1997.

20) 福岡捷二, 渡邊明英, 柏木幸則, 山縣聡: ヨシで覆われた河岸の洪水流による侵食と流路の変動, 第 4 回河道の水理と河川環境に関するシンポジウム, pp.83-88, 1998.

21) 福岡捷二, 仲本吉宏, 福田朝生, 石上鉄雄: ヨシ原で覆われた河岸の崩落機構と護岸機能の評価, 土木学会論文集, No.761 /II-67, pp.19 –30, 2004.

22) 福岡捷二, 渡邊明英, 新井田浩, 佐藤健二: オギ・ヨシ等の植生の河岸保護機能の評価, 土木学会論文集, No.503/II-29, pp.59-68, 1994.

23) 福岡捷二, 福田朝生, 永井慎也, 小谷哲也, 富田紀子: ヨシを用いた水際保護の研究, 水工学論文集, 第 47 巻, pp.997-1002, 2003.

24) 福岡捷二, 渡邊明英, 柏木幸則, 山縣聡: ヨシで覆われた河岸の洪水流による侵食と流路の変動過程, 第 4 回河道の水理と河川環境に関するシンポジウム論文集, pp.83-88, 1998.

25) 福岡捷二, 甲村謙友, 渡邊明英, 三浦央晴: 船が造る波のエネルギーを減衰させる河岸ヨシ原の効果, 水工学論文集, 第 36 号, pp.713-716, 1992.

26) 田畑和寛, 大手俊治, 江上和也, 平田真二, 福岡捷二: 荒川下流域におけるヨシ原の形成と保全のプロセス, 河川技術論文集, Vol.7, pp.273-278, 2001.

27) 福岡捷二, 渡邊明英, 細川真也, 泊宏, 京才俊則: ヨシ原河岸をもつ河道における航走波のエネルギー分布特性, 河川技術論文集, Vol.7, pp.279-284, 2001.

28) 福岡捷二, 仲本吉宏, 細川真也, 泊宏, 京才俊則: 河道におけるタンカーの造る航走波の特性と離岸堤による河岸防護効果, 水工学論文集, 第 46 巻, pp.445-450, 2002.

29) 倉田克彦, 小田一紀, 平井住夫: 浅海水路中の航走波の特性および繋留船に及ぼすその影響, 第 30 回海岸工学論文集, pp.598-602, 1983.

30) 灘岡和夫, Serdar Beji, 大野修史: 新たな波動モデルによる強分散性非線形場の解析法の確立と室内実験による検証, 海岸工学論文集, 第 41 巻, pp.11-15, 1994.

31) 灘岡和夫, 大野修史: 水深積分型乱流エネルギー輸送方程式を連結させた砕波帯内波動場モデルの提案, 海岸工学論文集, 第 44 巻, pp.106-110, 1997.

32) 福岡捷二, 大串弘哉, 加村大輔, 平生昭二: 複断面蛇行流路における洪水流の水理, 土木学会論文集, No.579/II-41, pp.83-92, 1997.

33) 岡田将治, 福岡捷二: 複断面河道における洪水流特性と流砂量・河床変動の研究, 土木学会論文集, No.754 /II-66, pp.19-32, 2004.

34) 福岡捷二, 大東道郎, 西村達也, 佐藤健二: ヒサシ河岸を有する流路の流れと河床変動, 土木学会論文集, No.533/II-34, pp.147-156, 1996.

35) (財) リバーフロント整備センター: 河川における樹木管理の手引き, 山海堂, 1999.

36) 福岡捷二: 水際植生群の治水的利用とその回復・保全技術－治水と環境の調和を目指して－, 世界河川会議論文集, pp. II-18～II-25, 1997.

37) 福岡捷二, 渡邊明英, 大橋正嗣, 姫野至彦: 樹木群の水制的利用可能性の研究, 水工学論文集, 第 41 巻, pp.1129-1132, 1997.

38) 福岡捷二, 渡邊明英, 川口広司, 安竹悠: 透過型水制工が設置された直線流路における流れと河床変動, 水工学論文集, 第 44 巻, pp.1047-1052, 2002.

39) 吉川秀夫, 改訂河川工学, 朝倉書店, 1966.

40) 福岡捷二, 樺澤孝人, 斉藤潤一, 布施泰治, 渡邊明英, 大橋正嗣: 柳水制の試験施工とその機能の現地調査, 水工学論文集, 第 42 巻, pp.445-450, 1998.

41) 福岡捷二, 渡邊明英, 山内芳郎, 大橋正嗣, 関浩太郎: 樹木群水制の配置と治水機能に関する水理学的評価, 河川技術論文集, Vol.6, pp.321-326, 2000.
42) 渡邊明英, 福岡捷二, 安竹悠, 川口広司: 河道湾曲部における河床変動を抑制する樹木群水制の配置方法, 河川技術論文集, Vol.7, pp.285-290, 2001.
43) 小出 博: 日本の河川－自然史と社会史－, 東京大学出版会, 1970.
44) 浜口達男, 本間久枝, 井出康郎, ほか: 水害防備林調査, 建設省土木研究所資料, 第2479号, 1987.
45) 福岡捷二, 五十嵐崇博, 高橋宏尚: 江の川水防林の特性と治水効果, 水工学論文集, 第39巻, pp.501-506, 1995.
46) 福岡捷二, 川岡秀和, 平林由希子: 水害防備林と低水路線形が洪水流に与える影響, 水工学論文集, 第42巻, pp.967-972, 1998.
47) 白井勝二, 福岡捷二: 利根川における護岸・水制の変遷とその今日的役割, 水工学論文集, 第46巻, pp.505-510, 2002.
48) 白井勝二, 福岡捷二: 利根川河道の形成に果たした水制の役割―洪水・環境機能の評価―, 河川技術論文集, Vol.9, pp.185-190, 2003.
49) 護岸水制工, 昭和4年度工務報告, 内務省, 1929.
50) 利根川第三期改修計画図, 内務省, 明治42年, 1909.
51) 山本晃一, 藤田光一, 佐々木克也, 有澤俊治: 低水路川幅変化における土砂と植生の役割, 河道の水理と河川環境シンポジウム論文集, pp.223-238, 1993.
52) 藤井政人, 山本晃一, 深谷渉: 河岸形成過程に関する研究, 利根川・川内川での土砂堆積の実態調査, 河道の水理と河川環境シンポジウム論文集, pp.155-162, 1993.
53) 藤田光一, Moody, J.A., 宇多高明, 藤井政人: ウオッシュロードの堆積による高水敷形成と川幅の縮少, 土木学会論文集, No.55/II-37, pp.47-62, 1996.
54) U.S. Army Corps of Engineers, Hydraulics Design Criteria, 1970.
55) 萱場祐一, 傳田正利, 田中伸治, 島谷幸宏, 佐合純造: 直線河道における魚類生息環境の復元の試みとその効果－自然共生センター実験河川を利用して－, 河川技術論文集, Vol.7, pp.97-102, 2001.
56) 河口洋一: 水辺の植物が河川性魚類の生態に及ぼす影響, 海洋生物149, Vol.No.6, pp.452-459, 2003.
57) 水制および河道の調査検討 (部内資料)
58) 国土交通省中部地方整備局木曽川下流工事事務所: 木曽川三川技術検討委員会概要書, 平成15年3月.
59) 篠田孝, 水谷直樹, 松山康忠, 辻本哲郎: ケレップ水制周辺の地形履歴から見たワンド形成過程と水辺環境の特性に関する考察, 河川技術論文集, Vol.7, pp.333-338, 2001
60) 木村一郎, 北村忠紀, 鷲見哲也, 武田誠, 鬼塚幸樹, 庄建治朗, 大塚康司: 木曽川感潮域に設置された水制群周辺のワンド形成過程と河川環境に関する共同研究, 河川技術論文集, Vol.8, pp.365-370, 2002.
61) 北陸地方建設局河川部, 粗朶工法編集委員会: 粗朶工法の施工事例集, 1999.
62) 土屋進, 本間勝一, 安部友則, 高島和夫, 福岡捷二: 信濃川長岡地区河道計画の効果検証, 水工学論文集, 第45巻, pp.13-18, 2001.
63) 松木洋忠: メコン河での粗朶沈床の試験施工, 土木学会誌, Vol.86, pp.101-103, 2001.
64) 加藤泰彦: ラオスへの日本の河川伝統工法導入の試み, 土木学会誌, Vol.89, No.3, pp.22-23, 2004.

第6章 治水と環境の調和した川づくり
－水理学的視点

写真：常願寺川・神通川と富山市（山-川-まち-海）
提供：国土交通省　北陸地方整備局　河川部河川計画課

6.1 水理学的視点による治水と環境の調和した川づくり

　河川に相応しい環境をどのように計画的に実現していくかは，川づくりの重要な課題となっている．河川環境を考える視点は色々議論されているが，議論の過程の中で，河川環境だけを特別に取り出して川づくりを論ずるのではなく，治水，利水，環境を総合的に考慮した視点での河川の計画とすべきであるという考え方が，今日では一般的になったと言えよう．しかし，環境という概念は，考慮すべき要素が多いため河川計画を総合的に考えるということは，それほど単純なことではなく，色々な考えを出し合い，それぞれの川に相応しい川づくりを進める段階にある．

　本章では，河川の治水と環境を総合的に考えるための基本的な考え方を水理学の視点にたって提案することを目的にしている．水理学的視点は，一つの考え方であり，環境学，生態学，景観学，および河川がかかわる他の工学等の視点にたって治水と環境のあり方を論ずることも必要であろう．ここでは，河川の基本は，洪水流と土砂が流れる河道に表れていると考え，洪水流等を扱う水理学的視点にたって治水と環境の調和した河川をつくり上げていくために必要な考え方を述べることにする[1),2)]．

　最初に，河道を作ってきた外力である洪水流と洪水が流下する河道を考え，両者の関係を水理学的立場にたって考察し，治水と環境を総合して考えるうえで河道の特性と洪水流の河道貯留量が基本的に重要な指標になることを示す．

　さらに，洪水流の河道貯留量の評価の精度を高めることが，治水と環境を調和した川づくりにとって重要であることを示し，この提案を実現するうえで解決しなければならない課題を示す．

6.2 河川法の改正と河川環境の整備と保全[3)]

　平成9年の河川法の改正によって，河川法の目的に，治水と利水だけではなく，河川環境の整備と保全が位置付けられた．この改正により，河川整備には，総合的な視点に基づく管理が義務づけられることになった．すなわち，これからの河川管理にあたっては，河川法の基礎理念である水系一貫管理の原則のもとに，国民の生命財産を災害から守り，利水や河川の適正な利用との調整を図りながら，河川環境の整備と保全を含めた総合的な管理を行うことが求められる．

　ところで，河川環境の整備と保全とは一体どんなものであろうか．国土交通省では[4)]，河川環境とは，河川区域内の環境であり，河川の自然環境と河川と人との関わりにおける生活環境を内容としている．それらは，①河川の水量・水質，②河川区域内における生態系，③河川区域内におけるアメニティ，景観および親水，であると規定している．

　「河川環境の整備」とは，自然を活かした川の整備，水質の浄化，親水性の確保等により積極的に良好な河川環境を形成することであり，「河川環境の保全」とは，水質の維持，優れた自然環境や景観の保全・河川工事等による河川環境に与える影響を最小限度に抑えるための代償措置等により良好な河川環境の状況を維持することである．

河川環境の整備と保全を含めた河川の総合管理を行うことを河川法の目的としたことにより，今後の河川整備は，治水・利水・環境の整備と保全の3つの目的を適切に調和させるとともに，地域の実情に応じた河川整備が行われることになる．

この目的を達成するために，長期的な河川整備の方針である「河川整備基本方針」と具体的な整備の計画である「河川整備計画」を定めることとした．

河川法第16条(河川整備基本方針)のなかで，河川整備基本方針は，水害発生の状況，水資源の利用の現況および開発並びに河川環境の状況を考慮し，かつ，国土総合開発計画および環境基本計画との調整を図って，政令で定めるところにより，水系ごとに，その水系にかかわる河川の総合的管理が確保できるように定められなければならない．

河川法第16条の2(河川整備計画)では，河川管理者は，河川整備基本方針に沿って計画的に河川の整備を実施すべき区間について，当該河川の整備に関する計画を定めておかなければならない．

さらに，河川整備基本方針について，次の事項を定めなければならないとしている．

政令 第10条の2(河川整備基本方針に定める事項)
1. 当該水系にかかわる河川の総合的な保全と利用に関する基本方針
2. 河川整備の基本となるべき事項
    イ 基本高水並びにその河道および洪水調節ダムへの配分に関する事項
    ロ 主要な地点における計画高水流量に関する事項
    ハ 主要な地点における計画高水位および計画横断形にかかわる川幅に関する事項
    ニ 主要な地点における流水の正常な機能を維持するため必要な流量に関する事項

「河川整備の基本となる事項」の中では1．の「当該水系にかかわる河川の総合的な保全と利用に関する基本方針」によって河川環境の整備と保全を行うことが規定されている．しかし，どのように総合的な保全と利用を行うべきか漠然としてわかりづらい．また，河川環境が，比較的地域性，地先性の高いものであるとの認識がなされ，治水，利水，環境の調和した河川整備を行うためには，河川整備計画の中で，地方公共団体や，住民の意見等を反映することが重要と考えられている．

しかし，治水と環境の調和を川全体で考えようとするとき，河川整備基本方針2．河川整備の基本となるべき事項のイに述べられている基本高水の河道と洪水調節ダムへの流量配分と，河川整備基本方針に沿って整備を実施すべき区間について計画を定める河川整備計画の対象区間の二つについて，どのような考え方をするかは，特に重要である．この両者が，治水と環境の調和のあり方に深く関係することを次節で述べる．

6.3 水理学的視点による治水と環境の調和した川づくりの指標

治水については従来から，流域全体から見て，長期的な観点で計画をたてることが行われてきた．しかし，河川環境については，検討されるようになったのは昭和50年代以降のために，時間・空間スケールを意識して河川環境を考えるというよりも，これまでの考え方の延長上で計画をたてることが多い．河川法改正前のほぼ10年間は，河川環境の改善を目指した多自然型川づくりが河川整備の主流となり，種々の新しい技術が開発され，実施されてきた．多自然型川づくりの実施によって，川が本来もっている機能を徐々にではあるが取り

戻しつつある．多自然型川づくりは，河川環境整備と保全の為の中心的な施策となってはいるが，河川環境の保全という点では不十分である．今日の多自然型川づくりを始めとする環境を考慮した河川改修の進め方は河川全体および河道の上下流の広がりと連続性を考えているものの，地先改修の色あいの濃いものであることは否めない．この点から，多自然型川づくり等の施策は，治水と環境の改善に役立っているものの，河川の総合的な管理という点では，多くの課題を残している．

治水と環境の調和した川づくりを進めるには，治水上，環境上どのような川が望ましいのかを明確にする必要がある．治水上望ましい川は，水系一貫の原則に基づく洪水流に対し安全な河道であり，そこには人為が大きく働いているが安全性が確保されている川である．一方，環境上望ましい川とは，これまで悪化，消失してきた環境要素の保全，復元などを含むできるだけ自然性の高い川であろう．自然性の高い川は，理想的には河道に作用する自然の外力が制御されず，また，人為が働かないことであろう．しかし，河川沿いには，多くの人々が住み，自然のままの河川では，人間の諸活動にとって危険であることから，このような意味での河川環境を考えることは現実的でない．

洪水流が外力となって河道が造られてきたことから，洪水流を流下させる河道は，本来自然性の高いものであり，このような河川が，望ましい河川環境を有しているものとして以下に考察する．具体的には，洪水流と河道の特性を関係付け，治水と河川環境を調和させる水理的な指標について考える．このためには，河道を流下する洪水流の挙動を十分に理解する必要がある．

流域に降る雨の空間・時間分布によって河道にさまざまな洪水流が発生する．それらの洪水流が河道を流下するとき，河道特性の影響を受け，洪水流は時間的，空間的に変形され，その河道に特有の流れ方，伝わり方をする [4]〜[8]．前者は洪水流の非定常性，後者は河道の平面形，縦断形，横断形等の不規則性や河道内の樹木群等による抵抗変化であり，流下の過程で河道内に洪水流量の一部が貯留され，ピーク流量の低減を生じる [9],[10]．ピーク流量の低減と洪水波形の変形は，河道を流下する洪水流がもつ固有で重要な性質であることを**第1章**で詳述した．

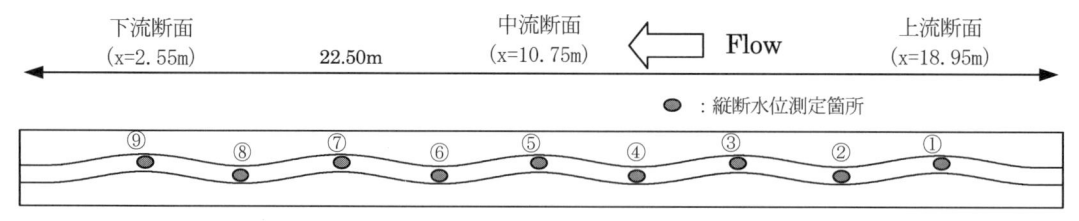

図-6.1 複断面蛇行水路 A（蛇行度 1.02，低水路幅 0.50m）[10]

ここでは，本章の主題である洪水流の貯留機構をわかりやすく示すため，**図-6.1** の複断面蛇行水路に，**図-6.2** に示す同じピーク流量をもつが，継続時間の異なる洪水ハイドログラフを上流から流下させ，ハイドログラフの変形やピーク流量の低減および貯留量を **1.9.3** で示した洪水流の流下と貯留機構の実験結果を用い説明する [10]．

洪水流の縦断水面形は，図-6.1 に示す9箇所の縦断位置に設置されたサーボ式波高計により求めた．流速は電磁流速計を用い，$x = 10.75$ m の断面において測定し，流量を算定した．

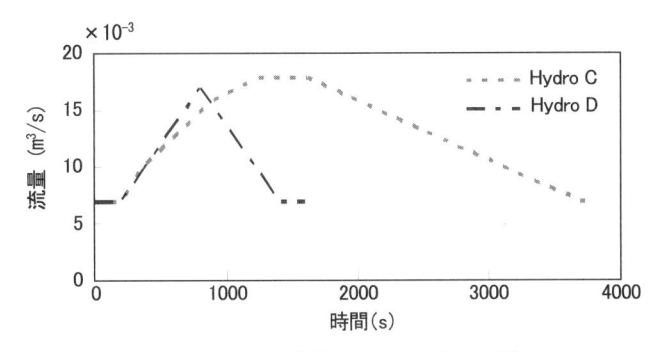

図-6.2 流量ハイドログラフ [10)]

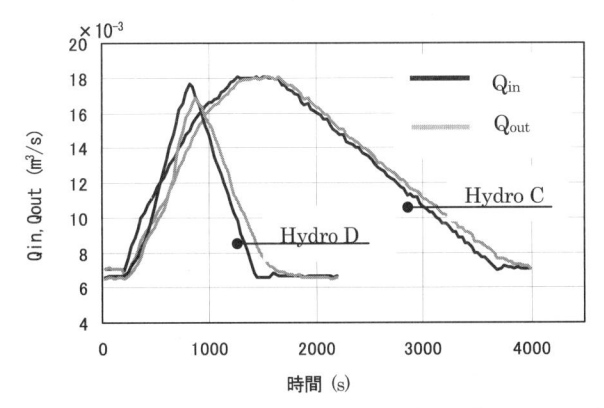

図-6.3 上流と下流断面での流量ハイドログラフの比較 [10)]

　任意の 2 つの時間における縦断水面形から，その時間内での水路内の貯留量 dS/dt を求め，この dS/dt と上流断面 ($x = 18.95$ m) で与えたハイドログラフ $Q_{in}(t)$ から，下流断面 ($x = 255$ cm) での流量ハイドログラフ Q_{out} を次式より求める．

$$Q_{out} = Q_{in} - \frac{dS}{dt} \tag{6.1}$$

このようにして求めた Q_{out} と Q_{in} の関係を**図-6.3**に示す．洪水流は流下に伴い，低水路の線形や高水敷粗度，高水敷上の流れと低水路の流れの混合による影響を受け，下流断面ではピーク流量の低減，ピーク流量発生時刻の遅れおよび洪水継続時間の延長といった波形の変形を生じている．このような波形の変形は，非定常性の高い *Hydro D* で顕著である．流量ハイドログラフの時間的な遅れ，および最大流量の低減は，洪水流の水路内での貯留から起こっていることは明らかである．貯留率すなわち単位時間あたりの貯留量 dS/dt は，上流断面から流入する流量 Q_{in} から流出する流量 Q_{out} を差引くことによっても得られる．しかし，下流での流量観測値 Q_{out} よりも水面形の観測値のほうが精度の高い測定ができるので，水面形の時間変化から貯留率を求め，dS/dt と Q_{in} から Q_{out} を計算から求めている．**図-6.4** は，この貯留率 dS/dt の経時変化に対する上流断面からの流入流量 Q_{in} の比 $(dS/dt)/Q_{in}$ を示す．

　図-6.5 に断面①，⑤および⑦での流量ハイドログラフを示す．流下に伴いピーク流量の減衰と流量ハイドログラフの変形が生じている．**図-6.6** は，水路を区間①-③，③-⑤，⑤-⑦，⑦-⑨の 4 区間に分け，それぞれの区間での貯留率を評価したものであり，また**図-6.7**

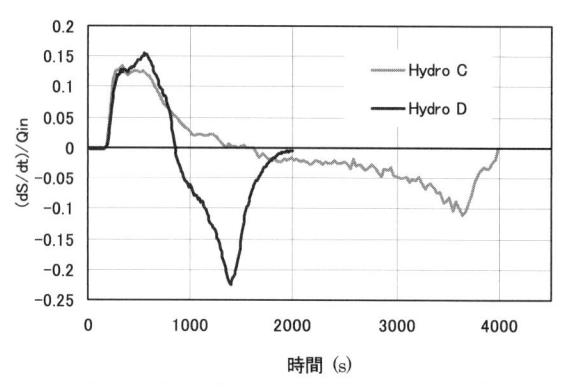

図-6.4 流入流量に対する dS/dt の割合 [10]

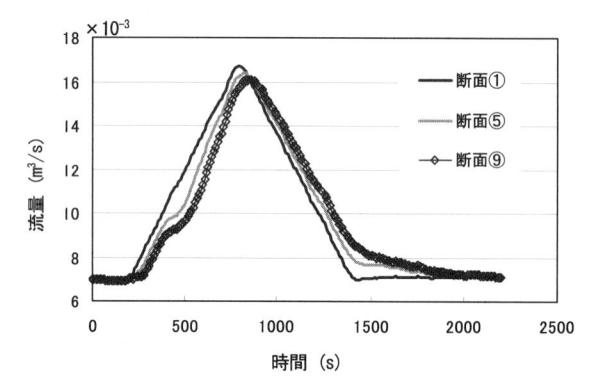

図-6.5 流量ハイドログラフの縦断変化(Case7) [10]

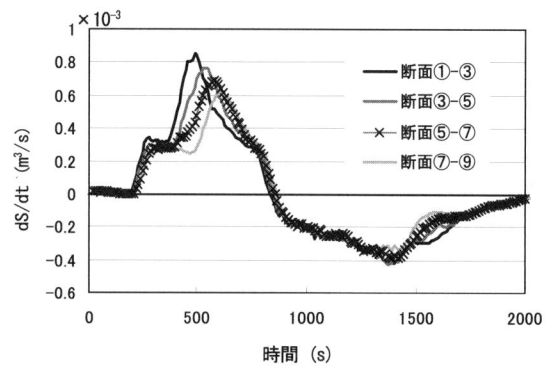

図-6.6 水路各区間での貯留率(Case7)の時間変化 [10]

には、各区間の貯留率を足し合わせた水路全体での貯留率を示す。図-6.6より貯留率は、そのピーク値を流下方向に減じている。これは、それぞれの区間で生じた洪水流の貯留により、図-6.5に示した各断面でのピーク流量の低減と流量ハイドログラフの変形が起こっていることを示している。

このように洪水流が河道に発生すると、河道での貯留が起こる。その大きさは河道の特性と洪水流の特性によって異なるが[10]、洪水流の上昇期にはいつでも、どこでも河道貯留は起こっている。河道貯留が存在することは古くから知られており、その考え方は新しいものではない[11),12)]。

現在の治水計画でも、河道を流下する洪水流に貯留関数法を適用し、河道貯留量を考慮し

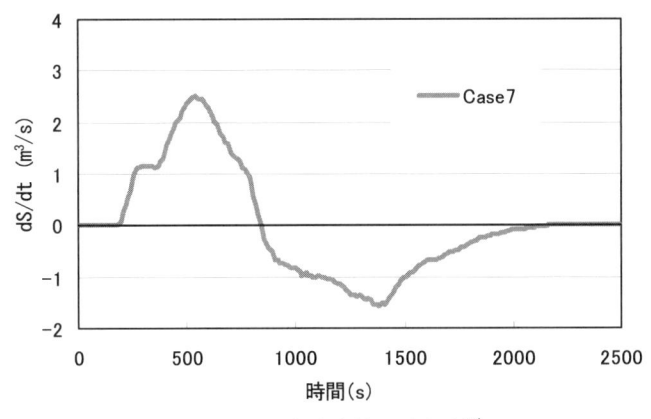

図-6.7 水路全体の貯留率[10]

た形で流量と水位のハイドログラフを求めている[13]．貯留関数法は，洪水流の上昇時と下降時の流出量が同一水深で異なるという洪水流出現象の非線形性を「貯留現象」の過程を導入し，運動方程式を貯留量と流出量の単純な式形で表し，これに貯留量を含めた水量の連続式と組み合わせて，流出ハイドログラフを求めるもので，多くの流域および河道での流出計算に用いられている．この方法は，十分な流量観測データなど存在しない河川にあっては，洪水防御計画をたてるうえで有効な方法である．しかし，貯留関数には，雨水流や，洪水流の伝播や，河道特性に関する項を直接的に含まないため，洪水流の規模や，波形によって，必ずしも流量─貯留量関係が同一の関数形で表しえず，流量算定精度はこの関数形の精度に依存することになるという問題点を有する．このことは，流域が大きくなると精度が悪くなること，さらに，基本式の誘導過程からみて，山地流域での適用性が高く，平地流域や河道では洪水流特性や河道特性の影響を受け精度が悪くなるという課題を有している．治水と環境を調和させ，望ましい川を実現させるためには，河道貯留を，より合理的にかつ精度を上げた方法で見積ることが必要である．これまで河道貯留量を貯留関数法以外の方法で評価することに積極的でなかった最大の理由は，貯留関数法が実務的な観点から計画論として広く用いられてきたことおよび，河道の貯留量を実態に即した形で適切に評価する資料が不十分であったこと等のためである．

しかし，最近，江戸川等で詳細な洪水流量観測が行われ限定された河道区間であるが河道貯留量の見積りが行われている[14]．すなわち，「洪水流の非線形研究会」(座長：福岡捷二広島大学大学院教授(当時))が国土交通省関東地方整備局河川計画課に組織され，数年間にわたる洪水観測を通して **1.9.4** で示したように，流量ハイドログラフと河道貯留量の評価を行ってきた．江戸川の観測区間 6.25 km の縦断水面形の時間変化にもとづく河道貯留量の時間変化の観測値と二次元不定流モデルを用いた解析結果を**図-6.8**，**図-6.9** に示す．図-6.9 から，観測区間における水位上昇期間での河道貯留量は，約 $1.03 \times 10^7 \mathrm{m}^3$ と相当大きな量であり，この貯留量を平均水面幅 (380 m) と区間長 (6.25 km) を用いた平均水面積で除し貯留による上昇水位に換算すると，観測区間内で 4.3 m もの水位上昇がもたらされている．図-6.9 は，6.25 km 区間内での河道貯留量を示している，その区間内の各小区間では，図-6.6 に示すように貯留率が下流方向に徐々に減じていく．このような河道貯留が河道全長にわたって起っており上流ほど洪水のピークが大きく波形が鋭いために河道貯留量が大きい．**図-6.10**，**図-6.11** は，江戸川と同様な目的で円山川において行われた洪水観測流量ハ

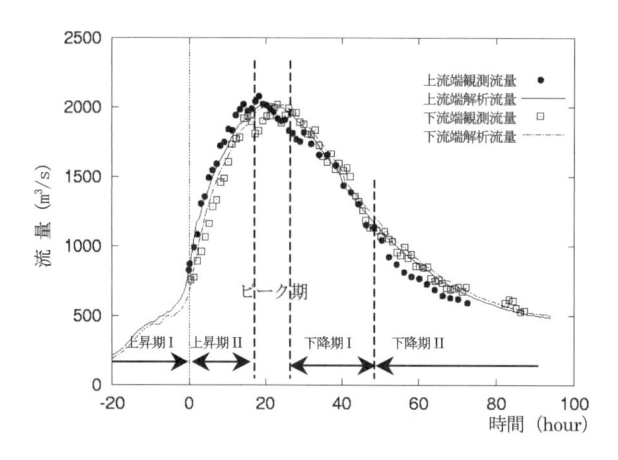

図-6.8 江戸川における観測流量と解析流量の比較[14]

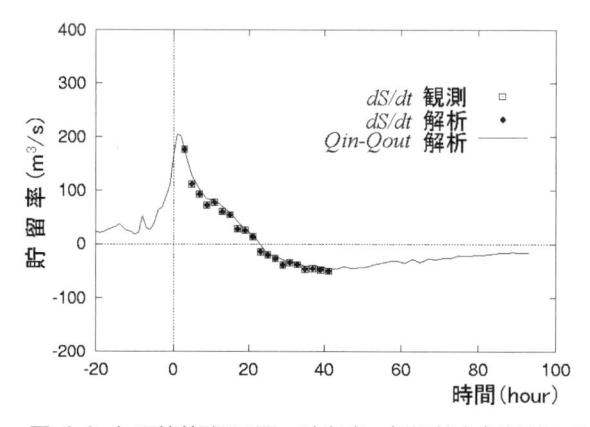

図-6.9 江戸川観測区間の貯留率の観測値と解析値の比較[14]

イドログラフ[15]と解析[9),14]から得られた河道貯留量の時間変化を示す．観測区間は，5.0 km，平均水面幅は，250 m である．これより，貯留による平均水位上昇量は，約 2.0 m となる．江戸川の観測ピーク流量 2,100 m^3/s に対し関宿での計画高水流量 6,000 m^3/s，円山川の観測ピーク流量 2,600 m^3/s に対し計画高水流量は立野で 5,400 m^3/s で，いずれも計画流量に比してそれぞれ 1/3 および 1/2 程度のピーク流量であったが，大きな河道貯留量をもたらし，下流の水位を低下させている．図-6.8 と図-6.9 を比較すると，貯留率のピーク値は，円山川のほうが江戸川より十分大きいが，水位の上昇量は江戸川が約 2 倍大きくなっている．この違いは，主に流域の大きさと降雨量に関係し，洪水継続時間が長い大きい流域では，一般に，河道内における洪水流の貯留量が大きくなる．

洪水流の貯留効果には，二つが考えられる．第一は，河道の対象区間での貯留率 dS/dt の大きさによるピーク流量の低減と下流水位の低下量，第二は，河道対象区間での河道貯留量 S の大きさとして評価される．円山川のように，流入する洪水流量ハイドログラフの波形が先鋭な場合には，河道貯留による洪水波形の変形が大きく，すなわち，河道貯留率 dS/dt が大きくなり，第一の効果による水位低下が顕著に現れる．一方，江戸川では，洪水流の流入流量，流入時間ともに大きく，円山川に比して緩やかな洪水流入量ハイドログラフを示している．このような洪水期間中の流入ボリュームが大きい洪水流の場合には，特に，河道にお

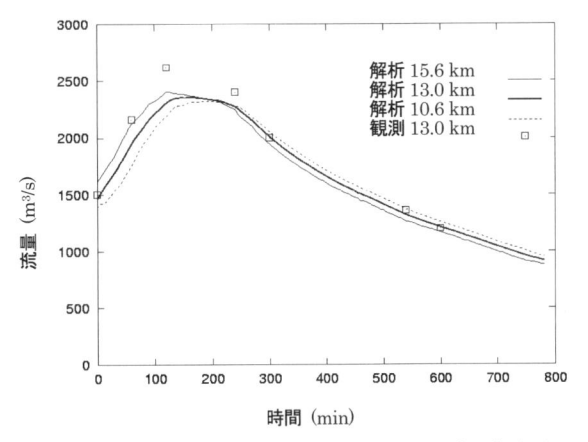

図-6.10 円山川観測上流端，下流端及び流量観測断面の流量ハイドログラフ[14]

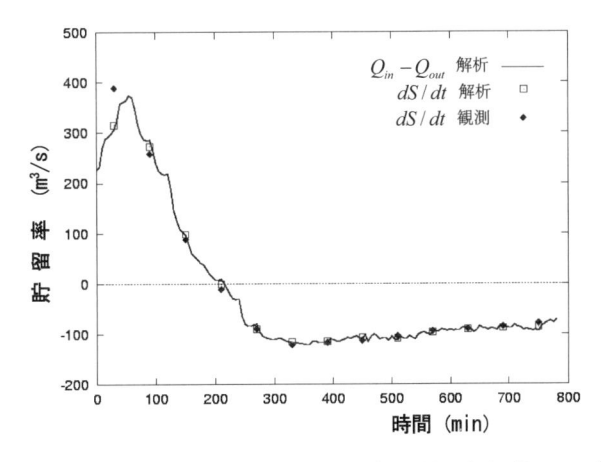

図-6.11 円山川観測区間貯留率の観測値と解析値の比較[14]

ける貯留の役割が，ダムによる貯留と同様に河道とダムの流量分担において重要になる．また，下流における，警戒水位以上の洪水継続時間が短縮されるなどの効果が大きくなると考えられる．

　河道貯留による水位上昇量のもつ意味は環境上もきわめて重要で，水位上昇は，堤防で囲まれた河道の広い範囲に洪水流を氾濫させることになる．これにより，河道に，土砂の堆積，洗掘等による微地形を発達させると共に，粒径の小さい土砂を高水敷等の広い範囲に沈降させ，栄養分を供給する．また，河道内の低地に，小さな湿地や水溜りを作り，それを維持する役割を果たしている．微地形や湿地の形成は，河川に棲む生き物や，多くの河川植生の生育環境を整え，河川の生態系を生き生きさせる等，自然性の高い河道の状況をもたらすことになる．

　平成15年1月には，人間活動によって損なわれた自然環境を取り戻すために自然再生推進法が施行された[16]．この法律等の動きにあわせ，生物多様性の確保を通じて自然と共生する社会の実現を図ることを主目的とした新しい自然再生事業が始まった．すなわち，この事業は，生物の良好な生息・生育環境，水質浄化機能，遊水機能などをもつ河川環境を実現するため，自然のレスポンスを見ながら順応的，段階的に事業を行うもので，従来の公共事

業とは異なる特徴をもっている．主要な自然再生事業は，湿地環境の再生，旧河道を活かした蛇行河川の再生，河口部の干潟環境の再生などで，自然の氾濫原の再生事業と考えることができる．洪水時には，氾濫原で遊水すなわち貯留が起こり，自然環境の再生と共に下流河道への流量低減が起こり下流の治水安全度の向上になる．このことは，河川の自然再生と治水は密接に関係しており，両者を同時に考えた事業が治水と環境を調和させることに大きな意味をもつことがわかるであろう．

古くから堤防に代わる役割をもっていた水防林など河道沿いに連続して繁茂する樹林帯の治水上の役割が河川改修の進捗と共に薄れてきた．このため，洪水時の水防林の機能を発揮させる管理が十分行われなくなり，水防林の一部が伐採されるところも多くなってきた[17]．また，竹林など，水防林を地域の生活に生かす仕組みや知恵が徐々に失われていった．一方，堤防を作るなどの方法によって，下流の治水安全度を上げるには，長期間を要する場合が多い．しかし，水防林を治水目的に利用してきた河川では，水防林を堤防の代わりに用いるほかに，洪水の流下時に貯留効果を発揮させることによって，堤防未整備の下流区間の治水安全度向上に役立てることが可能であり，これは，治水と環境を調和させるに相応しい施策になりうると考える．高水敷上，低水路河岸沿いに群として存在する樹木群も，河道貯留の効果を高めることができる[10]．さらに，洪水流の流下断面に余裕のある河道区間では，治水上，環境上の目的から，計画的に植樹をすることによって，河道貯留を期待できる．

河川の高水計画では，基本高水を洪水調節ダムなどで流量調節した後の計画高水流量を河道で安全に流下させるために，河道を改修し，河積の確保を優先し整備してきた．河川法施行令第10条の2に述べられているように，基本高水を河道と洪水調節ダムにどのように配分するのか決めることは，流域の中で河道とダムの役割をどのように位置付けるかである．この判断のためには，河道とダムでの洪水流の水理的挙動，特に，両者の貯留効果について十分理解していなければならない．

河道とダムで流量の分担割合を決めることは，ダムでの治水容量と河道での流下能力を決めることであり，これは実は，河川の治水計画ばかりでなく環境に関わる計画をも考えることにつながる．これに関連して今後検討すべき二つの課題を上げる．

第一の課題は，ダムと河道の流量分担により生ずる河道流量と水位のハイドログラフとその変形についてである．河川の高水計画では，ダムによる洪水流量の調節によって，ダム下流では，河川の水位低下がもたらされる．一方，河道の各区間は，洪水流の貯留によって流量を低減させる機能をもっている．すなわち，洪水流に対してダムによる下流河道の流量，水位の調節と河道がもつ貯留による流量および水位低下があり，これらの影響を適切に考慮した高水計画が期待される．河道の貯留効果とは，河道沿いに恰も小さなダムが連続して存在すると考えることができ，河道がもつ洪水流の貯留機能を十分発揮させることによって，ダムと河道の役割を有機的に機能させ，洪水位の調節を計画的・効率的に行うことが可能と考える．現在の治水計画では，前述の通り，河道においても貯留関数法により河道貯留の効果を考えてはいるが，そのモデルの単純さゆえに河道貯留の実態に必ずしも対応できない場合があり得る．流量観測の精度向上を図りながら精度の高い河道貯留量の評価を確立していくことが課題である．

第二の課題は 第一の課題と表裏の関係にある．すなわち，洪水流の発生が現在の河道を作り，河川の環境の大枠を形作ってきたことに着目すると治水と河川環境を調和させること

とは，河道のもつ機能すなわち貯留機能，流量低減機能をどう評価し，それらをどのように河川の計画に生かすかに密接に関係する．河道の貯留機能を精度良く評価できれば，洪水調節ダムの活用に工夫が可能となり，河川全体としてみたときに洪水流と河道，洪水調節ダムの関係の再構築が可能となる．これらは，また，治水と河川環境を調和させる方法の選択の幅を広げることにもなる．河道貯留は，その大きさの大小があるものの，河道のどこでも，全延長で期待できる．このため，河川法第16条の2で示されている計画的に河川の整備を実施すべき区間において河道貯留が治水上・環境上もつ意味と，整備を実施しない自然的な河道区間における河道貯留の治水上・環境上のもつ意味を同時に考えることになる．このように，河道貯留は，時間的・空間的な広がりの中で治水と環境の総合的な管理を行ううえで，ひとつの有力な考え方を示すものであり，この視点での検討が望まれている．

洪水が流れると上流山地地域および河道から土砂の流出が起こる．洪水流の流下および河道貯留は，土砂の輸送，侵食，堆積を引き起こし，これらの河道地形の変化は河道内に見られる植生とともに，個々の河川を特徴付けるものである．土砂移動と植生はまた，河川の微地形の形成に重要な役割を果たしている．このように見ると，土砂移動と植生は，河川の治水と環境を支配する重要な指標であるが，土砂の移動，河川固有の植生の存在のいずれも，洪水流が主要な要因となって起こるものであることから，これらと密接に関係する河道地形の変化も洪水流によって起こっていると考えることができる．

以上のことから，治水と環境を調和させる高水計画をたてるうえで，河道貯留は代表的な指標のひとつとなるであろう．

次節以降では，河道貯留量を河川計画に取り込むための考え方とそれを実現するために解決しなければならない課題を示す．

6.4　河川計画への反映に向けて

6.3 で述べたように現在，多くの河川の高水計画では，河道の計画高水位の縦断分布は貯留関数法から求められた各地点のピーク流量を用いた定常不等流計算により求めており，合流点や河口付近の計画など特別な場合のみ洪水流の流下機構を忠実に表現する平面二次元不定流の基礎方程式に基づき水位分布を求めている．洪水流の流量の縦断分布もまた，主に貯留関数法によって河道貯留量を計算し求めており[13] 貯留関数法は，高水計画をたてる代表的な方法となっている．

不等流計算は，現実に発生した洪水流のピーク水位分布を問題にするかぎりにおいては，各河道区間で観測されたピーク流量を与え，ピーク水位に相当する痕跡水位に一致するように水位計算を行うため問題は起こらない．この場合，不等流計算では，水位縦断分布を説明するように粗度係数の値を与え，逆算粗度係数として洪水ごとに求めている．実際には，発生する洪水の特性ごとに河道での貯留量が異なり，この貯留量の違いがピーク水位の縦断分布に反映しているために，洪水ごとに粗度係数が変化する．同一の河道でも，粗度係数が洪水ごとに異なり，粗度係数にバラツキが生ずる主要な理由のひとつはここにあると考えられる．

しかし，不等流計算法は計画規模流量の検討に用いると本質的な問題が起こる．すなわち，不等流計算法では，洪水流量は，各区間ごとに貯留関数法で求めたピーク流量を一義的

に与え，定常流計算を行う．このため，河道特性，降雨特性により時間的に変化する流量，水位をもつ洪水流の河道貯留によるピーク流量低減，流量ハイドログラフの変形といった洪水流の基本的な水理現象をかならずしも的確に捉え得ないことが起こりうる．計画規模の洪水流を経験している河川はきわめて稀である．計画規模の流量に相当するピーク水位縦断を表す痕跡水位がないために，不等流計算では，貯留関数法を用いているとはいえ，河道内の各場所で洪水流のどれだけ分が貯留されているのかわからない．前述のように，現実に発生したピーク洪水位を計算する場合には問題にならないが，計画規模レベルの洪水では，洪水の増水時にはどの程度河道で貯留され，減水時には，貯留された量をどのように放出しながら河道を流下しているかは必ずしも明らかでない．

1.9.4で論じた二次元不定流計算法を適用して治水と環境を調和させた新しい河川計画を実現しようとすると，解決しなければならないいくつかの課題に直面する．

大きな課題は，河道の貯留量が，洪水流の特性，河道の平面形，横断形，境界条件などに支配されるためその量をどのように把握，評価し，計画に取り込むかである．その方法はそれぞれの河川の代表区間で，洪水流の水位ハイドログラフの縦断分布を観測し，これと観測流量を用いて二次元不定流解析を行うことによって，観測区間での信頼性の高い流量ハイドログラフと貯留量を求めることである[14]．

計画規模の洪水流の河道貯留量を含め，洪水規模の異なるハイドログラフについて同様な方法で貯留量の検討を行うことによって，規模の異なる洪水流の河道貯留を求めることが可能である．二次元不定流計算では，洪水ごとに異なる貯留量分は方程式系の中で考慮されるために，粗度係数は，原理的には，河道本来の粗度による粗度係数になる．これまでの多くの河川での逆算粗度係数の検討から，計画規模に近い洪水流では，高水敷上の水深は十分な大きさになるため，粗度係数や，樹木の透過係数はほぼ一定になる．したがって，各河川で実際に起こった大規模な洪水流に対して，粗度係数と透過係数を求めておけば，計画規模の洪水流に対しても，これらの係数を用いることによって，流量ハイドログラフと貯留量を高い精度で評価することができ，高水計画の検討に用いることが可能となろう．

二次元不定流計算で求まる河道貯留を計画に考慮する場合，流域における雨の時空間分布との関係から，どのような大きさ，波形の流量ハイドログラフを高水計画に用いるかは，最も大きな課題である．このためには河川ごとに既往の大洪水時の雨の時空間分布とこれに対応する河道への流出の状況，洪水ハイドログラフの変形等を十分に検討し，計画に用いる雨について信頼できる情報を得なければならない．

河川整備基本方針では，河川が本来有している治水・利水と環境機能を発揮させ，これを社会・経済，技術面から評価し，総合的に見て調和のとれた望ましい姿をもつ河川をつくり上げていくことになる．河道の平面形，横断形を変化に富ませ，また河川の自然性を高める種々の方策をとることにより，河道の治水機能，環境機能，動植物の生息，生育空間機能等を適切に発揮させる．そのためには，洪水流と河道の特性を関係付ける貯留量について把握し，これを高水計画に取り込んでいくことになる．

必要なことは，河道の特性と洪水流の河道貯留量の関係を現地洪水流観測により確実に捉え，さらに，二次元不定流計算に基づく解析によって，河道貯留量が個々の河川にとってどの程度重要なものであるかを確実に把握することから始めなければならない．

6.5 まとめと課題

本章では，治水と環境を調和させる河川のあり方とこれに関する代表的な指標について水理学視点から述べた．治水と環境がかかわる課題には，水理学の他に社会・経済，技術，生態，景観など幅広くかかわっている．水理学的視点の他にこれらの立場から見た治水と環境の調和した川づくりを論ずることも必要であろう．これについて今後の活発な議論が期待される．

高水計画は，治水と環境の調和した川づくりの基本である．このためには，精度の高い洪水流量観測に基づき河道での流量ハイドログラフ，貯留量を評価し，ダムと河道での流量分担を合理的に，かつ精度良く評価することが，重要である．これによってダムの弾力的運用の幅が広がることも考えられる．

非定常二次元解析手法を用いて河道貯留を考慮した高水計画をたてる場合，流域における雨の時空間分布との関係から，どのような大きさ，波形の流量ハイドログラフを用いるかは本質的な課題である．この課題は，また，河道計画の最も基本となる計画高水位の縦断分布とも密接に関係している．現実に起こった大きな洪水が，雨の特性，河道の特性とどのように関係しているかを比較検討する．河道の平面形，縦断形，横断形に対する動植物の生息・生育環境，構造物の設置の案等を考慮し，さらに，治水，利水，環境への効果および影響を総合的に評価し計画高水位を決めることになる．

河道貯留量が精度よく評価され，高水計画に取り入れられることにより，安全で環境豊かな川づくりが行われるときがやがて来るであろう．このときには，川の平面形，横断形，低水路の蛇行線形への種々の工夫，高水敷上の樹木群の利用や河川の再自然化等種々の施策によって河道における貯留量の増大が図られることであろう．

一方において，河道貯留量の増大は，洪水の水位を高め継続時間を長くする．このため大きな貯留量を期待する河道区間では，堤防の安全性の確保が保証されなければならない．この観点からの調査，研究も同時に行わなければならない．

最後に，治水と環境の調和した望ましい川づくりを実現するためには，**第1章**で述べたそれぞれの河川で精度の高い洪水流データを集積し，河道特性と流量ハイドログラフ，河道貯留量の関係把握が重要であることを力説しなければならない．これを行うには多くの時間と労力がかかることから，ねばり強くこの課題を検討していくことが重要である．

参考文献

1) 福岡捷二：水理学的視点に立った治水と環境の調和した川づくり，継続教育制度創設記念講演会－21世紀の技術者像と地域の安全に向けて－，土木学会，pp.1-23, 2002.
2) Fukuoka, S: River Management for Hydraulic Harmony between Flood Control and Environmental Considerations, Proceedings of the International Conference on Fluvial Hydraulics, (Keynote Speech), River Flow 2002, Vol.1, pp.45-54, 2002.
3) 国土交通省河川局監修：河川六法（平成13年版），大成出版社，2001.
4) 国土交通省河川局監修：「河川法の一部を改正する法律などの運用について」，河川六法（平成

13 年版），大成出版社，2001．

5) 福岡捷二，渡邊明英，岡部博一，關浩太郎：洪水流の水理特性に及ぼす非定常性，流路平面形，横断面形の影響，水工学論文集，第 44 巻，pp.867-872, 2000．

6) 福岡捷二，關浩太郎，栗栖大輔：河道における洪水流の河道内貯留とピーク流量低減機能の評価，河川技術に関する論文集，Vol.6, pp.31-36, 2000．

7) Fukuoka, S: Flow and Topographic Changes in Compound Meandering Rivers, Proceeding of 4th International Conference on Hydro-Science and Engineering, (Keynote Speech), CD-ROM, 2000.

8) 福岡捷二，栗栖大輔，A.G.Mutasingwa，中村剛，高橋正則：洪水流の河道内貯留に及ぼす堤防と低水路の位相差及び高水敷の影響，水工学論文集，第 46 巻，pp.433-438, 2002．

9) 渡邊明英，福岡捷二，A.G.Mutasingwa，太田勝：複断面蛇行河道におけるハイドログラフの変形と河道内貯留の二次元解析，水工学論文集，第 46 巻，pp.427-432, 2002．

10) 福岡捷二，渡邊明英，関浩太郎，栗栖大輔，時岡利和：河道における洪水流の貯留機能とその評価，土木学会論文集，No.740/II-64, pp.31-44, 2003．

11) Ven Te Chow: Open Channel Hydraulics, McGRAW-HILL, 1956.

12) 野満隆治，瀬野錦蔵：改訂増補 新河川工学，地人書館，1961．

13) 建設省河川局監修：改訂新版 建設省河川砂防技術基準 (案) 同解説，調査編，(財) 日本河川協会編，1997．

14) 福岡捷二，渡邊明英，原俊彦，秋山正人：水面形の時間変化と非定常二次元解析を用いた洪水流量ハイドログラフと貯留量の高精度推算，土木学会論文集，No.761/II-67, pp.45-56, 2004．

15) 建設省河川局治水課，建設省土木研究所：河道特性に関する研究，第 42 回建設技術研究会，1988．

16) 自然再生推進法，環境省自然環境局，2003．

17) 福岡捷二，五十嵐崇博，高橋宏尚：江の川水防林の特性と治水効果，水工学論文集，第 39 巻，pp.501-506, 1995．

付録

平水時（H.16.7）

洪水時（S.57.7 梅雨前線豪雨）

写真：筑後川支川 玖珠川（14km付近 天瀬温泉）
提供：国土交通省 九州地方整備局 河川部 河川計画課

付録1　流れと河床変動に関する一般座標系の基礎方程式

境界形状を適切に評価するため直交曲線座標系や一般座標系などの境界適合座標系は，数値流体力学の分野で幅広く用いられている[1),2),3)]．本書で取り扱う河川工学においても，蛇行河道や河川構造物周囲の流れ，氾濫流などの複雑な境界形状を有する場合にしばしば境界適合座標系が適用される．ここでは，基礎方程式の物理的意味が捉えやすく，境界条件などを明確にしやすい一般座標系の物理成分表示[3)]の基礎方程式を示す．

1. 流れの基礎方程式

1.1　三次元一般座標系 (ξ, η, σ)

河道内の流れや氾濫流などの自由水面を有する流れでは，一般に重力が支配的となる．このため，これらの解析において境界適合座標系を用いる多くの場合，共変 σ 軸が z 軸と一致する σ 座標系が用いられる[4),5)]．（任意の座標軸に対する基礎方程式が用いられている場合でも，適用する座標系は σ 座標系と同様の場合が多い[6),7)]．）ここでは，水平面 (x-y 平面) に任意の方向の座標軸 (ξ, η) をもつ平面一般座標系と σ 座標系を複合させた三次元一般座標系基礎方程式 (ξ, η, σ) を示す．図-A.1 は平面一般座標系の物理成分，図-A.2 は σ 般座標系の物理成分を幾何学的に表示したものである．また，図-A.3 は σ 座標系における共変 $\xi-\eta$ 面を示す．図-A.2 に示す σ 座標系の共変，反変軸距離は，それぞれ式 (A.1)，(A.2) で表される．傾き ϕ は式 (A.3) で定義する．図-A.1 に示すように (ξ, η) の反変軸は x-y 平面上にあるため，平面一般座標系 (ξ, η) の物理成分に格子の反変距離 $(d\xi, d\eta)$ を用い，σ 座標の物理成分に格子の共変距離 $\Delta\sigma(=dz)$ を用いて一般座標系の基底ベクトルを式 (A.4) で定義すると，σ 座標系と平面一般座標系 (ξ, η) は分離され，基礎方程式は簡略化される．

$$d\xi = \frac{1}{\sqrt{\xi_x^2 + \xi_y^2}}, \quad d\eta = \frac{1}{\sqrt{\eta_x^2 + \eta_y^2}}, \quad d\sigma = \frac{1}{\sqrt{\sigma_x^2 + \sigma_y^2 + \sigma_z^2}} \tag{A.1}$$

$$\Delta\xi = \sqrt{x_\xi^2 + y_\xi^2 + z_\xi^2}, \quad \Delta\eta = \sqrt{x_\eta^2 + y_\eta^2 + z_\eta^2}, \quad \Delta\sigma = dz = z_\sigma \tag{A.2}$$

$$\tan\phi_\xi = \tilde{z}_\xi, \quad \tan\phi_\eta = \tilde{z}_\eta, \quad \tan^2\phi = \tilde{z}_\xi^2 + \tilde{z}_\eta^2 + 2\cos\theta^{\eta\xi} \cdot \tilde{z}_\xi \tilde{z}_\eta \tag{A.3}$$

$$\begin{pmatrix} \tilde{\xi}_x & \tilde{\xi}_y & 0 \\ \tilde{\eta}_x & \tilde{\eta}_y & 0 \\ \tilde{\sigma}_x & \tilde{\sigma}_y & \tilde{\sigma}_z \end{pmatrix} = \begin{pmatrix} d\xi \cdot \xi_x & d\xi \cdot \xi_y & 0 \\ d\eta \cdot \eta_x & d\eta \cdot \eta_x & 0 \\ dz \cdot \sigma_x & dz \cdot \sigma_y & dz \cdot \sigma_z \end{pmatrix}$$
$$= \begin{pmatrix} \tilde{y}_\eta/\tilde{J} & -\tilde{x}_\eta/\tilde{J} & 0 \\ -\tilde{y}_\xi/\tilde{J} & \tilde{x}_\xi/\tilde{J} & 0 \\ (\tilde{y}_\xi \tilde{z}_\eta - \tilde{y}_\eta \tilde{z}_\xi)/\tilde{J} & (\tilde{z}_\xi \tilde{x}_\eta - \tilde{z}_\eta \tilde{x}_\xi)/\tilde{J} & 1 \end{pmatrix} \tag{A.4}$$

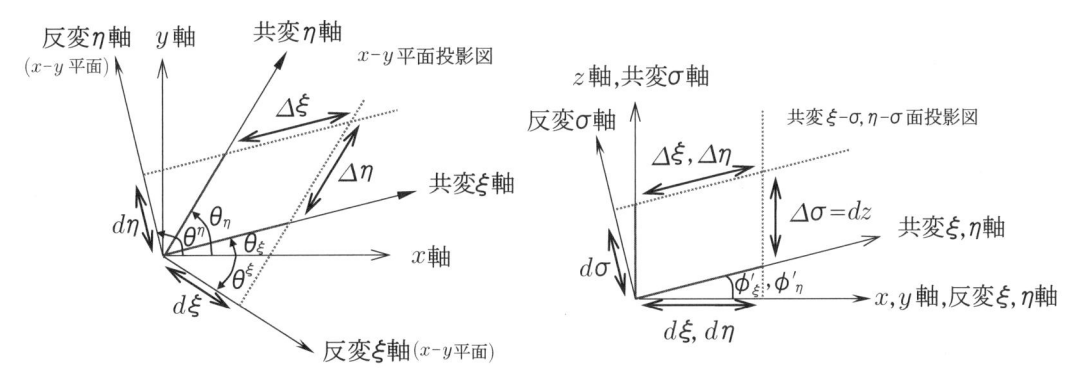

図-A.1 平面一般曲線座標系の物理成分の幾何学表示

図-A.2 σ座標系の物理成分の幾何学表示

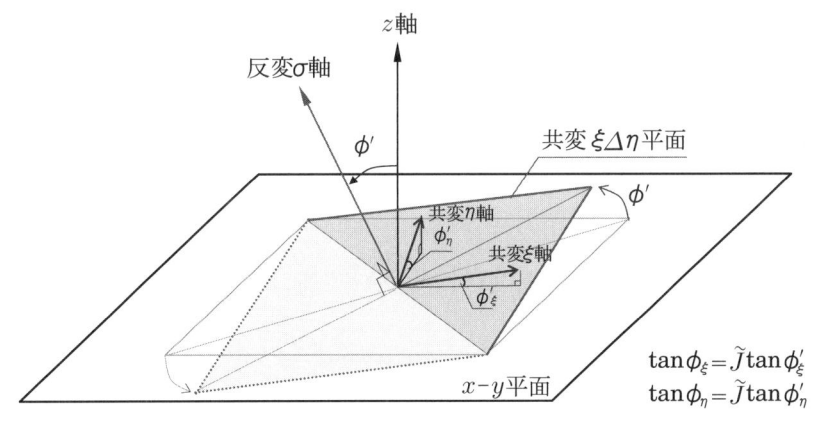

図-A.3 σ座標系における共変ξ-η面の傾き

$$J = x_\xi y_\eta - x_\eta y_\xi, \quad \tilde{J} = \frac{J}{d\xi \cdot d\eta} = \frac{1}{\sin \theta^{\eta\xi}}, \quad \theta^{\eta\xi} = \theta^\eta - \theta^\xi \tag{A.5}$$

ここで，上付きの〜線は物理成分であることを示す．無次元共変ベクトルは式 (A.6) で定義される．

$$\begin{pmatrix} \tilde{x}_\xi & \tilde{x}_\eta & 0 \\ \tilde{y}_\xi & \tilde{y}_\eta & 0 \\ \tilde{z}_\xi & \tilde{z}_\eta & \tilde{z}_\sigma \end{pmatrix} = \begin{pmatrix} x_\xi/d\xi & x_\eta/d\eta & 0 \\ y_\xi/d\xi & y_\eta/d\eta & 0 \\ z_\xi/d\xi & z_\eta/d\eta & 1 \end{pmatrix} \tag{A.6}$$

反変流速ベクトルの物理成分は式 (A.7) となる．

$$\begin{pmatrix} \tilde{U} \\ \tilde{V} \\ \tilde{W} \end{pmatrix} = \begin{pmatrix} \tilde{\xi}_x & \tilde{\xi}_y & 0 \\ \tilde{\eta}_x & \tilde{\eta}_x & 0 \\ \tilde{\sigma}_x & \tilde{\sigma}_y & 1 \end{pmatrix} \begin{pmatrix} u \\ v \\ w \end{pmatrix} \tag{A.7}$$

以上を用いた三次元一般座標系の流れの基礎方程式は，水面，河床変動に対応できるようにグリッドの移動速度 w_g を考慮した[4] 反変 ξ, η, z 方向の運動方程式が式 (A.8〜A.10)，連続式が式 (A.11) で表現される．

(反変 ξ 方向の運動方程式)

$$\frac{\partial \tilde{U}}{\partial t} + \tilde{U}\frac{\partial \tilde{U}}{\partial \tilde{\xi}} + \tilde{V}\frac{\partial \tilde{U}}{\partial \tilde{\eta}} + \left(\tilde{W} - w_g\right)\frac{\partial \tilde{U}}{\partial z} - \tilde{J}\left(\tilde{V} - \tilde{U}\cos\theta^{\eta\xi}\right)\left(\tilde{U}\frac{\partial \theta^\xi}{\partial \tilde{\xi}} + \tilde{V}\frac{\partial \theta^\xi}{\partial \tilde{\eta}}\right)$$

$$= -\frac{1}{\rho}\left(\frac{\partial p}{\partial \tilde{\xi}} + \cos\theta^{\eta\xi}\frac{\partial p}{\partial \tilde{\eta}} - \alpha\frac{\partial p}{\partial z}\right)$$

$$+ \frac{1}{\tilde{J}d\xi d\eta dz}\left\{\frac{\partial}{\partial \xi}\left(\tilde{J}d\eta \cdot dz\tilde{\tau}_{\xi\xi}\right) + \frac{\partial}{\partial \eta}\left(\tilde{J}d\xi \cdot dz\tilde{\tau}_{\xi\eta}\right) + \frac{\partial}{\partial \sigma}\left(\tilde{J}d\xi d\eta \cdot \tilde{\tau}_{\xi\sigma}\right)\right\}$$

$$- \tilde{J}\left\{\left(-\tilde{\tau}_{\xi\xi}\cos\theta^{\eta\xi} + \tilde{\tau}_{\xi\eta}\right)\frac{\partial \theta^\xi}{\partial \tilde{\xi}} + \left(-\tilde{\tau}_{\xi\eta}\cos\theta^{\eta\xi} + \tilde{\tau}_{\eta\eta}\right)\frac{\partial \theta^\xi}{\partial \tilde{\eta}}\right\} \quad (A.8)$$

(反変 η 方向の運動方程式)

$$\frac{\partial \tilde{V}}{\partial t} + \tilde{U}\frac{\partial \tilde{V}}{\partial \tilde{\xi}} + \tilde{V}\frac{\partial \tilde{V}}{\partial \tilde{\eta}} + \left(\tilde{W} - w_g\right)\frac{\partial \tilde{V}}{\partial z} + \tilde{J}\left(\tilde{U} - \tilde{V}\cos\theta^{\eta\xi}\right)\left(\tilde{U}\frac{\partial \theta^\eta}{\partial \tilde{\xi}} + \tilde{V}\frac{\partial \theta^\eta}{\partial \tilde{\eta}}\right)$$

$$= -\frac{1}{\rho}\left(\cos\theta^{\eta\xi}\frac{\partial p}{\partial \tilde{\xi}} + \frac{\partial p}{\partial \tilde{\eta}} - \beta\frac{\partial p}{\partial z}\right)$$

$$+ \frac{1}{\tilde{J}d\xi d\eta dz}\left\{\frac{\partial}{\partial \xi}\left(\tilde{J}d\eta \cdot dz\tilde{\tau}_{\eta\xi}\right) + \frac{\partial}{\partial \eta}\left(\tilde{J}d\xi \cdot dz\tilde{\tau}_{\eta\eta}\right) + \frac{\partial}{\partial \sigma}\left(\tilde{J}d\xi \cdot dz\tilde{\tau}_{\eta\sigma}\right)\right\}$$

$$- \tilde{J}\left\{\left(-\tilde{\tau}_{\xi\xi} + \tilde{\tau}_{\xi\eta}\cos\theta^{\eta\xi}\right)\frac{\partial \theta^\eta}{\partial \tilde{\xi}} + \left(-\tilde{\tau}_{\xi\eta} + \tilde{\tau}_{\eta\eta}\cos\theta^{\eta\xi}\right)\frac{\partial \theta^\eta}{\partial \tilde{\eta}}\right\} \quad (A.9)$$

(z 方向の運動方程式)

$$\frac{\partial w}{\partial t} + \tilde{U}\frac{\partial w}{\partial \tilde{\xi}} + \tilde{V}\frac{\partial w}{\partial \tilde{\eta}} + \left(\tilde{W} - w_g\right)\frac{\partial w}{\partial z}$$

$$= -g - \frac{1}{\rho}\frac{\partial p}{\partial z} + \frac{1}{\tilde{J}d\xi d\eta dz}\left\{\frac{\partial}{\partial \xi}\left(\tilde{J}d\eta \cdot dz\tilde{\tau}_{z\xi}\right) + \frac{\partial}{\partial \eta}\left(\tilde{J}d\xi \cdot dz\tilde{\tau}_{z\eta}\right) + \frac{\partial}{\partial \sigma}\left(\tilde{J}d\xi d\eta\tilde{\tau}_{z\sigma}\right)\right\} \quad (A.10)$$

(連続方程式)

$$\frac{\partial}{\partial \xi}\left(\tilde{J}d\eta \cdot dz\tilde{U}\right) + \frac{\partial}{\partial \eta}\left(\tilde{J}d\xi \cdot dz\tilde{V}\right) + \frac{\partial}{\partial \sigma}\left(\tilde{J}d\eta d\xi\tilde{W}\right) = 0 \quad (A.11)$$

σ 方向流速は，式(A.4)，(A.7) から，式 (A.12) で表される．

$$\tilde{W} = w - \tilde{U}\cdot\tan\phi_\xi - \tilde{V}\cdot\tan\phi_\eta \quad (A.12)$$

応力テンソルはそれぞれ，式 (A.13)〜(A.20) で表される．

$$\tilde{\tau}_{\xi\xi} = 2\varepsilon\left\{\left(\frac{\partial \tilde{U}}{\partial \tilde{\xi}} + \cos\theta^{\eta\xi}\frac{\partial \tilde{U}}{\partial \tilde{\eta}} - \alpha\frac{\partial \tilde{U}}{\partial z}\right) - \tilde{J}\left(\tilde{V} - \tilde{U}\cos\theta^{\eta\xi}\right)\left(\frac{\partial \theta^\xi}{\partial \tilde{\xi}} + \cos\theta^{\eta\xi}\frac{\partial \theta^\xi}{\partial \tilde{\eta}}\right)\right\} \quad (A.13)$$

$$\tilde{\tau}_{\eta\eta} = 2\varepsilon\left\{\left(\cos\theta^{\eta\xi}\frac{\partial \tilde{V}}{\partial \tilde{\xi}} + \frac{\partial \tilde{V}}{\partial \tilde{\eta}} - \beta\frac{\partial \tilde{V}}{\partial z}\right) + \tilde{J}\left(\tilde{U} - \tilde{V}\cos\theta^{\eta\xi}\right)\left(\cos\theta^{\eta\xi}\frac{\partial \theta^\eta}{\partial \tilde{\xi}} + \frac{\partial \theta^\eta}{\partial \tilde{\eta}}\right)\right\} \quad (A.14)$$

$$\tilde{\tau}_{\xi\eta} = \varepsilon\left\{\left(\cos\theta^{\eta\xi}\frac{\partial \tilde{U}}{\partial \tilde{\xi}} + \frac{\partial \tilde{U}}{\partial \tilde{\eta}} - \beta\frac{\partial \tilde{U}}{\partial z}\right) - \tilde{J}\left(\tilde{V} - \tilde{U}\cos\theta^{\eta\xi}\right)\left(\cos\theta^{\eta\xi}\frac{\partial \theta^\xi}{\partial \tilde{\xi}} + \frac{\partial \theta^\xi}{\partial \tilde{\eta}}\right)\right\}$$

$$+\varepsilon\left\{\left(\frac{\partial \tilde{V}}{\partial \tilde{\xi}}+\cos\theta^{\eta\xi}\frac{\partial \tilde{V}}{\partial \tilde{\eta}}-\alpha\frac{\partial \tilde{V}}{\partial z}\right)+\tilde{J}\left(\tilde{U}-\tilde{V}\cos\theta^{\eta\xi}\right)\left(\frac{\partial \theta^{\eta}}{\partial \tilde{\xi}}+\cos\theta^{\eta\xi}\frac{\partial \theta^{\eta}}{\partial \tilde{\eta}}\right)\right\}$$
(A.15)

$$\tilde{\tau}_{z\xi}=\varepsilon\left(\frac{\partial \tilde{U}}{\partial z}+\frac{\partial w}{\partial \tilde{\xi}}+\cos\theta^{\eta\xi}\frac{\partial w}{\partial \tilde{\eta}}-\alpha\frac{\partial w}{\partial z}\right) \tag{A.16}$$

$$\tilde{\tau}_{z\eta}=\varepsilon\left(\frac{\partial \tilde{V}}{\partial z}+\cos\theta^{\eta\xi}\frac{\partial w}{\partial \tilde{\xi}}+\frac{\partial w}{\partial \tilde{\eta}}-\beta\frac{\partial w}{\partial z}\right) \tag{A.17}$$

$$\tilde{\tau}_{z\sigma}=\varepsilon\left(\frac{\partial \tilde{W}}{\partial z}-\alpha\frac{\partial w}{\partial \tilde{\xi}}-\beta\frac{\partial w}{\partial \tilde{\eta}}+\frac{1}{\cos^2\phi}\frac{\partial w}{\partial z}+\frac{\tilde{U}}{\cos^2\phi_\xi}\frac{\partial \phi_\xi}{\partial z}+\frac{\tilde{V}}{\cos^2\phi_\eta}\frac{\partial \phi_\eta}{\partial z}\right) \tag{A.18}$$

$$\tilde{\tau}_{\xi\sigma}=-\tan\phi_\xi\tilde{\tau}_{\xi\xi}-\tan\phi_\eta\tilde{\tau}_{\xi\eta}+\tilde{\tau}_{z\xi} \tag{A.19}$$

$$\tilde{\tau}_{\eta\sigma}=-\tan\phi_\xi\tilde{\tau}_{\xi\eta}-\tan\phi_\eta\tilde{\tau}_{\eta\eta}+\tilde{\tau}_{z\eta} \tag{A.20}$$

ここで,

$$\frac{\partial}{\partial\tilde{\xi}}=\frac{\partial}{d\xi\cdot\partial\xi}, \quad \frac{\partial}{\partial\tilde{\eta}}=\frac{\partial}{d\eta\cdot\partial\eta}, \quad \frac{\partial}{\partial z}=\frac{\partial}{dz\cdot\partial\sigma},$$

$$\alpha=\tilde{z}_\xi+\cos\theta^{\eta\xi}\cdot\tilde{z}_\eta, \quad \beta=\cos\theta^{\eta\xi}\cdot\tilde{z}_\xi+\tilde{z}_\eta, \quad \alpha\tan\phi_\xi+\beta\tan\phi_\eta=\tan^2\phi$$

である. ε は渦動粘性係数であり, 目的に応じた乱流モデルで与える[8].

一般座標系と直交曲線座標系の関係について示す. 水平面の座標系に直交曲線座標系を適用する場合,

$$\theta^{\eta\xi}=\theta_{\eta\xi}=\frac{\pi}{2}, \quad \tilde{J}=\frac{1}{\sin\theta^{\eta\xi}}=1, \quad \cos\theta^{\eta\xi}=0$$

である. 曲率半径を,

$$\frac{\partial \theta^\xi}{\partial \tilde{\xi}}=\frac{\partial \theta^\eta}{\partial \tilde{\xi}}=\frac{1}{r_\eta}, \quad \frac{\partial \theta^\xi}{\partial \tilde{\eta}}=\frac{\partial \theta^\eta}{\partial \tilde{\eta}}=\frac{1}{r_\xi}$$

と定義し, 整理すれば直交曲線座標系の基礎方程式が得られる.

本文でも述べたように, 流体の流れは三次元であるが, 必ずしも三次元解析を行う必要は無く, 目的に応じて解析の次元を設定すべきである. 以下に, 平面一般座標系 (ξ,η) と σ 座標系 (鉛直二次元) の基礎方程式を示す.

1.2 平面二次元一般座標系 (ξ,η)

三次元一般座標系において, 格子の鉛直方向の長さ dz を水深 h に置き換え, 水平面以外の項を消去すれば, 平面一般座標系の二次元浅水流方程式が得られる. 図-A.1 に示す一般座標系の共変, 反変軸距離は次のように表される.

$$d\xi=\frac{1}{\sqrt{\xi_x^2+\xi_y^2}}, \quad d\eta=\frac{1}{\sqrt{\eta_x^2+\eta_y^2}} \tag{A.21}$$

$$\Delta\xi=\sqrt{x_\xi^2+y_\xi^2}, \quad \Delta\eta=\sqrt{x_\eta^2+y_\eta^2} \tag{A.22}$$

平面一般座標系において，反変軸上の物理長さが 1 の単位ベクトル (以下, 反変基底物理成分) は式 (A.23) で定義される.

$$\begin{pmatrix} \tilde{\xi}_x & \tilde{\xi}_y \\ \tilde{\eta}_x & \tilde{\eta}_y \end{pmatrix} = \begin{pmatrix} d\xi \cdot \xi_x & d\xi \cdot \xi_y \\ d\eta \cdot \eta_x & d\eta \cdot \eta_y \end{pmatrix} = \frac{1}{\tilde{J}} \begin{pmatrix} y_\eta/d\eta & -x_\eta/d\eta \\ -y_\xi/d\xi & x_\xi/d\xi \end{pmatrix} = \begin{pmatrix} \cos\theta^\xi & \sin\theta^\xi \\ \cos\theta^\eta & \sin\theta^\eta \end{pmatrix} \quad \text{(A.23)}$$

水深平均流速ベクトルと水平応力テンソルの (x,y) 座標系成分から一般座標系物理成分への変換はそれぞれ，式 (A.24),(A.25) で行われる.

$$\begin{pmatrix} \tilde{U} \\ \tilde{V} \end{pmatrix} = \begin{pmatrix} \tilde{\xi}_x & \tilde{\xi}_y \\ \tilde{\eta}_x & \tilde{\eta}_y \end{pmatrix} \begin{pmatrix} u \\ v \end{pmatrix} \quad \text{(A.24)}$$

$$\begin{pmatrix} \tilde{\tau}_{\xi\xi} & \tilde{\tau}_{\xi\eta} \\ \tilde{\tau}_{\xi\eta} & \tilde{\tau}_{\eta\eta} \end{pmatrix} = \begin{pmatrix} \tilde{\xi}_x & \tilde{\xi}_y \\ \tilde{\eta}_x & \tilde{\eta}_y \end{pmatrix} \begin{pmatrix} \tau_{xx} & \tau_{xy} \\ \tau_{xy} & \tau_{yy} \end{pmatrix} \begin{pmatrix} \tilde{\xi}_x & \tilde{\xi}_y \\ \tilde{\eta}_x & \tilde{\eta}_y \end{pmatrix} \quad \text{(A.25)}$$

ここに，$u, v : u, v$ 方向の水深平均流速ベクトル，$\tilde{U}, \tilde{V}$: 反変 ξ, η 方向の水深平均流速ベクトルの物理成分，であり，応力テンソルに関する下付の文字は，応力の作用面と作用方向を示す．これらを用いた一般座標系物理成分表示の浅水流方程式は，反変 ξ, η 方向の運動方程式が式 (A.26), (A.27)，連続式が式 (A.28) で表される.

(反変 ξ 方向の運動方程式)

$$h\frac{\partial \tilde{U}}{\partial t} + \tilde{U}h\frac{\partial \tilde{U}}{\partial \tilde{\xi}} + \tilde{V}h\frac{\partial \tilde{U}}{\partial \tilde{\eta}} - \tilde{J}\left(\tilde{V} - \tilde{U}\cos\theta^{\eta\xi}\right)\left(\tilde{U}h\frac{\partial \theta^\xi}{\partial \tilde{\xi}} + \tilde{V}h\frac{\partial \theta^\xi}{\partial \tilde{\eta}}\right)$$

$$= -\frac{F_\xi}{\rho} - gh\left(\frac{\partial \zeta}{\partial \tilde{\xi}} + \cos\theta^{\eta\xi}\frac{\partial \zeta}{\partial \tilde{\eta}}\right) - \tau_{0\xi} + \frac{1}{J}\left\{\frac{\partial}{\partial \xi}\left(\tilde{J}d\eta \cdot h\tilde{\tau}_{\xi\xi}\right) + \frac{\partial}{\partial \eta}\left(\tilde{J}d\xi \cdot h\tilde{\tau}_{\xi\eta}\right)\right\}$$

$$- \tilde{J}h\left\{\left(-\tilde{\tau}_{\xi\xi}\cos\theta^{\eta\xi} + \tilde{\tau}_{\xi\eta}\right)\frac{\partial \theta^\xi}{\partial \tilde{\xi}} + \left(-\tilde{\tau}_{\xi\eta}\cos\theta^{\eta\xi} + \tilde{\tau}_{\eta\eta}\right)\frac{\partial \theta^\xi}{\partial \tilde{\eta}}\right\} \quad \text{(A.26)}$$

(反変 η 方向の運動方程式)

$$h\frac{\partial \tilde{V}}{\partial t} + \tilde{U}h\frac{\partial \tilde{V}}{\partial \tilde{\xi}} + \tilde{V}h\frac{\partial \tilde{V}}{\partial \tilde{\eta}} + \tilde{J}\left(\tilde{U} - \tilde{V}\cos\theta^{\eta\xi}\right)\left(\tilde{U}h\frac{\partial \theta^\eta}{\partial \tilde{\xi}} + \tilde{V}h\frac{\partial \theta^\eta}{\partial \tilde{\eta}}\right)$$

$$= -\frac{F_\eta}{\rho} - gh\left(\cos\theta^{\eta\xi}\frac{\partial \zeta}{\partial \tilde{\xi}} + \frac{\partial \zeta}{\partial \tilde{\eta}}\right) - \tau_{0\eta} + \frac{1}{J}\left\{\frac{\partial}{\partial \xi}\left(\tilde{J}d\eta \cdot h\tilde{\tau}_{\xi\eta}\right) + \frac{\partial}{\partial \eta}\left(\tilde{J}d\xi \cdot h\tilde{\tau}_{\eta\eta}\right)\right\}$$

$$- \tilde{J}h\left\{\left(-\tilde{\tau}_{\xi\xi} + \tilde{\tau}_{\xi\eta}\cos\theta^{\eta\xi}\right)\frac{\partial \theta^\eta}{\partial \tilde{\xi}} + \left(-\tilde{\tau}_{\xi\eta} + \tilde{\tau}_{\eta\eta}\cos\theta^{\eta\xi}\right)\frac{\partial \theta^\eta}{\partial \tilde{\eta}}\right\} \quad \text{(A.27)}$$

(連続方程式)

$$J\frac{\partial h}{\partial t} + \frac{\partial}{\partial \xi}\left(\tilde{J}d\eta \cdot \tilde{U}h\right) + \frac{\partial}{\partial \eta}\left(\tilde{J}d\xi \cdot \tilde{V}h\right) = 0 \quad \text{(A.28)}$$

ここに，ζ：水位である．運動方程式には外力項 F_ξ, F_η が付加されており，対象とする流れ場に応じて F_ξ, F_η を別途評価する必要がある．（例えば，**第 1 章** 樹木のある流れ，**第 4 章** 水理構造物のある流れ，**付録 2** 運動方程式の流体力項，を参照されたい．）底面せん断応力項は，式 (A.29) で表される．

$$\tau_{0\xi} = \frac{\tilde{U}\tau_0}{\sqrt{u^2+v^2}}, \quad \tau_{0\eta} = \frac{\tilde{V}\tau_0}{\sqrt{u^2+v^2}}, \quad \tau_0 = \rho U_*^2 \tag{A.29}$$

反変物理成分ベクトルにかかる線分長さは,

$$\left(\tilde{J}d\xi, \tilde{J}d\eta\right) = (\Delta\xi, \Delta\eta) \tag{A.30}$$

と変換されるため,式 (A.26),(A.27) の水平応力項および連続式 (A.28) では格子の共変軸距離 $\Delta\xi, \Delta\eta$ を直接用いる.また,水平応力はそれぞれ,式 (A.31)〜(A.33) で表される.

$$\tilde{\tau}_{\xi\xi} = 2\varepsilon\left\{\left(\frac{\partial \tilde{U}}{\partial\tilde{\xi}} + \cos\theta^{\eta\xi}\frac{\partial \tilde{U}}{\partial\tilde{\eta}}\right) - \tilde{J}\left(\tilde{V} - \tilde{U}\cos\theta^{\eta\xi}\right)\left(\frac{\partial\theta^{\xi}}{\partial\tilde{\xi}} + \cos\theta^{\eta\xi}\frac{\partial\theta^{\xi}}{\partial\tilde{\eta}}\right)\right\} \tag{A.31}$$

$$\tilde{\tau}_{\eta\eta} = 2\varepsilon\left\{\left(\cos\theta^{\eta\xi}\frac{\partial \tilde{V}}{\partial\tilde{\xi}} + \frac{\partial \tilde{V}}{\partial\tilde{\eta}}\right) + \tilde{J}\left(\tilde{U} - \tilde{V}\cos\theta^{\eta\xi}\right)\left(\cos\theta^{\eta\xi}\frac{\partial\theta^{\eta}}{\partial\tilde{\xi}} + \frac{\partial\theta^{\eta}}{\partial\tilde{\eta}}\right)\right\} \tag{A.32}$$

$$\tilde{\tau}_{\xi\eta} = \varepsilon\left\{\left(\cos\theta^{\eta\xi}\frac{\partial \tilde{U}}{\partial\tilde{\xi}} + \frac{\partial \tilde{U}}{\partial\tilde{\eta}}\right) - \tilde{J}\left(\tilde{V} - \tilde{U}\cos\theta^{\eta\xi}\right)\left(\cos\theta^{\eta\xi}\frac{\partial\theta^{\xi}}{\partial\tilde{\xi}} + \frac{\partial\theta^{\xi}}{\partial\tilde{\eta}}\right)\right\}$$
$$+ \varepsilon\left\{\left(\frac{\partial \tilde{V}}{\partial\tilde{\xi}} + \cos\theta^{\eta\xi}\frac{\partial \tilde{V}}{\partial\tilde{\eta}}\right) + \tilde{J}\left(\tilde{U} - \tilde{V}\cos\theta^{\eta\xi}\right)\left(\frac{\partial\theta^{\eta}}{\partial\tilde{\xi}} + \cos\theta^{\eta\xi}\frac{\partial\theta^{\eta}}{\partial\tilde{\eta}}\right)\right\} \tag{A.33}$$

1.3 鉛直二次元 σ 座標系 (ξ, σ)

三次元一般座標系において,水平面に関する項を消去すれば,σ 座標系の鉛直二次元方程式が得られる.$(d\xi, dz)$ は図-A.2 に示すように,それぞれ σ 座標系格子の反変 ξ 軸上の距離と共変 z 軸上の距離と定義する.逆変換のマトリクスは ξ 方向の反変軸,σ 方向の共変軸 (z 軸) の物理長さを用いて式 (A.34) で表される.

$$\begin{pmatrix} \tilde{\xi}_x & 0 \\ \tilde{\sigma}_x & \tilde{\sigma}_z \end{pmatrix} = \begin{pmatrix} d\xi\cdot\xi_x & 0 \\ dz\cdot\sigma_x & dz\cdot\sigma_z \end{pmatrix} = \begin{pmatrix} 1 & 0 \\ -\tan\phi_\xi & 1 \end{pmatrix} \tag{A.34}$$

ここで,流速ベクトルの σ 座標系と (x,z) 座標系との変換は式 (A.35) で表される.

$$\begin{pmatrix} \tilde{U} \\ \tilde{W} \end{pmatrix} = \begin{pmatrix} 1 & 0 \\ -\tan\phi_\xi & 1 \end{pmatrix} \begin{pmatrix} u \\ w \end{pmatrix} \tag{A.35}$$

これらを用いた物理成分表示の σ 座標系の基礎方程式は,反変 ξ 方向,z 方向の運動方程式が式 (A.36),(A.37),連続式が式 (A.38) で表される.

(反変 ξ 方向の運動方程式)

$$\frac{\partial \tilde{U}}{\partial t} + \tilde{U}\frac{\partial \tilde{U}}{\partial\tilde{\xi}} + \left(\tilde{W} - w_g\right)\frac{\partial \tilde{U}}{\partial z}$$
$$= -\frac{1}{\rho}\left(\frac{\partial p}{\partial\tilde{\xi}} - \tan\phi_\xi\frac{\partial p}{\partial z}\right) + \frac{1}{d\xi dz}\left\{\frac{\partial}{\partial\xi}\left(dz\tilde{\tau}_{\xi\xi}\right) + \frac{\partial}{\partial\sigma}\left(d\xi\tilde{\tau}_{\xi\sigma}\right)\right\} \tag{A.36}$$

(z 方向の運動方程式)

$$\frac{\partial w}{\partial t} + \tilde{U}\frac{\partial w}{\partial \tilde{\xi}} + \left(\tilde{W} - w_g\right)\frac{\partial w}{\partial z} = -g - \frac{1}{\rho}\frac{\partial p}{\partial z} + \frac{1}{d\xi dz}\left\{\frac{\partial}{\partial \xi}\left(dz\tilde{\tau}_{z\xi}\right) + \frac{\partial}{\partial \sigma}\left(d\xi \tilde{\tau}_{z\sigma}\right)\right\} \quad (A.37)$$

(連続方程式)

$$\frac{\partial}{\partial \xi}\left(dz\tilde{U}\right) + \frac{\partial}{\partial \sigma}\left(d\xi \tilde{W}\right) = 0 \quad (A38)$$

応力テンソルは式 (A.39)〜(A.42) で表される.

$$\tilde{\tau}_{\xi\xi} = 2\nu_t\left(\frac{\partial \tilde{U}}{\partial \tilde{\xi}} - \tan\phi_\xi \frac{\partial \tilde{U}}{\partial z}\right) \quad (A.39)$$

$$\tilde{\tau}_{z\xi} = \nu_t\left(\frac{\partial \tilde{U}}{\partial z} + \frac{\partial w}{\partial \tilde{\xi}} - \tan\phi_\xi \frac{\partial w}{\partial z}\right) \quad (A.40)$$

$$\tilde{\tau}_{\xi\sigma} = -\tan\phi_\xi \tilde{\tau}_{\xi\xi} + \tilde{\tau}_{z\xi} \quad (A.41)$$

$$\tilde{\tau}_{z\sigma} = \nu_t\left\{\frac{\partial \tilde{W}}{\partial z} - \tan\phi_\xi \frac{\partial w}{\partial \tilde{\xi}} + \frac{1}{\cos^2\phi_\xi}\left(\frac{\partial w}{\partial z} + \tilde{U}\frac{\partial \phi_\xi}{\partial z}\right)\right\} \quad (A.42)$$

2. 移動床の基礎方程式

一般座標系における反変 ξ, η 方向の流砂量ベクトル $\tilde{q}_{B\xi}, \tilde{q}_{B\eta}$ と x, y 方向の流砂量ベクトル q_{Bx}, q_{By} の関係は, 式 (A.25) と同様に, 式 (A.43) で与えられる.

$$\begin{pmatrix}\tilde{q}_{B\xi} \\ \tilde{q}_{B\eta}\end{pmatrix} = \begin{pmatrix}\tilde{\xi}_x & \tilde{\xi}_y \\ \tilde{\eta}_x & \tilde{\eta}_y\end{pmatrix}\begin{pmatrix}q_{Bx} \\ q_{By}\end{pmatrix} \quad (A.43)$$

式 (A.5), (A.21)〜(A.23) の変換則と式 (A.43) から, 移動床に関する一般座標系の基礎方程式は式 (A.44)〜(A.48) で表される.

(流砂の連続式)

$$J(1-\lambda)\frac{\partial z}{\partial t} + \frac{\partial \tilde{J}d\eta \cdot \tilde{q}_{B\xi}}{\partial \xi} + \frac{\partial \tilde{J}d\xi \cdot \tilde{q}_{B\eta}}{\partial \eta} = 0 \quad (A.44)$$

(平衡流砂量の単位ベクトル)

$$\frac{\tilde{q}_{Be\xi}}{q_{Be}} = \frac{\tilde{U}_b}{\sqrt{u_b^2 + v_b^2}} - \frac{1}{\sqrt{\mu_s^n \mu_t^{n-1}}}\left(\frac{\tau_{*c}}{\tau_{*e}}\right)^n\left(\frac{\partial z}{\partial \tilde{\xi}} + \cos\theta^{\eta\xi}\frac{\partial z}{\partial \tilde{\eta}}\right) \quad (A.45)$$

$$\frac{\tilde{q}_{Be\eta}}{q_{Be}} = \frac{\tilde{V}_b}{\sqrt{u_b^2 + v_b^2}} - \frac{1}{\sqrt{\mu_s^n \mu_t^{n-1}}}\left(\frac{\tau_{*c}}{\tau_{*e}}\right)^n\left(\cos\theta^{\eta\xi}\frac{\partial z}{\partial \tilde{\xi}} + \frac{\partial z}{\partial \tilde{\eta}}\right) \quad (A.46)$$

(非平衡流砂量式)

$$\frac{\tilde{q}_{B\xi}}{q_B}\frac{\partial \tilde{q}_{B\xi}}{\partial \tilde{\xi}} + \frac{\tilde{q}_{B\eta}}{q_B}\frac{\partial \tilde{q}_{B\xi}}{\partial \tilde{\eta}} - \tilde{J}(\tilde{q}_{B\eta} - \tilde{q}_{B\xi}\cos\theta^{\eta\xi})\left(\frac{\tilde{q}_{B\xi}}{q_B}\frac{\partial \theta^\xi}{\partial \tilde{\xi}} + \frac{\tilde{q}_{B\eta}}{q_B}\frac{\partial \theta^\xi}{\partial \tilde{\eta}}\right)$$

$$= \kappa_B \left(\tilde{q}_{Be\xi} - \tilde{q}_{B\xi}\right) + \frac{\tau_c}{\rho u_d} \left(\frac{\tilde{q}_{Be\xi}}{q_{Be}} - \frac{\tilde{q}_{B\xi}}{q_B}\right) \tag{A.47}$$

$$\frac{\tilde{q}_{B\xi}}{q_B}\frac{\partial \tilde{q}_{B\eta}}{\partial \tilde{\xi}} + \frac{\tilde{q}_{B\eta}}{q_B}\frac{\partial \tilde{q}_{B\eta}}{\partial \tilde{\eta}} + \tilde{J}(\tilde{q}_{B\xi} - \tilde{q}_{B\eta}\cos\theta^{\eta\xi})\left(\frac{\tilde{q}_{B\xi}}{q_B}\frac{\partial \theta^{\eta}}{\partial \tilde{\xi}} + \frac{\tilde{q}_{B\eta}}{q_B}\frac{\partial \theta^{\eta}}{\partial \tilde{\eta}}\right)$$

$$= \kappa_B \left(\tilde{q}_{Be\eta} - \tilde{q}_{B\eta}\right) + \frac{\tau_c}{\rho u_d} \left(\frac{\tilde{q}_{Be\eta}}{q_{Be}} - \frac{\tilde{q}_{B\eta}}{q_B}\right) \tag{A.48}$$

参考文献

1) Hunter Rouse : Advanced Mechanics of Fluids, John Wiley, 1959.
2) 荒井忠一著：数値流体工学，東京大学出版会，1994.
3) 藤井孝藏著：流体力学の数値計算法，東京大学出版会，1994.
4) 渡邊明英，福岡捷二，Alex Gorge Mutasingwa，太田勝：複断面蛇行河道におけるハイドログラフの変形と河道内貯留の非定常二次元解析，水工学論文集，第 46 巻，pp.427-432，2002.
5) 内田龍彦，福岡捷二，渡邊明英：床止め工下流部の局所洗掘の数値解析モデルの開発，土木学会論文集，No.768/II-68，pp.45-54，2004.
6) 福岡捷二，渡邊明英：複断面蛇行流路における流れ場の三次元解析，土木学会論文集，No.586/II-42，pp.39-50，1998.
7) 長田信寿，細田尚，村本嘉雄，中藤達昭：3 次元移動座標系・非平衡流砂モデルによる水制周辺の河床変動解析，土木学会論文集，No.684/II-56，pp.21-34，2001.
8) 赤堀良介，清水康行：閉鎖性水域における密度流現象に関する 3 次元乱流モデルによる数値計算，土木学会論文集，No.684/II-56，pp.113-125，2001.
9) 数値流体力学編集委員会編，数値流体力学シリーズ，3 乱流解析，東京大学出版会，1995.

付録2　流体力項を含む流れの運動方程式の導出

　水理構造物周囲の境界条件を適切に評価し，水理構造物よりも非常に小さいスケールで運動方程式を解けば水理構造物を有する流れは厳密に計算できるが，河道スケールで計算を行う場合は計算格子が莫大な量となり，計算負荷が大きいためこの方法は実用的でない．多くの場合，水理構造物による河道内の流れと河床変動の大局的な変化を把握すれば十分である．ここでは，福岡・渡邊[1]が構築したベーン工を有する湾曲部の流れの解析モデルを示し，水理構造物を有する流れの評価方法を示す．

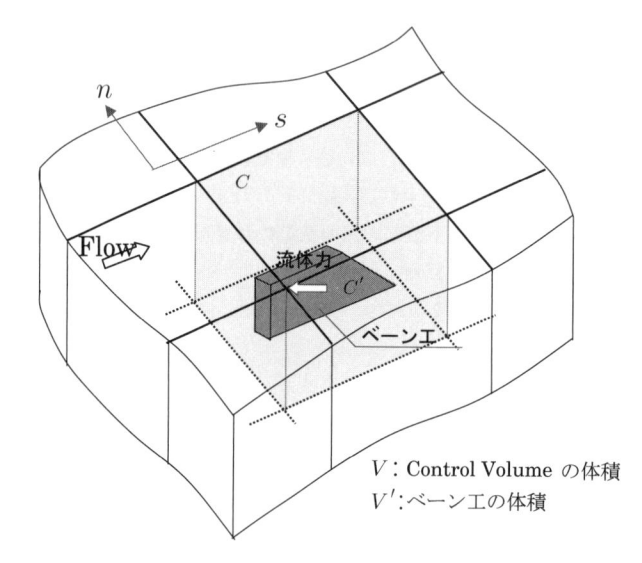

図-A.4 解析領域の有限分割 (Control Volume) 及びベーン工周りの境界条件

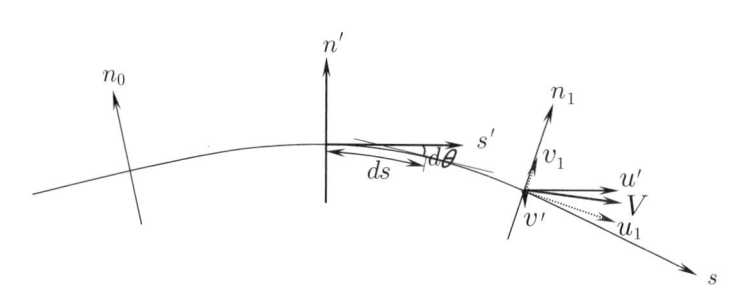

図-A.5 Control Volumeでの座標軸の変化とその平均的な向き

　ベーン工を有する流れ場を解析するために，まず，**図-A.4**に示すように解析領域をベーン工を包含できる大きさをもつ有限領域 V (Control Volume) に分割し，有限領域内でベーン工を囲む領域を V' とする．また，それらの境界面をそれぞれ C, C' とする．s-n-z 座標系 (第3章式(3.24),(3.25)) を各領域内での積分方程式に書き改めると，ベーン工を含む有限領域について，

$$\int_{V-V'} \left(u\frac{\partial u}{\partial s} + v\frac{\partial u}{\partial n} + w\frac{\partial u}{\partial z} + \frac{uv}{r} + \frac{1}{\rho}\frac{\partial p}{\partial s} - \varepsilon\frac{\partial^2 u}{\partial s^2} - \varepsilon\frac{\partial^2 u}{\partial n^2} - \varepsilon\frac{\partial^2 u}{\partial z^2} \right) dV$$

$$= \int_C uu' dA_s + \int_C vu' dA_n + \int_C wu' dA_z + \int_C \left(\frac{p}{\rho} - \varepsilon\frac{\partial u}{\partial s} \right) dA_s$$

$$+ \int_C \left(-\varepsilon\frac{\partial u}{\partial n} \right) dA_n + \int_C \left(-\varepsilon\frac{\partial u}{\partial z} \right) dA_z + \int_{C'} uu' dA_s + \int_{C'} vu' dA_n + \int_{C'} wu' dA_z$$

$$+ \int_{C'} \left(\frac{p}{\rho} - \varepsilon\frac{\partial u}{\partial s} \right) dA_s + \int_{C'} \left(-\varepsilon\frac{\partial u}{\partial n} \right) dA_n + \int_{C'} \left(-\varepsilon\frac{\partial u}{\partial z} \right) dA_z \tag{A.49}$$

$$\int_{V-V'} \left(u\frac{\partial v}{\partial s} + v\frac{\partial v}{\partial n} + w\frac{\partial v}{\partial z} - \frac{u^2}{r} + \frac{1}{\rho}\frac{\partial p}{\partial n} - \varepsilon\frac{\partial^2 v}{\partial s^2} - \varepsilon\frac{\partial^2 v}{\partial n^2} - \varepsilon\frac{\partial^2 v}{\partial z^2} \right) dV$$

$$= \int_C uv' dA_s + \int_C vv' dA_n + \int_C wv' dA_z + \int_C \left(-\varepsilon\frac{\partial v}{\partial s} \right) dA_s + \int_C \left(\frac{p}{\rho} - \varepsilon\frac{\partial v}{\partial n} \right) dA_n$$

$$+ \int_C \left(-\varepsilon\frac{\partial v}{\partial z} \right) dA_z + \int_{C'} uv' dA_s + \int_{C'} vv' dA_n + \int_{C'} wv' dA_z - \int_{C'} \left(-\varepsilon\frac{\partial v}{\partial s} \right) dA_s$$

$$+ \int_{C'} \left(\frac{p}{\rho} - \varepsilon\frac{\partial v}{\partial n} \right) dA_n + \int_{C'} \left(-\varepsilon\frac{\partial v}{\partial z} \right) dA_z \tag{A.50}$$

となる．ここで，(dA_s, dA_n, dA_z) および (u,v,w) は，それぞれ任意の位置の座標軸に対しての面要素ベクトルおよび流速ベクトルであり，(u',v') は積分要素全体としての s,n 軸方向流速を表し，図-A.5 に示すように，

$$u' = u + vd\theta, \qquad v' = v - ud\theta, \qquad d\theta = ds/r \tag{A.51}$$

($d\theta$: 要素内での s 軸の偏角の変化量)

である．ベーン工に関する境界面での条件に対し，面の法線方向に No Flux ($udA_s + vdA_n + wdA_z = 0$) および，ベーン工に作用する抗力 ($-\int F_s dz$)，揚力 ($\int F_n dz$) がベーン工周りでの圧力差および摩擦力の和で表されるとすると，ベーン工に関する流れの方程式の周辺積分は，

$$\int_{C'} u'(udA_s + vdA_n + wdA_z) + \int_{C'} \left\{ \left(\frac{p}{\rho} - \varepsilon\frac{\partial u}{\partial s} \right) dA_s + \left(-\varepsilon\frac{\partial u}{\partial n} \right) dA_n + \left(-\varepsilon\frac{\partial u}{\partial z} \right) dA_z \right\}$$

$$= -\int_{C'} F'_s/\rho \cdot dz \tag{A.52}$$

$$\int_{C'} v'(udA_s + vdA_n + wdA_z) + \int_{C'} \left\{ \left(-\varepsilon\frac{\partial v}{\partial s} \right) dA_s + \left(\frac{p}{\rho} - \varepsilon\frac{\partial v}{\partial n} \right) dA_n + \left(-\varepsilon\frac{\partial v}{\partial z} \right) dA_z \right\}$$

$$= \int_{C'} F'_n/\rho \cdot dz \tag{A.53}$$

である．物体の大きさが Control Volume よりも十分小さいものとし，C に関する積分値を dV に関する積分値 $\int_V$ を用いて近似的に表記すれば，式 (A.51)，(A.52) より，式 (A.49)，(A.50) は，ベーン工を含む有限領域及び含まない有限領域についてディラックの δ 関数を指標として，一般的に，

$$\int_V \left(u\frac{\partial u}{\partial s} + v\frac{\partial u}{\partial n} + w\frac{\partial u}{\partial z} + \frac{uv}{r} \right) dV$$
$$= -\int_V \left(\frac{1}{\rho}\frac{\partial p}{\partial s} - \varepsilon\frac{\partial^2 u}{\partial s^2} - \varepsilon\frac{\partial^2 u}{\partial n^2} - \varepsilon\frac{\partial^2 u}{\partial z^2} \right) dV - \int F'_s(s_i, n_j, z)\delta(s-s_i)\delta(n-n_j)/\rho\, dV$$
(A.54)

$$\int_V \left(u\frac{\partial v}{\partial s} + v\frac{\partial v}{\partial n} + w\frac{\partial v}{\partial z} - \frac{u^2}{r} \right) dV$$
$$= -\int_V \left(\frac{1}{\rho}\frac{\partial p}{\partial n} - \varepsilon\frac{\partial^2 v}{\partial s^2} - \varepsilon\frac{\partial^2 v}{\partial n^2} - \varepsilon\frac{\partial^2 v}{\partial z^2} \right) dV + \int F'_n(s_i, n_j, z)\delta(s-s_i)\delta(n-n_j)/\rho\, dV$$
(A.55)

と表せる．ここで，(s_i, n_j) は s,n 座標系におけるベーン工の座標である．

このようにある水理構造物に作用する流体力 F'_s, F'_n が予め分かっている場合には，Control volume 内の水理構造物に関する境界条件を予め積分することによって方程式に導入し，この積分方程式を有限領域群について有限差分法や有限要素法で解くことにより，水理構造物が存在する場の流れを簡潔に解くことができる．この解析法は，**第 4 章**でも紹介したように水理構造物が解析領域に対して小さい場合や，静水圧分布を仮定した流れの解析などに用いられている．また，境界条件を厳密に評価することが困難である樹木を有する流れの解析 (**第 1 章**) などでもこの解析法が用いられる．

参考文献

1) 福岡捷二，渡邊明英：ベーン工の設置された湾曲部の流れと河床形状の解析，土木学会論文集，No.447/II-19, pp.45-54, 1992.

付録3 河川の基準面と本書で用いられている実験水路諸元，水理条件

第1章 洪水の水理

表-A.1.1 一級水系における基準面一覧

河川名	基準面	東京湾中等潮位との関係
北上川	K.P.	−0.8745 m
鳴瀬川	S.P.	−0.0873 m
利根川	Y.P.	−0.8402 m
荒川・中川・多摩川	A.P.	−1.1344 m
淀川	O.P.	−1.3000 m
吉野川	A.P.	−0.8333 m
琵琶湖	B.S.L.	+84.371 m
東京湾中等潮位	T.P.	

表-A.1.2 大規模平面渦の実験条件

	流量 Q(m³/s)	低水路水深 H(m)	相対水深 Dr
Case1	0.017	0.069	0.28
Case2	0.030	0.086	0.42
Case3	0.080	0.129	0.61

表-A.1.3 蛇行水路諸元

水路長	15.0 m
水路幅	4.0 m
低水路幅	0.8 m
水路勾配	1/600
蛇行長	7.5 m
蛇行度 S	1.10

表-A.1.4 単断面的蛇行流れと複断面的蛇行流れの実験

	流量 (ℓ/s)	相対水深 Dr
Case1	14.4	0
Case2	24.9	0.26
Case3	35.6	0.31
Case4	54.1	0.44
Case5	63.9	0.49

表-A.1.5 樹木群密度が急変する流れの実験

実験	樹木群①	樹木群②	流量(ℓ/s)	水路勾配
実験 D	密		23	1/550
実験 N	樹木群なし			
実験 ND	樹木群なし	密		
実験 SD	粗	密		
実験 DS	密	粗		
実験 DN1	密	樹木群なし		
実験 DN2	密	樹木群なし	28	
実験 DN3	密	樹木群なし	30	

表-A.1.6 洪水流の貯留実験水路諸元

実験水路	水路長(m)	全水路幅(m)	低水路幅(m)	高水敷高さ(m)	水路床勾配	蛇行度	低水路蛇行波長(m)	備考
単断面蛇行水路	21.50	0.50	—	0.045	1/1000	1.02	4.10	−
複断面直線水路		2.20				1.00	—	堤防は直線
複断面蛇行水路 A		2.20	0.50			1.02	4.10	堤防は直線
複断面蛇行水路 B		2.20	0.50			1.02	4.10	堤防は直線
複断面蛇行水路 C		2.20	0.80			1.10	4.10	堤防は直線
複断面蛇行水路 D		1.30	0.50			1.02		堤防も蛇行
複断面蛇行水路 E		1.30	0.50			1.02		堤防も蛇行
複断面蛇行水路 F		1.30	0.50			1.02		堤防も蛇行

表-A.1.7 洪水流の貯留機構検討の実験条件

ケース	水路形状	高水敷粗度係数	低水路蛇行度	ハイドログラフ	低水路満杯流量 ($\times 10^{-3}$) m³/s	ピーク流量 ($\times 10^{-3}$) m³/s	最大相対水深
Case1	単断面蛇行	—		Hydro A	—	12.0	—
Case2	複断面蛇行 A			Hydro B		30.0	0.51
Case3	複断面蛇行 A		1.02	Hydro C		18.0	0.41
Case4							0.40
Case5	複断面蛇行 A 樹木群設置				7.0		0.41
Case6	複断面直線		1.00	Hydro D		17.0	0.36
Case7	複断面蛇行 B 下流端水位自由	0.018	1.10				0.42
Case8	複断面蛇行 B 下流端水位調節						0.43
Case9	複断面蛇行 C			Hydro E	8.0	18.0	0.42
Case10	複断面蛇行 D		1.02	HydroD	7.0	17.0	
Case11	複断面蛇行 E						0.45
Case12	複断面蛇行 F						

表-A.1.8 複断面蛇行流れの流量観測精度評価の実験

ケース	低水路蛇行度	堤防蛇行度	位相差	相対水深
Case1	1.02	1.00	あり	0.47
Case2	1.17	1.00	あり	0.47
Case3	1.17	1.04	$\pi/2$ 先行	0.49
Case4	1.17	1.04	$\pi/2$ 後行	0.49
Case5	1.17	1.04	なし	0.49

第3章 河床変動と河岸侵食・堆積

表-A.3.1 複断面移動床蛇行実験に用いた水路Aおよび水路Bの諸元

	蛇行度 $S(=L_m/L)$	最大偏角 θ_{max} (°)	蛇行長 L_m (cm)	低水路幅 b_{mc} (cm)	水路幅 B (cm)	初期河床勾配 I_b
水路 A	1.028	19.0	473	40	400	1/600
水路 B	1.10	35.0	750	80		

表-A.3.2 河床変動に及ぼす平面形状, 相対水深の影響評価のための実験

	実験水路 A			実験水路 B			
	A-1	A-2	A-3	B-1	B-2	B-3	B-4
流量 Q (ℓ/sec)	7.0	18.0	32.8	14.4	24.9	35.6	54.1
相対水深 Dr	0	0.27	0.40	0	0.26	0.31	0.44

表-A.3.3 実効相対水深, 継続時間と平衡流砂量

時間帯	実効相対水深 Dr_n	継続時間 (min)	平衡流砂量 (ℓ/hour)
1	0.26	40	6.8
2	0.44	80	2.9
3	0.31	80	4.0
4	0	40	6.8

表-A.3.4 異なる平面形が連なる蛇行流路における河床変動の実験

	Case1	Case2	Case3
相対水深 D_r	0.40	0.25	0
流量 (ℓ/sec)	30.0	16.0	10.6
砂粒径	0.8mm(一様砂)		
初期河床高	5cm		

表-A.3.5 直線流路の拡幅実験

Run No.	河床勾配 I_b	流量 Q	初期側岸高	全通水時間
SW-1	1/400	2.0ℓ/s	6cm	120min
SW-2	1/400	2.0ℓ/s	8cm	120min

表-A.3.6 粘着性河岸の侵食実験

実験番号	流量(ℓ/s)	流速(cm/s)	水深(cm)	水路勾配	フルード数	通水時間(hours)
Case1	14.1	37.5	15.1	1/1000	0.31	9.0
Case2	19.9	52.5	15.2	1/500	0.43	18.0
Case3	42.5	113.9	14.9	1/200	0.94	15.5

第4章 河川構造物設計法

表-A.4.1 堰のある固定床水路における実験

実験ケース	Case1	Case2	Case3	Case4
水路条件	単断面直線		複断面蛇行	
流量	20 ℓ/s		19.9ℓ/s	
堰構造	直角堰	斜め堰	直角堰	斜め堰
堰設置位置	—	—	蛇行頂部	
相対水深	—	—	0.4	
流れの状況	完全越流		完全越流	

表-A.4.2 堰のある移動床水路における実験

実験ケース	Case5	Case6	Case7	Case8	Case9	Case10
流量	30.0ℓ/s				16.0ℓ/s	
堰構造	なし	直角堰	斜め堰	直角堰	直角堰	斜め堰
堰設置位置	—	頂部	頂部	変曲部	頂部	頂部
相対水深	0.4				0.25	

表-A.4.3 二次元床止め工直下流の洗掘実験

水路長	8.0 m
水路幅	0.30 m
初期河床勾配	1/167
実験流量	0.0072 m³/s
下流端水深	0.054 m
平均粒径	0.8 mm

表-A.4.4 大型粗度群上の浅い流れの実験

	L_x/d	L_y/d	流量 $Q(\ell/s)$	相対水深 h^*
Case1 整列配置	3.3〜20.0	6.7	8.9〜78.5	1.2〜3.0
Case2 整列配置	3.3〜13.3	20.0	8.9〜78.5	0.9〜2.4
Case3 整列配置	3.3〜8.0	3.3〜8.0 ($L_y=L_x$)	78.5	2.8〜3.1
Case4 千鳥配置	10.0〜22.7	1.7〜8.0 (L_x-B)/2dB	78.5	2.8〜3.1

表-A.4.5 設置角度の異なる水制周りの流れの実験[61]

流量 $Q(ℓ/s)$	30.7
水路延長(m)	10
水路幅(m)	1.5
水路床勾配 I_b	1/500
水制長 l (cm)	50
水制幅 b (cm)	5
水制高 h_g (cm)	3
水制間隔 s (m)	1.0
水制間隔/水制長 (s/l)	2
水制角度	上流向き15°，直角，下流向き15°

表-A.4.6 異なる配置の越流水制を有する移動床実験

	Case1	Case2	Case3	Case4	Case5
流量（ℓ/s）			36.4		
初期河床勾配			1/600		
給砂量(ℓ/min)			0.24		
平均水深 (m)			0.06		
水制長 (m)			0.5		
水制幅 (m)			0.05		
水制間隔 L(m)	0.75	1.0	1.0	1.0	1.0
水制設置基数	20	15	15	15	20
水制角度	直角	直角	15° 下流向き	15° 上流向き	15° 下流向き
水制間隔/水制 L/D	1.5	2.0	2.0	2.0	1.5
平均水深 (cm)	7.41	7.73	9.03	6.56	7.63

表-A.4.7 ベーン工の実験

	Case1	Case2	Case3	Case4
相対水深 D_r	0（単断面的流れ）		0.4（複断面的流れ）	
流量 (m³/s)	0.011		0.03	
初期河床	平坦	ケース1の最終河床	平坦	ケース3の最終河床
ベーン工	無	有	無	有
通水時間 (時間)	40	32	30	2

表-A.4.8 単円柱に働く流体力測定実験

	Case1	Case2
水路幅	\multicolumn{2}{c}{1.5m}
水路長	27.5m	
円柱直径	20cm	
流量	66 ℓ/s	90 ℓ/s
平均水深	11.6cm	13.8cm
平均流速	40.7cm/s	44.2cm/s
Fr 数	0.38	0.38
Re 数	$9.0×10^4$	$9.6×10^4$
砂の平均粒径	0.8mm	
水深/橋脚幅	0.58	
水深/粒径	145	173
給砂量	31.7 ℓ/hour	50.4 ℓ/hour
初期河床勾配	1/600	
通水時間	65 時間	61 時間
水温	11℃	24℃

表-A.4.9 近接する円柱橋脚に働く流体力測定実験

水路幅	1.5m
水路長	27.5m
円柱直径 D	20cm
円柱中心間距離 L	80cm (L/D=4)
流量	90 ℓ/s
平均水深	13.3cm
平均流速	45.2cm/s
フルード数	0.40
レイノルズ数	$9.4×10^4$
砂の平均粒径	0.8mm
砂の比重	2.59
水深粒径比 h/d_m	166
給砂量	50.4 ℓ/hour
初期河床勾配	1/600

表-A.4.10　大型円柱橋脚の実験

橋脚幅	0.5m
橋脚長	1.0m
平均水深	0.75m
流量	3.25m³/s
平均流速	1.08m/s
フルード数	0.4
河床材料（砂）平均粒径	0.2mm
河床材料（砂）比重	2.65
水路幅	4m
水路長	90m
河床勾配	1/2,000
通水時間	1時間

表-A.4.11　複断面蛇行流路における橋脚の実験

Case	1	2	3	4	5	6	7	8
流量（ℓ/s）	14.5	24.5	35.9	54	14.5	54	14.5	54
高水敷水深(cm)	0	2.1	2.9	4.1	0	4.0	0	3.9
低水路水深(cm)	5.5	7.6	8.4	9.6	5.5	9.5	5.5	9.4
相対水深 Dr	0	0.28	0.34	0.43	0	0.42	0	0.41
橋脚形状	円柱橋脚				小判型橋脚			

第5章 河道水際設計のための水理学

表-A.5.1　ヨシ原河岸の崩落実験とその結果(水位変動あり)

Case	B(m)	L(m)	H(m)	V(m³)	γ(kN/m³)	h_1(m)	h_2(m)	z(m)	n_o(本)	n_o/B(本/m)	s(m)	d(m)	T_r(N/本)
2-1	1.0	0.1	0.4	0.17	18.4	0.00	0.67	0.40	3	3	0.23	0.17	225
2-2	1.0	0.2	0.5	0.19	18.4	0.65	0.72	0.70	2	2	0.30	0.20	596
2-3	1.0	0.1	0.5	0.06	18.4	0.10	0.70	0.50	3	3	0.15	0.25	115
2-4	0.4	0.3	0.4	0.04	18.4	0.85	1.15	0.70	8	20	0.09	0.31	159
3-1	1.0	0.1	0.3	0.05	18.4	0.98	1.00	1.10	3	3	0.10	0.20	155

表-A.5.2　ヨシ原河岸の崩落実験とその結果(水位変動なし)

Case	B(m)	L(m)	H(m)	V(m³)	γ(kN/m³)	n_o(本)	n_o/B(本/m)	s(m)	d(m)	T_r(N/本)
2-5	0.3	0.3	0.5	0.05	17.7	3	10	0.18	0.32	298
2-6	0.5	0.3	0.5	0.12	17.7	6	12	0.27	0.23	227

表-A.5.3　実験に用いた土塊中のヨシ密度

土塊番号	ヨシの密度（本/m²）
1	─
2	0
3	0
4	100
5	130
6	170
7	400

表-A.5.4　ヨシの根を含む土塊の侵食実験

	土塊の番号	水深(m)	平均流速(m/s)	通水時間(h)
Case2	3	0.22	0.59	0.7
Case3	4,7	0.29	0.51	2
Case4	4,7	0.29	0.51	1.8
Case5	4,7	0.31	0.51	1.4
Case6	4,7	0.29	0.61	4.2
Case7	4,7	0.29	0.94	1.3
Case8	7	0.44	0.92	4
Case9	7	0.41	0.99	3.8
Case10	7	0.41	0.99	3.8
Case11	6	0.24	0.61	48
Case12	5	0.24	0.61	16

表-A.5.5　樹木群水制の実験条件

Case	1	2
水路長	13m	
水路幅	1.5m	
曲率半径	4.5m	
河床材料	粒径0.8mmの一様砂	
流量	32ℓ/s	
河床勾配	1/800	
平均水深	0.062m	
水制間隔／水制長	2.4	7.2

付録4　本書が関係する参考書

全般

(1) 吉川秀夫: 改訂河川工学，朝倉書店，1966.
(2) 水理公式集（平成11年版），土木学会，1999.
(3) 建設省河川局監修: 改訂新版建設省河川砂防技術基準（案）同解説，山海堂，1997.
(4) 福岡捷二，辻本哲郎: 応用水理学基礎講座 講義集，1998.
(5) 関 正和: 大地の川，草思社，1994.
(6) 山本晃一: 河道計画の技術史，山海堂，1999.

第1章　洪水流の水理

(1) Ven Te Chow: Open Channel Hydraulics, McGraw-Hill Book Company, 1959.
(2) 野満隆治，瀬野錦蔵: 改訂増補 新河川学，地人書館，1961.
(3) Jansen, P. Ph: Principles of River Engineering, Pitman, 1979.
(4) (財) リバーフロント整備センター編: 河川における樹木管理の手引き，山海堂，1999.

第2章　河道計画の基礎

(1) 山本晃一: 沖積河川学，山海堂，1994.
(2) (財) 国土技術研究センター編: 河道計画検討の手引き，山海堂，2002.
(3) Klingeman, P. C.: River Engineering and Restore and Re-naturalize Rivers, 1996.
　　ピーター・クリンジマン: 自然の復元と再生のための河川工学，(財) リバーフロント整備センター，1998.
(4) 山本晃一: 河道計画の技術史，山海堂，1999.
(5) 汽水域の河川環境の捉え方に関する手引書－汽水域における人為的改変による物理・化学的変化の調査・分析手法－，汽水域の河川環境の捉え方に関する検討会，2004.

第3章　河床変動と河岸侵食・堆積

(1) 河村三郎: 土砂水理学Ⅰ，森北出版株式会社，1982.
(2) 吉川秀夫: 流砂の水理学，丸善株式会社，1985.
(3) 中川博次，辻本哲郎: 移動床流れの水理，土木学会編，新体系土木工学23，技報堂出版，1986.
(4) 山本晃一: 沖積河川学，山海堂，1994.
(5) Raudikivi, A. J.: Loose Boundary Hydraulics, Pergamon Press, Oxford, 1967.
(6) Yalin, M.S.: Mechanics of Sediment Transport, 2nd ed. Pergamon Press, Oxford, 1977.
(7) Jansen, P. Ph : Principles of River Engineering, Pitman, 1979.
(8) Graf, W. H.: Hydraulics of Sediment Transport, 1971.
(9) Ikeda, S. and Parker, G.: River Meandering, AGU, Water Resources Monograph 12, 1989.
(10) Yalin, M. S.: River Mechanics, Pergamon Press, Oxford, 1992.
(11) Yalin, M.S. and da Silva, A.M. F. : Fluvial Processes, IAHR Monograph, 2001.
(12) 高橋 保: 土石流の機構と対策，近未来社，2004.

(13) 後藤仁志: 数値流砂水理学, 森北出版, 2004.

(14) 関根正人: 移動床流れの水理学, 共立出版, 2004.

第4章 河川構造物設計法

(1) 玉光弘明, 中島秀雄, 定道成美, 藤井友並: 堤防の設計と施工－海外の事例を中心して－土木学会編, 新体系土木工学74, 技報堂出版, 1991.

(2) 中島秀雄: 図説河川堤防, 技報堂出版, 2003.

(3) (財) 国土技術研究センター編: 護岸の力学設計法, 山海堂, 1999.

(5) (財) 国土技術研究センター編: 改訂解説河川管理施設構造令, 日本河川協会, 山海堂, 2000.

(6) 山本晃一: 日本の水制, 山海堂, 1996.

第5章 河道水際設計のための水理学

(1) 土木学会編: 水辺の景観設計, 技報堂出版, 1988.

(2) (財) リバーフロント整備センター編: 河川における樹木管理の手引き, 山海堂, 1999.

(3) 廣瀬利雄監修: 増補応用生態工学序説, 信山社サイテック, 1999.

(4) 島谷幸宏: 河川環境の保全と復元, 鹿島出版会, 2000.

(5) (財) リバーフロント整備センター: 多自然型川づくり河岸を守る工法ガイドブック, リバーフロント整備センター, 2002.

(6) 桜井善雄: 水辺の環境学④, 西日本出版社, 2002.

(7) 河村三郎: 魚類生態環境の水理学, (財) リバーフロント整備センター, 2003.

第6章 治水と環境の調和した川づくり−水理学的視点

(1) (財) リバーフロント整備センター: 河川と自然環境, 2002.

(2) 島谷幸宏: 河川環境の保全と復元, 鹿島出版会, 2000.

(3) Klingeman, P. C.: River Engineering and Restore and Re-naturalize Rivers, 1996.
ピーター・クリンジマン: 自然の復元と再生のための河川工学, (財) リバーフロント整備センター, 1998.

(4) 河川事業の計画段階における環境影響の分析方法の考え方: 河川事業の計画段階における環境影響の分析方法に関する検討委員会, 2002.

(5) 汽水域の河川環境の捉え方に関する手引書－汽水域における人為的改変による物理・化学的変化の調査・分析手法－, 汽水域の河川環境の捉え方に関する検討会, 2004.

付録5　関 正和氏の多自然型川づくりに関する著書および論文等

　本書は，関 正和さんと二人で書く予定でしたが，関さんは不幸にして平成7年1月に病のために夭折されました．ここに，関さんが多自然型川づくりに対する考えを熱い思いで記した著書，論文の一覧を示し，記録とします．

1. 関　正和：河川環境と都市河川，水辺と道路，河川，No.503, pp.19-25, 1988.
2. 関　正和：水辺からのまちづくり・国づくり，土木施工，Vol.29, No.7, pp.31-36, 1988.
3. 関　正和：なぜ今 ウォーターフロントなのか，2. まちは川からつくる，土木学会誌，Vol.73, No.8, 1988.
4. 関　正和：水辺空間整備の計画上の課題，都市河川セミナー・テキスト（第3回），1988.
5. 関　正和：特集・川とまちづくり，水辺を生かしたまちづくり，河川，No.512, pp.33-37, 1989.
6. 関　正和：水辺の設計思想 自然な水辺づくりを中心として，都市河川セミナー・テキスト（第4回），1989.
7. 関　正和：水辺の計画と設計，（財）リバーフロント整備センター，1990.
8. 関　正和：水辺空間整備の計画上の課題，リバーフロント研究所報告 1, 1990.
9. 関　正和，増岡洋一：水辺の設計思想 －自然な水辺づくりを中心として－，リバーフロント研究所報告 1, 1990.
10. 関　正和：論文 水辺と道路，リバーフロント研究所報告 1, 1990.
11. 関　正和：水辺の計画と設計，（財）リバーフロント整備センター，1990.
12. 関　正和：特集・生き物にやさしい川づくり，多自然型川づくりへの取り組み，河川，No.541, pp.5-12, 1991.
13. 関　正和：特集・第8次治水事業五箇年計画 国土構造の骨格を形づくった河川事業，河川，No.543, pp.20-29, 1991.
14. 関　正和：第八次治水事業五カ年計画の展開，一体不可分の"水の流れ"に着目，水と緑の美しい水系環境の創造，季刊河川レビュー，Vol.21, No.79, pp.16-19, 1992.
15. 関　正和：清らかで豊かな水辺を求めて 今月の話題，用水と廃水，Vol.34, No.5, 1992.
16. 関　正和：特集・水辺の景観設計とデザイン，水辺の風景をつくる，土木技術，Vol.47, No.8, pp.34-42, 11-12, 1992.
17. 関　正和：特集・都市河川空間活用の新たな展開，市民との交流・連携による川づくり・国づくり，河川，No.563, pp.16-22, 1993.
18. 関　正和，森岡正博，髙鳥一男，矢萩隆信，工藤昇：人と自然にやさしい川づくり，河川環境保全シンポジウム講演集，（財）リバーフロント整備センター，1993.
19. 関　正和（建設省河川局）・横山義恭（NHK）：NHKラジオ談話室，「川の流れは国の流れ」，リバーフロント研究所技術情報G06001講演記録，（財）リバーフロント整備センター，1994.
20. 関　正和：大地の川－甦れ，日本のふるさとの川，草思社，1994.
21. 関　正和：天空の川－ガンに出会った河川技術者の日々，草思社，1994.

あとがき

　本書の原稿を書き進むうちに，当初考えていた目次・内容をたびたび見直すことになりました．それは，どのような読者を対象に，どのような内容の本にするべきかという基本的な問題に起因するものでした．洪水流の水理と河道設計のために必要な内容と範囲をほぼカバーしたものにすべきか，河川工学を専門分野とする以外の読者に理解していただけるように，水理学や土砂水理学の基本的なことも本書の中に書く必要はないのか，他の研究者の研究成果を幅広く本書に取り入れるべきでないのか，地球環境の時代，水の時代といわれる時代にあって，河川環境に関係するさまざまなことを，広く書くべきでないのか，等々です．しかし，書き直し箇所も多くありましたが，当初考えていた内容とそう変わらないものになり，書き終えてみて，まずはこれでよかったと思っています．

　その最大の理由は，故 関正和さんと10年前本書をどんな内容の技術書にするか目次作りの段階で十分議論を重ねていたためでした．本の完成に10年間もかかってしまいましたが，この10年間，広島大学で研究室の学生の研究テーマ選びには，常に本書の内容を考え完成の姿を意識してきました．洪水流の水理を理解し，河道設計を具体的に行うためにこれまでの河川技術の中でどの部分の調査・研究が不十分なのか，そのためにどのように調査・研究を進めなければならないのかを学生とともに考え，実行することによって本書を作り上げてきました．

　現地河川で起こっている水理現象とそれに基づく河道設計に必要な技術を，水理学的視点から体系的にまとめた専門書が極めて少ないことを強く意識し，河川について学ぶ学生・研究者及び河川管理を仕事とする技術者に私の学んだ河川技術を知ってもらうことが大切と考えました．このため，あれもこれもと欲張りすぎて未消化のまま書かないこと，このため私が中心となって行った調査・研究を本書の中心に据え，私が自信をもって書ける範囲の内容に限定することにしました．本書を読まれ，構成，内容，記述等に疑問や問題をもたれた研究者・技術者，また刺激を受けた研究者・技術者が，今後それぞれの専門の立場で河川に関する技術書，学術書を書いていただくことが，河川技術の進展に繋がることになると考え，不十分ではあってもまずは，出版することにしました．

　本書を完成するに当たって，広島大学大学院助手内田龍彦博士には，原稿を通読していただき，多くのご意見やご指摘をいただきました．広島大学水工学研究室の岡野津奈江さんには，遅遅として進まない原稿を粘り強く待ち続け，大量の原稿のタイプ打ちとそれに続く度重なる修正を快く引受けていただきました．研究室の学生には，たくさんの図面を描いていただきました．また，森北出版株式会社 第二出版部 森崎 満 氏には，本書に求める私の多くのわがままを受け入れていただき，出版に漕ぎ着けることができました．これらの方々をはじめお世話になった多くの方々に心よりお礼を申し上げます．

記号と索引

[記号一覧]

α: ベーン工の迎え角
β: 運動量補正係数
β_a: 揚力補正係数
Δs: ベーン工の縦断間隔
Δu: 境界に接する2つの流れの流速差
ε: 渦動粘性係数
γ: 二次流相殺率
γ_e: 流砂方向とs軸のなす角度
γ_s: 土の単位体積重量
γ_{sat}: 土の飽和単位体積重量
θ: 最大斜面角度
θ_{max}: 最大偏角
θ_n: 河床勾配角度
κ: カルマン定数
κ_B: 砂粒子の平均移動距離の逆数
λ: 砂漣と砂堆の波長
λ: 砂の空隙率
λ_B: 交互砂州の波長
μ_k: 動摩擦係数
μ_s: 静止摩擦係数
ρ: 流体の密度
ρ_s: 土の密度
τ: せん断力, 掃流力
τ_c: せん断強度
$\tau_* = \tau/(\rho_s - \rho)gd$: 無次元掃流力
τ_{*c}: 無次元限界掃流力
τ_{*c0}: 平坦河床の無次元限界掃流力
τ_{as}: 分割面に作用する見かけのせん断力
τ_{fp}: 高水敷潤辺に作用するせん断力
τ_{mc}: 低水路潤辺に作用するせん断力

A.P.: 荒川基準水面
A.P.: 阿波工事基準面 (吉野川)
A: 流水断面積
a: 半径
A_{mp}: 蛇行振幅
B: 全川幅
B: 堤間幅
b_{cm}: 低水路幅
b': 樹木群幅
B_m: 蛇行帯幅
C: 土の圧縮力
c: 土の粘着力
C_D: 抗力係数
C_f: 摩擦抵抗係数
C_L: 揚力係数
$\cos\gamma$: 単位流砂量ベクトル
C_s: Smagolinsky 定数
D: 抗力
D: 円柱直径, 橋脚幅

d: 粒径
d: 粗度高さ
d_m: 平均粒径
dp: 圧力偏差
Dr: 相対水深
dS/dt: 貯留率, 単位時間当たりの貯留量
E: 侵食速度
E_{op}: 侵食係数
F: 土の細粒分比率
f: 境界混合係数
F_r: フルード数
g: 重力加速度
H: 水位
H: 砂漣と砂堆の波高
h: 水深
h: 低水路深さ
h_c: 限界水深
$h^* = h/d$: 粗度高さに対する水深の比
H_I: 入射波高
H_R: 反射波高
H_T: 透過波高
HSMAC 法
I: 水面勾配
I_b: 河床勾配
i_B: 粒径d_iの砂礫が流砂に占める割合
i_b: 粒径d_iの砂礫が交換層に占める割合
i_{b0}: 粒径d_iの砂礫が交換層直下の元河床に占める割合
I_e: エネルギー勾配
K: 樹木群内部の透過係数
K_L: エネルギー減衰率
$K_R = H_R/H_I$: エネルギー反射率
$K_T = H_T/H_I$: エネルギー透過率
k_s: 相当粗度
L: 蛇行波長
L: 揚力
L_c: 限界ヒサシ長さ
L_m: 蛇行長
N: ベーン工の数
n: マニングの粗度係数
n: 低水路中心線に直交する座標
n_0: ヨシ地下茎の本数
N_c: 合成粗度係数
n_{fp}: 高水敷粗度係数
n_{mc}: 低水路粗度係数
O.P.: 淀川基準水面
p: 圧力
Q: 流量
$q_{B^*_e}$: 単位幅当たりの無次元平衡流砂量
q_{Bn}: n方向の単位幅当たりの掃流砂量
q_{Bs}: s方向の単位幅当たりの掃流砂量
Q_{in}: 流入流量
Q_{max}: 最大流量

Q_{out}: 流出流量
Q_T: 全流砂量
Q_{ws}: ウォッシュロード量
R: 径深
R_c: 合成径深
R'_e: 境界レイノルズ数
S: 蛇行度
S: 貯留量
s: 低水路中心線に沿う流下方向の座標
S_{ij}: 平均ひずみ速度
$\sin\gamma$: 単位流砂量ベクトル
S_τ: 干渉によりせん断力が作用する潤辺
T_c: 引張強度
T.P.: 東京湾中等潮位
T_r: ヨシの地下茎 1 本当たりの引張強度
u: 流下方向の水深平均流速
$\bar{u}$: 樹木群外の平均流速
u_*: 摩擦速度
U_B: 流速偏倚量
u_b: s 方向の河床付近の流速
u_d: 砂の移動速度
u_{fp}: 高水敷の平均流速
u_{mc}: 低水路の平均流速
U_w: 樹木群内部の平均流速
V: 断面平均流速
v: 横断方向の水深平均流速
v_b: n 方向の河床付近の流速
V_s: 船速度
W_w: ブロック 1 個の水中重量
Y.P.: 利根川基準水面
z_b: 河床高
Z_B: 交互砂州の波高
Z_s: 最大洗掘深

[和文索引]

あ 行

アーマコート　321
アーマ・レビー　237
赤川　33, 163
阿賀野川　33, 35, 163, 389
旭川　320
芦田川　320, 336
芦田・道上式　139, 255
圧力　24, 26, 272, 283, 311
圧力方程式　202
雨の時空間分布　93
荒川　90, 206, 209, 217, 355
荒川基準面 (A.P.)　5, 357, 421
安全率　235
石狩川　33, 35, 43, 217
維持管理　233
位相差　31, 63, 69, 86
井田法　15, 17
一次元解析法　5, 7
一次元河床変動解析　144
一次元不定流計算　3
一般座標系　61
一様湾曲流れ　301, 309
ウォッシュロード　222

魚野川　107
迂曲流路　174
宇治川　186
雨竜川　33, 164, 217
運動量原理　7, 41
運動量補正係数　7
運動量輸送　12, 14, 24, 268
$HSMAC$ 法　267
$SMAC$ スキーム　24
$SMAC$ 法　23, 283
液状化　235
越水　234, 237
越流型水制　282, 288, 424
越流水　236, 238
越流堤　234
越流量　250
江戸川　35, 60, 71, 88, 331, 401
エネルギー勾配　7
円弧すべり　209
円柱橋脚　310, 318, 425
鉛直混合　56
鉛直二次元解析　266
大野川　301
横断形　99, 328
横断計画　101
横断流速分布　40
太田川　231
オギ　337, 363, 383
オギ河岸　364, 387
帯工　106, 118, 119, 294
越辺川　33, 163
雄物川　33, 163

か 行

改修計画区間　99
ガイドベーン　304
河岸拡幅速度　188, 217
河岸侵食　135, 185, 281, 297, 363, 391
河岸侵食対策工　281, 296
河岸侵食速度　213, 330
河岸堆積速度　224
河岸段丘　376
河岸崩落　209, 340, 348, 350
河口　88
河床形態　142, 147, 171
　　小規模　143
　　中規模　142, 171
河床形態の領域区分　142
河床材料の分級　146
河床変動　115, 117, 122, 136, 152, 156, 167, 290, 292, 304, 311, 328, 369
河床変動解析　136, 144
河床変動対策工　106, 116
カスリーン台風　125, 382
嘉瀬川　33
河川改修　3
河川カルテ　102, 233
河川環境　3, 94, 98, 105, 133, 167, 328, 404
河川環境情報図　102
河川環境の整備と保全　4, 98, 102, 396

河川感潮部　100
河川管理　159, 233
河川管理施設　329
河川管理施設等構造令　235, 248
河川区域　104, 236
河川計画制度　98
河川構造物　233, 328
河川植性　103, 329, 363
河川整備基本方針　98, 136, 397
河川整備計画　98, 136, 397
河川堤防　98
河川の平面形状　32
河川法　98, 329, 396
ガタ土　206, 334
滑動　240
霞堤　234, 381
河道　98
河道計画　98, 106, 115, 125, 136, 170
可動堰　260, 265
河道貯留　3, 60, 65, 167
河道貯留量　4, 70, 396
河道特性　93
河道法線　129, 256, 295, 370
渦動粘性係数　47, 267, 283
河道微地形　94
河畔林　387
下流向き水制　284
川づくりの指標　397
川幅縮小　220
川幅・水深比　172
簡易水位計　88
環境影響評価法　99
環境に関わる計画　404
緩傾斜河岸　244
緩傾斜堤防　244
冠水時間　35, 163
冠水頻度　102
完全越流　249
観測計画　87
観測体制　87
観測流量の誤差　73, 92
木曽川　388
基礎工　239
基礎地盤　235
木津川　33, 164
基本高水　397, 404
木村の貯留関数法　2
逆算粗度係数　7, 81, 337
急変流れ　266
境界混合係数　16, 17, 40, 42, 53, 336
境界レイノルズ数　58
橋脚　309, 318
橋脚周りの最大洗掘深　319
強制蛇行　171
局所洗掘　136, 256, 267, 299, 303, 307, 309
局所流　310
曲線流れ　147
近接橋脚　313
杭打ち水制　382
黒川（熊本県）　304

k-ε モデル　246
計画洪水　93
計画高水位　101, 233, 234, 397
計画高水流量　98, 101, 234, 397
計画流量配分　98
ケレップ水制　379, 381, 388
建設省土木研究所　42, 109, 116, 237, 295, 310, 320
限界水深　250
限界掃流力　138
限界ヒサシ長さ　203, 340
減水期　64
現地観測データ　87, 106
現地調査　106
交換層　147
高規格堤防　236
高規格堤防特別区域　236
交互砂州　107, 143, 147, 171, 328
交互砂州の波長と波高　178
交互砂州の形成領域区分　172, 184
工事実施基本計画　98
高水計画　87, 105, 405, 407
高水工事　381
洪水外力　328
洪水継続時間　35, 399, 402
洪水減水時の土砂堆積深　159
洪水航空写真　51, 374
洪水痕跡　3, 5, 8, 9, 81, 93, 374
高水敷形成　222, 260, 385
高水敷造成　109, 261
洪水処理計画　381
洪水ハイドログラフの伝播　60
洪水波の変形　398
洪水防御計画　104
洪水流観測法　91
洪水流出の非線形性　2
洪水流の準二次元解析　39
洪水流の非線形特性研究会　60, 88, 401
洪水流の非定常性　3, 60, 63, 81
洪水流の流動形態区分　39
洪水流のループ　64, 76, 79
江の川　33, 35, 38, 151, 159, 163, 320, 373
洪水履歴　106
合成径深　7
合成粗度係数　7, 15, 17
航走波　355
航走波解析モデル　363
航走波による河岸侵食　355
航走波のエネルギー分布特性　355
抗力　240, 271, 280, 287, 288, 291, 311, 419
抗力係数　274, 312
小貝川　35, 333
護岸　109, 216, 239, 379
護岸の根入れ深さ　156
護岸ブロック　239
護床工　265, 279
固定砂州　112, 115, 158, 163, 172
固定堰　248, 255, 258
小判型橋脚　318
コンクリート護岸　186
混合粒径砂　145

痕跡水位　8, 9, 44, 81, 374
痕跡不定流逆算法　8
痕跡不等流逆算法　9

さ　行

最深河床高　130, 261, 263
最大斜面角度　141
最大洗掘深　32, 163, 170, 201, 269, 295, 314
　　　　　内岸側河床の　158
　　　　　橋脚周りの　319, 321
最大フラックス　114
最大偏角　32
最大流速線　30, 38, 158, 168
sine-generated curve　32, 154
魚の遡上と降下　266
砂州　115, 143, 158, 163
砂州上の樹木群　159
砂州の形成限界線　184
砂州の発生領域　172, 184
砂洲の平衡波高　180
砂堆　143, 164
砂堆の波形勾配　164
砂堆の波高　144, 164
砂堆の波長　144
砂防区域　104
砂漣　143
波漣の波高　144
波漣の波長　144
三次元数値解析　21, 84, 165, 282, 303, 309, 372
桟粗度　241, 246
宿河原堰　258
σ 座標　129, 165, 267, 303
地震力　235
自然河岸　186, 329
自然再生化　167
自然再生推進法　403
実効水深　163
実効相対水深　157, 422
実効流量　157
信濃川　106, 115, 291, 389
芝の侵食抵抗　330
芝の被度　331
社会環境　102
斜昇流　12, 14
斜面上の限界掃流力　268
斜面上の縦・横断方向流砂量　139
斜面上のせん断力分布　188
砂利河道　107
周期境界条件　23
縦断形　99
縦断計画　100
縦断勾配　107
縦断方向流砂量　139
縦断流速分布　41
集中観測　92
舟運路　379, 388
取水堰　248
主流　28, 308, 369, 374, 377
樹木群　39, 44, 51, 67, 159, 163, 167, 329
樹木群水制　368

樹木群透過係数　42, 51, 71
樹木群密度　54
樹林帯制度　329, 373
準三次元解析　124, 149, 155, 255, 288
準三次元解析モデル　117, 124, 155, 255, 291, 316
準二次元解析　39, 43, 53, 336
準二次元不等流計算　339
常願寺川　373
小規模河床形態　142
捷水路　222
植樹　404
植生　167, 214, 222, 328
上流向き水制　283
侵食速度　213
シルト河岸の侵食　197
新川開削　101
宍道湖　145, 345
浸透　234
真の流量　84
水位　4, 18, 40, 75, 252, 257
水位下降期　74, 88
水位観測の自動化　92
水位上昇期　74, 88
水位ハイドログラフ　91, 340, 400, 404, 406
水位予測　39
水系一貫　104, 396
水衝部　107, 109, 131, 176, 261, 307, 328
水衝部指標　177
水衝部締め切り　109
水深平均流速ベクトル　176, 250
水制　106, 117, 293, 295, 307, 376, 379, 381, 385, 388, 424
　　　越流型　282, 288, 424
　　　下流向き　286, 424
　　　杭打ち　382
　　　樹木群　367, 425
　　　上流向き　285, 424
　　　直角　284, 424
　　　非越流型　293, 287
水制角度　289
水制間隔　289
水中安息角　190
水文・水理データ　103
水文学的手法　2
水平混合　44, 46, 56
水防林　329, 372, 404
水没粗度　272
水面形追跡　60, 92
水理学的手法　2
水理模型実験　100, 105, 108, 116, 136, 233, 255
数値解析　100, 106, 130, 255
スケール効果　321
捨石　372, 385
スーパー堤防　236
スペクトル選点法　22, 165
すべりによる河岸崩落　209
すべり破壊　235, 242
Smagolinsky モデル　267, 282
瀬　103, 386

生産土砂量　104
生態系　94, 98, 388
生物の生息・生育環境　99, 104, 403
整列配置　273
堰　115, 139, 423
　　　直角　249, 423
　　　斜め　249, 255, 423
堰下流の河床低下　258
堰敷高の切り下げ　265
セグメント　137
セグメント区分　107
設計水深　293, 299
設計流速　242
ゼロ方程式モデル　246
瀬割堤　234
遷移距離　59
遷移領域　143
洗掘　2, 126, 234
洗掘孔　268, 280, 312, 317
扇状地河川　186, 383
川内川　221
せん断強度　206
せん断破壊　206
せん断力分布
　　　斜面上の　190
　　　分割断面の境界に働く　40
　　　平坦河床上の　141
　　　見かけの　16
総合的土砂管理　103
増水期　64
相対水深　12, 35, 38, 153, 158, 167, 168, 252,
　　　303, 318
相当粗度　240
草本植生　328
掃流砂　138, 145
掃流砂量式　139
掃流力　138, 328
側岸高　188
粗朶工法　389
粗朶沈床　121, 386, 387, 389
粗度係数　3, 7, 73, 81, 99, 333, 385, 405
粗度係数逆算　7, 71, 405
粗度
　　　大型　271, 423
　　　桟型　241, 246
　　　水没　274, 277
　　　整列配置　273, 423
　　　千鳥配置　273, 423
　　　突起型　241
　　　非水没　274, 277

た　行
大規模平面渦　14, 15, 46, 56, 156
堆積　2
堆積速度　213
耐越水堤防　237
高津川　320
蛇曲水路　172
蛇行　147, 173
蛇行帯幅　32, 34, 35, 67, 70

蛇行振幅　32, 34, 70
蛇行長　32, 35
蛇行度　21, 25, 35, 38, 84, 155, 167
蛇行波長　32, 34, 35
多自然型川づくり　3, 104, 307, 328, 397
多自然型工法　328, 372
多自然型護岸　186
多摩川　33, 35, 164, 258, 330, 344, 363
多摩川水系基準面 (A.P.)　50
Tarapore の式　322
ダム　3, 329, 404
ダム貯水池　329
段階施工　106
単断面一様湾曲河道　301, 304
単断面河道　147, 293
単断面蛇行流れ　35, 154, 293, 301
単断面的蛇行流れ　35, 100, 154, 158, 166, 254
断面分割法　11, 246
治水　98, 106, 167, 372, 395
治水計画　3, 93, 106, 395, 404
治水と環境の調和　3, 136, 329, 396
中規模河床形態　142, 171
沖積平野　98
超過洪水　236
超過洪水対策　237
跳水　266
直角固定堰　249
直角水制　283
貯留関数法　2, 400, 405
貯留機能　4, 404
貯留効果　90, 404
貯留率　65, 399
貯留量　60, 73, 78, 91, 398
土の単位体積重量　205
詰石　386
鶴見川　214
堤間幅　32, 51, 72
抵抗特性量　18
抵抗予測手法　18
定常流解析　81
低水工事　379
低水路内蛇行　106
低水路拡幅　127
低水路掘削　109
低水路幅　51, 72, 293
低水路法線　31, 69, 108, 126, 130
低水路満杯水深　156, 295
低水路満杯流量　36, 123, 156, 295, 301, 318
堤防　69, 98, 233, 372, 380
堤防決壊　237, 258
堤防材料　235
堤防法線　31
低水路河道計画　125
堤防芝　330
堤防の計画断面形　234
堤防の質的強化　237
転動　240
伝統的河川工法　372, 379, 391
透過係数　45, 406
透過波　361

東京湾中等潮位 (T.P.)　5, 107, 122, 257, 421
動植物の生息・生育環境　94, 99, 102, 136, 386, 407
同心円タイプ侵食　199
動水勾配　235
導流堤　106, 109, 234, 376
導流堤計画　111
床止め工　125, 265
土砂管理　104
土砂輸送　2, 94, 328
土砂流送制御計画　104
突起粗度　241
利根川　10, 33, 35, 50, 53, 88, 89, 103, 106, 125, 163, 380, 381
利根川基準面 (Y.P.)　5, 127, 384, 421

な 行

内岸側砂州河床の最大洗掘深　159
那賀川　33, 164
長良川　388
流れの三次元解析　22
斜め固定堰　249, 255
波のエネルギー保存式　361
二次元河床変動解析　146, 264
二次元非定常流解析　60, 75, 92
二次流　26, 34, 184, 246, 328
　　　遠心力と逆向きの　26, 295
　　　遠心力による　126, 155, 172, 297, 299, 304, 369
　　　ベーン工による　297
二次流セル　27, 30
二次流相殺率　298, 303
入射波　361
仁淀川　33, 162
二列砂州　184
根固め工　239, 242, 372, 385
根固め工必要敷設幅　243
年間総流出量　108
粘着性河岸の侵食　195, 213, 423
粘着性材料　138, 205
粘着力　207
法尻工　238
のり覆工　239, 242
法面崩壊　209

は 行

排砂　104
パイピング　235, 236
パウダー川　222
波状跳水　268
長谷川の横断方向流砂式　139, 255
破堤　236, 237, 258
馬蹄型渦　310
ハビタット　309, 386
反砂堆　143
反射波　361
反射率　362
氾濫区域　98
氾濫フロント　61
bankfull 流れ　153, 161
斐伊川　145, 159, 320, 345, 351

Healy の方法　362
ピーク流量低減　4, 60, 399
引堤　127
ヒサシ形状　196
ヒサシ状河岸　203, 341, 367
非水没粗度　271
非接触型の流速計測　93
引張り強度　203
引張り破壊　203
非定常二次元浅水流解析　90, 93
非定常流解析　81
非定常流実験　157
非粘着性河岸　191
非粘着性材料　138, 189
日野川　320
非平衡性　139
非平衡流砂量　138
非平衡流砂量式　139, 142, 316
百間川　206
表面流速ベクトル　51, 53
平野の式　139
笛吹川　373
付加掃流力　268
福岡・山坂の非平衡流砂量式　139, 142
複断面河道　11, 15
複断面河道の抵抗特性　15
複断面蛇行河道　21, 154, 168
複断面蛇行流れ　23, 35, 293, 301, 318
複断面直線河道　10, 21, 24, 31, 153, 248
複断面的蛇行流れ　35, 100, 154, 158, 161, 166, 250, 318
副堤　234
複列砂州　107, 143, 172
浮子　83
浮子観測法　84
淵　103, 386
普通水位観測　88
不定流計算法　2
不透過水制　379
不等流計算法　2, 405
ふとんかご　238
浮遊砂　138, 145, 316
フルード数　321, 358
フルード相似則　157
フロート式水位計　62
分力計　272
分水路　100
平均河床高　261, 320
平均年最大流量　108
平均流速分布　49, 55
平均流速ベクトル　55
平衡波形勾配　182
平衡流砂量　138, 268
平衡流砂量式　139
平面一般座標系モデル　129
平面渦　24, 45, 48
平面形　99, 328
平面計画　99
平面形状特性　31
平面タイプ侵食　199, 201

平面二次元解析　44, 53, 148, 201
平面二次元二層モデル　24
平面二次元不定流計算　112
平面流速ベクトル　284
ベーン工　296, 301, 418, 424
ベーン工による二次流　26, 296
ベーン工の数　298, 300
ベーン工の列数　300
ボイリング　236
ボイル　12
放水路　100
保護工　238
掘込河道　101

ま　行

$Meyer\text{-}Peter \cdot Muller$ 式　139, 255
円山川　60, 76, 401
みお筋　103, 108, 245, 298, 303, 307
見かけのせん断力　16
水際設計　328
水叩き工　266
水辺河岸　387
水辺環境　386, 388
御勅使川　373
乱れエネルギー分布　267
乱れエネルギー輸送　246
妙見堰　115
鵡川　217
無次元掃流砂量　139, 156
無次元掃流力　138, 156, 172
無次元限界掃流力　139
メコン河　391
最上川　370
潜り噴流　268
模型実験　100, 105, 108, 116, 255
木本植生　328, 367
木工沈床　387
モニタリング　103, 106, 233
盛土　233

や　行

矢作川　33, 164
柳群落　387
柳水制　370
山付堤　234, 374
遊水効果　90
遊水地　3
融雪出水　107
揚力　240, 287, 288, 297, 300, 311, 419
揚力係数　288, 291, 313
横堤　90, 234
ヨシ　333, 340, 355, 360, 386, 425
ヨシ護岸　352, 387
ヨシ護岸の試験施工　351
吉野川　197, 206, 255
吉野川第十堰　255
ヨシの倒伏高さ　335
ヨシ原河岸　340, 346, 355
淀川水系基準面 (O.P.)　5
米代川　187, 370

ら　行

$Lagrange$ 的流量観測法　84
らせん流　148
離岸堤　361
利水　98
流域面積　2, 88
流下能力　334, 340, 404
流砂の連続式　145, 177, 193, 288
流砂量　139, 156, 157, 171, 252
　　　　横断方向　139, 255
　　　　交互砂州上の　177
　　　　斜面上の縦・横断面方向　139
　　　　縦断方向　139
　　　　非平衡　138
　　　　平衡　138
流砂量式
　　　　非平衡　142
　　　　平衡　139
　　　　粒径別　146
粒径別流砂量式　146
流砂系一貫計画　104
柳枝工　391
粒子レイノルズ数　143
流水断面積　190, 193
流跡線　27, 84
流線曲率を考慮した平面二次元解析法　148
流送土砂量　104
流速低減効果　240
流速ベクトル　48
流体力測定装置　272
流量　4
流量観測　3, 83, 92
流量観測技術　83
流量観測誤差　74
流量観測精度　3, 78, 83
流量–貯留量関係　91
流量ハイドログラフ　3, 60, 70, 88, 91, 401, 406
流量フラックス　112
流路延長　88
流路拡幅　188
流路形態　147, 171
流路平面形　32
流路変動　171, 186
領域区分図　184
レイノルズ応力　49, 55
連続堤防　381
六大深掘れ　106, 126
六角川　206, 334

わ　行

渡良瀬川　88, 89
輪中堤　234
湾曲流路　245
ワンド　383, 388

著者略歴

福岡　捷二（ふくおか・しょうじ）
　1966 年　東京工業大学理工学部土木工学科 助手
　1971 年　アイオワ大学大学院 博士課程修了 Ph.D.
　　　　　工学博士（東京工業大学）
　1975 年　東京工業大学 助教授
　1985 年　建設省土木研究所河川部 河川研究室長
　1994 年　広島大学 教授
　2001 年　広島大学大学院 教授
　2004 年　中央大学研究開発機構教授
　現在に至る．

洪水の水理と河道の設計法　　　　　　　　　　　Ⓒ 福岡　捷二　2005

2005 年 1 月 27 日　第 1 版第 1 刷発行　　　　【本書の無断転載を禁ず】
2022 年 1 月 20 日　第 1 版第 7 刷発行

　著　者　福岡　捷二
　発 行 者　森北　博巳
　発 行 所　森北出版株式会社
　　　　　　東京都千代田区富士見 1-4-11（〒102-0071）
　　　　　　電話 03-3265-8341 ／ FAX 03-3264-8709
　　　　　　日本書籍出版協会・自然科学書協会・工学書協会　会員
　　　　　　https://www.morikita.co.jp/
　　　　　　JCOPY ＜（一社）出版者著作権管理機構　委託出版物＞

落丁・乱丁本はお取替えいたします　　　印刷／モリモト印刷・製本／ブックアート

Printed in Japan / ISBN978-4-627-49571-5